30일 단기완성 최신 한국전기설비규정 반영

electrical engineer

전기기사
산업기사 실기

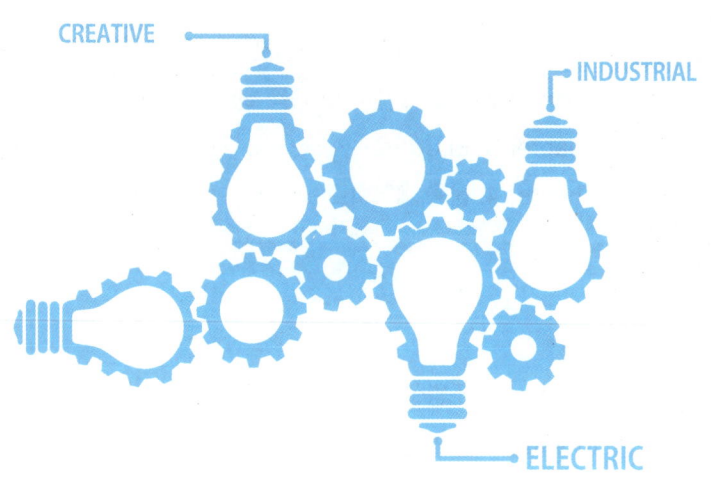

1과목 수변전설비

Chapter 1. 개폐기 ·· 6
Chapter 2. 계기용변성기 ································ 28
Chapter 3. 피뢰시스템 ·································· 54
Chapter 4. 전력용 콘덴서 ······························ 64
Chapter 5. 계측기·보호계전기 ························ 76
Chapter 6. 수변전설비 결선도 ························ 90

2과목 전기설비설계

Chapter 1. 송·배전 전기방식 ························ 116
Chapter 2. 전기설비설계 ····························· 140
Chapter 3. 전원공급장치 ····························· 164
Chapter 4. 절연 및 접지기술 ······················· 172
Chapter 5. 변전설비 설계 및 운영 ··············· 184
Chapter 6. 동력설비 설계 및 운영 ··············· 212
Chapter 7. 계측설비 설계 및 운영 ··············· 220

3과목 시퀀스

Chapter 1. 기본논리 및 제어회로 ················ 232
Chapter 2. 전동기 제어 및 응용 회로 ·········· 272
Chapter 3. PLC 회로 ································· 300
Chapter 4. 응용 제어회로 ··························· 308

4과목 조명설비·심벌

Chapter 1. 조명설비 ·································· 318
Chapter 2. 심벌 ·· 352

Contents

5과목 테이블 스펙

Chapter 1. 보호도체 · 360
Chapter 2. 전선의 최대 길이·부하중심거리 · · · · · · · · · · · · · · · 362
Chapter 3. 분기회로 과전류 보호 설계 · · · · · · · · · · · · · · · · · · 363
Chapter 4. 간선 과전류 보호 설계 · 367

6과목 감리

Chapter 1. 구비서류 · 396
Chapter 2. 검토사항 · 399
Chapter 3. 업무 · 401

기출문제 전기기사

전기기사 실기 2020년 1·2·3·4회 · 404
전기기사 실기 2021년 1·2·3회 · 462
전기기사 실기 2022년 1·2·3회 · 516
전기기사 실기 2023년 1·2·3회 · 561
전기기사 실기 2024년 1·2·3회 · 609

기출문제 전기산업기사

전기산업기사 실기 2020년 1·2·3·4회 · · · · · · · · · · · · · · · · · · 650
전기산업기사 실기 2021년 1·2·3회 · 696
전기산업기사 실기 2022년 1·2·3회 · 740
전기산업기사 실기 2023년 1·2·3회 · 780
전기산업기사 실기 2024년 1·2·3회 · 816

ELECTRICITY

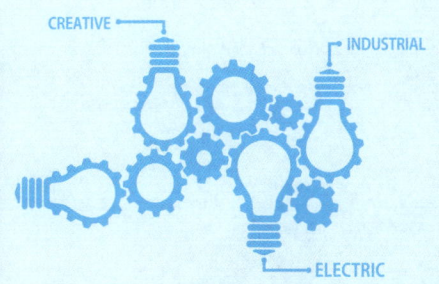

01 수변전설비

Chapter 01. 개폐기
Chapter 02. 계기용변성기
Chapter 03. 피뢰시스템
Chapter 04. 전력용 콘덴서
Chapter 05. 계측기·보호계전기
Chapter 06. 수변전설비 결선도

1 단로기(Disconnecting Switch)

1. 단로기의 역할 및 특징

    단로기는 고압이상의 선로를 유지·보수할 경우 차단기를 개방한 후 무부하시에만 선로를 개폐한다. 아크소호능력이 없기 때문에 부하전류는 개폐하지 않는다. 부하전류 통전 중 회로가 개폐되지 않도록 인터록 장치, 잠금장치를 하여 사용한다.

2. 단로기의 약호 및 심벌

구분	약호	단선도용 심벌		복선도용 심벌
단로기	DS	⧸	⊗	⧸⧸⧸

3. 단로기의 정격전압

    정격전압·정격주파수에서 단로기에 인가할 수 있는 상한 전압을 의미하며 선간전압으로 표시

    $$단로기\ 정격전압 = 공칭전압 \times \frac{1.2}{1.1}$$

공칭전압[kV]	3.3	6.6	22	22.9	66	154
정격전압[kV]	3.6	7.2	24	25.8	72.5	170

개념 확인문제 　　　　　　　　　　　　　　　　　　　　　Check up! ☐☐☐

단답 문제 CIRCUIT BREAKER(차단기)와 DISCONNECTING SWITCH(단로기)의 차이점을 설명하시오.

답 단로기는 아크소호능력이 없으며, 기기의 보수점검 또는 선로로부터 기기를 분리, 회로를 변경할 때 사용하는 개폐기이다. 한편, 차단기는 아크소호능력이 있으며 부하전류 및 고장전류를 차단할 수 있다.

계산 문제 22.9[kV] 수용가의 인입용개폐기인 단로기의 정격전압을 계산하고 선정하시오.

계산 과정 $22.9 \times \frac{1.2}{1.1} = 24.98[kV]$ 　　　　　　**답** 25.8[kV]

4. 단로기의 정격전류

정격전압·정격주파수에서 규정온도상승한도를 넘지 않고 연속하여 흐르는 전류의 한도를 의미하며 부하전류를 기준으로 적정한 것을 표준규격에서 선정한다.

단로기 정격전압[kV]	단로기 정격전류[A]
7.2	400, 600, 1200, 2000
24	600, 1200, 2000, 3000
72.5	600, 1200

5. 단로기의 개폐능력 [충전전류·여자전류 개폐]

무부하시에도 케이블의 정전용량에 의해 선로에 충전전류가 흐르는데 단로기는 이를 개폐하는 능력이 있어야한다. 충전전류는 변압기 결선과 관계없이 대지전압($V/\sqrt{3}$)을 적용한다. 여기서, E는 대지전압, V는 선간전압이다.

$$I_c = 2\pi f C E = 2\pi f C \frac{V}{\sqrt{3}} [A]$$

정격전압[kV]	여자전류[A]	충전전류[A]
7.2	4	2

개념 확인문제 Check up! ☐☐☐

계산 문제 다음 그림과 같은 회로에서 단로기의 정격전류를 선정하고 충전전류를 계산하시오.
(단, 케이블의 정전용량은 $0.54[\mu F]$이다.)

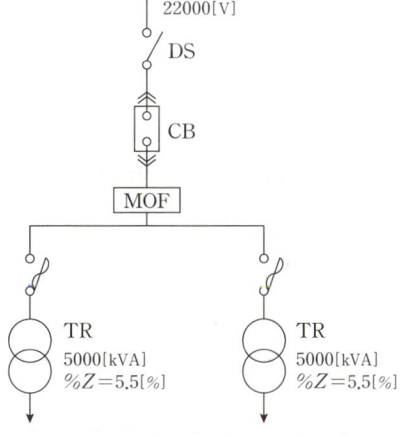

계산 과정

- 정격전류 계산 : $I = \dfrac{10000}{\sqrt{3} \times 22} = 262.43[A]$ 　　　답　600[A]

- 충전전류 계산 : $I_c = 2\pi \times 60 \times 0.54 \times 10^{-6} \times \dfrac{22000}{\sqrt{3}} = 2.59[A]$ 　　　답　2.59[A]

6. 단로기와 차단기의 조작순서

선로의 기기를 유지·보수할 경우 전원이 투입된 상태에서 단로기를 개방하면 아크로 인해 감전사고를 초래하므로 차단기를 먼저 개방한다. 재투입시 단로기를 투입한 후 차단기를 투입한다. 한편, 단로기 조작시 부하측의 단로기부터 조작하는 것을 원칙으로 한다.

1) 바이패스가 없는 경우

전원 ──○ ○── [DS₁] ──□□── [CB] ──○ ○── [DS₂] → 부하

- 차단순서 : CBOFF → DS_2OFF → DS_1OFF
- 투입순서 : DS_2ON → DS_1ON → CBON

2) 바이패스가 있는 경우

- 차단순서 : DS_3ON → CBOFF → DS_2OFF → DS_1OFF
- 투입순서 : DS_2ON → DS_1ON → CBON → DS_3OFF

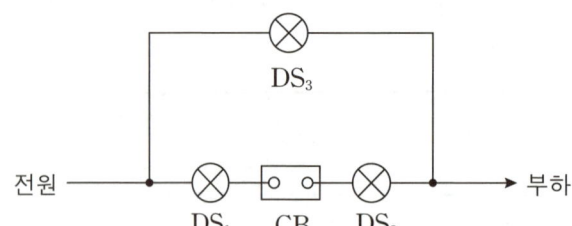

개념 확인문제   Check up! ☐☐☐

단답 문제   보안상 책임 분계점에서 보수 점검시 전로를 개폐하기 위하여 시설하는 것으로 반드시 무부하 상태에서 개방하여야 하며, 66[kV] 이상인 경우에 사용하는 개폐기는 무엇인지 우리말 명칭과 약호를 쓰시오.

                                                               답   선로개폐기, LS

단답 문제   그림과 같은 수전설비에서 변압기나 부하설비에서 사고가 발생했다면 어떤 개폐기를 제일 먼저 개로 하여야 하는가?

전원 ── LS ── DS_1 ── VCB ── DS_2 ── Tr → 부하

                                                               답   진공차단기(VCB)

2 부하개폐기 [Load Break Switch : LBS]

1. 부하개폐기의 역할

    22.9kV 수·변전설비의 인입구 개폐기로 주로 사용되며 충전전류, 여자전류, 부하전류의 개폐는 가능하지만 사고전류를 차단하지 못한다.

2. 부하개폐기 특징

    LBS는 전력퓨즈가 있는 것과 없는 것이 있으며, 전력퓨즈를 LBS와 조합하여 사용시 어느 한 상의 전력퓨즈가 용단될 때 3상 모두 개방되므로 결상사고를 방지할 수 있다.

[기본형]

[퓨즈부착형]

개념 확인문제 Check up! ☐☐☐

단답 문제 다음 개폐기의 종류를 나열한 것이다. 기기의 특징에 알맞은 명칭을 빈칸에 쓰시오.

명칭	특징
(단로기)	• 전로의 접속을 바꾸거나 끊는 목적으로 사용 • 전류의 차단능력은 없음 • 무전류 상태에서 전로 개폐 • 변압기, 차단기 등의 보수점검을 위한 회로 분리용 및 전력계통 변환을 위한 회로분리용으로 사용
(부하개폐기)	• 평상시 부하전류의 개폐는 가능하나 이상 시(과부하, 단락) 보호기능은 없음 • 개폐 빈도가 적은 부하의 개폐용 스위치로 사용 • 전력 Fuse와 사용시 결상방지 목적으로 사용
(전력퓨즈)	• 일정치 이상의 과부하전류에서 단락전류까지 대전류 차단 • 전로의 개폐 능력은 없다. • 고압개폐기와 조합하여 사용

3 자동고장 구분개폐기 [ASS/AISS]

1. 자동고장 구분개폐기의 역할

    22.9kV-Y 배전선로에서 300kVA초과~1000kVA이하의 간이수전설비 인입구의 주개폐기로 설치를 의무화하고 있다. 고장구간을 후비보호장치와 협조하여 자동으로 구분, 분리하는 개폐기로서 고장으로 인한 계통의 사고확대를 방지한다.

2. 절연방식에 따른 분류[유입형/기중형]

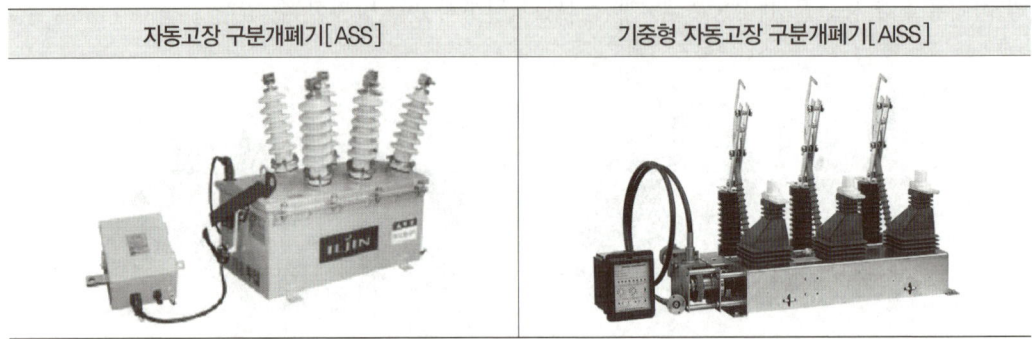

| 자동고장 구분개폐기[ASS] | 기중형 자동고장 구분개폐기[AISS] |

3. 자동고장 구분개폐기의 기능

    ① 과부하 보호기능
    ② 과전류 Lock 기능
    ③ 돌입전류에 의한 오동작 방지기능

개념 확인문제   Check up! ☐☐☐

단답 문제 AISS의 명칭을 쓰시오.

답 기중형 자동고장 구분개폐기

4. 자동고장 구분개폐기의 정격

과전류 Lock 기능 : 정격 Lock 전류 이상의 전류가 흐를 경우 ASS는 Lock이 되어 차단되지 않고 후비보호 장치가 차단된 후 ASS가 개방되어 고장구간을 자동 분리한다.

정격전압	정격전류	과전류 Lock전류	최대 과전류 Lock전류
25.8[kV]	200[A]	800[A] ±10[%]	880[A]

5. 자동고장 구분개폐기와 리클로저[R/C]의 보호협조

수용가에서 고장전류가 800A 이상인 사고가 발생하면 배전선로의 R/C가 이를 감지하여 R/C가 트립되며, 트립된 R/C는 120Hz 후에 재투입된다. ASS도 800A 이상인 고장전류가 흐르면 제어함에 의하여 ASS는 Lock되고 R/C가 개방되어 전원이 없어지면 개로준비시간인 84~102Hz를 거쳐 자동으로 트립된다. 그러므로 R/C가 120Hz 후에 재투입될 때에는 ASS는 Open되어 있기 때문에 고장 수용가는 분리되어 계속 전력을 공급할 수 있게 된다.

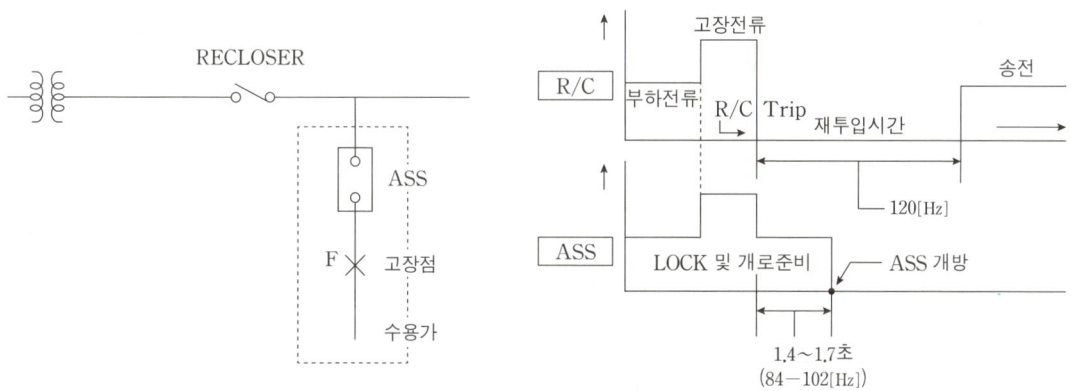

6. 특고압 수용가 인입구용 개폐기 종류

단로기(DS), 선로 개폐기(LS), 부하개폐기(LBS), 자동고장 구분개폐기(ASS) 등

개념 확인문제   Check up! ☐☐☐

단답 문제   300[kVA] 초과 1000[kVA] 이하의 특고압 간이수전설비에서는 ASS(Auto Section Switch)를 사용하여야 하며, 300[kVA] 이하인 경우 ASS대신 인터럽터 스위치(Interrupter Switch)를 사용할 수 있다. 이 두 스위치의 차이점을 비교 설명하시오.

답
- ASS : 자동으로 고장구간을 개폐하며, 돌입 전류 억제 기능 등이 있다.
- 인터럽터 스위치 : 수동으로 조작하고, 돌입 전류 억제 기능이 없다.

4 자동부하 전환개폐기 [ALTS]

1. 자동부하 전환개폐기 역할

    자동부하 전환개폐기는 22.9kV-Y 접지 계통의 지중전선로에 사용되는 개폐기로 병원, 인텔리전트 빌딩, 군사시설, 국가 공공기관 등의 정전 시에 큰 피해가 예상되는 수용가에 이중 전원을 확보하여 주전원이 정전되거나 기준전압 이하로 떨어진 경우 예비선로로 자동으로 전환되어 전원 공급의 신뢰도를 높이는 개폐기이다.

2. 자동부하 전환개폐기 기능 및 정격

    - 주전원 회복시 재 전환동작 기능
    - 순시정전에 의한 전환동작방지 기능
    - 부하측 사고전류 발생시 계통분리 기능

정격전압	25.8[kV]
정격전류	630[A]

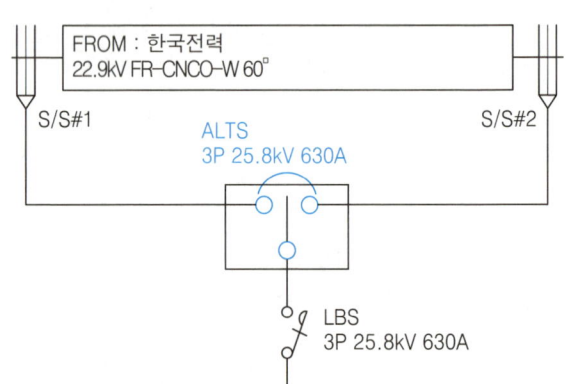

3. ALTS와 ATS(자동전환개폐기)의 차이점

    ALTS는 22.9kV-Y 수용가 인입구에서 사용되어 변전소로부터 두개의 회선으로 공급받아 주전원 정전시 예비전원으로 전환되는 개폐기이고, 반면에 ATS는 변압기 2차측인 저압측(220/380V)에 설치되어 정전이 발생하였을 경우 비상용발전기를 작동시켜 중요부하에 전원을 공급하는 자동 전환 개폐기이다.

개념 확인문제

단답 문제 아래 그림의 점선 박스안의 개폐기의 우리말 명칭과 약호를 쓰시오.

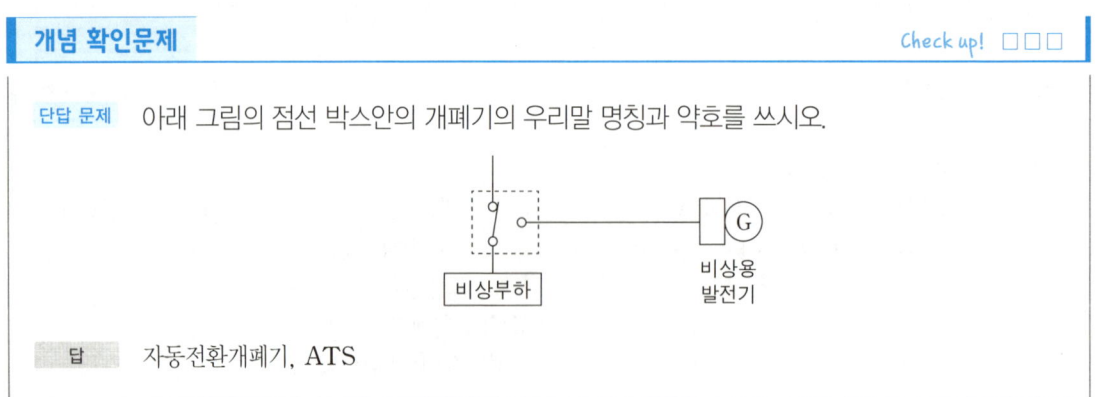

답 자동전환개폐기, ATS

… Chapter 01. 개폐기

5 전력퓨즈 [Power Fuse]

1. 전력퓨즈의 역할

① 부하전류를 안전하게 통전시킨다.
② 고압·특고압에서 단락전류 차단한다.
③ 유지·보수를 위해 무전압 상태에서 선로를 개폐한다.

2. 전력퓨즈의 약호 및 심벌

명칭	약호	단선도용 심벌	복선도용 심벌
전력퓨즈	PF	(단선 심벌)	(복선 심벌)

3. 전력퓨즈의 장점 및 단점

1) 전력퓨즈의 장점

① 고속도로 차단하며, 차단용량이 크다.
② 차단기와는 다르게 릴레이, 변성기가 필요 없다.
③ 소형·경량이며, 가격이 저렴하고, 보수가 간단하다.

2) 전력퓨즈의 단점

① 재투입이 불가능하다.
② 과도전류에 용단되기 쉽고, 결상을 일으킬 염려가 있다.
③ 동작시간-전류특성을 계전기처럼 자유롭게 조정하는 것이 불가능하다.

개념 확인문제   Check up! ☐☐☐

단답 문제   전력퓨즈 구매시 고려해야할 사항 4가지와 선정시 고려사항 2가지를 쓰시오.

답
- 구매시 고려사항 : 정격전압, 정격전류, 정격차단전류, 사용 장소, 최소차단전류, 전류-시간특성
- 선정시 고려사항 : 타 보호기기와 협조할 것, 과부하전류에 동작하지 말 것

4. 전력퓨즈의 종류 및 특징

한류형 PF	장점	• 차단용량이 크다. • 한류효과가 크다.
	단점	• 과전압이 발생한다. • 최소차단전류가 있다.
비한류형 PF	장점	• 과전압이 발생하지 않는다. • 녹으면 반드시 차단한다.
	단점	• 한류효과가 작다. • 차단용량이 작다.

5. 전력퓨즈의 성능 및 특성

   • 단시간 허용특성
   • 전차단특성
   • 용단특성

6. 전력퓨즈부착형 LBS의 장점

   전력퓨즈를 LBS와 조합하여 사용 시 어느 한 상의 전력퓨즈가 용단될 때 3상 모두 개방되므로 결상사고를 방지할 수 있다.

개념 확인문제

단답 문제 답안지 표와 같은 각종 개폐기와의 기능 비교표의 관계(동작)되는 해당란에 ○표로 표시하시오.

답

기능 \ 능력	회로분리		사고차단	
	무부하	부 하	과부하	단 락
전력 퓨즈	○			○
차 단 기	○	○	○	○
개 폐 기	○	○	○	
단 로 기	○			
전자접촉기	○	○	○	

6 컷아웃 스위치 [Cut Out Switch]

1. 컷아웃의 스위치 역할

   ① 유지·보수를 위해 무전압 상태에서 선로를 개폐한다.
   ② 고압·특고압에서 과전류(단락전류, 과부하전류)로부터 보호한다.

2. 컷아웃 스위치의 약호 및 심벌

명칭	약호	단선도용 심벌	복선도용 심벌
컷아웃 스위치	COS		

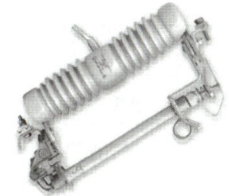

3. 컷아웃 스위치의 설치 위치

   COS는 과전류 차단기의 일종으로 KEPCO 책임분계점, 배전선로, PT 1차측, 변압기 1차측 등에 설치하여 사고 시에 신속히 개방되어 계통에 사고가 파급되는 것을 방지한다.

4. 컷아웃 스위치 정격

정격전압	25[kV]
퓨즈링크	1, 3, 5, 6, 8, 10, 12, 20, 25, 30, 40, 50, 80, 100[A]
정격전류	100[A]

개념 확인문제

단답 문제 일반적으로 전력퓨즈(Power Fuse)와 컷아웃스위치(COS)를 통칭하여 고압퓨즈라 한다. 간이 수전설비에서 300[kVA] 이하인 경우 PF대신 COS를 사용할 수 있다. 다만, 비대칭 차단전류 몇 [kA] 이상의 것을 사용하여야 하는가?

답 10[kA]

7 차단기 [Circuit Breaker]

1. 차단기의 역할
차단기는 고압용 차단기와 저압용 차단기가 있으며, 아크소호 능력이 있기 때문에 부하전류의 개폐, 고장전류를 차단할 수 있다.

2. 저압용 차단기

명칭	약호	기능
배선용차단기	MCCB	과부하시 선로를 차단하고, 부하전류 개폐가능
누전 차단기	ELCB	과부하, 단락, 지락이 발생했을 때 자동적으로 전류를 차단
기중차단기	ACB	자연공기 내에서 개방할 때 자연 소호에 의한 방식으로 소호

3. 배선용차단기의 AF 및 AT

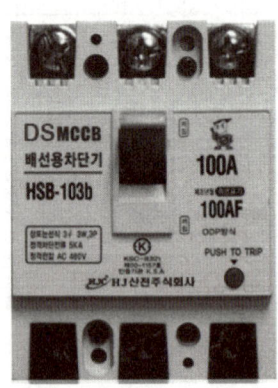

AF : 암페어 프레임

사고시 폭발하지 않고 견딜 수 있는 전류 또는 프레임의 크기를 의미
(예 400, 630, 800…)

AT : 암페어 트립

차단기의 트립 용량으로 안전하게 통전 시킬 수 있는 최대전류를 의미
(예 350, 400, 500, 600, 630, 700, 800…)

개념 확인문제   Check up! □□□

계산 문제 MCCB의 AT와 AF를 선정하시오.

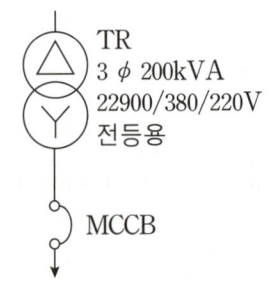

계산 과정 $I = \dfrac{200 \times 10^3}{\sqrt{3} \times 380} = 303.87[A]$

답
- AT : 350[A]
- AF : 400[A]

4. 고압·특고압용 차단기

명칭	가스차단기	진공차단기	유입차단기	공기차단기	자기차단기
약호	GCB	VCB	OCB	ABB	MBB
소호매질	SF_6가스	고진공	절연유	압축공기	전자력
화재위험	불연성	불연성	가연성	난연성	난연성
서지전압	매우 낮음	매우 높음	약간 높음	낮음	낮음
차단시 소음	작음	작음	큼	매우 큼	큼

5. 고압·특고압용 차단기 정격전압

공칭전압[kV]	3.3	6.6	22	22.9	66	154	345	765
정격전압[kV]	3.6	7.2	24	25.8	72.5	170	362	800

6. 차단기 동작책무

차단기가 차단-투입-차단의 동작을 반복하게 되는데, 그 동작 시간간격을 나타낸 규정
고속도 재투입용의 동작책무 : O-0.3초-CO-1분-CO(O는 개방, C는 투입)

7. 차단기 정격전류[A] 및 정격차단전류[kA]

차단기의 정격전류는 정격전압·정격주파수에서 온도상승 한도를 초과하지 않고 차단기에 연속적으로 흘릴 수 있는 전류의 한도를 의미한다. 한편, 차단기의 정격차단전류는 정격전압·정격주파수에서 규정된 동작책무와 동작상태에 따라서 차단할 수 있는 차단전류의 한도이다.

개념 확인문제

단답 문제 다음 도면에서 차단기에 표시된 600[A], 23[kA]의 의미를 각각 쓰시오.

답
- 600[A] : 차단기의 정격전류
- 23[kA] : 차단기의 정격차단전류

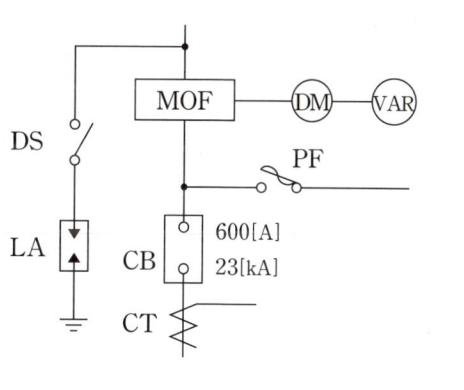

8. 차단기 트립방식

특고압 수전설비에서 차단기의 트립전원은 직류(DC) 또는 콘덴서방식(CTD)이 바람직하며, 66kV 이상의 수전설비는 직류(DC)이어야 한다.
- 직류전압 트립방식
- 콘덴서 트립방식
- 과전류 트립방식
- 부족전압 트립방식

9. 차단기의 정격 차단시간 : 트립코일이 여자되는 순간부터 아크가 소호되기까지의 시간

차단기 정격전압[kV]	25.8	170	362	800
정격차단시간 cycle(60[Hz] 기준)	5	3	3	2

10. 정격차단전류 및 정격차단용량

1) 정격 차단전류[단락전류≤정격차단전류]

3상 선로에서 3상 단락사고시의 3상 단락전류 계산값을 기준으로 적당히 차단기의 정격차단전류를 선정한다. 여기서, 3상 단락전류란 3상 단락사고가 발생했을 경우 한 상에 흐르는 전류이다. 한편, 선간 단락전류는 3상 단락전류의 0.866배가 흐른다.

$$I_s = \frac{E}{Z}[A] \qquad I_s = \frac{100}{\%Z} \times I_n$$

개념 확인문제 Check up! □□□

계산 문제 66[kV], 500[MVA], %임피던스가 30[%]인 발전기에 용량이 600[MVA], %임피던스가 20[%]인 변압기가 접속되어 있다. 변압기 2차측 345[kV] 지점에 단락이 일어났을 때 단락전류는 몇 [A]인가?

계산 과정 기준용량 600[MVA], 정격전류 $I_n = \frac{P_n}{\sqrt{3} V_n} = \frac{600 \times 10^3}{\sqrt{3} \times 345} = 1004.09[A]$

$\%Z = \frac{600}{500} \times 30 = 36[\%]$, $\%Z_{total} = 36 + 20 = 56[\%]$

단락 전류 $I_s = \frac{100}{\%Z} \times I_n = \frac{100}{56} \times 1004.09 = 1793.02[A]$

답 1793.02[A]

2) 정격 차단용량 [단락용량 ≤ 정격차단용량]

3상 선로에서 3상 단락사고시의 3상 단락용량을 계산값을 기준으로 차단기의 정격차단용량을 적당히 선정한다. 일반적으로 단락용량 또는 정격차단용량은 kVA, MVA 등을 사용한다.

$$P_s = \sqrt{3}\,V I_s \qquad\qquad P_s = \frac{100}{\%Z} \times P_n$$

개념 확인문제

계산 문제: 건축물의 변전설비가 22.9[kV-Y], 용량 500[kVA]이며, 변압기 2차측 모선에 연결되어 있는 배선용차단기에 대하여 다음 각 물음에 답하시오. (단, %Z=5[%], 2차 전압은 380[V], 선로의 임피던스는 무시한다.)

(1) 변압기 2차측 정격전류[A]
(2) • 변압기 2차측 단락전류[A]
    • 배선용차단기의 최소 차단전류[kA]
(3) 단락용량[MVA]

계산 과정

(1) 변압기 2차측 정격전류

$$I_n = \frac{P}{\sqrt{3} \times V} = \frac{500 \times 10^3}{\sqrt{3} \times 380} = 759.67[A]$$

답 759.67[A]

(2) ※ 단락전류가 차단기의 최소 차단전류이다.

$$I_s = \frac{100}{\%Z} \times I_n = \frac{100}{5} \times 759.67 = 15193.4[A]$$

답 변압기 2차측 단락전류 15193.4[A]
답 배선용차단기의 최소 차단전류 15.19[kA]

(3) 단락용량
① $P_s = \sqrt{3} \times V \times I_s = \sqrt{3} \times 380 \times 15193.4 \times 10^{-6} = 10[MVA]$
② $P_s = \frac{100}{\%Z} \times P_n = \frac{100}{5} \times 500 \times 10^{-3} = 10[MVA]$

답 10[MVA]

01 단로기와 차단기 조작순서 ①

DS 및 CB로 된 선로와 접지용구에 대한 그림을 보고 다음 각 물음에 답하시오.

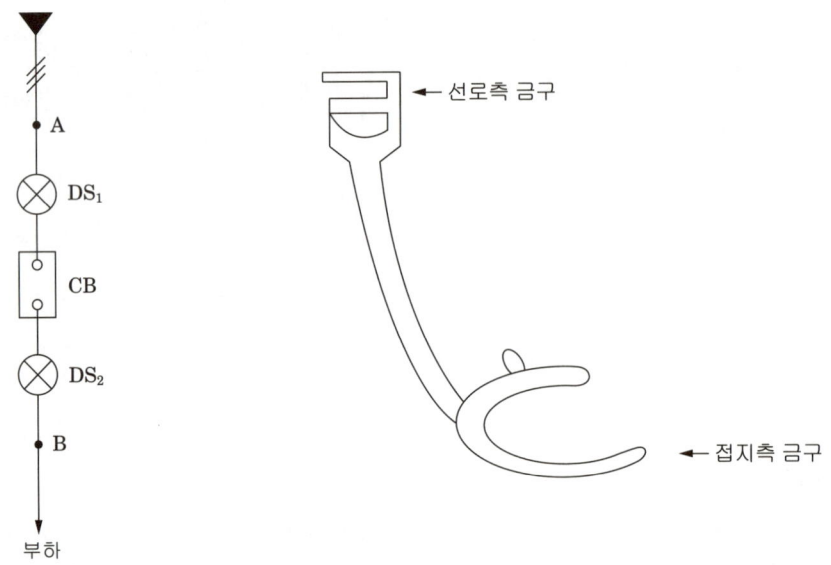

(1) 접지 용구를 사용하여 접지를 하고자 할 때 접지순서 및 접지 개소에 대하여 설명하시오.
(2) 부하측에서 휴전 작업을 할 때의 조작 순서를 설명하시오.
(3) 휴전 작업이 끝난 후 부하 측에 전력을 공급하는 조작 순서를 설명하시오.
  (단, 접지되지 않은 상태에서 작업한다고 가정한다.)
(4) 긴급할 때 DS로 개폐 가능한 전류의 종류를 2가지만 쓰시오.

정답

(1) 접지 순서 : 대지에 접지측 금구를 먼저 연결한 후 선로에 선로측 금구를 연결한다.
  접지 개소 : 선로측 A와 부하측 B 양측에 접지한다.

(2) CBOFF → DS_2OFF → DS_1OFF

(3) DS_2ON → DS_1ON → CBON

(4) 충전 전류, 여자 전류

02 단로기와 차단기 조작순서 ②

2중 모선에서 평상시에 No.1 T/L은 A모선에서 No.2 T/L은 B모선에서 공급하고 모선연락용 CB는 개방되어 있다.

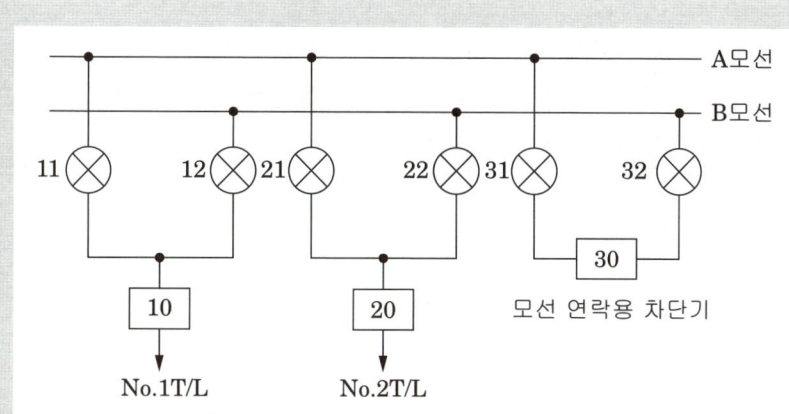

(1) B모선을 점검하기 위하여 절체하는 순서는? (단, 10-OFF, 20-ON 등으로 표시)

(2) B모선 점검 후 원상 복구하는 조작 순서는? (단, 10-OFF, 20-ON 등으로 표시)

(3) 10, 20, 30에 대한 기기의 명칭은?

(4) 11, 21에 대한 기기의 명칭은?

(5) 2중 모선의 장점은?

정답

(1) 31-ON → 32-ON → 30-ON → 21-ON → 22-OFF → 30-OFF → 31-OFF → 32-OFF

(2) 31-ON → 32-ON → 30-ON → 22-ON → 21-OFF → 30-OFF → 31-OFF → 32-OFF

(3) 차단기

(4) 단로기

(5) 높은 공급 신뢰도

03 리클로져·선로개폐기

다음 기기의 명칭을 쓰시오.

> (1) 가공배전선로 사고의 대부분이 나무에 의한 접촉이나 강풍 등에 의해 일시적으로 발생한 사고이므로 신속하게 고장구간을 차단하고 재투입하는 개폐 장치이다.
> (2) 보안상 책임 분계점에서 보수 점검시 전로를 개폐하기 위하여 시설하는 것으로 반드시 무부하 상태에서 개방하여야 한다. 한편, 66[kV] 이상의 경우에 사용한다.

정답

(1) 리클로져
(2) 선로개폐기(LS)

04 인터록·전환개폐기

다음 상용전원과 예비전원 운전시 유의하여야 할 사항이다. (   ) 안에 알맞은 내용을 쓰시오.

> 상용전원과 예비전원 사이에는 병렬운전을 하지 않는 것이 원칙이므로 수전용 차단기와 발전용차단기 사이에는 전기적 또는 기계적 (①)을 시설해야 하며 (②)를 사용해야 한다.

정답

① 인터록
② 전환 개폐기

05 과전류의 종류 2가지

일반용 전기설비 및 자가용 전기설비에 있어서의 과전류(過電流) 종류 2가지와 각각에 대한 용어의 정의를 쓰시오.

정답

① 과부하전류 : 기기에 대하여는 그 정격전류, 전선에 대하여는 그 허용전류를 어느 정도 초과하여 그 계속되는 시간을 합하여 생각하였을 때, 기기 또는 전선의 손상 방지상 자동차단을 필요로 하는 전류를 말한다.
② 단락전류 : 전로의 선간이 임피던스가 적은 상태로 접촉되었을 경우에 그 부분을 통하여 흐르는 큰 전류를 말한다.

06 전력퓨즈의 특성 3가지

수변전 설비에 설치하고자 하는 파워 퓨즈(전력용 퓨즈)는 사용 장소, 정격 전압, 정격 전류 등을 고려하여 구입하여야 하는데, 이외에 고려하여야 할 주요 특성을 3가지만 쓰시오.

정답

- 최소 차단전류
- 정격 차단용량
- 전류-시간 특성

07 단락전류 계산 목적 3가지

수전설비에 있어서 계통의 각 점에 사고시 흐르는 단락전류의 값을 정확하게 파악하는 것이 수전설비의 보호방식을 검토하는데 아주 중요하다. 단락전류를 계산하는 것은 주로 어떤 요소를 적용하고자 하는 것인지 그 (1) 적용 요소에 대하여 3가지만 설명하시오. 또한, (2) 변전설비의 1차측에 설치하는 차단기의 용량은 무엇으로 정하는지 쓰시오.

(1) 단락전류의 적용 요소

　　◦

　　◦

　　◦

(2) ◦

정답

(1) 단락전류의 적용 요소
　　◦ 차단기 용량선정
　　◦ 보호계전기 정정
　　◦ 기기에 가해지는 전자력 추정
(2) 차단기 설치점에서의 단락용량

08 차단기 트립방식·CTD

차단기 트립회로 전원방식의 일종으로서 AC 전원을 정류해서 콘덴서에 충전시켜 두었다가 AC 전원 정전시 차단기의 트립전원으로 사용하는 방식을 무엇이라 하는가?

정답

콘덴서 트립 방식(CTD 방식)

09 개폐기의 종류[MC·CB]

다음 개폐기의 종류를 나열한 것이다. 기기의 특징에 알맞은 명칭을 빈칸에 쓰시오.

명칭	특징
①	• 평상시 부하전류 혹은 과부하 전류까지 안전하게 개폐 • 부하의 개폐·제어가 주목적이고, 개폐 빈도가 많음 • 부하의 조작, 제어용 스위치로 이용 • 전력 Fuse와의 조합에 의해 Combination Switch로 널리 사용
②	• 평상시 전류 및 사고 시 대전류를 지장 없이 개폐 • 회로보호가 주목적이며 기구, 제어회로가 Tripping 우선으로 되어 있음 • 주회로 보호용 사용

정답

① 전자 접촉기

② 차단기

10 기준용량·차단용량 계산

수전 전압 6600[V], 가공 전선로의 %임피던스가 58.5[%]일 때 수전점의 3상 단락 전류가 7000[A]인 경우 기준 용량과 수전용 차단기의 정격차단용량은 얼마인가?

차단기 정격용량[MVA]										
10	20	30	50	75	100	150	250	300	400	500

(1) 기준 용량

(2) 정격차단 용량 (단, (1)에서 계산한 결과를 이용할 것)

> 정답

(1) 기준용량 : 기준전류(정격전류)를 계산하여 구한다.

$I_s = 7000[A]$

$I_n = \dfrac{\%Z}{100} \times I_s = \dfrac{58.5}{100} \times 7000 = 4095[A]$

기준용량

$P_n = \sqrt{3}\, V I_n = \sqrt{3} \times 6600 \times 4095 \times 10^{-6} = 46.81[MVA]$

답 46.81[MVA]

(2) 정격 차단용량

$P_s = \dfrac{100}{\%Z} \times P_n = \dfrac{100}{58.5} \times 46.81 = 80.02[MVA]$

답 100[MVA] 선정

electrical engineer

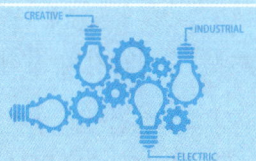

1 계기용변압기(Potential Transformer)

1. **계기용변압기의 역할**

    계기용변성기란 전기계기 또는 측정 장치와 함께 사용되는 전류 및 전압의 변성용 기기로서 계기용변압기와 변류기의 총칭이다. 고전압을 직접 전압계로 측정하는 것은 위험하며, 전압계의 절연비용이 높아져 비경제적이기도 하다. 계기용변압기를 이용하여 1차 측의 고전압을 일정 비율로 변성하여 2차 측에 공급한다.

2. **계기용변압기의 약호 및 심벌**

약호	단선도용 심벌	복선도용 심벌
PT	—⦈⦇—	⦈⦇

3. **계기용변압기의 정격전압 및 정격부담**

    정격 1차 전압은 일반적으로 계통전압이며, 2차 전압은 주로 110V를 적용한다. 다만, 자가용 수전설비 13.2/22.9kV-Y의 경우 13.2kV/110V를 적용한다. 한편, 계기용변압기 부담은 2차측의 계측기 또는 계전기 등으로 인해 소비되는 용량으로 피상전력[VA]으로 표시하고, PT의 부하는 병렬로 접속한다.

정격 1차 전압	정격 2차 전압	정격부담[VA]
3300[V], 6600[V], 22000[V], 13.2[kV]	110[V]	15, 25, 50, 100

개념 확인문제   Check up! ☐☐☐

단답 문제 계기용변압기 1차측 및 2차측에 퓨즈를 부착하는지의 여부를 밝히고, 퓨즈를 부착하는 경우 그 이유를 간단히 설명하시오.

답
- 퓨즈의 부착 여부 : 1차측 및 2차측에 퓨즈를 부착한다.
- PT 1차측에 퓨즈를 설치하는 이유 : PT의 고장이 선로에 파급되는 것을 방지
- PT 2차측에 퓨즈를 설치하는 이유 : 2차측의 단락발생시 PT로 사고의 파급방지

4. 계기용변압기 결선

1) Y결선

3상 4선식 선로에서 사용하는 결선방법으로 Y결선은 PT를 각상에 설치하고 권선의 한측(−)을 Common하고, 다른 한측(+)에서 건전상을 얻어내는 결선방법이다. 선간 전압은 상 전압의 $\sqrt{3}$배가 된다. 계기용변압기의 단자기호는 1차측 단자기호를 U, V, W 2차측 단자기호를 u, v, w로 하고 2차 측에는 접속되는 전력량계의 단자기호, 보기를 들면 P_1, P_2, P_3를 병기한다. 중성점의 단자기호는 1차측 단자를 O, 2차측 단자를 o로 한다.

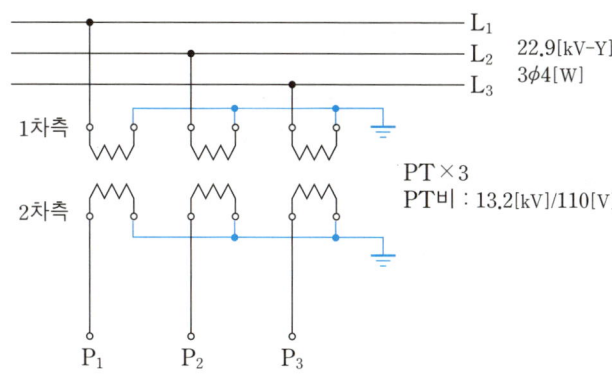

2) V결선

일반적으로 3상 3선식 고압선로(3300V, 6600V) 회로에서는 두 대의 PT를 아래의 그림과 같이 V결선을 하면 3상의 전압을 얻을 수 있어 경제적이다. 혼촉사고로 인한 2차 측에 고전압 발생을 억제하기 위해 2차측에 접지를 하고, 2차측 B상에는 퓨즈를 삽입하지 않는다.

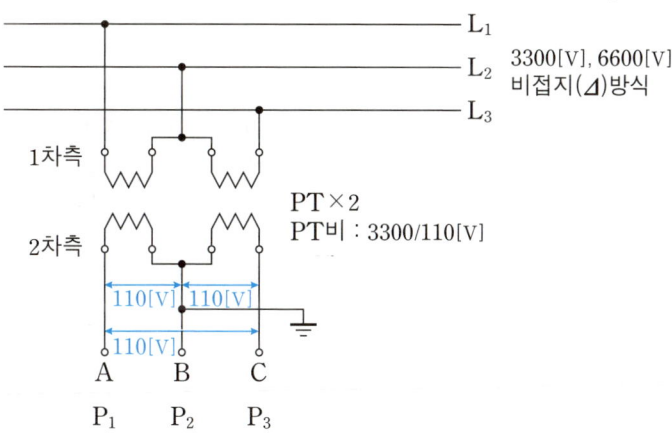

개념 확인문제

단답 문제 다음 아래의 도면의 ① ~ ③의 기기의 약호를 쓰시오.

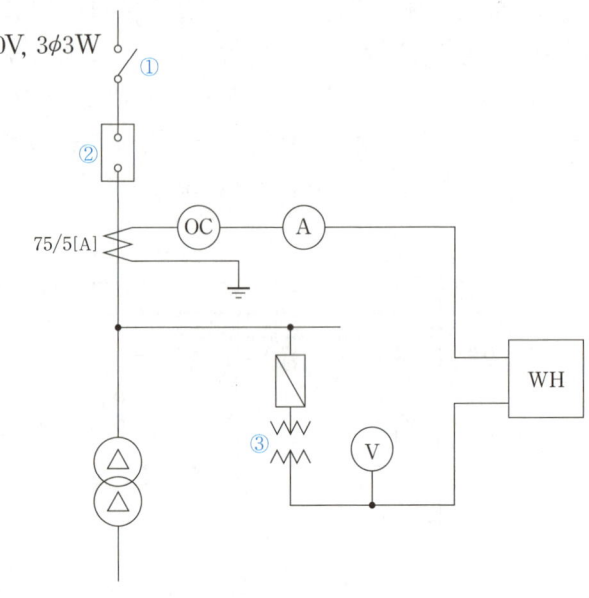

답 ① DS   ② CB   ③ PT

계산 문제 변압비 30인 계기용변압기를 그림과 같이 잘못 접속하였다. 각 전압계 V_1, V_2, V_3에 나타나는 단자 전압은 몇 [V]인가?

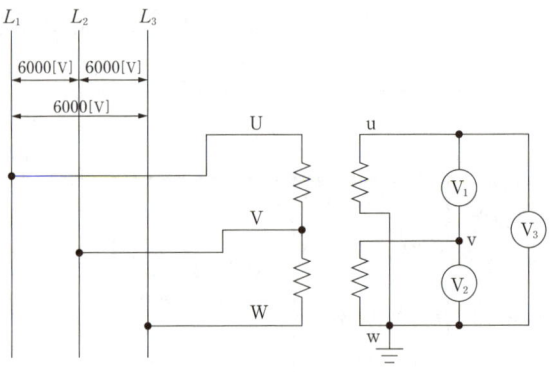

계산 과정

· $V_1 = \dfrac{6000}{30} \times \sqrt{3} = 346.41$ 　　　**답** 346.41[V]

· $V_2 = \dfrac{6000}{30} = 200[V]$　　　**답** 200[V]

· $V_3 = \dfrac{6000}{30} = 200[V]$　　　**답** 200[V]

2 변류기(Current Transformer)

1. 변류기의 역할

대전류가 흐르는 선로의 전류, 전력, 역률을 직접적으로 측정하는 것은 위험하며, 기기의 절연비용이 높아져 비경제적이기도 하다. 즉, 1차 측의 대전류를 일정 비율로 변성하여 2차 측에 공급한다. 변류기는 선로에 직렬 또는 관통으로 설치한다.

2. 변류기의 약호·심벌 및 정격

약호	단선도용	복선도용	극성	정격 1차 전류[A]	정격 2차 전류[A]
CT			감극성	5, 10, 15, 20, 30, 40, 50, 75, 100, 150, 200…	5

3. 변류비 선정

변류비의 정격 1차 전류는 그 선로의 최대부하전류를 계산하여 그 값에 여유를 주어서 결정한다. 수용가 인입회로, 변압기 회로의 CT 1차 측 정격은 최대부하전류의 1.25~1.5배, 전동기 회로의 경우는 2~2.5배의 여유를 고려한다.

개념 확인문제   Check up! ☐☐☐

계산 문제 부하용량이 900[kW]이고, 전압이 3상 380[V]인 수용가 전기설비의 계기용 변류기를 결정하고자 한다. 다음조건에 알맞은 변류기를 선정하시오.
- 수용가의 인입회로에 설치하고, 부하 역률은 0.9로 계산한다.
- 실제 사용하는 정도의 1차 전류용량으로 하며 여유율은 1.25배로 한다.
  변류기의 정격 : 750, 1000, 1500, 2000

계산 과정 $I = $ 1차측 부하전류 × 여유배수 $= \dfrac{P_a}{\sqrt{3} \times V} \times 1.25 = \dfrac{(900/0.9) \times 10^3}{\sqrt{3} \times 380} \times 1.25 = 1899.18 [A]$

답 2000/5 선정

4. 변류기의 비오차

공칭변류비가 실제변류비와 얼마만큼 다른가를 백분율로 표시한 것

ε=오차율[%], K_n=공칭변류비, K=실제변류비

$$\varepsilon = \frac{K_n - K}{K} \times 100$$

5. 변류기의 부담[VA]

정격 부담[VA]=$I^2 \cdot Z$ (단, I는 5[A])	5, 10, 15, 25, 40, 100

6. 통전중의 변류기 2차측 상태

통전 중에 변류기 2차 측을 개방하면 2차 측에 과전압이 유기되어 절연이 파괴될 수 있다.
통전 중에 CT 2차측 기기를 교체하고자 하는 경우는 반드시 CT 2차 측을 단락시켜야 한다.

개념 확인문제   Check up! ☐☐☐

계산 문제   100/5 변류기 1차에 250[A]가 흐를 때 2차 측에 실제 10[A]가 흐른 경우 변류기의 비오차를 계산하시오.

계산 과정 $\varepsilon = \frac{K_n - K}{K} \times 100 = \frac{\frac{100}{5} - \frac{250}{10}}{\frac{250}{10}} \times 100 = -20[\%]$ **답** $-20[\%]$

계산 문제   과전류 계전기의 정격부담이 9[VA]일 때 이 계전기의 임피던스는 몇 [Ω]인가?

계산 과정 $Z = \frac{[VA]}{I^2} = \frac{9}{5^2} = 0.36[\Omega]$ **답** $0.36[\Omega]$

계산 문제   우측의 그림을 보고 다음 각 물음에 답하시오.
(1) 그림 기호가 표현하고 있는 의미를 설명하시오.
(2) 1차 부하전류가 45[A] 이면 2차 전류는 몇 [A]인가?

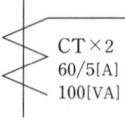
CT×2
60/5[A]
100[VA]

답   (1) 변류비 60/5, 정격부담 100[VA]인 변류기 2대를 사용
(2) $I_2 = 45 \times \frac{5}{60} = 3.75[A]$

7. 변류기의 과전류 정수

과전류 정수란 CT의 철심이 포화되면 마이너스 오차가 발생하는데 이 과전류 범위에서의 비오차 특성을 과전류 정수라 한다. 즉, 정격부담에서 변류비 오차가 −10%가 되는 때의 1차 전류와 정격 1차 전류와의 비를 말한다.

$$과전류\ 정수(n) = \frac{비오차가\ -10\%되는\ 때의\ 1차\ 전류}{CT정격\ 1차\ 전류}$$

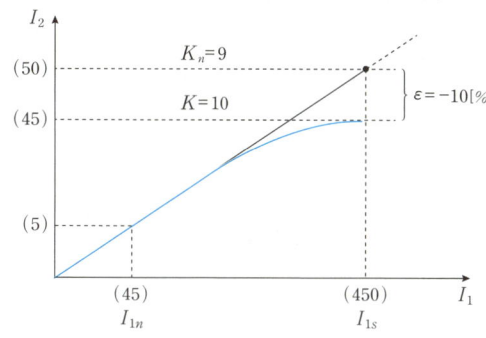

CT비 45/5[A], I_{1S} = 450[A]에서 포화시

비오차 = $\frac{K_n - K}{K} \times 100 = \frac{9-10}{10} \times 100 = -10[\%]$

과전류정수 $n = \frac{I_{1S}}{I_{1n}} = \frac{450}{45} = 10$

8. 변류기의 과전류 강도

과전류 강도란 변류기의 정격 1차 전류 값에 열적, 기계적 손상 없이 몇 배의 고장전류에 견딜 수 있는가를 정하는 것으로 CT의 과전류 강도는 열적과전류강도와 기계적 과전류 강도로 구분한다.

1) 열적 과전류 강도

CT의 과전류에 대한 권선의 온도상승에 의한 용단강도 (예 과전류강도 40이란, 정격 1차 전류의 40배 크기의 순간전류에 견디는 것을 의미) 한편, 통전시간 t[s]에 있어서 과전류강도는 다음과 같다. 여기서, S_n : 정격과전류 강도, t : 통전시간[sec]

$$열적\ 과전류\ 강도\ S = \frac{S_n}{\sqrt{t}}\ [S_n : 40,\ 75,\ 150,\ 300]$$

2) 기계적 과전류 강도

단락시 전자력에 의한 권선의 변형에 견디는 강도로서 CT가 사고전류 최대값에 의한 전자력에 손상되지 않는 1차측 전류의 파고치를 말한다. 열적과전류강도의 2.5배 정도이다.

$$기계적\ 과전류\ 강도 = 2.5S$$

9. 변류기 결선

1) Y결선

　Y결선은 CT를 각상에 설치하고 권선의 한측(−)을 Common하고, 다른 한측(+)에서 전류를 얻어내는 결선법으로 선전류와 상전류는 같다. 아래의 그림은 지락 사고시 영상전류를 얻는 방식의 하나로 CT Y결선 중성점 잔류회로 방식을 표현한 것이다. 정상상태의 경우 CT 2차 측에 흐르는 전류의 벡터 합($i_a + i_b + i_c = 0$)은 0[A]가 되어 지락과전류계전기(OCGR)가 동작하지 않으나, 1선 지락이 발생했을 경우 불평형($i_a + i_b + i_c > 0$)이 되기 때문에 OCGR이 동작한다.

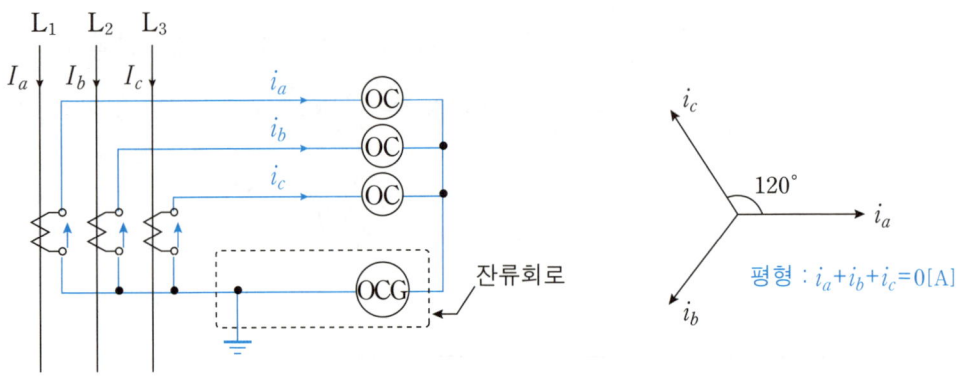

[Y 결선 잔류회로법]

2) V결선

　두 대의 CT를 그림과 같이 접속할 경우 OCR③에 흐르는 전류는 합($i_a + i_c$)의 전류가 흐르고 이 전류의 합은 i_b와 크기가 같다.

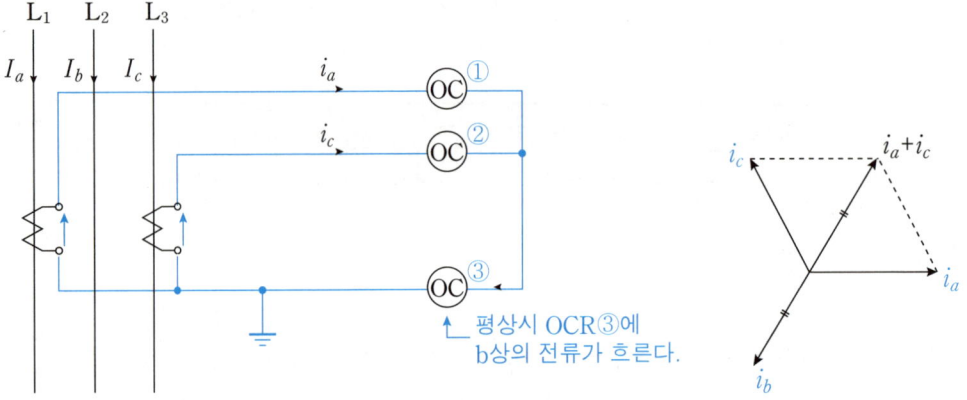

① 가동접속 : 전류계에 흐르는 전류는 두상의 합($i_a+i_c=|-i_b|$)의 전류가 흐르고 이 전류의 합은 한상(i_b)의 전류의 크기와 같다.

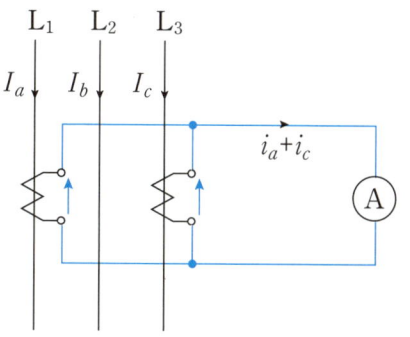
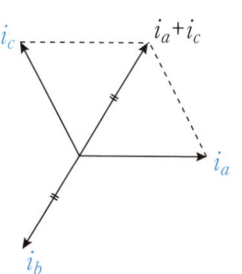

② 교차접속 : 전류계에 흐르는 전류는 차(i_c-i_a)의 전류가 흐른다. 한편, 이러한 차전류는 상 전류의 $\sqrt{3}$ ($i_c-i_a=\sqrt{3}\,i_a=\sqrt{3}\,i_c$)배가 된다.

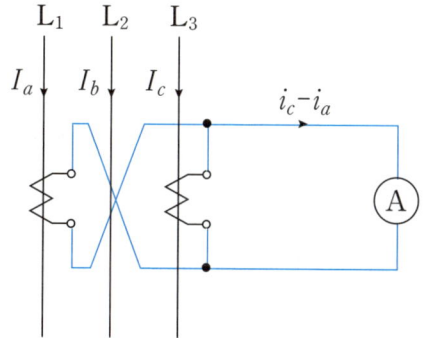
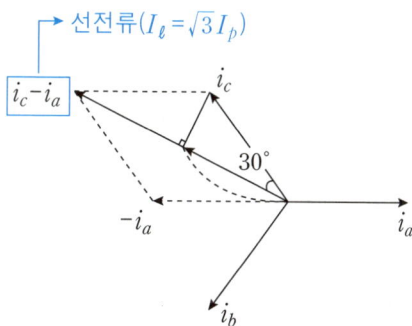

개념 확인문제

계산 문제 변류비 100/5인 변류기 2대를 그림과 같이 접속하였을 때, 전류계에 5[A]의 전류가 흘렀다. 1차 전류를 구하시오.

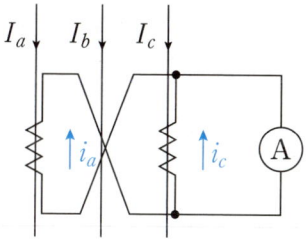

계산 과정 2차측에 흐르는 전류 $I_2=I_1\times 1/CT비 \times \sqrt{3}$ 이며, 1차 측에 흐르는 아래와 같다.

$$I_1=\frac{1}{\sqrt{3}}\times CT비 \times I_2=\frac{1}{\sqrt{3}}\times \frac{100}{5}\times 5=57.74[A]$$

답 57.74[A]

3) 델타결선

변압기, 발전기, 모선의 내부고장검출을 위하여 비율차동계전기가 주로 사용되며, 이때 비율차동계전에 접속되는 CT의 델타결선이 사용된다. CT 2차측에 흐르는 전류는 선전류이며, 전류의 크기는 상전류 보다 $\sqrt{3}$ 배 크고, 30°의 위상차가 발생한다.

① CT 2차 측에 흐르는 전류 : 선전류는 상전류 보다 $\sqrt{3}$ 배 크고, 위상은 30° 느리다.

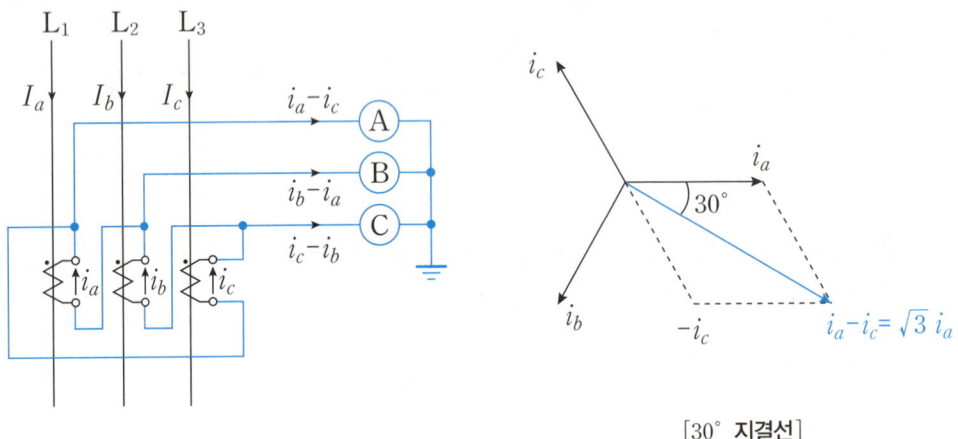

[30° **지결선**]

② CT 2차 측에 흐르는 전류 : 선전류는 상전류 보다 $\sqrt{3}$ 배 크고, 위상은 30° 빠르다.

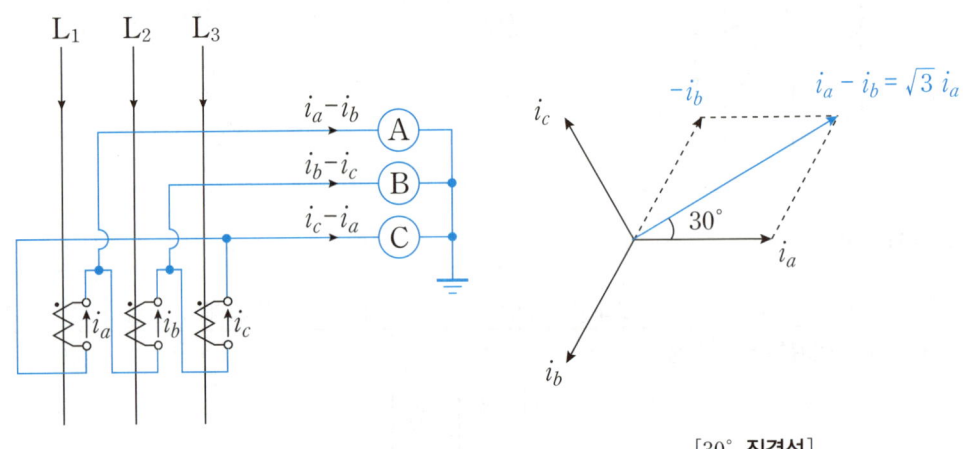

[30° **진결선**]

3 전력수급용 계기용변성기(MOF)

1. 전력수급용 계기용변성기의 역할

   전력량계로 고압이상의 전기회로의 전기사용량을 적산하기 위하여 고전압과 대전류를 저전압과 소전류도 변성하는 장치이다. PT와 CT가 함께 내장되어 전력량계에 전원을 공급한다.

2. 전력수급용 계기용변성기 심벌

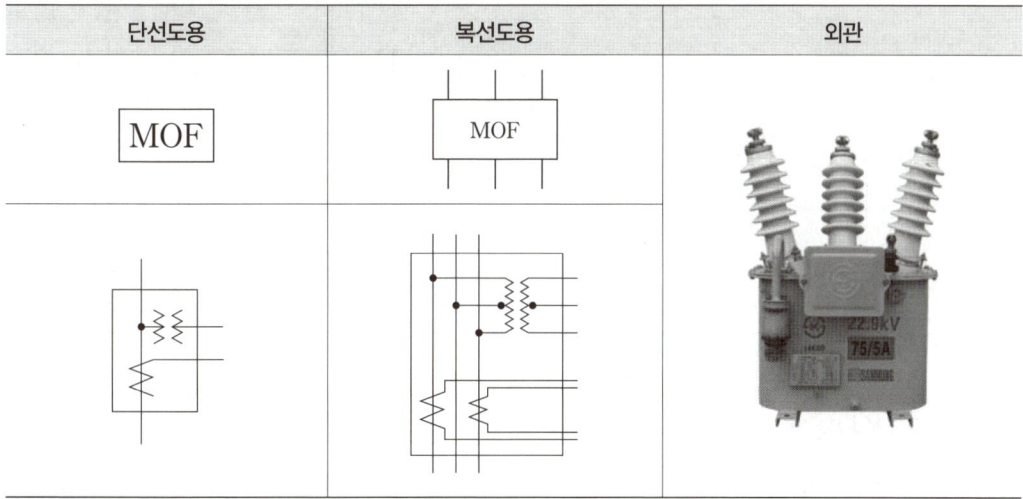

개념 확인문제   Check up!

단답 문제 아래의 도면에 ①, ②에 알맞은 심벌을 그리시오.

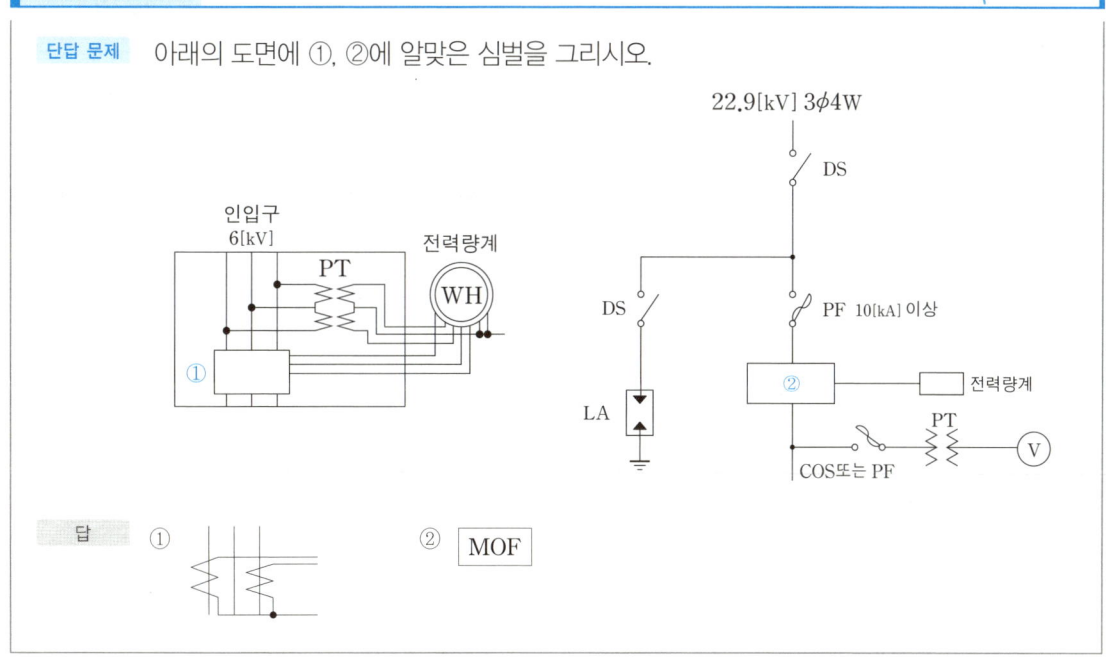

3. 전력수급용 계기용변성기 결선

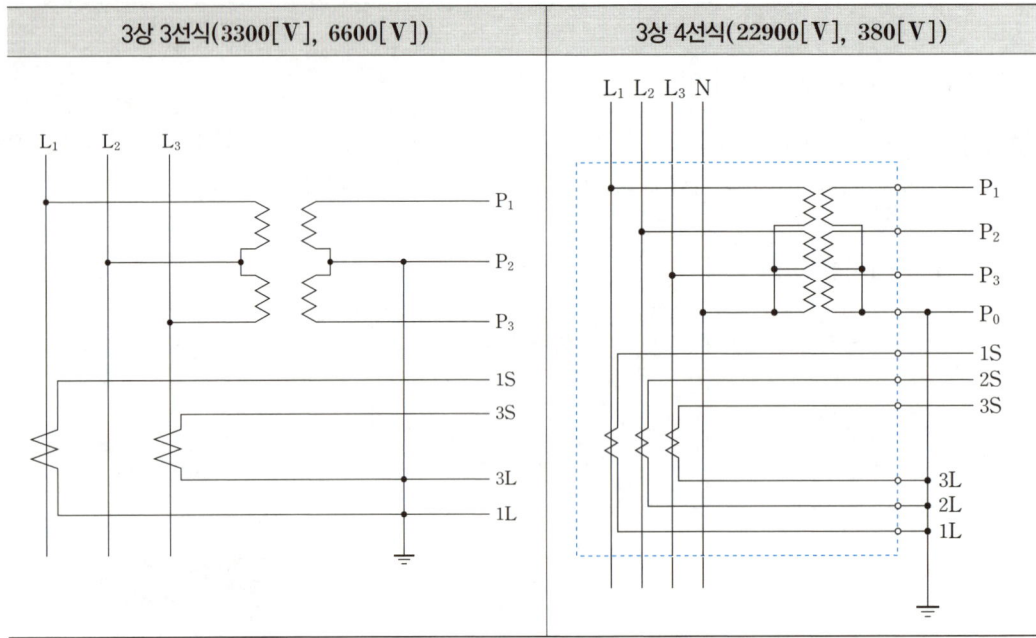

4. MOF 승률 [PT비×CT비]

   PT비가 13200/110, CT비가 10/5 일 경우 MOF의 승률은 120×2=240이 된다. 즉, 전력량계에 계측되는 전력량이 1kWh일 경우 1차측 사용전력량은 240kWh이다.

5. MOF의 과전류강도

   MOF의 과전류강도는 기기 설치점에서 단락전류에 의하여 계산을 적용하되, 22.9kV급으로서 60A 이하의 MOF 최소 과전류강도는 전기사업자규격에 의한 (75)배로 하고, 계산한 값이 (75)배 이상인 경우에는 (150)배를 적용하며, 60A 초과시 MOF의 과전류강도는 (40)배로 적용한다.

4 영상변류기(ZCT)

1. 영상변류기의 역할

영상변류기는 비접지 계통에서 지락사고시 mA 단위의 지락전류(영상전류) 검출을 위해 사용한다. 또한 영상변류기는 지락계전기, 선택지락계전기 등과 함께 지락보호협조에 사용한다. 정상상태에서는 각 상의 자속이 평형이 되어 2차 전류가 흐르지 않으며, 1선 지락 사고시 각 상의 전류가 불평형이 되어 2차 측에 전류가 흐른다.

2. 영상변류기의 약호·심벌

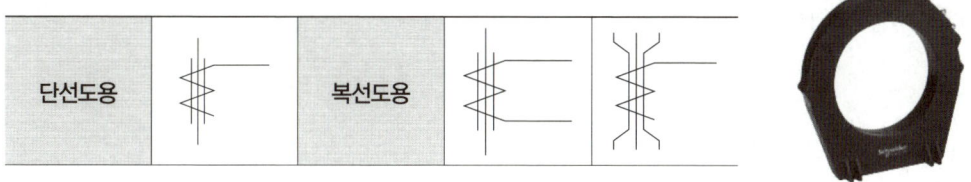

3. 지락전류 검출방법

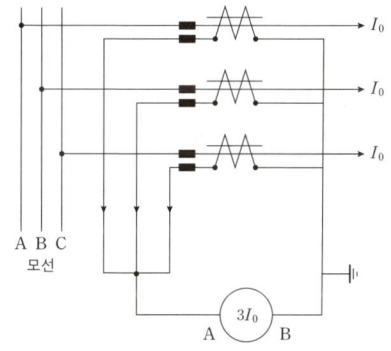

[CT Y결선 잔류회로방식]

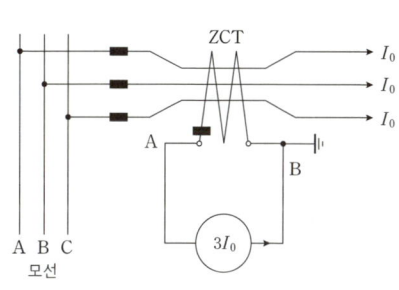

[영상변류기 방식]

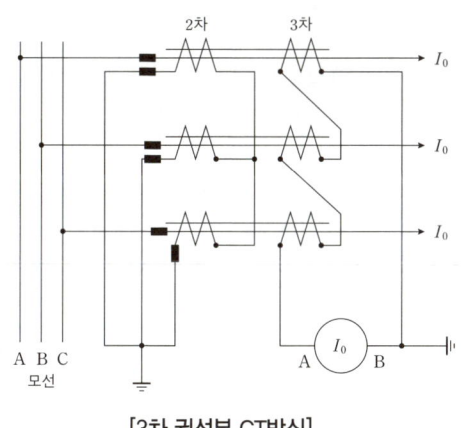

[3차 권선부 CT방식]

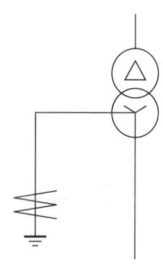

[중성점 CT방식]

4. 영상변류기 설치 방법

1) ZCT를 고압 케이블의 부하 측에 부착하는 경우

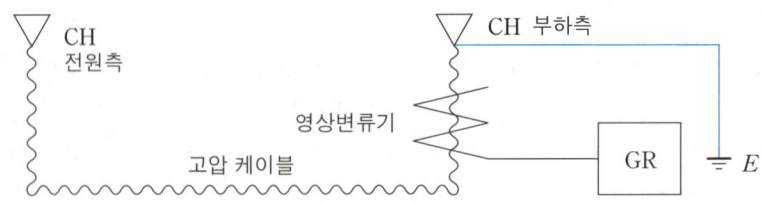

[케이블 차폐층의 접지선은 ZCT를 관통시키지 않음]

2) ZCT를 고압 케이블의 전원 측에 부착하는 경우

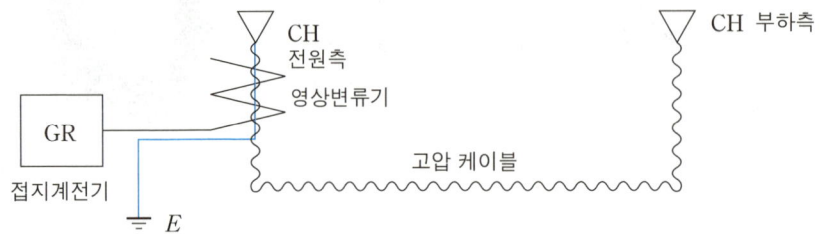

[케이블 차폐층의 접지선은 ZCT를 관통]

개념 확인문제

단답 문제 6600[V] 3상 3선식인 아래의 도면 ①,②의 기기의 약호를 쓰시오.

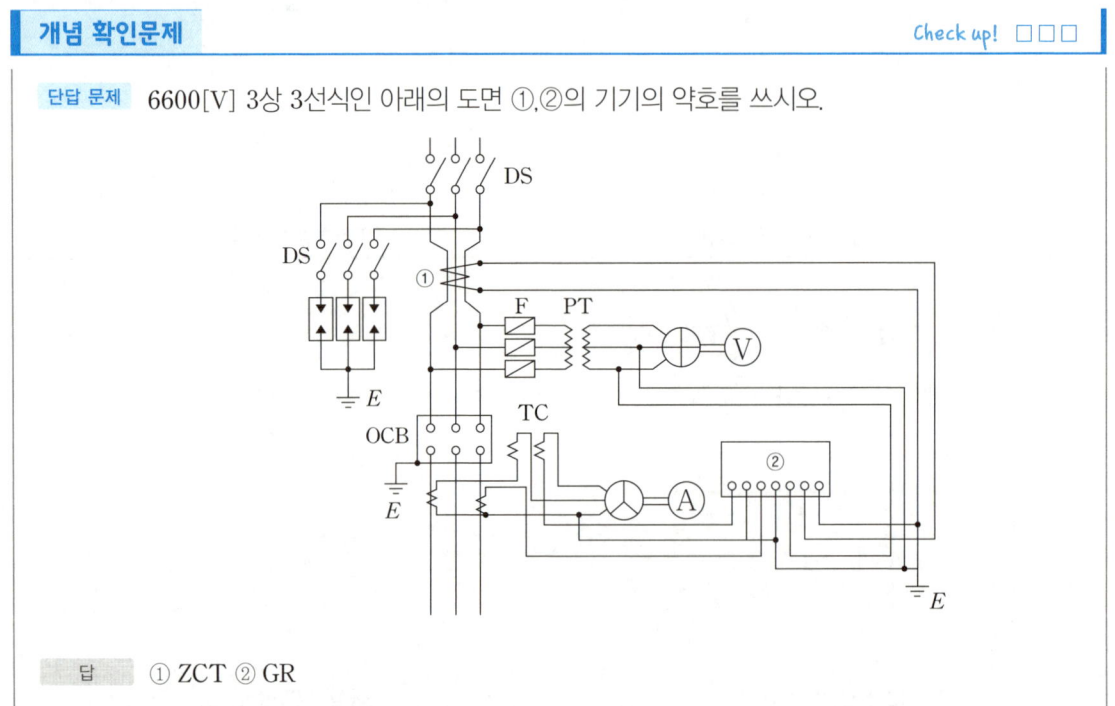

답 ① ZCT ② GR

5 접지형계기용변압기(GPT)

1. 접지형계기용변압기의 역할

비접지 계통에서 GPT를 이용하여 1선지락사고시 영상전압을 검출한다. 비접지 계통(델타결선)에서 1선지락사고시 지락된 상은 0V가 되며, 건전상의 전위는 $\sqrt{3}$ 배 상승한다. 또한, 지락사고시 GPT 개방단은 약 190V의 영상전압이 검출된다.

2. 접지형계기용변압기의 약호·도시

약호	도시의 예
GPT	

3. 접지형계기용변압기의 정격

공칭전압	3300[V]	6600[V]	22900[V]
정격	$\dfrac{3300}{\sqrt{3}} / \dfrac{110}{\sqrt{3}}$	$\dfrac{6600}{\sqrt{3}} / \dfrac{110}{\sqrt{3}}$	◦1차 : $\dfrac{22900}{\sqrt{3}}$ ◦2차 : $\dfrac{110}{\sqrt{3}}$ ◦3차 : $\dfrac{110}{\sqrt{3}}$

4. 한류 저항기(CLR) : 계전기 동작에 필요한 유효분 전류를 공급

개념 확인문제   Check up! ☐☐☐

단답 문제 다음 그림에서 Ⓥ 가 지시하는 것은 무엇인가?

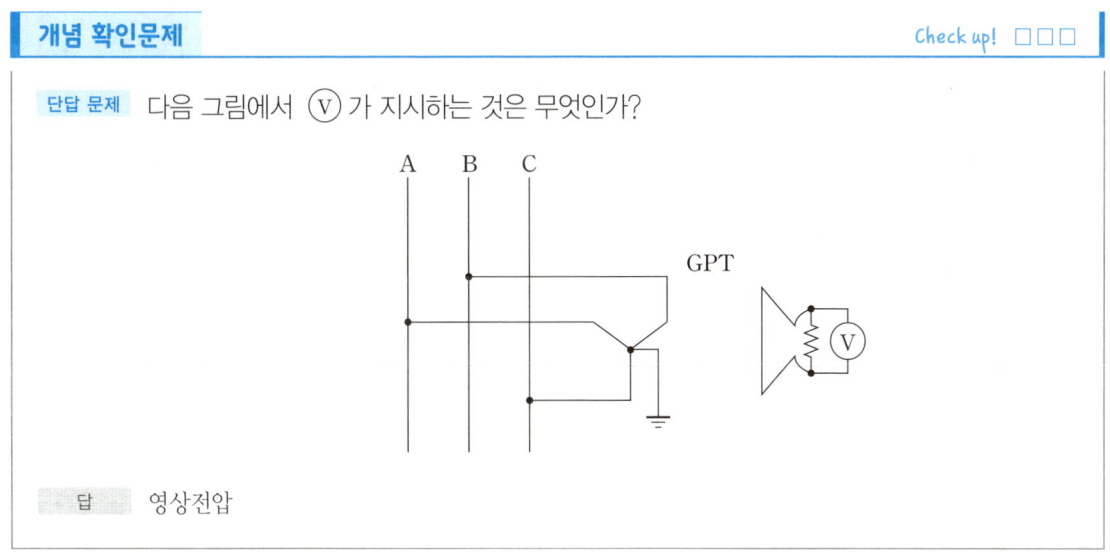

답 영상전압

5. 접지형계기용변압기 결선

1) GPT 1차측 결선(Y결선 중성점 접지) 및 전위변화

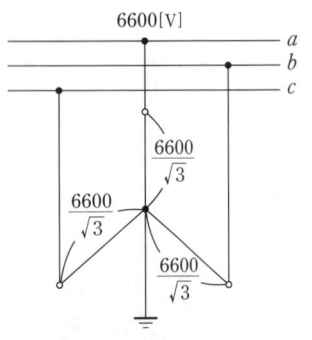

a상이 완전 지락된 경우 a상의 전위는 $0[V]$가 된다. 이때 건전상인 b상과 c상의 전위는 $\sqrt{3}$배 증가된다. 즉 1차 b상과 c상의 전위는 $6600[V]$이다.

- a상이 지락된 경우 a상의 전위 : $0[V]$
- b상의 전위 : $\dfrac{6600}{\sqrt{3}} \times \sqrt{3} = 6600[V]$
- c상의 전위 : $\dfrac{6600}{\sqrt{3}} \times \sqrt{3} = 6600[V]$

2) GPT 2차측 결선(개방델타) 및 전위변화

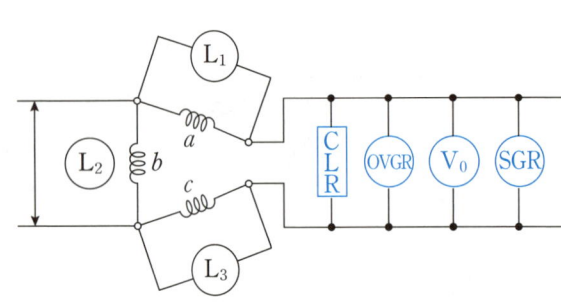

1차측 a상이 지락된 경우 2차측 a상의 전위도 $0[V]$가 된다. 한편, 2차측의 b상과 c상의 전위도 $\sqrt{3}$배 증가되어 전위는 $110[V]$가 된다.

- b상의 전위 : $\dfrac{110}{\sqrt{3}} \times \sqrt{3} = 110[V]$
- c상의 전위 : $\dfrac{110}{\sqrt{3}} \times \sqrt{3} = 110[V]$

램프의 상태는 a상의 전위는 $0[V]$이므로 a상의 램프는 소등되고, b상과 c상의 램프는 전위상승으로 인해 더욱 밝아진다. **2차측 권선의 개방단 전압은 영상전압의 3배인 190[V]까지 상승한다.** 이 영상전압이 계전기의 입력전압으로 지락사고를 검출한다.

개념 확인문제   Check up! ☐☐☐

단답 문제   주변압기가 3상 △결선(6.6[kV] 계통)일 때 지락사고시 지락보호에 대하여 답하시오.
(1) 지락보호에 사용하는 변성기 및 계전기의 명칭을 쓰시오.
    ① 변성기   ② 계전기
(2) 영상전압을 얻기 위하여 단상 PT 3대를 사용하는 경우 접속 방법을 간단히 설명하시오.

답 (1) ① 변성기 : 접지형 계기용변압기   ② 계전기 : 선택지락계전기
(2) 1차측을 Y결선하여 중성점을 직접접지하고, 2차측은 개방 델타결선하고 한 단자를 접지한다.

01 계기용변압기 - 오결선

어떤 전기 설비에서 $3300[\text{V}]$의 고압 3상 회로에 변압비 33의 계기용변압기 2대를 그림과 같이 설치하였다. 전압계 V_1, V_2, V_3의 지시값을 각각 구하여라.

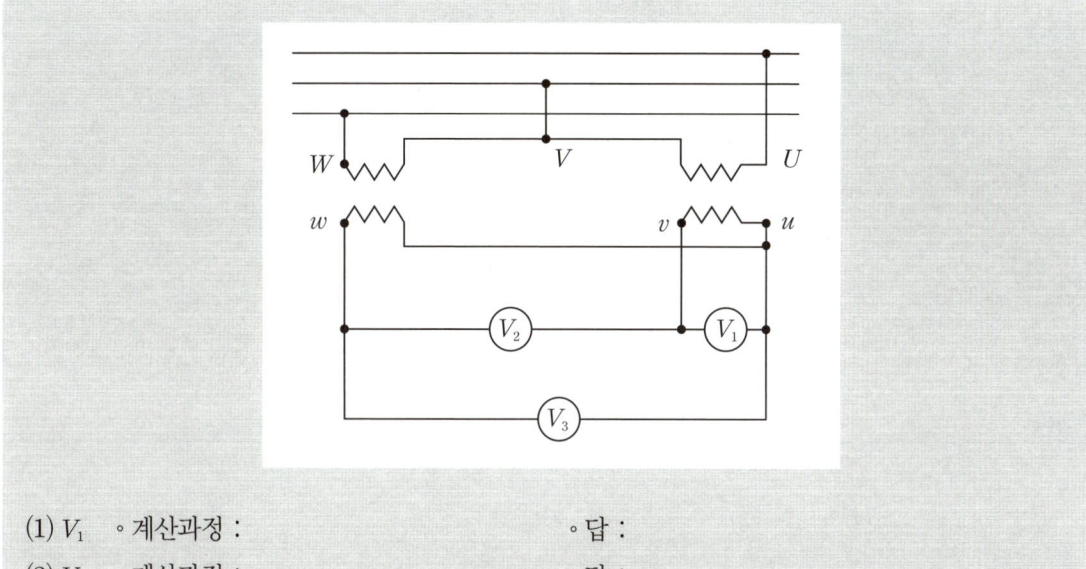

(1) V_1 ○계산과정 :   ○답 :
(2) V_2 ○계산과정 :   ○답 :
(3) V_3 ○계산과정 :   ○답 :

정답

(1) $V_1 = \dfrac{3300}{33} = 100[\text{V}]$ 답 $100[\text{V}]$

(2) $V_2 = \dfrac{3300}{33} \times \sqrt{3} = 173.21[\text{V}]$ 답 $173.21[\text{V}]$

(3) $V_3 = \dfrac{3300}{33} = 100[\text{V}]$ 답 $100[\text{V}]$

02 변류기 - 가동접속

평형 3상 회로에 변류비 100/5인 변류기 2개를 그림과 같이 접속하였을 때 전류계에 3[A]의 전류가 흘렀다. 1차 전류의 크기는 몇 [A]인가?

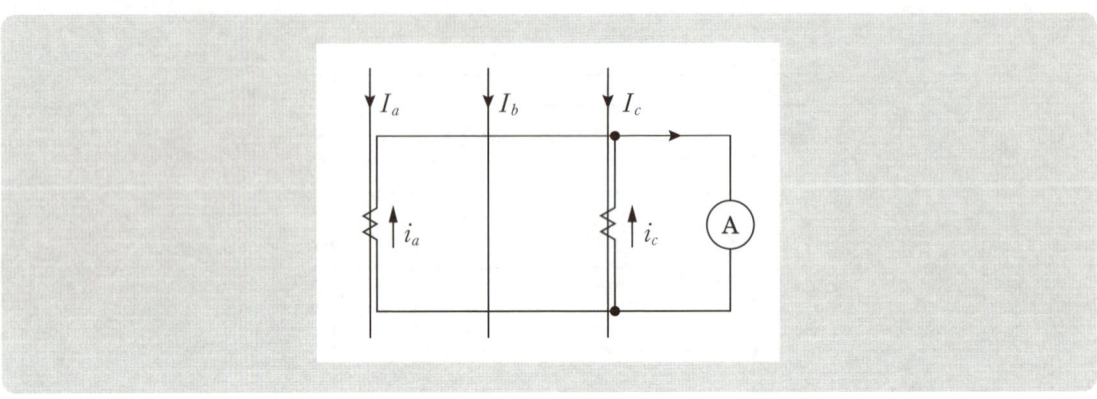

정답

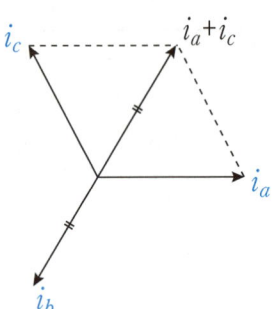

$3 \times \dfrac{100}{5} = 60[\text{A}]$ 답 60[A]

03 변류기 – V결선

CT 2대를 V결선하여 OCR 3대를 그림과 같이 연결하여 사용할 경우 다음 각 물음에 답하시오.

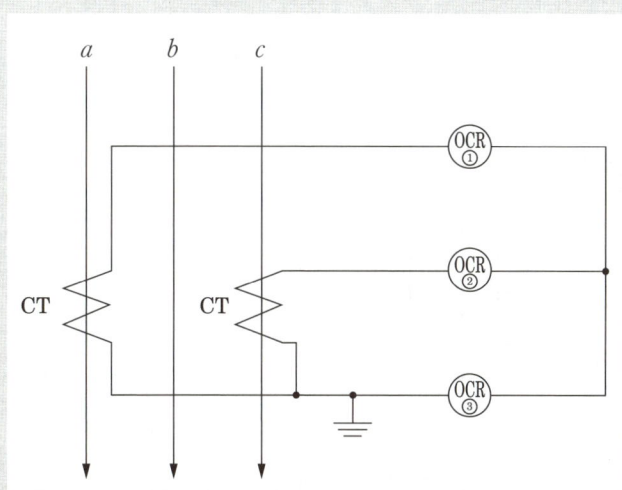

(1) 국내에서 사용되는 CT는 일반적으로 어떤 극성을 사용하는가?

(2) 도면에서 사용된 CT의 변류비가 30:5이고 변류기 2차측 전류를 측정하니 3[A]의 전류가 흘렀다면 수전전력은 몇 [kW]인가? (단, 수전전압은 22900[V]이고 역률은 90[%]이다.)
　◦ 계산 과정 :　　　　　　　　　　　　　　　◦ 답 :

(3) OCR중 ③번 OCR에 흐르는 전류는 어떤 상의 전류인가?

(4) OCR은 주로 어떤 사고가 발생하였을 때 동작하는가?

(5) 통전 중에 있는 변류기 2차측 기기를 교체하고자 할 때 가장 먼저 취하여야 할 조치는 무엇인지를 설명하시오.

정답

(1) 감극성

(2) $P = \sqrt{3} \times 22900 \times \left(3 \times \dfrac{30}{5}\right) \times 0.9 \times 10^{-3} = 642.56 \, [\text{kW}]$　　　답　642.56[kW]

(3) b상

(4) 단락사고

(5) CT 2차측 단락

04 차단기 트립방식

그림은 차단기 트립방식을 나타낸 도면이다. 트립방식의 명칭을 쓰시오.

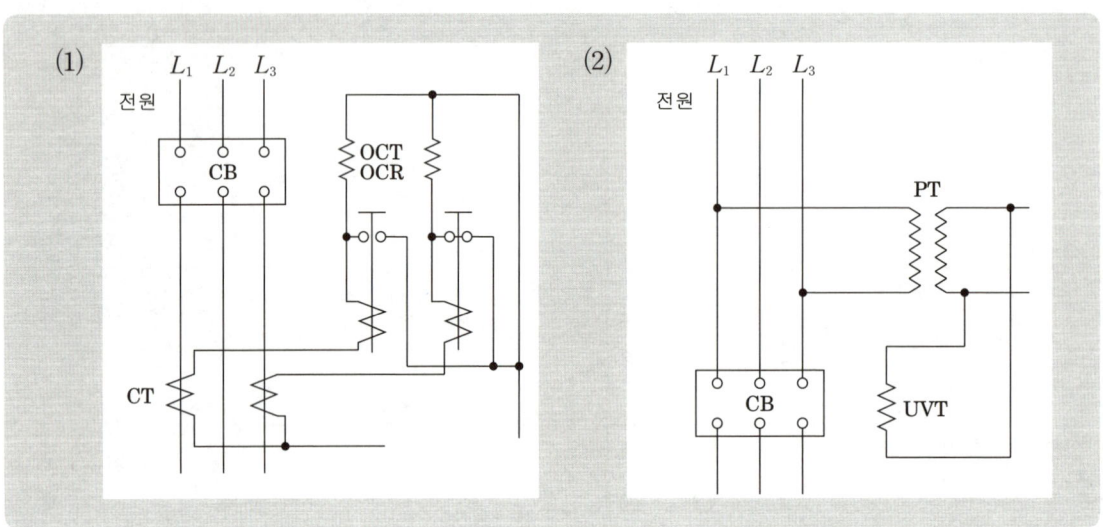

정답

(1) 과전류 트립방식

(2) 부족전압 트립방식

05 접지형 계기용변압기

변압비 $\dfrac{3300}{\sqrt{3}}/\dfrac{110}{\sqrt{3}}$[V]인 GPT의 오픈델타결선에서 1상이 완전지락된 경우 나타나는 영상전압은 몇 [V]인지 구하시오.

정답

$110 \times \sqrt{3} = 190.53$[V]

답 190.53[V]

06 지락보호시스템

그림은 특고압 수변전설비 중 지락보호회로 복선도의 일부분이다. ①~⑤까지에 해당되는 부분의 각 명칭을 쓰시오.

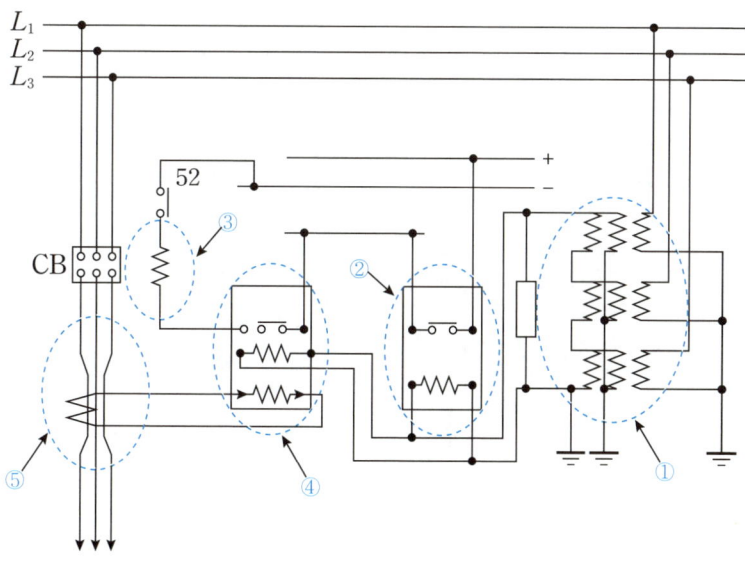

정답

① 접지형 계기용변압기(GPT)

② 지락 과전압 계전기 (OVGR)

③ 트립코일(TC)

④ 선택 지락 계전기(SGR)

⑤ 영상 변류기(ZCT)

07　고압수전설비 - GPT

그림과 같은 수변전 결선도를 보고 다음 물음에 답하시오.

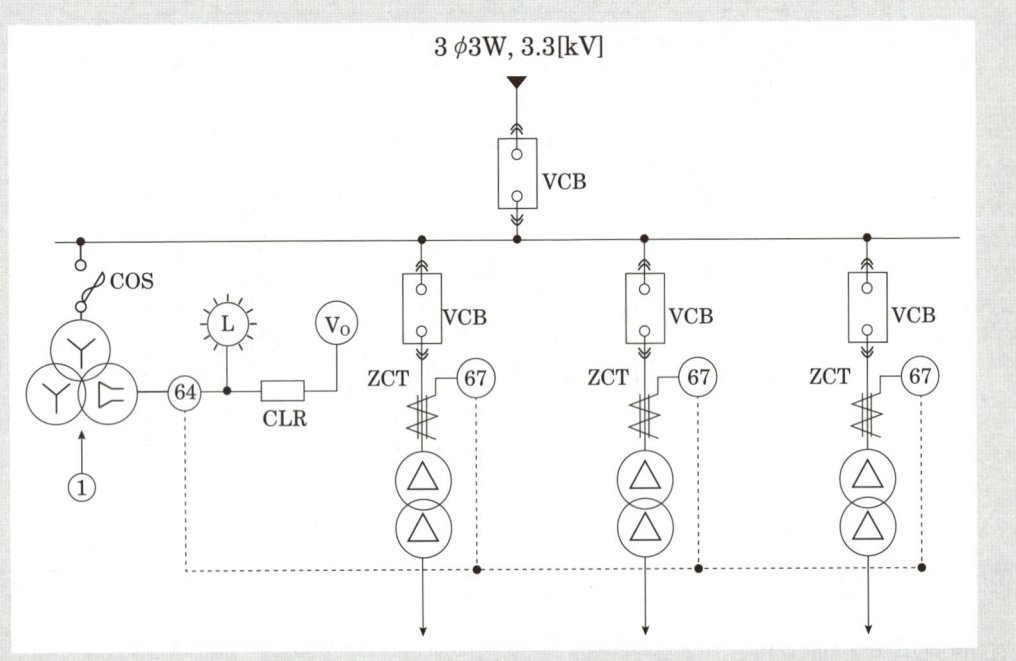

(1) ①번에 알맞은 기기의 명칭을 쓰시오.

(2) 위 배전계통의 접지방식을 쓰시오.

(3) 도면에서 CLR의 명칭을 쓰시오.

(4) 위 도면에서 계전기 67의 명칭을 쓰시오.

정답

(1) 접지형 계기용변압기
(2) 비접지방식
(3) 한류저항기
(4) 지락방향계전기

◎ 참고

한류저항기 설치 목적

① 계전기를 동작시키는데 필요한 유효전류를 발생
② 오픈델타 회로의 각 상전압 중의 제3고조파 억제
③ 중성점 불안정 등 비접지 회로의 이상현상 억제

08 GPT - 결선유형 ①

비접지선로의 접지전압을 검출하기 위하여 그림과 같은 (Y-개방 ⊿) 결선을 한 GPT가 있다.

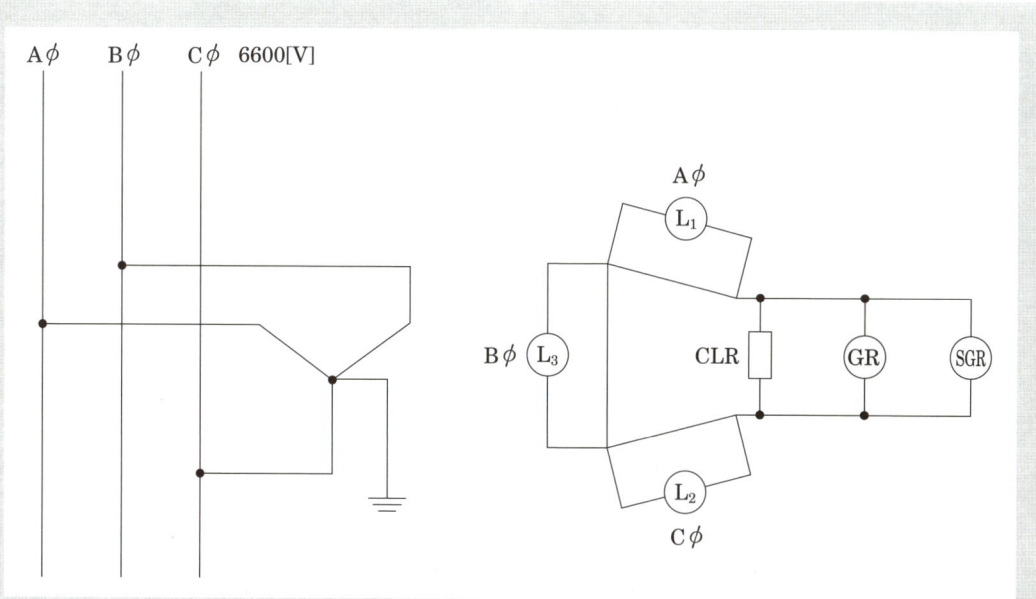

(1) $A\phi$고장시(완전지락시) 2차 접지표시등 L_1, L_2, L_3의 점멸과 밝기를 비교하시오.

(2) 1선 지락사고시 건전상의 대지 전위의 변화를 간단히 설명하시오.

(3) GR, SGR의 우리말 명칭을 간단히 쓰시오.
   ◦ GR :
   ◦ SGR :

정답

(1) L_1은 소등되고, L_2, L_3은 더욱 밝아진다.

(2) GPT 1차측의 건전상의 대지전위는 $6600/\sqrt{3}$ [V]이나 1선 지락사고시 전위가 $\sqrt{3}$ 배로 증가하여 6600[V]가 되고 2차 측은 110[V]가 된다.

(3) ◦ GR : 지락계전기
   ◦ SGR : 선택지락계전기

09 GPT – 결선유형 ②

고압선로에서의 접지사고 검출 및 경보장치를 그림과 같이 시설하였다. A선에 누전사고가 발생하였을 때 다음 각 물음에 답하시오. (단, 전원이 인가되고 경보벨의 스위치는 닫혀있는 상태라고 한다.)

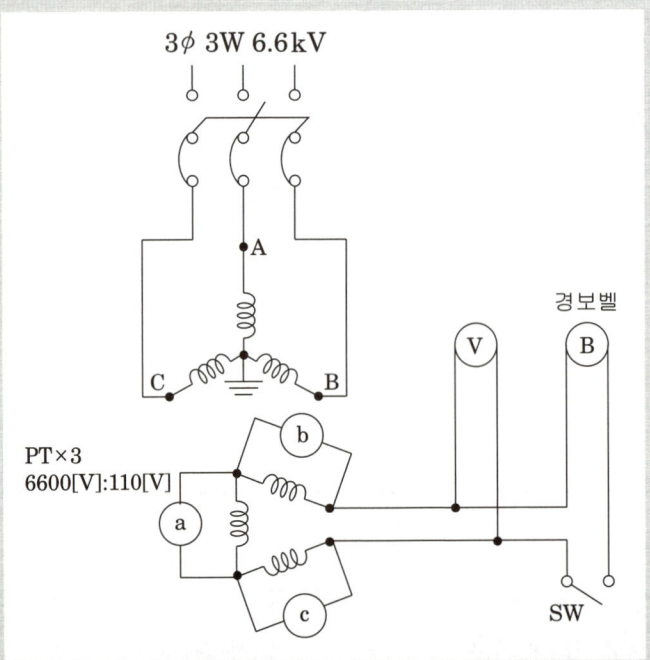

(1) 1차측 A선의 대지 전압이 0[V]인 경우 B선 및 C선의 대지 전압은 각각 몇 [V]인가?
   ① B선의 대지전압   ◦계산과정 :   ◦답 :
   ② C선의 대지전압   ◦계산과정 :   ◦답 :

(2) 2차측 전구 ⓐ의 전압이 0[V]인 경우 ⓑ 및 ⓒ 전구의 전압과 전압계 Ⓥ의 지시 전압, 경보벨 Ⓑ에 걸리는 전압은 각각 몇 [V]인가?
   ① ⓑ 전구의 전압   ◦계산과정 :   ◦답 :
   ② ⓒ 전구의 전압   ◦계산과정 :   ◦답 :
   ③ 전압계 Ⓥ의 지시 전압   ◦계산과정 :   ◦답 :
   ④ 경보벨 Ⓑ에 걸리는 전압   ◦계산과정 :   ◦답 :

정답

(1) ① B선의 대지전압 : $\dfrac{6600}{\sqrt{3}} \times \sqrt{3} = 6600[\text{V}]$ 답 6600[V]

② C선의 대지전압 : $\dfrac{6600}{\sqrt{3}} \times \sqrt{3} = 6600[\text{V}]$ 답 6600[V]

(2) ① ⓑ 전구의 전압 : $\dfrac{110}{\sqrt{3}} \times \sqrt{3} = 110[\text{V}]$ 답 110[V]

② ⓒ 전구의 전압 : $\dfrac{110}{\sqrt{3}} \times \sqrt{3} = 110[\text{V}]$ 답 110[V]

③ 전압계 Ⓥ의 지시 전압 : $110 \times \sqrt{3} = 190.53[\text{V}]$ 답 190.53[V]

④ 경보벨 Ⓑ에 걸리는 전압 : $110 \times \sqrt{3} = 190.53[\text{V}]$ 답 190.53[V]

10 수변전 설비 도면

그림과 같은 결선도를 보고 다음 각 물음에 답하시오.

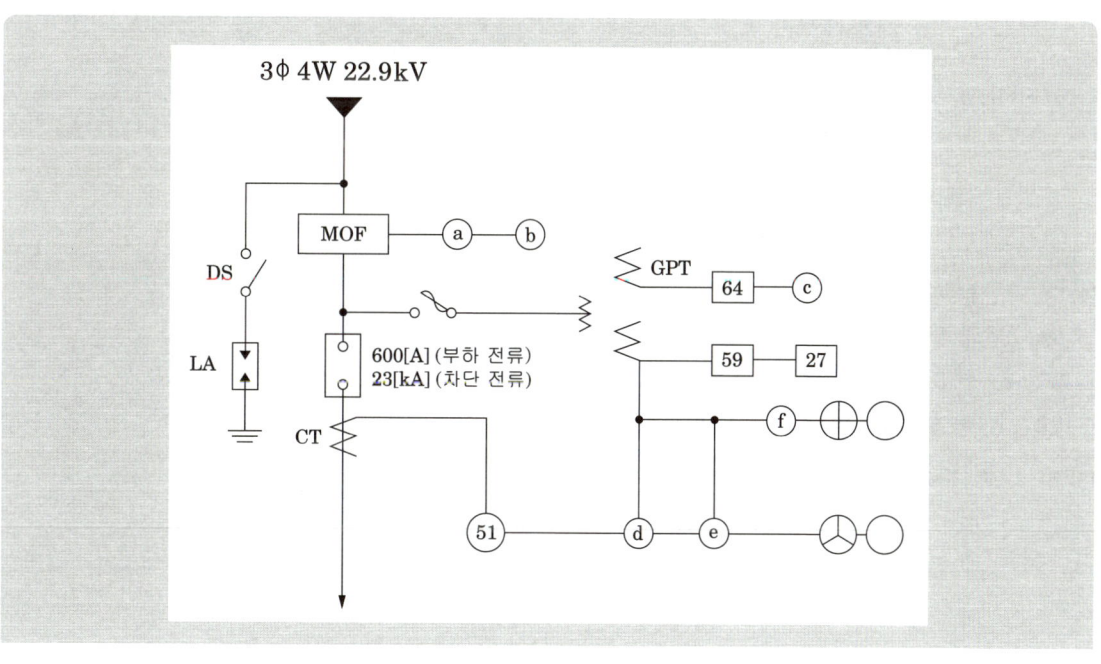

(1) 그림에서 ⓐ~ⓒ까지의 계기의 명칭을 우리말로 쓰시오.

(2) VCB의 정격 전압과 차단 용량을 구하시오.
  ① 정격전압
    ◦계산 과정 :   ◦답 :
  ② 차단용량
    ◦계산 과정 :   ◦답 :

(3) MOF의 우리말 명칭과 그 용도를 쓰시오.
  ① 명칭 :   ② 용도 :

(4) 그림에서 ☐ 속에 표시되어 있는 제어기구 번호에 대한 우리말 명칭을 쓰시오.

(5) 그림에서 ⓓ~ⓕ까지에 대한 계기의 약호를 쓰시오.

정답

(1) ⓐ 최대수요전력량계
    ⓑ 무효 전력량계
    ⓒ 영상 전압계

(2) ① 차단기의 정격전압＝공칭 전압×$\frac{1.2}{1.1}$

   $22.9 \times \frac{1.2}{1.1} = 24.98 [\text{kV}]$ 답 25.8[kV]

   ② 차단용량 : $P_s = \sqrt{3}\, V_n I_{kA}$

   $P_s = \sqrt{3} \times 25.8 \times 23 = 1027.8 [\text{MVA}]$ 답 1027.8[MVA]

(3) ① 명칭 : 전력수급용 계기용변성기
    ② 용도 : PT와 CT를 함께 내장하여 전력량계에 전원공급

(4) 51 : 과전류 계전기
    59 : 과전압 계전기
    27 : 부족전압 계전기
    64 : 지락과전압 계전기

(5) ⓓ : kW   ⓔ : PF   ⓕ : F

electrical engineer

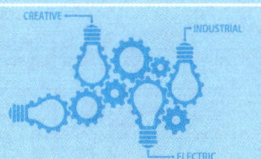

1 피뢰기[LA]

1. **피뢰기 역할**

   이상전압 내습시 뇌전류를 방전하고 속류를 차단한다. 피뢰기는 평상시에는 절연체의 역할을 하고 이상전압시 접지의 역할을 하게 된다. 한편, 22.9[kV-Y]용의 LA는 Disconnector(또는 Isolator) 붙임형을 사용하여야 한다. Disconnector 또는 Isolator는 피뢰기 고장시 피뢰기의 접지측을 대지로부터 분리시키는 역할을 한다.

2. **피뢰기 약호 및 심벌**

약호	단선도용 심벌	복선도용 심벌
LA	⏚ E	⏚ E

3. **피뢰기 공칭방전전류**

공칭방전전류	설치장소	적용조건
10000[A]	변전소	• 154[kV] 이상의 계통 • 66[kV] 및 그 이하에서 Bank용량이 3000[kVA]를 초과 • 장거리 송전선 케이블 및 정전 축전기 bank를 개폐하는 곳
5000[A]	변전소	• 66[kV] 및 그 이하 계통에서 뱅크용량이 3000[kVA] 이하
2500[A]	선로·변전소	• 22.9[kV] 이하의 배전선로 및 배전선로피더 인출측

4. **피뢰기 구조**

   피뢰기는 직렬갭과 특성요소(탄화규소)로 이루어져 있고, 직렬갭이 없고 특성요소만(산화아연형)으로 제작한 갭리스형 피뢰기가 있다. 갭리스형 피뢰기는 구조가 간단하고 소형 경량화 할 수 있다. 또한, 속류가 없어 빈번한 작동에도 잘 견디고, 전압-전류특성은 전압이 거의 일정한 정전압에 가깝다. 산화아연으로 만든 특성요소는 탄화규소로 만든 피뢰기에 비해 서지의 흡수속도와 속류를 차단하는 속도가 빠르다.

> **개념 확인문제**   Check up! ☐☐☐
>
> **단답 문제** 피뢰기의 설치 위치를 간단히 설명하고, 피뢰기의 구조는 무엇과 무엇으로 이루어져 있는지 쓰시오.
>
> • 설치 위치 :   • 피뢰기 구조 :
>
> **답** • 파워퓨즈 또는 컷아웃 스위치 전단에 설치한다.   • 직렬갭과 특성요소

5. 피뢰기 구비조건

- 방전내량이 클 것
- 제한전압이 낮을 것
- 속류 차단 능력이 클 것
- 충격 방전개시전압이 낮을 것
- 상용주파 방전개시 전압이 높을 것

6. 피뢰기의 정격전압 : 속류를 차단하는 상용주파수 최고의 교류전압[실효치]

공칭전압[kV]	중성점 접지	피뢰기정격전압[kV]	
		변전소	배전선로
3.3	비접지	7.5	7.5
6.6	비접지	7.5	7.5
22	비접지	24	
22.9	3상4선식 다중접지	21	18
66	소호리액터접지 또는 비접지	72	
154	유효접지	144	
345	유효접지	288	

7. 피뢰기 설치시 점검사항

- 피뢰기 절연저항 측정
- 피뢰기 애자부분 손상여부
- 단자 및 단자볼트 점검
- 접지선의 접속상태

8. 피뢰기 구매시 고려사항

- 정격전압
- 공칭방전전류
- 사용장소

2 서지흡수기[SA]

1. **서지흡수기 역할**

   구내선로에서 발생할 수 있는 개폐서지, 순간과도전압 등으로 이상전압이 2차기기에 악영향을 주는 것을 막기 위해 서지흡수기를 시설하는 것이 바람직하다.

2. **서지흡수기 설치위치**

   서지흡수기는 보호하고자 하는 기기[건식, 몰드변압기 또는 전동기]전단으로 개폐서지를 발생하는 차단기[VCB]후단과 부하측 사이에 설치한다.

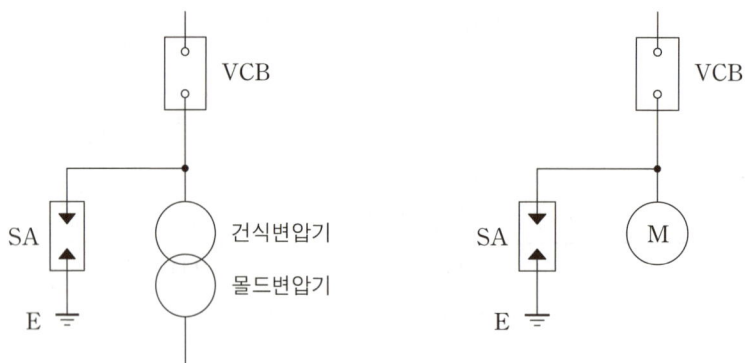

3. **서지흡수기 정격**

공칭전압[kV]	3.3	6.6	22.9
정격전압[kV]	4.5	7.5	18
공칭방전전류[kA]	5	5	5

개념 확인문제   Check up! □□□

> **단답 문제** 수전전압 22.9[kV] 변압기 용량 3000[kVA]의 수전설비를 계획할 때 외부와 내부의 이상전압으로부터 계통의 기기를 보호하기 위해 설치해야 할 기기의 명칭과 그 설치 위치를 설명하시오. (단, 변압기는 몰드형으로서 변압기 1차의 주차단기는 진공차단기를 사용하고자 한다.)
>
> (1) 낙뢰 등 외부 이상전압   (2) 개폐 이상전압 등 내부 이상전압
>
> **답** (1) ◦ 기기명 : 피뢰기(LA)   ◦ 설치위치 : 진공 차단기 1차측
>   (2) ◦ 기기명 : 서지 흡수기(SA)   ◦ 설치위치 : 진공 차단기 2차측과 몰드형 변압기 1차측 사이

4. 서지흡수기 적용

차단기 종류 전압등급 2차보호기기		VCB [진공차단기]				
		3[kV]	6[kV]	10[kV]	20[kV]	30[kV]
전동기		적용	적용	적용	–	–
변압기	유입식	불필요	불필요	불필요	불필요	불필요
	몰드식	적용	적용	적용	적용	적용
	건식	적용	적용	적용	적용	적용
콘덴서		불필요	불필요	불필요	불필요	불필요
변압기와 유도기기와의 혼용시		적용	적용	–	–	–

개념 확인문제 | Check up! □□□

단답 문제 수전전압 22.9[kV-Y]에 진공차단기와 몰드변압기를 사용하는 경우 개폐시 이상전압으로부터 변압기 등 기기보호 목적으로 사용되는 것으로 LA와 같은 구조와 특성을 가진 것을 쓰시오.

답 서지흡수기(SA)

단답 문제 서지 흡수기(Surge Absorber)의 주요 기능에 대하여 설명하시오.

답 차단기의 투입, 차단시에는 서지가 발생되며 경우에 따라서는 선로에 영향을 미치므로 전동기, 변압기 등을 서지로부터 보호한다.

단답 문제 다음은 전압등급 3[kV]인 SA의 시설 적용을 나타낸 표이다. 빈 칸에 적용 또는 불필요를 구분하여 쓰시오.

2차 보호기기 차단기종류	전동기	변압기			콘덴서
		유입식	몰드식	건식	
VCB	①	②	③	④	⑤

답 ① 적용 ② 불필요 ③ 적용 ④ 적용 ⑤ 불필요

3 서지보호장치[SPD]

1. 서지보호장치의 역할

    전기설비로 유입되는 뇌서지를 피보호물의 절연내력 이하로 제한함으로써 기기를 안전하게 보호하기 위해서 전기기기 전단에 설치되며, 과도적인 과전압을 제한하고 서지전류를 분류한다.

2. 서지보호장치의 원리

    정상전압에서는 전류를 흘리지 않으나 전압이 높아지면 많은 전류를 흘린다. 이상전압 및 전류가 침입시 전압이 인가되지 않도록 하고 서지보호장치로 이상전류를 흐르게 한다.

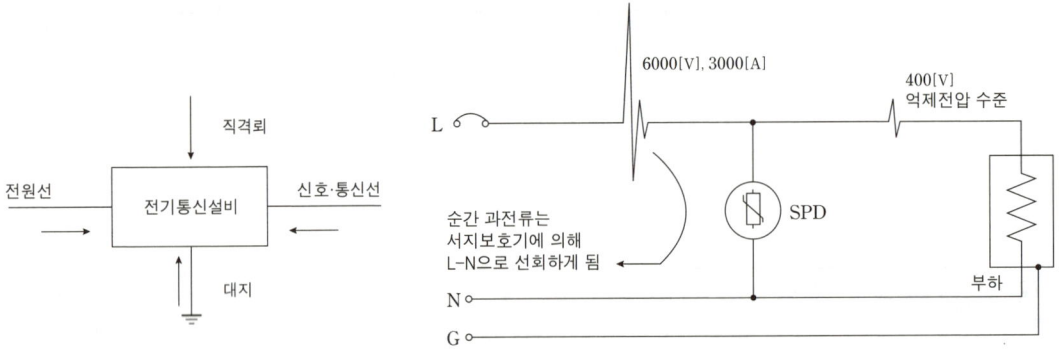

3. 서지의 종류

    직격뢰, 유도뢰, 개폐서지

4. 서지의 유입 경로

    전원선로, 통신선로, 접지계통

5. 서지보호장치의 분류

    (1) 기능상 분류 : 전압 억제형, 전압스위치형, 조합형 SPD
    (2) 구조상 분류 : 1포트 SPD, 2포트 SPD

01 피뢰기 관련용어

피뢰기에 대한 다음 각 물음에 답하시오.

> (1) 현재 사용되고 있는 교류용 피뢰기의 구조는 무엇과 무엇으로 구성되어 있는지 쓰시오.
> (2) 피뢰기의 정격전압은 어떤 전압인지 설명하시오.
> (3) 피뢰기의 제한전압은 어떤 전압인지 설명하시오.
> (4) 피뢰기의 충격방전개시전압은 어떤 전압인지 설명하시오.
> (5) 방전내량은 선로 및 발·변전소의 차폐 유무와 그 지방의 IKL을 참고하여 결정한다. 여기서 IKL의 우리말 명칭이 무엇인지 쓰시오.

정답

(1) 직렬갭, 특성요소
(2) 속류를 차단하는 상용주파 최고의 교류전압
(3) 충격파 전류가 흐르고 있을 때 피뢰기의 단자 전압
(4) 피뢰기 단자에 충격파를 인가했을 경우 방전을 개시하는 전압
(5) 연간뇌우일수 (Iso Keraunic Level)

참고

속류 : 전력계통에서 공급되어 피뢰기에 흐르는 상용주파의 전류

02 피뢰기 정격전압

154[kV] 중성점 직접 접지 계통의 피뢰기 정격전압은 어떤 것을 선택해야 하는가? (단, 접지 계수는 0.75이고, 유도계수는 1.1이다.)

피뢰기의 정격전압[kV]					
126	144	154	168	182	196

정답

$V_n = \alpha \cdot \beta \cdot V_m = 0.75 \times 1.1 \times 170 = 140.25 [\text{kV}]$ 답 144[kV]

03 기준충격 절연강도 - BIL

주어진 조건을 참조하여 다음 각 물음에 답하시오.

[조 건]

차단기 명판(name plate)에 BIL 150[kV], 정격 차단전류 20[kA], 차단시간 8 사이클, 솔레노이드(solenoid)형 이라고 기재되어 있다. (단, BIL은 절연계급 20호 이상의 비유효 접지계에서 계산하는 것으로 한다.)

(1) BIL(Basic Impulse Insulation Level) 란 무엇인가?
(2) 이 차단기의 정격전압은 몇 [kV]인가?
　◦계산 과정 :　　　　　　　　　　◦답 :
(3) 이 차단기의 정격 차단 용량은 몇 [MVA] 인가?
　◦계산 과정 :　　　　　　　　　　◦답 :

정답

(1) 기준충격절연강도
　전력기기, 공작물 등 설계의 표준화 및 절연계통 구성의 통일화를 위해 절연강도를 지정할 때 기준이 되는 것으로 피뢰기의 제한 전압보다 높은 값을 BIL로 정한다.

(2) BIL$=5E+50$[kV], 여기서 E는 절연계급이라 하며, 공칭전압을 1.1로 나눈 값이다.
　공칭전압$=$절연계급$\times 1.1 = 20 \times 1.1 = 22$[kV]
　차단기의 정격전압$=$공칭전압$\times \dfrac{1.2}{1.1} = 22 \times \dfrac{1.2}{1.1} = 24$[kV]　　　　답 24[kV]

(3) $P_s = \sqrt{3}\,V_n I_{kA} = \sqrt{3} \times 24 \times 20 = 831.38$[MVA]　　　　답 831.38[MVA]

04 특고압 단선결선도 – 피뢰기

그림과 같은 수전설비에 대한 결선도에서 ①, ②에 들어갈 기기의 우리말 명칭과 약호를 쓰시오.

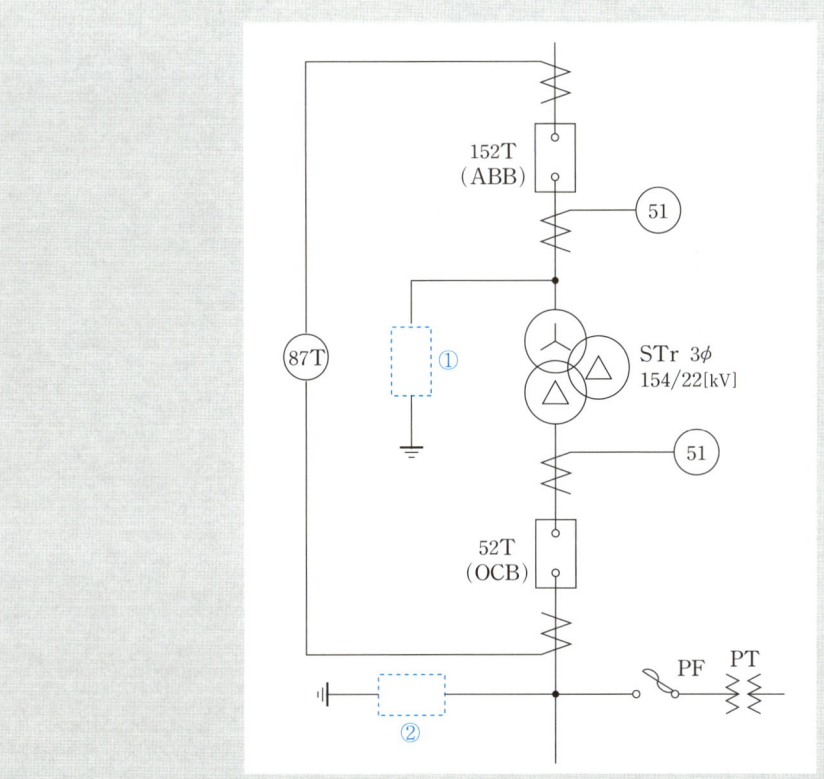

① ◦ 명칭 :
　◦ 약호 :
② ◦ 명칭 :
　◦ 약호 :

정답

① ◦ 명칭 : 피뢰기
　◦ 약호 : LA
② ◦ 명칭 : 피뢰기
　◦ 약호 : LA

> **참고**
>
> 피뢰기 설치장소
>
>
>
> ° 가공전선로와 지중전선로가 접속되는 곳
> ° 발전소, 변전소의 가공전선 인입구 및 인출구
> ° 고압, 특별고압 가공전선로로부터 공급 받는 수용가의 인입구
> ° 가공전선로에 접속하는 배전용 변압기의 고압측 및 특별 고압측

05 절연강도의 크기순서

그림은 154[kV] 계통의 절연협조를 위한 각 기기의 절연강도에 대한 비교 그림이다. 변압기, 선로애자, 개폐기 지지애자, 피뢰기 제한전압이 속해있는 부분은 어느 곳인지 그림의 □ 안에 쓰시오.

[절연강도 비교(BIL 650)]

860[kV] ①
750[kV] ②
650[kV] ③
460[kV] ④

정답

① 선로애자 ② 개폐기 지지애자
③ 변압기   ④ 피뢰기 제한전압

06 피뢰기의 구조

그림은 갭형 피뢰기와 갭레스형 피뢰기 구조를 나타낸 것이다. 화살표로 표시된 각 부분의 명칭을 쓰시오.

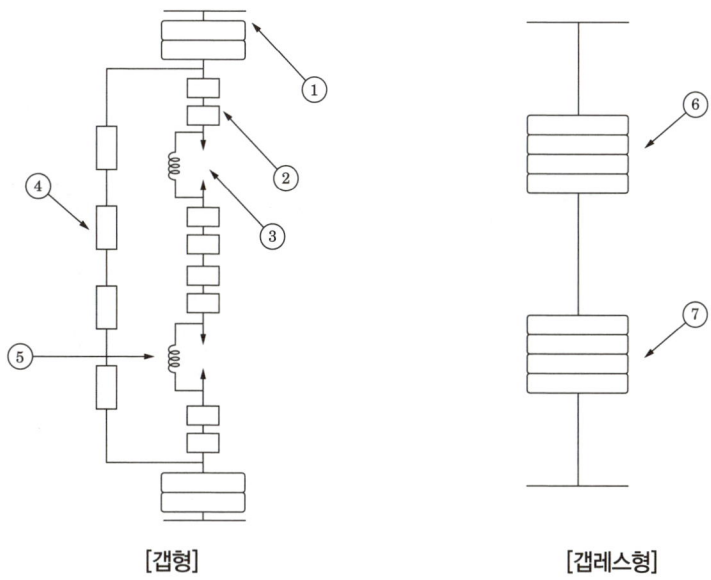

[갭형]　　　　　　　[갭레스형]

정답

① 특성요소　　　　② 직렬갭
③ 측로갭　　　　　④ 병렬저항
⑤ 소호코일　　　　⑥ 특성요소　　　⑦ 특성요소

1 전력용 콘덴서[Static Condenser]

1. 역률개선의 원리

   역률이란 피상전력에 대한 유효전력의 비를 말한다. 역률개선을 위해 부하의 지상 무효분을 감소시킨다. 부하와 병렬로 전력용 콘덴서를 설치하여 진상 무효전력을 공급한다.

2. 약호 및 심벌

구분	약호	단선도용 심벌	복선도용 심벌
전력용 콘덴서	SC	⊥	△

3. 역률개선 효과

   ① 전력손실 감소 ② 전압강하 감소
   ③ 전기요금 감소 ④ 설비용량 여유증가

4. 콘덴서 용량

$$Q = P \times (\tan\theta_1 - \tan\theta_2) = P \times \left(\frac{\sqrt{1-\cos^2\theta_1}}{\cos\theta_1} - \frac{\sqrt{1-\cos^2\theta_2}}{\cos\theta_2} \right) [\text{kVA}]$$

여기서, P는 부하의 용량[kW]이며, 전력용 콘덴서 용량은 일반적으로 [kVA], [kVar] 또는 정전용량 $C[\mu F]$를 사용한다.

개념 확인문제 Check up! □□□

계산 문제 전압 220[V], 1시간 사용 전력량 40[kWh], 역률 80[%]인 3상 부하가 있다. 이 부하의 역률을 개선하기 위하여 용량 30[kVA]의 진상 콘덴서를 설치하는 경우, 개선 후의 무효전력을 구하고, 전류는 몇 [A] 감소하였는지 구하시오.

계산 과정 (1) 콘덴서 설치시 무효전력 P_{r2}

$P_{r1} = P\tan\theta = 40 \times \frac{0.6}{0.8} = 30[\text{kVar}]$, $P_{r2} = P_{r1} - Q_c = 30 - 30 = 0[\text{kVar}]$

∴ 콘덴서 설치시 무효전력이 '0'이 되어 역률은 1로 개선된다.   **답** 0[kVar]

(2) 감소된 전류

역률 개선 전 전류 : $I_1 = \frac{P}{\sqrt{3}\,V\cos\theta_1} = \frac{40000}{\sqrt{3} \times 220 \times 0.8} = 131.22[\text{A}]$

역률 개선 후 전류 : $I_2 = \frac{P}{\sqrt{3}\,V\cos\theta_2} = \frac{40000}{\sqrt{3} \times 220 \times 1} = 104.97[\text{A}]$

역률 개선 전후의 전류차 : $I_1 - I_2 = 131.22 - 104.97 = 26.25[\text{A}]$ **답** 26.25[A]

5. 콘덴서 결선방법에 따른 정전용량

$$Y결선 : C = \frac{Q}{\omega V^2} = \frac{Q[VA]}{2\pi f \times V^2[V]} \times 10^6 [\mu F]$$

$$\triangle 결선 : C = \frac{Q}{3\omega V^2} = \frac{Q[VA]}{3 \times 2\pi f \times V^2[V]} \times 10^6 [\mu F]$$

6. 과보상시 문제점

① 전력손실 증가 ② 모선전압의 상승
③ 고조파 왜곡증대 ④ 전동기 자기여자현상 발생

7. 고압 및 특고압 진상용 콘덴서 방전장치

고압 및 특고압 진상용 콘덴서 회로에 설치하는 방전장치는 콘덴서회로에 직접 접속하거나 또는 콘덴서회로를 개방하였을 경우 자동적으로 접속되도록 장치하고 또한 개로 후 (5)초 이내에 콘덴서의 잔류전하를 (50)[V] 이하로 저하시킬 능력이 있는 것을 설치하는 것을 원칙으로 한다.

개념 확인문제 Check up! □□□

단답 문제 역률을 개선하기 위한 전력용 콘덴서 용량은 최대 무슨 전력 이하로 설정하여야 하는지 쓰시오.

답 부하의 지상 무효전력

단답 문제 전력용 진상콘덴서의 정기점검(육안검사) 항목 3가지를 쓰시오.

답 ① 단자의 이완 및 과열유무 점검 ② 용기의 발청 유무점검
③ 절연유 누설유무 점검 ④ 케이스 팽창 여부

단답 문제 콘덴서(condenser)설비의 주요 사고 원인 3가지를 예로 들어 설명하시오.

답 ① 콘덴서 설비내의 배선 단락 ② 콘덴서 설비의 모선 단락 및 지락
③ 콘덴서 소체 파괴 및 층간 절연 파괴

단답 문제 전동기에 개별로 콘덴서를 설치할 경우, 발생할 수 있는 자기여자현상의 발생이유와 현상을 설명하시오.

답 ・이유 : 콘덴서의 전류가 전동기의 무부하 전류보다 큰 경우 발생한다.
・현상 : 전동기 단자전압이 일시적으로 정격 전압을 초과할 수 있다.

단답 문제 선로에 직렬콘덴서를 설치하는 목적에 대해 간단히 쓰시오.

답 전압강하 방지

2 직렬리액터[SR]

1. 직렬리액터의 역할

    ① 전압·전류 파형의 왜곡 감소   ② 콘덴서로 유입되는 고조파 억제
    ③ 콘덴서 투입시 돌입전류 억제   ④ 콘덴서 개방시 과전압 억제

2. 약호 및 심벌

구분	약호	단선도용 심벌	복선도용 심벌
직렬리액터	SR	⌇	⌇⌇

3. 직렬리액터의 적용 및 용량

   1) 직렬리액터 적용 예시
      - 일반회로에 존재하는 제5고조파 발생회로 [실무값 : 6[%] 정도]
      - 전철부하 및 아크로 부하 등의 제3고조파 발생회로 [실무값 : 13[%] 정도]

   2) 제5고조파 제거를 위한 직렬리액터 용량

$$5\omega L = \frac{1}{5\omega C} \rightarrow \omega L = \frac{1}{25 \times \omega C} \rightarrow \omega L = 0.04 \times \frac{1}{\omega C}$$

   - 이론값 : 4[%]   • 실무값 : 6[%](주파수변동 고려)

4. 방전코일[DC] : 잔류전하를 방전시킬 목적으로 설치

개념 확인문제   Check up! ☐☐☐

단답 문제 다음 내용에서 ①~③에 알맞은 내용을 답란에 쓰시오.

"회로의 전압은 주로 변압기의 자기포화에 의하여 변형이 일어나는데 (①)을(를) 접속함으로써 이 변형이 확대되는 경우가 있어 전동기, 변압기 등의 소음증대, 계전기의 오동작 또는 기기의 손실이 증대되는 등의 장해를 일으키는 경우가 있다. 그렇기 때문에 이러한 장해의 발생 원인이 되는 전압파형의 찌그러짐을 개선할 목적으로 (①)와(과) (②)로(으로) (③)을(를) 설치한다."

답 ① 전력용 콘덴서   ② 직렬   ③ 리액터

01 콘덴서 설치장소

전력용 콘덴서 설치장소(2가지)를 쓰시오.

-
-

> **정답**

- 개개의 전동기에 개별로 콘덴서 설치
- 변압기 2차측 모선에 집중하여 콘덴서 설치

> **참고**
>
> **콘덴서 설치시 주의사항**
> - 주위온도 상승에 주의하고 환기설비를 고려할 것
> - 콘덴서 용량이 부하설비의 무효분보다 크지 않게 할 것
> - 콘덴서 개폐시 나타나는 특이현상을 고려할 것
>   - 콘덴서 개방시 : 재점호 현상, 전동기의 자기여자현상
>   - 콘덴서 투입시 : 돌입전류, 전압전류파형의 왜곡 확대

02 콘덴서 용량 – 합성역률

어느 수용가가 당초 역률(지상) 80[%]로 150[kW]의 부하를 사용하고 있는데, 새로 역률(지상) 60[%], 100[kW]의 부하를 증가하여 사용하게 되었다. 이 때 콘덴서로 합성 역률을 90[%]로 개선하는데 필요한 용량은 몇 [kVA]인가?

> **정답**

① 합성 무효전력 : $P_r = P_{r1} + P_{r2} = P_1 \tan\theta_1 + P_2 \tan\theta_2 = 150 \times \dfrac{0.6}{0.8} + 100 \times \dfrac{0.8}{0.6} = 245.83[\text{kVar}]$

② 합성 유효전력 : $P = P_1 + P_2 = 150 + 100 = 250[\text{kW}]$

③ 합성역률 : $\cos\theta_1 = \dfrac{P}{\sqrt{P^2 + P_r^2}} = \dfrac{250}{\sqrt{250^2 + 245.83^2}} = 0.71$

④ 역률 개선시 필요한 콘덴서 용량 : $Q = 250 \times \left(\dfrac{\sqrt{1-0.71^2}}{0.71} - \dfrac{\sqrt{1-0.9^2}}{0.9} \right) = 126.88$

답 $126.88[\text{kVA}]$

03 역률개선효과 – 부하용량[kVA] 감소

역률 80[%], 500[kVA]의 부하를 가지는 변압설비에 150[kVA]의 콘덴서를 설치해서 역률을 개선하는 경우 변압기에 걸리는 부하는 몇 [kVA]인지 계산하시오.

정답

※ 역률개선시 현재 부하의 크기[kW]는 변하지 않지만, 부하의 무효분[kVar]이 감소하므로 부하의 피상분[kVA]은 감소한다. 한편, 역률개선을 할지라도 변압기 용량[kVA] 자체는 변하지 않음에 주의한다.

① 부하의 지상무효전력 : $P_r = P_a \times \sin\theta = 500 \times 0.6 = 300[\text{kVar}]$
② 콘덴서 설치시 무효전력 : $P_{r2} = P_{r1} - Q_c = 300 - 150 = 150[\text{kVar}]$
③ 부하의 유효전력 : $P = P_a \times \cos\theta = 500 \times 0.8 = 400[\text{kW}]$
④ 변압기에 걸리는 부하의 크기 : $P_a = \sqrt{P^2 + P_{r2}^2} = \sqrt{400^2 + 150^2} = 427.2[\text{kVA}]$

답 427.2[kVA]

04 콘덴서 용량

어느 변전소에서 뒤진 역률 80[%]의 부하 6000[kW]가 있다. 여기에 뒤진 역률 60[%], 1200[kW] 부하를 증가하였을 경우 아래의 물음에 답하시오.

(1) 부하 증가 후 역률을 90[%]로 유지할 경우 전력용 콘덴서의 용량은 몇 [kVA]인가?
　○계산 과정 :
　○답 :
(2) 부하 증가 후 변전소의 피상전력을 동일하게 유지할 경우 전력용 콘덴서의 용량은 몇 [kVA]인가?
　○계산 과정 :
　○답 :

> 정답

(1) ① 부하의 합성유효분 : $P = 6000 + 1200 = 7200 \,[\text{kW}]$

② 부하의 합성무효분 : $P_r = 6000 \times \dfrac{0.6}{0.8} + 1200 \times \dfrac{0.8}{0.6} = 6100 \,[\text{kVar}]$

역률개선 전 합성역률 : $\cos\theta_1 = \dfrac{P}{\sqrt{P^2 + P_r^2}} = \dfrac{7200}{\sqrt{7200^2 + 6100^2}} = 0.76$

역률개선 시 필요한 콘덴서 용량 : $Q = 7200 \times \left(\dfrac{\sqrt{1-0.76^2}}{0.76} - \dfrac{\sqrt{1-0.9^2}}{0.9} \right) = 2670.05 \,[\text{kVA}]$

답 2670.05[kVA]

(2) 부하증가 전 피상전력 : $P_a = \dfrac{6000}{0.8} = 7500 \,[\text{kVA}]$

부하증가 전과 후의 피상전력을 동일하게 유지하기 위해 필요한 콘덴서 용량 Q

$P_a' = \sqrt{7200^2 + (6100 - Q_c)^2} = 7500 \,[\text{kVA}] \;\rightarrow\; Q_c = 6100 - \sqrt{7500^2 - 7200^2} = 4000 \,[\text{kVA}]$

답 4000[kVA]

05 역률개선효과 – 전력손실 감소

전용 배전선에서 800[kW] 역률 0.8의 한 부하에 전력을 공급할 경우 배전선 전력 손실은 90[kW]이다. 지금 이 부하와 병렬로 300[kVA]의 콘덴서를 시설할 때 배전선의 전력손실의 차이(콘덴서 설치전과 설치후의 전력손실의 차이)는 몇 [kW]인가?

> 정답

① 부하의 지상무효전력 : $P_{r1} = P \cdot \tan\theta = 800 \times \dfrac{0.6}{0.8} = 600 \,[\text{kVar}]$

② 콘덴서 설치시 무효전력 : $P_{r2} = P_{r1} -$ 콘덴서 용량 $= 600 - 300 = 300 \,[\text{kVar}]$

③ 개선 후 역률 : $\cos\theta_2 = \dfrac{P}{\sqrt{P^2 + P_{r2}^2}} = \dfrac{800}{\sqrt{800^2 + 300^2}} = 0.94$

④ 전력손실의 차이 : $P_\triangle = P_{\ell 1} - P_{\ell 2}$

$P_{\ell 2} = P_{\ell 1} \times \left(\dfrac{\cos\theta_1}{\cos\theta_2} \right)^2 = 90 \times \left(\dfrac{0.8}{0.94} \right)^2 = 65.19 \,[\text{kW}]$, 그러므로 $P_\triangle = P_{\ell 1} - P_{\ell 2} = 90 - 65.19 = 24.81 \,[\text{kW}]$

답 24.81[kW]

06 역률개선효과 – 부하용량의 여유증가 ①

정격 용량 100[kVA]인 변압기에서 지상 역률 60[%]의 부하에 100[kVA]를 공급하고 있다. 역률 90[%]로 개선하여 변압기의 전용량까지 부하에 공급하고자 한다. 다음 각 물음에 답하시오.

(1) 소요되는 전력용 콘덴서의 용량은 몇 [kVA]인지 계산하시오.
(2) 역률 개선에 따른 유효전력의 증가분은 몇 [kW]인지 계산하시오.

정답

(1) 역률 개선 전 무효전력 : $P_{r1} = P_a \sin\theta_1 = 100 \times 0.8 = 80 [\text{kVar}]$

역률 개선 후 무효전력 : $P_{r2} = P_a \sin\theta_2 = 100 \times \sqrt{1-0.9^2} = 43.59 [\text{kVar}]$

콘덴서 용량 $Q = P_{r1} - P_{r2} = 80 - 43.59 = 36.41$

답 36.41[kVA]

(2) ※ '역률 개선에 따른 유효전력의 증가분' 의 의미는 역률을 개선함으로 부하를 추가적으로 증설할 수 있다. 즉, 부하의 여유증가분을 묻는 문제이다.

유효전력 증가분 $= P_a \times (\cos\theta_2 - \cos\theta_1) = 100 \times (0.9 - 0.6) = 30 [\text{kW}]$

답 30[kW]

07 역률개선효과 – 부하용량의 여유증가 ②

500[kVA]의 변압기에 역률 80[%]인 부하 500[kVA]가 접속되어 있다. 지금 변압기에 전력용 콘덴서 150[kVA]를 설치하여 변압기의 전용량까지 사용하고자 할 경우 증가시킬 수 있는 유효전력은 몇 [kW]인가? (단, 증가되는 부하의 역률은 1이라고 한다.)

정답

※ 변압기의 용량[kVA] 그 자체는 콘덴서 설치와는 무관하며, 변하지 않는다.

기존부하의 용량[kW] + 증가분[kW] = 500×0.8 + 증가분 = 400 + 증가분[kW]

콘덴서 설치 후 무효전력 = 부하의 무효전력 - 콘덴서 용량 = $500 \times 0.6 - 150 = 150 [\text{kVar}]$

$500^2 = (400 + 증가분)^2 + 150^2$ → ∴ 증가분 $= \sqrt{500^2 - 150^2} - 400 = 76.97$

답 76.97[kW]

08. 역률개선효과 – 부하용량의 여유증가 ③

정격용량 500[kVA]의 변압기에서 배전선의 전력손실은 40[kW], 부하 L_1, L_2에 전력을 공급하고 있다. 지금 그림과 같이 전력용 콘덴서를 기존 부하의 병렬로 연결하여 합성 역률을 90[%]로 개선하고 새로운 부하를 증설하려고 할 때 다음 물음에 답하시오. (단, 여기서 부하 L_1은 역률 60[%], 180[kW]이고, 부하 L_2의 전력은 120[kW], 160[kVar]이다.)

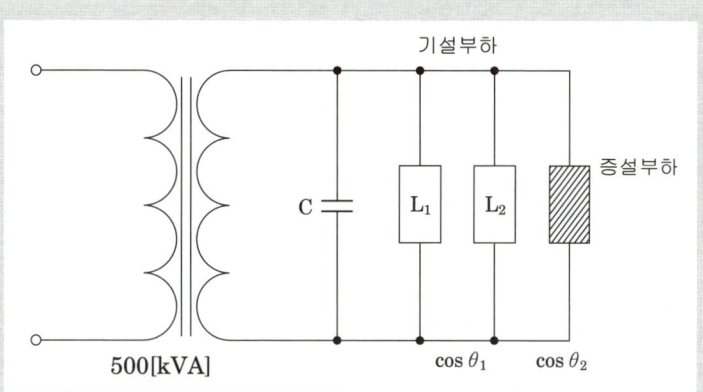

(1) 새로운 부하를 증설하기 전의 부하 L_1과 L_2의 합성용량과 합성역률은?

① 합성용량[kVA]
  ◦ 계산 과정 :　　　　　　　　　　　　　　◦ 답 :
② 합성역률[%]
  ◦ 계산 과정 :　　　　　　　　　　　　　　◦ 답 :

(2) 새로운 부하를 증설하기 전의 부하 L_1과 L_2의 합성역률을 90[%]로 개선하는 데 필요한 콘덴서 용량은 몇 [kVA]인가?

  ◦ 계산 과정 :　　　　　　　　　　　　　　◦ 답 :

(3) 역률 개선시 배전의 전력손실은 몇 [kW]인가?

  ◦ 계산 과정 :　　　　　　　　　　　　　　◦ 답 :

(4) 역률 개선시 변압기 용량의 한도까지 부하설비를 증설하고자 할 때 증설부하용량은 몇 [kVA]인가? (단, 증설부하의 역률은 기존부하의 개선된 역률과 같은 것으로 한다.)

  ◦ 계산 과정 :　　　　　　　　　　　　　　◦ 답 :

> 정답

(1) ① 합성용량
- 합성유효전력 $P = 180 + 120 = 300 [\text{kW}]$
- 합성무효전력 $P_r = P_1 \times \tan\theta_1 + P_{r2} = 180 \times \dfrac{0.8}{0.6} + 160 = 400 [\text{kVar}]$
- 합성용량 $P_a = \sqrt{P^2 + P_r^2} = \sqrt{300^2 + 400^2} = 500 [\text{kVA}]$

답 $500 [\text{kVA}]$

② 합성역률 : $\cos\theta = \dfrac{300}{500} \times 100 = 60 [\%]$

답 $60 [\%]$

(2) 콘덴서 용량

$$Q = P \times (\tan\theta_1 - \tan\theta_2) = 300 \times \left(\dfrac{0.8}{0.6} - \dfrac{\sqrt{1-0.9^2}}{0.9} \right) = 254.7 [\text{kVA}]$$

답 $254.7 [\text{kVA}]$

(3) 전력손실

$$P_\ell' = P_\ell \times \left(\dfrac{\cos\theta_1}{\cos\theta_2} \right)^2 = 40 \times \left(\dfrac{0.6}{0.9} \right)^2 = 17.78 [\text{kW}]$$

답 $17.78 [\text{kW}]$

(4) 증설부하용량

$$P_a = \sqrt{(P + P_\ell')^2 + (P_r - Q)^2} = \sqrt{(300 + 17.78)^2 + (400 - 254.7)^2} = 349.42 [\text{kVA}]$$

$\therefore P_a' = 500 - 349.42 = 150.58 [\text{kVA}]$

답 $150.58 [\text{kVA}]$

09 역률개선효과 – 전압강하 감소 ①

길이 2[km]인 3상 배전선에서 전선의 저항이 0.3[Ω/km], 리액턴스 0.4[Ω/km]라 한다. 지금 송전단 전압 V_s를 3450[V]로 하고 송전단에서 거리 1[km]인 점에 $I_1=100$[A], 역률 0.8(지상), 1.5[km]인 지점에 $I_2=100$[A], 역률 0.6(지상), 종단점에 $I_3=100$[A], 역률 0(진상)인 부하가 있다면 종단에서의 선간 전압은 몇 [V]가 되는가?

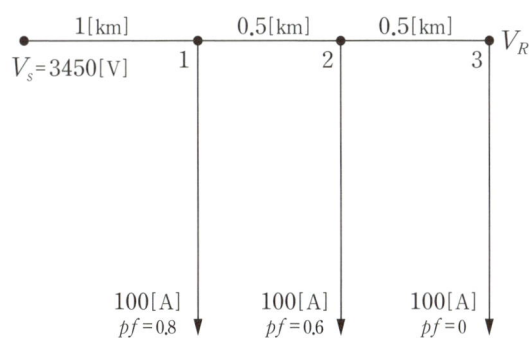

정답

$V_r = V_s - \sqrt{3}\,[\,(I_1\cos\theta_1 + I_2\cos\theta_2 + I_3\cos\theta_3)r_1 + (I_1\sin\theta_1 + I_2\sin\theta_2 + I_3\sin\theta_3)x_1$
$\qquad + (I_2\cos\theta_2 + I_3\cos\theta_3)r_2 + (I_2\sin\theta_2 + I_3\sin\theta_3)x_2 + I_3\cos\theta_3 r_3 + I_3\sin\theta_3 x_3\,]$

$V_r = 3450 - \sqrt{3}\,[\,\{100\times0.8 + 100\times0.6 + 100\times0\}\times0.3 + \{100\times0.6 + 100\times0.8 + 100\times(-1)\}\times0.4$
$\qquad + \{100\times0.6 + 100\times0\}\times0.15 + \{100\times0.8 + 100\times(-1)\}\times0.2$
$\qquad + \{100\times0\}\times0.15 + \{100\times(-1)\times0.2\}\,]$

답 3375.52[V]

10 역률개선 효과 – 전압강하 감소 ②

수전단 전압이 3000[V]인 3상 3선식 배전 선로의 수전단에 역률이 0.8(지상)되는 520[kW]의 부하가 접속되어 있다. 이 부하에 동일 역률의 부하 80[kW]를 추가하여 600[kW]로 증가시키되 부하와 병렬로 전력용 콘덴서를 설치하여 수전단 전압 및 선로 전류를 일정하게 불변으로 유지하고자 할 때, 다음 각 물음에 답하시오. (단, 전선의 1선당 저항 및 리액턴스는 각각 1.78[Ω] 및 1.17[Ω]이다.)

(1) 이 경우에 필요한 전력용 콘덴서 용량은 몇 [kVA]인가?
(2) 콘덴서를 설치하여 역률을 개선한 후 부하가 증가된 경우 송전단 전압은 몇 [V]인가?

> **정답**

(1) 수전단 전압 및 전류가 일정 : $\dfrac{P_1}{\sqrt{3}\,V\cos\theta_1}=\dfrac{P_2}{\sqrt{3}\,V\cos\theta_2}$ → $\dfrac{520}{0.8}=\dfrac{600}{\cos\theta_2}$ ∴ $\cos\theta_2=0.92$

역률이 0.92까지 개선되는 경우 부하가 증설되더라도 부하전류는 일정하게 된다.

$Q=600\times\left(\dfrac{0.6}{0.8}-\dfrac{\sqrt{1-0.92^2}}{0.92}\right)=194.4[\text{kVA}]$

답 194.4[kVA]

(2) $V_s=V_r+\sqrt{3}\,I'(R\cos\theta_2+X\sin\theta_2)$
$=3000+\sqrt{3}\times\dfrac{600\times10^3}{\sqrt{3}\times3000\times0.92}\times(1.78\times0.92+1.17\times\sqrt{1-0.92^2})=3455.68[\text{V}]$

답 3455.68[V]

11 직렬리액터

제5고조파 전류의 확대 방지 및 스위치 투입 시 돌입전류 억제를 목적으로 역률 개선용 콘덴서에 직렬 리액터를 설치하고자 한다. 콘덴서의 용량이 500[kVA]일 경우 다음 물음에 답하시오.

> (1) 이론상 필요한 직렬 리액터 용량[kVA]을 구하시오.
> (2) 실제적으로 설치하는 직렬 리액터 용량[kVA]을 구하시오.

> **정답**

(1) $500\times0.04=20$ 답 20[kVA]

(2) $500\times0.06=30$ 답 30[kVA]

electrical engineer

1 계측기 및 보호계전기

1. 수변전설비 주요 계측기

명칭	심벌
전압계	Ⓥ
전류계	Ⓐ
영상전압계	V_o
영상전류계	A_o
주파수계	Ⓕ
전력계	Ⓦ
전력량계	ⓌH
무효전력량계	ⓋAR
최대수요전력량계	ⓂDW 또는 ⒹM
역률계	ⓅF
무효율계	ⓈN

2. 수변전설비 보호계전기 명칭 및 기구번호

번호	명칭	약호	비고	
27	부족전압 계전기	UVR		
37	부족전류 계전기	UCR	37A	교류 부족전류 계전기
			37D	직류 부족전류 계전기
49	회전기온도 계전기	THR		
51	과전류 계전기	OCR	51G	지락 과전류 계전기
			51N	중성점 과전류 계전기
			51V	전압 억제부 교류 과전류 계전기

번호	명칭	약호	비고	
52	차단기	CB	52C	차단기 투입코일
			52T	차단기 트립코일
59	과전압 계전기	OVR		
64	지락 과전압 계전기	OVGR		
67	지락방향 계전기	DGR		
87	비율 차동 계전기	RDF	87 – B	모선보호 차동 계전기
			87 – G	발전기용 차동 계전기
			87 – T	주변압기 차동 계전기

3. 보호계전기의 시스템

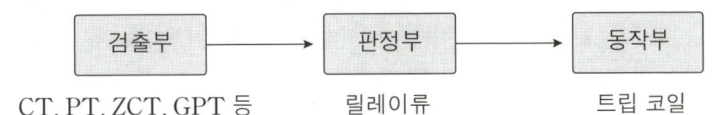

검출부 (CT, PT, ZCT, GPT 등) → 판정부 (릴레이류) → 동작부 (트립 코일)

4. 차단기를 동작시키는 보호계전기 4가지 요소

  1) 단일전류 요소 : 부족전류 계전기, 과전류 계전기, 지락과전류 계전기
  2) 단일전압 요소 : 부족전압 계전기, 과전압 계전기, 지락과전압 계전기
  3) 전압전류 요소 : 선택지락 계전기, 방향단락 계전기
  4) 2전류 요소 : 비율차동 계전기

5. 보호계전기 분류

  1) 순한시 계전기   2) 정한시 계전기
  3) 반한시 계전기   4) 계단한시 계전기
  5) 반한시-정한시 계전기   6) 순시-비례한시 계전기

개념 확인문제   Check up! ☐☐☐

단답 문제 다음은 계전기의 그림기호이다. 각각의 명칭을 우리말로 쓰시오.

(1) OC   (2) OL   (3) UV   (4) GR

답 (1) 과전류 계전기 (2) 과부하 계전기 (3) 부족전압 계전기 (4) 지락 계전기

6. 과전류계전기 정정

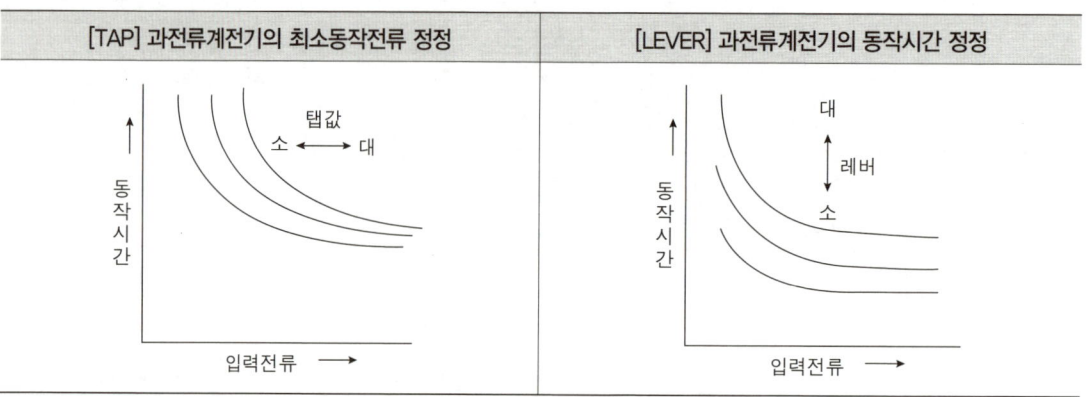

개념 확인문제

계산 문제 CT의 변류비가 400/5[A]이고 고장 전류가 4000[A]이다. 과전류 계전기의 동작시간은 약 몇 [sec]로 결정되는가? (단, 전류는 125[%]에 정정되어 있고, 시간 표시판 정정은 5이며, 계전기의 동작 특성은 아래의 그림과 같다.)

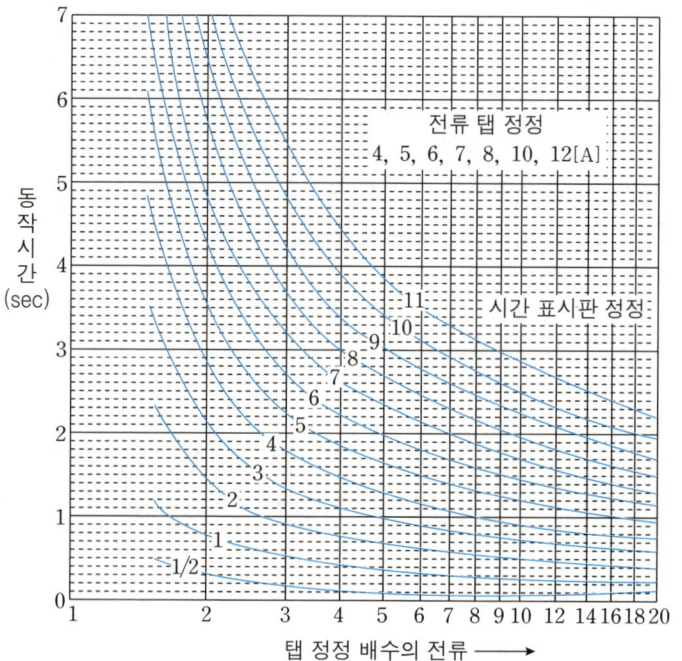

계산 과정 TAP 정정 목표치 $= 400 \times \dfrac{5}{400} \times 1.25 = 6.25$ → 7[A] TAP으로 정정

탭정정 배수를 계산한 후 LEVER와 교차하는 값을 읽는다.

탭정정 배수 $= \dfrac{\text{2차측 고장전류}}{\text{정정목표치}} = \dfrac{4000 \times (5/400)}{7} = 7.14$

7.14와 시간표시판 정정 5와 만나는 1.4[sec]에 동작한다.

2 전력량계[WH]

1. 전력량계의 역할

   전력을 소비한 양은 단위시간 당 소비한 전력으로 측정한다. 일반적으로 전기 요금을 청구할 때 사용하는 단위를 적용하는데 [kWh]의 단위를 사용한다. 한편, 전력량계의 전압코일은 병렬연결, 전류코일은 직렬연결 한다.

2. 전력량계의 약호 및 심벌

구분	약호	심벌
전력량계 [적산 전력계]	WH	ⓌH

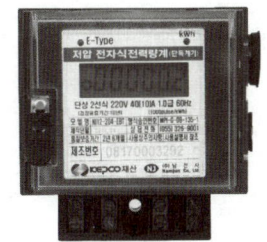

3. MOF와 전력량계의 연결

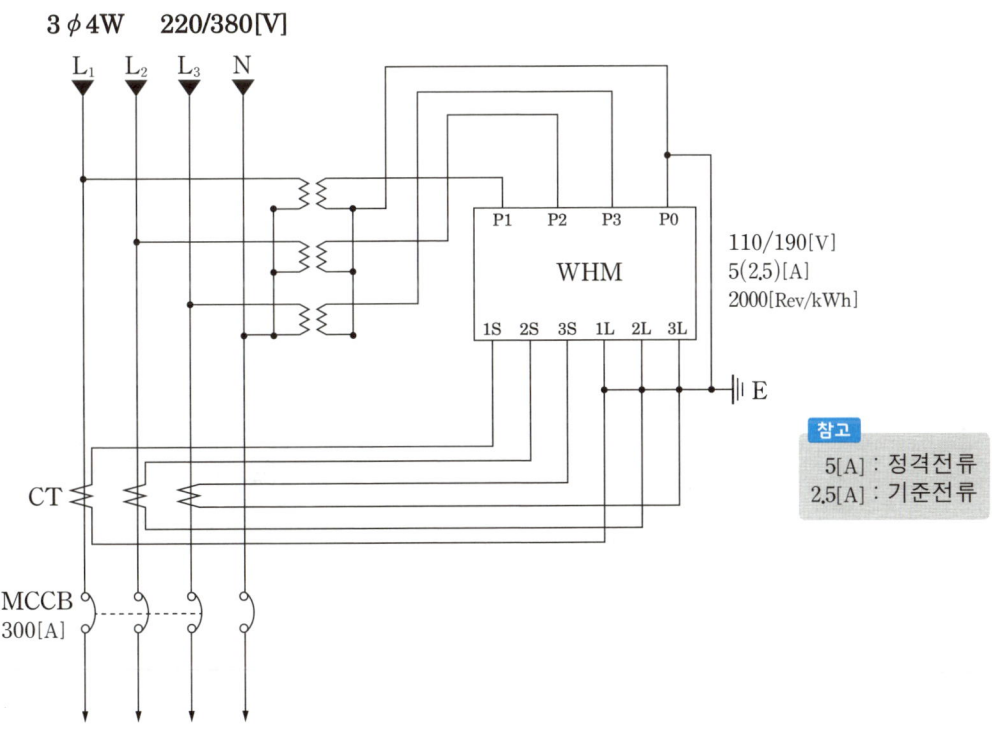

4. 기계식 전력량계 원판 회전수

   1) 분당 회전수 : $\sqrt{3}\,VI\cos\theta \times 10^{-3} \times K/60$[rpm]
      여기서, V : 전력량계의 선간전압, I : 전력량계 유입전류, K : 계기정수[Rev/kWh]
   2) 초당 회전수 : $\sqrt{3}\,VI\cos\theta \times 10^{-3} \times K/3600$[rps]

5. 잠동 현상

   1) 정의 : 무부하시 정격주파수, 정격전압의 110[%]를 인가하여 원판이 1회전 이상 회전하는 현상
   2) 방지대책 : 원판에 작은 구멍을 뚫거나 작은 철편을 붙인다.

6. 전력량계가 구비해야 할 특성

   1) 기계적 강도가 클 것   2) 과부하 내량이 클 것
   3) 부하특성이 좋을 것   4) 옥내·외에 설치가 적당한 것
   5) 온도, 주파수 변화 등에 보상이 되도록 할 것

개념 확인문제

단답 문제 단상 2선식 적산 전력계의 결선도를 완성하시오.

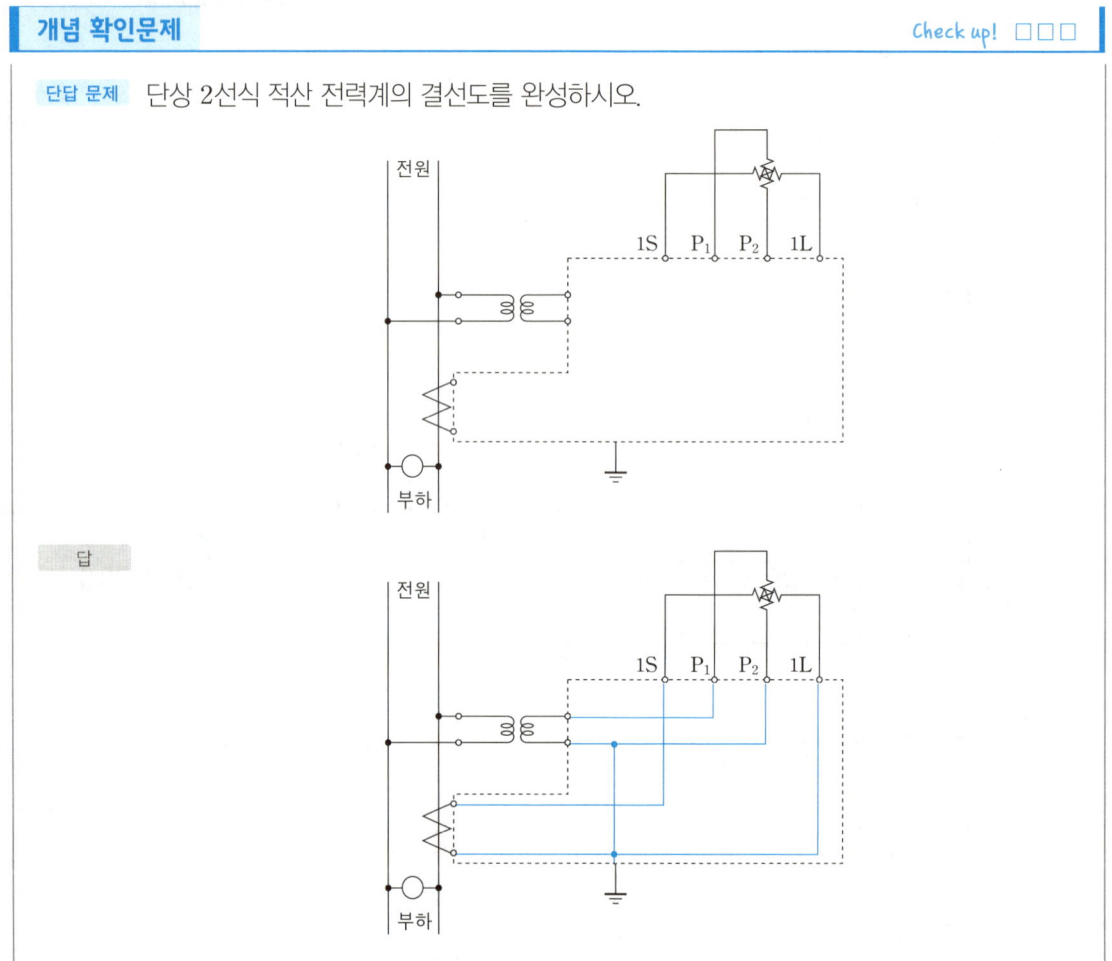

3 비율차동계전기[RDF]

1. 비율차동계전기의 역할

    1차측과 2차측의 전류의 차로 동작하며 변압기, 발전기, 모선의 내부고장을 검출

2. 비율차동계전기의 심벌 및 약호

구분	약호	심벌	번호	구분
비율차동계전기	RDF	(RDF)	87	87T 87G 87B

3. 비율차동계전기의 구성

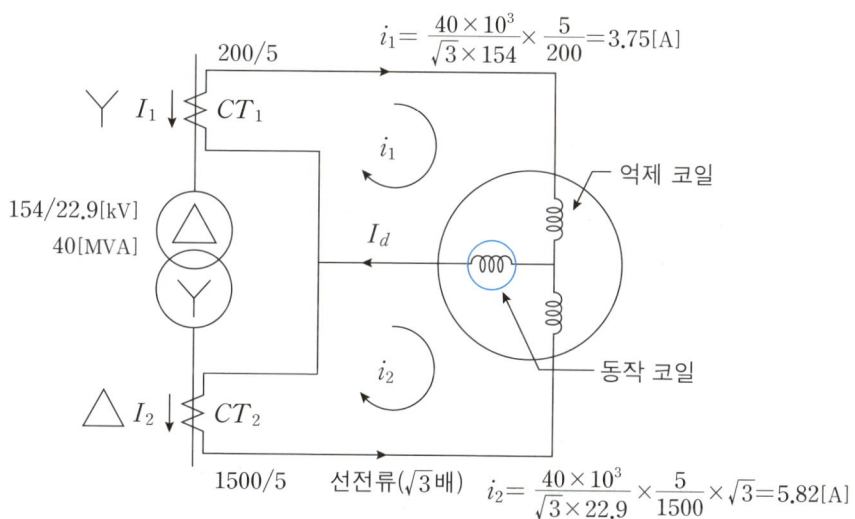

1) 동작코일 : 정상시 CT_1과 CT_2의 2차측 전류가 같기 때문에 동작코일에는 전류가 흐르지 않지만, 내부고장이 발생할 경우 CT_1과 CT_2 1차측 전류가 변화하여 2차측 전류가 변하게 되어 $I_d = |i_1 - i_2|$인 차전류가 흐르게 된다.

2) 억제코일 : 차동전류 계전기의 오동작을 방지하기 위해서 계전기의 동작코일에 흐르는 전류가 억제코일에 흐르는 전류의 일정비율 이상이 될 때에만 동작하고 동작비율은 30[%] 정도로 한다.

3) 보상변류기[CCT] : CT 2차측 전류의 차를 보상한다.

4. 비율차동계전기의 결선

   1) 변류기 결선방법

   변압기의 결선이 Y-△, △-Y인 경우 30°의 위상차가 발생하기 때문에 크기와 위상을 동일하게 하기 위해 비율차동계전기에 연결된 CT_1과 CT_2의 결선은 변압기의 결선과 반대로 한다.

변압기 결선	변류기 결선
Y-△	△-Y
△-Y	Y-△

   2) CT 델타결선시 2차측 전류

   일반적으로 변류기는 Y, V결선을 하지만 비율차동계전기에 사용되는 변류기의 경우 델타결선을 해야 하는 경우가 있다. 이때 델타결선된 CT 2차측 전류는 선전류이며 크기는 상전류의 $\sqrt{3}$ 배이다.

   3) 비율차동계전기 복선도

   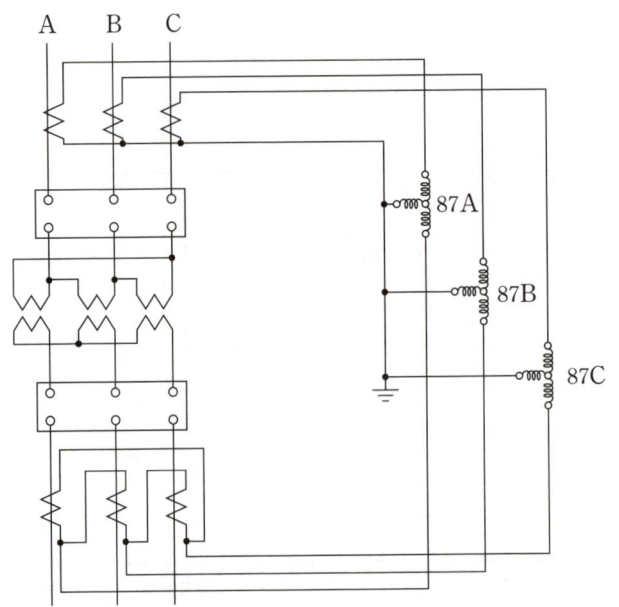

개념 확인문제 Check up! □□□

단답 문제 변압기를 전력 계통에 투입할 때 여자 돌입 전류에 의한 차동 계전기의 오동작을 방지하기 위한 방법을 두 가지 쓰시오.

답 감도저하법, 고조파 억제법

단답 문제 우리나라에서 사용되는 CT의 극성은 일반적으로 어떤 극성의 것을 사용하는가?

답 감극성

Chapter 05. 우선순위 핵심문제

01 과전류계전기 TAP 선정

3상 4선식 22.9[kV] 수전 설비에 부하전류 30[A]가 흐른다고 한다. 60/5의 변류기를 통하여 과전류계전기를 시설하였다. 120[%]의 과부하에서 차단기를 동작시키려면 과전류계전기의 탭전류는 몇 [A]로 설정해야 하는가?

과전류계전기의 전류 TAP[A]								
2	3	4	5	6	7	8	10	

정답

I_{tap} = 1차측 부하전류 × 변류비의 역수 × 설정값

$I_{tap} = 30 \times \dfrac{5}{60} \times 1.2 = 3[A]$

답 3[A]

참고

계전기	용도	동작치 정정	한시정정
OCR	단락 보호	1) 한시요소 　계약최대전력의 150~170[%] 　단, 전기로 등 변동부하 : 200~250[%] 　$Tap = \dfrac{P}{\sqrt{3} \times V \times \cos\theta} \times CT \times 역수비 \times 배율$ 　◦ 배율 : 1.2~2 　◦ 역률 : 0.8~0.95 2) 순시요소 　수전변압기 2차측 3상 단락전류의 150[%]	수전변압기 2차 3상단락시 0.6초 이하

02 전력량계-부하의 평균전력

3상 3선식 6.6[kV], 고압 자가용 수용가에 있는 전력량계의 계기정수가 1000[Rev/kWh]이다. 이 계기의 원판이 5회전하는데 40초가 걸렸다. 이때 부하의 평균전력은 몇 [kW]인가? (단, 계기용변압기의 정격은 6600/110[V], 변류기의 공칭 변류비는 20/5이다.)

정답

$P_M = \dfrac{3600 \cdot n}{t \cdot k} \times CT비 \times PT비 = \dfrac{3600 \times 5}{40 \times 1000} \times \dfrac{6600}{110} \times \dfrac{20}{5} = 108[kW]$

답 108[kW]

03 전력량계 및 오차

100[V], 20[A]용 단상 적산 전력계에 어느 부하를 가할 때 원판의 회전수 20회에 대하여 40.3초가 걸렸다. 만일 이 계기의 20[A]에 있어서 오차가 +2[%]라 하면 부하 전력은 몇 [kW]인가? (단, 이 계기의 계기 정수는 1000[Rev/kWh]이다.)

정답

적산전력계의 측정 값 $P_M = \dfrac{3600 \cdot n}{t \cdot k} = \dfrac{3600 \times 20}{40.3 \times 1000} = 1.79[\text{kW}]$

오차율 = $\dfrac{측정값(P_M) - 참값(P_T)}{참값(P_T)} \times 100[\%]$ → $2 = \dfrac{1.79 - P_T}{P_T} \times 100[\%]$ → $P_T = \dfrac{1.79}{1.02} = 1.75[\text{kW}]$

답 1.75[kW]

04 전력량계 결선-3상 3선식 ①

3상 3선식의 결선도를 나타낸 것이다. PT와 CT를 사용하여 미완성 결선도를 완성하시오.

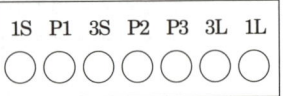

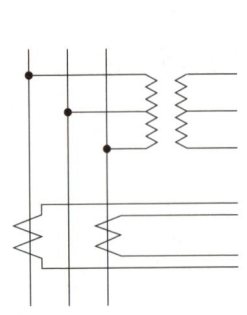

정답

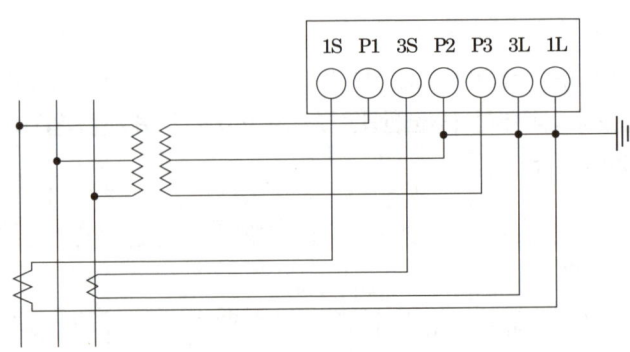

05 전력량계 결선-3상 3선식 ②

3상 3선식 적산 전력계의 미완성 도면을 완성하시오.

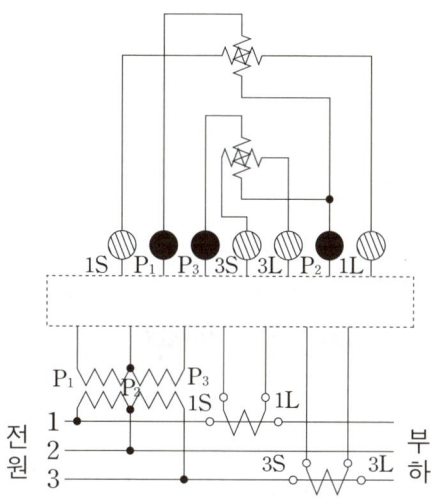

정답

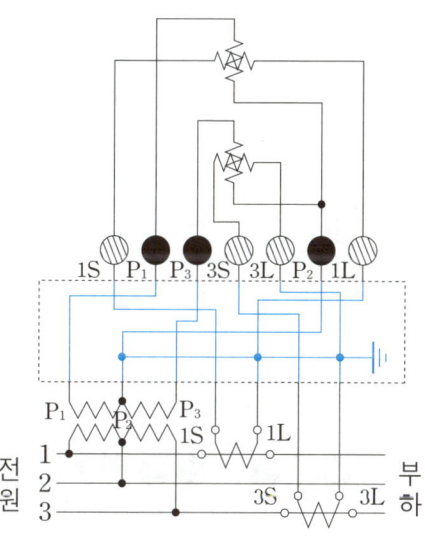

06 전력량계 결선-3상 4선식

3상 4선식 전력량계의 결선도를 나타낸 것이다. PT와 CT를 사용하여 미완성 부분의 결선도를 완성하시오.

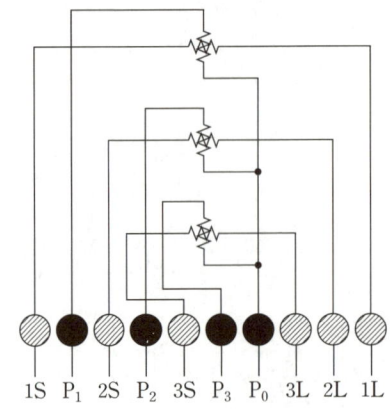

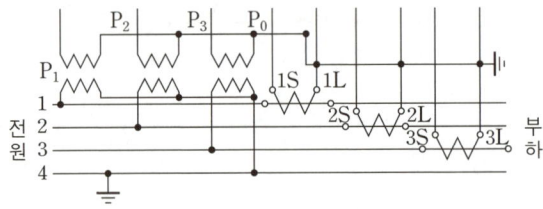

정답

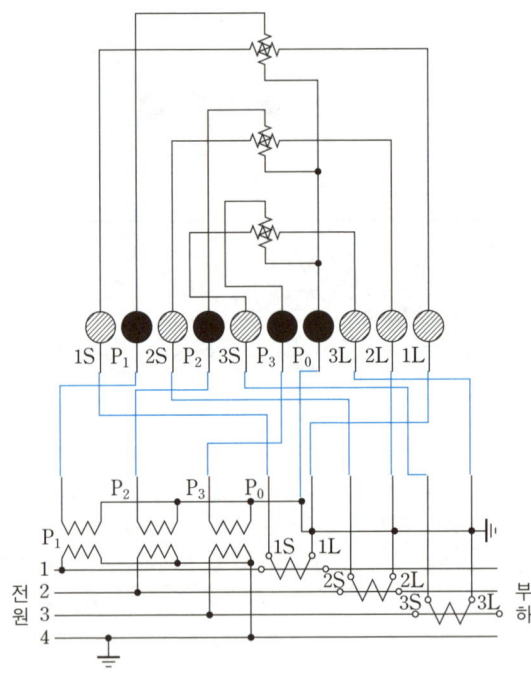

07 비율차동계전기 - ①

보호계전기에 사용하는 변류기(CT)에 관한 다음 각 물음에 답하시오.

(1) Y-△로 결선한 주변압기의 보호로 비율 차동계전기를 사용한다면 CT의 결선은 어떻게 하여야 하는지를 설명하시오.
(2) 통전 중에 있는 변류기 2차측에 접속된 기기를 교체하고자 할 때 가장 먼저 취하여야 할 사항을 설명하시오.

정답

(1) 변압기 Y결선된 측은 변류기 △결선하고, △결선된 측은 변류기 Y결선한다.
(2) 변류기 2차 측을 단락시킨다.

08 비율차동계전기 - ②

그림과 같이 차동계전기에 의하여 보호되고 있는 △−Y 결선 30[MVA], 33/11[kV] 변압기가 있다. 고장전류가 정격전류의 200[%] 이상에서 동작하는 계전기의 전류(i_r) 값은 얼마인가? (단, 변압기 1차측 및 2차측 CT의 변류비는 각각 500/5[A], 2000/5[A]이다.)

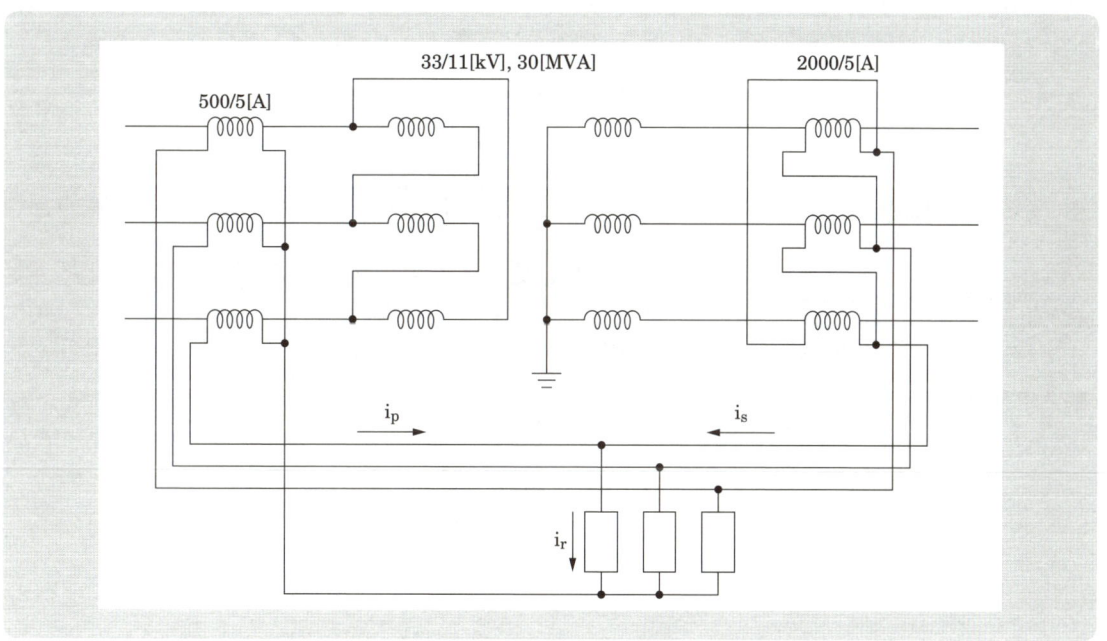

정답

$$i_p = \frac{30 \times 10^3}{\sqrt{3} \times 33} \times \frac{5}{500} = 5.25[A]$$

※ 델타결선된 CT 2차측 전류는 선전류이며 선전류는 상전류 보다 $\sqrt{3}$ 배 크고, 위상은 30° 차이가 난다.

$$i_s = \frac{30 \times 10^3}{\sqrt{3} \times 11} \times \frac{5}{2000} \times \sqrt{3} = 6.82[A]$$

i_r 은 $2 \times |i_p - i_s| = 2 \times |5.25 - 6.82| = 3.14$

답 3.14[A]

09 비율차동계전기 - ③

답안지의 그림은 1, 2차 전압이 66/22[kV]이고, Y-△ 결선된 전력용 변압기이다. 1, 2차에 CT를 이용하여 변압기의 차동 계전기를 동작시키려고 한다. 주어진 도면을 이용하여 다음 각 물음에 답하시오.

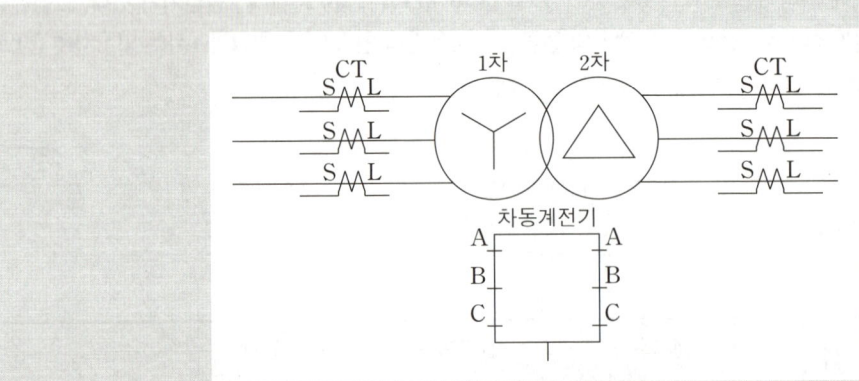

(1) CT와 차동 계전기의 결선을 주어진 도면에 완성하시오.

(2) 1차측 CT의 권수비를 200/5로 했을 때 2차측 CT의 권수비는 얼마가 좋은지를 쓰고, 그 이유를 설명하시오.
　○ 2차측 권수비 :
　○ 이유 :

정답

(1)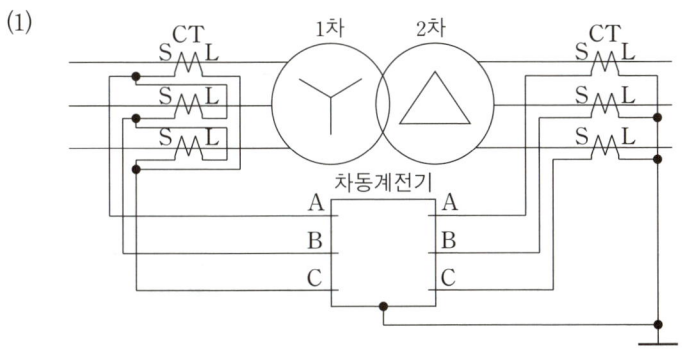

(2) ○ 2차측 권수비 : 600/5
   ○ 이유 : 전력용변압기의 전압은 3배 작아지므로, 2차측 전류는 3배가 커진다.
     그러므로 2차측 CT의 권수비는 1차측 보다 3배 큰 것이 좋다.

10 비율차동계전기 - ④

그림은 발전기의 상간 단락 보호 계전 방식을 도면화한 것이다. 이 도면을 보고 다음 각 물음에 답하시오.

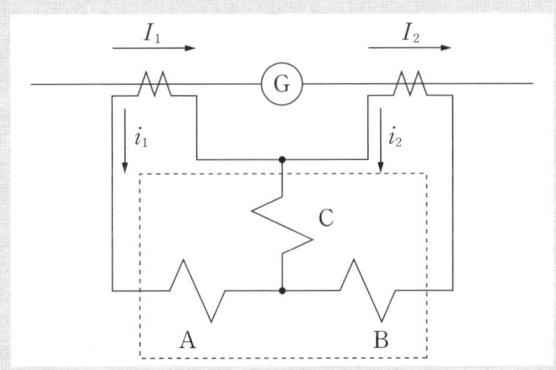

(1) 점선안의 계전기 명칭은?
(2) 동작 코일은 A, B, C 코일 중 어느 것인가?
(3) 발전기에 상간 단락이 생길 때 코일 C의 전류 i_d는 어떻게 표현되는가?

정답

(1) 비율 차동 계전기
(2) C 코일
(3) $i_d = |i_1 - i_2|$

1 수변전설비용 기기

명칭[약호]	심벌		역할
케이블 헤드 [CH]	단선도	(3심 케이블) (단심 케이블) 복선도	케이블 헤드는 케이블의 종단을 처리하는 종단접속재이다. 케이블 내부로의 습기 및 먼지의 침입으로 인한 열화를 방지한다.
단로기 [DS]	단선도	복선도	단로기는 고압이상의 선로를 유지·보수할 경우 차단기를 개방한 후 무부하시에만 선로를 개폐한다. 아크소호능력이 없기 때문에 부하전류는 개폐하지 않는다.
전력퓨즈 [PF]	단선도	복선도	전력퓨즈는 정상시 부하전류를 안전하게 통전시키며 고압, 특고압에서 단락전류를 차단한다. 한편, 유지·보수를 위해 무전압 상태에서 선로를 개폐한다.
컷아웃스위치 [COS]	단선도	복선도	컷아웃 스위치는 고압, 특고압에서 과전류(단락전류, 과부하전류)로부터 선로, 기기 등을 보호한다. 한편, 유지·보수를 위해 무전압 상태에서 선로를 개폐한다.
계기용변압기 [PT]	단선도	복선도	계기용변압기는 1차 측의 고전압을 일정 비율로 변성하여 2차 측에 공급한다. $22.9[kV]$ 수전설비의 경우 PT비는 $13.2[kV]/110[V]$를 적용한다.

Chapter 06. 수변전설비 결선도

명칭[약호]	심벌		역할
전압계용전환개폐기[VS]	⊕		전압계용 절환 개폐기는 3상 회로에서 1대의 전압계를 사용하여 각상의 전압을 측정하기 위하여 사용하는 개폐기이다.
변류기 [CT]	단선도	복선도	변류기는 1차 측의 대전류를 일정 비율로 변성하여 2차 측에 공급한다. 통전 중 CT 2차측 기기를 교체하고자 하는 경우는 반드시 CT 2차 측을 단락시켜야 한다.
전류계용전환개폐기[AS]			전류계용 절환 개폐기는 3상 회로에서 1대의 전류계를 사용하여 각선의 전류를 측정하기 위하여 사용하는 개폐기이다.
전력수급용 계기용변성기 [MOF]	MOF 단선도	MOF 복선도	전력량계로 고압이상의 전기회로의 전기사용량을 적산하기 위하여 1차측의 고전압과 대전류를 저전압과 소전류로 변성하여 전력량계에 전원을 공급한다.
차단기 [CB]	단선도	복선도	차단기는 아크소호 능력이 있기 때문에 부하전류를 개폐할 수 있으며 고장전류를 차단할 수 있다. 한편, 트립코일(TC)은 사고시에 전류가 흘러서 CB를 동작시킨다.
전력용 콘덴서 [SC]	단선도	복선도	전력용 콘덴서는 부하의 역률개선을 위해 부하에 진상 무효전력을 공급한다. 역률개선효과 • 전력손실 감소 • 전압강하 감소 • 전기요금 감소 • 설비용량 여유증가

2 특고압 수전설비 표준 결선도

1. CB 1차측에 PT를, CB 2차측에 CT를 시설 [PF+CB형]

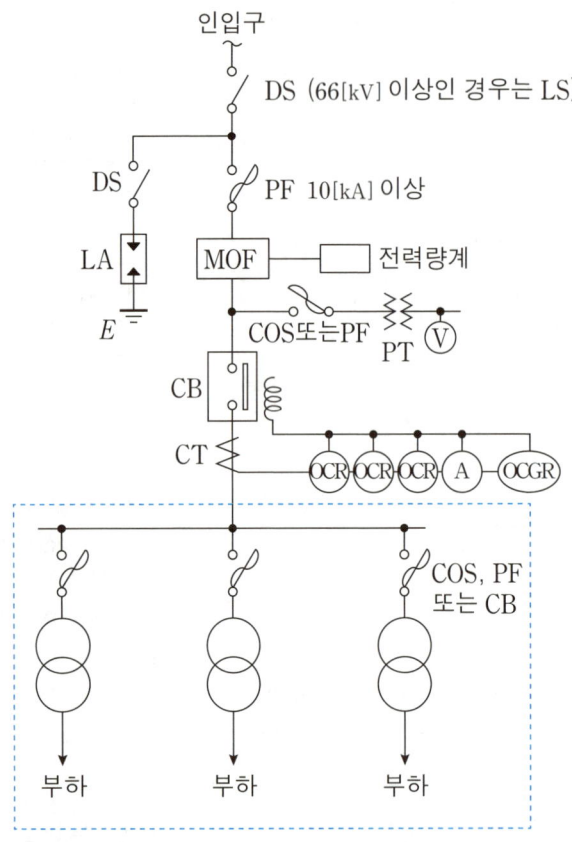

주1 차단기의 트립 전원은 직류(DC) 또는 콘덴서방식(CTD)이 바람직하며, 66[kV] 이상의 수전설비는 직류(DC)이어야 한다.

주2 LA용 DS는 생략할 수 있으며, 22.9[kV-Y]용의 LA는 Disconnector(또는 Isolator) 붙임형을 사용하여야 한다.

주3 인입선을 지중선으로 시설하는 경우에 공동주택 등 고장 시 정전피해가 큰 경우는 예비 지중선을 포함하여 2회선으로 시설하는 것이 바람직하다.

주4 지중 인입선의 경우에 22.9[kV-Y] 계통은 CNCV-W 케이블(수밀형) 또는 TR CNCV-W (트리억제형)을 사용하여야 한다. 다만, 전력구·공동구·덕트·건물구내 등 화재의 우려가 있는 장소에서는 FR CNCO-W(난연)케이블을 사용하는 것이 바람직하다.

주5 DS 대신 자동 고장 구분 개폐기(7000[kVA] 초과시는 Sectionalizer)를 사용할 수 있으며, 66[kV] 이상의 경우는 LS를 사용하여야 한다.

2. CB 1차측에 CT를, CB 2차측에 PT를 시설 [CB형]

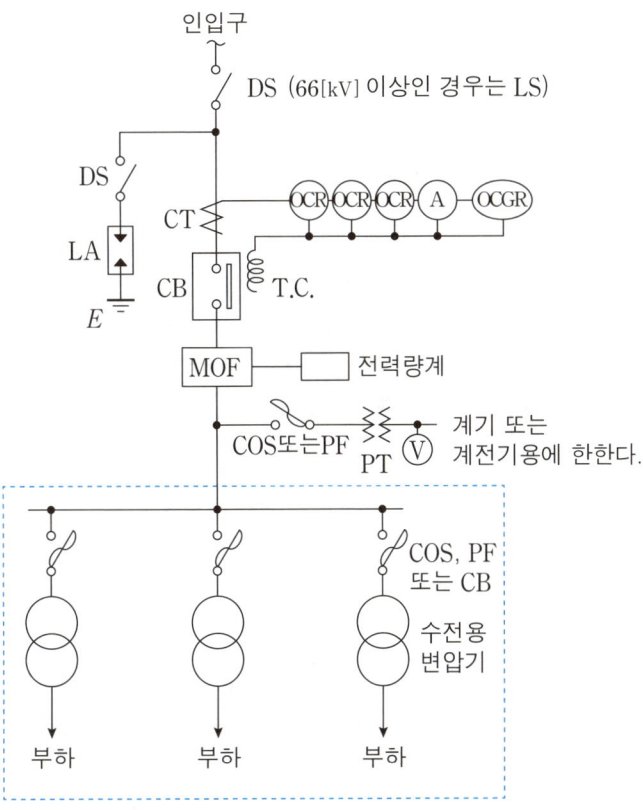

주1 차단기의 트립 전원은 직류(DC) 또는 콘덴서방식(CTD)이 바람직하며, 66[kV] 이상의 수전설비는 직류(DC)이어야 한다.

주2 LA용 DS는 생략할 수 있으며, 22.9[kV-Y]용의 LA는 Disconnector(또는 Isolator) 붙임형을 사용하여야 한다.

주3 인입선을 지중선으로 시설하는 경우에 공동주택 등 고장 시 정전피해가 큰 경우는 예비 지중선을 포함하여 2회선으로 시설하는 것이 바람직하다.

주4 지중 인입선의 경우에 22.9[kV-Y] 계통은 CNCV-W 케이블(수밀형) 또는 TR CNCV-W(트리억제형)을 사용하여야 한다. 다만, 전력구·공동구·덕트·건물구내 등 화재의 우려가 있는 장소에서는 FR CNCO-W(난연)케이블을 사용하는 것이 바람직하다.

주5 DS 대신 자동 고장 구분 개폐기(7000[kVA] 초과시는 Sectionalizer)를 사용할 수 있으며, 66[kV] 이상의 경우는 LS를 사용하여야 한다.

3. CB 1차측에 CT와 PT를 시설

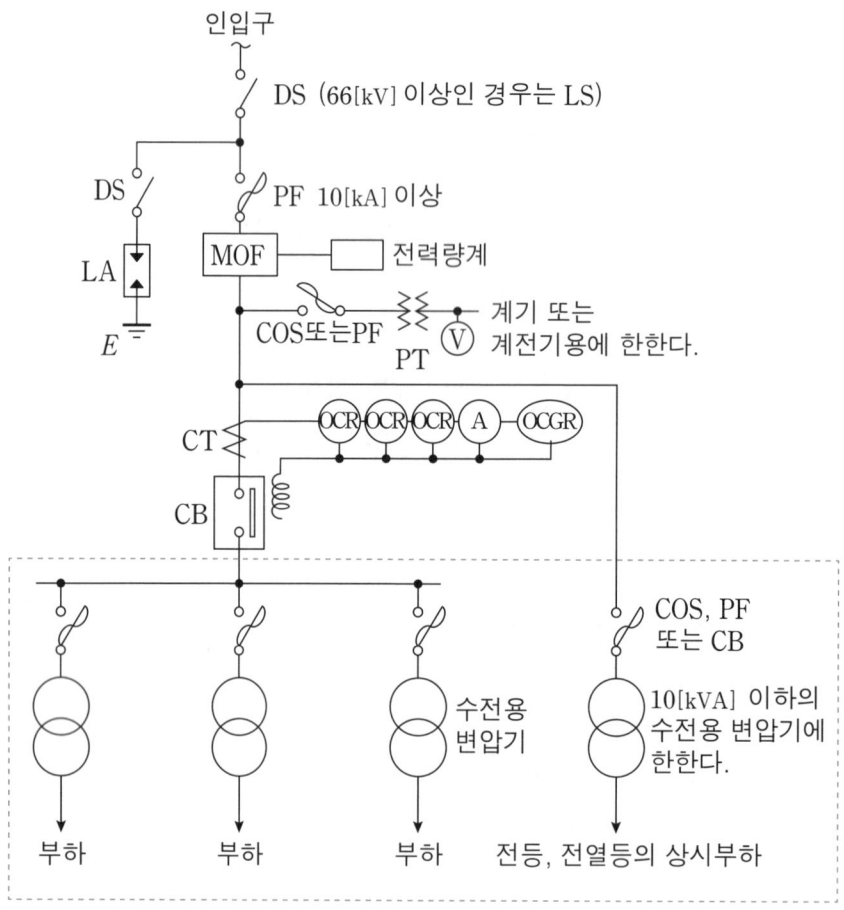

> **주 1** 차단기의 트립 전원은 직류(DC) 또는 콘덴서방식(CTD)이 바람직하며, 66[kV] 이상의 수전설비는 직류(DC)이어야 한다.
>
> **주 2** LA용 DS는 생략할 수 있으며, 22.9[kV-Y]용의 LA는 Disconnector(또는 Isolator) 붙임형을 사용하여야 한다.
>
> **주 3** 인입선을 지중선으로 시설하는 경우에 공동주택 등 고장 시 정전피해가 큰 경우는 예비 지중선을 포함하여 2회선으로 시설하는 것이 바람직하다.
>
> **주 4** 지중 인입선의 경우에 22.9[kV-Y] 계통은 CNCV-W 케이블(수밀형) 또는 TR CNCV-W(트리억제형)을 사용하여야 한다. 다만, 전력구·공동구·덕트·건물구내 등 화재의 우려가 있는 장소에서는 FR CNCO-W(난연)케이블을 사용하는 것이 바람직하다.
>
> **주 5** DS 대신 자동 고장 구분 개폐기(7000[kVA] 초과시는 Sectionalizer)를 사용할 수 있으며, 66[kV] 이상의 경우는 LS를 사용하여야 한다.

3 특고압 간이수전설비 결선도

22.9[kV-Y] 1000[kVA] 이하[PF+S형]

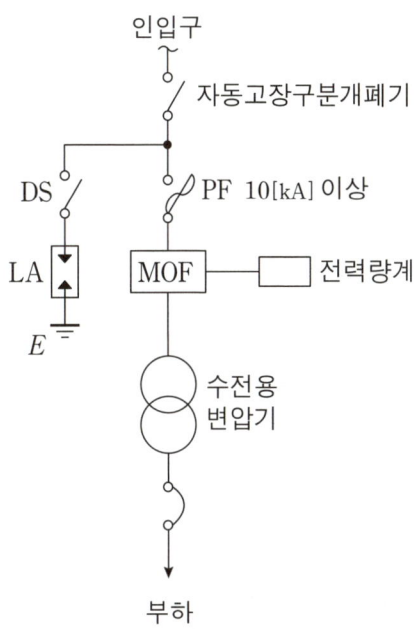

주1 LA용 DS는 생략할 수 있으며 22.9[kV-Y]용의 LA는 Disconnector (또는 Isolator) 붙임형을 사용하여야 한다.

주2 인입선을 지중선으로 시설하는 경우로 공동주택 등 고장시 정전피해가 큰 경우는 예비 지중선을 포함하여 2회선으로 시설하는 것이 바람직하다.

주3 지중 인입선의 경우에 22.9[kV-Y] 계통은 CNCV-W 케이블(수밀형) 또는 TR CNCV-W (트리억제형)을 사용하여야 한다. 다만, 전력구·공동구·덕트·건물구내 등 화재의 우려가 있는 장소에서는 FR CNCO-W(난연)케이블을 사용하는 것이 바람직하다.

주4 300[kVA] 이하인 경우는 PF대신 COS(비대칭 차단전류 10[kA] 이상의 것)를 사용할 수 있다.

주5 특별고압 간이수전설비는 PF의 용단 등의 결상사고에 대한 대책이 없으므로 변압기 2차 측에 설치되는 주차단기에는 결상계전기 등을 설치하여 결상사고에 대한 보호능력이 있도록 함이 바람직하다.

4 고압 수전설비 결선도

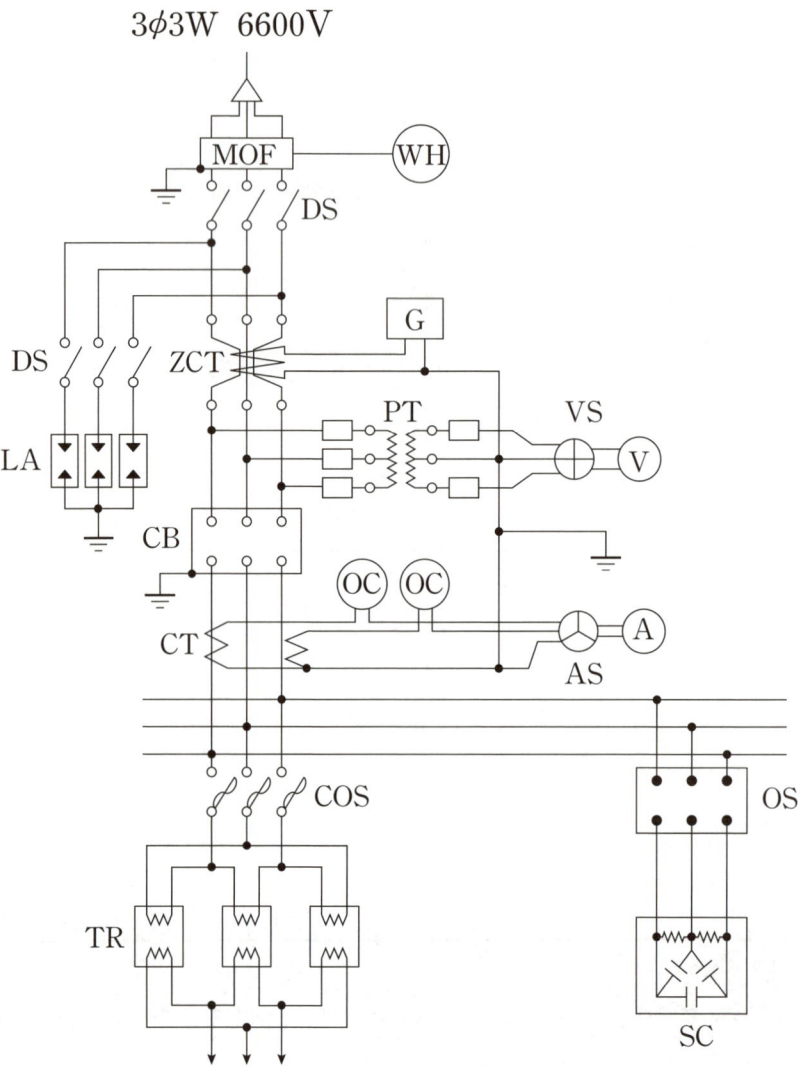

01 전압계용전환계폐기 결선

계기용변압기(PT)와 전압계용 전환 개폐기(VS)로 모선 전압을 측정하고자 한다.

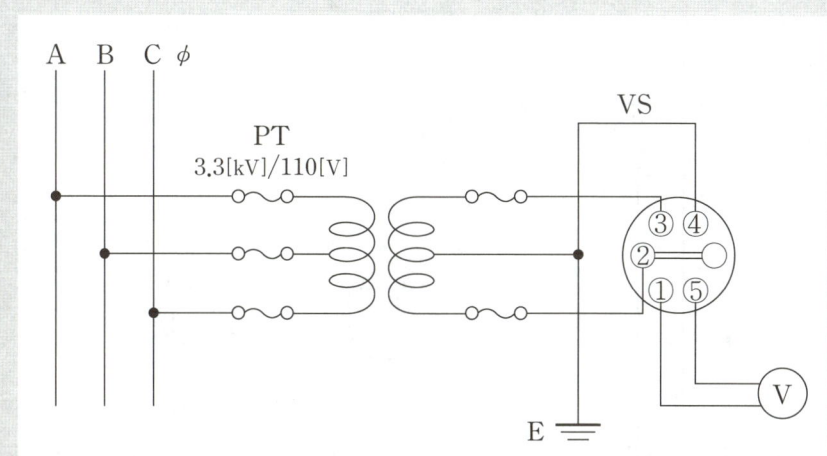

(1) V_{AB} 측정시 VS 단자 중 단락되는 접점을 2가지 쓰시오.
  ◦
  ◦

(2) V_{BC} 측정시 VS 단자 중 단락되는 접점을 2가지 쓰시오.
  ◦
  ◦

(3) PT 2차측을 접지하는 이유를 기술하시오.

정답

(1) ①-③, ④-⑤
(2) ①-②, ④-⑤
(3) 고저압 혼촉사고시 2차측 전위상승 방지

02 CT와 OCR의 결선

그림에 나타낸 과전류 계전기가 유입 차단기를 차단할 수 있도록 결선하고, CT와 OCR 및 전류계를 연결할 때 접지를 표시하도록 하시오. (단, 과전류 계전기는 상시 폐로식이다.)

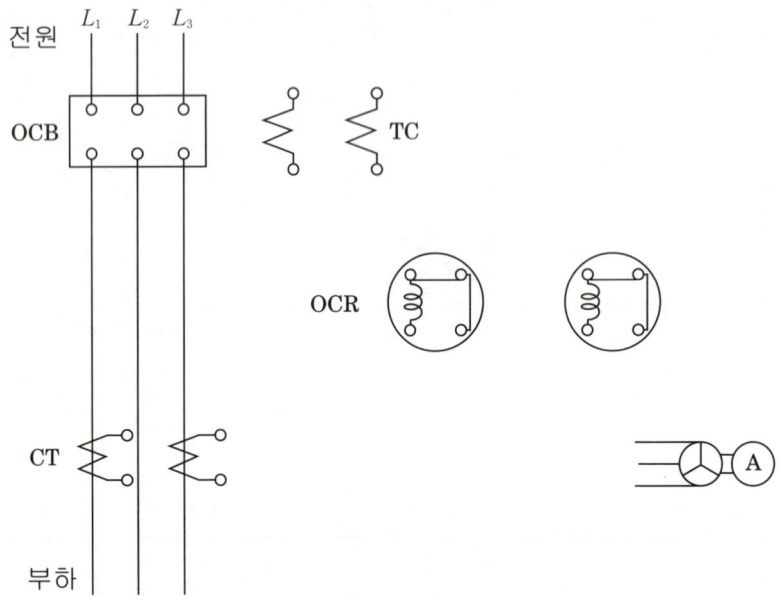

정답

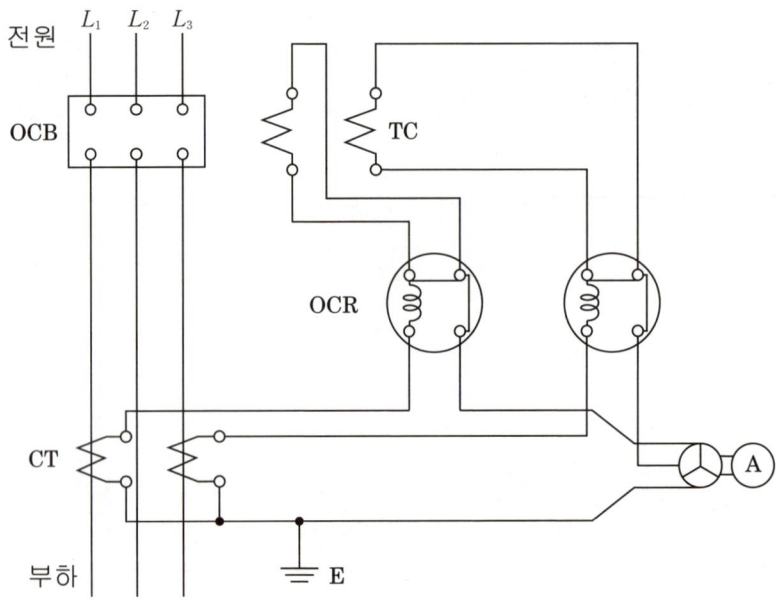

03 2단 강압방식 결선도

다음은 어느 생산 공장의 수전 설비이다. 이것을 이용하여 다음 각 물음에 답하시오.

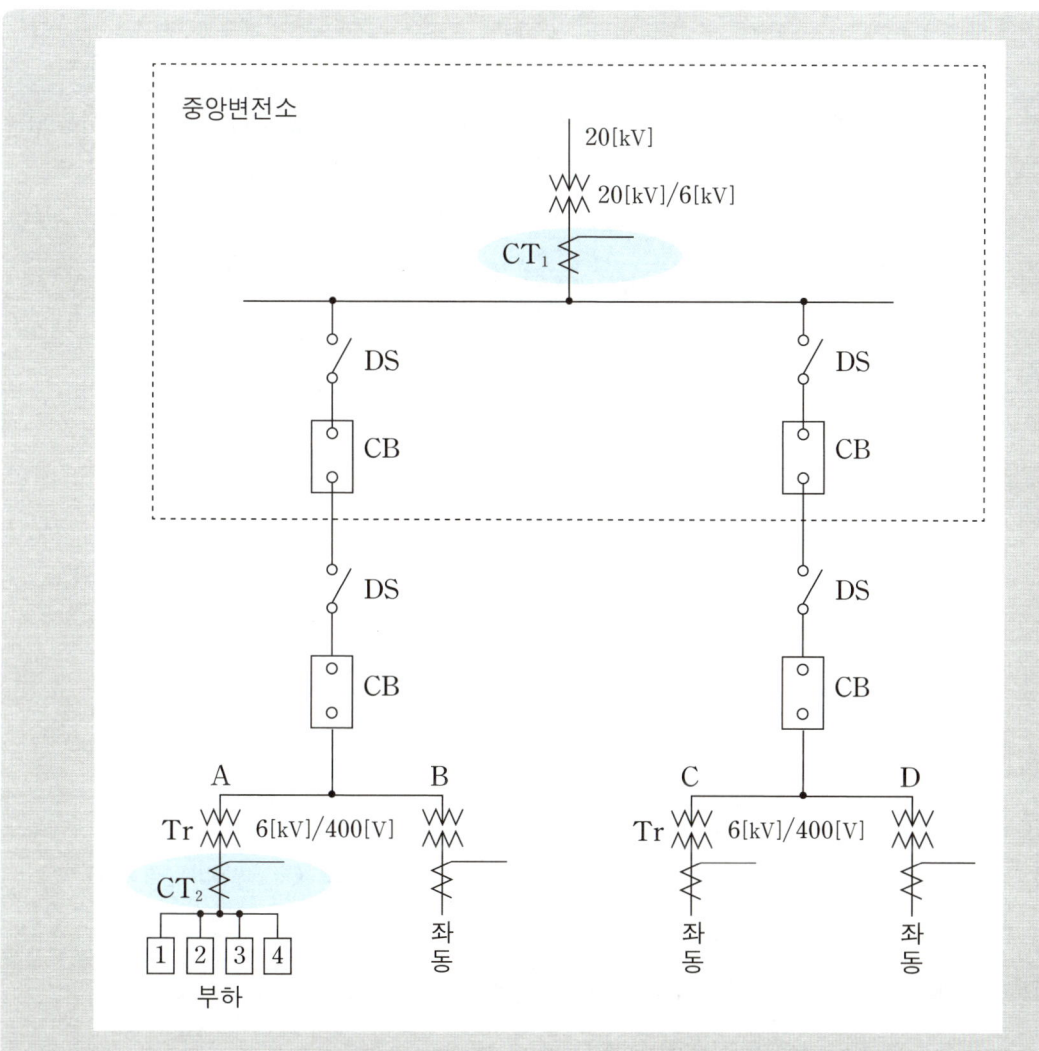

피더	부하 설비 용량[kW]	수용률[%]
1	125	80
2	125	80
3	500	70
4	600	84

[뱅크의 부하 용량표]

항목	변류기
정격 1차 전류[A]	5, 10, 15, 20, 30, 40, 50, 75, 100, 150, 200, 300, 400, 500, 600, 750, 1000, 1500, 2000
정격 2차 전류[A]	5

[변류기 규격표]

(1) 표와 같이 A, B, C, D 4개의 뱅크가 있으며, 각 뱅크는 부등률이 1.1이다. 이 때 중앙 변전소의 변압기 용량을 산정하시오. (단, 각 부하의 역률은 0.8이며, 변압기 용량은 표준규격으로 답하도록 한다.)

  ◦ 계산 과정 :

  ◦ 답 :

(2) 변류기 CT_1과 CT_2의 변류비를 산정하시오. (단, 1차 수전 전압은 20000/6000[V], 2차 수전 전압은 6000/400[V]이며, 변류비는 표준규격으로 답하고, CT의 여유배수는 1.25를 적용한다.)

  ◦ 계산 과정 :

  ◦ 답

정답

(1) 중앙변전소 TR용량=변압기 용량 1대×4=$\dfrac{설비용량 \times 수용률}{부등률 \times 역률} \times 4$

$$= \dfrac{125 \times 0.8 + 125 \times 0.8 + 500 \times 0.7 + 600 \times 0.84}{1.1 \times 0.8} \times 4$$

$$= 4790.91 [kVA]$$

답 5000[kVA]

(2) ① CT_1의 변류비 산정

$$I = \dfrac{5000}{\sqrt{3} \times 6} \times 1.25 = 601.41 [A]$$

답 CT_1 변류비 선정 : 600/5

② CT_2의 변류비 산정

CT_2의 1차측 전류 $I_1 = \dfrac{P}{\sqrt{3} \, V_2}$ (여기서, P는 A변압기 용량)

$$P = \dfrac{125 \times 0.8 + 125 \times 0.8 + 500 \times 0.7 + 600 \times 0.84}{1.1 \times 0.8} = 1197.73 [kVA]$$

$$I = \dfrac{1197.73 \times 10^3}{\sqrt{3} \times 400} \times 1.25 = 2160.97 [A]$$

답 CT_2 변류비 선정 : 2000/5

04 특고압 결선도

22.9[kV-Y] 특고압 수용가의 수전 설비의 단선 결선도이다. 아래의 도면과 표를 이용하여 물음에 답하시오.

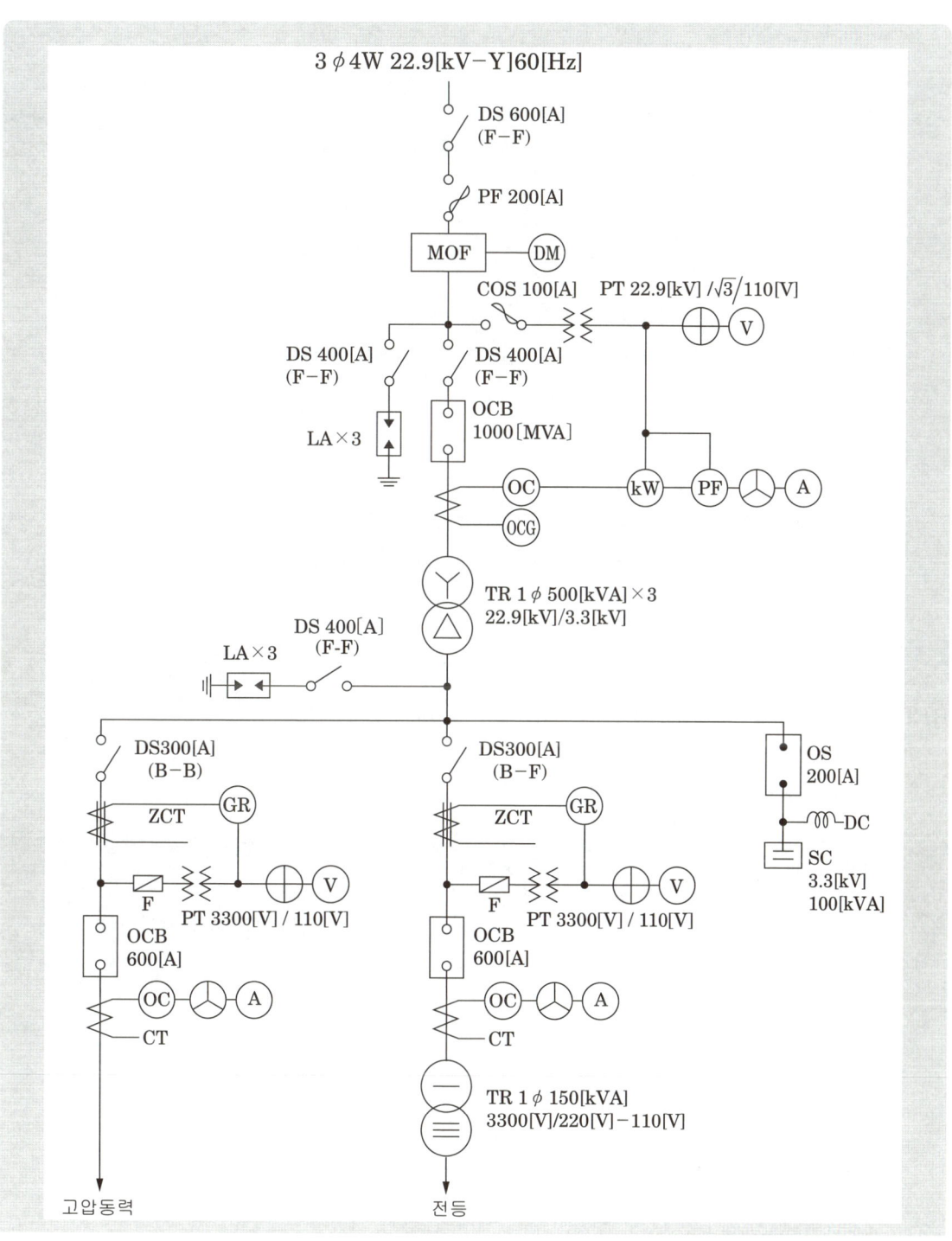

(1) 22.9[kV] 측에 대하여 다음 각 물음에 답하시오.
   ① MOF에 연결되어 있는 ⓓⓜ은 무엇인가?
   ② DS의 정격 전압은 몇 [kV]인가?
   ③ LA의 정격 전압은 몇 [kV]인가?
   ④ OCB의 정격 전압은 몇 [kV]인가?
   ⑤ OCB의 정격 차단 용량 선정은 무엇을 기준으로 하는가?
   ⑥ CT의 변류비는?(단, 1차 전류의 여유는 25[%]로 한다.)
      ◦ 계산 :
      ◦ 답 :
   ⑦ DS에 표시된 F-F의 뜻은?
   ⑧ 변압기와 피뢰기의 최대 유효 이격 거리는 몇 [m]인가?
   ⑨ OCB의 차단 용량이 1000[MVA]일 때 정격차단전류는 몇 [A]인가?

(2) 3.3[kV]측에 대하여 다음 각 물음에 답하시오.
   ① 옥내용 PT는 주로 어떤 형을 사용하는가?
   ② 고압 동력용 OCB에 표시된 600[A]는 무엇을 의미하는가?
   ③ 콘덴서에 내장된 DC의 역할은?
   ④ 전등 부하의 수용률이 70[%]일 때 전등용 변압기에 걸 수 있는 부하설비용량은 몇 [kW]인가?

정답

(1) ① 최대수요전력량계 ② 25.8[kV] ③ 18[kV] ④ 25.8[kV] ⑤ 단락용량

⑥ CT비 선정방법

CT 1차측 전류 : $I_1 = \dfrac{P}{\sqrt{3}\,V} = \dfrac{500 \times 3}{\sqrt{3} \times 22.9}$

CT의 여유배수 적용 : $I_1 \times 1.25 = \dfrac{500 \times 3}{\sqrt{3} \times 22.9} \times 1.25 = 47.27[A]$

답 CT정격을 선정 : 50/5

⑦ 표면 접속

⑧ 20[m]

⑨ 정격차단용량 $P_s = \sqrt{3}\,V_n I_{kA}$ → 정격차단전류 $I_{kA} = \dfrac{P_s}{\sqrt{3}\,V_n}$

$I_{kA} = \dfrac{1000 \times 10^3}{\sqrt{3} \times 25.8} = 22377.92[A]$

답 22377.92[A]

(2) ① 몰드형   ② 정격전류   ③ 잔류전하를 방전시켜 감전사고 방지

④ 부하설비용량 $= \dfrac{\text{변압기용량}}{\text{수용률}} = \dfrac{150}{0.7} = 214.285 [\text{kW}]$

답 214.29[kW]

05 특고압 결선도 154/22.9[kV] ①

아래 그림은 154[kV]를 수전하는 어느 공장의 옥외 수전 설비에 대한 단선 결선도이다. 그림을 보고 주어진 물음에 답하시오.

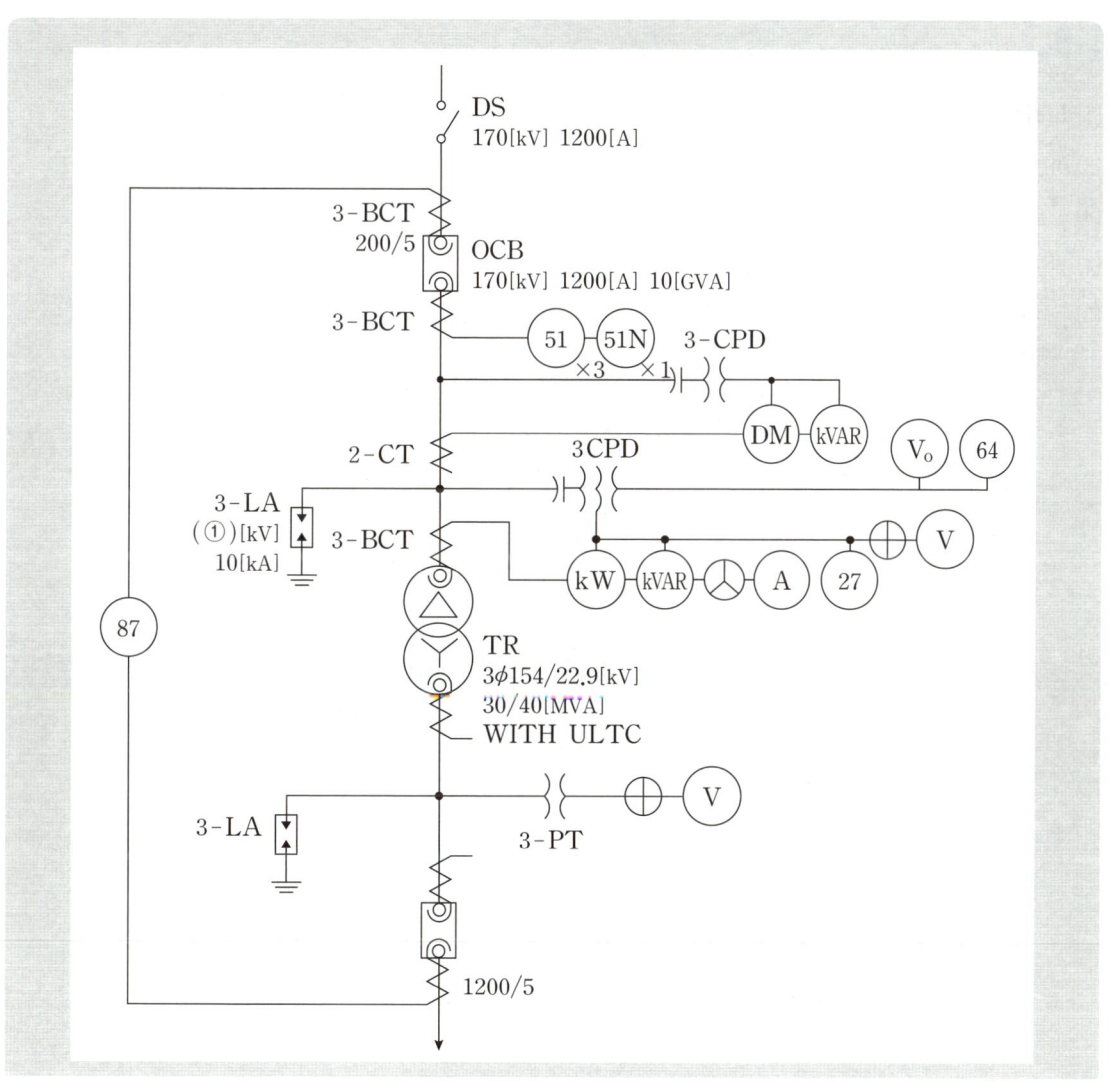

(1) 단선도 상의 ①피뢰기 정격전압은 몇 [kV]인가?

(2) 변압기의 내부고장을 위해 사용하는 계전기의 명칭을 쓰시오.

(3) CPD의 우리말 명칭을 쓰시오.

(4) 보조 변류기의 역할에 대하여 간단히 쓰시오.

(5) 정상 운전 중 한전 변전소의 정전으로 인하여 전력공급이 중단되는 경우 동작하는 계전기의 분류번호를 쓰고 그 명칭을 쓰시오.
   ◦ 번호 :
   ◦ 명칭 :

정답

(1) 144[kV]

(2) 비율차동계전기

(3) 콘덴서형 계기용변압기

(4) 비율차동계전기의 1차 전류와 2차 전류의 차이를 보정

(5) ◦ 번호 : 27
   ◦ 명칭 : 부족전압계전기

06 특고압 결선도 154/22.9[kV] ②

도면은 어느 154[kV] 수용가의 수전 설비 단선 결선도의 일부분이다. 주어진 표와 도면을 이용하여 다음 각 물음에 답하시오.

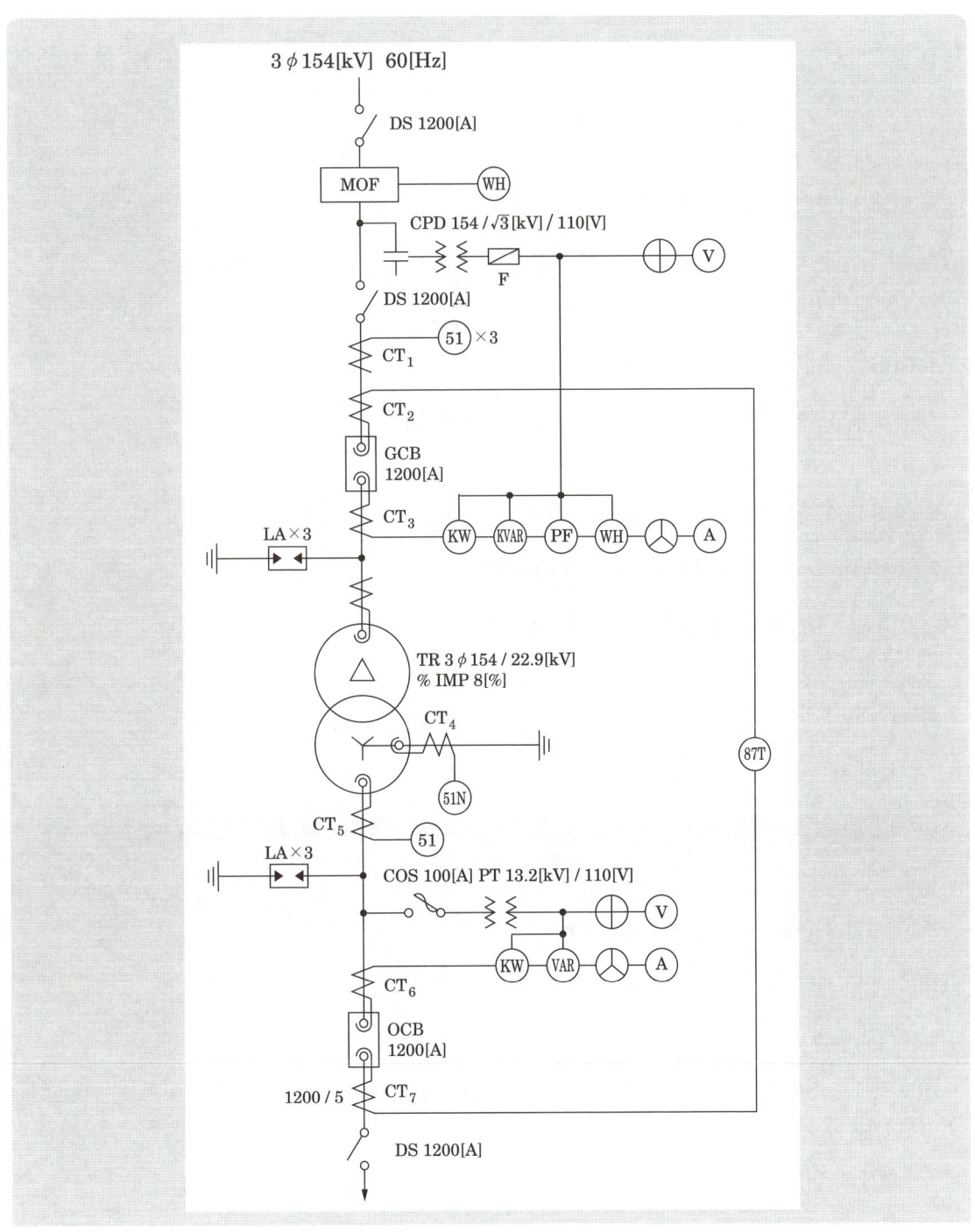

[CT의 정격]					
1차 정격 전류[A]	200	400	600	800	1200
2차 정격 전류[A]	\multicolumn{5}{c}{5}				

(1) 변압기 2차 설비용량이 51[MW], 수용률이 70[%], 부하역률이 90[%]일 때 변압기 용량은 몇 [MVA]가 되는가?
  ◦ 계산 과정 :   ◦ 답 :

(2) 변압기 1차측 단로기의 정격전압은 몇 [kV]인가?

(3) CT_1의 비는 얼마인지 계산하고 선정하시오. (단, 1차 전류의 여유는 25[%]로 한다.)
  ◦ 계산 과정 :   ◦ 답 :

(4) GCB의 정격전압은 몇 [kV]인가?

(5) 변압기 명판에 표시되어 있는 OA/FA의 뜻을 설명하시오.
  ◦ OA :   ◦ FA :

(6) GCB 내에 사용되는 가스는 주로 어떤 가스가 사용되는지를 쓰시오.

(7) 154[kV] 측 피뢰기의 정격전압은 몇 [kV]인가?

(8) ULTC의 명칭과 구조상의 종류 2가지를 쓰시오.
  ◦ 명칭 :   ◦ 종류 :

(9) CT_5의 비는 얼마인지 계산하고 선정하시오. (단, 1차 전류의 여유는 25[%]로 한다.)
  ◦ 계산 과정 :   ◦ 답 :

(10) OCB의 정격 차단전류가 23[kA]일 때, 이 차단기의 차단용량은 몇 [MVA]인가?
  ◦ 계산 과정 :   ◦ 답 :

(11) 변압기 2차측 단로기의 정격전압은 몇 [kV]인가?

(12) 과전류 계전기의 정격부담이 9[VA]일 때 이 계전기의 임피던스는 몇 [Ω]인가?
  ◦ 계산 과정 :   ◦ 답 :

(13) CT_7 1차 전류가 600[A]일 때 CT_7의 2차에서 비율 차동 계전기의 단자에 흐르는 전류는 몇 [A]인가?
  ◦ 계산 과정 :   ◦ 답 :

> **정답**

(1) 변압기 용량 $= \dfrac{\text{설비용량} \times \text{수용률}}{\text{역률}} = \dfrac{51 \times 0.7}{0.9} = 39.67[\text{MVA}]$

답 39.67[MVA]

(2) 170[kV]

(3) CT비 선정 방법

CT 1차측 전류 : $I_1 = \dfrac{P}{\sqrt{3}\,V} = \dfrac{39.67 \times 10^3}{\sqrt{3} \times 154} = 148.72[\text{A}]$

CT의 여유 배수 적용 : $148.72 \times 1.25 = 185.9[\text{A}]$

답 200/5

(4) 170[kV]

(5) OA : 유입 자냉식, FA : 유입 풍냉식

> **참고**
>
> ① OA(ONAN) : 유입자냉식 ② FA(ONAF) : 유입풍냉식 ③ OW(ONWF) : 유입수냉식
> ④ FOA(OFAF) : 송유풍냉식 ⑤ FOW(OFWF) : 송유수냉식

(6) 육불화유황가스

(7) 144[kV]

(8) ◦ 명칭 : 부하시 탭 절환 장치 [Under Load Tap Changer]
   ◦ 종류 : 단일 회로식, 병렬 구분식

> **참고**
>
> 무부하탭절환장치(NLTC : No Load Tap Changer) : 무부하시 전압을 조정하는 장치

(9) CT비 선정 방법

CT 1차 전류 : $I_1 = \dfrac{P}{\sqrt{3}\,V} = \dfrac{39.67 \times 10^3}{\sqrt{3} \times 22.9} = 1000.05[\text{A}]$

CT의 여유 배수 적용 : $1000.05 \times 1.25 = 1250.06$

답 1200/5

(10) 차단 용량 $P_s = \sqrt{3}\,V_n I_{kA} = \sqrt{3} \times 25.8 \times 23 = 1027.8[\text{MVA}]$

답 1027.8[MVA]

(11) 25.8[kV]

(12) 부담 $= I_n^2 \cdot Z [\text{VA}] \rightarrow Z = \dfrac{9}{5^2} = 0.36[\Omega]$

답 $0.36[\Omega]$

(13) CT가 △결선일 경우 CT 2차측에 흐르는 전류는 선전류이다.

$I_2 = 600 \times \dfrac{5}{1200} \times \sqrt{3} = 4.33[\text{A}]$

답 $4.33[\text{A}]$

07 간이수전설비 결선도 22.9[kV] 1000[kVA] 이하

옥외의 간이 수변전 설비에 대한 단선 결선도이다. 이 도면을 보고 다음 각 물음에 답하시오.

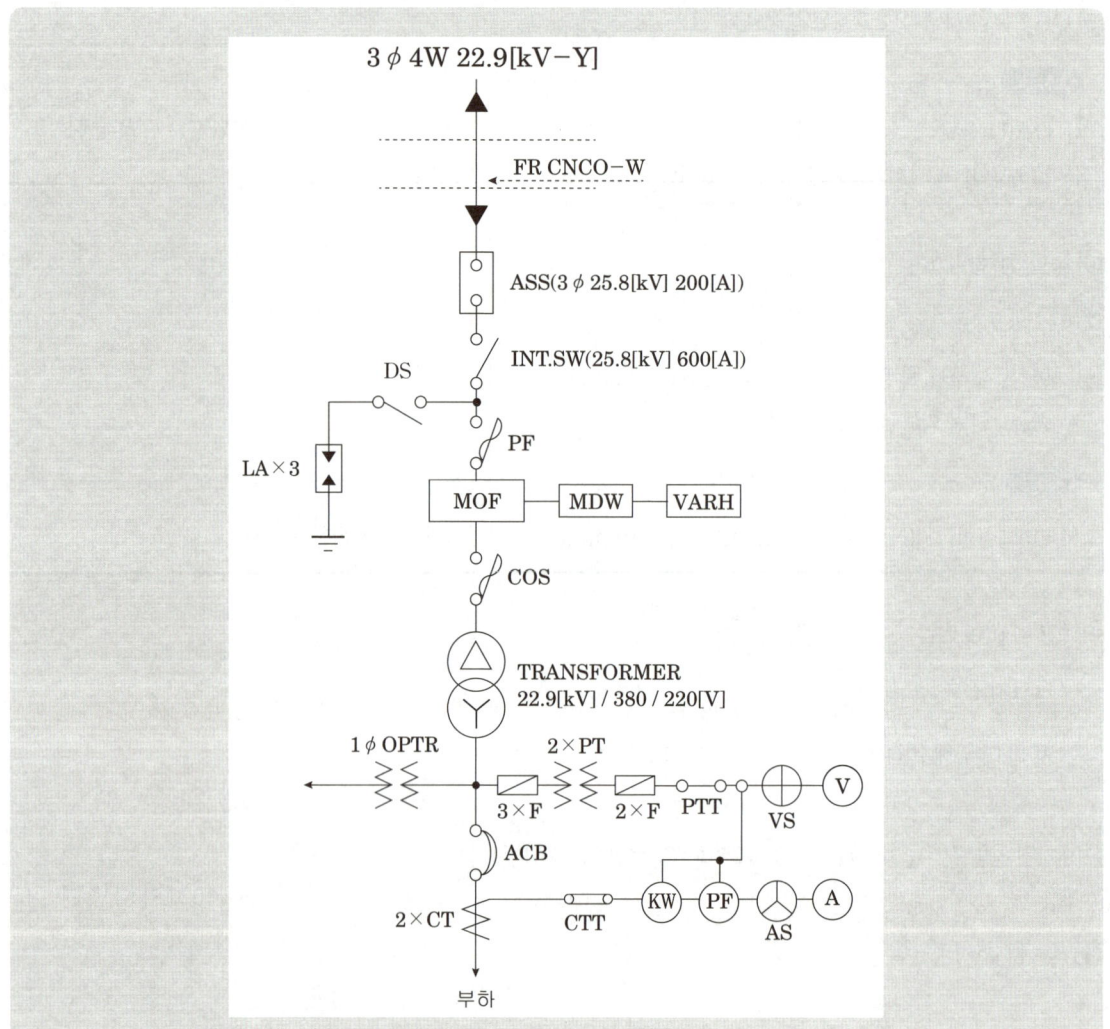

Chapter 06. 우선순위 핵심문제

(1) 도면상의 ASS는 무엇인지 그 명칭을 쓰시오.

(2) 도면상의 MDW의 명칭은 무엇인지 쓰시오.

(3) 도면상의 전선 약호 FR-CNCO-W의 품명을 쓰시오.

(4) 22.9[kV-Y] 간이 수변전 설비는 수전용량 몇 [kVA] 이하에 적용하는지 쓰시오.

(5) LA의 공칭 방전 전류는 몇 [kA]를 적용하는지 쓰시오.

(6) 도면에서 PTT는 무엇인지 쓰시오.

(7) 도면에서 CTT는 무엇인지 쓰시오.

(8) 2차측 주개폐기로 380[V]/220[V]를 사용하는 경우 중성선측 개폐기의 표식은 어떤 색깔로 하여야 하는지 쓰시오.

(9) 도면상의 기호 ⊕은 무엇인지 쓰시오.

(10) 도면상의 기호 Ⓐ은 무엇인지 쓰시오.

(11) 위 결선도에서 생략할 수 있는 것은?

(12) 22.9[kV-Y]용의 LA는 어떤 것을 사용하여야 하는가?

(13) 인입선을 지중선으로 시설하는 경우로 공동주택 등 고장시 정전피해가 큰 경우에는 예비 지중선을 포함하여 몇 회선으로 시설하는 것이 바람직한가?

(14) 300[kVA] 이하인 경우는 PF 대신 어떤 것을 사용할 수 있는가?

(15) OPTR의 설치 목적은 무엇인가?

정답

(1) 자동 고장 구분 개폐기

(2) 최대 수요 전력량계

(3) 동심중성선 수밀형 저독성 난연성 전력케이블

(4) 1000[kVA]

(5) 2.5[kA]

(6) 전압 시험 단자

(7) 전류 시험 단자

(8) 청색

(9) 전압계용 전환 개폐기(VS)

(10) 전류계용 전환 개폐기(AS)

(11) 피뢰기용 단로기

(12) Disconnector 또는 Isolator 붙임형

(13) 2회선

(14) 컷아웃스위치

(15) 조작용 전원전압을 얻기 위한 소형 변압기 [Operational Transformer]

08 고압수전설비 – 단선도

아래의 고압 수전설비 단선결선도를 참고하여 다음 물음에 답하시오.

각 부하의 최대 전력이 그림과 같고 역률이 0.8, 부등률이 1.4일 때 변압기 1차측 전류계 Ⓐ에 흐르는 전류의 최대치를 구하시오. 동일한 조건에서 합성 역률 0.92 이상으로 유지하기 위한 전력용 콘덴서의 최소용량은 몇 [kVar]인가?

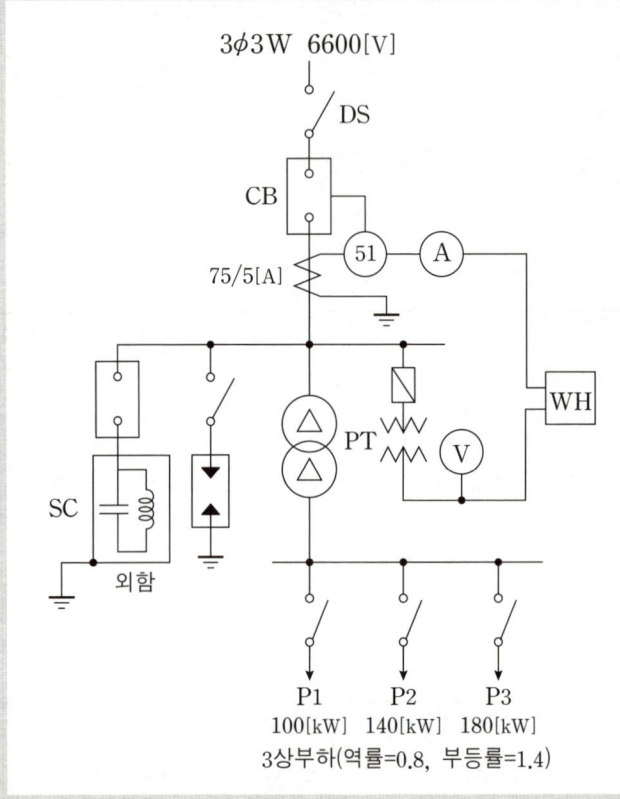

(1) 전류의 최대치
   ○ 계산 과정 :
   ○ 답 :
(2) 전력용 콘덴서 용량
   ○ 계산 과정 :
   ○ 답 :

> 정답

(1) 전류의 최대치

$$\text{합성 최대 전력} = \frac{\text{각 부하설비 최대 전력의 합}}{\text{부등률}} = \frac{100+140+180}{1.4} = 300[\text{kW}]$$

$$\text{전류계에 흐르는 전류} = \frac{300 \times 10^3}{\sqrt{3} \times 6600 \times 0.8} \times \frac{5}{75} = 2.19[\text{A}]$$

답 2.19[A]

(2) 전력용 콘덴서 용량

$$Q = P \times (\tan\theta_1 - \tan\theta_2) = 300 \times \left(\frac{0.6}{0.8} - \frac{\sqrt{1-0.92^2}}{0.92}\right) = 97.2[\text{kVar}]$$

답 97.2[kVar]

09 고압수전설비 - 복선도

아래의 도면은 고압수전설비의 미완성 복선도이다. 그림을 보고 다음 각 물음에 답하시오.

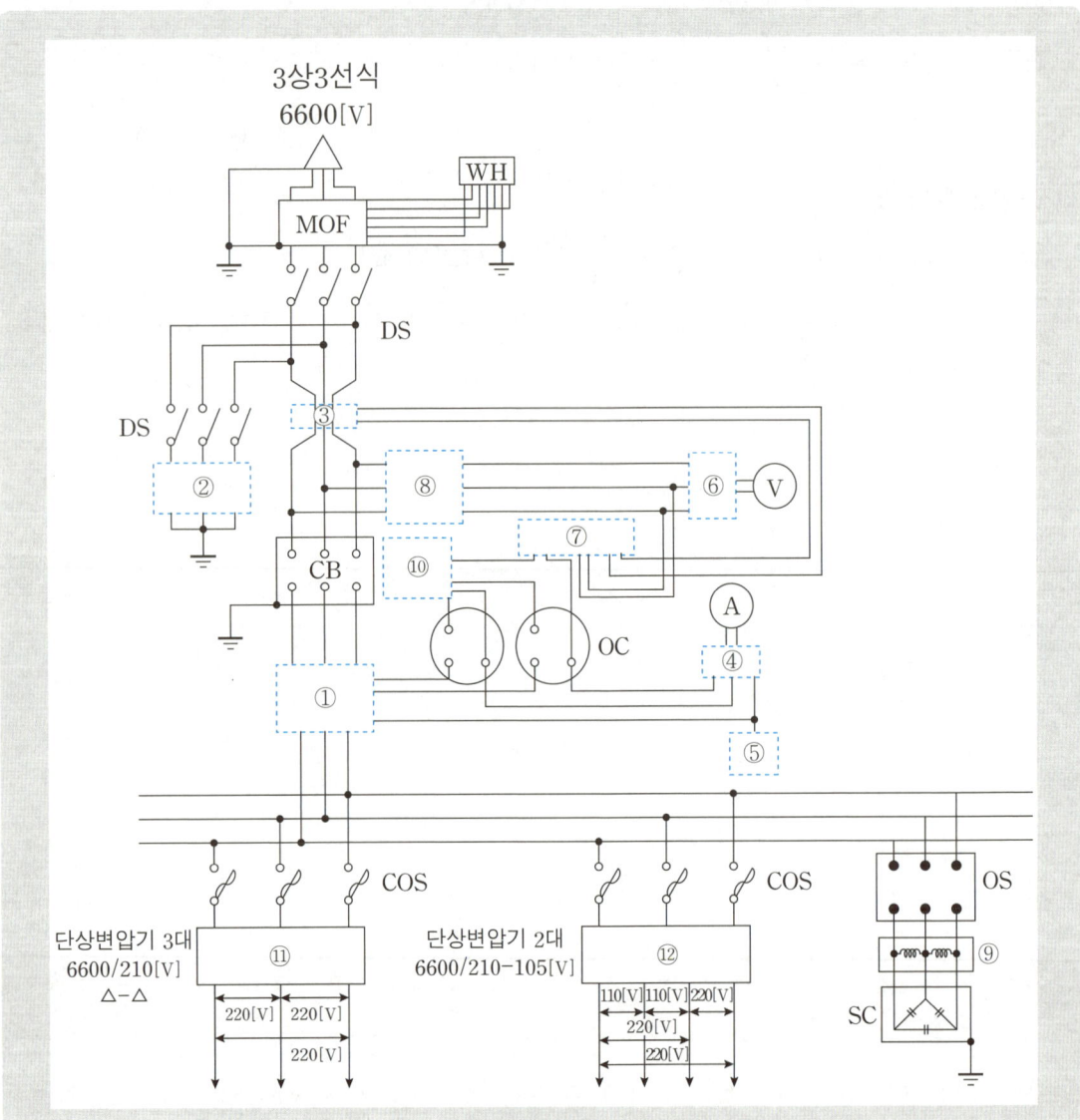

(1) ①~⑥ 부분에 해당되는 심벌을 그려넣고 그 옆에 제어 약호를 쓰도록 하시오. (단, 접지는 E로 표시할 것)

(2) ⑪, ⑫의 변압기 결선을 완성하시오.

(3) ⑦, ⑧에 사용되는 기기의 명칭은 무엇인가?

(4) ⑨, ⑩ 부분을 사용하는 주된 목적을 설명하시오.

(5) 지락을 검출하기 위한 ZCT는 1선 지락시 불평형 전류에 의하여 영상 1차 전류와 2차 전류로 지락계전기를 동작하게 하는데 영상 1차 전류와 2차 전류는 각각 몇 [mA]인가?
  - 1차 :   - 2차 :

(6) CT의 2차 전류는 5[A]로서 정격 부담은 고압에서 몇 [VA]인가?

정답

(1)

번호	①	②	③
심벌	CT	LA	ZCT
번호	④	⑤	⑥
심벌	AS	E	VS

(2)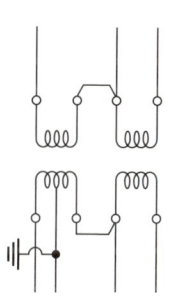

(3) ⑦ 지락 계전기   ⑧ 계기용변압기

(4) ⑨ 잔류전하를 방전시켜 감전사고 방지   ⑩ 차단기를 트립시키기 위한 여자코일

(5) ∘ 1차 : 200[mA]   ∘ 2차 : 1.5[mA]

(6) 40[VA]

ELECTRICITY

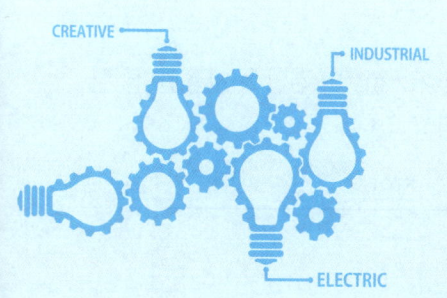

02 전기설비설계

Chapter 01. 송·배전 전기방식
Chapter 02. 전기설비설계
Chapter 03. 전원공급장치
Chapter 04. 절연 및 접지기술
Chapter 05. 변전설비 설계 및 운영
Chapter 06. 동력설비 설계 및 운영
Chapter 07. 계측설비 설계 및 운영

1 송·배전 전기방식

1. 단상 2선식

   1) 개념

   단상 변압기 2차 측에 2개의 전선으로 배전하는 방식으로 110V, 220V의 전압을 사용한다. 일반적으로 저전압 배전에 사용되며 현재는 220V가 주로 사용되고 있다.

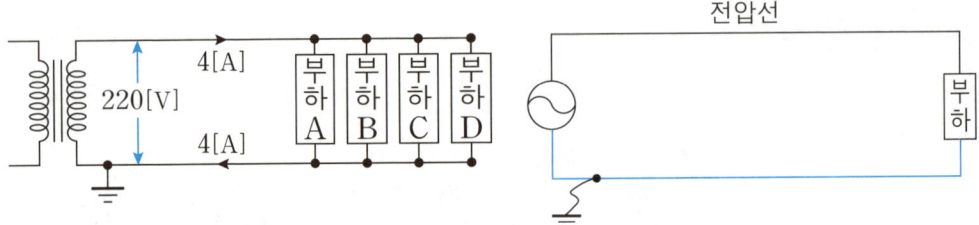

   2) 전압강하

   - $e = V_s - V_r = 2I(R\cos\theta + X\sin\theta)$ [1선의 저항값]
   - $e = V_s - V_r = I(R\cos\theta + X\sin\theta)$ [왕복선의 저항값]

   3) 옥내배선의 전압강하 계산 약식 유도 [역률 $\cos\theta = 1$, 도전율 $C = 97\%$]

   $$e = 2IR = 2 \times I \times \rho\frac{L}{A} = 2 \times I \times \frac{1}{58} \times \frac{100}{C} \times \frac{L}{A} = 2 \times 0.0178 \times \frac{LI}{A} = \frac{35.6LI}{1000A}[V]$$

   ρ : 고유저항률[$\Omega \cdot mm^2/m$], R : 저항[Ω], A : 단면적[mm^2], I : 부하전류[A], L : 선로길이[m]

> **개념 확인문제**   Check up! ☐☐☐
>
> **계산 문제**   단상 2선식 교류 배전선이 있다. 1선의 저항은 0.03[Ω], 리액턴스는 0.05[Ω]이고, 부하는 무유도성으로 220[V], 3[kW]일 때 급전점의 전압은 몇 [V]인가?
>
> **계산 과정** $V_s = V_r + 2I(R\cos\theta + X\sin\theta)$ [1선의 저항값]
> 부하는 무유도성이므로, 역률은 1, $\sin\theta$은 0이다. 공급전압을 V_s라 하면
>
> $V_s = 220 + 2IR = 220 + 2 \times \dfrac{3 \times 10^3}{220} \times 0.03 = 220.82[V]$ **답**   220.82[V]

2. 단상 3선식

1) 개념

단상변압기 2차 측의 중성점으로부터 중성선(N)을 인출하고 두 외선과 함께 3개의 전선으로 부하를 공급하는 방식으로 2개의 전압을(예 100/200, 105/210, 110/220) 동시에 사용할 수 있다.

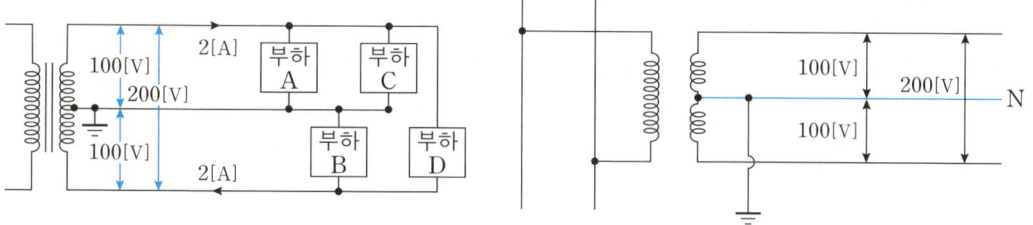

2) 결선시 유의사항

- 개폐기는 3극 동시 동작형을 사용 (이유 : 전압 불평형 발생가능)
- 변압기 2차 측의 중성선 접지 (이유 : 혼촉 사고시 2차측 전위상승억제)
- 중성선에는 퓨즈를 넣지 않음 (이유 : 퓨즈 용단시 전압 불평형 발생가능)

3) 설비불평형률 [40% 이하]

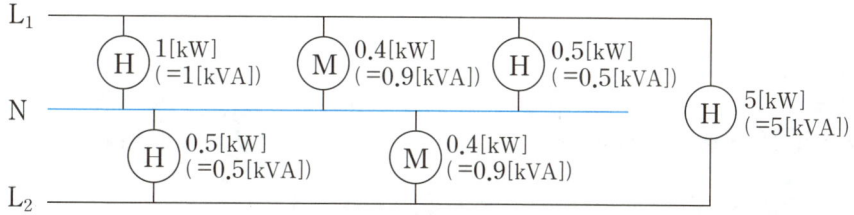

$$설비불평형률 = \frac{중성선과\ 그\ 전압측\ 전선간에\ 접속되는\ 부하설비용량[kVA]의\ 차}{총\ 부하설비용량[kVA]의\ 1/2} \times 100[\%]$$

개념 확인문제 Check up! □□□

계산 문제 100/200[V] 단상 3선식 회로의 중성선 N에 흐르는 전류는 몇 [A]인가?

[부하정격]
A : 소비전력 2[kW], 역률 0.8
B : 소비전력 3[kW], 역률 0.8

계산 과정

$I_A = \dfrac{P}{V\cos\theta} = \dfrac{2}{100 \times 0.8} \times 10^3 = 25[A]$, $I_B = \dfrac{P}{V\cos\theta} = \dfrac{3}{100 \times 0.8} \times 10^3 = 37.5[A]$

$I_N = |I_A - I_B|$ → $I_N = 37.5 - 25 = 12.5[A]$

답 12.5[A]

3. 3상 3선식

1) 개념 : 각 상의 전류는 120도씩 위상차가 있고, 크기가 같은 3상전류의 합이 영이 되며, 전선 3가닥 으로 송전한다. Y결선방식과 델타 결선방식이 사용된다.

2) 고압 및 특고압 송·배전선로

① 중성점 접지방식 : 우리나라의 대표적인 초고압 송전선로의 공칭전압은 154, 345, 765[kV]이며, 공칭전압은 선간전압으로 나타낸다. 한편, 우리나라는 중성점 직접접지 방식을 사용한다. 선간전압은 상전압 보다 $\sqrt{3}$ 배 크며 30도의 위상차가 있다.

- 직접접지 방식 : $Z_n = 0$
- 소호리액터접지 방식 : $Z_n = X_L$
- 저항접지 방식 : $Z_n = R$
- 비접지 방식 : $Z_n = \infty$

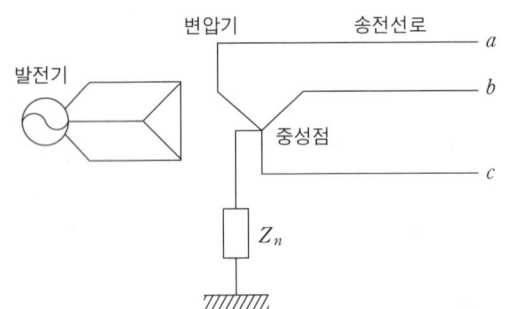

② 송·배전선로의 특성

ⓐ 전압강하

$$e = \sqrt{3}\, I(R\cos\theta + X\sin\theta)[\text{V}]$$

$$e = \frac{P}{V_r}(R + X\tan\theta)[\text{V}]$$

ⓑ 전압강하율

$$\delta = \frac{e}{V_r} \times 100 = \frac{V_s - V_r}{V_r} \times 100$$

$$\delta = \frac{P}{V_r^2}(R + X\tan\theta) \times 100$$

ⓒ 전압변동률

$$\varepsilon = \frac{V_{ro} - V_r}{V_r} \times 100 \text{ 단, 여기서 } \begin{cases} V_{ro} : \text{무부하시 수전단 전압} \\ V_r : \text{전부하시 수전단 전압} \end{cases}$$

ⓓ 전력손실

$$P_l = 3I^2 R = 3 \times \left(\frac{P}{\sqrt{3}\, V\cos\theta}\right)^2 \times R = \frac{P^2 R}{V^2 \cos^2\theta} = \frac{P^2 \rho l}{V^2 \cos^2\theta A}[\text{W}]$$

ⓔ 전력손실률

$$K = \frac{P_l}{P_r} \times 100 = \frac{PR}{V^2 \cos^2\theta} \times 100$$

$$K = \frac{P}{V^2} \rightarrow P = KV^2 [\text{단, } K \text{일정}]$$

③ 비접지 방식

비접지 방식이란, 변압기 3대를 △-△결선 방식으로 3상 3선식이다. 델타결선시 선전류는 상전류 보다 $\sqrt{3}$ 배 크며 30도의 위상차가 있다. 한편, 선로에서 1선 지락사고시 지락전류는 대지정전용량으로 인해 진상전류이다. 또한, 1선 지락사고시 건전상의 전위상승이 $\sqrt{3}$ 배 상승하기 때문에 기기나 선로의 절연레벨이 높은 편이다.

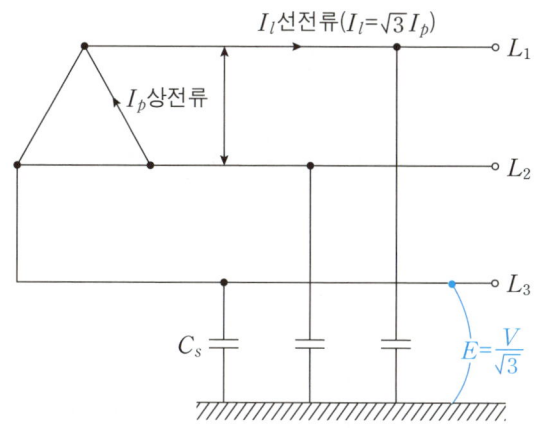

4. 3상 4선식(22900/13200[V], 380/220[V])

1) 특고압 배전선로

우리나라의 고압 배전선은 3.3[kV], 6.6[kV], 22[kV]의 3상 3선식이었으나 배전전압 승압 정책에 따라 배전선로는 거의 모두 공통 중성선 다중접지 방식을 채용였으며, 전압은 22.9[kV]를 주로 사용하고 있다. Y결선이며, 상전압은 13200[V], 선간전압은 22900[V]이다.

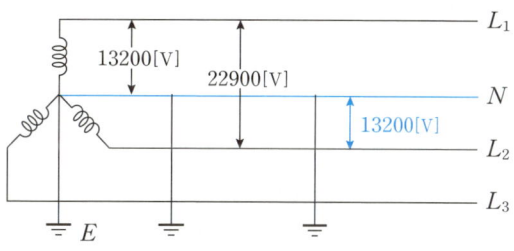

2) 저압 옥내배선

3상 4선식 Y 접속시 전등과 동력을 공급하는 옥내배선의 경우는 상별 부하전류가 평형으로 유지되도록 상별로 결선하기 위하여 전압측 전선에 색별 배선을 하거나 색테이프를 감는 등의 방법으로 표시를 하여야 한다. 단상 선로의 구성률이 높아지면 부하 불평형이 발생할 수 있다.

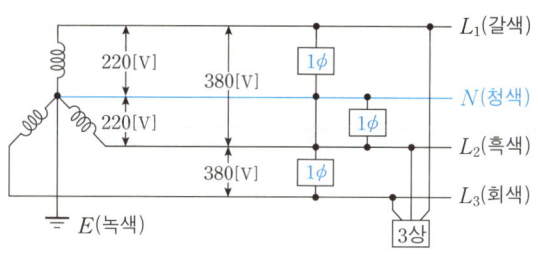

3) 설비불평형률 [30% 이하]

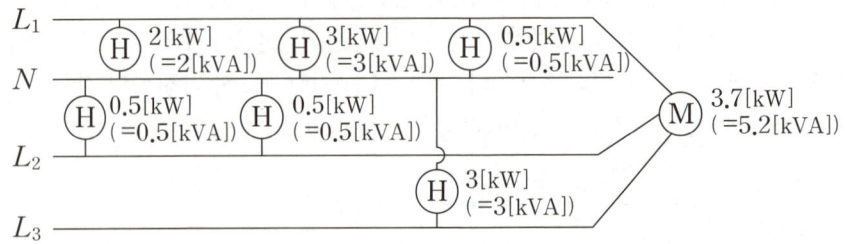

$$\text{설비불평형률} = \frac{\text{각 전선간에 접속되는 단상부하의 설비용량[kVA]의 최대와 최소의 차}}{\text{총 부하설비용량[kVA]의 1/3}} \times 100[\%]$$

[제한사항의 예외]
- 저압수전에서 전용변압기 등으로 수전하는 경우
- 고압 및 특별고압수전에서는 100[kVA] 이하의 단상부하인 경우
- 특별고압 및 고압수전에서는 단상부하용량의 최대와 최소의 차가 100[kVA] 이하인 경우
- 특별고압 수전에서 100[kVA] 이하 단상변압기 2대로 역V결선 하는 경우

개념 확인문제

계산 문제 3상 4선식 송전선에 1선의 저항이 10[Ω], 리액턴스가 20[Ω]이고, 송전단 전압이 6600[V], 수전단 전압이 6100[V]이었다. 수전단의 부하를 끊은 경우 수전단 전압이 6300[V], 부하역률이 0.8일 때 다음 물음에 답하시오.

(1) 전압 변동률(%)을 구하시오.
(2) 이 송전선로의 수전 가능한 전력[kW]을 구하시오.

계산 과정

(1) 전압변동률 $\varepsilon = \dfrac{V_{r0} - V_r}{V_r} \times 100 = \dfrac{6300 - 6100}{6100} \times 100 = 3.28[\%]$

답 3.28[%]

(2) 전압강하 $e = V_s - V_r = 6600 - 6100 = 500[V]$

$e = \dfrac{P}{V_r}(R + X\tan\theta)$에서 $P = \dfrac{eV_r}{R + X\tan\theta} = \dfrac{500 \times 6100}{10 + 20 \times \dfrac{0.6}{0.8}} \times 10^{-3} = 122[kW]$

답 122[kW]

2 코로나 현상·복도체

1. 코로나 현상

   1) 정의

   전선로 주변의 공기의 절연이 부분적으로 파괴되는 현상으로 낮은 소리나 엷은 빛을 내면서 방전하는 현상이다. 공기의 파열극한 전위경도는 직류 30[kV/cm], 교류 21.1[kV/cm]

   2) 코로나 발생의 임계전압

   $$E_0 = 24.3 m_0 m_1 \delta d \log_{10} \frac{D}{r} [\text{kV}]$$

   여기서, m_0는 표면계수, m_1은 날씨계수, d는 전선직경, D는 선간거리

   ※ δ : 상대공기밀도 (참고 : $t[℃]$에서의 기압을 $b[\text{mmHg}]$라고 할 때 $\delta = \frac{0.386b}{273+t}$)

   3) 코로나 영향 및 방지대책

영향	방지대책
• 전력손실 발생 • 오존발생으로 전선 부식 • 소음, 통신선의 유도장해 발생	• 가선금구를 개량할 것 • 복도체 또는 굵은 전선을 사용 • 전선 표면에 손상이 발생하지 않도록 유의

2. 복도체 방식의 특징

   ① 인덕턴스 감소, 정전용량 증대
   ② 허용전류 증가, 송전용량 증대
   ③ 코로나 손실 감소
   ④ 전선표면의 전위경도 감소
   ⑤ 코로나임계전압이 상승하여 코로나방지

3. 페란티 현상

   선로의 정전용량 증가로 인해 충전전류가 흘러 송전단전압보다 수전단 전압이 커지는 현상을 말한다. 이를 방지하기 위해 분로리액터를 설치한다.

   선로의 충전전류 : $I_c = \omega CE [\text{A}]$ 선로의 충전용량 : $Q_c = 3\omega CE^2 \times 10^{-3} [\text{kVA}]$

3 유도장해·전기품질

1. 전자유도장해

    지락전류에 의해 전력선과 통신선 사이에 상호 인덕턴스 M에 의해 통신선에 전압이 유도된다.

    $$E_m = j\omega Ml(I_a + I_b + I_c) = j\omega Ml \times 3I_0$$

    $3I_0 = 3 \times$ 영상전류, l : 전력선과 통신선의 병행길이

2. 정전유도장해

    송전선로의 영상 전압과 통신선과의 상호 정전용량의 불평형에 의해 통신선에 유도되는 전압을 정전 유도전압이라 하며, 정상시에 통신장해를 일으켜 문제가 된다.

    1) 전력선을 3선 일괄한 경우

    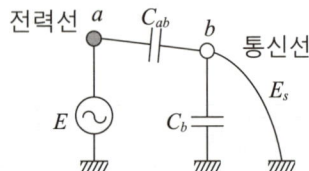

    $$E_s = \frac{C_{ab}}{C_{ab} + C_b} \times E[\text{V}]$$

    2) 전력선 각상과 통신선의 유도장해

    $$E_s = \frac{\sqrt{C_a(C_a - C_b) + C_b(C_b - C_c) + C_c(C_c - C_a)}}{C_a + C_b + C_c + C_s} \times \frac{V}{\sqrt{3}}$$

3. 유도장해 경감대책

    1) 전력선측의 대책

    - 전력선과 통신선을 수직 교차
    - 차폐선을 설치(가공지선 : 30~50% 경감)
    - 연가를 충분히 하여 중성점의 잔류전압 경감
    - 전력선을 통신선으로부터 멀리 떨어져서 건설
    - 고속도차단기를 설치하여 고장전류를 신속히 제거

2) 통신선측의 대책

- 연피 통신케이블 사용
- 통신선에 우수한 피뢰기를 설치
- 배류코일이나 중계코일 등으로 통신선을 접지

4. 중성점 잔류전압

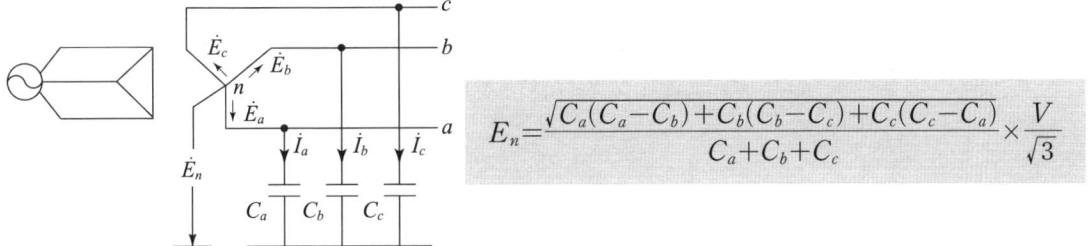

$$E_n = \frac{\sqrt{C_a(C_a - C_b) + C_b(C_b - C_c) + C_c(C_c - C_a)}}{C_a + C_b + C_c} \times \frac{V}{\sqrt{3}}$$

5. 고조파 [Harmonics]

1) 정의 : 고조파란 기본파에 대하여 그 정수배의 주파수 성분을 갖는 파형

2) 발생원 : 정지형 전력변환기, 변압기, 전동기, 용접기, 아크로 등

3) 고조파가 기기에 미치는 영향

기기	영향 내용
콘덴서	고조파 전류에 대한 회로의 임피던스가 감소하여 과대전류가 유입함에 따른 과열, 소손, 진동, 소음 발생
케이블	3상4선식 선로의 중성선에 고조파 전류가 흐름에 따른 파열
변압기	고조파 전류에 의한 철심의 자화현상에 의한 소음의 발생 고조파 전류, 전압에 의한 철손, 동손의 증가와 함께 용량의 감소
형광등	고조파 전류에 대한 임피던스가 감소하여 과대전류가 역률개선용 콘덴서나 초크코일에 흐름에 따른 과열, 소손
통신선	전자유도에 의한 잡음전압의 발생
유도 전동기	고조파 전류에 의한 정상 진동토크 발생에 의하여 회전수의 주기적 변동으로 철손, 동손 등의 증가
보호 계전기	고조파 전류 혹은 전압에 의한 설정 레벨의 초과 혹은 위상변화에 의한 오동작, 오부동작
전력 퓨즈	과대한 고조파 전류에 의한 용단
MCCB	과대한 고조파 전류에 의한 오동작

4) 종합 고조파 왜형률 (THD : Total Harmonics Distortion)

기본파 주파수 성분의 실효값에 대한 모든 고조파 성분의 실효값 총합의 비율

$$THD = \frac{\sqrt{V_3^2 + V_5^2 + \cdots + V_n^2}}{V_1} \times 100$$

5) 고조파 경감대책

전력변환기의 다펄스화, 리액터 설치, 수동필터에 의한 억제, 능동필터에 의한 억제, 변압기 델타 결선, 고조파 발생기기의 배전선 전용화, PWM 방식 채용 등

개념 확인문제

계산 문제 통신선과 평행된 주파수 60[Hz]의 3상 1회선 송전선에서 1선 지락으로 영상전류가 100[A] 흐르고 있을 때 통신선에 유기되는 전자유도전압은 약 몇 [V]인가? (단, 영상전류는 송전선 전체에 걸쳐 같으며, 통신선과 송전선의 상호 인덕턴스는 0.05[mH/km]이고, 양 선로의 병행 길이는 50[km]이다.)

계산 과정 $E_m = j\omega Ml(3I_0) = 2\pi \times 60 \times 0.05 \times 10^{-3} \times 50 \times 3 \times 100$
≒ 282.74[V]

답 282.74[V]

단답 문제 TV나 형광등과 같은 전기제품에서의 깜빡거림 현상을 플리커 현상이라 하는데 이 플리커 현상을 경감시키기 위한 전원측과 수용가측에서의 대책을 각각 3가지씩 쓰시오.

(1) 전원측　　　　　　(2) 수용가측

답 (1) 전원측
① 공급전압을 승압
② 굵은 전선으로 교체
③ 플리커 발생 부하에는 전용의 변압기로 전력을 공급

(2) 수용가측
① 전압강하를 보상
② 부하의 무효전력 변동분을 흡수
③ 플리커 부하전류의 변동분을 억제

4 수전방식의 종류 및 특징

종류	특징
1회선 수전 방식	제일 간단하고 신뢰도는 낮지만 용도에 따라서는 경제적이다.
2회선 수전 방식 [루프식]	· 공급신뢰도가 높다. · 전압 변동률이 감소한다. · 배전 손실은 감소된다. · 보호 방식이 복잡하다.
스포트 네트워크 방식	· 가격이 비싸다. · 전압 변동률이 좋다. · 무정전 공급이 가능하다. · 기기의 이용률이 향상된다. · 부하에 대한 적응성이 좋다.

개념 확인문제 Check up! ☐☐☐

단답 문제 스폿 네트워크(SPOT NETWORK) 수전방식에 대하여 설명하시오.

답 변전소로부터 2회선 이상의 배전선로를 가설하여 한 회선에서 고장이 발생할 경우 고장 회선을 분리한 후 나머지 회선을 통해 무정전으로 전력을 공급할 수 있는 방식

01 단상 2선식 전압강하 계산

분전반에서 20[m] 거리에 있는 단상2선식, 부하 전류 5[A]인 부하에 배선 설계의 전압강하를 0.5[V] 이하로 하고자 한다. 필요한 전선의 굵기를 구하시오. (단, 전선의 도체는 구리이다.)

> **정답**

전선의 굵기 $= \dfrac{35.6 \times LI}{1000 \times e} = \dfrac{35.6 \times 20 \times 5}{1000 \times 0.5} = 7.12 [\text{mm}^2]$

답 10[mm²]

KSC IEC 전선규격[mm²]		
1.5	2.5	4
6	10	16
25	35	50

02 3상 3선식 전압강하 계산

분전반에서 50[m]의 거리에 380[V], 3상 유도전동기 37[kW]를 설치하였다. 전압강하를 5[V]이하로 하기 위해서 전선의 굵기[mm²]를 얼마로 선정하는 것이 적당한가? (단, 전압강하계수는 1.1, 전동기의 전부하 전류는 75[A], 3상 3선식 회로임)

> **정답**

전선의 굵기 $= \dfrac{30.8 \times LI}{1000 \times e} = \dfrac{30.8 \times 50 \times 75}{1000 \times 5} \times 1.1 = 25.41 [\text{mm}^2]$

답 35[mm²]

> **참고**

동일관내의 전선 가닥수	전압강하[e]		전선의 단면적[mm²]
단상3선식, 3상4선식	$e = IR$	$e = \dfrac{17.8 \times L \times I}{1000 \times A}$	$A = \dfrac{17.8 \times L \times I}{1000 \times e}$
단상2선식, 직류2선식	$e = 2IR$	$e = \dfrac{35.6 \times L \times I}{1000 \times A}$	$A = \dfrac{35.6 \times L \times I}{1000 \times e}$
3상 3선식	$e = \sqrt{3}\,IR$	$e = \dfrac{30.8 \times L \times I}{1000 \times A}$	$A = \dfrac{30.8 \times L \times I}{1000 \times e}$

03 전압강하 – 송전단 전압

3상 3선식 배전 선로에 역률 0.8, 180[kW]인 3상평형 유도 부하가 접속되어 있다. 부하 단의 수전 전압이 6000[V], 배전선 1조의 저항이 6[Ω], 리액턴스가 4[Ω]라고 하면 송전단 전압은 몇 [V]인가?

정답

송전단 전압 $V_s = V_r + \sqrt{3}\, I(R\cos\theta + X\sin\theta)$, $I = \dfrac{180 \times 10^3}{\sqrt{3} \times 6000 \times 0.8} = 21.65[A]$

$V_s = 6000 + \sqrt{3} \times 21.65 \times (6 \times 0.8 + 4 \times 0.6) = 6269.992[V]$

답 6269.99[V]

04 3상 Y결선 부하

다음 회로에서 소비하는 전력은 몇 [W]인지 구하시오.

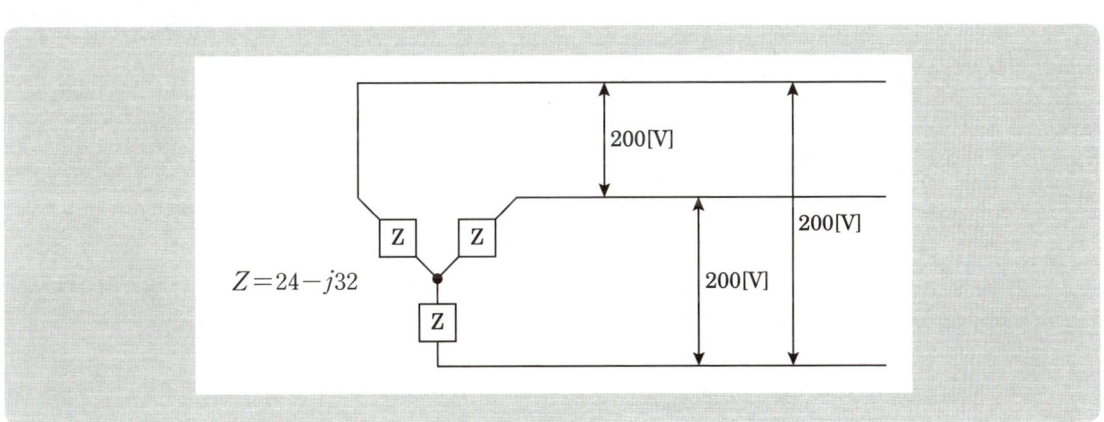

정답

① 한상분의 임피던스를 먼저 계산한다. $Z_p = 24 - j32 = \sqrt{24^2 + 32^2} = 40[\Omega]$

② 상전류를 계산한다. $I_p = \dfrac{V_p}{Z_p} = \dfrac{V_l/\sqrt{3}}{Z_p} = \dfrac{V_l}{\sqrt{3}\, Z_p} = \dfrac{200}{\sqrt{3} \times 40} = 2.89[A]$

③ $P = 3 I_p^2 \cdot R = 3 \times 2.89^2 \times 24 = 601.35[W]$

답 601.35[W]

05 전압강하율

수전단 상전압 22000[V], 전류 400[A], 선로의 저항 R=3[Ω], 리액턴스 X=5[Ω]일 때 전압강하율은 몇[%]인가? (단, 수전단 역률은 0.8 이다.)

정답

전압강하율 $\delta = \dfrac{I(R\cos\theta + X\sin\theta)}{E_r}$ 이므로 $\dfrac{400 \times (3 \times 0.8 + 5 \times 0.6)}{22000} \times 100 = 9.82[\%]$

답 9.82[%]

06 전력손실률-송전전력

수전전압 3000[V], 역률 0.8의 부하에 지름 5[mm]의 경동선으로 20[km]의 거리에 10[%] 이내의 전력손실률로 보낼 수 있는 3상 전력[kW]을 구하시오.

정답

전선의 저항 $R = \rho \times \dfrac{l}{A} = \rho \times \dfrac{l}{\dfrac{\pi d^2}{4}} = \dfrac{1}{55} \times \dfrac{20 \times 10^3}{\dfrac{\pi \times 5^2}{4}} = 18.52[\Omega]$

전력손실률 $K = \dfrac{P_l}{P} = \dfrac{\dfrac{P^2 \times R}{V^2 \times \cos^2\theta}}{P} = \dfrac{P \times R}{V^2 \times \cos^2\theta} = 0.1$ 그러므로, 송전전력 P[kW]는 아래와 같다.

$\therefore P = K \times \dfrac{V^2 \times \cos^2\theta}{R} \times 10^{-3} = 0.1 \times \dfrac{3000^2 \times 0.8^2}{18.52} \times 10^{-3} = 31.1[\text{kW}]$

답 31.1[kW]

07 전력손실률-전선의 굵기

변전소로부터 3상 3선식 2회선으로 공급받는 30[km] 떨어진 곳에 수전단 전압 30[kV], 역률 0.8(지상), 6000[kW]의 3상 동력부하가 있다. 이때 전력손실이 10[%]를 초과하지 않도록 전선의 굵기를 선정하시오. (단, 도체(동선)의 고유저항은 1/55[Ω·mm²/m]로 한다.)

전선의 굵기[mm²]							
16	25	35	50	70	95	120	150

정답

3상에서의 전력손실 $P_l = 3I^2R = \dfrac{P^2 \times R}{V^2 \times \cos^2\theta}$

전력손실률 $K = \dfrac{P_l}{P} = \dfrac{P \times R}{V^2 \times \cos^2\theta} = 0.1$

$\therefore R = \dfrac{V^2 \times \cos^2\theta}{P} \times 0.1 = \dfrac{(30 \times 10^3)^2 \times 0.8^2}{\dfrac{1}{2} \times 6000 \times 10^3} \times 0.1 = 19.2[\Omega]$

$R = \rho\dfrac{l}{A} \rightarrow \therefore A = \rho\dfrac{l}{R} = \dfrac{1}{55} \times \dfrac{30 \times 10^3}{19.2} = 28.41[mm^2]$

답 표에서 35[mm²] 선정

08 승압시 효과

송전선로 전압을 154[kV]에서 345[kV]로 승압할 경우 송전선로에 나타나는 효과에 대하여 다음 물음에 답하시오.

> (1) 전력손실이 동일한 경우 공급능력의 증대는 몇 배인지 구하시오.
>   ◦ 계산 과정 :   ◦ 답 :
> (2) 전력손실의 감소는 몇 [%]인지 구하시오.
>   ◦ 계산 과정 :   ◦ 답 :
> (3) 전압강하율의 감소는 몇 [%]인지 구하시오.
>   ◦ 계산 과정 :   ◦ 답 :

정답

(1) 전력손실이 동일한 경우 : $P \propto V$

$$\frac{P_2}{P_1} = \frac{V_2}{V_1} = \frac{345}{154} = 2.24$$

답 2.24배

(2) 전력손실 : $P_l \propto \dfrac{1}{V^2}$

$$\frac{P_{l2}}{P_{l1}} = \left(\frac{V_1}{V_2}\right)^2 = \left(\frac{154}{345}\right)^2 = 0.1993$$

전력손실 감소분 $= (1 - 0.1993) \times 100 = 80.07[\%]$

답 80.07[%]

(3) 전압강하율 : $\delta \propto \dfrac{1}{V^2}$

$$\frac{\delta_2}{\delta_1} = \left(\frac{V_1}{V_2}\right)^2 = \left(\frac{154}{345}\right)^2 = 0.1993$$

전압강하율 감소분 $= (1 - 0.1993) \times 100 = 80.07[\%]$

답 80.07[%]

09 설비불평형률[단상 3선식]

단상 3선식 100/200[V] 수전의 경우 설비 불평형률[%]을 구하고 그림과 같은 설비가 양호하게 되었는지의 여부를 판단하고 단상 3선식의 설비불평형률은 몇[%]이하로 하는 것을 원칙으로 하는가?

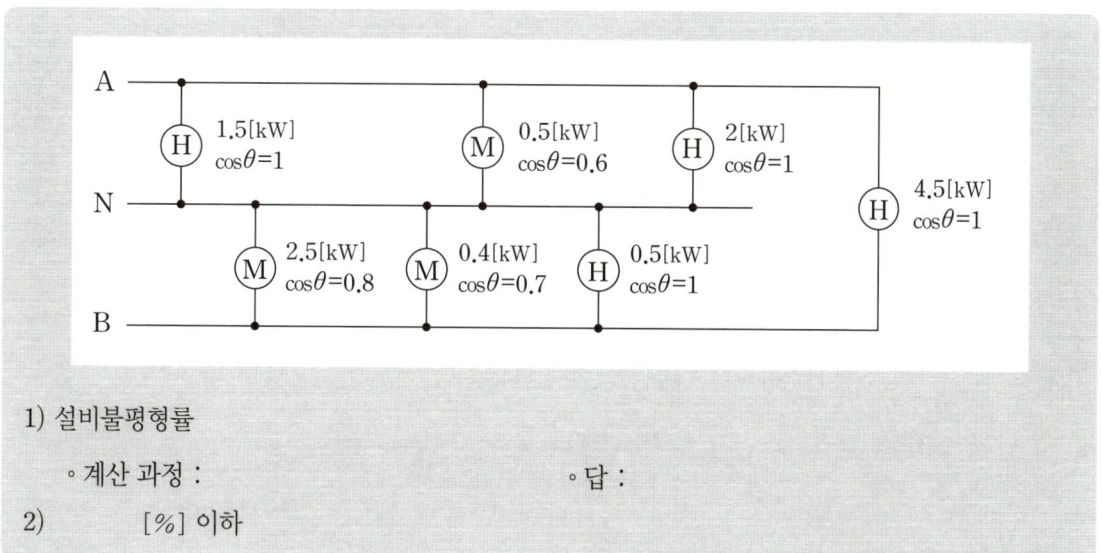

1) 설비불평형률

　○ 계산 과정 :　　　　　　　　　　　　　　○ 답 :

2) 　　[%] 이하

정답

(1) 설비불평형률

　단상 3선식

$$설비불평형률 = \frac{중성선과 \ 그 \ 전압측 \ 전선간에 \ 접속되는 \ 부하설비용량[kVA]의 \ 차}{총 \ 부하설비용량[kVA]의 \ 1/2} \times 100[\%]$$

$P_{AN} = 1.5 + \dfrac{0.5}{0.6} + 2 = 4.33[kVA]$, $P_{BN} = \dfrac{2.5}{0.8} + \dfrac{0.4}{0.7} + 0.5 = 4.2[kVA]$, $P_{AB} = 4.5[kVA]$

$설비불평형률 = \dfrac{4.33 - 4.2}{(4.33 + 4.2 + 4.5) \times \frac{1}{2}} \times 100 = 2[\%]$　　　　　답　2[%]

2) 40

10 설비불평형률[3상3선식]

3상 3선식 220[V]의 수전회로가 있다. ⒣는 전열부하이고, ⓜ은 역률 0.8의 전동기이다. 이 그림을 보고 다음 각 물음에 답하시오.

(1) 저압 수전의 3상 3선식 선로인 경우에 설비불평형률은 몇 [%] 이하로 하여야 하는가?

(2) 그림의 설비 불평형률은 몇 [%]인가? 단, P, Q점은 단선이 아닌 것으로 계산한다.

   ∘ 계산 과정 :   ∘ 답 :

(3) P, Q점에서 단선이 되었다면 설비불평형률은 몇 [%]가 되겠는가?

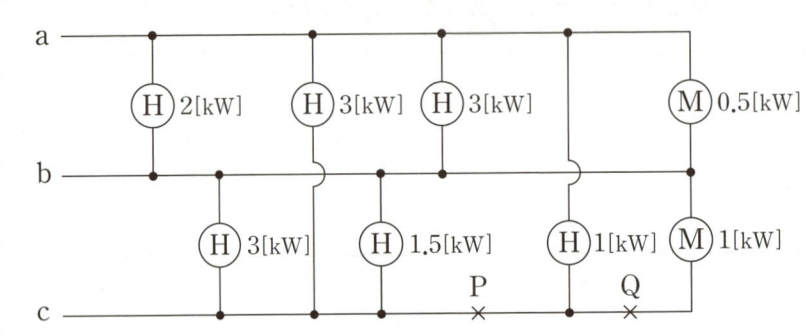

   ∘ 계산 과정 :   ∘ 답 :

정답

(1) 30[%]

(2) 3상3선식의 설비불평형률 = $\dfrac{\text{각 선간에 접속되는 단상부하 총 설비용량의 최대와 최소의 차[kVA]}}{\text{총 부하설비용량[kVA]} \times \dfrac{1}{3}} \times 100$

설비불평형률 = $\dfrac{\left(3+1.5+\dfrac{1}{0.8}\right)-(3+1)}{\left(2+3+\dfrac{0.5}{0.8}+3+1.5+\dfrac{1}{0.8}+3+1\right) \times \dfrac{1}{3}} \times 100 = 34.15[\%]$ 답   34.15[%]

(3) 각 선간에 접속되는 단상부하 총 설비용량의 최대와 최소를 계산한다.

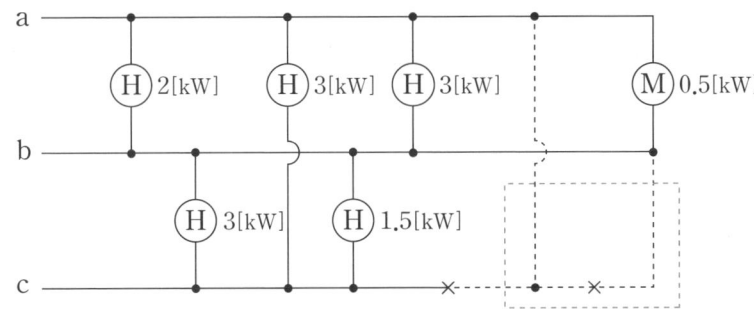

a, b간에 접속되는 부하용량 : $P_{ab} = 2 + 3 + \dfrac{0.5}{0.8} = 5.63 [\mathrm{kVA}]$

a, c간에 접속되는 부하용량 : $P_{ac} = 3 [\mathrm{kVA}]$

b, c간에 접속되는 부하용량 : $P_{bc} = 3 + 1.5 = 4.5 [\mathrm{kVA}]$

설비불평형률 $= \dfrac{5.63 - 3}{(5.63 + 4.5 + 3) \times \dfrac{1}{3}} \times 100 = 60.09 [\%]$

답 60.09[%]

11 3상 4선식 다중접지

비접지 3상 3선식 배전방식과 비교하여, 3상 4선식 다중접지 배전방식의 장점 및 단점을 각각 4가지씩 쓰시오.

(1) 장점 :

(2) 단점 :

정답

(1) 장점
- 지락사고시 건전상의 전위상승이 낮다.
- 변압기의 단절연이 가능하다.
- 보호계전기의 동작이 확실하다.
- 피뢰기의 책무를 경감시킬 수 있다.

(2) 단점
- 기계적 충격이 크다.
- 과도 안정도가 낮아진다.
- 통신선의 유도장해가 크다.
- 차단기의 수명이 단축될 수 있다.

참고

중성점 접지방식의 종류 및 특징

항목 \ 종류 및 특징	비접지	직접접지	저항접지	소호리액터접지
전위 상승	대	최소	중	최대
절연 레벨	저	최저	대	최고
지락 전류	소	최대	중	최소
계전기 동작	불확실	확실	확실	불확실
유도 장해	소	최대	중	최소
과도 안정도	중	나쁨	중	좋음

12. 코로나 현상

전선이 정삼각형의 정점에 배치된 3상 선로에서 전선의 굵기, 선간거리, 표고, 기온에 의하여 코로나 파괴 임계전압이 받는 영향을 쓰시오

[정답]

구 분	임계전압이 받는 영향
전선굵기	전선이 굵을수록 코로나임계전압이 커져 코로나현상 억제
선간거리	선간거리가 커지면 코로나임계전압이 커져 코로나현상 억제
표고[m]	표고가 높아짐에 따라 기압이 감소하여 코로나 발생이 쉬워짐
기온[℃]	온도가 높아지면 상대공기 밀도가 낮아져 코로나 발생이 쉬워짐

13. 코로나 임계전압

다음은 가공 송전선로의 코로나 임계전압을 나타낸 식이다. 이 식을 보고 다음 각 물음에 답하시오.

$$E_0 = 24.3 m_0 m_1 \delta d \log_{10} \frac{D}{r} [\text{kV}]$$

(1) 기온 $t[℃]$에서의 기압을 $b[\text{mmHg}]$라고 할 때 $\delta = \frac{0.386b}{273+t}$로 나타내는데 이 δ는 무엇을 의미하는지 쓰시오.

(2) m_1이 날씨에 의한 계수라면, m_0는 무엇에 의한 계수인지 쓰시오.

(3) 코로나에 의한 장해의 종류 2가지만 쓰시오.

(4) 코로나 발생을 방지하기 위한 주요 대책을 2가지만 쓰시오.

[정답]

(1) 상대 공기 밀도

(2) 전선 표면의 상태계수

(3) 장해의 종류
　① 코로나 손실　　② 통신선에의 유도 장해

(4) 주요 대책
　① 굵은 전선을 사용한다.　② 복도체를 사용한다.

14 플리커

TV나 형광등과 같은 전기제품에서의 깜빡거림 현상을 플리커 현상이라 하는데 이 플리커 현상을 경감시키기 위한 전원측과 수용가측에서의 대책을 각각 3가지씩 쓰시오.

(1) 전원측 대책 3가지
  ○
  ○
  ○

(2) 수용가측 대책 3가지
  ○
  ○
  ○

정답

(1) 전원측
  ① 공급전압을 승압시킨다.
  ② 굵은 전선으로 교체한다.
  ③ 별도의 주상변압기로 직접 전력을 공급한다.

(2) 수용가측
  ① 전압강하를 보상한다.
  ② 부하의 무효전력 변동분을 흡수한다.
  ③ 플리커 부하전류의 변동분을 억제한다.

15 선로의 충전전류 및 충전용량

22900[V], 60[Hz], 정전용량 0.4[μF/km], 선로길이 7[km]인 3상 선로의 충전전류와 충전용량을 구하시오.

(1) 충전전류   ◦계산 과정 :   ◦답 :
(2) 충전용량   ◦계산 과정 :   ◦답 :

정답

(1) 충전전류 : $I_c = \omega C E$

$$I_c = 2 \times \pi \times 60 \times 0.4 \times 10^{-6} \times 7 \times \frac{22900}{\sqrt{3}} = 13.96[\text{A}]$$ 답 13.96[A]

(2) 충전용량 : $Q_c = 3\omega C E^2$

$$Q_c = 3 \times 2 \times \pi \times 60 \times 0.4 \times 10^{-6} \times 7 \times \left(\frac{22900}{\sqrt{3}}\right)^2 \times 10^{-3} = 553.55[\text{kVA}]$$ 답 553.55[kVA]

16 비접지 방식의 지락전류

그림과 같이 △결선된 배전선로에 접지콘덴서 $C_s = 2[\mu\text{F}]$를 사용할 때 A상에 지락이 발생한 경우의 지락전류 [mA]를 구하시오. (단, 주파수 60[Hz]로 한다.)

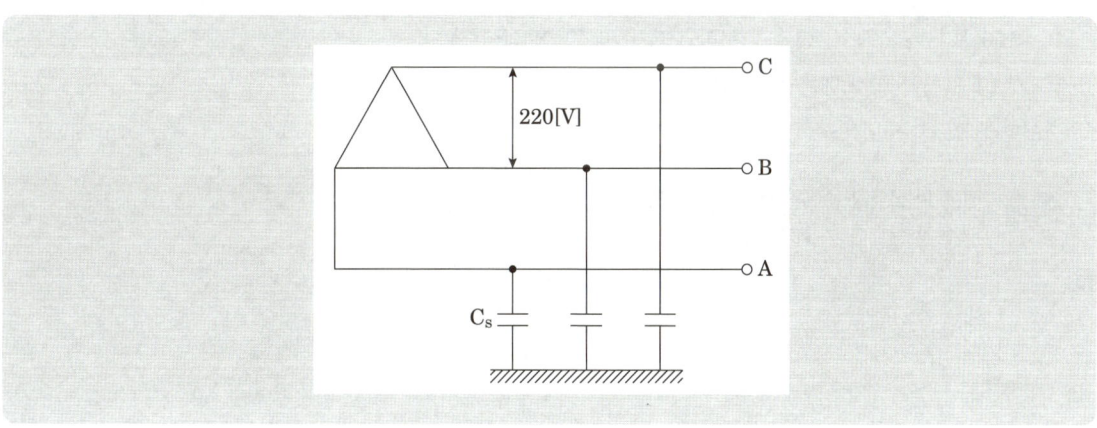

정답

$$I_g = \sqrt{3}\,\omega C_s V = \sqrt{3} \times 2\pi \times 60 \times 2 \times 10^{-6} \times 220 \times 10^3 = 287.31[\text{mA}]$$ 답 287.31[mA]

17 고조파 및 왜형률

그림같이 Y결선된 평형 부하에 전압을 측정할 때 전압계의 지시값이 $V_p=150[\text{V}]$, $V_\ell=220[\text{V}]$로 나타났다. 다음 각 물음에 답하시오. (단, 부하측에 인가된 전압은 각상 평형 전압이고 기본파와 제3고조파분 전압만이 포함되어 있다.)

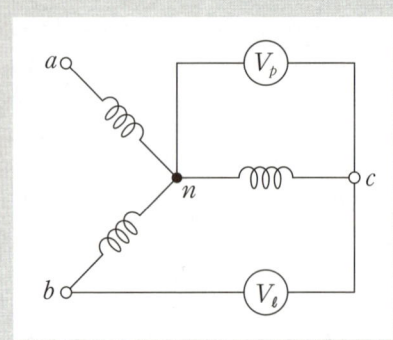

(1) 제3고조파 전압[V]을 계산하시오.

　　◦ 계산 과정 :　　　　　　　　　　　◦ 답 :

(2) 전압의 왜형율[%]을 계산하시오.

　　◦ 계산 과정 :　　　　　　　　　　　◦ 답 :

정답

(1) $V_p=150[\text{V}]=\sqrt{V_1^2+V_3^2}$ (V_p : 기본파와 3고조파 전압의 합성값)

　　$V_\ell=\sqrt{3}\,V_1$ (선간전압 V_ℓ에는 3고조파분이 없음) ➡ $V_1=220/\sqrt{3}=127.02$

　　그러므로, 제3고조파 $V_3=\sqrt{150^2-127.02^2}=79.79[\text{V}]$　　　　답　79.79[V]

(2) 왜형률 $=\dfrac{\text{고조파 실효값}}{\text{기본파 실효값}}=\dfrac{79.79}{127.02}\times 100=62.82[\%]$　　　　답　62.82[%]

electrical engineer

1 부하상정 및 분기회로

1. 부하설비용량의 추정

   1) 건축물의 종류에 따른 표준부하

건축물의 종류	표준부하[VA/m^2]
공장, 공회당, 사원, 교회, 극장, 영화관, 연회장	10
기숙사, 여관, 호텔, 병원, 음식점, 다방, 목욕탕, 학교	20
사무실, 은행, 상점[점포], 백화점, 미용실	30
주택, 아파트	40

   2) 건축물중 별도로 계산할 부분의 표준 부하 (주택, 아파트 제외)

건물의 부분	표준부하[VA/m^2]
복도, 계단, 세면장, 창고, 다락	5
강당, 관람석	10

   3) 표준 부하에 따라 산출한 수치에 가산해야할 [VA]수

   ① 주택, 아파트(1세대마다)에 대하여는 500~1000[VA]
   ② 상점의 진열장에 대하여는 진열장 폭 1[m]에 대하여 300[VA]
   ③ 옥외의 광고 등, 전광 사인 등의 [VA]수
   ④ 극장, 댄스홀 등의 무대 조명, 영화관 등의 특수 전등부하의 [VA]수

2. 부하의 상정

$$부하설비\ 용량 = PA + QB + C$$

   P : 건축물의 바닥면적[m^2](Q 부분면적 제외)　　Q : 별도 계산할 부분의 바닥면적[m^2]
   A : P 부분의 표준 부하[VA/m^2]　　　　　　　　B : Q 부분의 부분 부하[VA/m^2]
   C : 가산해야할 부하[VA]

3. 분기 회로수

$$분기회로수 = \frac{표준부하밀도[VA/m^2] \times 바닥면적[m^2]}{전압[V] \times 분기회로의\ 전류[A]}$$

※ 분기 회로수 계산결과에 소수가 발생하면 절상한다.
※ 220[V]에서 정격소비전력 3[kW](110[V]때는 1.5[kW]) 이상인 냉방기기, 취사용기기는 전용분기회로로 하여야 한다.

개념 확인문제　　　　　　　　　　　　　　　　　　Check up! □□□

계산 문제　평면도와 같은 건물에 대한 전기배선을 설계하기 위하여, 전등 및 소형 전기기계기구의 부하용량을 상정하여 분기회로수를 결정하고자 한다. 주어진 평면도와 표준부하를 이용하여 최대부하용량을 상정하고 최소 분기 회로수를 구하시오. (단, 분기회로는 16[A] 분기회로이며 배전전압은 220[V]를 기준으로 하고, 적용 가능한 부하는 최대값으로 상정할 것)

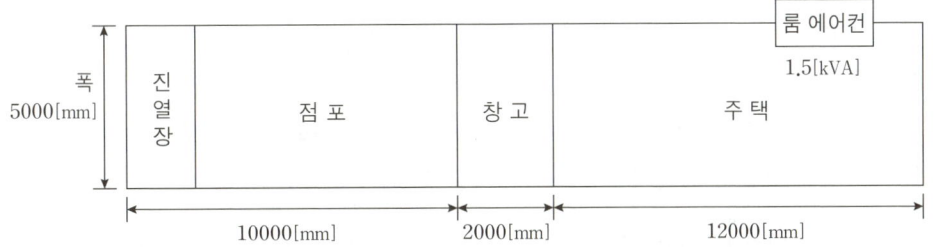

① 건축물의 종류에 따른 표준부하

건축물의 종류	표준부하[VA/m^2]
공장, 공회당, 사원, 교회, 극장, 영화관, 연회장	10
기숙사, 여관, 호텔, 병원, 음식점, 다방, 목욕탕, 학교	20
주택, 아파트, 사무실, 은행, 상점[점포], 백화점, 미용실	40

② 건축물중 별도로 계산할 부분의 표준 부하 (주택, 아파트 제외)

건물의 부분	표준부하[VA/m^2]
복도, 계단, 세면장, 창고, 다락	5
강당, 관람석	10

③ 표준 부하에 따라 산출한 수치에 가산해야할 [VA]수
- 주택, 아파트(1세대마다)에 대하여는 500~1000[VA]
- 상점의 진열장에 대하여는 진열장 폭 1[m]에 대하여 300[VA]
- 옥외의 광고 등, 전광 사인 등의 [VA]수

계산 과정
- 최대부하용량 : 2000＋2400＋50＋1000＋1500＋1500＝8450[VA]
- 분기 회로수 : $N=\dfrac{8450}{16\times 220}=2.4$　➡　16[A] 분기 3회로

2 변압기 용량산정

1. 변압기 용량

$$\text{변압기 용량} \geq \frac{\text{각 부하의 최대수용전력의 합}[kW]}{\text{부등률} \times \text{역률} \times \text{효율}} = \frac{\sum \text{설비용량}[kW] \times \text{수용률}}{\text{부등률} \times \text{역률} \times \text{효율}} [kVA]$$

2. 수용률

수용률이란, 부하설비용량[합계]에 대한 최대수용전력의 비를 말하며, 일반적으로 수용률은 낮을수록 경제적이며, 변압기용량을 감소시킬 수 있다.

$$\text{수용률} = \frac{\text{최대수용전력}[kW]}{\text{부하설비합계}[kW]} \times 100[\%] \rightarrow \text{최대수용전력}[kW] = \text{부하설비 합계}[kW] \times \text{수용률}$$

3. 부하율

부하율이란, 어떤 기간 중의 평균수용전력과 최대수용전력과의 비를 말하며, 부하율이 적을 경우 전력공급 설비를 유용하게 사용하지 못하며, 부하 설비의 가동률이 저하된다.

$$\text{부하율} = \frac{\text{평균수용전력}}{\text{최대수용전력}} = \frac{\text{사용전력량}[kWh]/\text{시간}[h]}{\text{최대수용전력}[kW]} \times 100$$

4. 부등률

부등률이란, 합성최대수용전력에 대한 각 부하의 최대수용전력의 총합을 말한다. 일반적으로 변압기에 접속되는 각 수용가의 부하는 최대 수용전력이 발생하는 시각이 다르다. 즉, 최대수용전력의 발생하는 시각이 다른 정도를 나타내는 목적으로 사용되며 그 크기는 1 이상이다. 부등률이 클수록 부하율이 높아지며, 변압기 용량이 감소하여 경제적이다.

$$\text{부등률} = \frac{\text{각 부하의 최대수용전력의 합}}{\text{합성최대수용전력}} = \frac{\sum \text{설비용량}[kW] \times \text{수용률}}{\text{합성최대수용전력}}$$

개념 확인문제   Check up! □□□

계산 문제 최대 수요 전력이 7000[kW], 부하 역률 0.92, 네트워크(network) 수전 회선수 3회선, 네트워크 변압기의 과부하율 130[%]인 경우 네트워크 변압기 용량은 몇 [kVA] 이상이어야 하는가?

계산 과정 네트워크 변압기 용량 $= \dfrac{\text{최대수요전력}[kVA]}{\text{수전 회선수}-1} \times \dfrac{100}{\text{과부하율}} = \dfrac{7000/0.92}{3-1} \times \dfrac{100}{130} = 2926.42[kVA]$

답 2926.42[kVA]

개념 확인문제   Check up! □□□

계산 문제 그림은 공장별 일부하 곡선이다. 이 그림을 이용하여 다음 각 물음에 답하시오.

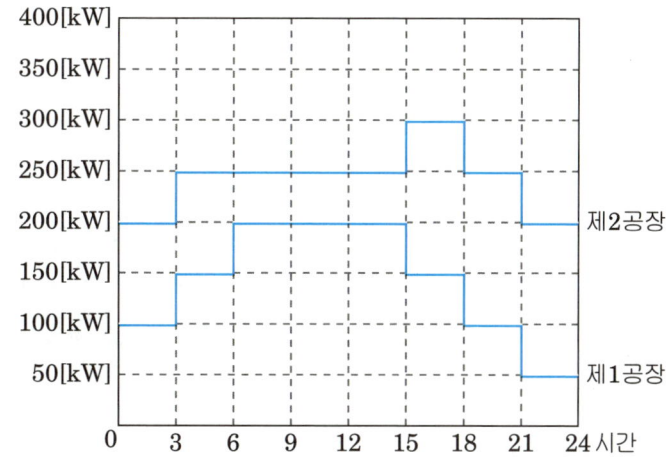

(1) 제2공장의 일 부하율은 몇 [%]인가?
(2) 각 공장 상호간의 부등률은 얼마인가?

계산 과정

(1) 일부하율 = $\dfrac{\dfrac{200 \times 3 + 250 \times 12 + 300 \times 3 + 250 \times 3 + 200 \times 3}{24}}{300} \times 100 = 81.25[\%]$

(2) 부등률 = $\dfrac{\text{각 부하 최대수용전력의 합}}{\text{합성최대전력}} = \dfrac{200+300}{450} = 1.11$

계산 문제 변압기 용량이 500[kVA] 1뱅크인 200세대 아파트가 있다. 전등, 전열설비 부하가 600[kW], 동력설비 부하가 350[kW] 이라면 전부하에 대한 수용률은 얼마인가? (단, 전등 및 전열설비의 역률은 1.0, 동력설비의 역률은 0.7이고, 효율은 무시한다.)

계산 과정 전등부하와 동력부하의 역률이 다르기 때문에 합성역률을 계산

$P_{r2} = 350 \times \dfrac{\sqrt{1-0.7^2}}{0.7} = 357.07[\text{kVar}]$

$\cos\theta = \dfrac{P_1+P_2}{\sqrt{(P_1+P_2)^2+(P_{r1}+P_{r2})^2}} = \dfrac{600+350}{\sqrt{(600+350)^2+(0+357.07)^2}} = 0.94$

수용률 = $\dfrac{\text{변압기 용량} \times \text{역률}}{\text{설비용량}}$ → 수용률 = $\dfrac{500 \times 0.94}{950} \times 100 = 49.47[\%]$

답 49.47[%]

개념 확인문제

> **계산 문제** 다음 그림은 변전설비의 단선결선도이다. 물음에 답하시오.

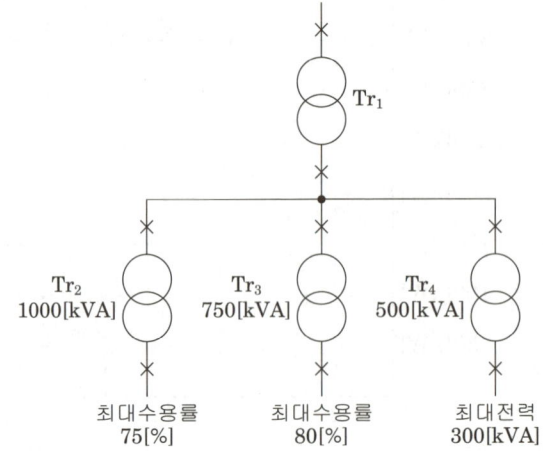

(1) 부등률 적용 변압기는?

(2) (1)항의 변압기에 부등률을 적용하는 이유를 변압기를 이용하여 설명하시오.

(3) Tr_1의 부등률은 얼마인가? (단, 최대 합성 전력은 $1375[kVA]$)

(4) 수용률의 의미를 간단히 설명하시오.

(5) 변압기 1차측에 설치할 수 있는 고압용차단기 3가지를 쓰시오.

(6) 부등률이 크다는 것은 어떤 것을 의미하는가?

> **계산 과정** (1) Tr_1

(2) Tr_2, Tr_3 및 Tr_4 변압기에 걸리는 최대부하의 발생시각이 다르므로 Tr_1 변압기에 부등률을 적용한다.

(3) ◦ 계산과정 : 부등률 $= \dfrac{\text{각 부하 최대수용전력의 합}}{\text{합성최대수용전력}} = \dfrac{1000 \times 0.75 + 750 \times 0.8 + 300}{1375} = 1.2$

◦ 답 : 1.2

(4) 설비 용량에 대한 최대 전력의 비를 백분율로 나타낸 것

(5) 진공차단기, 가스차단기, 유입차단기

(6) 최대전력이 발생하는 부하의 사용 시간대가 서로 다르다.

3 차단기 용량산정

1. 퍼센트 임피던스 정의

변압기, 발전기, 전선로 등은 자기 자신의 임피던스 $Z[\Omega]$를 가지고 있다. 여기에 정격전압 $E[V]$을 인가시켜 정격전류 $I[A]$가 흐르면 $ZI[V]$만큼의 전압강하가 발생한다. 이 전압강하 $ZI[V]$가 회로에 가해진 정격전압 $E[V]$에 대해서 몇 [%]에 해당하는가를 퍼센트 임피던스(%Z) 또는 백분율 임피던스라 한다.

2. 퍼센트 임피던스의 계산

1) 정격전류[A]가 기지값인 경우

$$\%Z = \frac{Z[\Omega]I[A]}{E[V]} \times 100[\%]$$

2) 정격용량[kVA]이 기지값인 경우

$$\%Z = \frac{P_a[kVA]Z[\Omega]}{10V^2[kV]}[\%]$$

3. 퍼센트 임피던스의 환산 및 집계

%Z를 집계할 경우에는 기준용량을 정한 후 각각의 기기 또는 선로의 %Z를 기준용량에 맞게 환산한다. 한편, 고장점을 기준으로 전원측을 바라보면서 %Z를 모두 집계한다. 고장 계산을 위한 %Z 집계시 옴법에서 직·병렬 회로의 임피던스 합성과 같은 방법으로 계산한다.

$$Z' = \frac{기준용량}{자기용량} \times 환산할\ \%Z$$

개념 확인문제 — Check up!

계산 문제: 66[kV], 500[MVA], %임피던스가 30[%]인 발전기에 용량이 600[MVA], %임피던스가 20[%]인 변압기가 접속되어 있다. 변압기 2차측 345[kV] 지점에 단락이 일어났을 때 단락전류는 몇 [A]인가?

계산 과정: 기준용량 600[MVA], 정격전류 $I_n = \frac{P_n}{\sqrt{3}V_n} = \frac{600 \times 10^3}{\sqrt{3} \times 345} = 1004.09[A]$

$\%Z = \frac{600}{500} \times 30 = 36[\%]$, $\%Z_{total} = 36 + 20 = 56[\%]$

$I_s = \frac{100}{\%Z} \times I_n = \frac{100}{56} \times 1004.09 = 1793.02[A]$

답: 1793.02[A]

4. 단락전류

   1) 옴[Ω]법에 의한 계산방법

   $$I_s = \frac{E}{Z}$$

   2) 퍼센트법에 의한 계산방법

   $$I_s = \frac{100}{\%Z} \times I_n$$

   ※ 참고 : 선간단락전류는 3상 단락전류의 0.866배이다.

5. 단락용량

   1) 옴[Ω]법에 의한 계산방법

   $$P_s = \sqrt{3}\,VI_s$$

   2) 퍼센트법에 의한 계산방법

   $$P_s = \frac{100}{\%Z} \times P_n$$

6. 차단기의 차단용량

   단락용량을 기준으로 그 값 이상의 차단기를 선정하며, 차단기의 정격차단용량을 산정하여 차단기의 차단용량을 선정할 수 있다.

   $$\text{차단기의 정격차단용량} = \sqrt{3} \times \text{정격전압[kV]} \times \text{정격차단전류[kA]}$$

개념 확인문제   Check up! ☐☐☐

계산 문제

건축물의 변전설비가 22.9[kV-Y], 용량 500[kVA]이며, 변압기 2차측 모선에 연결되어 있는 배선용차단기에 대하여 다음 각 물음에 답하시오. (단, %Z=5[%], 2차 전압은 380[V], 선로의 임피던스는 무시한다.)

(1) 변압기 2차측 정격전류[A]

(2) • 변압기 2차측 단락전류 : ____ [A] • 배선용차단기의 최소 차단전류 : ____ [kA]

(3) 단락용량[MVA]

계산 과정

(1) 변압기 2차측 정격전류[A]

$$I = \frac{P}{\sqrt{3} \times 380} = \frac{500 \times 10^3}{\sqrt{3} \times 380} = 759.67[A]$$

답   759.67[A]

(2) 단락전류가 차단기의 최소 차단전류이다.

$$I_s = \frac{100}{\%Z} \times I_n = \frac{100}{5} \times 759.67 = 15193.4[A]$$

• 변압기 2차측 단락전류 15193.4[A] • 배선용차단기의 최소 차단전류: 15.19[kA]

(3) 단락용량[MVA]

$$P_s = \sqrt{3} \times V \times I_s = \sqrt{3} \times 380 \times 15193.4 \times 10^{-6} = 10[MVA]$$

답   10[MVA]

개념 확인문제

계산 문제 3상 154[kV] 시스템의 회로도와 조건을 이용하여 점 F에서 3상 단락고장이 발생하였을 때 단락전류 등을 154[kV], 100[MVA] 기준으로 계산하는 과정에 대한 다음 각 물음에 답하시오.

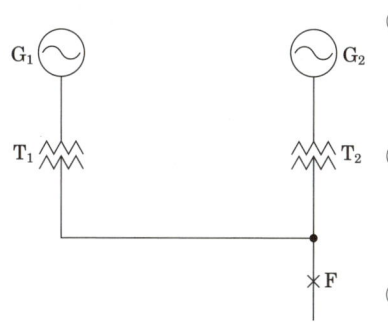

① 발전기
  G_1 : $S_{G1}=20$[MVA], $\%Z_{G1}=30[\%]$
  G_2 : $S_{G2}=5$[MVA], $\%Z_{G2}=30[\%]$

② 변압기
  T_1 : 전압 11/154[kV], 용량 : 20[MVA], $\%Z_{T1}=10[\%]$
  T_2 : 전압 6.6/154[kV], 용량 : 5[MVA], $\%Z_{T2}=10[\%]$

③ 송전선로 : 전압 154[kV]
  용량 : 20[MVA], $\%Z_{TL}=5[\%]$

(1) 정격전압과 정격용량을 각각 154[kV], 100[MVA]로 할 때 정격전류(I_n)를 구하시오.

(2) 발전기(G_1, G_2), 변압기(T_1, T_2) 및 송전선로의 %임피던스 $\%Z_{G1}$, $\%Z_{G2}$, $\%Z_{T1}$, $\%Z_{T2}$, $\%Z_{TL}$을 각각 구하시오.
  ① $\%Z_{G1}$: ___ ② $\%Z_{G2}$: ___ ③ $\%Z_{T1}$: ___ ④ $\%Z_{T2}$: ___ ⑤ $\%Z_{TL}$: ___

(3) 점 F에서의 합성 %임피던스를 구하시오.

(4) 점 F에서의 단락용량을 구하시오.

계산 과정

(1) 계산 : 정격전류 $I = \dfrac{P_n}{\sqrt{3}\,V_n} = \dfrac{100 \times 10^3}{\sqrt{3} \times 154} = 374.9$[A]   **답** 374.9[A]

(2) ① $\%Z_{G1} = \dfrac{100}{20} \times 30 = 150[\%]$

  ② $\%Z_{G2} = \dfrac{100}{5} \times 30 = 600[\%]$

  ③ $\%Z_{T1} = \dfrac{100}{20} \times 10 = 50[\%]$

  ④ $\%Z_{T2} = \dfrac{100}{5} \times 10 = 200[\%]$

  ⑤ $\%Z_{TL} = \dfrac{100}{20} \times 5 = 25[\%]$

(3) 계산 : 합성 $\%Z = \dfrac{200 \times 800}{200 + 800} + 25 = 185[\%]$ **답** 185[%]

(4) 계산 : $P_s = \dfrac{100}{\%Z} \times 100 = \dfrac{100}{185} \times 100 = 54.05$[MVA]   **답** 54.05[MVA]

01 분기회로 수 ①

단상 2선식 220[V] 옥내 배선에서 용량 100[VA], 역률 80[%]의 형광등 50개와 소비 전력 60[W]인 백열등 50개를 설치할 때 최소 분기 회로수는 몇 회로인가? (단 16[A] 분기회로로 하며, 수용률은 80[%]로 한다.)

정답

분기 회로수 $= \dfrac{\sqrt{(100 \times 0.8 \times 50 + 60 \times 50)^2 + (100 \times 0.6 \times 50)^2} \times 0.8}{220 \times 16} = 1.73$[회로]

답 16[A]분기 2회로

02 분기회로 수 ②

단상 2선식 220[V], 28[W] 2등용 형광등 기구 100대를 16[A]의 분기회로로 설치하려고 하는 경우 필요 회선수는 최소 몇 회로인지 구하시오. (단, 형광등의 역률은 80[%]이고, 안정기의 손실은 고려하지 않으며, 1회로의 부하전류는 분기회로 용량의 80[%]이다.)

정답

분기 회로수 $= \dfrac{\text{부하용량[VA]}}{\text{전압[V]} \times \text{분기회로전류[A]}} = \dfrac{\text{부하용량[W]}}{\text{전압[V]} \times \text{분기회로전류[A]} \times \text{허용치} \times \text{역률}}$

$= \dfrac{28 \times 2 \times 100}{220 \times 16 \times 0.8 \times 0.8} = 2.485$[회로]

답 16[A]분기 3회로

03 부하용량 산정·분기 회로수 ①

그림과 같은 평면도의 2층 건물에 대한 배선설계를 하기 위하여 주어진 조건을 이용하여 1층 및 2층을 분리하여 분기회로수를 결정하고자 한다. 다음 각 물음에 답하시오.

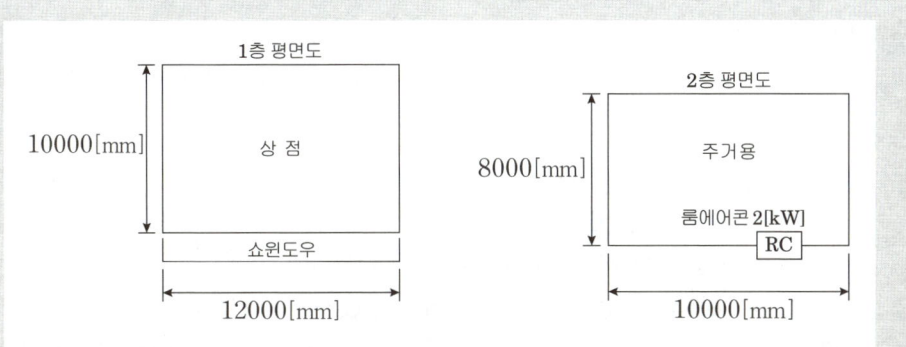

[조건]

- 분기 회로는 16[A]분기 회로로 하고 80[%]의 정격이 되도록 한다.
- 배전 전압은 220[V]를 기준으로 하여 적용 가능한 최대 부하를 상정한다.
- 주택 및 상점의 표준 부하는 40[VA/m^2]로 하되, 1층, 2층 분리하여 분기회로수를 결정하고 상점과 주거용에 각각 1000[VA]를 가산하여 적용한다.
- 상점의 쇼윈도우에 대해서는 길이 1[m]당 300[VA]를 적용한다.
- 옥외 광고등 500[VA]짜리 2등이 상점에 있는 것으로 하고, 하나의 전용 분기회로로 구성한다.
- 예상이 곤란한 콘센트, 틀어끼우는 접속기, 소켓 등이 있을 경우에라도 이를 상정하지 않는다.
- RC는 전용 분기회로로 한다.

(1) 1층의 최대 부하용량과 최소 분기회로수를 구하시오.

   ◦계산 과정 :   ◦답 :

(2) 2층의 최대 부하용량과 최소 분기회로수를 구하시오.

   ◦계산 과정 :   ◦답 :

정답

(1) 최대 부하 용량＝바닥면적×표준부하＋쇼윈도우부하＋가산부하＋옥외 광고등

$P = 12 \times 10 \times 40 + 12 \times 300 + 1000 + 500 \times 2 = 10400[\text{VA}]$ **답** 10400[VA]

분기 회로수 $= \dfrac{\text{부하용량}}{\text{사용전압} \times \text{분기회로전류} \times \text{정격률}} = \dfrac{9400}{220 \times 16 \times 0.8} = 3.338[\text{회로}]$

계산결과에 소수가 발생하면 절상을 해야 하므로, 4회로가 되고 옥외 광고등은 전용의 분기회로로 해야 하므로 총 5회로가 된다. **답** 16[A] 분기 5회로(옥외 광고등 1회로 포함)

(2) 최대 부하 용량＝바닥면적×표준부하＋가산부하＋RC(룸에어컨)

$P = 10 \times 8 \times 40 + 1000 + 2000 = 6200[\text{VA}]$ **답** 6200[VA]

최소 분기 회로수 $= \dfrac{\text{부하용량}}{\text{사용전압} \times \text{분기회로전류} \times \text{정격률}} = \dfrac{4200}{220 \times 16 \times 0.8} = 1.491[\text{회로}]$

계산결과에 소수가 발생하면 절상을 해야 하므로, 2회로가 되고 RC는 전용의 분기회로로 해야 하므로 총 3회로가 된다. **답** 16[A] 분기 3회로(RC 1회로 포함)

04 부하용량 산정·분기 회로수 ②

다음과 같은 아파트 단지를 계획하고 있다. 주어진 조건을 이용하여 다음 각 물음에 답하시오.

[규모]

- 아파트 동수 및 세대수 : 2개동, 300세대
- 세대당 면적과 세대수

동별	세대당 면적[m^2]	세대수	동별	세대당 면적[m^2]	세대수
A동	50	30	B동	50	50
	70	40		70	30
	90	50		90	40
	110	30		110	30

- 계단, 복도, 지하실 등의 공용면적 A동 : 1700[m^2], B동 : 1700[m^2]

[조건]

- 면적의 [m^2]당 상정 부하는 다음과 같다.
  - 아파트 : 40[VA/m^2]
  - 공용 면적 부분 : 5[VA/m^2]
- 세대당 추가로 가산하여야 할 상정부하는 다음과 같다.
  - 80[m^2] 이하의 세대 : 750[VA]
  - 150[m^2] 이하의 세대 : 1000[VA]
- 아파트 동별 수용률은 다음과 같다.
  - 70세대 이하인 경우 : 65[%]
  - 100세대 이하인 경우 : 60[%]
  - 150세대 이하인 경우 : 55[%]
  - 200세대 이하인 경우 : 50[%]
- 공용 부분의 수용률은 100[%]로 한다.
- 역률은 100[%]로 계산한다.
- 각 세대의 공급 방식은 단상 2선식 220[V]로 한다.
- 변전실의 변압기는 단상변압기 3대로 구성한다.
- 동간 부등률은 1.4로 한다.

(1) A동의 상정 부하는 몇 [VA]인가?
  ◦ 계산 과정 :   ◦ 답 :

(2) B동의 수용 부하는 몇 [VA]인가?
  ◦ 계산 과정 :   ◦ 답 :

(3) 이 단지에는 단상 몇 [kVA]용 변압기 3대를 설치하여야 하는가? (단, 변압기 용량은 10[%]의 여유율을 두도록 하며, 단상변압기의 표준용량은 75, 100, 150, 200, 300[kVA] 등이다.)
  ◦ 계산 과정 :   ◦ 답 :

정답

(1)

세대당 면적[m²]	상정 부하[VA/m²]	가산 부하[VA]	세대수	상정 부하[VA]
50	40	750	30	$\{(50 \times 40) + 750\} \times 30 = 82500$
70	40	750	40	$\{(70 \times 40) + 750\} \times 40 = 142000$
90	40	1000	50	$\{(90 \times 40) + 1000\} \times 50 = 230000$
110	40	1000	30	$\{(110 \times 40) + 1000\} \times 30 = 162000$
합 계				616500[VA]

A동의 전체 상정부하 = 상정부하 + 공용면적을 고려한 상정부하 = $616500 + 1700 \times 5 = 625000$[VA]

답 625000[VA]

(2)

세대당 면적[m²]	상정 부하[VA/m²]	가산 부하[VA]	세대수	상정 부하[VA]
50	40	750	50	$\{(50 \times 40) + 750\} \times 50 = 137500$
70	40	750	30	$\{(70 \times 40) + 750\} \times 30 = 106500$
90	40	1000	40	$\{(90 \times 40) + 1000\} \times 40 = 184000$
110	40	1000	30	$\{(110 \times 40) + 1000\} \times 30 = 162000$
합 계				590000[VA]

B동의 전체 수용부하 = 상정부하 × 수용률 + 공용면적을 고려한 수용부하
$= 590000 \times 0.55 + 1700 \times 5 \times 1 = 333000$[VA]

답 333000[VA]

(3) TR 전체 용량 $= \dfrac{\sum 설비용량 \times 수용률}{부등률} \times 여유율$

$= \dfrac{616500 \times 0.55 + 1700 \times 5 \times 1 + 333000}{1.4} \times 1.1 \times 10^{-3} = 534.74$[kVA]

변압기 1대 용량 $= \dfrac{534.74}{3} = 178.25$[kVA] 따라서, 표준용량 200[kVA]를 선정한다.

답 200[kVA]

05 수용률·부하율·부등률

A공장, B 공장의 일부하곡선이 아래의 그림과 같을 때 다음 각 물음에 답하시오.

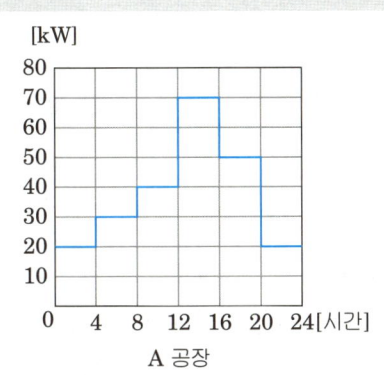
A 공장

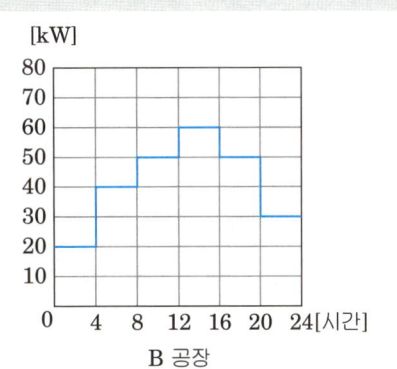
B 공장

(1) A공장의 평균전력은 몇 [kW]인가?
   ◦ 계산 과정 :   ◦ 답 :
(2) B공장의 평균전력은 몇 [kW]가?
   ◦ 계산 과정 :   ◦ 답 :
(3) A공장의 첨두부하는 몇 [kW]이며, 첨두부하가 지속되는 시간은 몇 시부터 몇 시까지인가?
   ① 첨두부하 :   ② 첨두부하 지속시간 :
(4) A, B 각 공장의 수용률은 얼마인가?(단, 설비용량은 공장 모두 80[kW]이다.)
   ① A공장
      ◦ 계산 과정 :   ◦ 답 :
   ② B공장
      ◦ 계산 과정 :   ◦ 답 :
(5) A, B 각 공장의 일 부하율은 얼마인가?
   ① A공장
      ◦ 계산 과정 :   ◦ 답 :
   ② B공장
      ◦ 계산 과정 :   ◦ 답 :

정답

(1) A공장의 평균전력 $= \dfrac{(20+30+40+70+50+20) \times 4}{24} = 38.33 [\mathrm{kW}]$ 답 $38.33 [\mathrm{kW}]$

(2) B공장의 평균전력 $=\dfrac{20\times4+40\times4+50\times4+60\times4+50\times4+30\times4}{24}=41.67[\text{kW}]$

답 $41.67[\text{kW}]$

(3) ① 첨두부하(합성최대전력) : $70[\text{kW}]$

② 첨두부하 지속시간 : 12시~16시

(4) ① A공장의 수용률 $=\dfrac{70}{80}\times100=87.5[\%]$

답 $87.5[\%]$

② B공장의 수용률 $=\dfrac{60}{80}\times100=75[\%]$

답 $75[\%]$

(5) ① A공장 일 부하율 $=\dfrac{\frac{20\times4+30\times4+40\times4+70\times4+50\times4+20\times4}{24}}{70}\times100=54.76[\%]$

답 $54.76[\%]$

② B공장 일 부하율 $=\dfrac{\frac{20\times4+40\times4+50\times4+60\times4+50\times4+30\times4}{24}}{60}\times100=69.44[\%]$

답 $69.44[\%]$

06 변압기 용량 산정 ①

어떤 상가건물에서 $6.6[\text{kV}]$의 고압을 수전하여 $220[\text{V}]$의 저압으로 감압하여 옥내 배전을 하고 있다. 설비부하는 역률 0.8인 동력부하가 $160[\text{kW}]$, 역률 1인 전등이 $40[\text{kW}]$, 역률 1인 전열기가 $60[\text{kW}]$이다. 부하의 수용률을 $80[\%]$로 계산한다면, 변압기용량은 최소 몇 $[\text{kVA}]$이상이어야 하는지 계산하시오.

정답

각 부하의 역률이 다르므로 유효분과 무효분의 벡터합성으로 변압기용량을 계산한다.

동력부하의 무효전력 $P_r=P\cdot\tan\theta=160\times\dfrac{0.6}{0.8}=120[\text{kVar}]$

변압기용량 $=\sqrt{(160+40+60)^2+120^2}\times0.8=229.09[\text{kVA}]$

답 $229.09[\text{kVA}]$

07 변압기 용량 산정 ②

아래의 도면과 조건을 이용하여 다음 각 물음에 답하시오. (단 부하의 역률은 모두 1이다.)

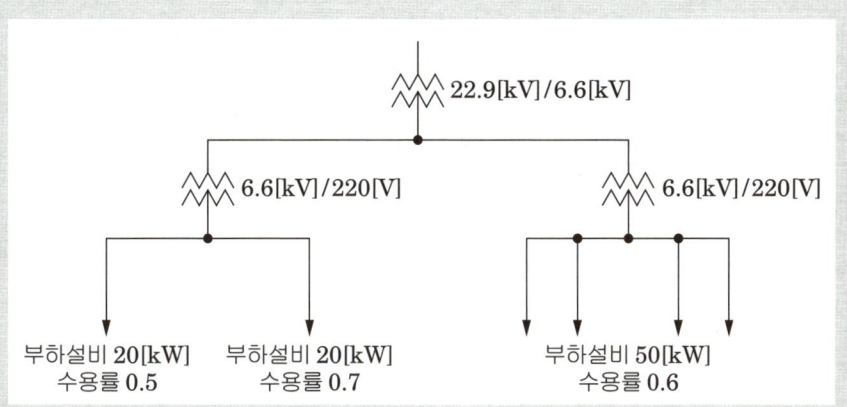

[조건]

① 수용가의 수용률
   • A군 : 20[kW], 0.5/20[kW], 0.7   • B군 : 50[kW], 0.6
② 수용가 상호간의 부등률 : 1.2
③ 변압기 상호간의 부등률 : 1.2
④ 변압기 표준용량[kVA] : 5, 10, 15, 20, 25, 50, 75, 100

(1) A군에 필요한 표준 변압기 용량을 구하시오.
   ◦ 계산 과정 :   ◦ 답 :

(2) B군에 필요한 표준 변압기 용량을 구하시오.
   ◦ 계산 과정 :   ◦ 답 :

(3) 고압간선에 필요한 표준 변압기 용량을 구하시오.
   ◦ 계산 과정 :   ◦ 답 :

정답

(1) A군의 변압기 용량 $= \dfrac{20 \times 0.5 + 20 \times 0.7}{1.2 \times 1} = 20[\text{kVA}]$ 답 20[kVA]

(2) B군의 변압기 용량 $= \dfrac{50 \times 0.6}{1.2 \times 1} = 25[\text{kVA}]$ 답 : 25[kVA]

(3) 고압간선에 필요한 변압기 용량 $= \dfrac{20 + 25}{1.2} = 37.5[\text{kVA}]$ 답 50[kVA]

08 차단기 용량 ①

수용가 인입구의 전압이 22.9[kV], 주 차단기의 차단 용량이 250[MVA]이다.
변압기(10[MVA], 22.9/3.3[kV], %Z 5.5) 2차 측에 필요한 차단기 용량을 다음 표에서 산정하시오.

차단기 정격용량[MVA]
10, 20, 30, 50, 75, 100, 150, 250, 300, 400, 500, 750, 1000

정답

```
          전원
           |
           |—— 4[%]
           ⊗
           |   P_s=250[MVA]
           |
           ○  10[MVA] 22.9/3.3[kV]
           ○  5.5[%]
           |
           ⊗
           |
           × 단락점
```

① 전원측의 %임피던스 계산 $\%Z = \dfrac{P_n}{P_s} \times 100 = \dfrac{10}{250} \times 100 = 4[\%]$

② 단락용량 $P_s = \dfrac{100}{4+5.5} \times 10 = 105.26[\text{MVA}]$

차단기 용량은 단락용량이상이어야 하므로, 표에서 150[MVA]를 선정한다.   **답** 150[MVA]

09 차단기 용량 ②

그림과 같이 A변전소에서 B변전소로 송전하고 있다. 이 경우 B 변전소의 (e)차단기의 차단용량을 구하시오.
(단, 계통의 %임피던스는 10[MVA]를 기준으로 한다.)

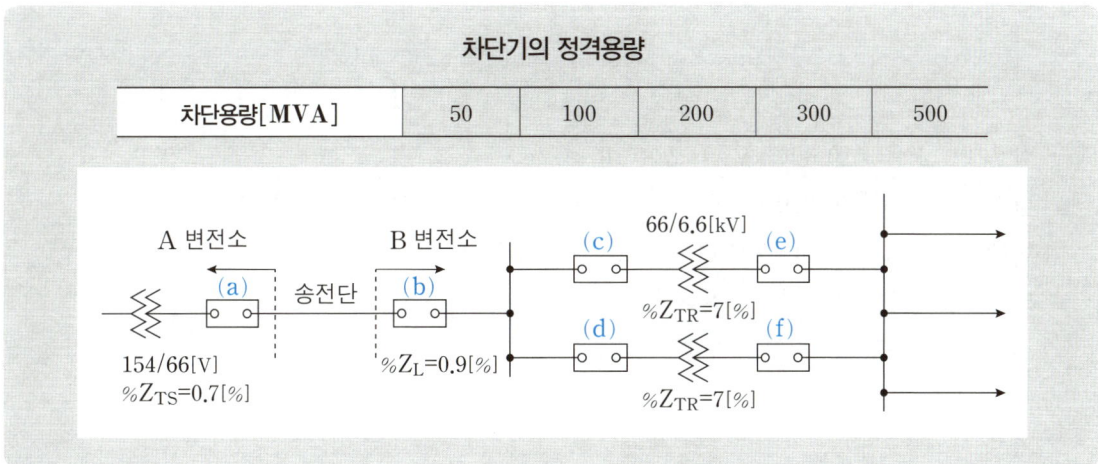

차단기의 정격용량

차단용량[MVA]	50	100	200	300	500

정답

$$P_s = \frac{100}{\%Z} \times P_n = \frac{100}{0.7+0.9+7} \times 10 = 116.28[\text{MVA}]$$

차단기 용량은 단락용량 이상이어야 하므로, 표에서 200[MVA]를 선정한다.   답 200[MVA]

10 단락용량 계산

다음 그림과 같은 발전소에서 각 차단기의 차단용량을 구하시오.

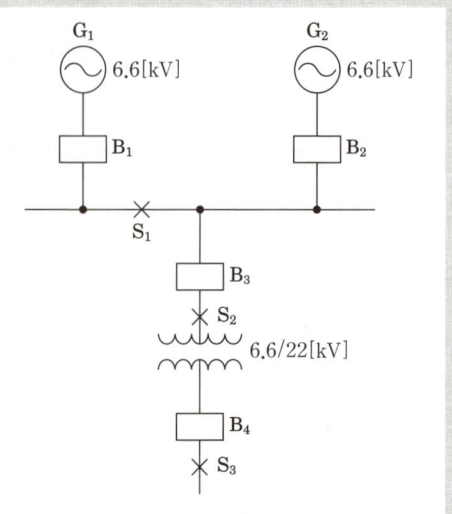

- 발전기 G_1 : 용량 $10,000[\text{kVA}]$ $x_{G1}=10[\%]$
- 발전기 G_2 : 용량 $20,000[\text{kVA}]$ $x_{G2}=14[\%]$
- 변압기 T : 용량 $30,000[\text{kVA}]$ $x_T=12[\%]$ 이고,
- S_1, S_2, S_3는 단락사고 발생 지점이며,
  선로 측으로부터의 단락전류는 고려하지 않는다.

(1) S_1지점에서 단락사고가 발생하였을 때, B_1, B_2 고장점의 단락용량[MVA]을 계산하시오.
  ◦ 계산 과정 :   ◦ 답 :

(2) S_2지점에서 단락사고가 발생하였을 때, B_3 고장점의 단락용량[MVA]을 계산하시오.
  ◦ 계산 과정 :   ◦ 답 :

(3) S_3지점에서 단락사고가 발생하였을 때, B_4 고장점의 단락용량[MVA]을 계산하시오.
  ◦ 계산 과정 :   ◦ 답 :

정답

(1) 기준용량 $100[\text{MVA}]$, %리액턴스를 환산한 후 고장점의 단락용량 계산

$$\%x_{G1}=\frac{100}{10}\times 10=100[\%],\quad \%x_{G2}=\frac{100}{20}\times 14=70[\%]$$

$$\therefore B_1=\frac{100}{100}\times 100=100[\text{MVA}],\quad \therefore B_2=\frac{100}{70}\times 100=142.86[\text{MVA}]$$

답 $B_1 : 100[\text{MVA}]$, $B_2 : 142.86[\text{MVA}]$

(2) G_1, G_2의 합성%리액턴스 : $\%x = \dfrac{\%x_{G1} \times \%x_{G2}}{\%x_{G1} + \%x_{G2}} = \dfrac{100 \times 70}{100 + 70} = 41.18[\%]$

∴ $B_3 = \dfrac{100}{41.18} \times 100 = 242.84$

답 242.84[MVA]

(3) 기준용량 100[MVA], %리액턴스를 환산 : $\%x_T = \dfrac{100}{30} \times 12 = 40[\%]$

고장점에서 전원측을 바라본 합성%리액턴스 : $\%x_1 = \%x_0 + \%x_T = 41.18 + 40 = 81.18[\%]$

∴ $B_3 = \dfrac{100}{81.18} \times 100 = 123.18$

답 123.18[MVA]

11 단락전류·단락용량

그림과 같은 계통에서 6.6[kV] 모선에서 본 전원측 %리액턴스는 100[MVA] 기준으로 110[%]이고, 각 변압기의 %리액턴스는 자기 용량 기준으로 모두 3[%]이다. 지금 6.6[kV] 모선 F_1점, 380[V] 모선 F_2점에 각각 3상 단락 고장 및 110[V]의 모선 F_3점에서 단락 고장이 발생하였을 경우, 각각의 경우에 대한 단락용량 및 단락전류를 구하시오.

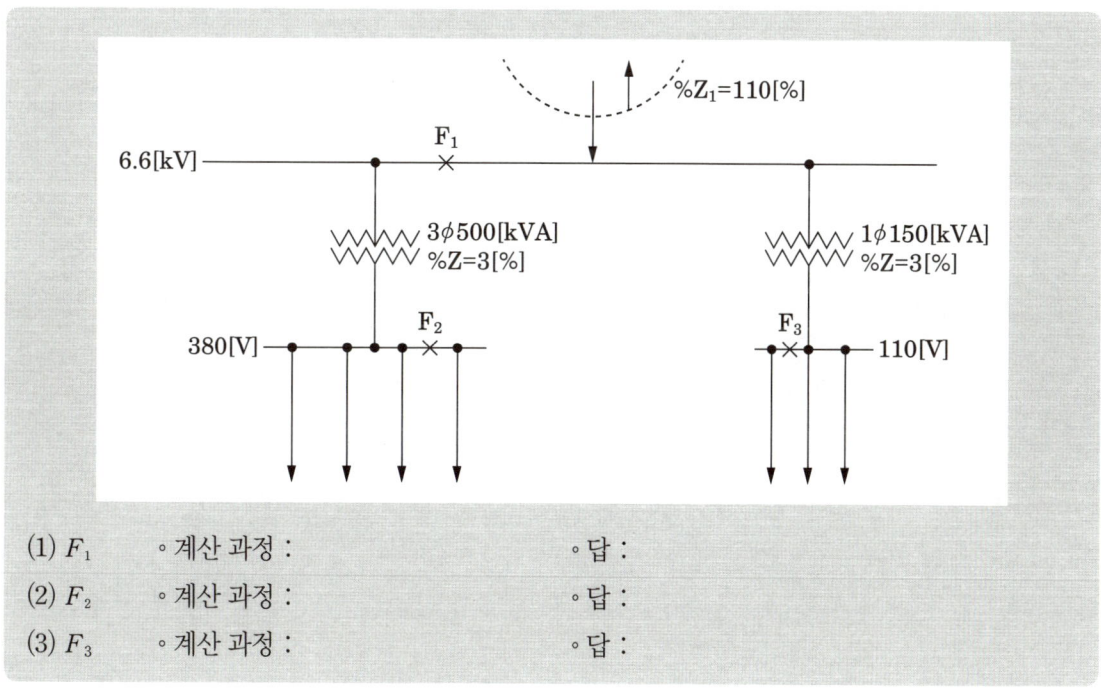

(1) F_1 ◦계산 과정 : ◦답 :
(2) F_2 ◦계산 과정 : ◦답 :
(3) F_3 ◦계산 과정 : ◦답 :

정답

(1) 1[MVA]를 기준으로 하여 %임피던스 환산

F_1점 : 전원측 $\%Z_{F1}=1.1[\%]$이므로 $(\%Z_1'=\dfrac{1}{100}\times 110=1.1[\%])$

답 ・ 단락용량 $P_s=\dfrac{100}{1.1}\times 1=91.91[\text{MVA}]$ ・ 단락전류 $I_s=\dfrac{100}{1.1}\times \dfrac{1\times 10^3}{\sqrt{3}\times 6.6}\times 10^{-3}=7.95[\text{kA}]$

(2) F_2점 : 전원측 $\%Z_{F2}=1.1+6=7.1[\%]$ $(\%Z_2'=\dfrac{1}{0.5}\times 3=6[\%])$

답 ・ 단락용량 $P_s=\dfrac{100}{7.1}\times 1=14.08[\text{MVA}]$ ・ 단락전류 $I_s=\dfrac{100}{7.1}\times \dfrac{1\times 10^3}{\sqrt{3}\times 0.38}\times 10^{-3}=21.4[\text{kA}]$

(3) F_3점 : $\%Z_{F3}=1.1+20=21.1[\%]$ $(\%Z_3'=\dfrac{1}{0.15}\times 3=20[\%])$

답 ・ 단락용량 $P_s=\dfrac{100}{21.1}\times 1=4.74[\text{MVA}]$ ・ 단락전류 $I_s=\dfrac{100}{21.1}\times \dfrac{1\times 10^3}{0.11}\times 10^{-3}=43.08[\text{kA}]$

12 단락전류, 차단전류

그림과 같은 송전계통 S점에서 3상 단락사고가 발생하였다. 주어진 도면과 조건을 참고하여 고장점 및 차단기를 통과하는 단락전류를 구하시오.

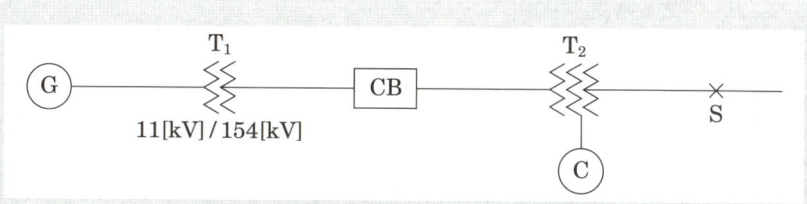

[조건]

번호	기기명	용량	전압	%X
1	발전기(G)	50000[kVA]	11[kV]	30
2	변압기(T_1)	50000[kVA]	11/154[kV]	12
3	송전선		154[kV]	10(10000[kVA] 기준)
4	변압기(T_2)	1차 25000[kVA]	154[kV]	12(25000[kVA] 기준, 1차~2차)
		2차 30000[kVA]	77[kV]	15(25000[kVA] 기준, 2차~3차)
		3차 10000[kVA]	11[kV]	10.8(10000[kVA] 기준, 3차~1차)
5	조상기(C)	10000[kVA]	11[kV]	20(10000[kVA])

(1) 발전기, 변압기(T_1), 송전선, 조상기의 %리액턴스를 기준용량 100[MVA]으로 환산하시오.
- 발전기 ∘계산 과정 : ∘답 :
- 변압기(T_1) ∘계산 과정 : ∘답 :
- 송전선 ∘계산 과정 : ∘답 :
- 조상기의 %리액턴스 ∘계산 과정 : ∘답 :

(2) 변압기(T_2)의 각각의 %리액턴스를 기준용량 100[MVA]으로 환산하고, 1차(P), 2차(T), 3차(T)의 %리액턴스를 구하시오.

∘계산 과정 : ∘답 :

(3) 고장점과 차단기를 통과하는 각각의 전류를 구하시오.
① 고장점의 단락전류
∘계산 과정 : ∘답 :
② 차단기의 단락전류
∘계산 과정 : ∘답 :

(4) 차단기의 차단용량은 몇 [MVA]인가?

정답

(1) • 발전기 : $\%X = \dfrac{100}{50} \times 30 = 60[\%]$ 　　　답 60[%]

　　• 변압기(T_1) : $\%X = \dfrac{100}{50} \times 12 = 24[\%]$ 　　답 24[%]

　　• 송전선 : $\%X = \dfrac{100}{10} \times 10 = 100[\%]$ 　　　답 100[%]

　　• 조상기의 %리액턴스 : $\%X = \dfrac{100}{10} \times 20 = 200[\%]$ 　　답 200[%]

(2) • 1~2차 : $\dfrac{100}{25} \times 12 = 48[\%]$ 　• 1차 = $\dfrac{48+108-60}{2} = 48[\%]$ 　답 48[%]

　　• 2~3차 : $\dfrac{100}{25} \times 15 = 60[\%]$ 　• 2차 = $\dfrac{48+60-108}{2} = 0[\%]$ 　답 0[%]

　　• 3~1차 : $\dfrac{100}{10} \times 10.8 = 108[\%]$ 　• 3차 = $\dfrac{60+108-48}{2} = 60[\%]$ 　답 60[%]

(3) ① 고장점의 단락전류

　　G에서 T_2 1차까지 $\%X_1 = 60+24+100+48 = 232[\%]$

　　C에서 T_2 3차까지 $\%X_3 = 200+60 = 260[\%]$ (조상기는 3차측 연결)

　　합성 $\%Z = \dfrac{\%X_1 \times \%X_3}{\%X_1 + \%X_3} + \%X_2 = \dfrac{232 \times 260}{232+260} = 122.6[\%]$

　　고장점의 단락전류 $I_s = \dfrac{100}{122.6} \times \dfrac{100 \times 10^3}{\sqrt{3} \times 77} = 611.59[\text{A}]$ 　　답 611.59[A]

② 차단기의 단락전류

　　방법 ⓐ $I_{s1} = \dfrac{100}{\%Z} \times I_n = \dfrac{100}{60+24+100+48} \times \dfrac{100 \times 10^3}{\sqrt{3} \times 154} = 161.6[\text{A}]$

　　또는 아래와 같이 계산할 수 있다.

　　방법 ⓑ $I_{s1} = I_s \times \dfrac{\%X_3}{\%X_1 + \%X_3} = 611.59 \times \dfrac{260}{232+260} \times \dfrac{77}{154} = 161.6[\text{A}]$

　　　　　　　　　　　　　　　　　　　　　　　　　　　　　　　답 161.6[A]

(4) 차단기의 차단용량 $P_s = \sqrt{3} \times V_n \times I_{s1} = \sqrt{3} \times 170 \times 161.6 \times 10^{-3} = 47.58[\text{MVA}]$

　　　　　　　　　　　　　　　　　　　　　　　　　　　　　　　답 47.58[MVA]

electrical engineer

1 무정전 전원공급 장치[UPS]

1. 무정전 전원 장치 의미

    선로의 정전, 전원에 이상이 발생했을 경우에도 부하에 전력을 공급하는 장치를 의미한다.

2. UPS의 블록 다이어그램

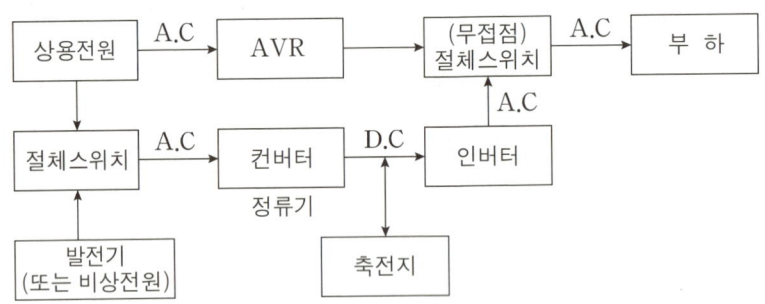

3. 기능

    ① 컨버터(Converter-정류기) : AC → DC
    ② 축전지 : 직류 전력을 저장
    ③ 인버터(Inverter) : DC → AC

개념 확인문제   Check up! ☐☐☐

단답 문제 아래의 그림에 대한 각 물음에 답하시오.

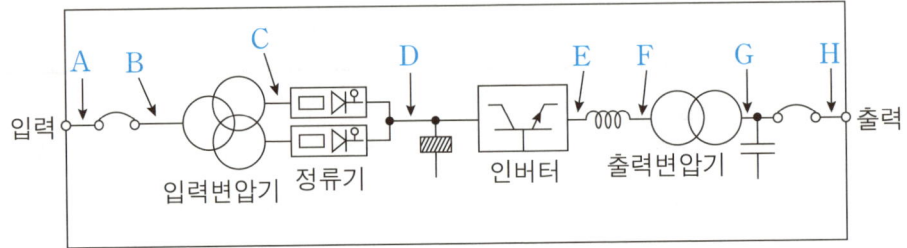

(1) 이 장치는 어떤 장치인지 쓰시오.
(2) CVCF의 의미를 쓰시오.
(3) 축전지는 A~H 중 어디에 설치를 하여야 하는지 쓰시오.

답 (1) 무정전 전원공급 장치
    (2) 정전압 정주파수 공급장치
    (3) D

2 축전지 설비

1. 축전지설비의 주요 부분
   - 축전지
   - 충전 장치
   - 보안장치
   - 제어장치

2. 축전지 종류

종별	연축전지[납축전지]		알칼리 축전지	
형식	클래드(CS형)	페이스트(HS형)	포켓식	소결식
공칭 전압	2.0[V]		1.2[V]	
정격방전율	10시간율[Ah]		5시간율[Ah]	
방전 특성	보통	고율방전 우수	보통	고율방전 우수
수명	12~15년	7~10년	15~20년	15~20년
자기방전	중		소	
특징	충·방전 전압의 차이가 적다. 축전지에 필요한 셀의 개수가 적다.		저온특성이 좋다. 극판의 기계적 강도가 크다.	

3. 충전방식 종류

   1) 보통충전 : 필요할 때 표준 시간율로 충전하는 방식
   2) 급속충전 : 단시간에 보통 충전전류의 2~3배로 충전하는 방식
   3) 부동충전 : 축전지의 자기 방전량 만큼 충전함과 동시에 상용부하에 대한 전력공급은 충전기가 부담하고 순간적인 대전류 부하는 축전지가 부담하게 하는 방식

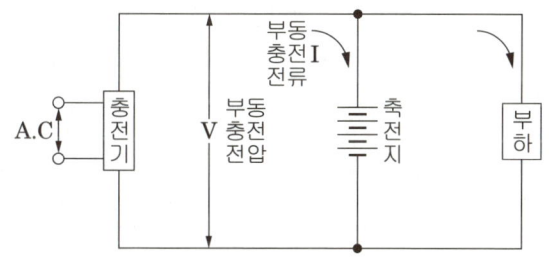

$$\text{충전기 2차 전류} = \frac{\text{축전지 정격용량}[Ah]}{\text{정격 방전율}[h]} + \frac{\text{상시 부하용량}[VA]}{\text{표준 전압}[V]}$$

   4) 균등충전 : 각 전해조의 전위차를 보정하기 위하여 1~3개월마다 1회씩 정전압으로 10~12시간 정도 충전하여 각 전해조의 용량을 균등하게 하는 방식
   5) 회복충전 : 축전지의 과방전 및 방치상태, 가벼운 설페이션(Sulfation) 현상 등이 생겼을 때 기능 회복을 위하여 실시하는 충전 방식

4. 축전지 용량 산출

축전지 용량 : $C = \dfrac{1}{L} KI \, [Ah]$

I : 방전전류[A]
L : 보수율(경년용량저하율)
K : 용량환산 시간

허용최저전압 : $V = \dfrac{V_a + V_e}{n}$

V_e : 축전지와 부하 사이의 전압강하
n : 축전지 직렬개수

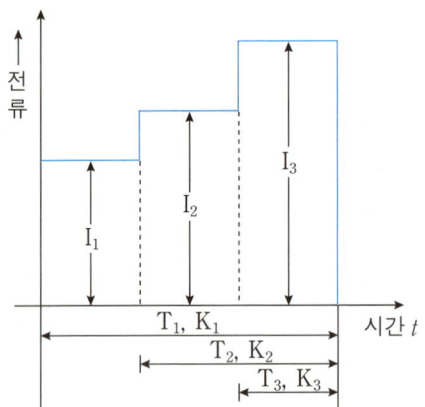

개념 확인문제

계산 문제

비상용 전원 설비로써 축전지 설비를 계획하려 한다. 사용 부하의 방전 전류 시간 특성 곡선이 다음 그림과 같다면 이론상 축전지 용량은 어떻게 선정하여야 하는지 각 물음에 답하시오. 단, 축전지 개수는 83개이며, 단위 전지 방전 종지 전압은 1.06[V]로 하고, 축전지 형식은 AH형을 채택하며, 또한 축전지 용량은 다음과 같은 일반식에 의하여 구한다.

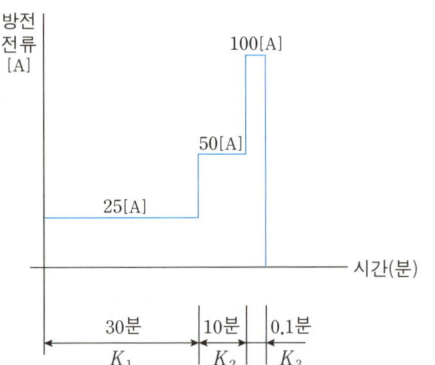

[용량 환산 시간 계수 K (온도 5[℃]에서)]

형식	최저 허용 전압 [V/cell]	0.1분	1분	5분	10분	20분	30분	60분	120분
AH	1.10	0.30	0.46	0.56	0.66	0.87	1.04	1.56	2.60
	1.06	0.24	0.33	0.45	0.53	0.70	0.85	1.40	2.45
	1.00	0.20	0.27	0.37	0.45	0.60	0.77	1.30	2.30

(1) 축전지 용량 C를 구할 때 K는 용량 환산 시간, I는 전류, L등을 이용한다. 여기서 L은 무엇을 뜻하는가?
(2) 용량 환산시간 K값으로서 K_1, K_2, K_3를 표에서 구하시오.
(3) 축전지 용량 C는 이론상 몇 [Ah] 이상의 것을 채택하여야 하는가? (단, 보수율은 0.80이다.)

계산 과정 (1) 보수율(경년용량 저하율) (2) $K_1 = 0.85$, $K_2 = 0.53$, $K_3 = 0.24$
(3) 계산 : $C = \dfrac{1}{L} KI = \dfrac{1}{0.8} [0.85 \times 25 + 0.53 \times 50 + 0.24 \times 100] = 89.69 \, [Ah]$

01. 무정전 전원공급 장치

인텔리전트 빌딩에 사용되는 컴퓨터 정보설비 등 중요 부하에 대한 무정전 전원 공급을 하기 위한 블록다이어그램이다. 이 블록 다이어그램을 보고 다음 각 물음에 답하시오.

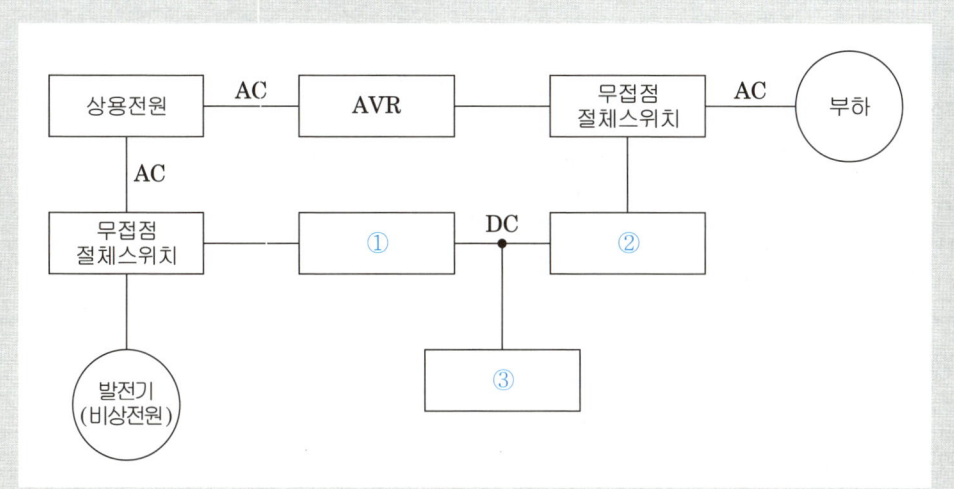

(1) ①~③에 알맞은 전기 시설물의 명칭을 쓰시오.
(2) ①, ②에 시설되는 것의 전력 변환 장치의 명칭과 역할을 쓰시오.
(3) 무정전 전원은 정전시 사용하지만 평상 운전시에는 예비전원으로 200[Ah]의 연축전지 100개가 설치되었다. 부동충전시에 알맞은 전압을 구하고, 충전시에 발생되는 가스, 충전이 부족할 경우 극판에 발생되는 현상 등에 대하여 설명하시오.
  ① 부동충전전압 :
  ② 발생되는 가스 :
  ③ 현상 :
(4) 발전기(비상전원)에서 발생된 전압을 공급하기 위하여 부하에 이르는 전로에는 발전기 가까운 곳에 쉽게 개폐 및 점검을 할 수 있는 곳에 기기 및 기구들을 설치하여야 하는데 이 설치하여야 할 것들 4가지만 쓰시오.

> 정답

(1) ① 컨버터   ② 인버터   ③ 축전지

(2) ① 컨버터 : AC를 DC로 변환 (컨버터)   ② 인버터 : DC를 AC로 변환 (인버터)

(3) ① 부동충전전압 : $V = 100 \times 2.18 = 218[V]$

> 참고

연축전지의 부동충전전압
- CS(클래드식: 일반방전)형의 부동 충전전압 : 2.15[V/Cell]
  장시간 방전할 수 있기 때문에 주로 변전소에서 사용
- HS(페이스트식: 고율 방전)형 : 2.18[V/Cell]
  단시간 대전류 부하로 알맞은 방식으로 UPS에서 사용

② 발생가스 : 수소 (환기에 주의하고 화기에 조심할 것)
③ 현상 : 설페이션 현상

(4) 전압계, 전류계, 개폐기, 과전류 차단기

> 참고

설페이션(Sulfation)현상
연축전지를 방전상태에서 오랫동안 방치하는 경우, 방전 전류가 매우 큰 경우, 불충분한 충전을 반복하는 경우 나타나는 현상으로 극판이 회백색으로 변하고 극판이 휘어진다. 또한, 충전시 전해액의 온도상승, 비중 저하, 충전용량 감소, 수명이 단축된다.

02 충전기 2차전류

납축전지의 정격 용량 100[Ah], 상시 부하 5[kW], 표준전압 100[V]인 부동 충전 방식이 있다. 이 부동 충전 방식에서 부동 충전방식의 충전기 2차 전류는 몇 [A]인가?

> 정답

부동 충전방식의 충전기 2차 전류 = $\dfrac{\text{축전지 정격용량[Ah]}}{\text{정격 방전율[h]}} + \dfrac{\text{상시 부하용량[VA]}}{\text{표준 전압[V]}}$

$\therefore I = \dfrac{100}{10} + \dfrac{5 \times 10^3}{100} = 60[A]$

답 60[A]

03 축전지 용량 ①

비상용 조명부하 110[V]용 100[W] 77등, 60[W] 55등이 있다. 방전시간 30분 축전지 HS형 54[cell], 허용 최저전압 100[V], 최저 축전지 온도 5[℃]일 때 축전지 용량은 몇 [Ah] 인지 계산하시오.
(단, 경년용량 저하율 0.8, 용량 환산시간 $K = 1.2$이다.)

정답

조명부하 전류 $I = \dfrac{P}{V} = \dfrac{60 \times 55 + 100 \times 77}{110} = 100[\text{A}]$

축전지 용량 $C = \dfrac{1}{L}KI = \dfrac{1}{0.8} \times 1.2 \times 100 = 150[\text{Ah}]$

답 150[Ah]

04 축전지 용량 ②

축전지 설비의 부하 특성 곡선이 그림과 같을 때 주어진 조건을 이용하여 필요한 축전지의 용량을 산정하시오.
(단, 여기서 용량 환산 시간 $K_1 = 1.45$, $K_2 = 0.69$, $K_3 = 0.25$이고, 보수율은 0.8이다.)

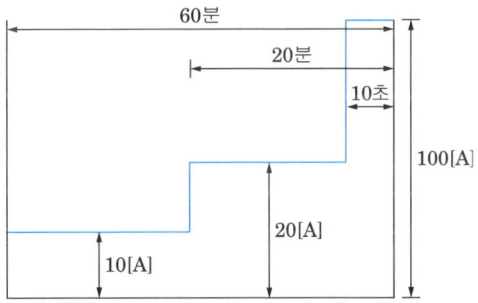

정답

$C = \dfrac{1}{L}\{K_1 I_1 + K_2(I_2 - I_1) + K_3(I_3 - I_2)\}$

$= \dfrac{1}{0.8}\{1.45 \times 10 + 0.69 \times (20 - 10) + 0.25 \times (100 - 20)\} = 51.75[\text{Ah}]$

답 51.75[Ah]

05 연축전지의 고장

연축전지의 고장 현상이 다음과 같을 때 이의 추정 원인을 쓰시오.

> (1) 전 셀의 전압 불균일이 크고 비중이 낮다.
> (2) 전 셀의 비중이 높다.
> (3) 전해액 변색, 충전하지 않고 그냥 두어도 다량으로 가스가 발생한다.

정답

(1) 충전 부족으로 장시간 방치한 경우
(2) 증류수가 부족한 경우 (액면 저하로 극판 노출)
(3) 전해액 불순물의 혼입

electrical engineer

1 절연저항

1. 절연저항의 측정 방법

   전기사용 장소의 사용전압이 저압인 전로의 전선 상호간 및 전로와 대지 사이의 절연저항은 개폐기 또는 과전류차단기로 구분할 수 있는 전로마다 규정에서 정한 값 이상이어야 한다.
   단, 전선 상호간의 절연저항은 기계기구를 쉽게 분리가 곤란한 분기회로의 경우 기기 접속 전에 측정할 수 있다. 측정 시 영향을 주거나 손상을 받을 수 있는 SPD 또는 기타 기기 등은 측정 전에 분리시켜야 하고, 부득이하게 분리가 어려운 경우에는 시험전압을 250[V] DC로 낮추어 측정할 수 있지만 절연저항 값은 1[MΩ] 이상이어야 한다.

2. 저압선로의 절연저항값

전로의 사용전압[V]	DC시험전압[V]	절연저항[MΩ]
SELV 및 PELV	250	0.5
FELV, 500 이하	500	1.0
500 초과	1000	1.0

   [주] 특별저압(extra low voltage : 2차 전압이 AC 50[V], DC 120[V] 이하)으로 SELV(비접지회로 구성) 및 PELV(접지회로 구성)은 1차와 2차가 전기적으로 절연된 회로, FELV는 1차와 2차가 전기적으로 절연되지 않은 회로

   ※ 사용전압이 저압인 전로에서 정전이 어려운 경우 등 절연저항 측정이 곤란한 경우에는 누설전류를 1[mA] 이하로 유지하여야 한다.

개념 확인문제 Check up! ☐☐☐

단답 문제 문제 다음 빈칸에 알맞은 절연저항 값을 쓰시오.

전로의 사용전압[V]	DC시험전압[V]	절연저항[MΩ]
SELV 및 PELV	250	①
FELV, 500 이하	500	②
500 초과	1000	③

답 ① 0.5 ② 1 ③ 1

2 절연내력시험

1. **절연내력시험의 정의**

    절연물이 어느 정도의 전압에 견딜 수 있는지를 확인하는 시험이다. 절연물에 가하는 전압을 점차 상승시켜 절연물이 파괴되는 시점의 전압을 구하는 파괴 시험과, 규정된 시간 동안 일정한 전압을 가해서 절연물의 이상 유무를 확인하는 내전압 시험의 두 종류가 있다.

2. **전로 및 기구 등의 절연내력시험전압**

    고압 및 특고압의 전로, 변압기, 차단기, 기타의 기구는 충전부분과 대지사이에 연속 10분간 절연내력시험전압을 가하였을 때 다음과 같이 견디어야 한다. (직류실험시 2배 적용)

최대사용전압	접지방식	배수	최저시험전압
7[kV] 이하		1.5배	500[V] (기구)
7[kV] 초과 25[kV] 이하	다중접지방식	0.92배	
7[kV] 초과 60[kV] 이하	비접지방식	1.25배	10500[V]
60[kV] 초과	비접지방식	1.25배	75000[V]
60[kV] 초과	접지방식	1.1배	75000[V]
60[kV] 초과 170[kV] 이하	중성점직접접지식	0.72배	
170[kV] 초과	중성점직접접지식	0.64배	

개념 확인문제 Check up! ☐☐☐

계산 문제 최대사용전압이 22900[V]인 중성점 다중접지 방식의 절연내력 시험전압은 몇 [V]이며, 이 시험전압을 몇 분간 가하여 이에 견디어야 하는가?

계산 과정
- 절연내력시험전압 = 최대사용전압 × 배수 = 22900 × 0.92 = 21068[V]

    답 21068[V]

- 가하여 견디는 시간 : 연속 10분

    답 연속 10분

3 접지기술

1. 접지목적 및 고려사항

   (1) 배전 변전소의 접지목적
   - 지락 및 단락 전류 등 고장 전류로부터 기기 보호
   - 보호 계전기의 확실한 동작 확보 및 전위 상승 억제
   - 배전 변전소 운전원의 감전사고 및 설비의 화재사고를 방지

   (2) 중성점 접지방식의 선정시 고려사항
   - 유도성 간섭
   - 전원공급의 연속성 요구사항
   - 고장부위의 선택적 차단
   - 지락고장에 의한 기기의 손상제한
   - 운전 및 유지보수 측면
   - 고장위치의 감지 및 접촉 및 보폭전압

2. 접지도체의 굵기

종류	굵기
특고압·고압 전기설비용	$6[mm^2]$ 이상
중성점 접지용 접지도체	$16[mm^2]$ 이상 (단, 사용전압이 $25[kV]$ 이하인 특고압 가공전선로 중성선 다중접지식 전로에 지락이 생겼을 때 2초 이내에 자동적으로 이를 전로로부터 차단하는 장치가 되어 있는 것은 $6[mm^2]$)
$7[kV]$ 이하의 전로	$6[mm^2]$
〈이동용〉 특고압·고압 전기설비용 접지도체 및 중성점 접지용 접지도체는 클로로프렌캡타이어케이블(3종 및 4종) 또는 클로로설포네이트폴리에틸렌캡타이어케이블(3종 및 4종)의 1개 도체 또는 다심 캡타이어케이블의 차폐 또는 기타의 금속체	$10[mm^2]$
저압 전기설비용 접지도체는 다심 코드 또는 다심 캡타이어케이블의 1개 도체의 단면적	$0.75[mm^2]$ (단, 연동연선은 $1.5[mm^2]$ 이상)

3. 보호도체의 굵기

상도체의 단면적 S [mm^2, 구리]	보호도체의 최소 단면적[mm^2, 구리]	
	보호도체의 재질	
	상도체와 같은 경우	상도체와 다른 경우
$S \leq 16$	S	$(k_1/k_2) \times S$
$16 < S \leq 35$	$16(a)$	$(k_1/k_2) \times 16$
$S > 35$	$S(a)/2$	$(k_1/k_2) \times (S/2)$

k_1 : 상도체에 대한 계수 k값
k_2 : 보호도체에 대한 계수 k값
a : PEN도체의 최소단면적은 중성선과 동일하게 적용

개념 확인문제   Check up! ☐☐☐

단답 문제 접지설비에서 보호선에 대한 다음 각 물음에 답하시오.

(1) 보호선이란 안전을 목적(가령 감전보호)으로 설치된 전선으로서 다음 표의 단면적 이상으로 선정하여야 한다. ①~③에 알맞은 보호선 최소 단면적의 기준을 각각 쓰시오.

상전선 S의 단면적 [mm^2]	보호선의 최소 단면적[mm^2] (보호선의 재질이 상전선과 같은 경우)
$S \leq 16$	①
$16 < S \leq 35$	②
$S > 35$	③

(2) 보호도체의 종류를 2가지만 쓰시오.

답 (1) ① S ② 16 ③ $\dfrac{S}{2}$

(2) ① 다심케이블의 도체
    ② 충전도체와 같은 트렁킹에 수납된 절연도체 또는 나도체

4. 공용접지의 장·단점

   (1) 장점

   ① 접지극의 수량 감소
   ② 접지극의 연접으로 합성저항의 저감효과
   ③ 접지극의 연접으로 접지극의 신뢰도 향상

   (2) 단점

   ① 다른 기기 계통으로부터 사고 파급
   ② 계통의 이상전압 발생 시 유기전압 상승
   ③ 피뢰침용과 공용하므로 뇌서지에 대한 영향

5. 접지저항 측정방법

   (1) 콜라우시 브릿지법

   3개의 전극을 삼각형으로 배치하고 각 전극간의 저항을 측정하여 계산한 값으로 전해액의 저항 측정시 주로 사용된다. R_1 : 측정하려는 주 접지 극의 저항값

   $$R_1 = \frac{1}{2} \times (R_{12} + R_{31} - R_{23})$$

   $R_1 + R_2 = R_{12}$, $R_2 + R_3 = R_{23}$, $R_3 + R_1 = R_{31}$

   (2) 워너의 4전극법

   - 측정선의 일직선상에서 외부에 전류 보조전극(C_1, C_2), 내부에 전위 보조전극(P_1, P_2)을 각각의 전극 간격이 등 간격 a가 되도록 매설한다. (전극의 매설 깊이 : 극간격의 1/20 이하)
   - 각각의 보조전극에 측정용 전선을 대지 저항률 측정기의 해당 전극에 맞게 연결한다.
   - 전극 간격 a를 0.5, 1, 2, 3, 4, 5, 6, 7, 8, 9, 10, 15, 20 및 30[m]가 되도록 변화시키면서 위의 과정을 반복하여 측정한다.

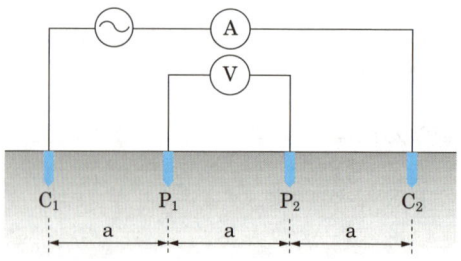

   대지저항률 $\rho = 2\pi a R$ (단, a : 전극 간격[m], R : 접지저항[Ω])

4 계통접지

1. 계통접지의 분류

   저압전로의 보호도체 및 중성선의 접속 방식에 따라 TN, TT, IT 계통으로 분류한다. 단, TN 계통의 경우 TN-C방식과 TN-S 그리고 TN-C-S 방식으로 나뉜다.

2. 계통 그림기호

기호	설명
	중성선(N), 중간도체(M)
	보호도체(PE)
	중성선과 보호도체겸용(PEN)

3. TN계통

   (1) TN-C

   계통 전체에 대해 중성선과 보호도체의 기능을 동일도체로 겸용한 PEN 도체를 사용한다. 배전 계통에서 PEN 도체를 추가로 접지할 수 있다.

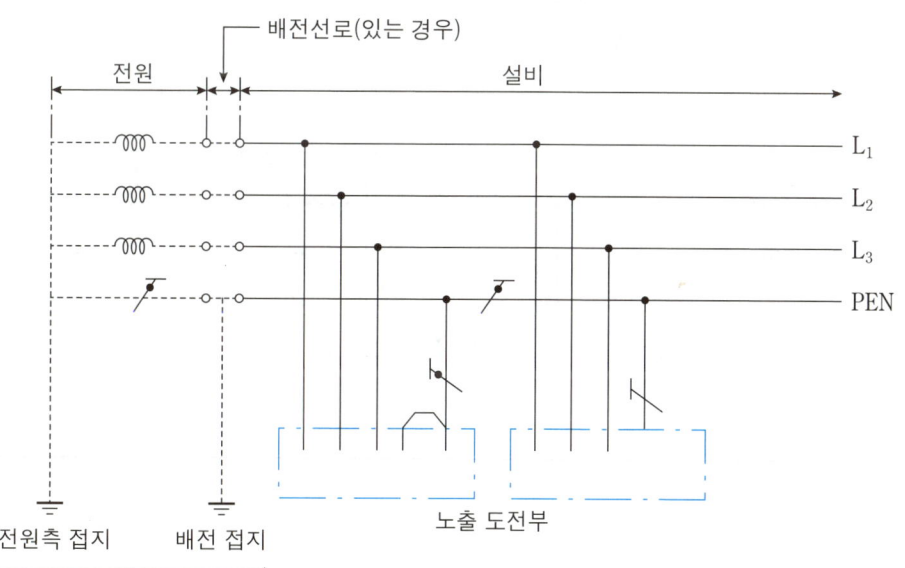

(2) TN-S

계통 전체에 대해 별도의 중성선 또는 PE 도체를 사용한다. 배전계통에서 PE 도체를 추가로 접지할 수 있다.

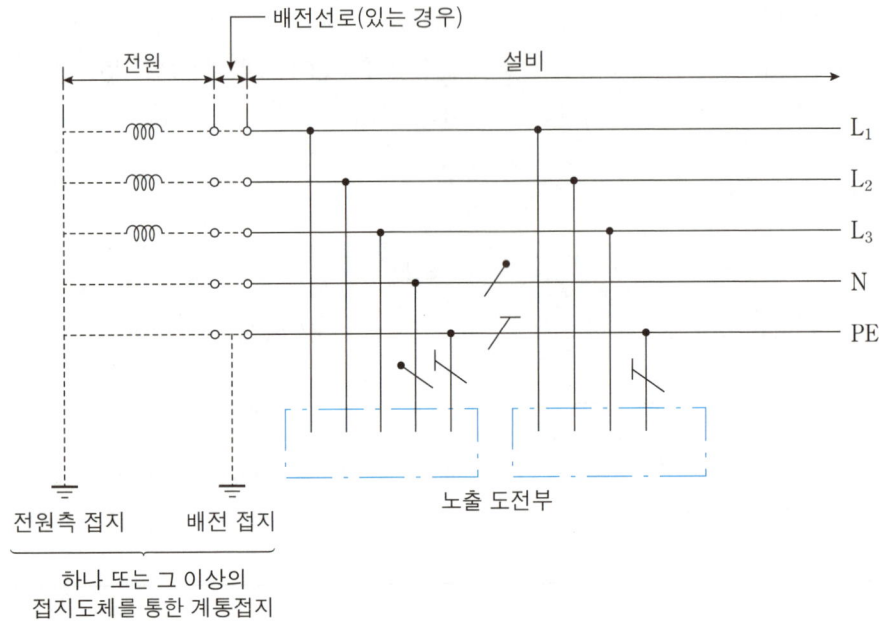

(3) TN-C-S

계통의 일부분에서 PEN 도체를 사용하거나, 중성선과 별도의 PE 도체를 사용하는 방식이 있다. 배전계통에서 PEN 도체와 PE 도체를 추가로 접지할 수 있다.

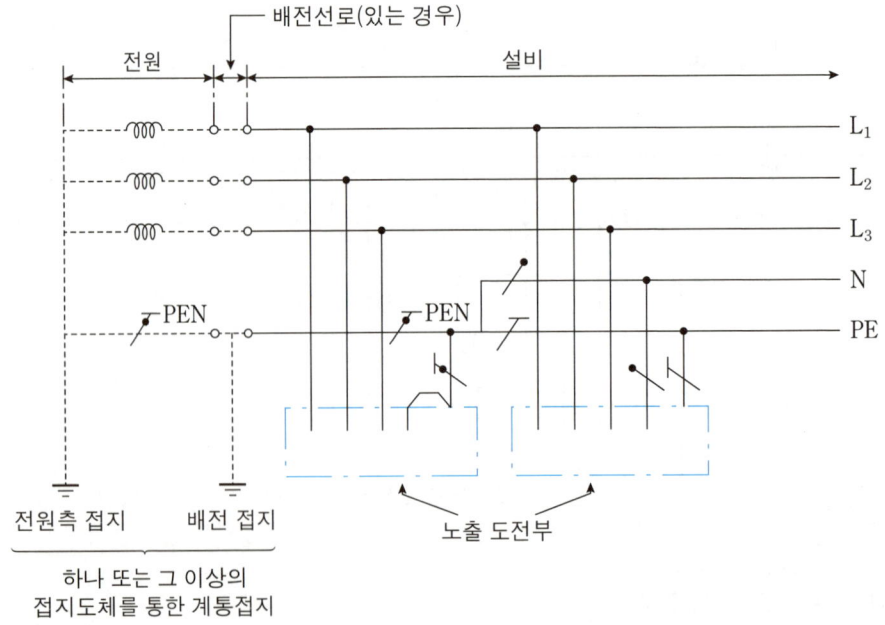

(4) TT계통

전원의 한 점을 직접 접지하고 설비의 노출도전부는 전원의 접지전극과 전기적으로 독립적인 접지극에 접속시킨다. 배전계통에서 PE 도체를 추가로 접지할 수 있다.

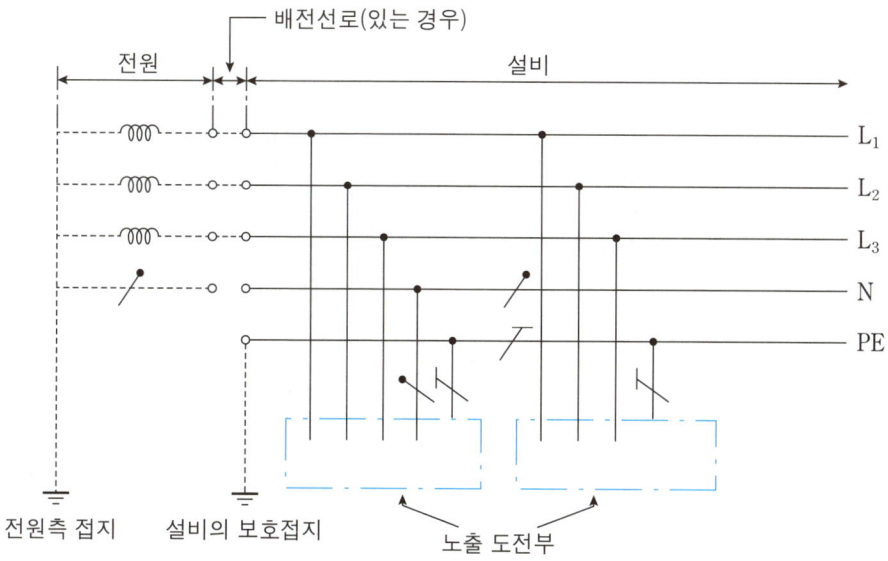

(5) IT계통

충전부 전체를 대지로부터 절연시키거나, 한 점을 임피던스를 통해 대지에 접속시킨다. 전기설비의 노출도전부를 단독 또는 일괄적으로 계통의 PE 도체에 접속시킨다. 배전계통에서 추가접지가 가능하다.

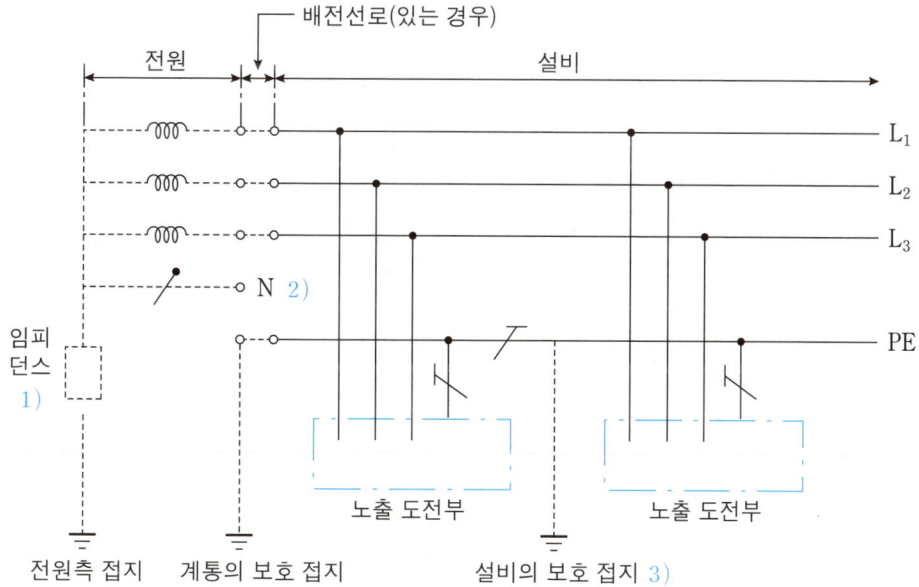

개념 확인문제

단답 문제 다음 그림은 TN-C-S계통의 일부분이다. 결선하여 계통을 완성하시오. (단, 계통 일부의 중성선과 보호선을 동일전선으로 사용하며, 중성선 ↗, 보호선 ⊤, 보호선과 중성선을 겸한 선 ↗ 을 사용한다.)

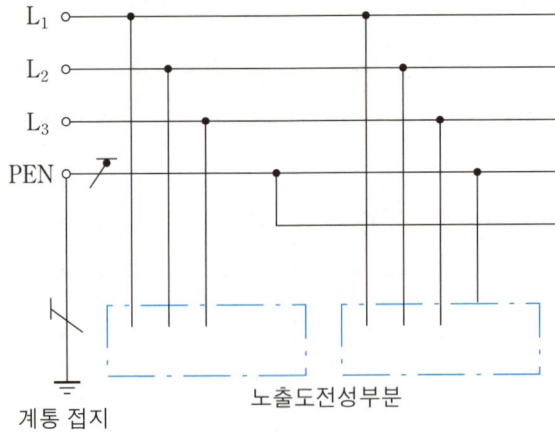

답

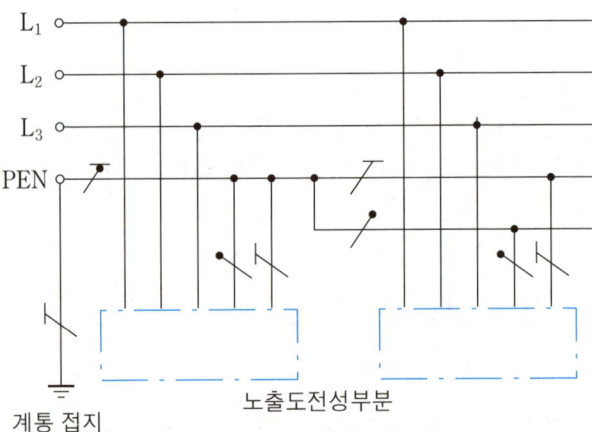

01 절연내력시험

그림은 최대 사용전압 6900[V] 변압기의 절연 내력을 시험하기 위한 회로도이다. 그림을 보고 다음 각 물음에 답하시오.

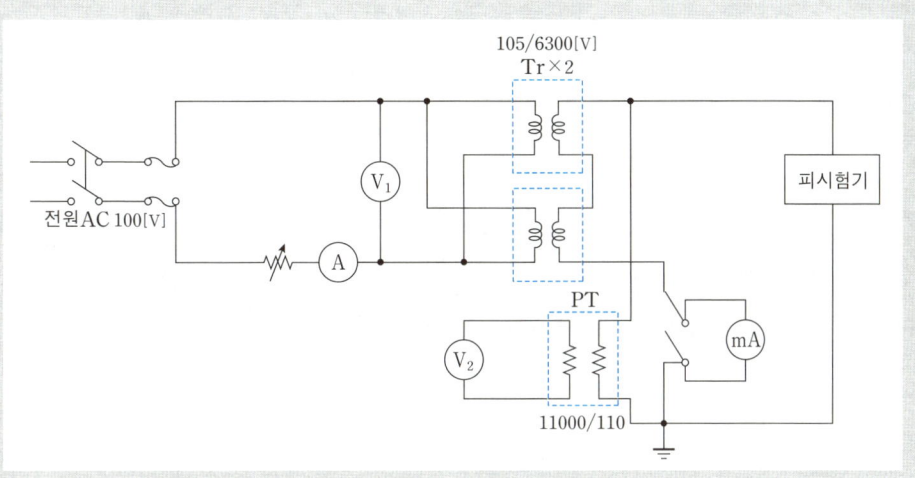

(1) 절연내력 시험시 시험전압은 몇 [V]인가?
(2) 절연내력 시험 전압으로 얼마 동안 견디어야 하는가?
(3) V_1 전압계로 측정되는 전압은 몇 [V]인가?
(4) mA의 설치 목적은?
(5) 시험 전압계 V_2로 측정되는 전압은 몇 [V]인가?
(6) PT의 설치목적은 무엇인가?

정답

(1) 절연 내력 시험 전압 = 사용전압 × 최대 사용전압의 배수 = 6900 × 1.5 = 10350[V]

답 10350[V]

(2) 10분

(3) 저압측 전압계 V 측정 전압 = 시험전압 × 권수비의 역수 × $\frac{1}{2}$ = 10350 × $\frac{105}{6300}$ × $\frac{1}{2}$ = 86.25[V]

답 86.25[V]

(4) 누설전류 측정

(5) PT 2차측 전압계 V_2 측정 전압 = 시험전압 × $\frac{1}{권수비}$ = 10350 × $\frac{110}{11000}$ = 103.5[V]

답 103.5[V]

(6) 시험전압을 강압하여 전압계에 공급

02 접지저항 측정

다음 그림은 사용이 편리하고 일반적인 접지저항을 측정하고자 할 때 널리 사용하는 전위차계법의 미완성 접속도이다. 다음 각 물음에 답하시오.

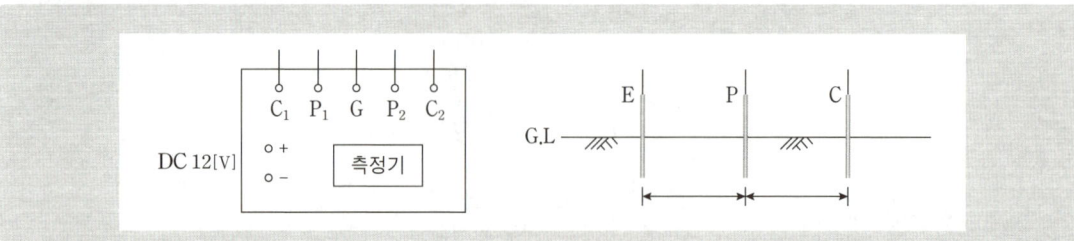

(1) 미완성 접속도를 완성하시오.
(2) 전극간 거리는 몇 [m] 이상으로 하는가?

정답

(1)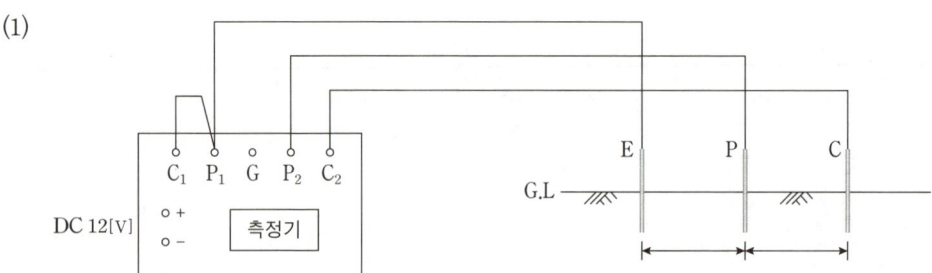

(2) 10[m]

03 공용접지의 장점·단점

접지방식은 각기 다른 목적이나 종류의 접지를 상호 연접시키는 공용접지와 개별적으로 접지하되 상호 일정한 거리 이상 이격하는 독립접지(단독접지)로 구분할 수 있다. 독립접지와 비교하여 공용접지의 장점과 단점을 각각 3가지만 쓰시오.

정답

(1) 장점
　① 접지극의 수량 감소
　② 접지극의 연접으로 합성저항의 저감효과
　③ 접지극의 연접으로 접지극의 신뢰도 향상

(2) 단점
　① 다른 기기 계통으로부터 사고 파급
　② 계통의 이상전압 발생 시 유기전압 상승
　③ 피뢰침용과 공용하므로 뇌서지에 대한 영향을 고려

04 TN-C방식

다음 그림은 TN 계통의 TN-C방식 저압배전선로 접지계통이다. 중성선(N), 보호선(PE) 등의 범례 기호를 활용하여 노출 도전성 부분의 접지 계통 결선도를 완성하시오.

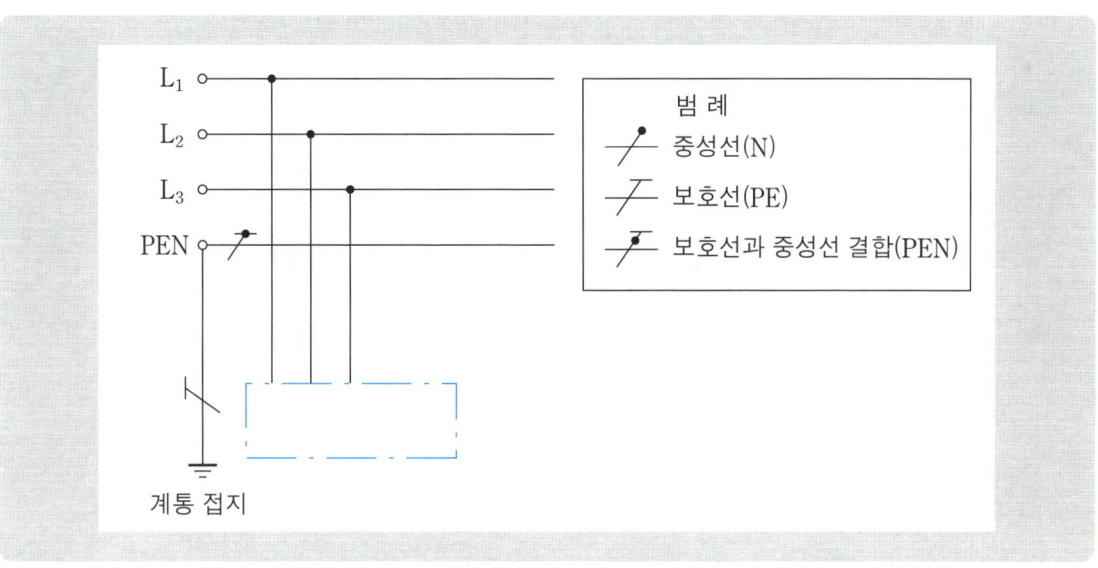

정답

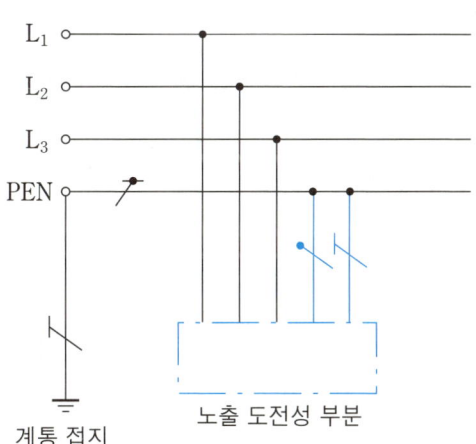

1 자가 발전설비용량의 산정

1. 발전기 용량 개요

    발전기 용량 결정시 부하의 종류에 따른 용량을 산정한 후 장래의 부하 증가에 대한 여유 등을 고려하여 결정한다. 발전기의 용량은 변압기용량에 20~30[%] 정도를 적용하고 있으며, 용도에 따라 그 이상이 될 수도 있다.

2. 단순부하인 경우

    전부하 정상 운전시의 소요입력에 의한 발전기용량의 산정은 아래와 같이 산정한다.

    $$P = \frac{\sum W_L \times L}{\cos\theta} [kVA]$$

    여기서, $\sum W_L$: 부하설비입력 총 합계[kW], L : 수용률, $\cos\theta$: 발전기의 역률

3. 기동용량이 큰 부하가 있는 경우

    자가 발전기인 경우에는 전동기를 기동하면 갑자기 발전기에 큰 부하가 걸리게 되어 전원의 단자전압의 순간적인 저하, 엔진 정지 등의 사고를 유발하기도 한다. 이러한 사고를 방지하기 위해 발전기의 용량은 아래와 같이 산정한다.

    $$P \geq 기동용량[kVA] \times x_d \times \left(\frac{1}{e} - 1\right) [kVA]$$

    여기서, x_d : 발전기 과도리액턴스(25~30[%]), e : 허용 전압 강하(20~30[%])

개념 확인문제   Check up! ☐☐☐

계산 문제   단순부하인 경우 부하입력이 500[kW], 역률 90[%]일 때 비상용 발전기 출력은?

계산 과정 $P = \dfrac{\sum W_L \times L}{\cos\theta} = \dfrac{500 \times 1}{0.9} = 555.56 [kVA]$ **답**   555.56[kVA]

계산 문제   부하가 기동용량 150[kVA]인 유도전동기이다. 기동시 전압강하는 20[%]이며, 발전기의 과도리액턴스가 25[%]이다. 이 전동기를 운전할 수 있는 자가발전기의 최소용량은 몇 [kVA]인지 계산하시오.

계산 과정 $P \geq 기동용량[kVA] \times x_d \times \left(\dfrac{1}{e} - 1\right) = 150 \times 0.25 \times \left(\dfrac{1}{0.2} - 1\right) = 150 [kVA]$

    답   150[kVA]

4. 순시 최대 부하에 의한 용량

$$P \geq \frac{\sum W_o[\text{kW}] + \{Q_{L\max}[\text{kVA}] \times \cos\theta_{QL}\}}{K \times \cos\theta_G}[\text{kVA}]$$

여기서, W_o : 기 운전중인 부하용량의 합[kW], $Q_{L\max}$: 기동돌입부하[kVA]
$\cos\theta_{QL}$: 기동돌입부하 기동시 역률, $\cos\theta_G$: 발전기 역률
K : 원동기 기관의 과부하 내량

개념 확인문제   Check up!

계산 문제 주어진 표는 어떤 부하 데이터의 표이다. 이 부하 데이터를 수용할 수 있는 발전기용량을 산정하시오. (단, 발전기 표준 역률은 0.8, 허용 전압 강하 25[%], 발전기 리액턴스 20[%], 원동기 기관 과부하 내량은 1.2이다.)

예	부하의 종류	출력 [kW]	전부하 특성				기동 특성		기동 순서	비고
			역률 [%]	효율 [%]	입력 [kVA]	입력 [kW]	역률 [%]	입력 [kVA]		
200[V] 60[Hz]	조명	10	100	–	10	10	–	–	1	
	스프링클러	55	86	90	71.1	61.1	40	142.2	2	Y–△ 기동
	소화전 펌프	15	83	87	21.0	17.2	40	42	3	Y–△ 기동
	양수펌프	7.5	83	86	10.5	8.7	40	63	3	직입 기동

(1) 전 부하 정상 운전시의 입력에 의한 것

(2) 전동기 기동에 필요한 용량 $P[\text{kVA}] = \dfrac{(1-\triangle E)}{\triangle E} \cdot x_d \cdot Q_L$

(3) 순시 최대 부하에 의한 용량 $P[\text{kVA}] = \dfrac{\sum W_o[\text{kW}] + \{Q_{L\max}[\text{kVA}] \times \cos\theta_{QL}\}}{K \times \cos\theta_G}$

계산 과정

(1) $P = \dfrac{(10+61.1+17.2+8.7) \times 1}{0.8} = 121.25[\text{kVA}]$ 답   121.25[kVA]

(2) $P = \dfrac{(1-0.25)}{0.25} \times 0.2 \times 142.2 = 85.32[\text{kVA}]$ 답   85.32[kVA]

(3) $P = \dfrac{(10+61.1) + \{(42+63) \times 0.4\}}{1.2 \times 0.8} = 117.81[\text{kVA}]$ 답   117.81[kVA]

5. 부하중 최대의 값을 전동기 또는 전동기군을 마지막에 기동하는 경우

$$\text{발전기 용량} \geq \left(\frac{\sum P_L - P_m}{\eta_L} + P_m \times \beta \times C \times \cos\theta_s \right) \times \frac{1}{\cos\phi} \text{[kVA]}$$

여기서, $\sum P_L$: 부하출력의 합계[kW], C : 기동방식에 따른 계수
P_m : (기동[kW]−입력[kW])의 값이 최대가 되는 전동기 또는 전동기군의 출력[kW]
$\cos\theta_s$: P_m[kW]의 전동기 기동시 역률, $\cos\phi$: 발전기의 역률
η_L : 부하의 종합 효율, β : 전동기 출력 1[kW]당 기동 [kVA]

개념 확인문제   Check up! □□□

계산 문제 비상동력부하 중에서 (기동[kW]−입력[kW])의 값이 최대로 되는 전동기를 최후에 기동하는데 필요한 발전기 용량[kVA]을 구하시오.

[참고사항]

- 유도전동기의 출력 1[kW]당 기동[kVA]는 7.2로 한다.
- 유도전동기의 기동방식은 모두 직입 기동방식이다. 따라서, 기동방식에 따른 계수는 1로 한다.
- 부하의 종합효율은 0.85, 발전기의 역률은 0.9, 전동기의 기동 시 역률은 0.4로 한다.

구 분		설비용량[kW]
전등 및 전열		350
일반동력		635
비상동력	유도전동기1	7.5×2
	유도전동기2	11
	유도전동기3	15
	비상조명	8
	소 계	−

계산 과정 PG_3 산정식 부하 중 (기동[kW]−입력[kW]) 수치가 최대가 되는 전동기 또는 전동기군을 최후에 기동시

$\therefore$ 발전기 용량 $\geq \left(\dfrac{\sum P_L - P_m}{\eta_L} + P_m \times \beta \times C \times \cos\theta_s \right) \times \dfrac{1}{\cos\phi}$

$= \left(\dfrac{49-15}{0.85} + 15 \times 7.2 \times 1 \times 0.4 \right) \times \dfrac{1}{0.9} = 92.44 \text{[kVA]}$

답 92.44[kVA]

2 전원설비의 운영

1. 예비 발전기와 부하 사이에 시설하는 기기

    (1) 예비 전원으로 시설하는 저압 및 고압 발전기에서 부하에 이르는 전로에는 발전기의 가까운 곳에서 쉽게 개폐 및 점검을 할 수 있는 곳에 개폐기, 과전류 차단기, 전압계, 전류계를 다음 각 호에 의하여 시설하여야 한다.

    ① 각 극에 개폐기 및 과전류 차단기를 설치할 것.
    ② 각 상의 전압을 쉽게 읽을 수 있도록 전압계를 설치할 것.
    ③ 각 선의 전류를 쉽게 읽을 수 있도록 전류계를 설치할 것.

    (2) 예비 전원으로 시설하는 축전지에서 부하에 이르는 전로에는 개폐기, 과전류 차단기를 시설하여야 한다.

2. 동기 발전기의 병렬 운전 조건

    (1) 기전력의 크기가 같을 것
    (2) 기전력의 위상이 같을 것
    (3) 기전력의 주파수가 같을 것
    (4) 기전력의 파형이 같을 것
    (5) 기전력의 상회전 방향이 일치할 것

개념 확인문제

단답 문제 자가용 전기 설비에 대한 다음 각 물음에 답하시오.

(1) 자가용 전기 설비의 중요 검사(시험) 사항을 3가지만 쓰시오.

(2) 예비 전원으로 시설하는 고압 발전기에서 부하에 이르는 전로에는 발전기의 가까운 곳에 반드시 시설되어야 할 것 4가지가 있다. 이것들을 쓰고 시설방법을 설명하시오.

답 (1) ① 절연저항 측정검사
② 접지저항 측정검사
③ 외관검사
④ 보호계전기 동작시험검사

(2) ① 개폐기 : 각 극에 설치
② 과전류 차단기 : 각 극에 설치
③ 전압계 : 각 상의 전압을 읽을 수 있도록 설치
④ 전류계 : 각 선의 전류를 읽을 수 있도록 설치

3 변압기 결선

1. △—△ 결선

   (1) 결선도

   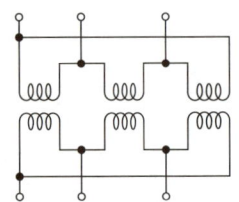

   $V_l = V_p$
   $I_l = \sqrt{3}\, I_p \angle -30°$

   V_l : 선간전압
   V_p : 상전압
   I_l : 선전류
   I_p : 상전류

   (2) 장점

   ① 제3고조파 전류가 △결선 내를 순환하므로 정현파가 유기되어 파형의 왜곡이 없다.
   ② 1상 고장시 나머지 2대를 이용하여 V결선 운전이 가능하다.
   ③ 선전류가 상전류의 $\sqrt{3}$ 배이므로 대전류 부하에 적합하다.

   (3) 단점

   ① 비접지 방식으로 지락고장의 검출이 곤란하다.
   ② 권수비가 서로 다르면 순환전류가 흐르게 된다.
   ③ 각 상의 임피던스가 다르면 부하가 평형이 되어도 변압기 부하전류는 불평형이 된다.

2. Y—Y 결선

   (1) 결선도

   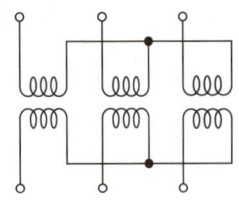

   $V_l = \sqrt{3}\, V_p \angle 30°$
   $I_l = I_p$

   V_l : 선간전압
   V_p : 상전압
   I_l : 선전류
   I_p : 상전류

   (2) 장점

   ① 중성점 접지가 가능하므로 이상전압 발생을 감소시킬 수 있다.
   ② 지락고장 검출이 용이하다. (보호계전기 동작이 확실하다.)
   ③ 상전압이 선간전압의 $\frac{1}{\sqrt{3}}$ 배이므로 고전압에 유리하다.

(3) 단점

① 제3고조파 순환전류가 흐르는 폐회로가 없기 때문에 기전력에 왜형파가 발생한다.
② 중성점 접지시 통신선 유도장해를 크게 일으킨다.
③ 부하 불평형시 중성점의 전위가 발생하는 등의 문제로 거의 사용하지 않는다.

3. △―Y, Y―△결선

(1) 결선도

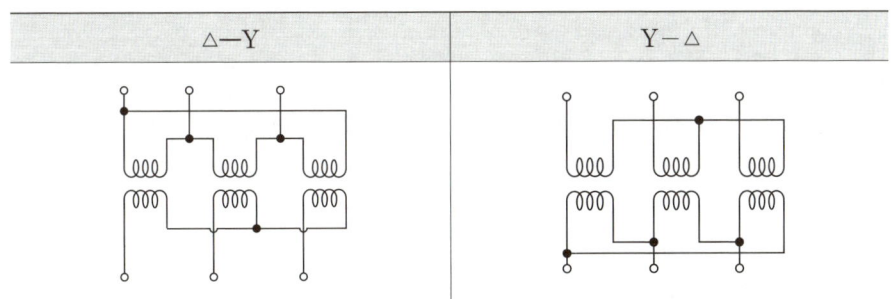

△―Y결선은 1차는 △결선이므로 선간전압과 상전압이 같으나 2차가 Y결선으로 선간전압이 상전압의 $\sqrt{3}$ 배가 되기 때문에 저압에서 고압으로 승압하는 경우에 적합하며, Y―△결선은 이와 반대로 고전압에서 저전압으로 변성하는데 유리해 강압용에 주로 사용된다.

(2) 장점

① Y결선 측 중성점을 접지할 수 있으므로 이상전압을 저감시킬 수 있다.
② △결선이 포함되어 제3고조파로 인한 장해가 적고 파형의 왜곡을 방지할 수 있다.
③ Y결선 측의 상전압이 선간전압의 $\frac{1}{\sqrt{3}}$ 배 이므로 절연에 유리하다.

(3) 단점

① 1, 2차간에 30°의 위상차가 발생한다.
② 1상에 고장이 발생하면 전원공급이 불가능하다.
③ 중성점 접지로 인해 통신선 유도장해가 발생한다.

개념 확인문제 Check up!

단답 문제 변압기에 사용되는 절연유의 필요한 성질 4가지를 쓰시오.

답
① 인화점이 높고, 응고점은 낮을 것
② 점도가 낮고 비열이 커서 냉각 효과가 클 것
③ 고온에서 불용성 침전물이 생기지 말 것
④ 절연물과 화학작용이 없을 것

4. V—V 결선

(1) 결선도

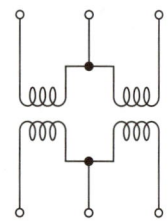

① V결선 출력 : $P_V = \sqrt{3}\, P_{a1}$ [kVA] (P_{a1} : 변압기 1대 용량)

② 출력비 : $\dfrac{P_V}{P_\triangle} = \dfrac{\sqrt{3}\, P_{a1}}{3 P_{a1}} = \dfrac{1}{\sqrt{3}} = 0.5774$ ∴ 57.74 [%]

③ 변압기 이용률 : $\dfrac{\sqrt{3}\, P_{a1}}{2 P_{a1}} = \dfrac{\sqrt{3}}{2} = 0.866$ ∴ 86.6 [%]

(2) 장점

△—△결선에서 1상 고장시 나머지 2대로 3상 전력을 공급할 수 있다.

(3) 단점

① 설비 이용률이 저하된다.
② △결선에 비하여 출력이 낮다.
③ 부하에 따라 2차 단자 전압이 불평형이 될 수 있다.

5. Scott 결선 (3상 → 2상 : 상수변환)

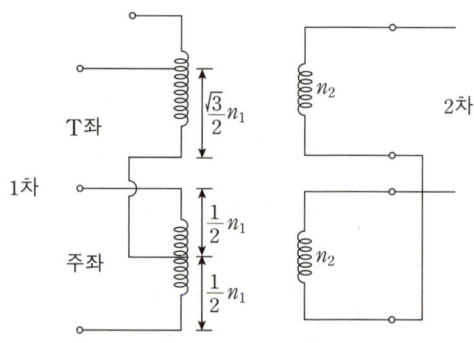

개념 확인문제   Check up! □□□

단답 문제 단상 변압기 4대를 이용하여 공급할 수 있는 최대 3상 전력은 얼마인가?

답 단상 변압기 2대를 V결선하여 3상 전력을 공급할 수 있으므로 $P_m = \sqrt{3}\, P_{a1} \times 2$

4 변압기의 병렬운전 조건

1. 단상 변압기 병렬운전 조건

    (1) • 조건 : 각 변압기의 극성이 같을 것
        • 현상 : 극성이 다르면 2차 권선에 생긴 폐회로에 양쪽의 2차 전압이 더해져서 매우 큰 순환전류가 흘러 권선이 소손된다.

    (2) • 조건 : 권수비 및 1차, 2차의 정격전압이 같을 것
        • 현상 : 권수비나 전압이 다르면 2차 전압의 크기가 서로 달라지고 그 전압의 차에 의해 순환전류가 흘러 권선을 가열하여 손실을 증가시키거나 또는 과열시킨다.

    (3) • 조건 : 각 변압기의 %임피던스 강하가 같을 것
        • 현상 : 퍼센트 임피던스 강하가 같지 않을 경우 부하의 분담이 용량의 비와 맞지 않게 되어 부하 분담이 균형을 이룰 수 없게 된다.

    (4) • 조건 : 각 변압기의 저항과 리액턴스 비가 같을 것
        • 현상 : 저항과 누설 리액턴스 비가 같지 않게 되면 각 변압기의 전류사이에 위상차가 발생하기 때문에 동손이 증가하게 된다.

2. 3상 변압기 병렬운전 조건

    단상 변압기 병렬운전 조건과 함께 다음의 조건을 만족해야 한다.

    (1) 위상 변위가 같을 것
    (2) 상회전 방향이 같을 것

개념 확인문제   Check up! ☐ ☐ ☐

> **단답 문제**
> 대용량 변압기의 이상이나 고장 등을 확인할 수 있는 변압기 보호장치 5가지를 쓰시오.
>
> **답**
> ① 브흐홀쯔 계전기   ② 비율 차동 계전기
> ③ 유온계   ④ 충격 압력 계전기
> ⑤ 방압장치

5 단권변압기

1. 단권변압기의 용도
   - 선로의 승압 및 강압용
   - 유도전동기의 기동 보상기용
   - 실험실용 슬라이닥스

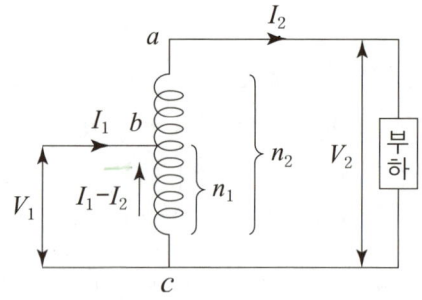

2. 승압 전압

$$V_H = V_L + \frac{e_2}{e_1}V_L = V_L\left(1+\frac{e_2}{e_1}\right) = V_L\left(1+\frac{1}{a}\right)$$

3. 권선분비 [자기용량과 부하용량과의 비]

$$\frac{\text{자기용량}}{\text{부하용량}} = \frac{e_2 I_2}{V_2 I_2} = \frac{(V_H - V_L)I_2}{V_H I_2} = \frac{V_H - V_L}{V_H} = 1 - \frac{V_L}{V_H}$$

4. 장점
   ① 소용량의 변압기로 대용량 부하에 사용할 수 있으므로 경제적이다.
   ② 분로권선이 공통선로이므로 누설자속이 없어 전압변동률이 작다.
   ③ 동량을 줄일 수 있으며 동손이 감소되어 효율이 증가된다.

5. 단점
   ① 저압측에도 고압측과 같이 절연을 해야 한다.
   ② 단락전류가 커져 열적, 기계적으로 높은 강도가 필요하다.

개념 확인문제   Check up!

계산 문제: 단자전압 3000[V]인 선로에 전압비 3300/220[V]인 승압기를 사용하여 60[kW], 역률 0.85의 부하에 공급할 때 몇 [kVA]의 승압기를 사용해야 하는가?

계산 과정:
$$V_H = V_L\left(1+\frac{1}{a}\right) = 3000 \times \left(1+\frac{220}{3300}\right) = 3200[V]$$

$$\text{자기용량} = \text{권선분비} \times \text{부하용량} = \left(1-\frac{3000}{3200}\right) \times \frac{60}{0.85} = 4.41[kVA]$$

답   4.41[kVA]

6 변압기 효율

1. 실측 효율

   입력과 출력을 실제의 부하 상태에서 실측하여 계산한 효율을 실측효율이라 한다.
   $$\eta = \frac{출력}{입력} \times 100[\%]$$

2. 규약 효율

   $$\eta = \frac{출력}{출력+손실} \times 100[\%] = \frac{출력}{출력+철손+동손} \times 100[\%]$$

3. m 부하율에서의 효율

   $$\eta_m = \frac{mP_a\cos\theta}{mP_a\cos\theta + P_i + m^2P_c} \times 100[\%]$$

   m : 부하율, P_a : 변압기 용량
   P_i : 철손, P_c : 동손
   $\cos\theta$: 역률

4. 최대 효율

   (1) 최대 효율 조건 : $P_i = m^2P_c$

   (2) 최대 효율시 부하율 : $m = \sqrt{\dfrac{P_i}{P_c}}$

   (3) 최대 효율 : $\eta_{\max} = \dfrac{mP_a\cos\theta}{mP_a\cos\theta + 2P_i} \times 100[\%]$

5. 전일 효율

   변압기의 부하는 항시 변화되므로 정격 출력에서의 효율보다는 어느 일정기간의 효율이 필요하게 되는데 이때 하루 중의 입력 전력량에 대한 출력 전력량의 비를 백분율로 나타낸 것이 전일 효율이라 한다.

   $$\eta_a = \frac{\sum hmP_a\cos\theta}{\sum hmP_a\cos\theta + 24P_i + \sum hm^2P_c} \times 100[\%]$$

   h : 시간, m : 부하율
   P_a : 변압기 용량
   P_i : 철손, P_c : 동손
   $\cos\theta$: 역률

개념 확인문제

계산 문제

500[kVA]의 변압기가 그림과 같은 부하로 운전되고 있다. 오전에는 역률 80[%]로 오후에는 100[%]로 운전된다면 전일효율은 몇 [%]가 되겠는가? (단, 이 변압기의 철손은 6[kW]이고 전부하시 동손은 10[kW]이다.)

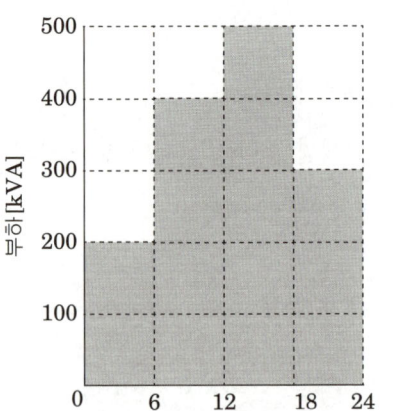

계산 과정

전일효율 $\eta_a = \dfrac{\sum hmP_a\cos\theta}{\sum hmP_a\cos\theta + 24P_i + \sum hm^2P_c} \times 100[\%]$

부하의 소비 전력량 $\sum hmP_a\cos\theta = 6 \times (200 \times 0.8 + 400 \times 0.8 + 500 \times 1 + 300 \times 1) = 7680[kWh]$

철손량 $24P_i = 24 \times 6 = 144[kWh]$

동손량 $\sum hm^2P_c = 6 \times \left\{ \left(\dfrac{200}{500}\right)^2 + \left(\dfrac{400}{500}\right)^2 + \left(\dfrac{500}{500}\right)^2 + \left(\dfrac{300}{500}\right)^2 \right\} \times 10 = 129.6[kWh]$

∴ 전일 효율 $\eta_a = \dfrac{7680}{7680 + 144 + 129.6} \times 100 = 96.56[\%]$

답 96.56[%]

계산 문제

철손과 동손이 같을 때 변압기 효율은 최고가 된다. 단상 220[V], 50[kVA] 변압기 정격전압에서 철손 10[W], 전 부하시 동손 160[W]일 때 효율이 최대가 되는 부하율은 몇 [%]인가?

계산 과정

최대효율시 부하율 $m = \sqrt{\dfrac{P_i}{P_c}} = \sqrt{\dfrac{10}{160}} = 0.25$ ∴ 25[%]

답 25[%]

01 변압기 결선

그림과 같이 단상 변압기 3대가 있다. 이 변압기에 대하여 다음 각 물음에 답하시오.

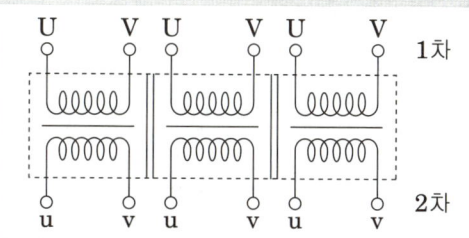

(1) 이 변압기를 △—△결선 하시오.
(2) △—△결선으로 운전하던 중 한상의 변압기에 고장이 생겨 이것을 분리하고 나머지 2대로 3상 전력을 공급하고자 한다. 이때의 결선을 그리고 이 결선의 명칭을 쓰시오.
(3) "(2)" 문항에서 변압기 1대의 이용률은 몇 [%]인가?
(4) "(2)" 문항에서와 같이 결선한 3상 출력은 고장전의 출력과 비교할 때 몇 [%]정도인가?
(5) △—△결선시의 장점을 2가지만 쓰시오.

정답

(1)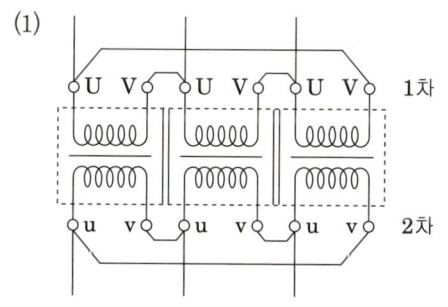

(2)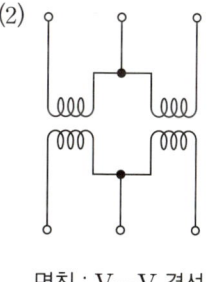

명칭 : V—V 결선

(3) 이용률 $= \dfrac{\sqrt{3}\,P_{a1}}{2P_{a1}} = \dfrac{\sqrt{3}}{2} = 0.866$ ∴ 86.6 [%] 답 86.6 [%]

(4) 출력비 $= \dfrac{P_V}{P_\triangle} = \dfrac{\sqrt{3}\,P_{a1}}{3P_{a1}} = \dfrac{1}{\sqrt{3}} = 0.5774$ ∴ 57.74 [%] 답 ∴ 57.74 [%]

(5) ① 제3고조파 전류가 △결선 내를 순환하므로 정현파가 유기되어 파형의 왜곡이 없다.
② 1상 고장시 나머지 2대를 이용하여 V결선 운전이 가능하다.

02 변압기 극성

그림과 같이 6300/210[V]인 단상변압기 3대를 △-△ 결선하여 수전단 전압이 6000[V]인 배전 선로에 접속하였다. 이 중 2대의 변압기는 감극성이고 CA상에 연결된 변압기 1대가 가극성 이었다고 한다. 이때 아래 그림과 같이 접속된 전압계에는 몇 [V]의 전압이 유기되는가?

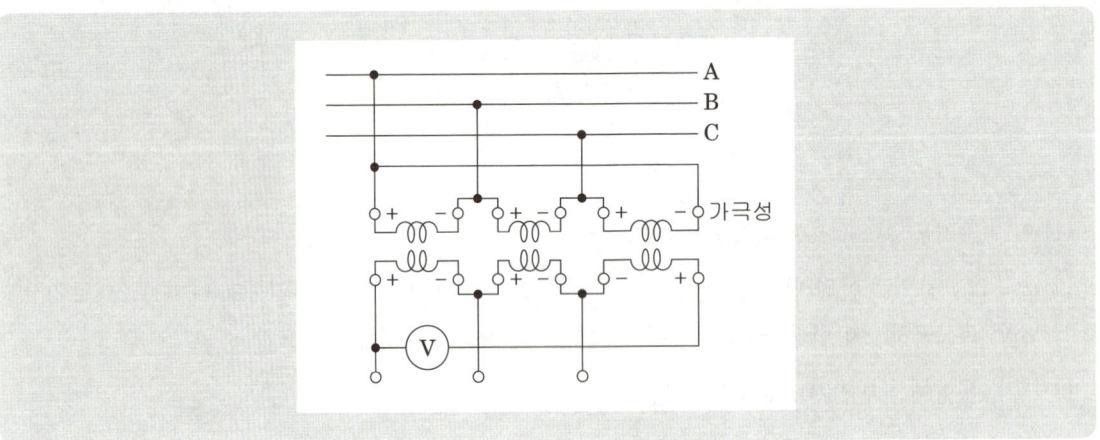

정답

변압기 2차 전압 $V_2 = V_1 \times \dfrac{1}{a} = 6000 \times \dfrac{210}{6300} = 200[V]$

2대의 변압기는 감극성, 나머지 1대는 가극성으로 이므로

$V = 200\angle 0° + 200\angle -120° - 200\angle 120° = 200 - j346.41 = 400[V]$

답 400[V]

03 변압기 효율

전압 3300[V], 전류 43.5[A], 저항 0.66[Ω], 무부하손 1000[W]인 변압기에서 다음 조건일 때의 효율을 구하시오.

(1) 전 부하시 역률 100[%]와 80[%]인 경우
 ◦ 계산 과정 : ◦ 답 :

(2) 반 부하시 역률 100[%]와 80[%]인 경우
 ◦ 계산 과정 : ◦ 답 :

정답

(1) 변압기 효율 $\eta_m = \dfrac{mP_a\cos\theta}{mP_a\cos\theta + P_i + m^2P_c} \times 100[\%]$ 에서 전 부하시 $m=1$

 ① 역률 100[%]일 때 $\eta = \dfrac{1 \times 3300 \times 43.5 \times 1}{1 \times 3300 \times 43.5 \times 1 + 1000 + 1^2 \times 43.5^2 \times 0.66} \times 100 = 98.46[\%]$

 ② 역률 80[%]일 때 $\eta = \dfrac{1 \times 3300 \times 43.5 \times 0.8}{1 \times 3300 \times 43.5 \times 0.8 + 1000 + 1^2 \times 43.5^2 \times 0.66} \times 100 = 98.08[\%]$

 답 ① 역률 100[%]일 때 98.46[%] ② 역률 80[%]일 때 98.08[%]

(2) 반 부하시에는 부하율 $m=0.5$ 이므로

 ① 역률 100[%]일 때 $\eta = \dfrac{0.5 \times 3300 \times 43.5 \times 1}{0.5 \times 3300 \times 43.5 \times 1 + 1000 + 0.5^2 \times 43.5^2 \times 0.66} \times 100 = 98.2[\%]$

 ② 역률 80[%]일 때 $\eta = \dfrac{0.5 \times 3300 \times 43.5 \times 0.8}{0.5 \times 3300 \times 43.5 \times 0.8 + 1000 + 0.5^2 \times 43.5^2 \times 0.66} \times 100 = 97.77[\%]$

 답 ① 역률 100[%]일 때 98.2[%] ② 역률 80[%]일 때 97.77[%]

04 변압기 손실 및 최고효율

50000[kVA]의 변압기가 있다. 이 변압기의 손실은 80[%] 부하율 일 때 53.4[kW]이고, 60[%] 부하율일 때 36.6[kW]이다. 다음 각 물음에 답하시오.

(1) 이 변압기의 40[%] 부하율 일 때의 손실을 구하시오.
  ◦ 계산 과정 :   ◦ 답 :
(2) 최고효율은 몇 [%] 부하율 일 때인가?
  ◦ 계산 과정 :   ◦ 답 :

정답

(1) 변압기의 전 손실 $= P_i + m^2 P_c$의 식에서

부하율 80[%]일 때 손실 $P_i + 0.8^2 P_c = 53.4 [\text{kW}]$

부하율 60[%]일 때 손실 $P_i + 0.6^2 P_c = 36.6 [\text{kW}]$

위 두 식을 연립하여 동손을 계산하면 $P_c = \dfrac{53.4 - 36.6}{0.8^2 - 0.6^2} = 60 [\text{kW}]$가 되며

이 값을 윗식에 대입하면 철손 $P_i = 53.4 - 0.8^2 \times 60 = 15 [\text{kW}]$임을 알 수 있다.

따라서 부하율 40[%]일 때 손실은 $15 + 0.4^2 \times 60 = 24.6 [\text{kW}]$

답 24.6[kW]

(2) 최고효율 조건 $P_i = m^2 P_c$의 식에서 부하율 $m = \sqrt{\dfrac{P_i}{P_c}} = \sqrt{\dfrac{15}{60}} = 0.5$

답 50[%]

05 변압기 효율 [V 결선]

용량 10[kVA], 철손 120[W], 전부하 동손 200[W]인 단상 변압기 2대를 V결선하여 부하를 걸었을 때, 전 부하 효율은 몇 [%]인가? (단, 부하의 역률은 $\sqrt{3}/2$이라 한다.)

정답

$$\eta = \dfrac{\sqrt{3} P_a \cos\theta}{\sqrt{3} P_a \cos\theta + 2P_i + 2P_c} = \dfrac{\sqrt{3} \times 10 \times 10^3 \times \dfrac{\sqrt{3}}{2}}{\sqrt{3} \times 10 \times 10^3 \times \dfrac{\sqrt{3}}{2} + 2 \times 120 + 2 \times 200} \times 100 = 95.91 [\%]$$

답 95.91[%]

06. 변압기 용량 및 과부하율

어느 수용가의 설비는 역률 1.0의 부하 $50[\text{kW}]$와 역률 0.8(지상)의 부하 $100[\text{kW}]$로 구성되어 있다. 이 부하에 전력을 공급하는 변압기에 대해서 다음 물음에 답하시오.

[조건]

단상 변압기 표준용량 [kVA]
10, 15, 20, 30, 50, 75, 100, 150, 200

(1) △결선하였을 경우 필요한 단상변압기 1대의 최소 용량[kVA]을 선정하시오.
  ◦계산 과정 :   ◦답 :

(2) 1대 고장으로 V결선 하였을 경우 과부하율 [%]을 구하시오.
  ◦계산 과정 :   ◦답 :

(3) 델타결선할 경우 변압기 동손($W_\triangle$)과 V결선 시의 변압기 동손(W_V)의 비율($\dfrac{W_\triangle}{W_V}$)[%]을 구하시오.
  (단, 변압기는 단상 변압기를 사용하고, 부하는 변압기 V결선 시 과부하 시키지 않는 것으로 한다.)
  ◦계산 과정 :   ◦답 :

정답

(1) 합성유효전력 = $\sqrt{\text{합성유효전력}^2 + \text{합성무효전력}^2}$

합성유효전력 = $50 + 100 = 150[\text{kW}]$, 합성무효전력 = $100 \times \dfrac{0.6}{0.8} = 75[\text{kVar}]$

합성피상전력 = $\sqrt{150^2 + 75^2} = 167.71[\text{kVA}]$

델타결선시 단상 변압기 1대의 최소용량 $P_1 = \dfrac{P_\triangle}{3} = \dfrac{167.71}{3} = 55.9[\text{kVA}]$

답 $75[\text{kVA}]$

(2) V결선시 출력 $P_V = \sqrt{3} \times P_1$ ➡ $P_1 = \dfrac{167.71}{\sqrt{3}} = 96.83[\text{kVA}]$

∴ 과부하율 = $\dfrac{96.83}{75} \times 100 = 129.11[\%]$

답 $129.11[\%]$

(3) 변압기 V결선 시 과부하 시키지 않기 위해 "델타 결선 시 출력[$P_\triangle$]=V결선 시 출력[P_V]"이어야 한다.

→ $3VI_\triangle = \sqrt{3}VI_V$, 델타 결선시 전류 $I_\triangle = \dfrac{I_V}{\sqrt{3}}$

$\dfrac{\triangle결선시\ 동손[W_\triangle]}{V결선시\ 동손[W_V]} = \dfrac{3I_\triangle^2 R}{2I_V^2 R} = \dfrac{3\times\left(\dfrac{I_V}{\sqrt{3}}\right)^2 R}{2I_V^2 R}\times 100 = 50[\%]$

답 $50[\%]$

07 변압기의 V결선과 Y결선

그림과 같이 V결선과 Y결선된 변압기 한 상의 중심 O에서 110[V]를 인출하여 사용한다.

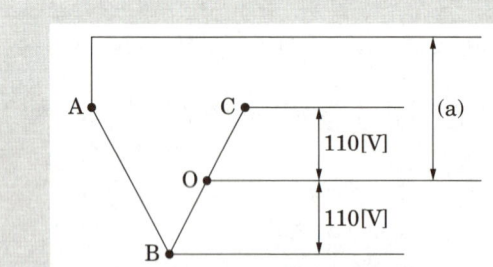
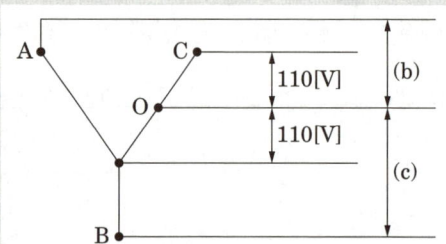

(1) 위 그림에서 (a)의 전압을 구하시오.
　· 계산 과정 :　　　　　　　　　　　· 답 :

(2) 위 그림에서 (b)의 전압을 구하시오.
　· 계산 과정 :　　　　　　　　　　　· 답 :

(3) 위 그림에서 (c)의 전압을 구하시오.
　· 계산 과정 :　　　　　　　　　　　· 답 :

정답

(1) $V_{AO} = 220\angle 0° + 110\angle -120°$
$= 165 - j55\sqrt{3} = \sqrt{165^2 + (55\sqrt{3})^2} = 190.53[V]$

답 $190.53[V]$

(2) $V_{AO} = 220\angle 0° - 110\angle 120° = 275 - j55\sqrt{3} = \sqrt{275^2 + (55\sqrt{3})^2} = 291.03[V]$ 　답　291.03[V]

(3) $V_{BO} = 110\angle 120° - 220\angle -120° = 55 + j165\sqrt{3} = \sqrt{55^2 + (165\sqrt{3})^2} = 291.03[V]$ 　답　291.03[V]

08 주상변압기 탭 변환

주상변압기의 고압측의 사용탭이 $6600[V]$인 때에 저압측의 전압이 $95[V]$였다. 저압측의 전압을 약 $100[V]$로 유지하기 위해서는 고압측의 사용탭은 얼마로 하여야 하는가? (단, 변압기의 정격전압은 $6600/105[V]$이다.)

정답

주상 변압기의 탭 전압과 2차측에 유도되는 전압은 반비례 하며, 변압기 1차측의 권수비를 조정하여 변압기 2차측 전압을 조정하기 위해 설치한다.

$\dfrac{V_{1t}'}{V_{1t}} = \dfrac{V_2}{V_2'}$ → $V_{1t}' = V_{1t} \times \dfrac{V_2}{V_2'} = 6600 \times \dfrac{95}{100} = 6270[V]$ 　답　6300[V]

참고

1. 국내 표준 탭 전압

정격전압	탭 전압[V]				
3300[V]	3450	3300	3150	3000	2850
6600[V]	6900	6600	6300	6000	5700
22900[V]	23900	22900	21900	20900	19900

2. 표준전압 및 허용오차

표준전압	허용오차
110볼트	110볼트의 상하로 6볼트 이내
220볼트	220볼트의 상하로 13볼트 이내
380볼트	380볼트의 상하로 38볼트 이내

3. 표준주파수 및 허용오차

표준주파수	허용오차
60헤르츠	60헤르츠 상하로 0.2헤르츠 이내

09 변압기의 호흡작용

변압기의 특성에 대한 다음 각 물음에 답하시오.

(1) 변압기의 호흡작용에 대해 쓰시오.
(2) 호흡작용으로 인해 발생되는 현상 및 방지대책을 쓰시오.

정답

(1) 변압기 외부 온도와 내부에서 발생하는 열에 의해 변압기 내부에 있는 절연유의 부피가 수축, 팽창한다. 이로 인해 외부의 공기가 변압기 내부로 출입하게 되는 현상을 변압기의 호흡작용이라 한다.
(2) ① 발생현상 : 호흡작용으로 인해 변압기 내부에 수분 및 불순물이 혼입되어 절연유의 절연내력을 저하시키고 침전물을 발생시킬 수 있다.
    ② 방지대책 : 호흡기 설치(콘서베이터)

10 변압기 손실과 효율

변압기 손실과 효율에 대하여 다음 각 물음에 답하시오.

(1) 변압기의 손실에 대하여 다음 물음에 답하시오.
  ① 무부하손
  ② 부하손
(2) 변압기의 효율을 구하는 공식을 쓰시오.
(3) 변압기의 최대효율 조건을 쓰시오.

정답

(1) ① 무부하시에도 발생하는 손실로 고정손이다.
   ② 부하의 증감에 따라 변하는 가변손이다.

(2) $\eta_m = \dfrac{mP_a\cos\theta}{mP_a\cos\theta + P_i + m^2 P_c} \times 100$ (여기서, P_i = 철손, P_c = 동손, P = 출력, m = 부하율)

(3) 변압기의 철손과 동손이 같을 때

11 변압기의 고장

옥외용 변전소내의 변압기 사고라고 생각할 수 있는 사고의 종류 5가지만 쓰시오.

정답

① 권선의 단선
② 고저압 권선의 혼촉
③ Bushing Lead선의 절연파괴
④ 권선의 상간단락 및 층간단락
⑤ 권선과 철심간의 절연파괴에 의한 지락사고

12 몰드변압기의 절연파괴

몰드변압기의 절연파괴 원인 4가지를 쓰시오.

> 정답

① 낙뢰사고
② 지락사고
③ 고·저압 혼촉
④ 과부하 및 단락전류

13 아몰퍼스 변압기

아몰퍼스 변압기의 장점 3가지와 단점 3가지를 쓰시오.

> 정답

(1) 장점
    ① 발열량이 작고, 소음이 작다.
    ② 운전보수비용 절감 및 변압기의 수명연장이 기대 된다.
    ③ 비정질 구조 및 초박판 철심 소재에 의해 무부하 손실이 저감 된다.
(2) 단점
    ① 점적률이 나쁘다.
    ② 포화자속밀도가 낮다.
    ③ 가격이 비싸며, 대용량 제조가 어렵다.

14 몰드 변압기 장점

유입 변압기와 비교한 몰드 변압기의 장점 5가지를 쓰시오.

정답

① 저손실 특성
② 유지보수 용이
③ 소형·경량화 가능
④ 난연성·내습성 우수
⑤ 단시간 과부하 내량이 큼

15 변압기 개요

변압기에 대한 다음 각 물음에 답하시오.

(1) 유입 풍냉식은 어떤 냉각방식인지를 쓰시오.
(2) 무부하 탭 절환 장치는 어떠한 장치인지를 쓰시오.
(3) 비율차동계전기는 어떤 목적으로 이용되는지 쓰시오.
(4) 무부하손은 어떤 손실을 말하는지 쓰시오.

정답

(1) 유입 변압기에 방열기를 부착시키고 송풍기에 의해 강제 통풍시켜 절연유의 냉각 효과를 증대시킨 방식이다.
(2) 무부하 상태에서 변압기의 권수비를 조정하여 변압기 2차측 전압을 조정하는 장치이다.
(3) 변압기의 내부고장 검출에 이용한다.
(4) 부하에 관계없이 전원만 공급하면 발생하는 손실로 히스테리시스손, 와류손 및 유전체손 등이 있다.

참고

변압기의 냉각방식
① OA(ONAN) : 유입자냉식   ② FA(ONAF) : 유입풍냉식
③ OW(ONWF) : 유입수냉식   ④ FOA(OFAF) : 송유풍냉식
⑤ FOW(OFWF) : 송유수냉식

16 임피던스 전압

변압기의 임피던스 전압에 대하여 설명하시오.

> **정답**

변압기 임피던스는 누설자속에 의한 리액턴스분과 권선저항에 의한 저항분이 있으며, 이러한 임피던스는 변압기의 내부 전압강하를 일으키며 이것을 임피던스 전압이라고 한다.

17 변압기 병렬운전

3150/210[V]인 변압기의 용량이 각각 250[kVA], 200[kVA]이고 [%]임피던스 강하가 각각 2.5[%]와 3[%]일 때 그 병렬 합성 용량[kVA]은?

> **정답**

부하분담은 용량에 비례, 임피던스에 반비례

$$\frac{I_A}{I_B} = \frac{[kVA]_A}{[kVA]_B} \times \frac{\%Z_B}{\%Z_A} = \frac{250}{200} \times \frac{3}{2.5} = \frac{3}{2}$$

A기의 부하분담 $I_A = \frac{3}{2} \times I_B = \frac{3}{2} \times 200 = 300[kVA]$ → 250[kVA]

B기의 부하분담 $I_B = \frac{2}{3} \times I_A = \frac{2}{3} \times 250 ≒ 166.67[kVA]$가 된다.

∴ 250 + 166.67 = 416.67[kVA]

답 416.67[kVA]

18 변압기 병렬운전

두 대의 변압기를 병렬 운전하고 있다. 다른 정격은 모두 같고 1차 환산 누설임피던스만이 $2+j3[\Omega]$과 $3+j2[\Omega]$이다. 부하 전류가 $50[A]$이면 순환 전류[A]는 얼마인가?

정답

순환전류 $I = \dfrac{Z_1 I_1 - Z_2 I_2}{Z_1 + Z_2} = \dfrac{(2+j3)25 - (3+j2)25}{(2+j3)+(3+j2)} = 5[A]$

답 $5[A]$

19 변압기의 전압변동률

$50[kVA]$, $60[Hz]$, $6600[V]/210[V]$인 변압기의 저압측을 단락하여 고압측에 $170[V]$를 인가하면 정격전류가 흘러 그 때의 입력이 $700[W]$라고 한다. 역률 $80[\%]$에서의 전압변동률을 구하시오.

정답

$\%Z = \dfrac{V_s}{V_n} \times 100 = \dfrac{170}{6600} \times 100 = 2.58[\%]$, $\%Z = \sqrt{p^2 + q^2}$

%저항강하 : $p = \dfrac{\text{임피던스와트}}{\text{정격용량}} \times 100 = \dfrac{700}{50 \times 10^3} \times 100 = 1.4[\%]$

%리액턴스강하 : $q = \sqrt{(\%Z)^2 - p^2}$ 이므로, $q = \sqrt{2.58^2 - 1.4^2} = 2.17[\%]$

$\therefore \varepsilon = p\cos\theta + q\sin\theta = 1.4 \times 0.8 + 2.17 \times 0.6 = 2.42[\%]$

답 $2.42[\%]$

20 단권변압기

그림과 같은 단상 변압기에서 입력 전압 V_1을 V_2로 승압하고자 한다. 다음 각 물음에 답하시오.
(단, 단상 변압기 1차 측 전압은 3150[V], 2차 측은 210[V]이다.)

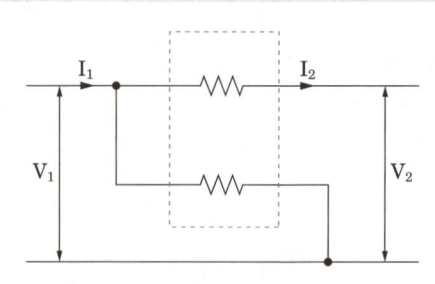

(1) V_1이 3000[V]인 경우, V_2는 몇 [V]가 되는지 계산하시오.
  ◦ 계산 과정 :   ◦ 답 :

(2) I_1이 25[A]인 I_2경우 는 몇 [A]가 되는지 계산하시오.
  (단, 변압기의 임피던스, 여자전류 및 손실은 무시한다.)
  ◦ 계산 과정 :   ◦ 답 :

정답

(1) $V_2 = V_1 \times \left(1 + \dfrac{e_2}{e_1}\right) = 3000 \times \left(1 + \dfrac{210}{3150}\right) = 3200[\text{V}]$ 답 3200[V]

(2) 손실을 무시한 변압기에서 입력과 출력은 같다. $P_1 = V_1 I_1 = V_2 I_2 = P_2$

$I_2 = \dfrac{V_1 \times I_1}{V_2} = \dfrac{3000 \times 25}{3200} = 23.44$ 답 23.44[A]

21 디젤 발전기 출력

디젤 발전기를 5시간 전부하 운전할 때 연료 소비량이 287[kg]이었다. 이 발전기의 정격 출력은 몇 [kVA]인가? (단, 중유의 열량은 10000[kcal/kg], 기관 효율 36.3[%], 발전기 효율 82.7[%], 전 부하시 발전기 역률은 80[%]이다.)

정답

디젤 발전기 출력 $P = \dfrac{mH\eta}{860T\cos\theta}[\text{kVA}]$

여기서, m : 연료 소비량[kg], H : 연료 발열량[kcal/kg], T : 시간[h], $\cos\theta$: 역률, η : 효율

$P = \dfrac{287 \times 10000 \times 0.363 \times 0.827}{860 \times 5 \times 0.8} = 250.46[\text{kVA}]$

답 250.46[kVA]

22 디젤 발전기 열효율

출력 100[kW]의 디젤 발전기를 8시간 운전하며 발열량 10000[kcal/kg]의 연료를 215[kg] 소비하였을 경우 발전기의 종합 효율은 몇 [%]인가?

정답

$\eta = \dfrac{860PT}{mH} = \dfrac{860 \times 100 \times 8}{215 \times 10000} \times 100 = 32[\%]$

답 32[%]

23 발전기용량 산정

어느 빌딩 수용가가 자가용 디젤 발전기 설비를 계획하고 있다. 발전기 용량 산출에 필요한 부하의 종류 및 특성이 다음과 같을 때 주어진 조건과 참고자료를 이용하여 전 부하를 운전하는데 필요한 발전기 용량을 답안지의 빈칸을 채우면서 선정하시오.

[조건]

① 전동기 기동시에 필요한 용량은 무시한다.
② 수용률 적용(동력) : 최대 입력 전동기 1대에 대하여 100[%], 2대는 80[%], 전등, 기타는 100[%]를 적용한다.
③ 전등, 기타의 역률은 100[%]를 적용한다.

부하의 종류		출력[kW]	극수(극)	대수(대)	적용 부하	기동 방법
전동기		37	8	1	소화전 펌프	리액터 기동
		22	6	2	급수 펌프	리액터 기동
		11	6	2	배풍기	Y-△ 기동
		5.5	4	1	배수 펌프	직입 기동
전등, 기타		50	-	-	비상 조명	-

[표 1] 저압 특수 농형 2종 전동기 (KSC 4202) [개방형·반밀폐형]

정격 출력 [kW]	극수	동기속도 [rpm]	전부하 특성		기동 전류 I_{st} 각상의 평균값[A]	비고		전부하 슬립 S[%]
			효율 η [%]	역률 pf [%]		무부하 전류 I_0 각상의 전류값[A]	전부하 전류 I 각상의 평균값[A]	
5.5	4	1800	82.5 이상	79.5 이상	150 이하	12	23	5.5
7.5			83.5 이상	80.5 이상	190 이하	15	31	5.5
11			84.5 이상	81.5 이상	280 이하	22	44	5.5
15			85.5 이상	82.0 이상	370 이하	28	59	5.0
(19)			86.0 이상	82.5 이상	455 이하	33	74	5.0
22			86.5 이상	83.0 이상	540 이하	38	84	5.0
30			87.0 이상	83.5 이상	710 이하	49	113	5.0
37			87.5 이상	84.0 이상	875 이하	59	138	5.0
5.5	6	1200	82.0 이상	74.5 이상	150 이하	15	25	5.5
7.5			83.0 이상	75.5 이상	185 이하	19	33	5.5
11			84.0 이상	77.0 이상	290 이하	25	47	5.5
15			85.0 이상	78.0 이상	380 이하	32	62	5.5
(19)			85.5 이상	78.5 이상	470 이하	37	78	5.0
22			86.0 이상	79.0 이상	555 이하	43	89	5.0
30			86.5 이상	80.0 이상	730 이하	54	119	5.0
37			87.0 이상	80.0 이상	900 이하	65	145	5.0

정격 출력 [kW]	극수	동기속도 [rpm]	전부하 특성 효율 η [%]	전부하 특성 역률 pf [%]	기동 전류 I_{st} 각상의 평균값[A]	비고 무부하 전류 I_0 각상의 전류값[A]	비고 전부하 전류 I 각상의 평균값[A]	전부하 슬립 S[%]
5.5			81.0 이상	72.0 이상	160 이하	16	26	6.0
7.5			82.0 이상	74.0 이상	210 이하	20	34	5.5
11			83.5 이상	75.5 이상	300 이하	26	48	5.5
15	8	900	84.0 이상	76.5 이상	405 이하	33	64	5.5
(19)			85.5 이상	77.0 이상	485 이하	39	80	5.5
22			85.0 이상	77.5 이상	575 이하	47	91	5.0
30			86.5 이상	78.5 이상	760 이하	56	121	5.0
37			87.0 이상	79.0 이상	940 이하	68	148	5.0

[표 2] 자가용 디젤 표준 출력[kVA]

50	100	150	200	300	400

	효율[%]	역률[%]	입력[kVA]	수용률[%]	수용률 적용값[kVA]
37×1					
22×2					
11×2					
5.5×1					
50					
계					

정답

	효율[%]	역률[%]	입력[kVA]	수용률[%]	수용률 적용값[kVA]
37×1	87	79	$\dfrac{37}{0.87 \times 0.79} = 53.83$	100	$53.83 \times 1 = 53.83$
22×2	86	79	$\dfrac{22 \times 2}{0.86 \times 0.79} = 64.76$	80	$64.76 \times 0.8 = 51.81$
11×2	84	77	$\dfrac{11 \times 2}{0.84 \times 0.77} = 34.01$	80	$34.01 \times 0.8 = 27.21$
5.5×1	82.5	79.5	$\dfrac{5.5}{0.825 \times 0.795} = 8.39$	100	$8.39 \times 1 = 8.39$
50	100	100	50	100	50
계	–	–	210.99[kVA]	–	191.24[kVA]

답 200[kVA]

1 3상유도전동기 기동법

1. 농형 유도전동기의 기동법

   1) 직입기동 (전전압 기동)

   5[kW]이하 소용량에 사용

   2) Y—△ 기동법

   5~15[kW]정도의 농형 유도전동기에 주로 사용하는 방법으로 Y결선을 이용하여 전압을 감압하여 기동전류를 감소시켜 기동한 후 △결선으로 전환하여 정상운전하는 방식이다.

결선법	
기동결선 : Y결선 운전결선 : △결선	• 전압 ➡ $\frac{1}{\sqrt{3}}$배 • 기동전류 ➡ $\frac{1}{3}$배 • 기동토크 ➡ $\frac{1}{3}$배

   3) 기동 보상기법

   15[kW]이상의 농형 유도전동기에 사용하며 기동시 단권변압기를 이용하여 전압을 감압시켜 기동전류를 줄여주는 방법

   4) 리액터 기동법

   전동기 1차 측에 리액터를 접속하여 기동함으로써 리액터의 전압강하에 의해 전동기에 인가되는 전압을 감소시켜 기동전류를 줄여주는 방법

   5) 콘돌퍼 기동법

   기동 보상기법과 리액터 기동법을 혼합한 방식

2. 권선형 유도전동기의 기동법

   1) 2차 저항법

   전동기 2차측에 저항을 접속하여 저항값을 조정함으로써 기동전류는 줄이고 기동토크를 높여주는 방법 (비례추이 이용)

   2) 2차 임피던스 기동법

   2차 저항법에서 리액터를 추가 설치하여 기동전류를 줄여주는 방법

2 단상 유도전동기

단상 유도전동기는 주로 1[kW]이하의 소용량으로 가정용이나 농업용에 사용되는 전동기이다. 콘덴서 기동형이 가장 역률이 높고 효율이 좋으며 셰이딩 코일형은 회전방향을 바꿀 수 없다.

> [기동토크 순서]
> 반발 기동형 > 반발 유도형 > 콘덴서 기동형 > 분상 기동형 > 셰이딩 코일형

개념 확인문제   Check up! ☐☐☐

단답 문제 다음 단상 유도전동기의 역회전 방법에 대하여 쓰시오.

(1) 반발 기동형
(2) 분상 기동형
(3) 셰이딩 코일형

답 (1) 브러시 위치를 이동시킨다.
(2) 기동권선의 접속을 바꾼다.
(3) 회전방향을 바꿀 수 없다.

단답 문제 단상 유도 전동기에 관한 다음 각 물음에 답하시오.

(1) 단상 유도전동기의 기동방식 4가지만 쓰시오.
(2) 단상 유도전동기를 E종 절연물로 절연하였을 경우 최고 허용온도는 몇 [°C]인가?

답 (1) ① 반발 기동형   ② 콘덴서 기동형   ③ 분상 기동형   ④ 셰이딩 코일형

(2) 120 [°C]

◎ 참고

절연종류	Y종	A종	E종	B종	F종	H종	C종
최고허용온도 [°C]	90	105	120	130	155	180	180초과

3 전동기 용량 설계

1. 양수 펌프용 전동기

$$P = \frac{9.8Q[\text{m}^3/\text{s}] \times H[\text{m}]}{\eta_p \times \eta_m} \times K = \frac{Q[\text{m}^3/\text{min}] \times H[\text{m}]}{6.12\eta_p \times \eta_m} \times K$$

q : 양수량, H : 양정, η_p : 펌프효율, η_m : 전동기효율, K : 여유계수

2. 권상기용 전동기

$$P = \frac{9.8KGv}{\eta} = \frac{KGV}{6.12\eta}[\text{kW}]$$

v : 권상속도[m/sec], V : 권상속도[m/min], G : 권상하중[ton], η : 효율, K : 여유계수

개념 확인문제

계산 문제 어느 철강 회사에서 천장크레인을 이용하여 권상하중 80[ton]의 물체를 2[m/min]의 권상속도로 권상하려고 한다. 권상용 전동기의 소요출력은 몇 [kW]가 필요한가?
(단, 권상기의 효율은 70[%]이다.)

계산 과정 $\therefore P = \dfrac{80 \times 2}{6.12 \times 0.7} = 37.35[\text{kW}]$ **답** 37.35 [kW]

01 유도 전동기 기동법

유도전동기는 농형과 권선형으로 구분되는데 기동법을 다음 빈칸에 쓰시오.

전동기 형식	기동법	기동법의 특징
농형	①	전동기에 직접 전원을 접속하여 기동하는 방식으로 5[kW] 이하의 소용량에 사용
농형	②	Y접속으로 하여 전동기를 기동시 감압하여 기동하고 속도가 상승되어 운전속도에 가깝게 도달하였을 때 △접속으로 바꿔 큰 기동전류를 흘리지 않고 기동하는 방식으로 보통 5.5~37[kW]정도의 용량에 사용
농형	③	단권변압기를 이용하여 기동전압을 떨어뜨려서 기동전류를 제한하는 기동방식으로 고전압 농형 유도 전동기를 기동할 때 사용
권선형	④	유도전동기의 비례추이 특성을 이용하여 기동하는 방법으로 회전자 회로에 슬립링을 통하여 가변저항을 접속하고 그의 저항을 속도의 상승과 더불어 순차적으로 바꾸어서 적게 하면서 기동하는 방법
권선형	⑤	회전자 회로에 고정저항과 리액터를 병렬 접속한 것을 삽입하여 기동하는 방법

정답

① 직입 기동법 (전전압 기동법)   ② Y-△ 기동법
③ 기동 보상기법   ④ 2차 저항 기동법
⑤ 2차 임피던스 기동법

02 권상기용 전동기

어느 공장에서 권상하중 80[t]의 기중기를 이용하여 12[m]의 높이를 4분 만에 권상하려고 한다. 권상기용 전동기의 출력을 구하시오. 단, 권상기의 효율은 70[%]이다.

정답

권상속도 $V = \dfrac{12}{4}$[m/min]이므로

권상기용 전동기 용량 $P = \dfrac{KGV}{6.12\eta} = \dfrac{80 \times \dfrac{12}{4}}{6.12 \times 0.7} = 56.02$[kW]

답   56.02[kW]

03 펌프용 전동기 ①

매분 12[m³]의 물을 높이 15[m]인 탱크에 양수하는데 필요한 전력을 V결선한 변압기로 공급한다면, 여기에 필요한 단상 변압기 1대의 용량은 몇 [kVA]인가? (단, 펌프와 전동기의 합성 효율은 65[%]이고, 전동기의 전부하 역률은 80[%]이며, 펌프의 축동력은 15[%]의 여유를 본다고 한다.)

정답

펌프용 전동기의 용량 $P = \dfrac{KQH}{6.12\eta} \times \dfrac{1}{\cos\theta}$ [kVA]가 된다.

$\therefore P = \dfrac{1.15 \times 12 \times 15}{6.12 \times 0.65 \times 0.8} = 65.05 \,[\text{kVA}]$

이 용량을 V결선으로 공급한다면 $P_V = \sqrt{3}\, P_{a1} = 65.05\,[\text{kVA}]$이므로

단상 변압기 1대용량 $P_{a1} = \dfrac{P_V}{\sqrt{3}} = \dfrac{65.05}{\sqrt{3}} = 37.56\,[\text{kVA}]$

답 37.56[kVA]

04 펌프용 전동기 ②

그림과 같이 고층 아파트에 급수설비가 시설되어 있다. 급수관의 마찰 손실이 흡입관과 토출관을 합하여 $0.3[\text{kg/cm}^2]$, 펌프의 효율이 $75[\%]$일 때, 다음 각 물음에 답하시오.

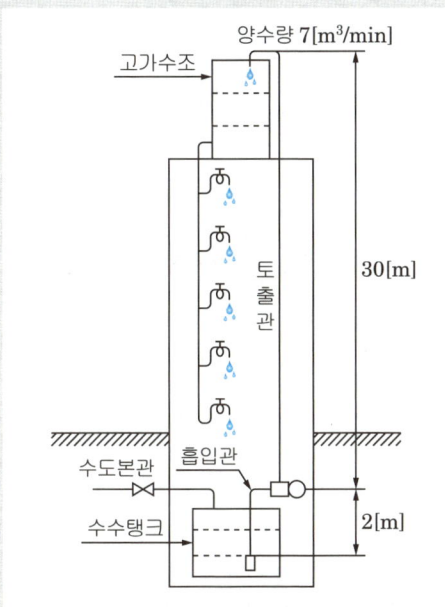

(1) 옥상의 고가수조와 지하층의 수수(受水) 탱크에 수위를 전기적으로 자동으로 조절하기 위하여 시설하는 것은 무엇인가?

(2) 펌프의 총 양정은 몇 [m]인가?
   ◦ 계산 과정 :   ◦ 답 :

(3) 급수 펌프용 전동기의 축동력은 몇 [HP](마력)이 필요한가?
   ◦ 계산 과정 :   ◦ 답 :

정답

(1) 플로트 스위치

(2) 압력수두 $H_p = \dfrac{P[\text{kg/m}^2]}{1000} = \dfrac{0.3 \times 10^4}{1000} = 3[\text{m}]$

총 양정 $H = 30 + 2 + 3 = 35[\text{m}]$ 답 35[m]

(2) $P = \dfrac{KQH}{6.12\eta} = \dfrac{1 \times 7 \times 35}{6.12 \times 0.75} \times \dfrac{1}{0.746} = 71.55[\text{HP}]$ 답 71.55[HP]

05 전동기와 주파수의 관계

60[Hz]로 설계된 3상 유도 전동기를 동일 전압으로 50[Hz]에 사용할 경우 다음 요소는 어떻게 변화하는지를 수치를 이용하여 설명하시오.

(1) 무부하 전류 (2) 온도 상승
(3) 속도

정답

(1) $\dfrac{6}{5}$ 배로 증가 : 주파수가 감소하게 되면 리액턴스가 감소되어 전류는 증가한다.

(2) $\dfrac{6}{5}$ 배로 증가 : 주파수가 감소하게 되면 히스테리시스손이 증가하고 온도상승도 증가한다.

(3) $\dfrac{5}{6}$ 배로 감소 : 속도는 주파수에 비례하므로 주파수가 감소하면 속도도 감소한다.

06 유도전동기의 극수

극수 변환식 3상 농형 유도 전동기가 있다. 고속측이 4극이고 정격출력은 30[kW]이다. 저속측은 고속측의 1/3 속도라면 저속측의 극수와 정격 출력은 얼마인가? 단, 슬립 및 정격 토크는 저속측과 고속측이 같다고 본다.

(1) 극수 (2) 출력

정답

(1) $N_s = \dfrac{120f}{P}$ 의 식에서 극수 P는 속도 N에 반비례하므로 속도가 $\dfrac{1}{3}$ 이면 극수는 3배가 된다.

∴ 저속측의 극수 $P' = 4극 \times 3배 = 12극$ **답** 12극

(2) 토크 $\tau = 0.975 \dfrac{P_o}{N}$ 의 식에서 출력 P_o는 속도 N에 비례하므로 속도가 $\dfrac{1}{3}$ 이면 출력도 $\dfrac{1}{3}$ 배가 된다.

∴ 저속측의 극수 $P_o' = 30[kW] \times \dfrac{1}{3}배 = 10[kW]$ **답** 10[kW]

07 농형 유도전동기 - MCC

그림과 같이 3상 농형 유도전동기 4대가 있다. 이에 대한 MCC반을 구성하고자 할 때 다음 물음에 답하시오.

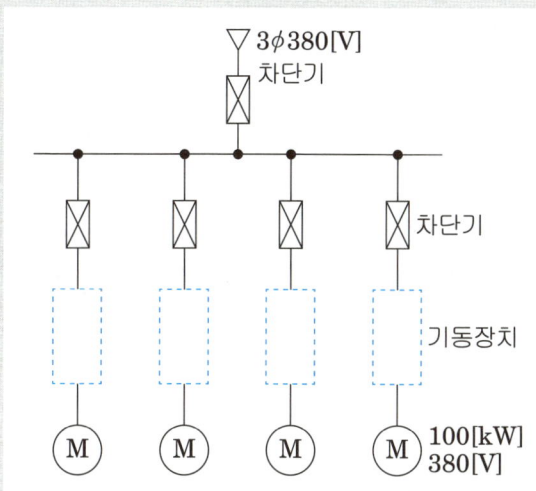

(1) MCC(Motor Control Center)의 기기 구성에 대한 대표적인 장치 3가지를 쓰시오.

(2) 전동기 기동방식을 기기의 수명과 경제적인 면을 고려한다면 어떤 방식이 적합한가?

(3) 콘덴서 설치시 제5고조파를 제거하고자 한다. 그 대책에 대하여 설명하시오.

(4) 차단기는 보호계전기의 4가지 요소에 의해 동작 되도록 하는데 그 4가지 요소를 쓰시오.

정답

(1) 차단장치, 기동장치, 제어 및 보호장치

(2) 기동보상기법

(3) 직렬 리액터 설치

(4) ① 단일 전류 요소 ② 단일 전압 요소 ③ 전압·전류 요소 ④ 2전류 요소

1 전력의 측정

1. 3 전압계법

    전압계 3개를 이용하여 단상전력을 측정하는 방법

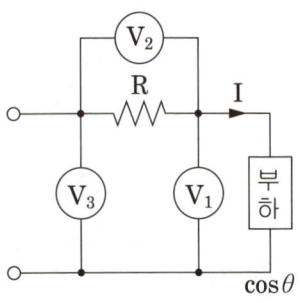

역률 $\cos\theta = \dfrac{V_3^2 - V_2^2 - V_1^2}{2 V_2 V_1}$

전력 $P = \dfrac{1}{2R}(V_3^2 - V_2^2 - V_1^2)$

2. 3 전류계법

    전류계 3개를 이용하여 단상전력을 측정하는 방법

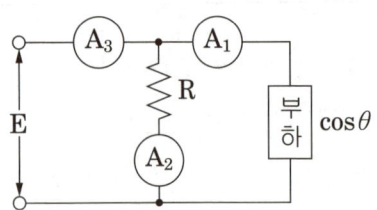

역률 $\cos\theta = \dfrac{A_3^2 - A_2^2 - A_1^2}{2 A_2 A_1}$

전력 $P = \dfrac{R}{2}(A_3^2 - A_2^2 - A_1^2)$

개념 확인문제   Check up! ☐☐☐

계산 문제

그림과 같이 전류계 3개를 이용하여 부하전력을 측정하고자 한다. 각 전류계의 지시가 $A_1 = 7[A]$, $A_2 = 4[A]$, $A_3 = 10[A]$이고, $R = 20[\Omega]$일 때 부하의 역률과 전력을 구하시오.

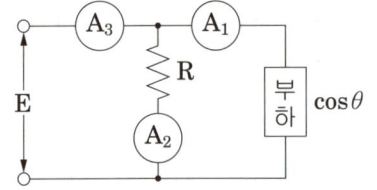

계산 과정

역률 $\cos\theta = \dfrac{10^2 - 4^2 - 7^2}{2 \times 4 \times 7} \times 100 = 62.5[\%]$ 답 $62.5[\%]$

전력 $P = \dfrac{R}{2}(A_3^2 - A_2^2 - A_1^2) = \dfrac{20}{2} \times (10^2 - 7^2 - 4^2) = 350[W]$ 답 $350[W]$

3.2 전력계법

단상 전력계 2개를 이용하여 3상 전력을 측정하는 방법

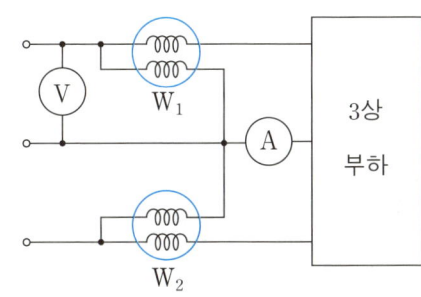

유효전력 $P = W_1 + W_2 = \sqrt{3}\,VI\cos\theta\,[\text{W}]$

무효전력 $P_r = \sqrt{3}\,(W_1 - W_2) = \sqrt{3}\,VI\sin\theta\,[\text{Var}]$

피상전력 $P_a = 2\sqrt{W_1^2 + W_2^2 - W_1 W_2} = \sqrt{3}\,VI\,[\text{VA}]$

역률 $\cos\theta = \dfrac{P}{P_a} = \dfrac{W_1 + W_2}{2\sqrt{W_1^2 + W_2^2 - W_1 W_2}}$

개념 확인문제 — Check up!

계산 문제 평형 3상으로 운전하는 유도 전동기의 회로를 2전력계법에 의하여 측정하고자 한다. $W_1 = 5[\text{kW}]$, $W_2 = 4.5[\text{kW}]$, $V = 380$, $I = 18[\text{A}]$일 때 전동기의 역률은 몇 [%]인가?

계산 과정
유효전력 $P = W_1 + W_2 = 5 + 4.5 = 9.5[\text{kW}]$
피상전력 $P_a = \sqrt{3}\,VI = \sqrt{3} \times 380 \times 18 \times 10^{-3} = 11.85[\text{kVA}]$
역률 $\cos\theta = \dfrac{P}{P_a} = \dfrac{9.5}{11.85} \times 100 = 80.17[\%]$

답 80.17[%]

2 오차 및 오차율

1. 오차 및 오차율

   (1) 오차＝측정값－참값

   (2) 오차율＝$\dfrac{\text{오차}}{\text{참값}}=\dfrac{\text{측정값}-\text{참값}}{\text{참값}}$

2. 보정값 및 보정률

   (1) 보정값＝참값－측정값

   (2) 보정률＝$\dfrac{\text{보정값}}{\text{측정값}}=\dfrac{\text{참값}-\text{측정값}}{\text{측정값}}$

개념 확인문제　　　　　　　　　　　　　　　　　　　　　Check up! ☐☐☐

계산 문제　전압 1.0183[V]를 측정하는데 측정값이 1.0092[V]이었다. 이 경우 다음 각 물음에 답하시오. (단, 소수점이하 넷째 자리까지 구하시오.)

(1) 오차　　　　　　　　　　　(2) 오차율
(3) 보정값　　　　　　　　　　(4) 보정률

계산 과정　
(1) 오차＝측정값－참값＝1.0092－1.0183＝－0.0091　　　**답** －0.0091

(2) 오차율＝$\dfrac{\text{오차}}{\text{참값}}=\dfrac{-0.0091}{1.0183}=-0.0089$　　　**답** －0.0089

(3) 보정값＝참값－측정값＝1.0183－1.009＝0.0091　　　**답** 0.0091

(4) 보정률＝$\dfrac{\text{보정값}}{\text{측정값}}=\dfrac{0.0091}{1.0092}=0.0090$　　　**답** 0.0090

3 저항의 측정

1. 저항 측정의 종류

    (1) 켈빈 더블 브리지법 : 1[Ω] 이하의 저 저항을 정확도 높게 측정할 수 있는 직류브리지의 일종으로 보통 $10^{-5} \sim 1[\Omega]$ 정도의 저항값을 정밀 측정하는 방법

    (2) 전압강하법 : 백열전구의 필라멘트 저항값 측정 등

    (3) 휘이스톤 브리지법 : 검류계 내부저항 측정 등

    (4) 콜라우시 브리지법 : 전해액 또는 접지저항 측정 등

    (5) 메거(절연저항계) : 절연저항 측정에 사용

개념 확인문제   Check up!

단답 문제 다음의 저항을 측정하는데 있어 가장 적당한 방법은 무엇인지 답하시오.

(1) 황산구리 용액   (2) 길이 1[m]의 연동선
(3) 백열상태에 있는 백열 전구의 필라멘트   (4) 검류계의 내부 저항

답 (1) 콜라우시 브리지법   (2) 켈빈 더블 브리지법   (3) 전압 강하법   (4) 휘스톤 브리지법

개념 확인문제   Check up!

계산 문제 머레이루프법(Murray loop)으로 선로의 고장 지점을 찾고자 한다. 선로의 길이가 4[km] (0.2[Ω/km])인 선로에 그림과 같이 접지 고장이 생겼을 때 고장 점까지의 거리 X는 몇 [km]인가? (단, $P=270[\Omega]$, $Q=90[\Omega]$에서 브리지가 평형되었다고 한다.)

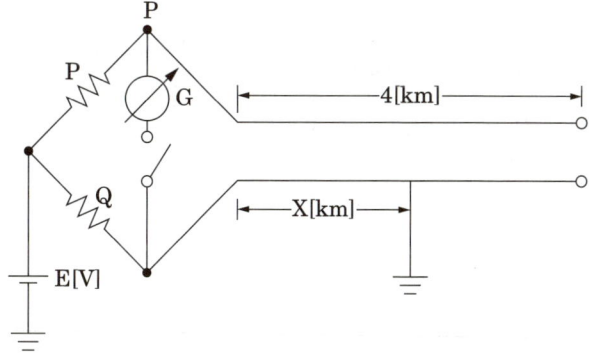

계산 과정 $PX = Q(2L-X)$의 식에서 $270X = 90(2 \times 4 - X)$가 성립되므로

$X = \dfrac{90 \times 8}{270 + 90} = 2[\mathrm{km}]$가 된다.   **답** 2[km]

01 2 전력계법

평형 3상 회로에 그림과 같은 유도 전동기가 있다. 이 회로에 2개의 전력계와 전압계 및 전류계를 접속하였더니 그 지시값은 $W_1=5.5[kW]$, $W_2=3.2[kW]$, 전압계의 지시는 200[V], 전류계의 지시는 30[A] 이었다. 이 때 다음 각 물음에 답하시오.

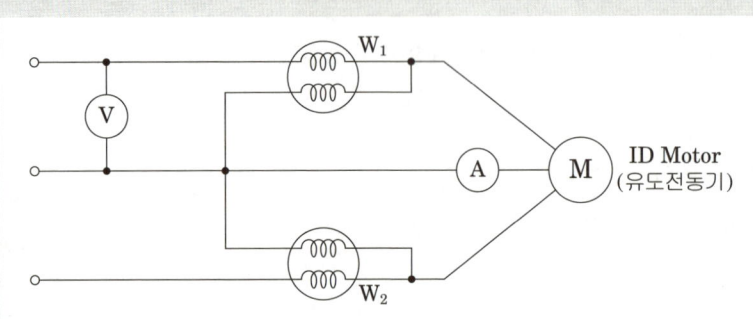

(1) 이 유도 전동기의 역률은 몇 [%]인가?
  ㅇ계산 과정 :   ㅇ답 :

(2) 역률을 95[%]로 개선하고자 할 때 전력용 콘덴서는 몇 [kVA]가 필요한가?
  ㅇ계산 과정 :   ㅇ답 :

(3) 이 유도 전동기로 매분 25[m]의 속도로 물체를 끌어 올린다면 몇 [ton]까지 가능한가?
  (단, 종합 효율은 80[%]로 계산한다.)
  ㅇ계산 과정 :   ㅇ답 :

정답

(1) $\cos\theta = \dfrac{P}{P_a} \times 100 = \dfrac{W_1+W_2}{\sqrt{3}\,VI} = \dfrac{5.5+3.2}{\sqrt{3}\times 200 \times 30 \times 10^{-3}} \times 100 = 83.72[\%]$ 답 83.72[%]

(2) 전력용 콘덴서 용량 $Q = P(\tan\theta_1 - \tan\theta_2)[kVA]$

$\therefore Q = (5.5+3.2) \times \left(\dfrac{\sqrt{1-0.84^2}}{0.84} - \dfrac{\sqrt{1-0.95^2}}{0.95} \right) = 2.76[kVA]$ 답 2.76[kVA]

(3) 권상기용 전동기의 동력 $P = \dfrac{GV}{6.12\eta}[kW]$

$\therefore G = \dfrac{6.12P\eta}{V} = \dfrac{6.12 \times 8.7 \times 0.8}{25} = 1.7[ton]$ 답 1.7[ton]

> **참고**
>
> **3상 전력의 측정 [2전력계법]**
>
> - 유효전력 $P = W_1 + W_2 = \sqrt{3}\,VI\cos\theta\,[\mathrm{W}]$
> - 무효전력 $P_r = \sqrt{3}\,(W_1 - W_2) = \sqrt{3}\,VI\sin\theta\,[\mathrm{Var}]$
> - 피상전력 $P_a = 2\sqrt{W_1^2 + W_2^2 - W_1 W_2} = \sqrt{3}\,VI\,[\mathrm{VA}]$
> - 역률 $\cos\theta = \dfrac{P}{P_a} \times 100 = \dfrac{W_1 + W_2}{2\sqrt{W_1^2 + W_2^2 + W_1 W_2}} \times 100\,[\%]$

02 머레이 루프법

$50[\mathrm{mm}^2]$, 전장 $3.6[\mathrm{km}]$인 3심 전력케이블의 어떤 지점에서 1선 지락사고가 발생하여 머레이 루프법으로 측정한 결과 그림과 같은 상태에서 평형이 되었다고 한다. 측정점에서 사고지점까지의 거리를 구하시오.

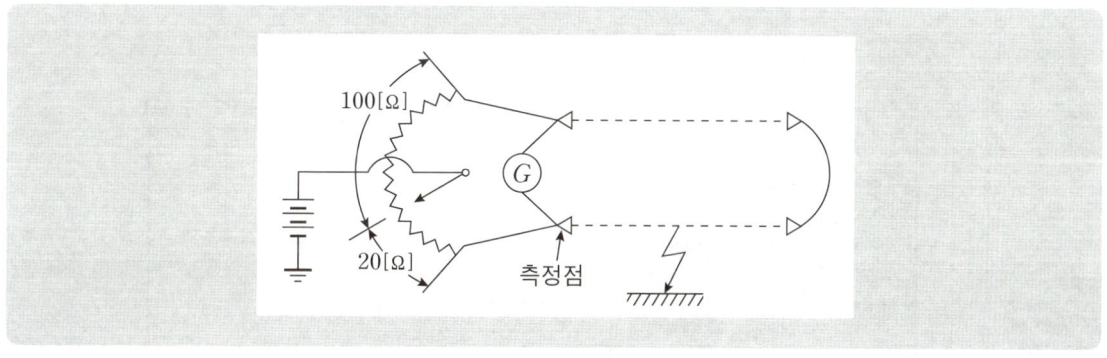

정답

측정점으로부터 사고지점까지의 거리를 x라고 한다면

$100x = 20(2 \times 3.6 - x)$가 성립되므로 $x = \dfrac{20 \times 2 \times 3.6}{100 + 20} = 1.2[\mathrm{km}]$

답 $1.2[\mathrm{km}]$

03 전산 전력계 계측

100[V], 20[A]용 단상 적산 전력계에 어느 부하를 가할 때 원판의 회전수 20회에 대하여 40.3[초] 걸렸다. 만일 이 계기의 20[A]에 있어서 오차가 +2[%]라 하면 부하 전력은 몇 [kW]인가? 단, 이 계기의 계기 정수는 1000[Rev/kWh]이다.

정답

적산 전력계의 측정값 $P = \dfrac{3600n}{Kt} = \dfrac{3600 \times 20}{1000 \times 40.3} = 1.79[\text{kW}]$

∴ 부하 전력 (참값) $P' = \dfrac{측정값}{1+오차율} = \dfrac{1.79}{1+0.02} = 1.75[\text{kW}]$

답 1.75[kW]

04 오결선시 전력량계산

고압 동력 부하의 사용 전력량을 측정하려고 한다. CT 및 PT 취부 3상 적산 전력량계를 그림과 같이 오결선(1S와 1L 및 P1과 P3가 바뀜)하였을 경우 어느 기간 동안 사용 전력량이 300[kWh]였다면 그 기간 동안 실제 사용 전력량은 몇 [kWh]이겠는가? (단, 부하 역률은 0.8이라 한다.)

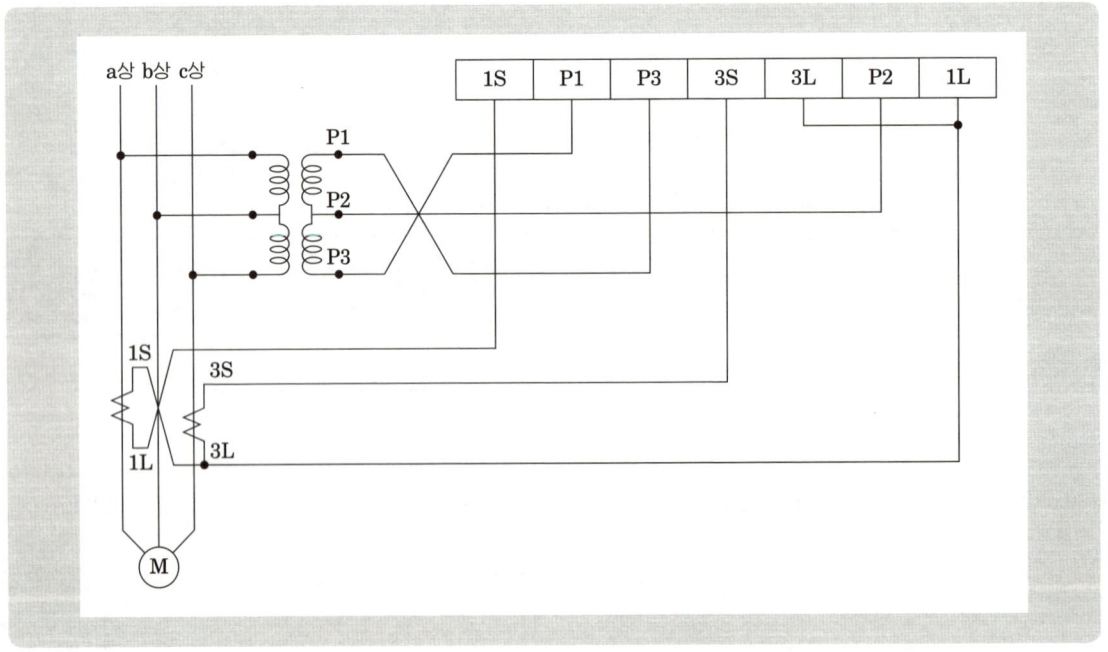

Chapter 07. 우선순위 핵심문제

정답

오결선시 $W_1 = VI\cos(90°-\theta)$, $W_2 = VI\cos(90°-\theta)$

$W_1 + W_2 = VI\cos(90°-\theta) + VI\cos(90°-\theta) = 2VI\cos(90°-\theta) = 2VI\sin\theta$

실제 전력량 $W = \sqrt{3}\,VI\cos\theta = \sqrt{3} \times \dfrac{W_1+W_2}{2\sin\theta} \times \cos\theta = \sqrt{3} \times \dfrac{300}{2 \times 0.6} \times 0.8 = 346.41[\text{kWh}]$

답 $346.41[\text{kWh}]$

05 접지저항 측정

접지 저항을 측정하고자 한다. 다음 각 물음에 답하시오.

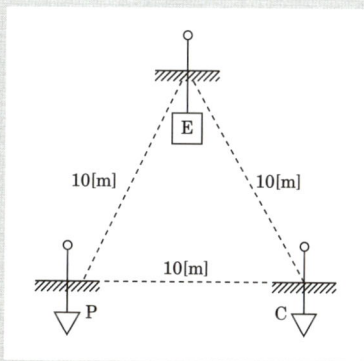

(1) 접지 저항을 측정하기 위하여 사용되는 계기나 측정방법을 2가지 쓰시오.

(2) 그림과 같이 본 접지 E에 제1보조접지 P, 제2보조접지 C를 설치하였다. 본 접지 E의 접지 저항은 몇 [Ω]인가? (단, 본접지와 P사이의 저항값은 86[Ω], 본접지와 C사이의 저항값은 92[Ω], P와 C 사이의 저항값은 160[Ω]이다.)

정답

(1) 어스 테스터, 콜라우시 브리지

(2) $R_E = \dfrac{1}{2}(86 + 92 - 160) = 9[\Omega]$

답 $9[\Omega]$

06 전류 계측 – 내부저항

그림과 같은 회로에서 최대눈금 15[A]의 직류전류계 2개를 접속하고 20[A]의 전류를 흘리면 각 전류계의 지시값은 몇 [A]인가? (단, 전류계 최대눈금의 전압강하는 A_1이 75[mV], A_2가 50[mV]이다.)

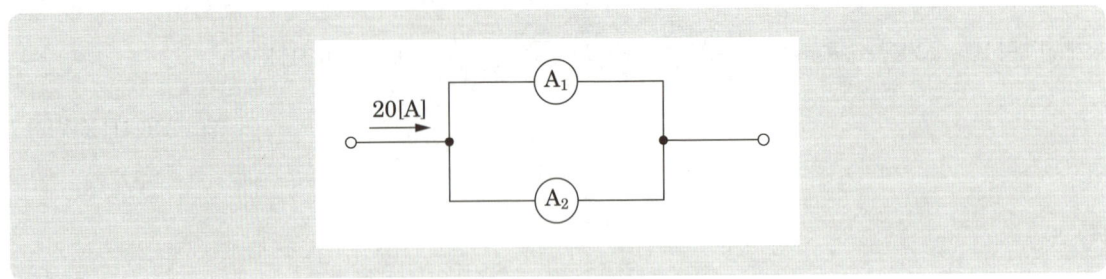

정답

먼저 최대눈금 15[A]에 대한 전압강하를 이용하여 각 전류계의 내부저항을 구한다.

$r_1 = \dfrac{75}{15} = 5[\text{m}\Omega]$, $r_2 = \dfrac{50}{15} = 3.33[\text{m}\Omega]$

전류 분배 법칙을 이용하여 각 전류계의 전류값을 계산한다.

$A_1 = \dfrac{3.33}{5+3.33} \times 20 = 8[\text{A}]$

$A_2 = \dfrac{5}{5+3.33} \times 20 = 12[\text{A}]$

답 $A_1 = 8[\text{A}]$, $A_2 = 12[\text{A}]$

07 전압 계측 – 내부저항

250[V]의 최대눈금을 가진 2개의 직류전압계 V_1 및 V_2를 직렬로 접속하여 회로의 전압을 측정할 때 각 전압계의 저항이 각각 18[kΩ] 및 15[kΩ]이라면 측정할 수 있는 회로의 최대 전압은 몇 [V]인지 구하시오.

정답

전압계의 내부저항이 다른 경우 전압계의 최대눈금만큼 측정이 불가능하다.

전압분배법칙에 의해 $E = \dfrac{R_2}{R_1 + R_2} \times V$ → $250 = \dfrac{18}{15 + 18} \times V$

$\therefore V = \dfrac{15 + 18}{18} \times 250 = 458.33[V]$

답 458.33[V]

ELECTRICITY

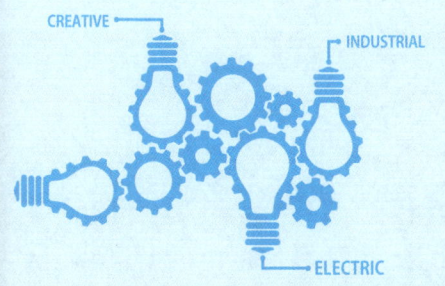

03 시퀀스

Chapter 01. 기본논리 및 제어회로

Chapter 02. 전동기 제어 및 응용 회로

Chapter 03. PLC 회로

Chapter 04. 응용 제어회로

1 시퀀스 접점

1. a접점

   릴레이, 전자접촉기 등 각종 계전기가 여자 될 때 동작하는 접점으로, 초기 단자와 단자 사이가 개방된 상태에서 동작시 단자사이를 연결하여 전류를 통전시키는 접점을 뜻한다.

2. b접점

   릴레이, 전자접촉기 등 각종 계전기가 여자 될 때 동작하는 접점으로, 초기 단자와 단자 사이가 단락된 상태에서 동작시 단자사이를 개방하여 전류를 차단시키는 접점을 뜻한다.

3. c접점

   하나의 공통단자를 통해 a접점과 b접점 모두를 표현할 수 있는 접점을 뜻한다.

4. 기구의 접점

수동조작 자동복귀 [PB]	리미트 스위치 [LS]	타이머 [T]	열동계전기 [THR]	전자접촉기 [MC]

2 스위치

1. 푸쉬버튼 스위치 (PB : 수동조작 자동복귀)

    PB, PBS, BS 등으로 표현되며, 내부에 스프링이 내장되어 수동으로 동작시 접점이 이동하며, 동작을 멈출시 자동으로 복귀하는 스위치를 뜻한다.

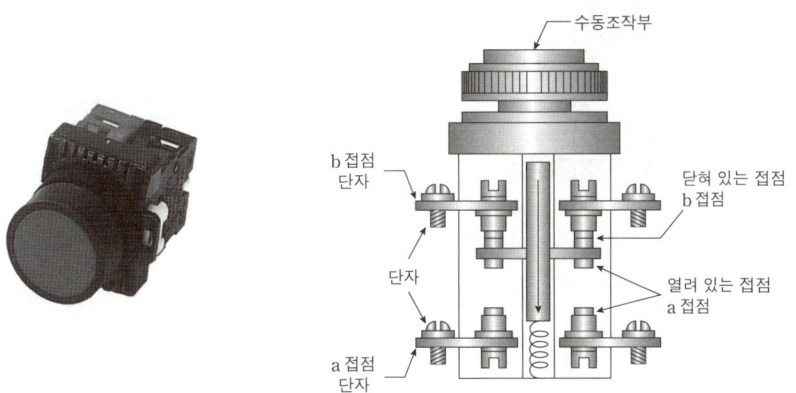

   (1) a접점 : 수동조작시 회로를 연결 및 동작시키는 버튼으로 'ON버튼'으로 표현한다.

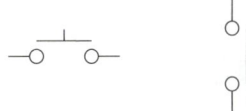

   (2) b접점 : 수동조작시 회로를 차단 및 정지시키는 버튼으로 'OFF버튼'으로 표현한다.

2. 연동스위치

    한번의 동작으로 ON과 OFF를 동시에 동작시키는 스위치의 결선을 뜻한다.

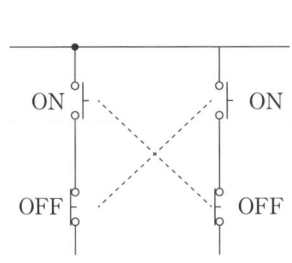
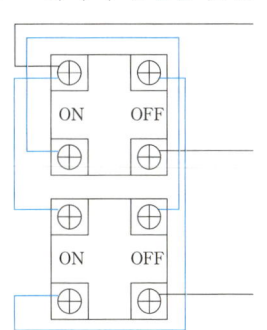

3. 리미트 스위치 (LS)

검출스위치의 일종으로 외부의 작용으로 인해 동작하는 스위치를 뜻한다. 엘리베이터의 층간 구분, 공장 컨베어 벨트 등 이송이나 자동제어에 사용된다.

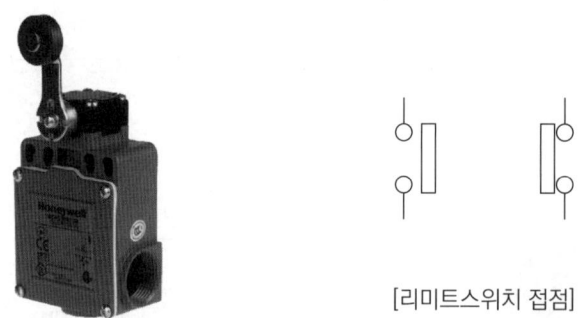

[리미트스위치 접점]

4. 셀렉터 스위치 (SS)

선택스위치, 전환스위치 등으로 부르며, 스위치를 돌려 원하는 방향으로 유지시키는 장치로 자동과 수동을 변환하는 스위치로 주로 사용된다.

[셀렉터스위치 접점]

5. 기타 스위치

플로우트스위치(FL)	광전스위치(PHS)	근접스위치(PXS)
급수, 배수 펌프의 자동 운전에 사용	광로의 차단 여부	전계나 자계의 변화를 감지

개념 확인문제

단답 문제 그림과 같은 유도 전동기의 미완성 시퀀스 회로도를 보고 물음에 답하시오.

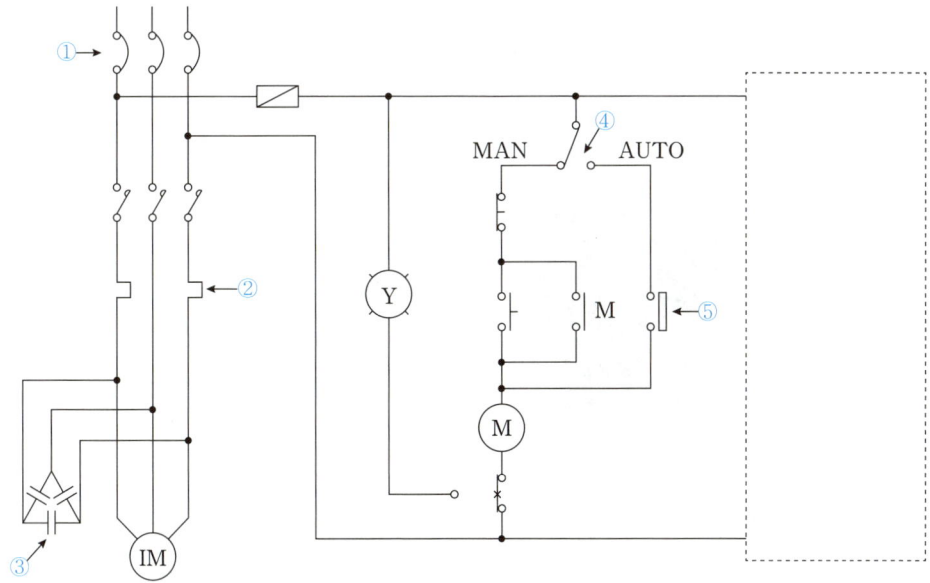

(1) 도면에 표시된 ①~⑤의 명칭을 쓰시오.
(2) 도면에 그려져 있는 Ⓨ 등은 어떤 역할을 하는 등인가?
(3) 전동기가 정지하고 있을 때는 녹색등 Ⓖ가 점등되고, 전동기가 운전중일 때는 녹색등 Ⓖ가 소등되고 적색등 Ⓡ이 점등되도록 표시등 Ⓖ, Ⓡ을 회로의 ⬚ 내에 설치하시오.

답
(1) ① 배선용 차단기
② 열동 계전기
③ 전력용 콘덴서
④ 셀렉터 스위치
⑤ 리미트 스위치 (a)접점

(2) 과부하 동작표시 램프

(3)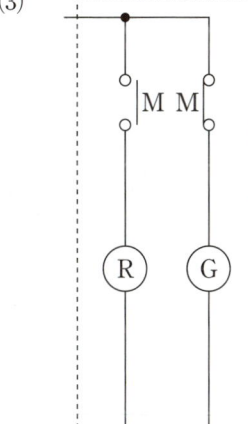

3 타이머와 타임차트

1. 타이머 (Timer)

   타이머 릴레이에 입력이 부여되면, 정해진 시간이 경과 후 해당 접점이 폐로 또는 개로되어 동작하는 기구를 뜻한다.

    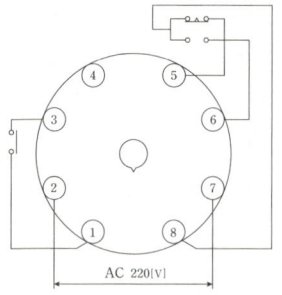

   [타이머내부 회로도]

   (1) ON delay timer (한시동작 순시복귀)

   타이머 여자 후 설정시간이 지난 후 접점이 동작하며 소자 시 접점이 즉시 복귀되는 형태

   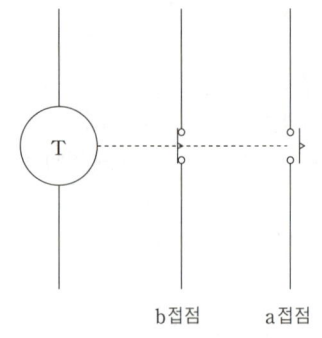 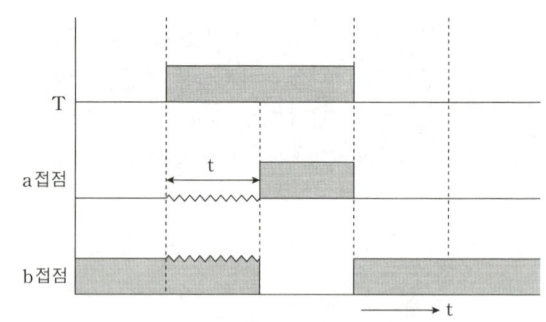

   [타이머 접점]　　　　　　　　　　　[타임차트]

   (2) OFF delay timer (순시동작 한시복귀)

   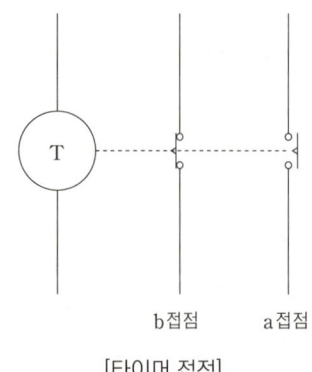 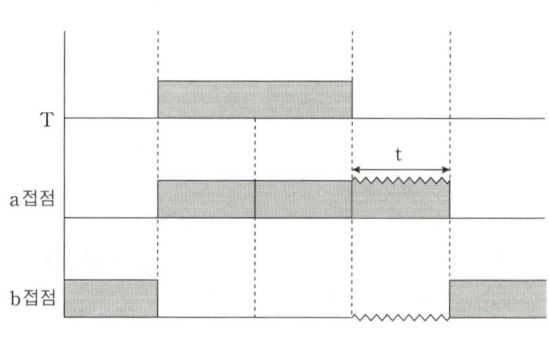

   [타이머 접점]　　　　　　　　　　　[타임차트]

(3) ON/OFF delay timer (한시동작 한시복귀)

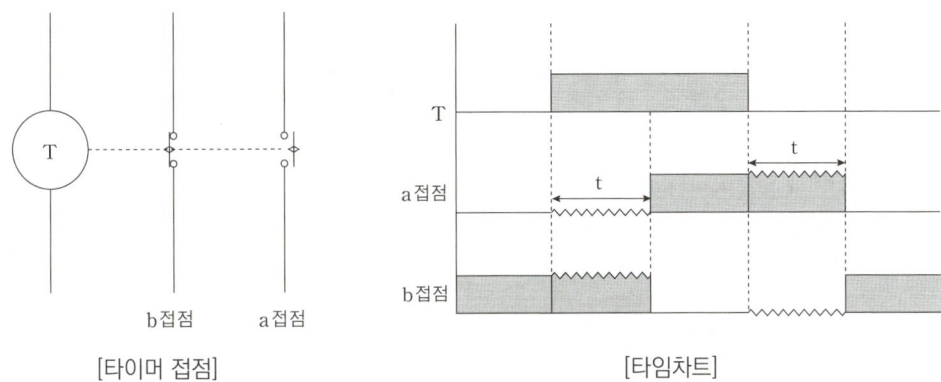

[타이머 접점]　　　　　　　　　　[타임차트]

2. 타임차트

시퀀스 동작 사항을 신호와 같이 차트로 표현한 것으로 다음과 같이 표현한다.

(1) 일반사항

(2) 예외사항

OFF버튼과 같이 특정 시점이 동작사항을 나타내는 경우 특정시점을 동작한 것으로 해석한다. 따라서 아래의 두 타임차트는 동일한 동작으로 해석한다.

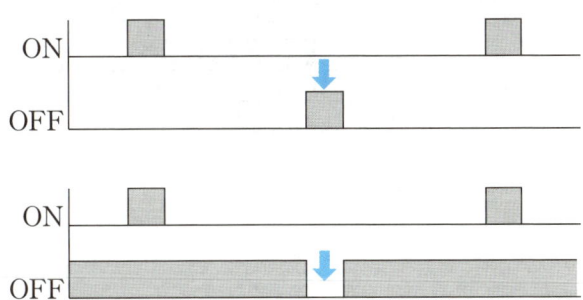

개념 확인문제

단답 문제 문제 다음 주어진 타임차트를 완성하시오.

구 분	명령어	타임차트
(1) T−ON(ON−Delay)	Increment	
(2) T−OFF(OFF−Delay)	Decrement	

답 (1) 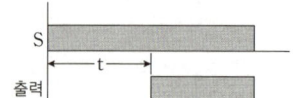 (2)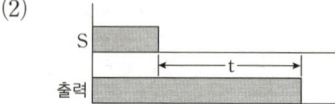

단답 문제 다음 릴레이 접점에 관한 다음 물음에 답하시오.
(1) 한시동작 순시복귀 a 접점기호를 그리시오.
(2) 한시동작 순시복귀 a 접점의 타임차트를 완성하시오.

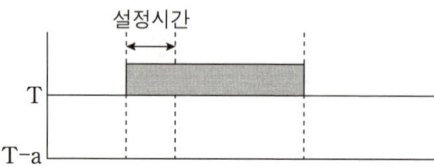

(3) 한시동작 순시복귀 a 접점의 동작상황을 설명하시오.

답 (1) 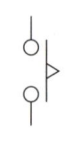   (2)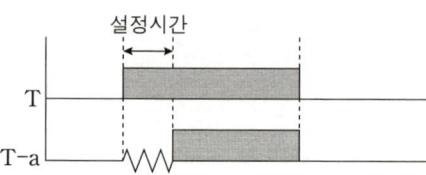

(3) T가 여자되면 설정시간 후 a접점은 동작하고 T가 소자되면 순시복귀한다.

4 릴레이(Relay)

1. 릴레이의 동작원리

 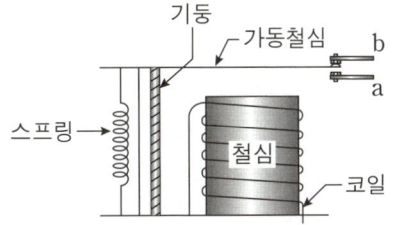

초기 상태에서 가동접점이 b접점과 연결되어 있고, 코일에 전류를 인가하면 철심이 전자석으로 변화된다. 이때, 가동접점이 이동하여 a접점과 연결되고 b접점과는 끊기게 된다.

2. 릴레이 내부구조

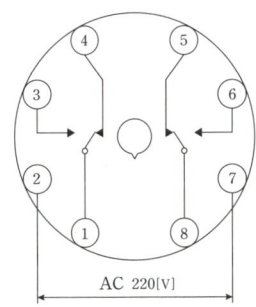 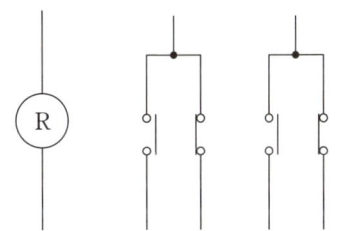

[8핀 릴레이 내부 접속도]

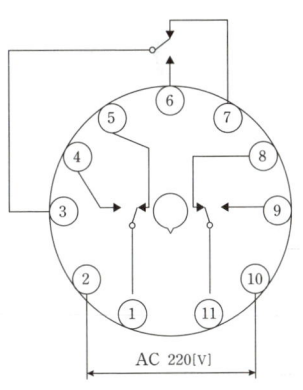 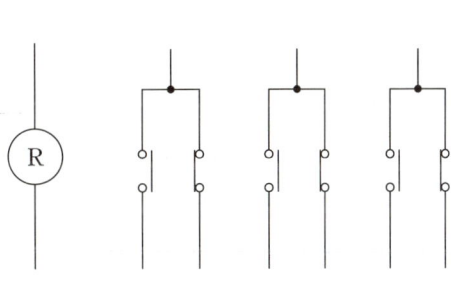

[11핀 릴레이 내부 접속도]

5 전자접촉기(Magnetic Contact)

1. 전자접촉기의 동작원리

기본 동작원리는 릴레이와 동일하며, 전자접촉기의 여자 또는 소자됨에 따라 모터 등의 부하를 운전, 정지하는 기능을 담당한다. 보조릴레이와 차이점은 주회로의 접점을 가지고 있다.

2. 전자접촉기 내부구조(5a2b)

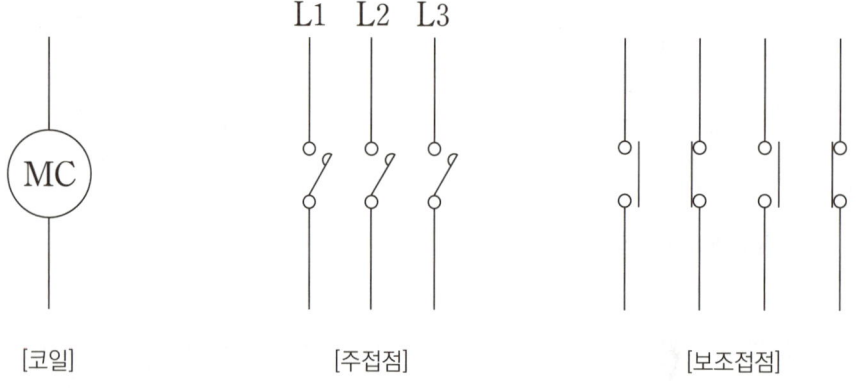

[코일]   [주접점]   [보조접점]

3. 전자개폐기와의 비교

전자개폐기(MS)의 경우 전자접촉기와 열동계전기의 혼합형태로 과전류가 흐르게 되면, 열동계전기의 동작으로 회로를 차단하여 보호하는 기능있지만, 전자접촉기의 경우 과전류에 대한 보호 기능이 없기 때문에 보호장치가 필요하다.

6　열동계전기(Thermal relay)

1. 열동계전기(THR)의 동작원리

열동계전기는 전동기 부하가 설치된 경우 주로 사용되며 전동기 과부하시 전로를 차단하여 전동기의 소손을 방지하는 역할을 한다. 전동기에 정격이상의 전류가 흐르면 내부 발생열에 의해 바이메탈의 원리로 접점이 이동하여 동작하며, 복귀시 수동복귀가 일반적이다.

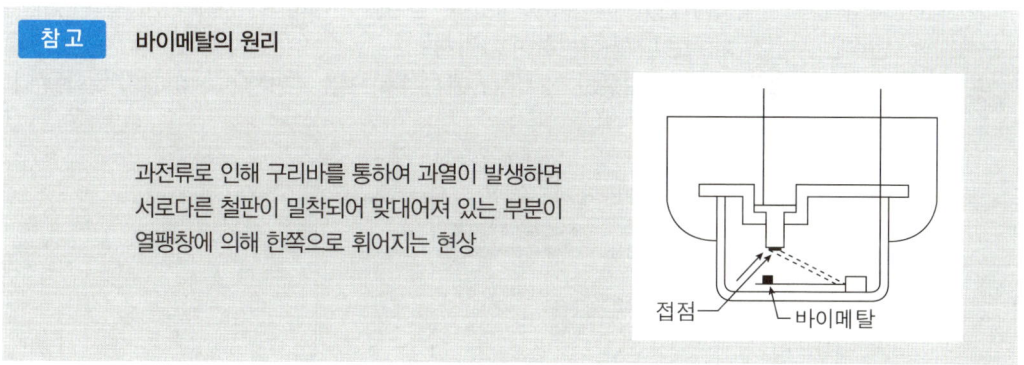

2. 열동계전기 접점

보조회로에서 사용되는 동작상 명칭의 경우 수동복귀접점으로 명명한다.

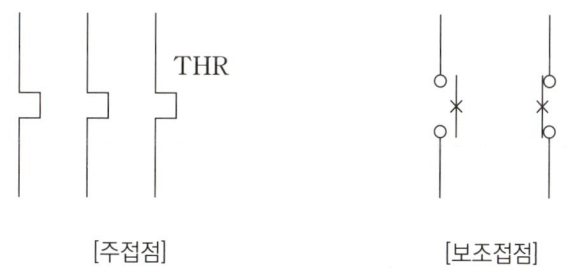

[주접점]　　　　　　[보조접점]

개념 확인문제

단답 문제 그림은 전자개폐기 MC에 의한 시퀀스 회로를 개략적으로 그린 것이다. 이 그림을 보고 다음 각 물음에 답하시오.

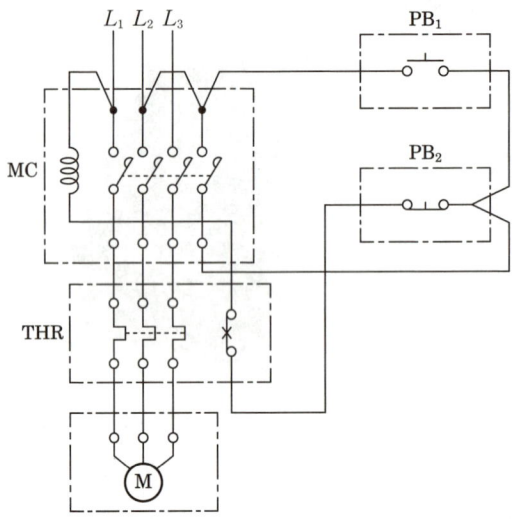

(1) 그림과 같은 회로용 전자개폐기 MC의 보조 접점을 사용하여 자기유지가 될 수 있는 일반적인 시퀀스 회로로 다시 작성하여 그리시오.

(2) 시간 t_3에 열동계전기가 작동하고, 시간 t_4에서 수동으로 복귀하였다. 이때의 동작을 타임 차트로 표시하시오.

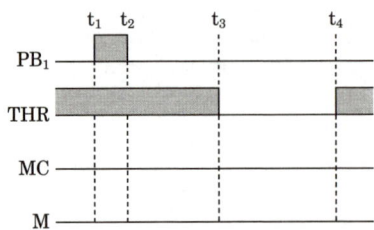

답

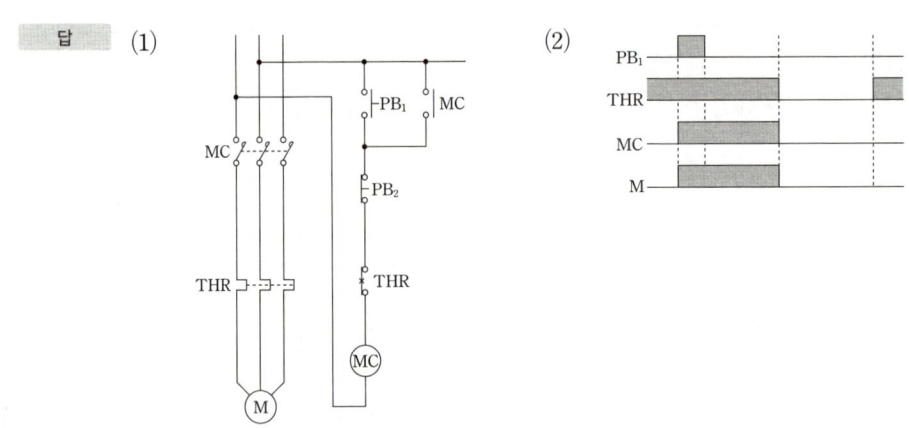

7 유접점 회로

1. 공통사항

    (1) 분기점 표현

    (2) 자기유지 접점

    ON을 누르면, MC가 여자되고 ON버튼이 복귀 후 MC의 자기유지 접점에 의해 지속적으로 MC에 전원이 공급된다. OFF를 누르면 MC는 소자된다.

    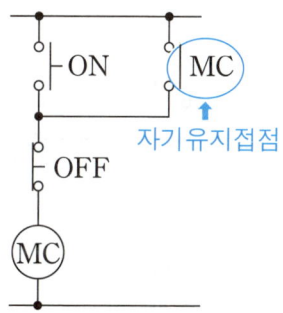

2. 동작(SET)우선회로와 정지(RESET)우선회로

    ON과 OFF를 동시에 누를 경우 동작과 정지 상태를 판단하여 상황에 따라 적용 할 수 있다.

    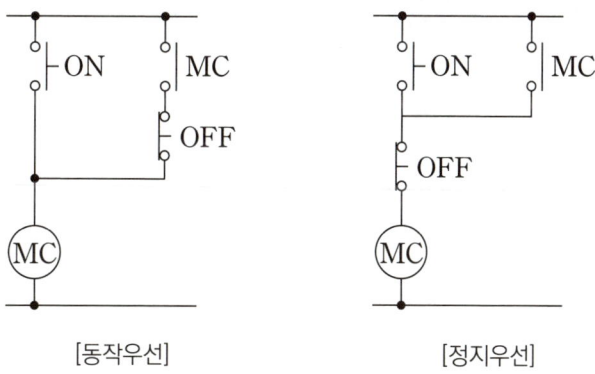

3. 인터록회로

인터록회로의 사용은 기기와 조작자의 안전을 목적으로 사용하며, 두 개 이상의 계전기 또는 전자접촉기 사용시 동시에 동작하지 못하도록 상대방의 b접점을 직렬로 연결하는 방식이다. 동시동작금지회로, 상대동작금지회로, 선입력 우선회로, 병렬 우선회로 등으로 표현한다.

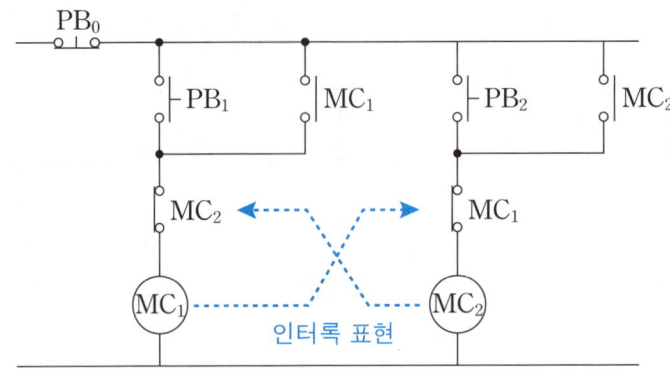

[계전기 및 전자접촉기 2개의 경우]

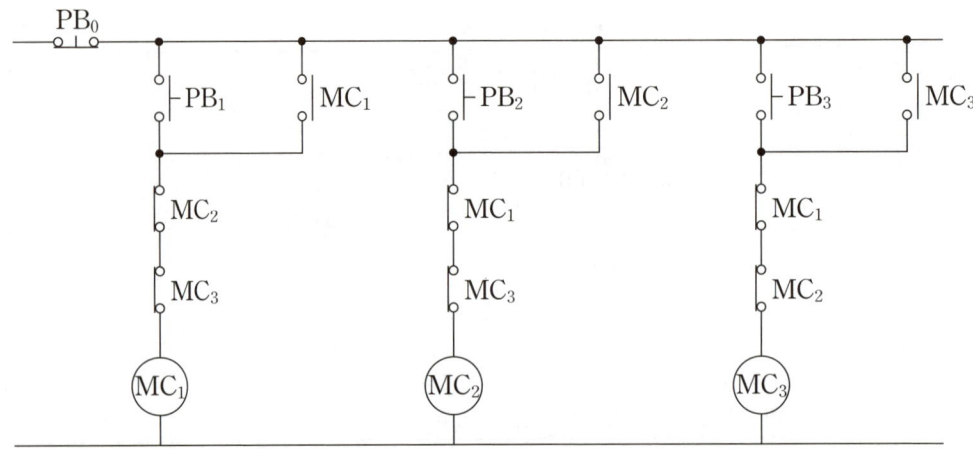

[계전기 및 전자접촉기 3개의 경우]

Chapter 01. 기본논리 및 제어회로

4. 순차회로

하나 이상의 출력이 있는 회로에서 첫 입출력 이후 다음 입출력의 경우 앞의 입출력상태에서만 동작할 수 있는 회로를 뜻한다. 앞의 동작없이는 다음 동작이 불가능하기에 직렬 우선회로라 표현한다.

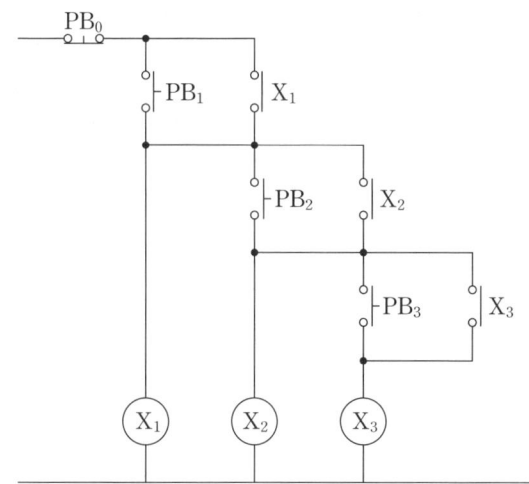

5. 반복회로

한번의 입력을 통해 반복적인 동작이 진행되는 회로를 뜻한다.
(A가 닫혀 폐회로가 될 때 PL이 점등과 소등을 반복한다.)

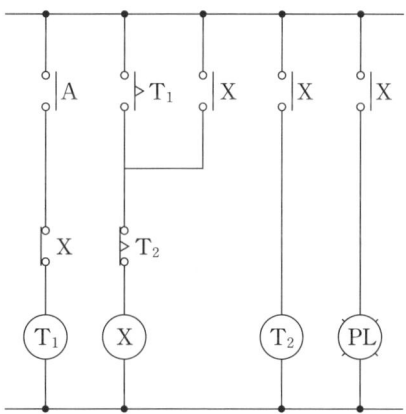

A가 닫혀 폐회로가 되면 T_1이 여자되어 T_1의 설정시간 후 X가 여자되고 X_{-a}에 의해 T_2와 PL이 여자되어 PL이 점등된다. T_2의 설정시간 후 초 후 T_2-b접점에 의해 X가 소자되어 PL이 소등된다. 이때 다시 T_1이 여자되면서 반복동작을 통해 PL이 깜박이며 동작한다.

개념 확인문제

단답 문제 주어진 조건을 이용하여 다음의 시퀀스 회로를 그리시오.

[조건]

- 푸시버튼 스위치 4개(PBS_1, PBS_2, PBS_3, PBS_4)
- 보조 릴레이 3개(X_1, X_2 X_3)
- 계전기의 보조 a접점 또는 보조 b접점을 추가 또는 삭제하여 작성하되 불필요한 접점을 사용하지 않도록 할 것이며 보조 접점에는 접점의 명칭을 기입하도록 할 것

먼저 수신한 회로만을 동작시키고 그 다음 입력 신호를 주어도 동작하지 않도록 회로를 구성하고 타임차트를 그리시오.

(1)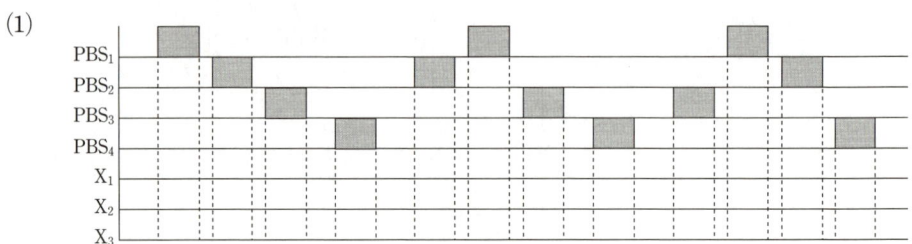

(2)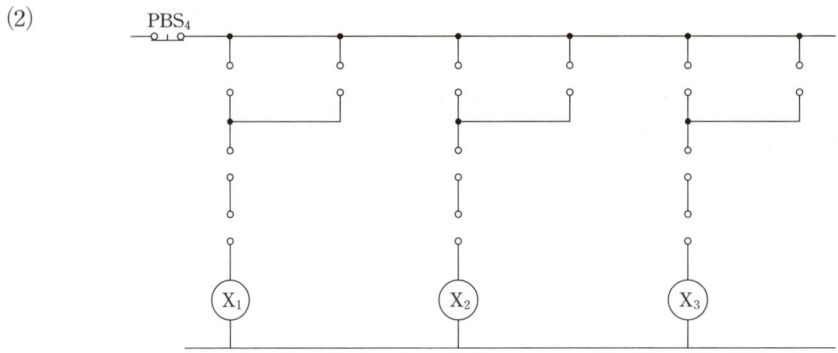

답 (1)

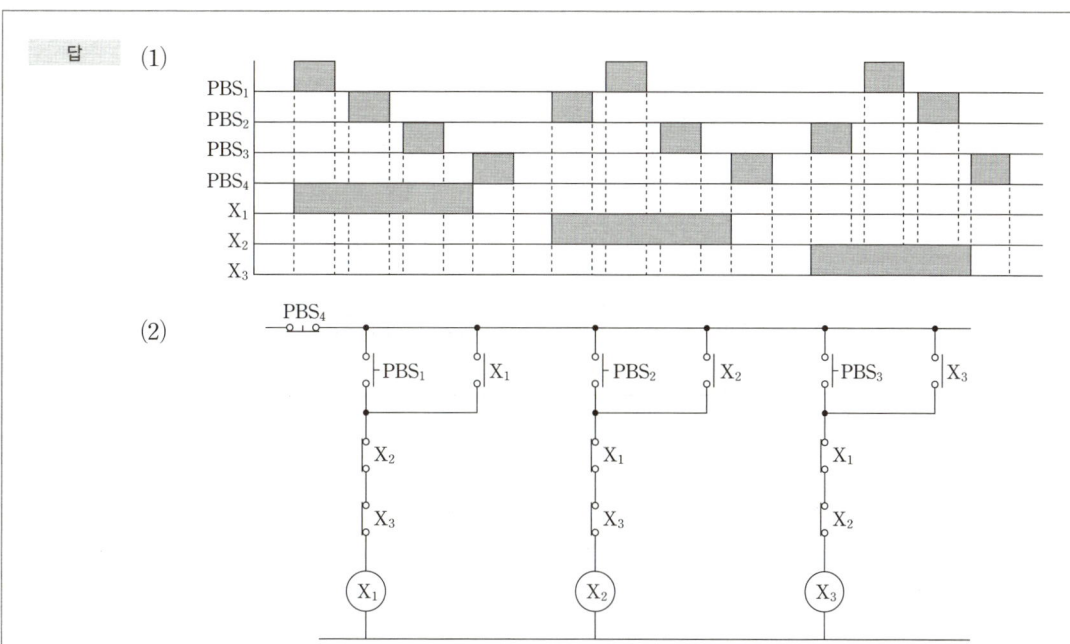

(2)

단답 문제 그림과 같은 시퀀스도를 보고 다음 각 물음에 답하시오. (단, R_1, R_2, R_3는 보조릴레이이다.)

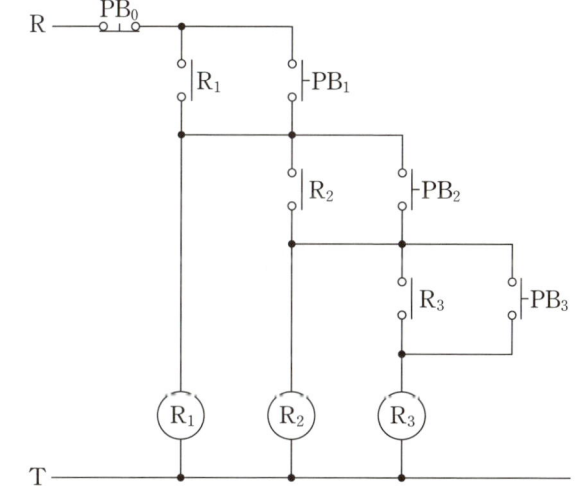

(1) 전원 측의 가장 가까운 누름버튼스위치 PB_1으로부터 PB_2, PB_3, PB_0까지 "ON" 조작할 경우의 동작사항을 간단히 설명하시오. (단, 여기에서 "ON" 조작은 누름버튼 스위치를 눌러주는 역할을 말한다.)

(2) 최초에 PB_2를 "ON" 조작한 경우에는 동작상황이 어떻게 되는가?

(3) 타임차트의 누름버튼스위치 PB_1, PB_2, PB_3, PB_0와 같은 타이밍으로 "ON" 조작하였을 때 타임차트의 R_1, R_2, R_3의 동작상태를 그림으로 완성하시오.

단답 문제

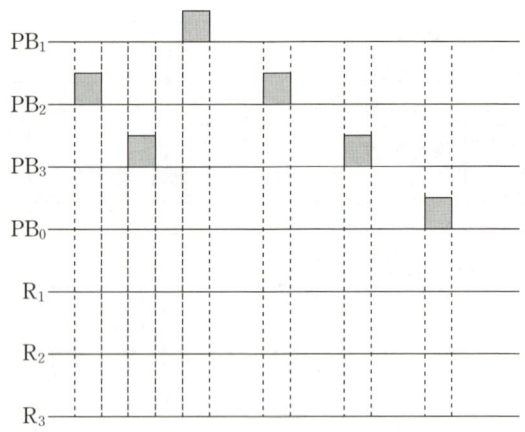

답 (1) PB_1, PB_2, PB_3를 순서대로 누르면 R_1, R_2, R_3가 순서대로 여자된다.
PB_0를 누르면 R_1, R_2, R_3가 동시에 소자된다.

(2) 동작하지 않는다.

(3)
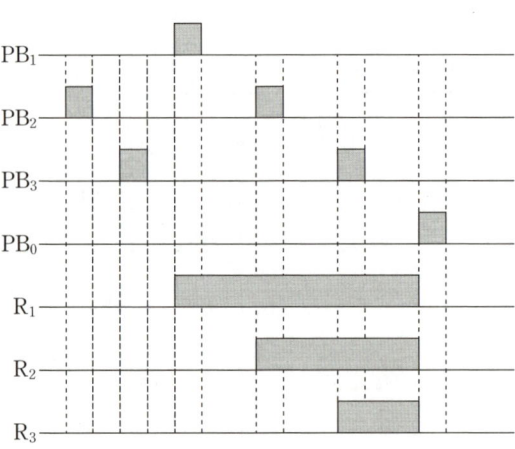

개념 확인문제

단답 문제 그림과 같은 시퀀스 회로에서 접점 "A"가 닫혀서 폐회로가 될 때 표시등 PL의 동작사항을 설명하시오. (단, X는 보조릴레이, T_1-T_2는 타이머(On delay)이며 설정시간은 1초이다.)

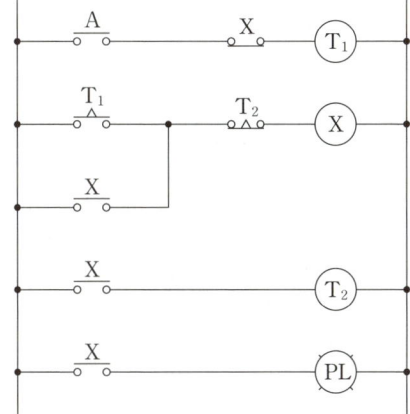

답 T_1이 여자되면 1초 후 X가 여자되고 X에 의해 T_2와 PL이 여자되어 PL이 점등된다. 1초 후 T_2-b접점에 의해 X가 소자되어 PL이 소등된다. 이때 다시 T_1이 여자되면서 반복동작을 통해 PL이 깜박이며 동작한다.

8 무접점 회로

1. AND 회로

    입력 A, B와 출력 X가 존재할 때 A와 B 모두의 동작시에만 출력 X가 발생되는 회로를 뜻한다. AND 회로를 논리식으로 표현시 입력의 곱으로 나타내며, 유접점으로 표현시 직렬로 표현한다.

유접점 회로	논리기호	진리표	타임차트
A—B—(X) X=AB	A, B → X	A B X 0 0 0 0 1 0 1 0 0 1 1 1	

    ※ 진리표의 0은 부정(정지/소자), 1은 긍정(동작/여자)으로 나타내며, 0은 L, 1은 H로 표현한다.

2. OR 회로

    입력 A, B와 출력 X가 존재할 때 A와 B 둘 중 하나 이상이 동작시에 출력 X가 발생되는 회로를 뜻한다. OR 회로를 논리식으로 표현시 입력의 합으로 나타내며, 유접점으로 표현시 병렬로 표현한다.

유접점 회로	논리기호	진리표	타임차트
A B (X) X=A+B	A, B → X	A B X 0 0 0 0 1 1 1 0 1 1 1 1	

3. NOT(부정) 회로

    입력 A 와 출력 X가 존재할 때 A의 입력이 없을 시 X의 출력이 발생하는 회로를 뜻한다.

유접점 회로	논리기호	진리표	타임차트
A—(X) X=$\overline{A}$	A → X	A X 0 1 1 0	

4. NAND 회로

AND 회로를 부정하는 기능을 가진 회로를 뜻한다. NAND 논리기호를 이용하여 NAND만의 회로를 만들 수 있기에 만능회로로 사용된다.

유접점 회로	논리기호	진리표	타임차트
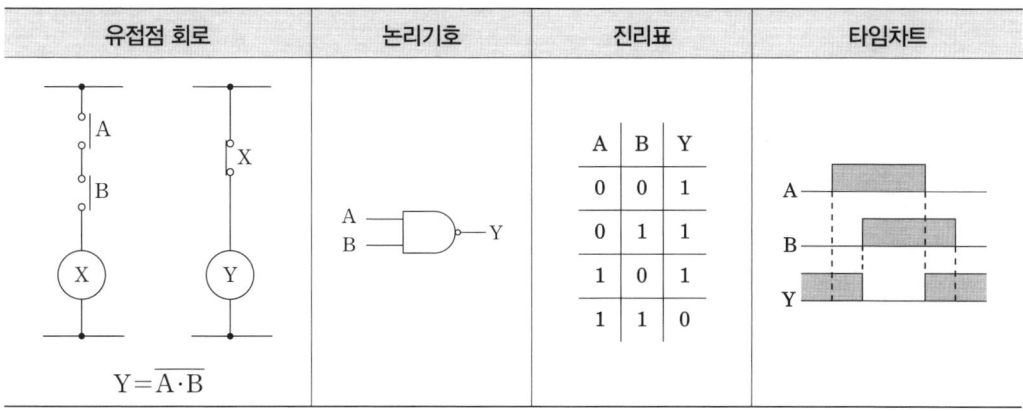		A B Y 0 0 1 0 1 1 1 0 1 1 1 0	

$Y=\overline{A \cdot B}$

※ NAND만의 회로에서 NOT의 표현

　NAND만의 회로에서 ─▷─ 은 사용할 수 없기 때문에

　NAND만의 NOT인 ─┐D─ 기호를 사용한다.

5. NOR 회로

OR 회로를 부정하는 기능을 가진 회로를 뜻한다. NOR 논리기호를 이용하여 NOR만의 회로를 만들 수 있기에 만능회로로 사용된다.

유접점 회로	논리기호	진리표	타임차트
		A B Y 0 0 1 0 1 0 1 0 0 1 1 0	

$Y=\overline{A+B}$

※ NOR만의 회로에서 NOT의 표현

　NOR만의 회로에서 ─▷─ 은 사용할 수 없기 때문에

　NOR만의 NOT인 ─┐D─ 기호를 사용한다.

6. Exclusive OR회로

   입력 A, B와 출력 X가 존재할 때 두 입력 상태가 다를 경우 출력이 발생하는 회로를 뜻한다. 서로 상태가 다르기 때문에 배타적 논리합으로 표현한다.

유접점 회로	논리기호	진리표	타임차트
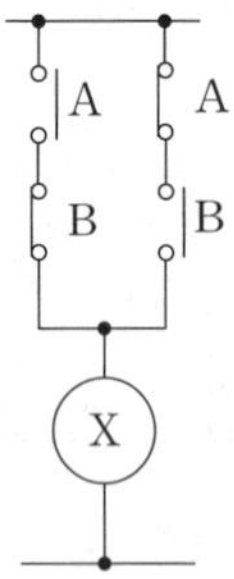 $X = A \cdot \overline{B} + \overline{A} \cdot B$	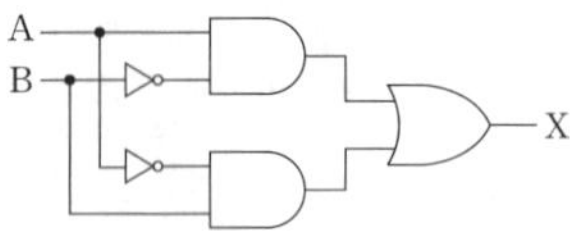	A B X 0 0 0 0 1 1 1 0 1 1 1 0	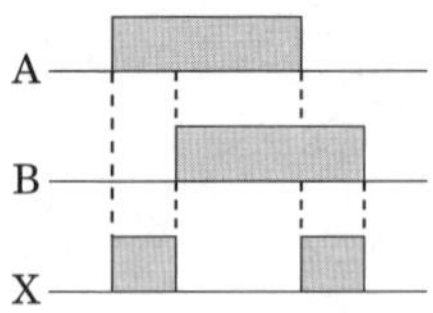

   ※ 간소화된 논리기호 표현 :

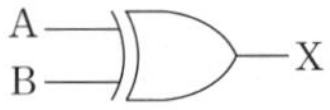

7. Exclusive NOR회로

   입력 A, B와 출력 X가 존재할 때 두 입력 상태가 같을 경우 출력이 발생하는 회로를 뜻한다. 서로 상태가 같기 때문에 일치회로로 표현한다.

유접점 회로	논리기호	진리표	타임차트
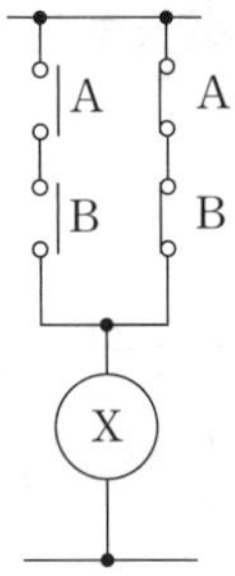 $X = A \cdot B + \overline{A} \cdot \overline{B}$	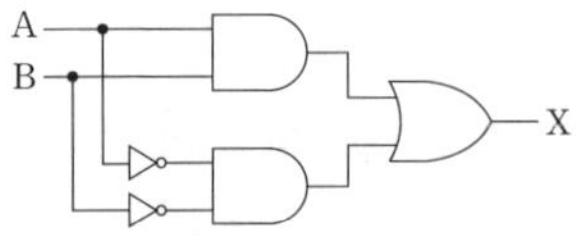	A B X 0 0 1 0 1 0 1 0 0 1 1 1	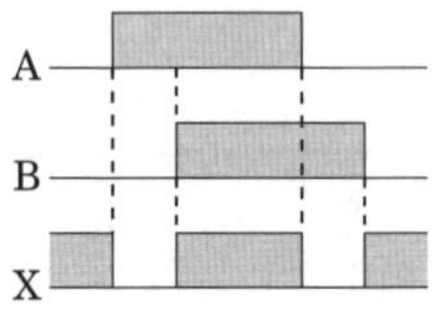

   ※ 간소화된 논리기호 표현 :

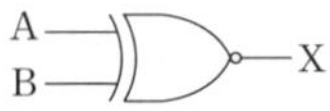

개념 확인문제　　　　　　　　　　　　　　　　　　　Check up! □ □ □

단답 문제　보조 릴레이 A, B, C의 계전기로 출력 (H레벨)이 생기는 유접점 회로와 무접점 회로를 그리시오. 단, 보조 릴레이의 접점은 모두 a접점만을 사용하도록 한다.

(1) A와 B를 같이 ON하거나 C를 ON할 때 X_1출력
　　① 유접점 회로　　　　　　　② 무접점 회로

(2) A를 ON하고 B또는 C를 ON할 때 X_2출력
　　① 유접점 회로　　　　　　　② 무접점 회로

답　(1) ① 유접점 회로　　　　　　(2) ① 유접점 회로

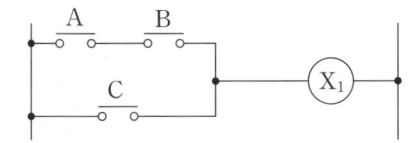　　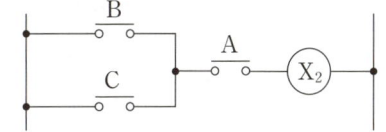

② 무접점 회로　　　　　　　② 무접점 회로

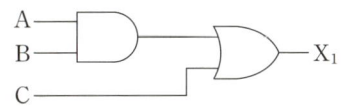　　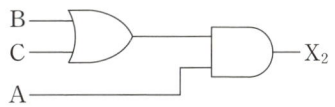

단답 문제　다음 무접점회로를 이용하여 유접점 회로를 완성하시오.

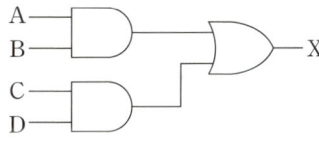

답

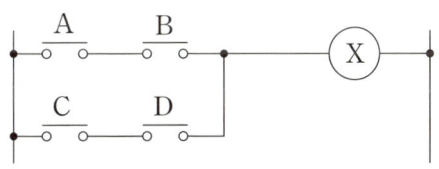

개념 확인문제

단답 문제 무접점 회로와 같은 유접점 릴레이 회로를 완성하시오.

개념 확인문제

단답 문제 그림과 같은 논리회로를 이용하여 다음 각 물음에 답하시오.

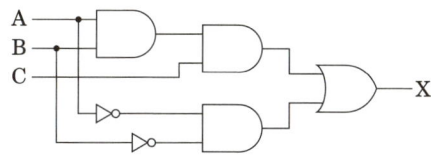

(1) 주어진 논리회로를 논리식으로 표현하시오.
(2) 논리회로의 동작 상태를 다음의 타임차트에 나타내시오.

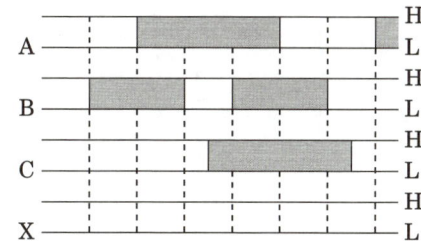

(3) 다음과 같은 진리표를 완성하시오. (단, L은 Low이고, H는 High이다.)

A	L	L	L	L	H	H	H	H
B	L	L	H	H	L	L	H	H
C	L	H	L	H	L	H	L	H
X								

답

(1) $X = A \cdot B \cdot C + \overline{A} \cdot \overline{B}$

(2)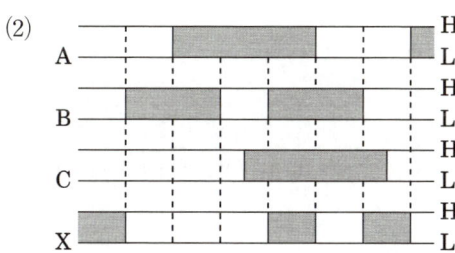

(3)

A	L	L	L	L	H	H	H	H
B	L	L	H	H	L	L	H	H
C	L	H	L	H	L	H	L	H
X	H	H	L	L	L	L	L	H

개념 확인문제

단답 문제 그림은 중형 환기팬의 수동 운전 및 고장 표시 등 회로의 일부이다. 이 회로를 이용하여 다음 각 물음에 답하시오.

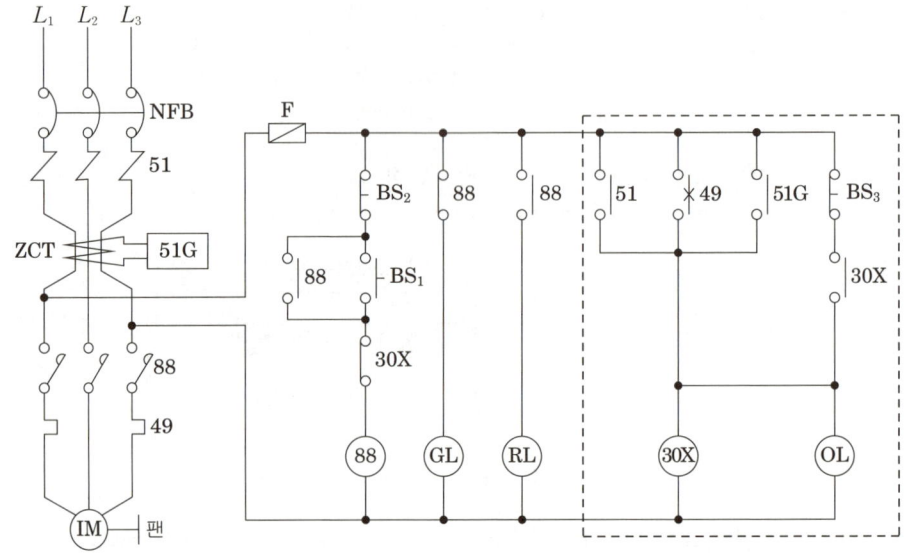

(1) 88은 MC로서 도면에서는 출력기구이다. 도면에 표시된 기구에 대하여 다음과 해당되는 명칭을 그 약호로 쓰시오. 단, 중복은 없고, NFB, ZCT, IM, 팬은 제외하며, 해당되는 기구가 여러 가지일 경우에는 모두 쓰도록 한다.

① 고장표시기구 :   ② 고장회복 확인기구 :
③ 기동기구 :   ④ 정지기구 :
⑤ 운전표시램프 :   ⑥ 정지표시램프 :
⑦ 고장표시램프 :   ⑧ 고장검출기구 :

(2) 그림의 점선으로 표시된 회로를 AND, OR, NOT 회로를 사용하여 로직회로를 그리시오. 로직소자는 3입력 이하로 한다.

답 (1) ① 30X ② BS_3 ③ BS_1 ④ BS_2 ⑤ RL ⑥ GL ⑦ OL ⑧ 51, 51G, 49

(2)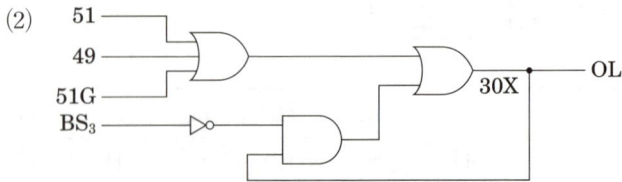

$$30X = (51 + 49 + 51G) + \overline{BS_3} \cdot 30X = OL$$

9 부울대수

부울대수란 1 또는 0의 값에 대해 논리 동작을 다루는 대수를 뜻하며 일반 수학식과는 차이가 있다. 부울대수에서 1은 참 또는 단락을, 0은 거짓 또는 개방을 의미한다.

1. 논리합

| $A+0=A$ 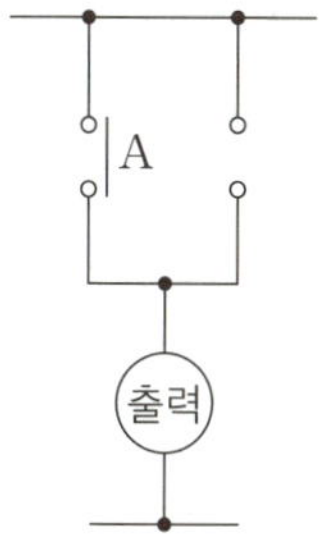 | $A+1=1$ 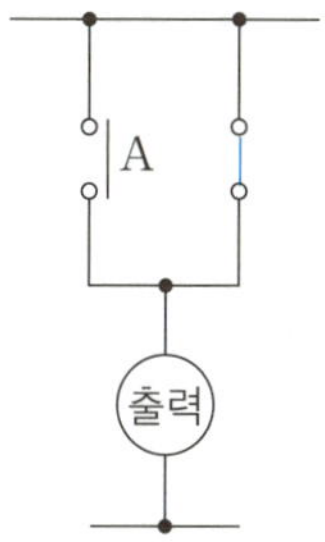 | $A+A=A$ 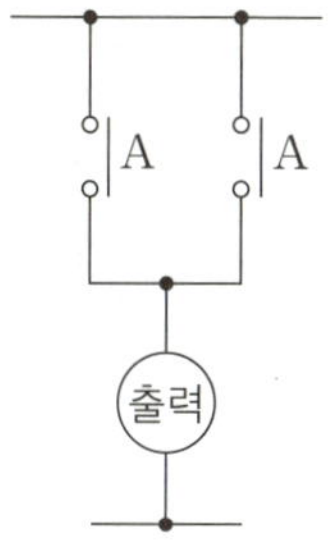 | $A+\overline{A}=1$ 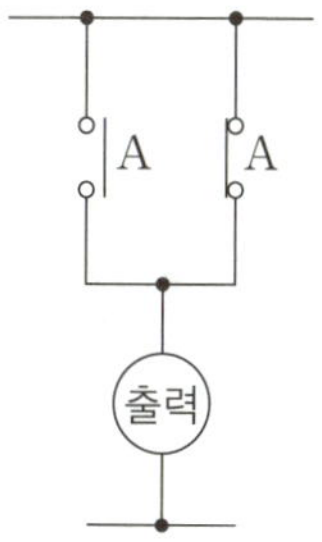 |

2. 논리곱

| $A \times 0=0$ 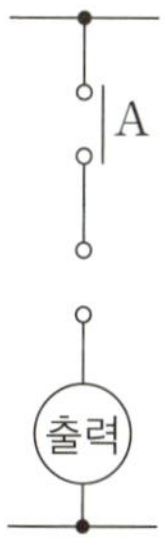 | $A \times 1=A$ 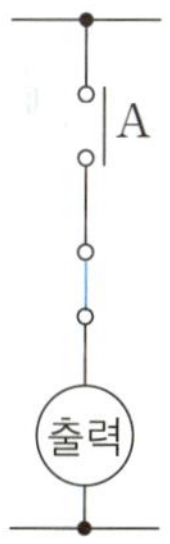 | $A \times A=A$ 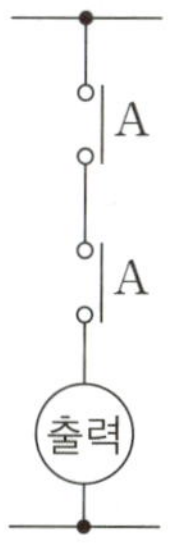 | $A \times \overline{A}=0$ 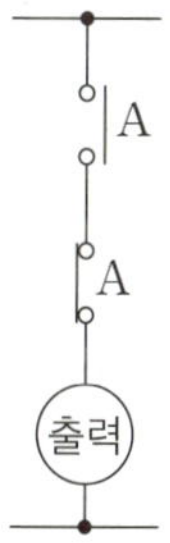 |

3. 교환 (동일 사칙연산내에서 성립)

- $A \times B = B \times A$
- $A(BC) = (AB)C$
- $A+B = B+A$
- $A+(B+C) = (A+B)+C$

4. 분배 · 배분의 정리

- $A \times (B+C) = AB + AC$
- $A + BC = (A+B) \times (A+C)$

개념 확인문제

단답 문제 누름버튼 스위치 BS_1, BS_2, BS_3에 의하여 직접 제어되는 계전기 X_1, X_2, X_3가 있다. 이 계전기 3개가 모두 소재(복귀)되어 있을 때만 출력램프 L_1이 점등되고, 그 이외에는 출력램프 L_2가 점등되도록 계전기를 사용한 시퀀스 제어회로를 설계하려고 한다. 이때 다음 각 물음에 답하시오.

(1) 본문 요구조건과 같은 진리표를 작성하시오.

입력			출력	
X_1	X_2	X_3	L_1	L_2
0	0	0		
0	0	1		
0	1	0		
0	1	1		
1	0	0		
1	0	1		
1	1	0		
1	1	1		

(2) 최소 접점수를 갖는 논리식을 쓰시오.
- $L_1 =$
- $L_2 =$

(3) 논리식에 대응되는 계전기 시퀀스 제어회로(유접점 회로)를 완성하시오.

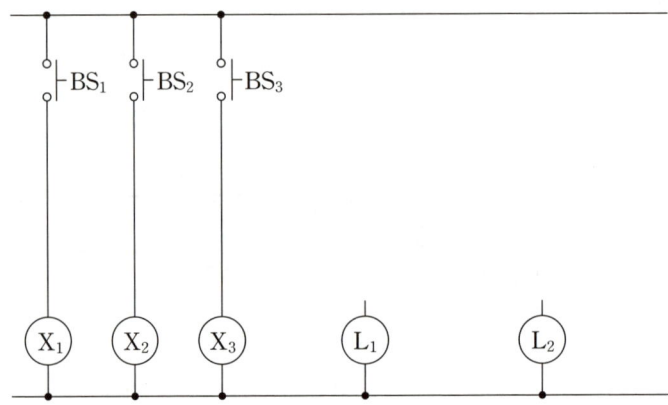

답 (1)

입력			출력	
X_1	X_2	X_3	L_1	L_2
0	0	0	1	0
0	0	1	0	1
0	1	0	0	1
0	1	1	0	1
1	0	0	0	1
1	0	1	0	1
1	1	0	0	1
1	1	1	0	1

(2)
- $L_1 = \overline{X_1} \cdot \overline{X_2} \cdot \overline{X_3}$
- $L_2 = X_1 + X_2 + X_3$

(3)

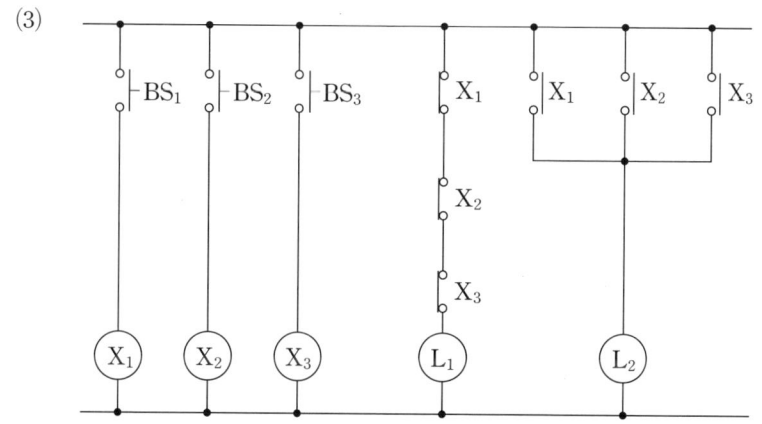

개념 확인문제

단답 문제 주어진 진리값 표는 3개의 리미트 스위치 LS_1, LS_2, LS_3에 입력을 주었을 때 출력 X와의 관계표이다. 이 표를 이용하여 다음 각 물음에 답하시오.

[진리값 표]

LS_1	LS_2	LS_3	X
0	0	0	0
0	0	1	0
0	1	0	0
0	1	1	1
1	0	0	0
1	0	1	1
1	1	0	1
1	1	1	1

(1) 진리값 표를 이용하여 다음과 같은 카르노도를 완성하시오.

LS_3 \ LS_1, LS_2	0 0	0 1	1 1	1 0
0				
1				

(2) 물음 (1)항의 카르노도에 대한 논리식을 쓰시오.

(3) 진리값과 물음 (2)항의 논리식을 이용하여 이것을 무접점 회로도로 표시하시오.

답 (1)

LS_3 \ LS_1, LS_2	0 0	0 1	1 1	1 0
0	0	0	1	0
1	0	1	1	1

(2) $X = LS_1(LS_2 + LS_3) + LS_2 LS_3$ 또는 $X = LS_2(LS_1 + LS_3) + LS_1 LS_3$
 (최소 접점수로 표현하면 되므로, LS_3를 공통항으로 묶는 것 또한 가능하다.)

(3)

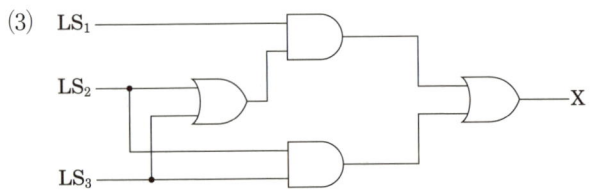

10 드모르간의 정리

쌍대 원리를 이용한 법칙으로 AND의 특성을 OR도 갖는 것을 증명하고 있으며, NAND만의 회로, NOR만의 회로 구성시 논리식을 통해 증명할 수 있다.

1. AND를 OR로 변환

   A와 B의 입력소자와 X의 출력소자가 존재할 때 A·B는 다음과 같이 표현할 수 있다.

   $$X = A \cdot B = \overline{\overline{A} + \overline{B}}$$

2. OR를 AND로 변환

   A와 B의 입력소자와 X의 출력소자가 존재할 때 A+B는 다음과 같이 표현할 수 있다.

   $$X = A + B = \overline{\overline{A} \cdot \overline{B}}$$

※ AND에서 OR로 또는 OR에서 AND로 변환시 쌍대원리가 적용되어 입력과 출력부분 모두 긍정은 부정으로 부정은 긍정으로 변화된다.

3. NAND와 NOR의 변환

NAND	NOR
$\overline{A \cdot B} = \overline{A} + \overline{B}$	$\overline{A + B} = \overline{A} \cdot \overline{B}$

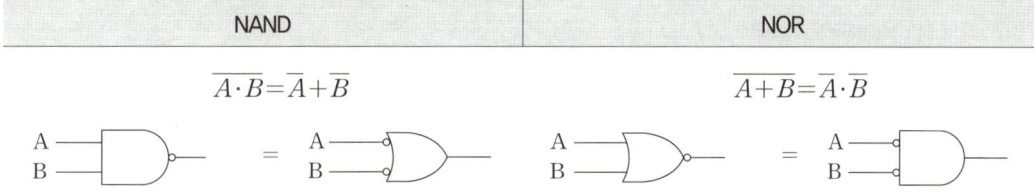

개념 확인문제

단답 문제 그림과 같은 회로의 출력을 입력변수로 나타내고 AND 회로 1개, OR 회로 2개, NOT회로 1개를 이용한 등가회로를 그리시오.

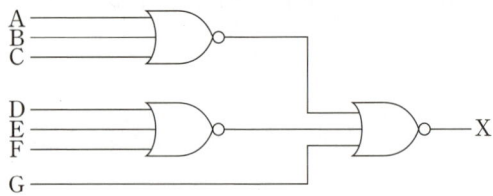

- 출력식
- 등가회로

답
- 출력식 : $X=(A+B+C)\cdot(D+E+F)\cdot\overline{G}$
- 등가회로

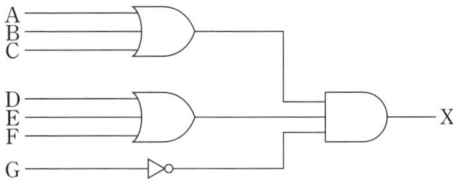

$$X=\overline{\overline{A+B+C}+\overline{D+E+F}+G}=(A+B+C)\cdot(D+E+F)\cdot\overline{G}$$

단답 문제 다음 논리 회로에 대한 물음에 답하시오.

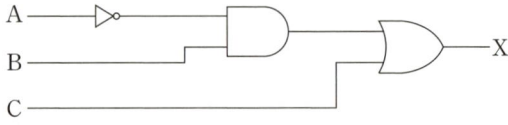

(1) NOR만의 회로를 그리시오.
(2) NAND만의 회로를 그리시오.

답 (1)

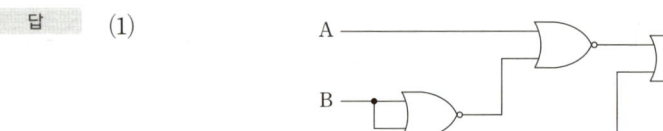

(2)

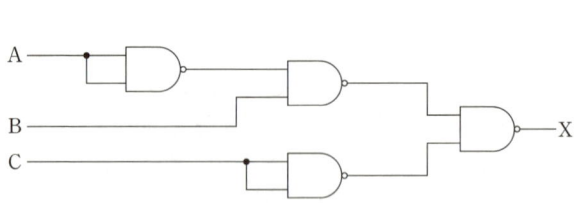

Chapter 01. 우선순위 핵심문제

01 유접점, 무접점 상호변환

그림과 같은 회로의 램프 ⓛ에 대한 점등을 타임차트로 표시하시오.

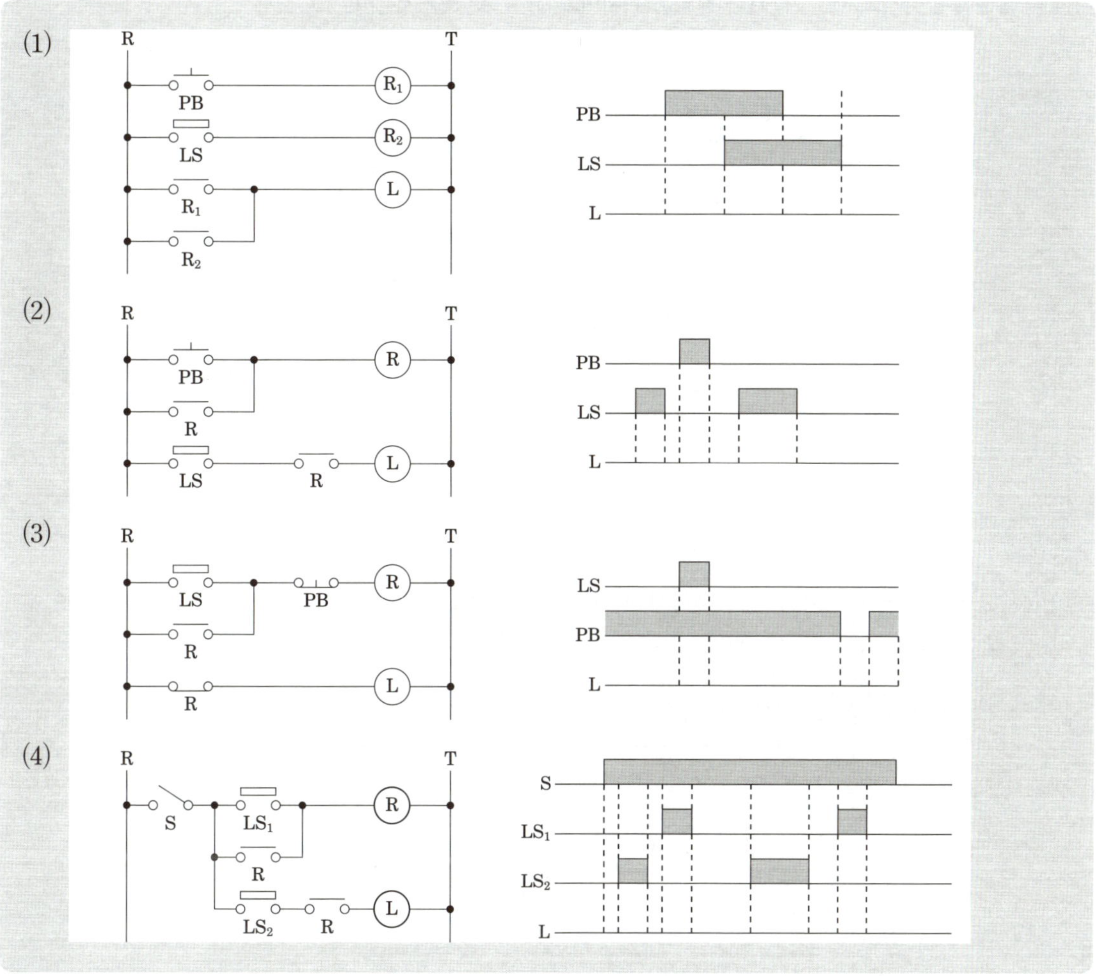

(1), (2), (3), (4) 회로도 및 타임차트

정답

(1)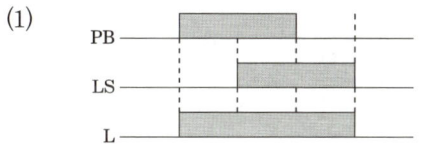

(2)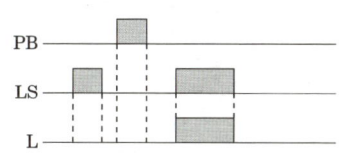

(3)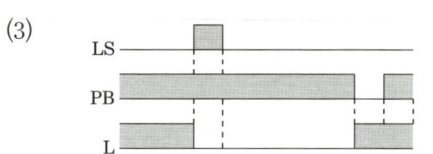

(4)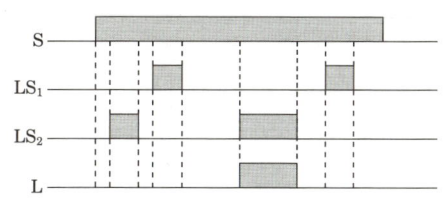

02 인터록 회로 ①

다음 회로는 두 입력 중 먼저 동작한 쪽이 우선이고, 다른 쪽의 동작을 금지시키는 시퀀스 회로이다. 이 회로를 보고 다음 각 물음에 답하시오. (단, A, B는 입력 스위치이고, X_1, X_2는 계전기이다.)

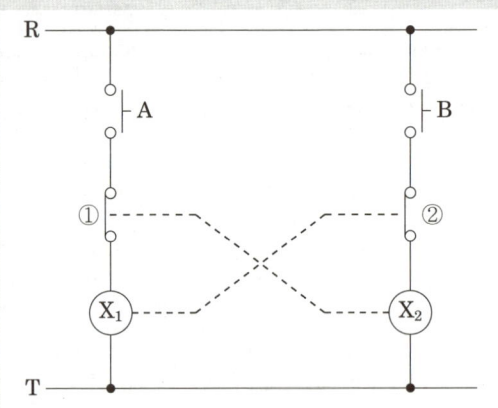

(1) ①, ②에 맞는 각 보조접점의 접점기호의 명칭을 쓰시오.

(2) 이 회로는 주로 기기의 보호와 조작자의 안전을 목적으로 하는데 이와 같은 회로의 명칭을 무엇이라 하는가?

(3) 주어진 진리표를 완성하시오.

입 력		출 력	
A	B	X_1	X_2
0	0		
0	1		
1	0		

(4) 계전기 시퀀스 회로를 논리회로로 변환하여 그리시오.

(5) 그림과 같은 타임차트를 완성하시오.

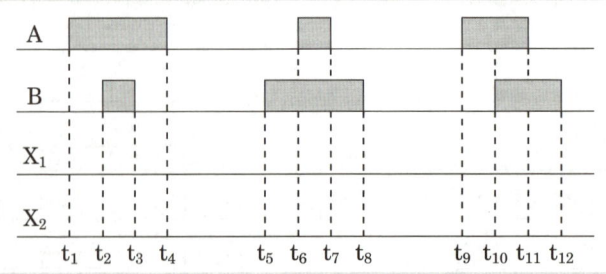

정답

(1) ① X_2 계전기의 b접점
    ② X_1 계전기의 b접점

(2) 인터록 회로

(3)

입력		출력	
A	B	X_1	X_2
0	0	0	0
0	1	0	1
1	0	1	0

(4)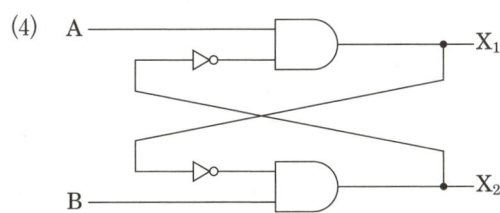

(5)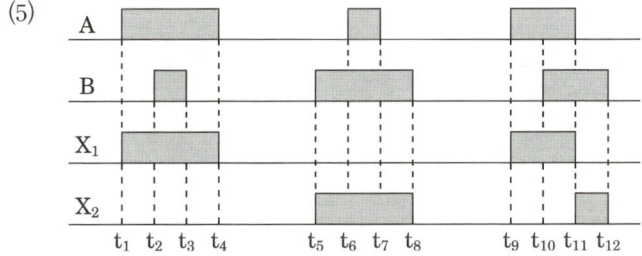

03 인터록 회로 ②

다음 회로는 두 입력 중 먼저 동작한 쪽이 우선이고, 다른 쪽의 동작을 금지시키는 시퀀스 회로이다. 이 회로를 보고 다음 각 물음에 답하시오.

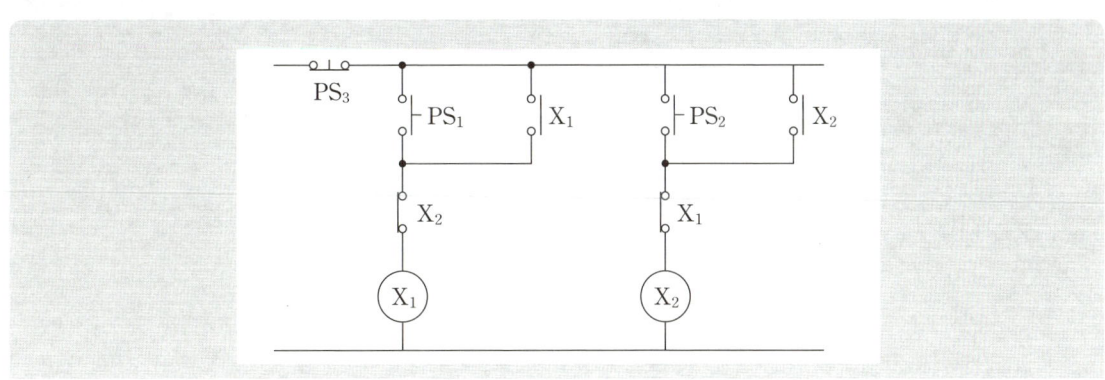

(1) 다음 유접점 회로를 무접점 논리회로로 나타내시오.
   (AND는 3입력1출력, OR는 2입력1출력, X_1, X_2는 릴레이, L_1, L_2는 출력)
(2) 그림과 같은 타임차트를 완성하시오.

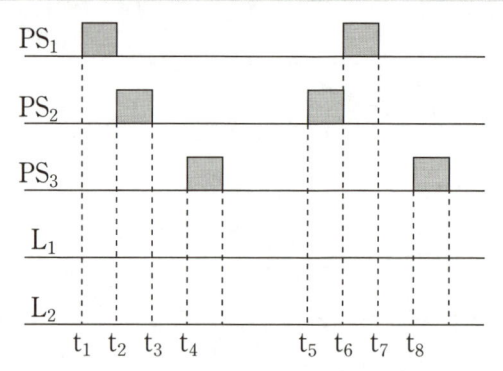

정답

(1)

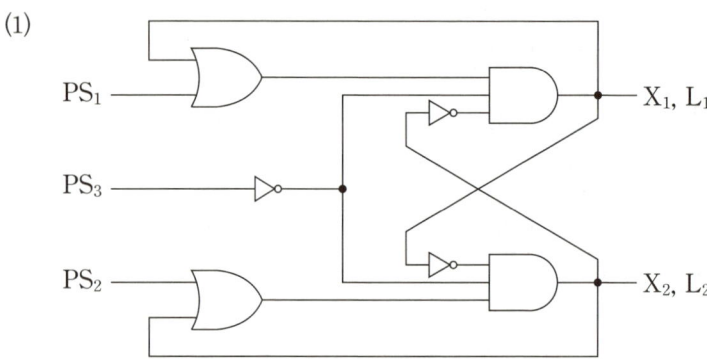

(2)

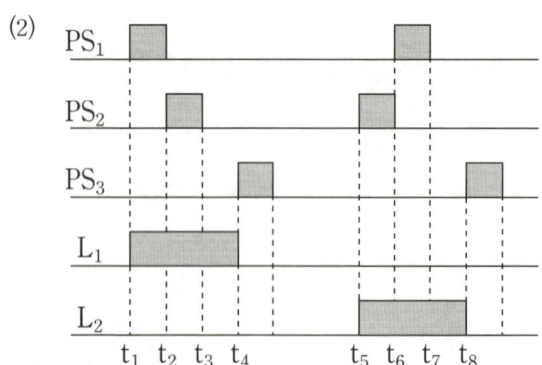

04 무접점, 유접점 변환

그림과 같은 무접점의 논리 회로도를 보고 다음 각 물음에 답하시오.

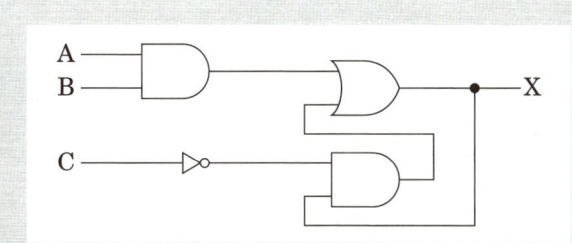

(1) 출력식을 나타내시오.

(2) 주어진 무접점 논리회로를 유접점 논리회로로 바꾸어 그리시오.

(3) 주어진 타임 차트를 완성하시오.

정답

(1) $X = A \cdot B + \overline{C} \cdot X$

(2)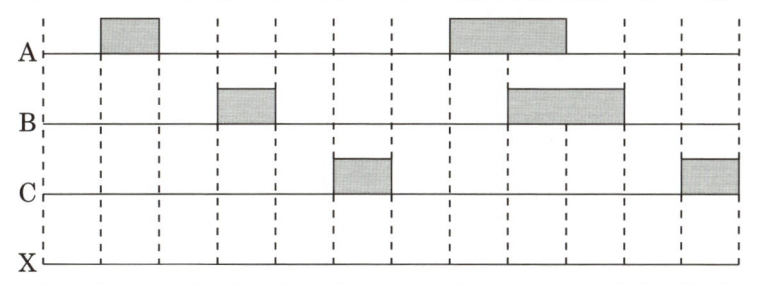

(3)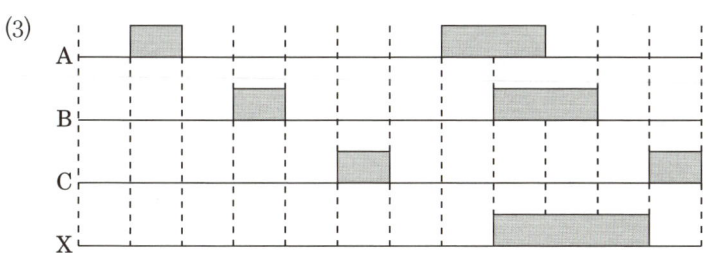

05 만능회로

다음은 어느 계전기 회로의 논리식이다. 이 논리식을 이용하여 다음 각 물음에 답하시오. 단, 여기에서 A, B, C는 입력이고, X는 출력이다.

[논리식]
$$X = (A+B) \cdot \overline{C}$$

(1) 이 논리식을 로직을 이용한 시퀀스도(논리회로)로 나타내시오.

(2) 물음 (1)에서 로직 시퀀스로도 표현된 것을 2입력 NAND gate만으로 등가 변환하시오.

(3) 물음 (2)에서 로직 시퀀스로도 표현된 것을 2입력 NOR gate만으로 등가 변환하시오.

정답

(1)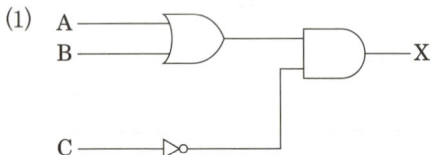

(2)

(3)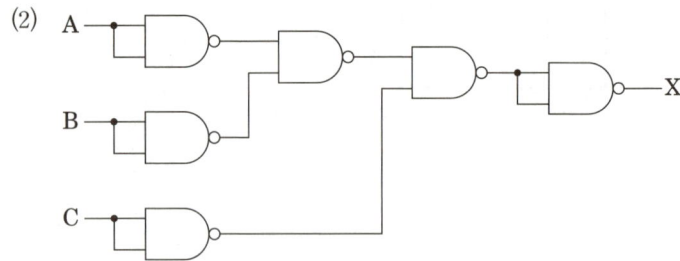

$X = (A+B) \cdot \overline{C} = \overline{\overline{(A+B) \cdot \overline{C}}} = \overline{\overline{A \cdot B} \cdot C}$

$X = (A+B) \cdot \overline{C} = \overline{\overline{(A+B) \cdot \overline{C}}} = \overline{\overline{(A+B)} + C}$

06 전동기 기동·정지

도면은 전동기 A, B, C 3대를 기동시키는 제어 회로이다. 이 회로를 보고 다음 각 물음에 답하시오. (단, MA : 전동기 A의 기동 정지 개폐기, MB : 전동기 B의 기동 정지 개폐기, MC : 전동기 C의 기동 정지 개폐기이다.)

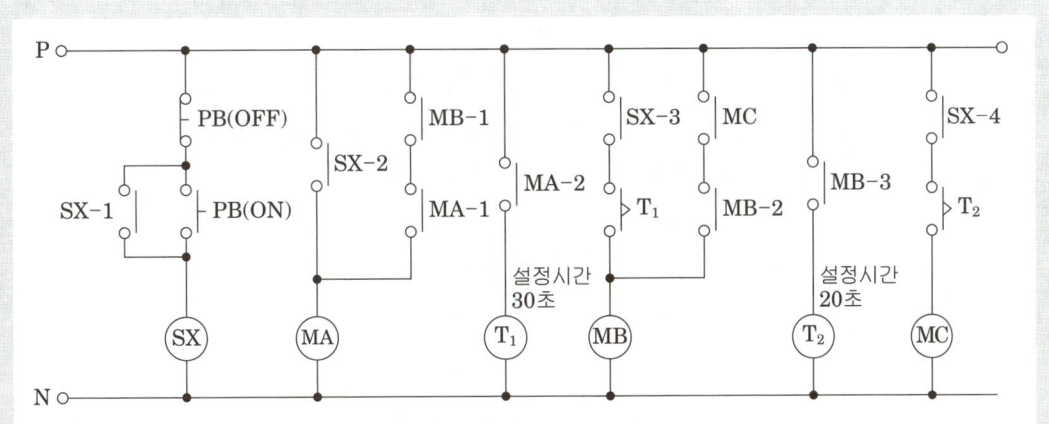

(1) 전동기를 기동시키기 위하여 PB(ON)을 누르면 전동기는 어떻게 기동되는지 그 기동 과정을 상세히 설명하시오.

(2) SX-1의 역할에 대한 접점 명칭은 무엇인가?

(3) 전동기(A, B, C)를 정지시키고자 PB(OFF)를 눌렀을 때, 전동기가 정지되는 순서는 어떻게 되는가?

정답

(1) SX가 동작되어 SX-2 접점에 의하여 MA가 동작되고 MA-2 접점에 의하여 T_1이 여자되어 30초 후에 MB가 동작된다. 이어서 MB-3 접점에 의해서 T_2가 여자되고 20초 후 MC가 동작된다.

(2) 자기 유지 접점

(3) C, B, A 순서대로 정지된다.

07 급수 펌프 회로

어느 회사에서 한 부지에 A, B, C의 세 공장을 세워 3대의 급수 펌프 P_1(소형), P_2(중형), P_3(대형)으로 다음 계획에 따라 급수 계획을 세웠다. 이 계획을 잘 보고 다음 물음에 답하시오.

[계획]
① 모든 공장 A, B, C가 휴무일 때 또는 그 중 한 공장만 가동할 때에는 펌프 P_1만 가동시킨다.
② 모든 공장 A, B, C 중 어느 것이나 두 개의 공장만 가동할 때에는 P_2만 가동시킨다.
③ 모든 공장 A, B, C가 모두 가동할 때에는 P_3만 가동시킨다.

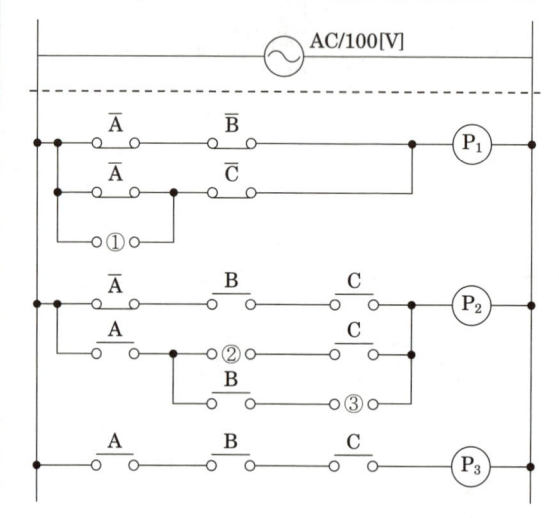

(1) 조건과 같은 진리표를 작성하시오.
(2) ①~③번의 접점 문자 기호를 쓰시오.
(3) $P_1 \sim P_3$의 출력식을 각각 쓰시오.
 ※ 접점 심벌을 표시할 때는 A, B, C, $\overline{A}$, $\overline{B}$, $\overline{C}$ 등 문자 표시도 할 것

정답

(1)

A B C	P_1	P_2	P_3
0 0 0	1	0	0
1 0 0	1	0	0
0 1 0	1	0	0
0 0 1	1	0	0
1 1 0	0	1	0
1 0 1	0	1	0
0 1 1	0	1	0
1 1 1	0	0	1

(2)

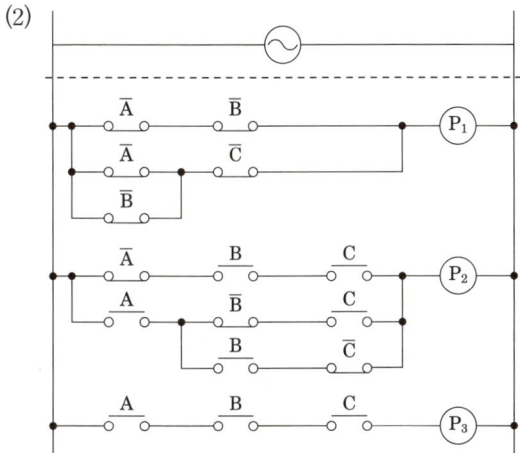

(3) $P_1 = \overline{A}\,\overline{B} + (\overline{A} + \overline{B})\overline{C}$

$P_2 = \overline{A}BC + A(\overline{B}C + B\overline{C})$

$P_3 = ABC$

- 부울대수 이용

$P_1 = \overline{A}\,\overline{B}\,\overline{C} + \overline{A}\,\overline{B}C + \overline{A}B\overline{C} + A\overline{B}\,\overline{C}$

$\quad = \overline{A}\,\overline{B}\,\overline{C} + \overline{A}\,\overline{B}C + \overline{A}\,\overline{B}\,\overline{C} + \overline{A}B\overline{C} + \overline{A}\,\overline{B}\,\overline{C} + A\overline{B}\,\overline{C}$

$\quad = \overline{A}\,\overline{B}(\overline{C}+C) + \overline{A}\,\overline{C}(\overline{B}+B) + \overline{B}\,\overline{C}(\overline{A}+A)$ (단, $\overline{C}+C=1$, $\overline{B}+B=1$, $\overline{A}+A=1$)

$\quad = \overline{A}\,\overline{B} + \overline{A}\,\overline{C} + \overline{B}\,\overline{C} = \overline{A}\,\overline{B} + (\overline{A}+\overline{B})\overline{C}$

$P_2 = \overline{A}BC + A\overline{B}C + AB\overline{C} = \overline{A}BC + A(\overline{B}C + B\overline{C})$

1 Y-△ 기동 회로

전동기의 기동 회로 방법 중 하나로 전전압 기동시 기동전류가 약 4~6배 정도 흐르기 때문에 Y결선으로 전류값을 1/3로 줄여 기동 후 기동이 완료되면 △결선으로 전환하여 전전압 운전한다.

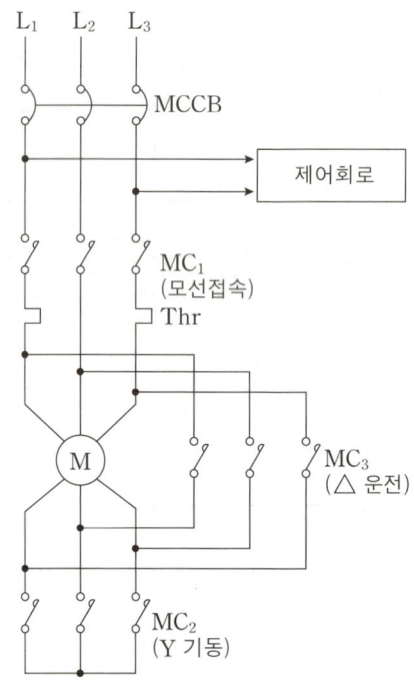

※ 전전압 기동과 비교하여 Y-△ 기동법의 기동시 기동전압, 기동전류 및 기동토크 비교

기동전압	기동전류	기동토크
$\frac{1}{\sqrt{3}}$배	$\frac{1}{3}$배	$\frac{1}{3}$배

개념 확인문제

단답 문제 답안지의 도면은 3상 농형 유도 전동기 IM의 Y-△ 기동 운전 제어의 미완성 회로도이다. 이 회로도를 보고 다음 각 물음에 답하시오.

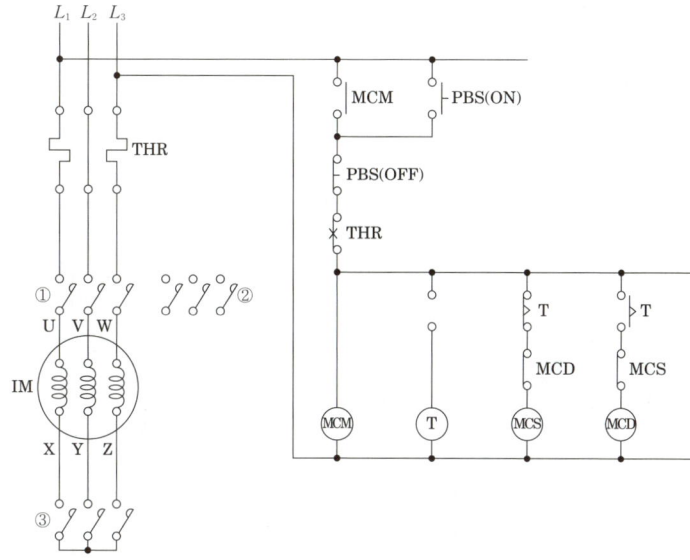

(1) ① ~ ③ 에 해당되는 전자 접촉기 접점의 약호는 무엇인가?
(2) 전자 접촉기 MCS는 운전중에는 어떤 상태로 있겠는가?
(3) 미완성 회로도의 주회로 및 보조회로 부분에 Y-△ 기동 운전 결선도를 작성하시오.

답 (1) ① MCM, ② MCD, ③ MCS
(2) 정지상태(복귀, 무여자)
(3)

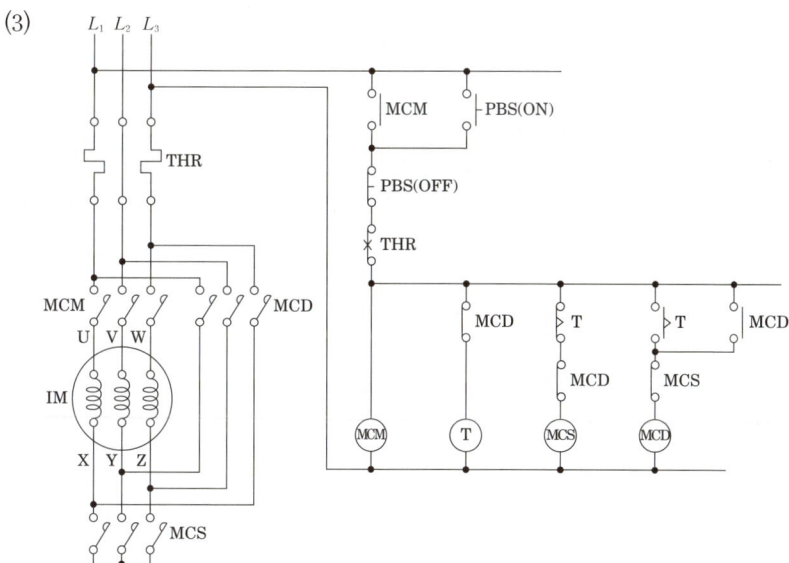

개념 확인문제

단답 문제 그림은 자동 Y-△ 기동회로이다. 이 회로를 보고 다음 각 물음에 답하시오.

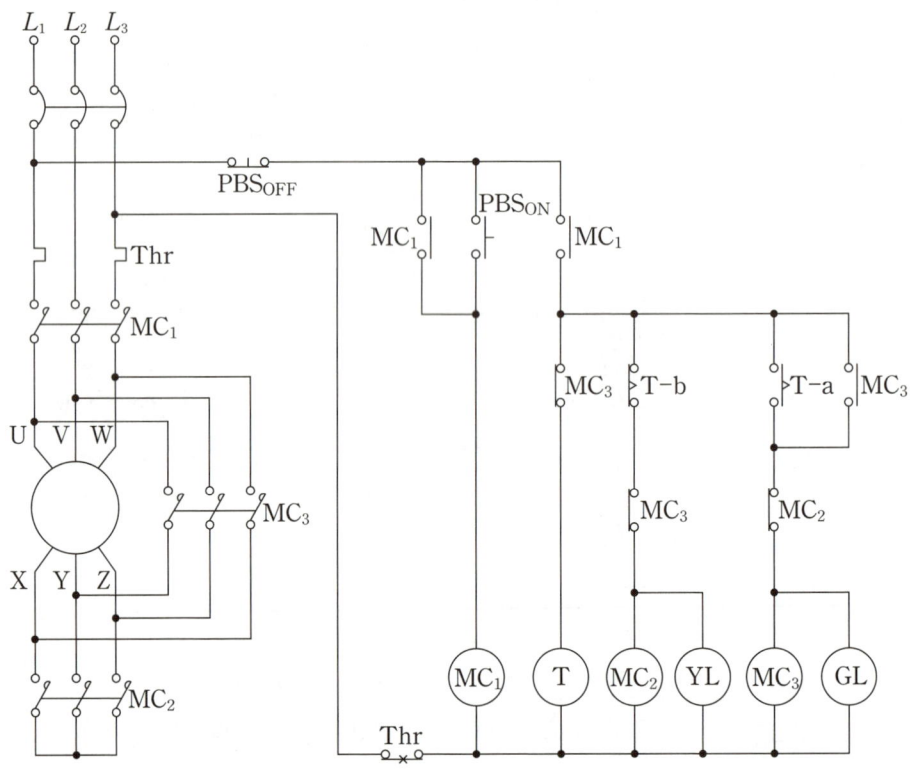

(1) 작동 설명의 (   ) 안에 알맞은 내용을 쓰시오.

기동스위치 PBS$_{ON}$을 누르면 (①)이 여자되고, (②)가 여자되면서 일정시간 동안 (③)와 (④) 접점에 의해 MC$_2$가 여자되어 MC$_1$, MC$_2$가 작동하여 (⑤) 결선으로 전동기가 기동된다. 일정시간 이후에 (⑥) 접점에 의해 개회로가 되므로 (⑦)가 소자되고, (⑧)와 (⑨) 접점에 의해 MC$_3$이 여자되어 MC$_1$, (⑩)가 작동하여 (⑪) 결선에서 (⑫) 결선으로 변환되어 전동기가 정상운전 된다.

(2) 주어진 기동회로에 인터록 회로에 표시를 한다면 어느 부분에 어떻게 표현하여야 하는가?

답 (1) ① MC$_1$ ② T   ③ T-b   ④ MC$_3$-b   ⑤ Y   ⑥ T-b
　　　⑦ MC$_2$ ⑧ T-a   ⑨ MC$_2$-b   ⑩ MC$_3$ ⑪ Y   ⑫ △

(2)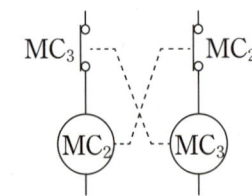

2 정·역 변환회로

전동기의 정회전 및 역회전을 위한 회로로 회전 자장의 방향을 바꾸어 회전 방향을 바꾼다. 3상 전동기에서 전원의 3단자 중 2단자의 접속을 교체 연결하면 가능하다.

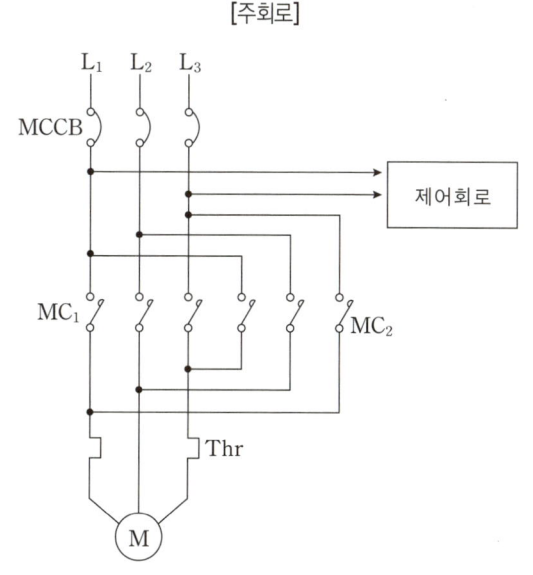

[주회로]

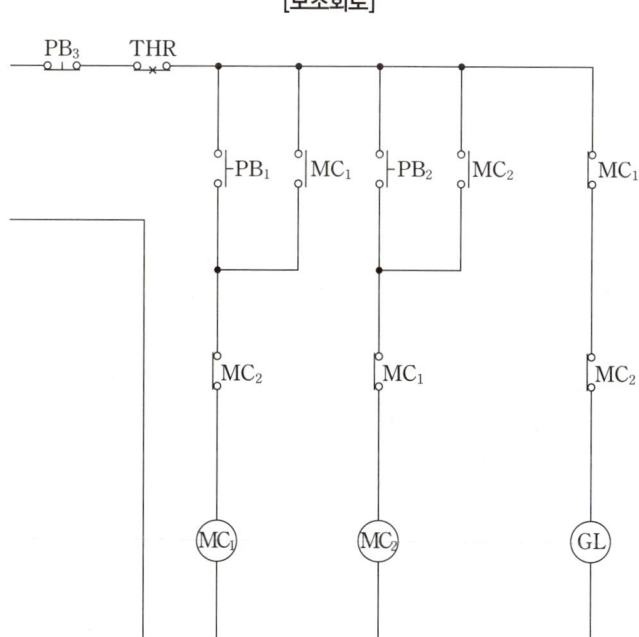

[보조회로]

※ 보조회로 결선시 ON, OFF 버튼을 조건으로 주어진다면 반드시 정과 역 표시를 해야한다.

개념 확인문제

단답 문제 도면은 유도 전동기 IM의 정회전 및 역회전용 운전의 단선 결선도이다. 이 도면을 이용하여 다음 각 물음에 답하시오. (단, 52F는 정회전용 전자접촉기이고, 52R은 역회전용 전자접촉기이다.)

(1) 단선도를 이용하여 3선 결선도를 그리시오. (단, 점선내의 조작회로는 제외하도록 한다.)

(2) 주어진 단선 결선도를 이용하여 정·역회전을 할 수 있도록 조작회로를 그리시오. (단, 누름버튼 스위치 OFF 버튼 2개, ON 버튼 2개 및 정회전 표시램프 RL, 역회전 표시램프 GL도 사용하도록 한다.)

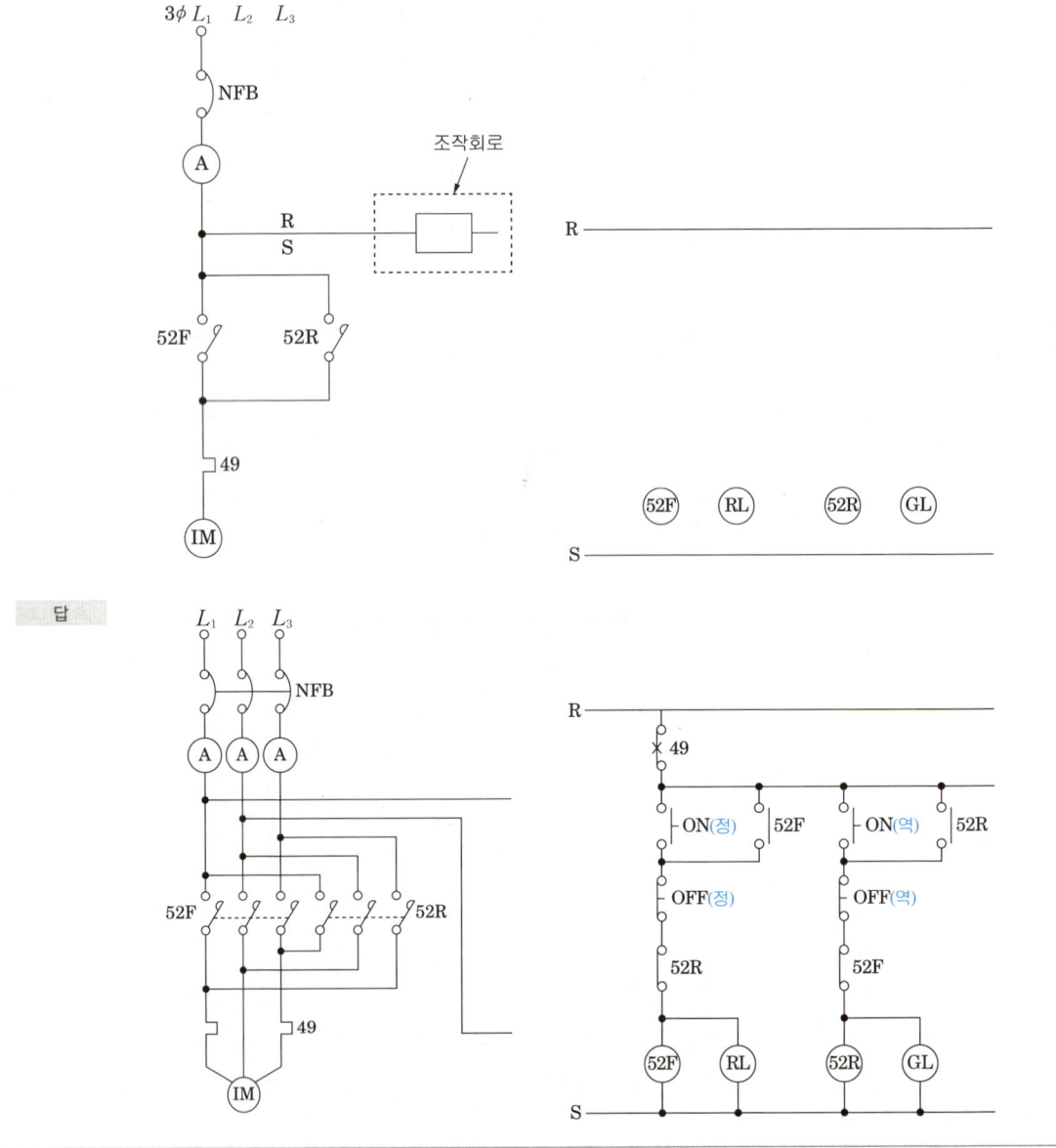

개념 확인문제

단답 문제 다음 회로는 전동기의 정·역 변환 시퀀스 회로이다. 전동기는 가동 중 정·역을 곧바로 바꾸면 과전류와 기계적 손상이 오기 때문에 지연 타이머로 지연 시간을 주도록 하였다. 다음 각 물음에 답하시오.

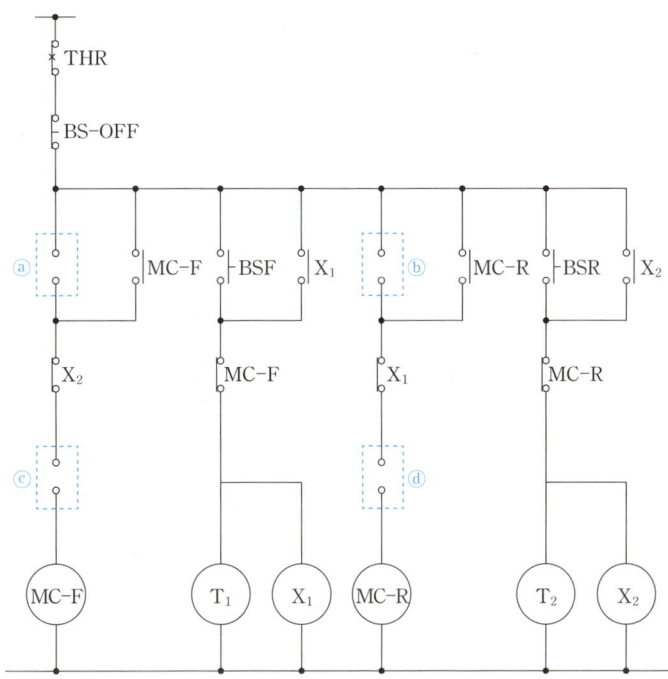

(1) ⓐ, ⓑ, ⓒ, ⓓ에 들어갈 접점을 그리고 접점 옆에 접점 기호를 표시하시오.
(2) 주 회로 부분을 그리시오.
(3) 약호 THR은 무엇인가?

답 (1)

ⓒ 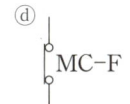 MC-R   ⓓ ┤├ MC-F

(2)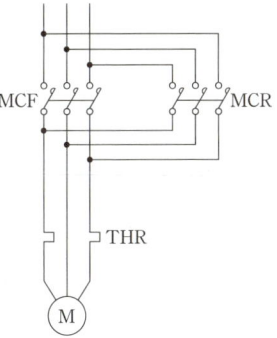

(3) 열동계전기

3 리액터 기동회로

기동시 전원측에 리액터를 설치하여 전압 강하를 이용하여 입력전압을 낮추어 기동하는 회로를 뜻한다.

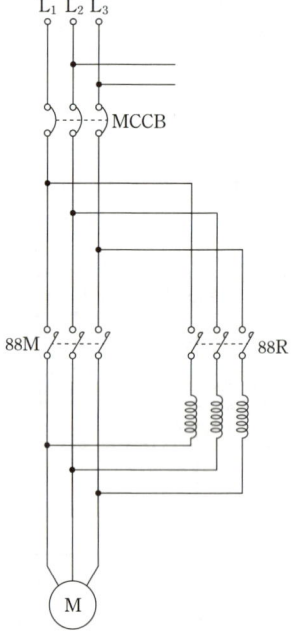

개념 확인문제   Check up! ☐☐☐

단답 문제   다음 그림은 리액터 기동 정지 조작회로의 미완성 도면이다. 이 도면에 대하여 다음 물음에 답하시오.

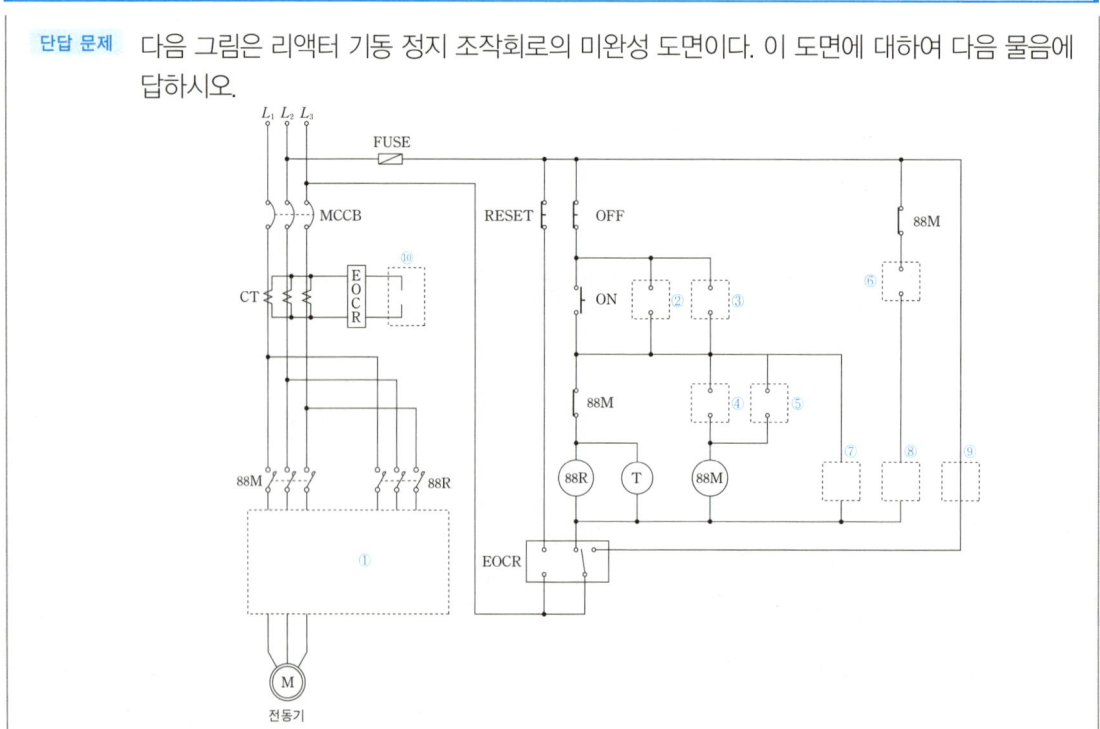

개념 확인문제   Check up! □ □ □

단답 문제

(1) ① 부분의 미완성 주회로를 회로도에 직접 그리시오.

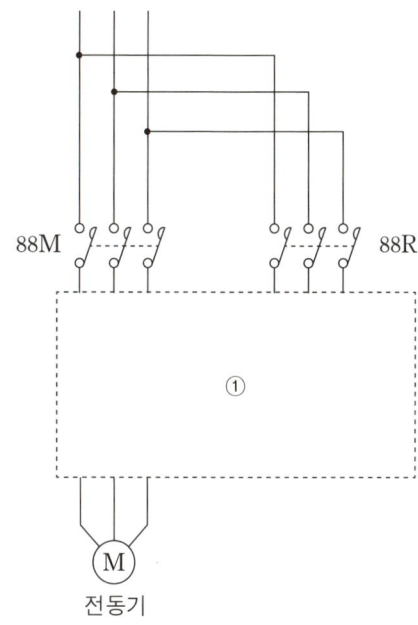

(2) 제어회로에서 ②, ③, ④, ⑤, ⑥ 부분의 접점을 완성하고 그 기호를 쓰시오.

구분	②	③	④	⑤	⑥
접점 및 기호					

(3) ⑦, ⑧, ⑨, ⑩ 부분에 들어갈 LAMP와 계기의 그림기호를 그리시오.

(예 Ⓖ 정지, Ⓡ 기동 및 운전, Ⓨ 과부하로 인한 정지)

구분	⑦	⑧	⑨	⑩
그림기호				

(4) 직입기동시 시동전류가 정격전류의 6배가 되는 전동기를 65[%] 탭에서 리액터 시동한 경우 시동전류는 약 몇 배 정도가 되는지 계산하시오.
 • 계산과정   • 답

(5) 직입기동시 시동토크가 정격토크의 2배였다고 하면 65[%] 탭에서 리액터 시동한 경우 시동토크는 약 몇 배 정도가 되는지 계산하시오.
 • 계산과정   • 답

개념 확인문제   Check up! ☐☐☐

(1)
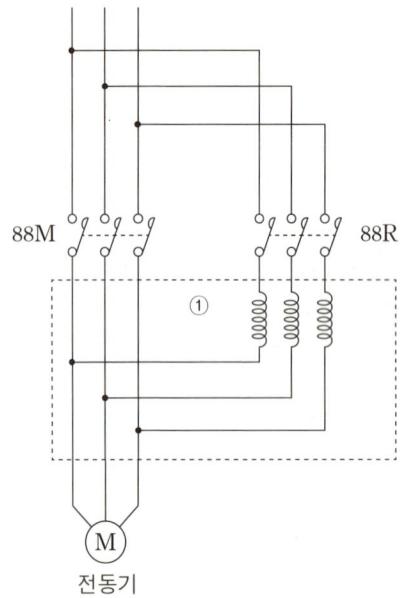

(2)

구분	②	③	④	⑤	⑥
접점 및 기호	88R	88M	T-a	88M	88R

(3)

구분	⑦	⑧	⑨	⑩
그림기호	Ⓡ	Ⓖ	Ⓨ	Ⓐ

(4) • 계산 : 직입기동시 시동 전류가 정격전류의 6배이고, 전류는 전압에 비례이므로
  시동전류 $= 6I \times 0.65 = 3.9I$
  • 답 : 약 3.9배

(5) • 계산 : 직입기동시 시동 토크는 정격토크의 2배이고, 토크는 전압의 제곱에 비례하므로
  시동토크 $= 2T \times 0.65^2 = 0.845T$
  • 답 : 0.85배

4 기동보상기 기동제어회로

기동시 전동기에 대한 인가전압을 단권변압기로 강압하여 공급함으로써 기동전류를 억제하고 기동완료 후 전전압을 가하여 운전하는 방식의 회로를 뜻한다.

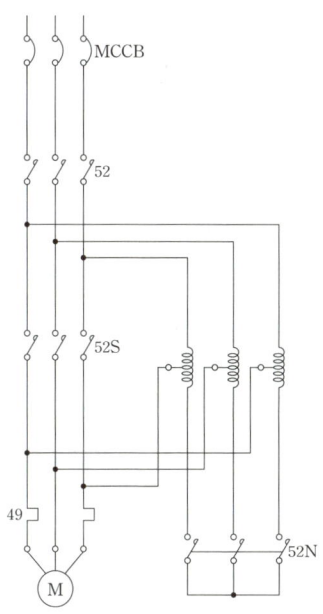

개념 확인문제　　　　　　　　　　　　　　　　　　　　　　Check up! ☐☐☐

단답 문제 도면과 같은 기동 보상기에 의한 전동기의 기동제어 회로의 미완성 도면을 보고 다음 각 물음에 답하시오.

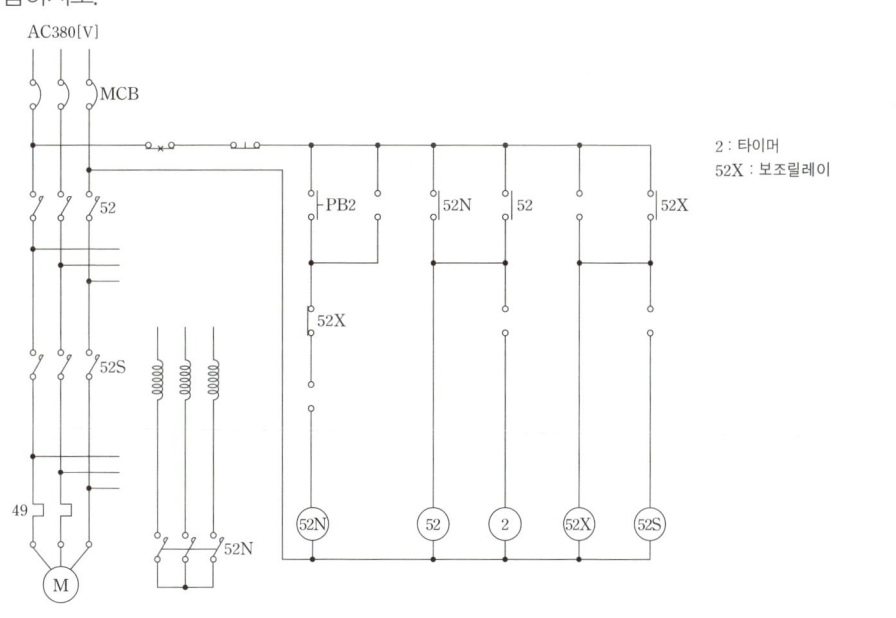

개념 확인문제

단답 문제
(1) 전동기의 기동 보상기 기동제어는 어떤 기동 방법인지 그 방법을 상세히 설명하시오.
(2) 주 회로에 대한 미완성 부분을 완성하시오.
(3) 보조 회로의 미완성 접점을 그리고 그 접점 명칭을 표시하시오.

답
(1) 기동시 전동기에 대한 인가전압을 단권변압기로 강압하여 공급함으로써 기동전류를 억제하고 기동완료 후 전전압을 가하는 방식

(2)
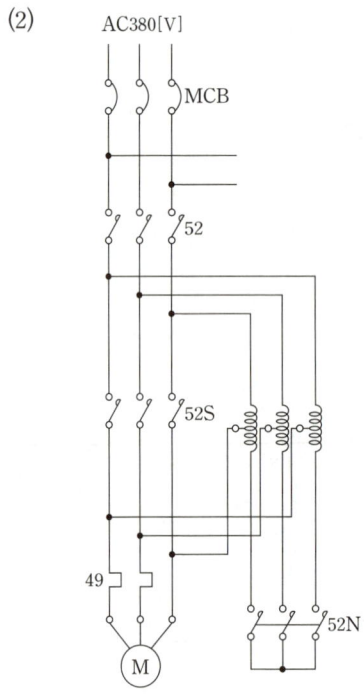

(3)
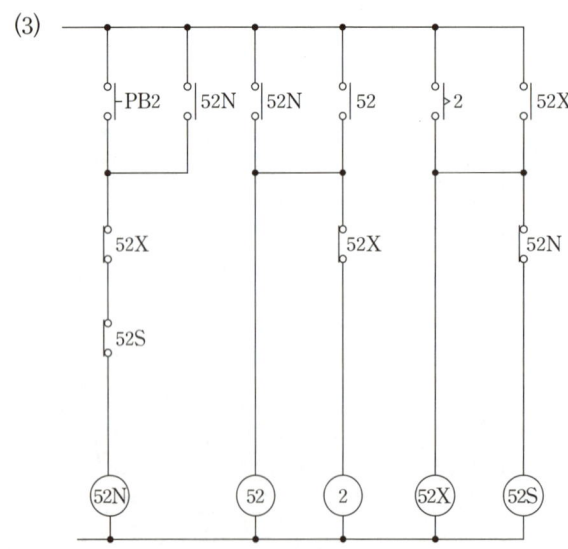

5 자동급수 제어회로

전원 인가 후 모터가 동작하여 수조에 물을 공급 도중 상한 수위에 도달할 경우 플로우트 스위치에 의해 자동으로 회로를 제어하여 모터를 정지시키는 회로를 뜻한다. 수조의 물이 하한점에 도달할 경우 다시 회로가 연결되어 모터를 동작시키고 일련의 동작을 자동으로 제어한다.(단, 하단 회로의 접점은 일본접점으로 현재 우리나라에서는 사용하지 않는 기호이다.)

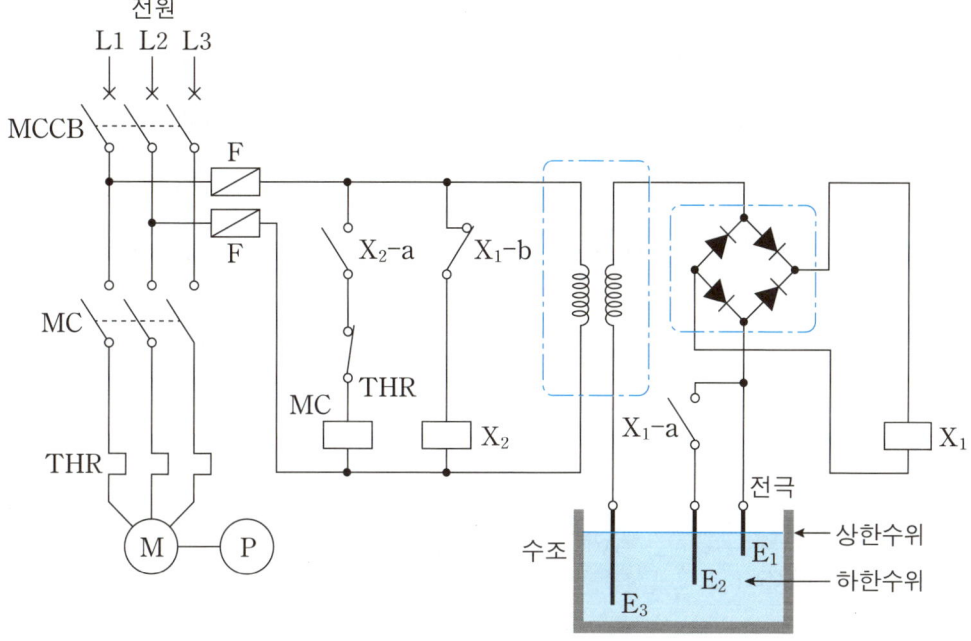

개념 확인문제

단답 문제 그림은 플로우트레스(플로우트스위치 없는) 액면 릴레이를 사용한 급수제어의 시퀀스도이다. 다음 각 물음에 답하시오.

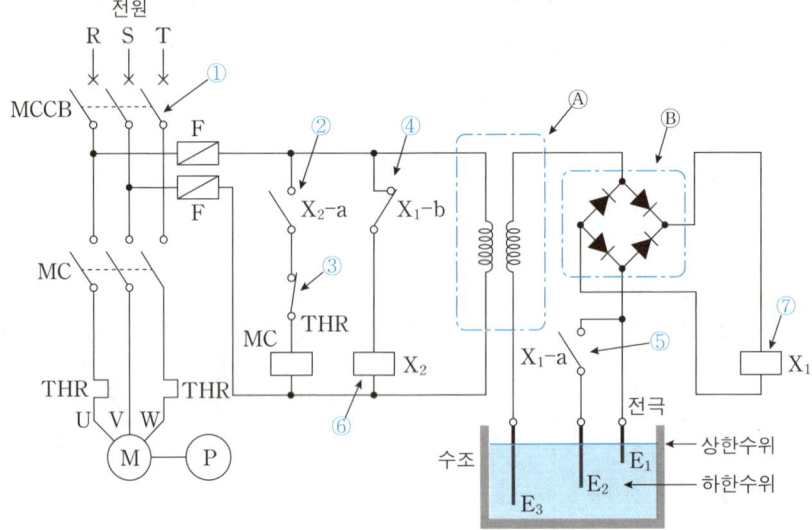

(1) 도면에서 기기 Ⓑ의 명칭을 쓰고 그 기능을 설명하시오.
  · 명칭 :   · 기능 :

(2) 전동 펌프가 과전류가 되었을 때 최초에 동작하는 계전기의 접점을 도면에 표시되어있는 번호로 지적하고 그 명칭은 무엇인지를 구체적으로 (동작에 관련된 명칭) 쓰도록 하시오.

(3) 수조의 수위가 전극 E_1보다 올라갔을 때 전동펌프는 어떤 상태로 되는가?

(4) 수조의 수위가 전극 E_1보다 내려갔을 때 전동 펌프는 어떤 상태로 되는가?

(5) 수조의 수위가 전극 E_2보다 내려갔을 때 전동 펌프는 어떤 상태로 되는가?

답 (1) · 명칭 : 브리지 정류 회로
    · 기능 : 교류를 직류로 바꿔준다.
(2) ③, 수동 복귀 b접점
(3) 정지 상태
(4) 정지 상태
(5) 운전 상태

※ 브릿지 정류 회로는 전파정류기라고도 불리며, 다이오드의 정류기능을 통해 교류를 직류로 변환시키는 역할을 한다.

6 2개소 제어회로

1대의 전동기를 현장, 제어반 등 다른 두 곳에서 각각 제어가 가능하도록 구성된 회로를 뜻한다. 기동과 정지용 스위치 및 감시램프를 각각 설치하여 구성하며, 이때 기동용은 병렬로 구성하고 정지용은 직렬로 구성한다.

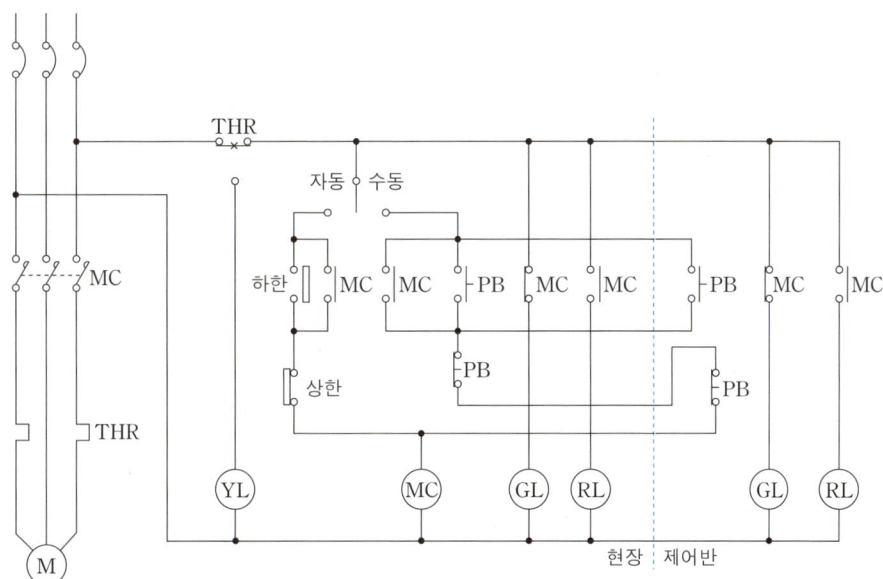

개념 확인문제
Check up!

단답 문제 유도 전동기 IM을 유도전동기가 있는 현장과 현장에서 조금 떨어진 제어실 어느 쪽에서든지 기동 및 정지가 가능하도록 전자접촉기 MC와 누름버튼 스위치 PBS-ON용 및 PBS-OFF용을 사용하여 제어회로를 점선 안에 그리시오.

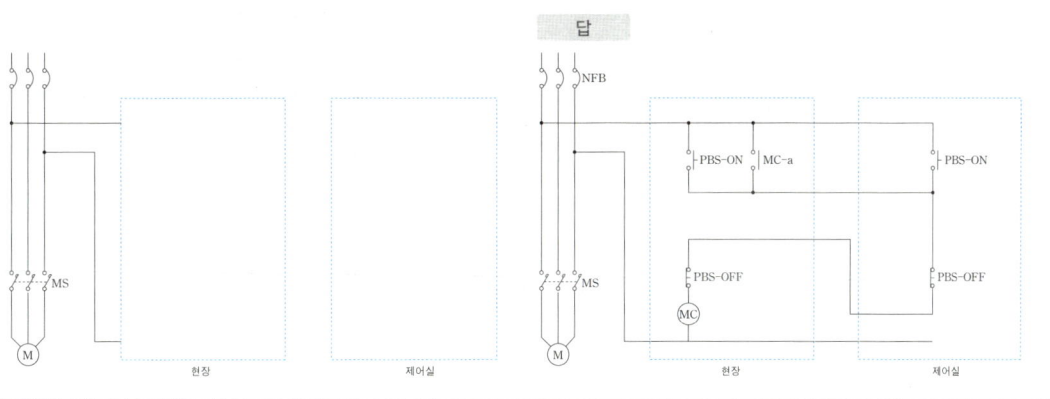

7 플러깅 제어회로

플러깅 릴레이를 사용하여 정회전 중 역상제동을 통해서 전동기를 급제동 시키는 회로를 뜻한다. 역회전 전자접촉기의 경우 역상토크를 얻기 위함일 뿐 역회전을 위한 회로가 아니다.

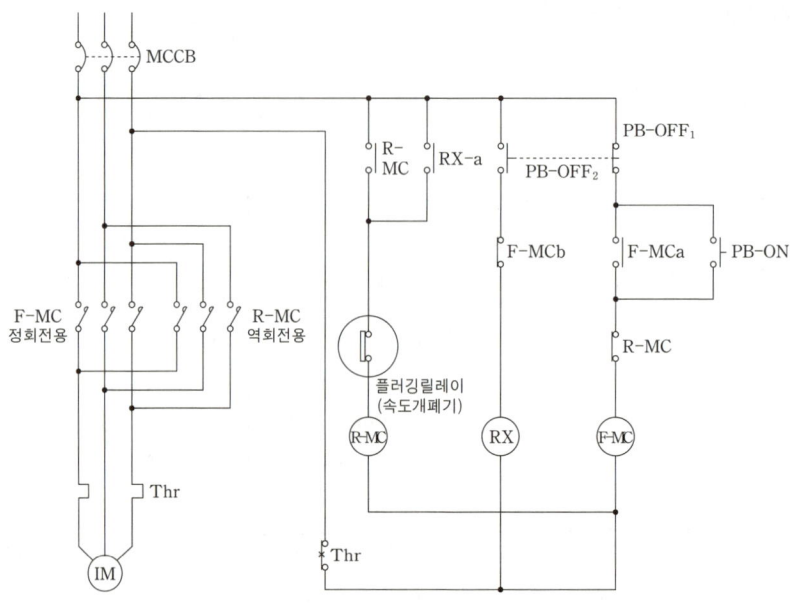

개념 확인문제

단답 문제 주어진 도면은 3상 유도전동기의 플러깅(Plugging)회로에 대한 미완성 도면이다. 이 도면을 보고 다음 각 물음에 답하시오.

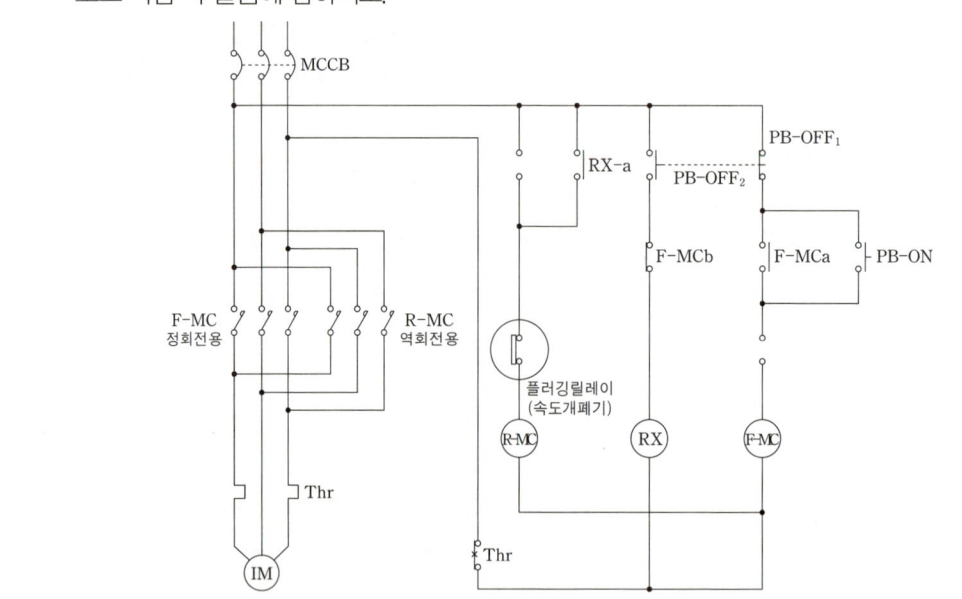

개념 확인문제   Check up! ☐☐☐

단답 문제

(1) 동작이 완전하도록 도면을 완성하시오. 사용 접점에 대한 기호를 반드시 기록하도록 한다.

(2) ㉻ 계전기를 사용하는 이유를 설명하시오.

(3) 전동기가 정회전하고 있는 중에 PB-OFF를 누를 때 동작 과정을 상세하게 설명하시오.
(단, PB-OFF$_1$, PB-OFF$_2$는 연동 스위치로 PB-OFF$_1$을 누르는 것을 PB-OFF$_2$를 누른다고 한다.)

(4) 플러깅에 대하여 간단히 설명하시오.

답

(1)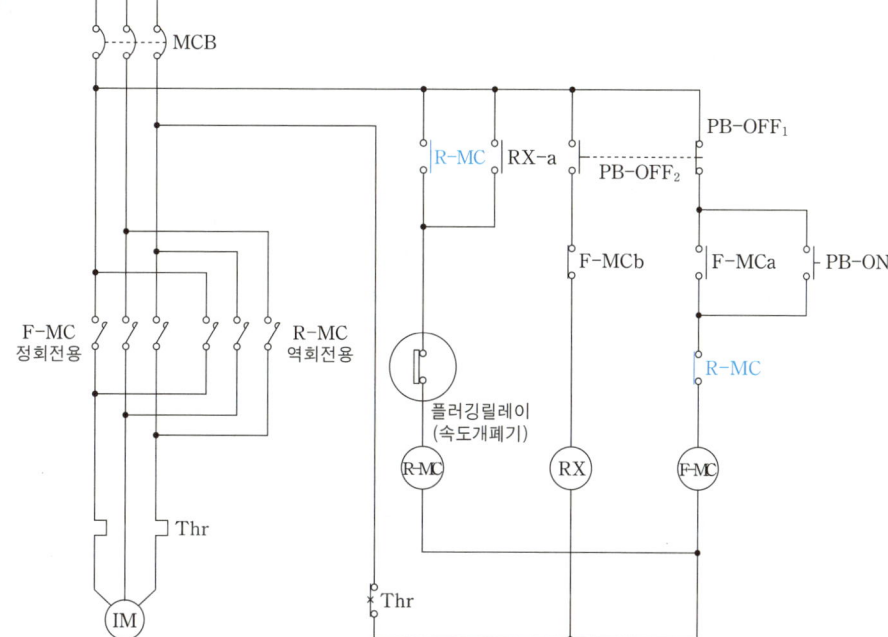

(2) 인터록 시간 지연과 제동시 과전류를 방지하는 시간적인 여유를 얻기 위해서이다.

(3) PB-OFF를 누르면 F-MC가 소자되고 RX 계전기가 여자된다. RX-a에 의해 R-MC가 여자되어 전동기 역회전 토크 발생하여 전동기 속도가 급저하된다. 전동기 속도가 0에 가까워지면 플러깅 릴레이에 의해 전동기는 전원에서 분리되어 정지한다.

(4) 역방향 토크를 이용하여 전동기를 급제동시키는 것이다.

8 직류 제동회로

3상 전동기 정지시 제동법중 하나로 정지시 다이나믹브레이크와 브릿지정류회로를 통해 타이머 설정시간 만큼 직류전류를 인가후 차단하여 안정된 정지 효과를 볼 수 있는 회로를 뜻한다.

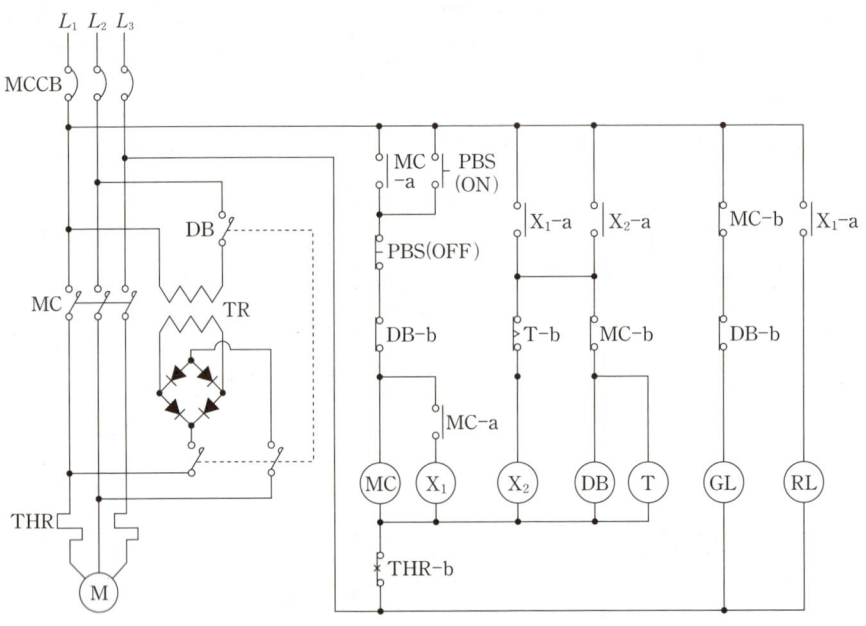

개념 확인문제   Check up! □ □ □

단답 문제 다음 회로도를 보고 그림 및 동작 설명을 참고하여 다음 물음에 답하시오.

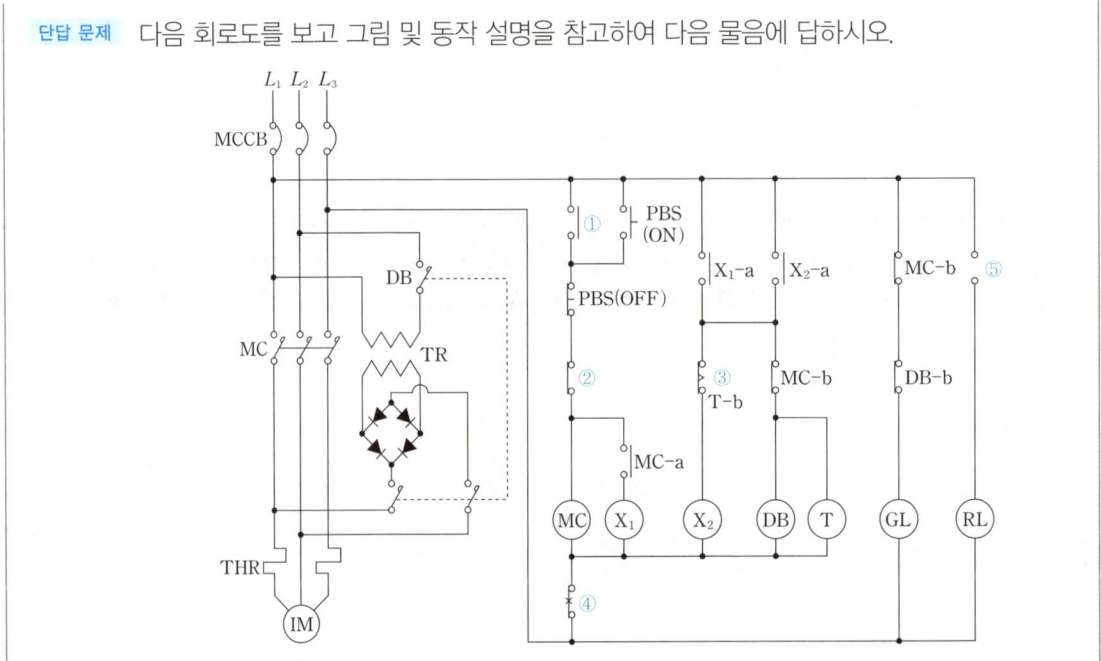

개념 확인문제

단답 문제

[범 례]

- MCCB : 배선용 차단기
- MC : 전자 접촉기
- SiRf : 실리콘 정류기
- T : 타이머
- PBS(ON) : 운전용 푸시버튼
- GL : 정지 램프
- THR : 열동형 과전류 계전기
- TR : 정류 전원 변압기
- X_1, X_2 : 보조 계전기
- DB : 제동용 전자 접촉기
- PBS(OFF) : 정지용 푸시버튼
- RL : 운전 램프

[동작설명]

운전용 푸시 버튼 스위치 PBS(ON)을 눌렀다 놓으면 각 접점이 동작하여 전자접촉기 MC가 투입되어 전동기는 가동하기 시작하며 운전을 계속한다. 운전을 마치기 위하여 정지용 푸시버튼 PBS(OFF)를 누르면 각 접점이 동작하여 전자접촉 MC가 끊어지고 직류 제동용 전자접촉기 DB가 투입되며, 전동기에는 직류가 흐른다. 타이머 T에 세트한 시간만큼 직류 제동 전류가 흐르고 직류가 차단되며, 각 접점은 운전 전의 상태로 복귀되고 전동기는 정지하게 된다.

(1) ①, ②, ④에 해당되는 접점의 기호를 쓰시오.

(2) ③에 대한 접점의 심벌 명칭은 무엇인가?

(3) ⓇⓁ은 운전 중 점등되는 램프이다. 어느 보조 계전기를 사용하는지 ⑤에 대한 접점의 심벌을 그리고 그 기호를 쓰시오.

답

(1) ① MC-a ② DB-b ④ THR-b

(2) 한시동작 순시복귀 b접점

(3) X_1-a

01　Y-△ 기동회로 ①

다음 그림은 3상 유도전동기의 Y-△ 기동법을 나타내는 결선도이다. 다음 물음에 답하시오.

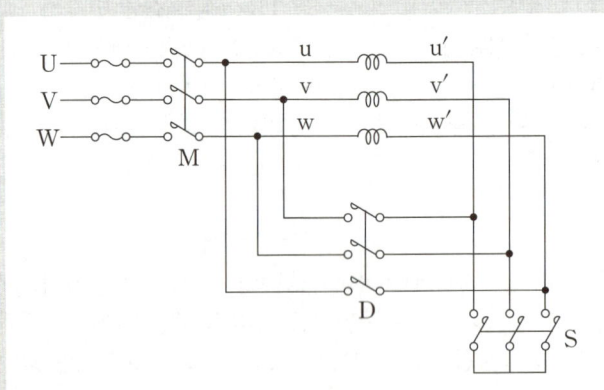

(1) 다음 표의 빈칸에 기동시 및 운전시의 전자개폐기 접점의 ON, OFF 상태 및 접속상태(Y-△)를 쓰시오.

구 분	전자개폐기 접점상태(ON, OFF)			접속상태
	S	D	M	
기동시				
운전시				

(2) 전전압 기동과 비교하여 Y-△ 기동법의 기동시 기동전압, 기동전류 및 기동토크는 각각 어떻게 되는가?

정답

(1) 다음 표의 빈칸에 기동시 및 운전시의 전자개폐기 접점의 ON, OFF 상태 및 접속상태(Y-△)를 쓰시오.

구 분	전자개폐기 접점상태(ON, OFF)			접속상태
	S	D	M	
기동시	ON	OFF	ON	Y
운전시	OFF	ON	ON	△

(2) 전전압 기동과 비교하여 Y-△ 기동법의 기동시 기동전압, 기동전류 및 기동토크는 각각 어떻게 되는가?

① 기동전압 $\frac{1}{\sqrt{3}}$ 배　② 기동전류 $\frac{1}{3}$ 배　③ 기동토크 $\frac{1}{3}$ 배

02   Y-△ 기동회로 ②

그림은 한시 계전기를 사용한 유도 전동기의 Y-△ 기동회로의 미완성 회로이다. 이 회로를 이용하여 다음 각 물음에 답하시오.

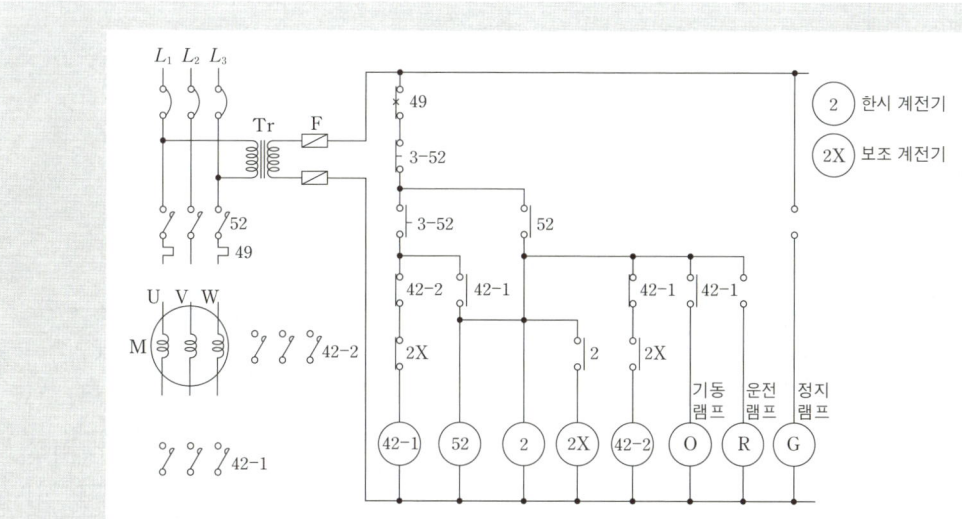

(1) 도면의 미완성 회로를 완성하시오. 단, 주회로 부분과 보조 회로 부분
(2) 기동 완료시 열려(open)있는 접촉기를 모두 쓰시오.
(3) 기동 완료시 닫혀(close)있는 접촉기를 모두 쓰시오.

정답

(1)

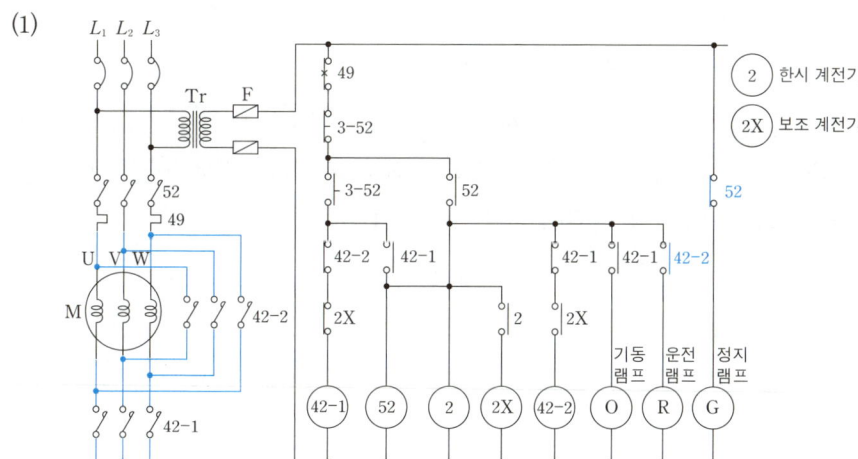

(2) 42-1
(3) 52, 42-2

03 정·역 및 Y-△ 기동회로

그림과 같은 시퀀스도는 3상 농형 유도전동기의 정·역 및 Y-△ 기동회로이다. 이 시퀀스도를 보고 다음 각 물음에 답하시오. (단, $MC_{1~4}$: 전자접촉기, PB_0 : 누름버튼 스위치, PB_1과 PB_2 : 1a와 1b 접점을 가지고 있는 누름버튼 스위치, PL_1, PL_2, PL_3 : 표시등, T : 한시동작 순시복귀 타이머이다.)

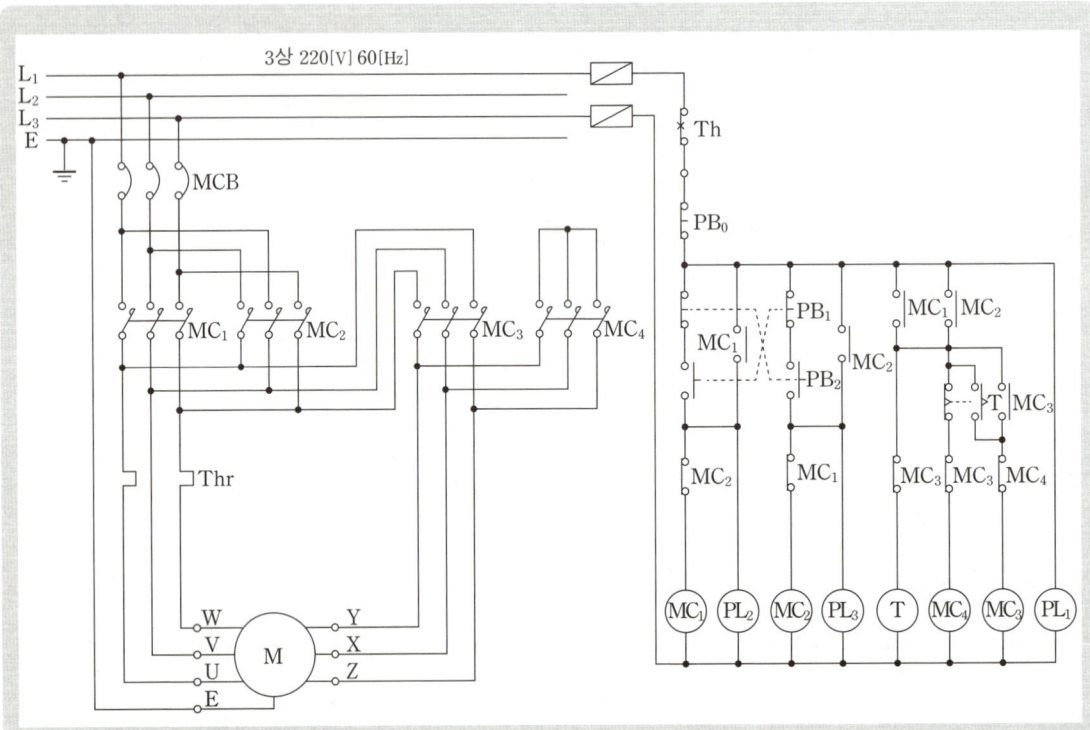

(1) MC_1을 정회전용 전자접촉기라고 가정하면 역회전용 전자접촉기는 어느 것인가?

(2) 유도전동기를 Y결선과 △결선을 시키는 전자접촉기는 어느 것인가?
- Y결선 :
- △결선 :

(3) 유도전동기를 정·역운전할 때, 정회전 전자접촉기와 역회전 전자접촉기가 동시에 작동하지 못하도록 보조회로에서 전기적으로 안전하게 구성하는 것을 무엇이라 하는가?

(4) 유도전동기를 Y-△로 기동하는 이유에 대하여 설명하시오.

(5) 유도전동기가 Y결선에서 △결선으로 되는 것은 어느 기계기구의 어떤 접점에 의한 입력신호를 받아서 △결선 전자접촉기가 작동하여 운전되는가? (단, 접점 명칭은 작동원리에 따른 우리말 용어로 답하도록 하시오.)

(6) MC_1을 정회전 전자접촉기로 가정할 경우, 유도전동기가 역회전 Y-△로 운전할 때 작동(여자)되는 전자접촉기를 모두 쓰시오.

(7) MC_1을 정회전 전자접촉기로 가정할 경우, 유도전동기가 역회전할 경우만 점등되는 표시램프는 어떤 것인가?

(8) 주회로에서 Thr는 무엇인가?

> **정답**

(1) MC_2

(2) • Y결선 : MC_4 • △결선 : MC_3

(3) 인터록

(4) 전전압 기동시보다 Y−△기동시 전류는 1/3배이기 때문이다.

(5) 한시 동작 순시 복귀 a접점

(6) MC_2, MC_3

(7) PL_3

(8) 열동 계전기

04 정역회전

다음과 같은 콘덴서 기동형 단상 유도전동기의 정역회전 회로도이다. 다음 각 물음에 답하시오. (단, 푸시버튼 start1을 누르면 전동기는 정회전, start2를 누르면 역회전한다.)

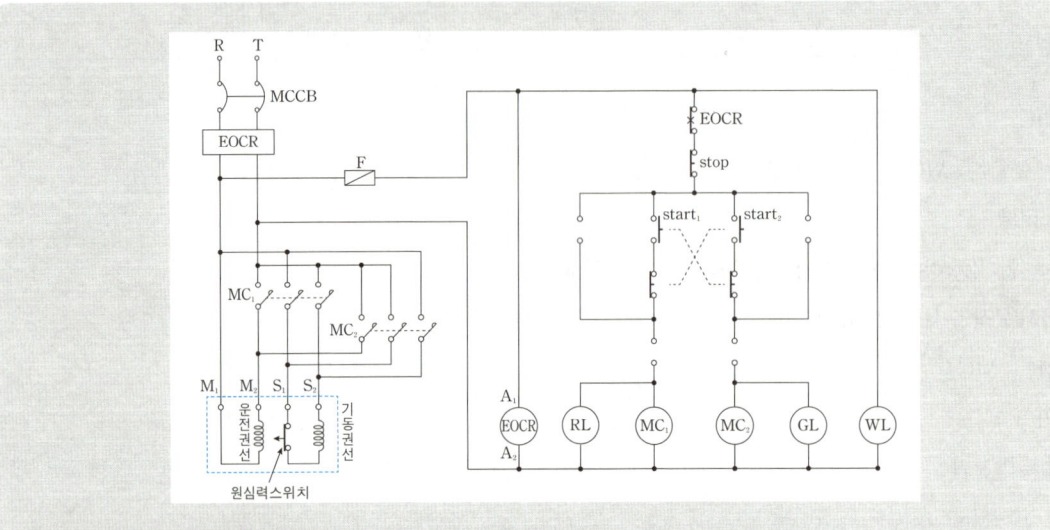

(1) 미완성 결선도를 완성하시오. (단, 접점기호와 명칭을 기입하여야 한다.)

(2) 콘덴서 기동형 단상 유도전동기의 기동원리를 쓰시오.

(3) WL, GL, RL은 무엇을 표시하는 표시등 인지 쓰시오.

정답

(1)
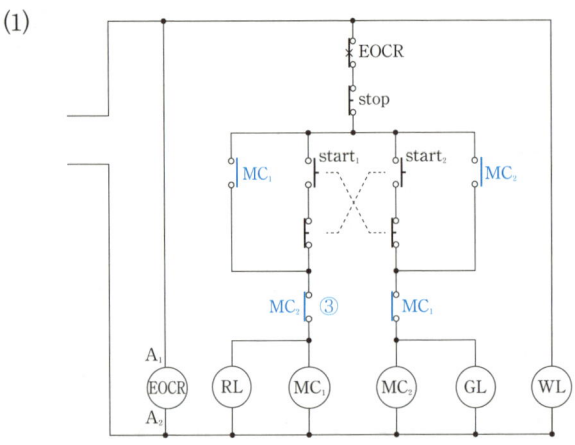

(2) 보조권선에 삽입된 콘덴서에 의해 위상이 변화된 공급전류가 되어 권선에 흐르게 되므로 전자력의 평형상태가 깨져 기동 토크를 얻게 된다. 이때, 회전자가 움직이기 시작하여 일정 회전수까지 속도가 상승되면 원심력 스위치에 의해 콘덴서를 분리하여 운전하는 방식이다.

(3) • WL : 전원 표시등   • GL : 역회전 운전표시등   • RL : 정회전 운전표시등

05 리액터 기동회로

다음 그림은 리액터 기동 정지 조작회로의 미완성 도면이다. 이 도면에 대하여 다음 물음에 답하시오.

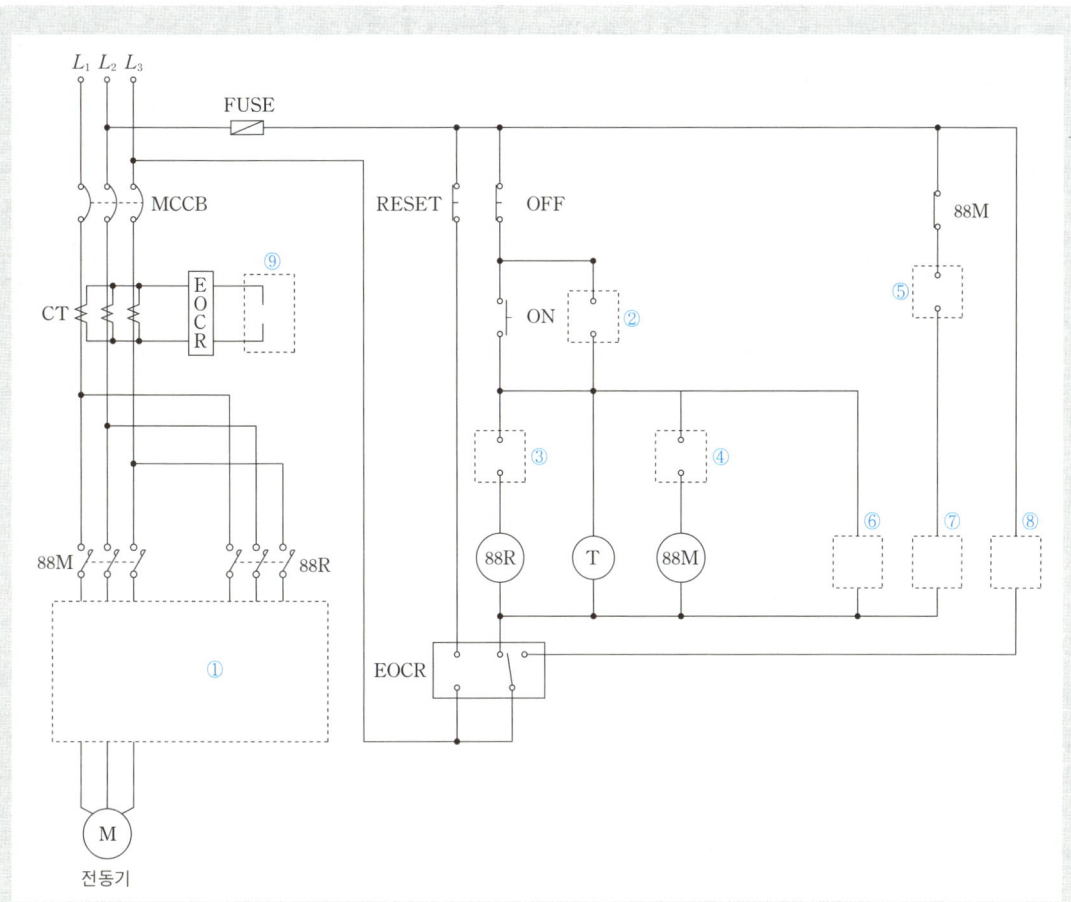

(1) ① 부분의 미완성 주회로를 회로도에 직접 그리시오.

(2) 제어회로에서 ②, ③, ④, ⑤ 부분의 접점을 완성하고 그 기호를 쓰시오.

구분	②	③	④	⑤
접점 및 기호				

(3) ⑥, ⑦, ⑧, ⑨ 부분에 들어갈 LAMP와 계기의 그림기호를 그리시오.
   (ⓒⓘ : Ⓖ 정지, Ⓡ 기동 및 운전, Ⓨ 과부하로 인한 정지)

구분	⑥	⑦	⑧	⑨
그림기호				

(4) 직입기동시 시동전류가 정격전류의 6배가 되는 전동기를 65[%] 탭에서 리액터 시동한 경우 시동
전류는 약 몇 배 정도가 되는지 계산하시오.
　◦ 계산 과정 :　　　　　　　　　　　　　◦ 답 :

(5) 직입기동시 시동토크가 정격토크의 2배였다고 하면 65[%] 탭에서 리액터 시동한 경우 시동토크는
어떻게 되는지 설명하시오.

정답

(1)

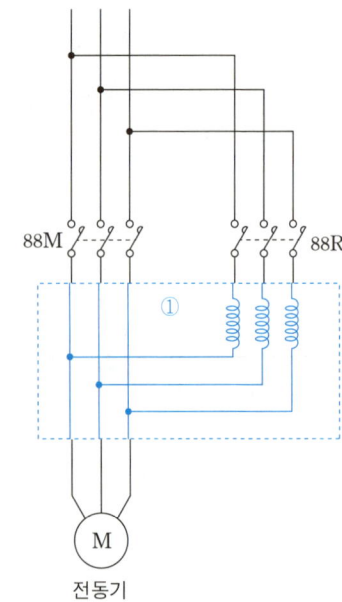

(2)

구분	②	③	④	⑤
접점 및 기호	T	T	T	88R

(3)

구분	⑥	⑦	⑧	⑨
그림기호	Ⓡ	Ⓖ	Ⓨ	Ⓐ

(4) 직입기동시 시동 전류가 정격전류의 6배, 기동 전류 I_S는 V_0에 비례
$I_S = 6I \times 0.65 = 3.9I$　　　　　　　　　　　　답　약 3.9배

(5) 직입기동시 시동토크는 정격토크(T)의 2배, 시동토크는 V의 제곱에 비례
$T_s = 2T \times 0.65^2 = 0.845T$　　　　　　　　　　답　0.85배

06 기동 보상기 회로

3상 유도전동기 기동 보상기에 의한 기동회로 미완성 도면이다.

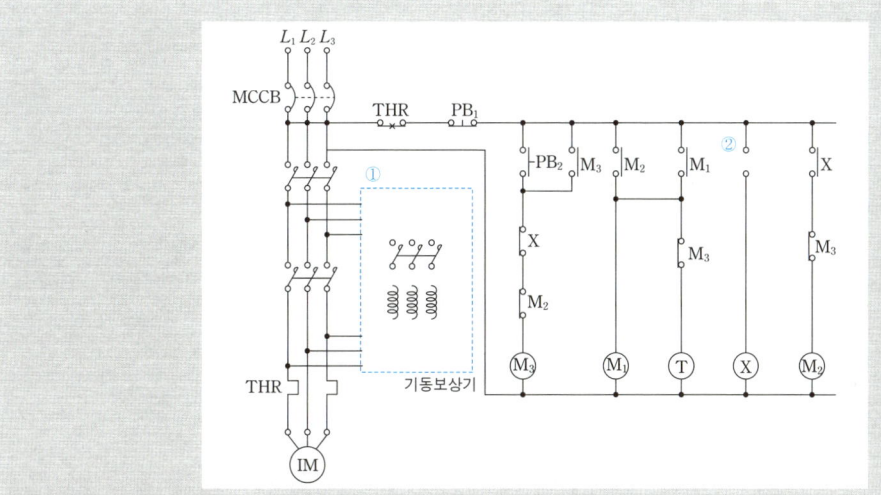

(1) ① 부분 M3 주회로 배선을 회로도에 직접 그리시오.
(2) ② 부분에 들어갈 적당한 접점의 기호와 명칭을 그리시오.
(3) 잘못된 부분이 있으면 아래처럼 표시하시오.

(4) 기동보상기법에 대하여 설명하시오.

정답

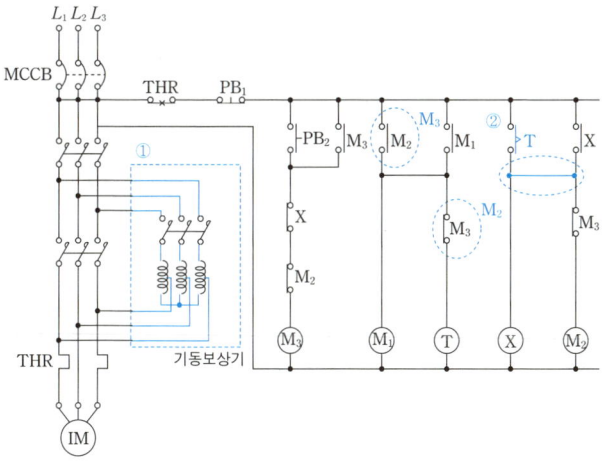

(4) 단권변압기로 기동전압을 강압하여 기동전류를 제한하는 기동방식

07 펌프용 유도전동기

다음은 펌프용 유도전동기의 수동 및 자동전환 운전회로도이다. 그림에서 ①~⑦의 기기의 명칭을 쓰시오.

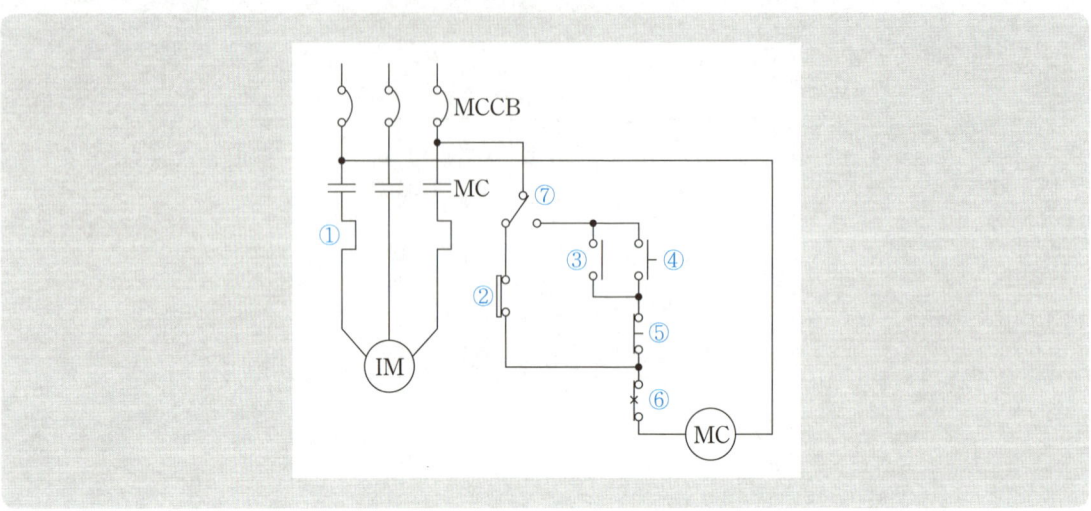

정답

① 열동계전기
② 플로우트 스위치 (b접점)
③ 자기유지 a접점
④ 푸시버튼 스위치ON용(a접점)
⑤ 푸시버튼 스위치OFF용(b접점)
⑥ 수동복귀 b접점
⑦ 셀렉터스위치(수동 및 자동전환 스위치)

electrical engineer

1 PLC 회로

1. PLC의 정의

    제어 회로부를 CPU로 대체시키고 시퀀스를 프로그램화한 자동화 설비로 로직 시퀀스에 수치 연산 기능을 추가하여 프로그램 제어를 한 것을 PLC 시퀀스라고 한다.

2. PLC의 구성

    입력회로, CPU, 출력회로로 구성되며 입력, 출력, 주변기기를 접속하여 사용된다.

3. 사용기호

a접점 (긍정)	b접점 (부정)	출력

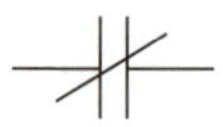

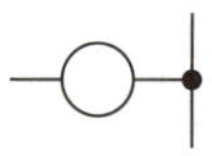

4. PLC 명령어

	명령어(제조사별 상이)
회로시작	LOAD, STR, R
직렬	AND, A
병렬	OR, O
부정(b접점)	NOT(명령어 뒤에 붙임)
그룹연결	AND+시작 (직렬그룹), OR+시작(병렬그룹)

5. 프로그램 표

step(순서)	OP(명령어)	add(번지)
0	LOAD	P001
1	OUT	P010

Chapter 03. PLC 회로

개념 확인문제

단답 문제 PLC 래더 다이어그램이 그림과 같을 때 표 (b)에 ①~⑥의 프로그램을 완성하시오. (단, 회로 시작(STR), 출력(OUT), AND, OR, NOT 등의 명령어를 사용한다.)

[표 (b)]

차례	명령	번지
0	(①)	15
1	AND	16
2	(②)	(③)
3	(④)	16
4	OR STR	–
5	(⑤)	(⑥)

답
① STR ② STR NOT ③ 15
④ AND NOT ⑤ OUT ⑥ 69

단답 문제 표의 빈칸 ㉮~㉺에 알맞은 내용을 써서 그림 PLC 시퀀스의 프로그램을 완성하시오. (단, 사용 명령어는 회로시작(R), 출력(W), AND(A), OR(O), NOT(N), 시간지연(DS)이고, 0.1초 단위이다.)

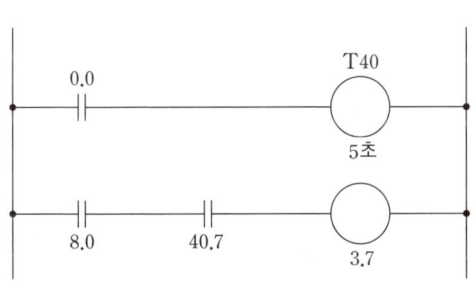

STEP	OP	ADD
0	R	㉮
1	DS	㉯
2	W	㉰
3	㉱	8.0
4	㉲	㉳
5	㉴	㉵

답
㉮ 0.0 ㉯ 50 ㉰ T40 ㉱ R
㉲ A ㉳ 40.7 ㉴ W ㉵ 3.7

개념 확인문제

단답 문제 그림과 같은 PLC 시퀀스(래더 다이어그램)가 있다. 물음에 답하시오.

(1) PLC 프로그램에서의 신호 흐름은 단방향이므로 시퀀스를 수정해야 한다. 문제의 도면을 바르게 작성하시오.

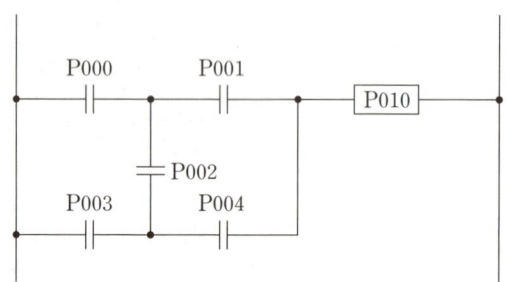

(2) PLC 프로그램을 표의 ①~⑧에 완성하시오. (단, 명령어는 LOAD, AND, OR, NOT, OUT를 사용한다.)

STEP	OP	add	주소	명령어	번지
0	LOAD	P000	7	AND	P002
1	AND	P001	8	⑤	⑥
2	①	②	9	OR LOAD	
3	AND	P002	10	⑦	⑧
4	AND	P004	11	AND	P004
5	OR LOAD		12	OR LOAD	
6	③	④	13	OUT	P010

답 (1)

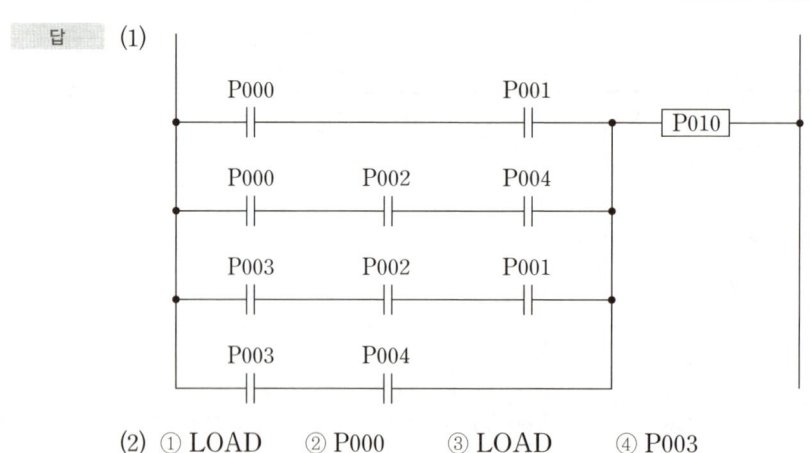

(2) ① LOAD   ② P000   ③ LOAD   ④ P003
    ⑤ AND   ⑥ P001   ⑦ LOAD   ⑧ P003

Chapter 03. 우선순위 핵심문제

01 래더 다이어그램

주어진 프로그램 표를 이용하여 래더도로 그리시오.

STEP	명령어	주소	STEP	명령어	주소
1	STR	P000	5	AND STR	
2	OR	P001	6	AND NOT	P004
3	STR NOT	P002	7	OUT	P010
4	OR	P003	8		

정답

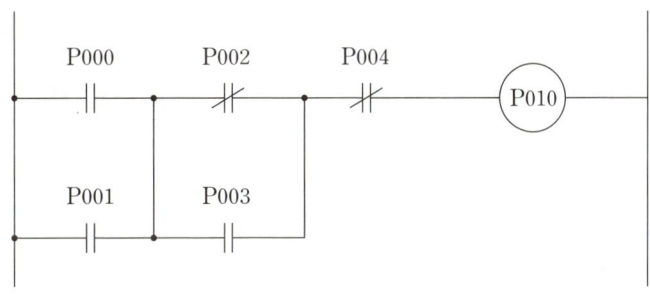

02 프로그램 표

그림과 같은 PLC 시퀀스의 프로그램을 표의 차례 1~9에 알맞은 명령어를 각각 쓰시오. 여기서 시작(회로)입력 STR, 출력 OUT, 직렬 AND, 병렬 OR, 부정 NOT, 그룹 직렬 AND STR, 그룹 병렬 OR STR의 명령을 사용한다.

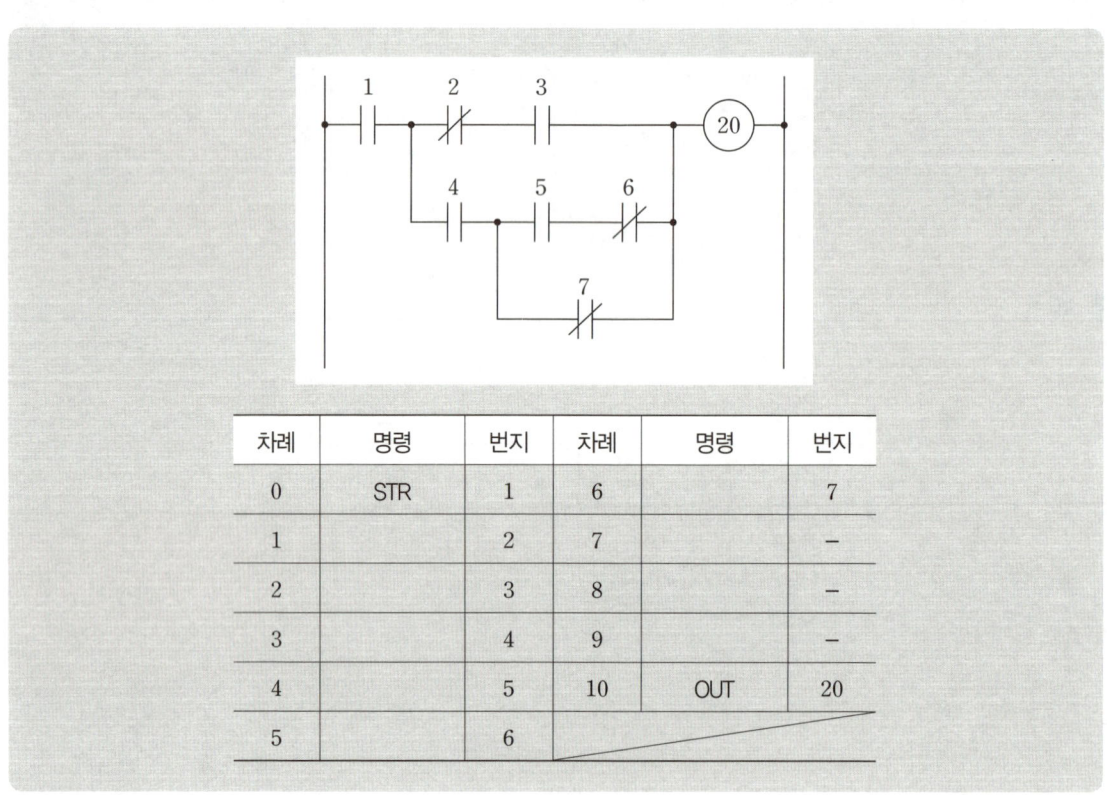

차례	명령	번지	차례	명령	번지
0	STR	1	6		7
1		2	7		-
2		3	8		-
3		4	9		-
4		5	10	OUT	20
5		6			

정답

차례	명령	번지	차례	명령	번지
0	STR	1	6	OR NOT	7
1	STR NOT	2	7	AND STR	-
2	AND	3	8	OR STR	-
3	STR	4	9	AND STR	-
4	STR	5	10	OUT	20
5	AND NOT	6			

02 래더 다이어그램

PLC프로그램을 보고 프로그램에 맞도록 주어진 PLC 접점 회로도를 완성하시오.

① STR : 입력 A 접점 (신호)
② STRN : 입력 B 접점 (신호)
③ AND : AND A 접점
④ ANDN : AND B 접점
⑤ OR : OR A 접점
⑥ ORL : OR B 접점
⑦ OB : 병렬 접속점
⑧ OUT : 출력
⑨ END : 끝
⑩ W : 각 번지 끝

어드레스	명령어	데이터	비고
01	STR	001	W
02	STR	003	W
03	ANDN	002	W
04	OB	–	W
05	OUT	100	W
06	STR	001	W
07	ANDN	002	W
08	STR	003	W
09	OB	–	W
10	OUT	200	W
11	END	–	W

[PLC 접점 회로도]

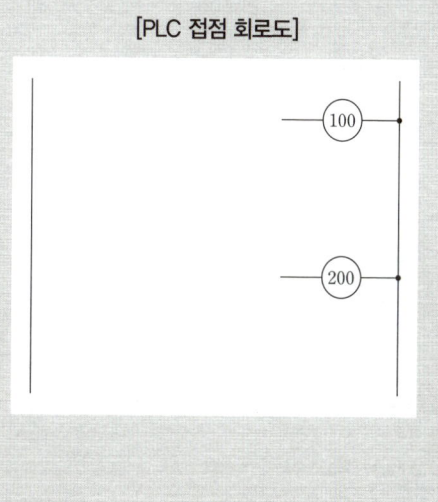

정답

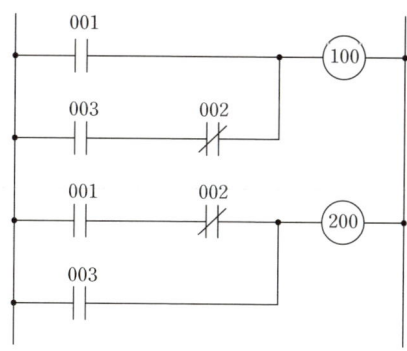

04 프로그램 표

다음은 PLC 래더 다이어그램에 의한 프로그램이다. 아래의 명령어를 활용하여 각 스텝에 알맞은 내용으로 프로그램 하시오.

[명령어]

- 입력 a접점 : LD
- 직렬 a접점 : AND
- 병렬 a접점 : OR
- 블록 간 병렬접속 : OB

- 입력 b접점 : LDI
- 직렬 b접점 : ANI
- 병렬 b접점 : ORI
- 블록 간 직렬접속 : ANB

STEP	명령어	번지
1		
2		
3		
4		
5		
6		
7		
8		
9	OUT	Y010

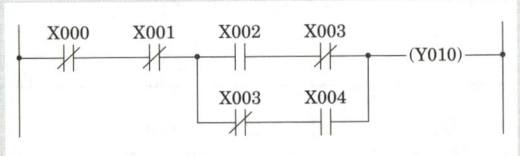

정답

STEP	명령어	번지
1	LDI	X000
2	ANI	X001
3	LD	X002
4	ANI	X003
5	LDI	X003
6	AND	X004
7	OB	
8	ANB	
9	OUT	Y010

electrical engineer

1 다이오드 회로

1. 다이오드의 정의

   전류를 한 방향으로만 흐르게 하는 정류 작용을 하는 반도체 부품으로 교류를 직류로 정류하는 정류 다이오드, 전압조정용과 스위치용으로 사용되는 제너다이오드 등이 있다.

2. 다이오드의 구성

   P-N 접합 다이오드는 n형과 p형 반도체를 접합하여 한쪽으로만 전류를 흐르도록 구성한다.

3. 다이오드 회로

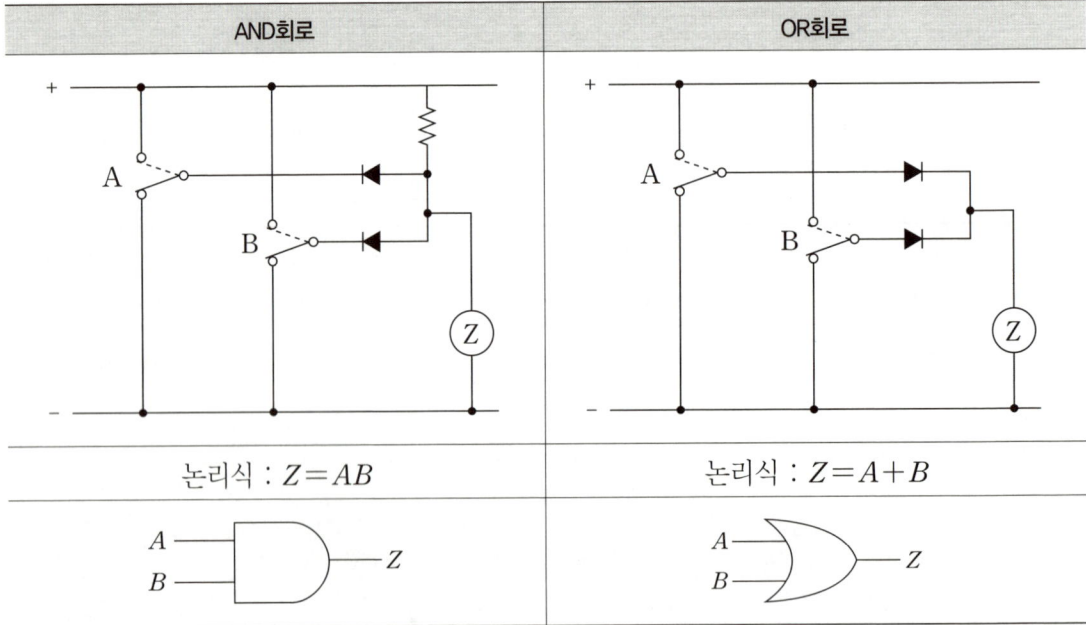

Chapter 04. 응용 제어회로

개념 확인문제

단답 문제 무접점 릴레이 회로가 그림과 같을 때 출력 Z 값을 구하고 이것의 전자릴레이(유접점)회로와 논리회로를 그리시오.

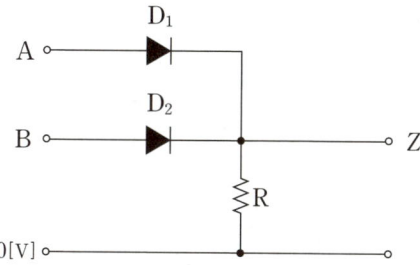

답
- 논리식 : $Z = A + B$
- 유접점회로 :

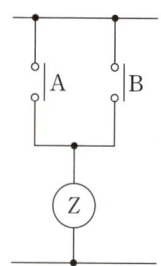

단답 문제 그림과 같은 무접점 릴레이 회로의 출력식 Z를 구하고, 이것을 전자 릴레이 회로로 바꾸어 그리시오.

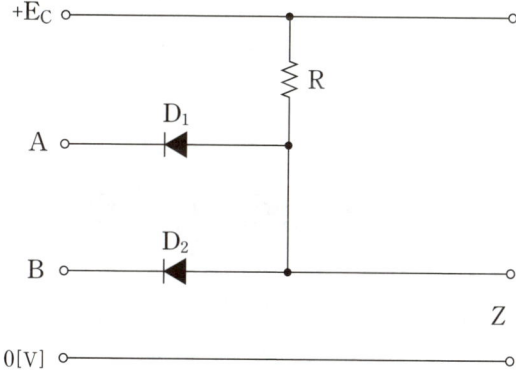

답
- 논리식 : $Z = AB$
- 유접점회로 :

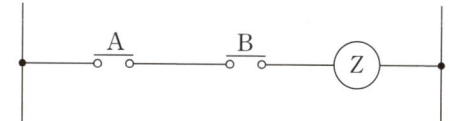

개념 확인문제

단답 문제 그림과 같은 전자 릴레이 회로를 미완성 다이오드매트릭스 회로에 다이오드를 추가시켜 다이오드매트릭스로 바꾸어 그리시오.

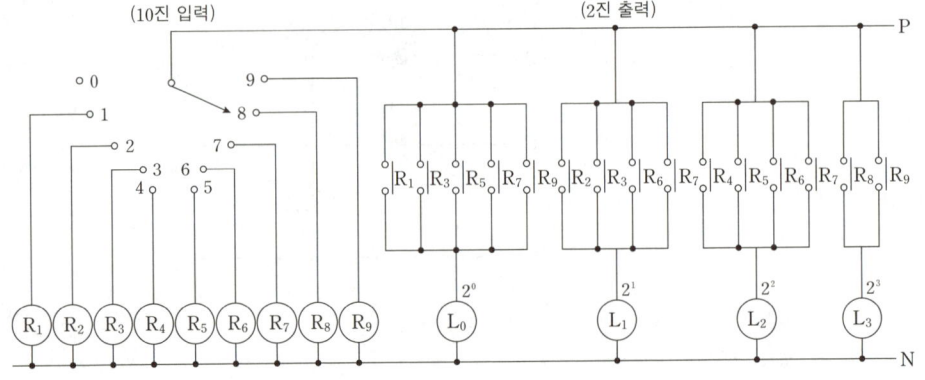

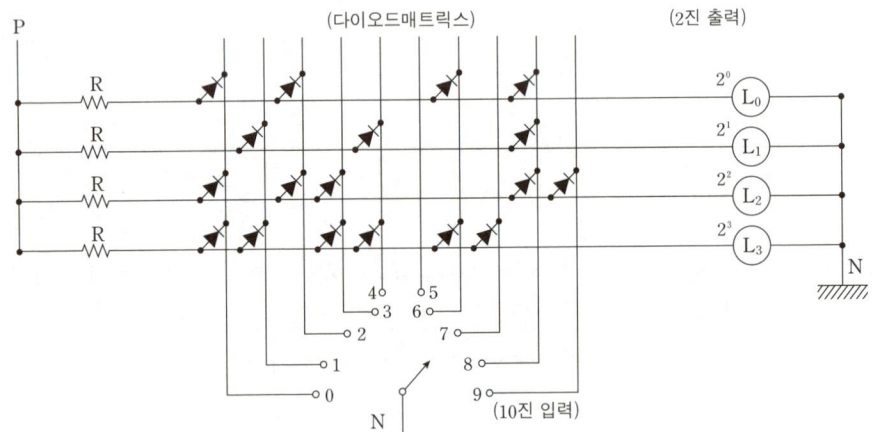

답

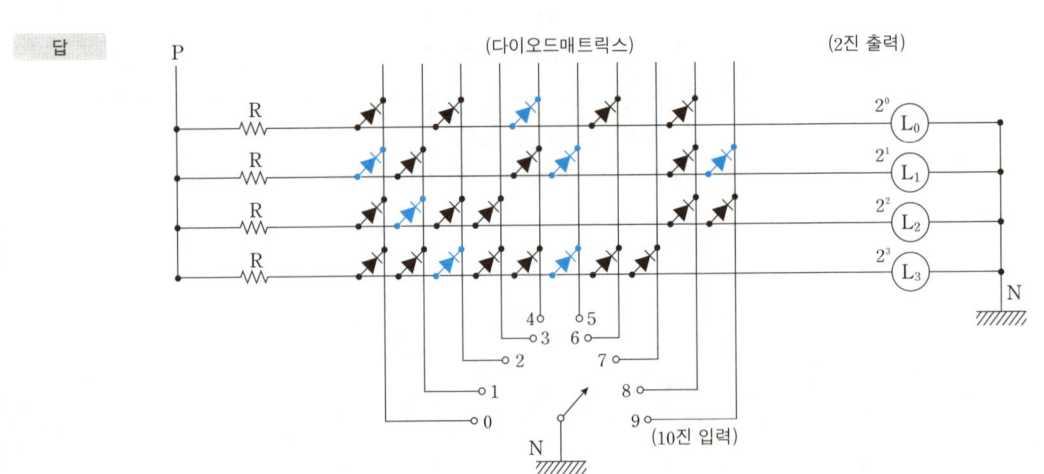

2 트랜지스터 회로

1. 트랜지스터의 정의

    트랜지스터의 주요 기능은 전압 또는 전류를 증폭시켜주는 증폭작용과 전류의 흐름을 제어하는 스위칭작용으로 나뉜다. 반도체의 접합 방식에 따라 PNP형과 NPN형으로 나뉠 수 있다.

2. 트랜지스터의 구조

    (1) PNP형

    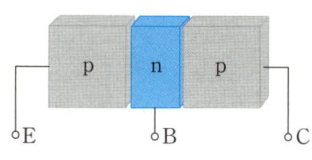 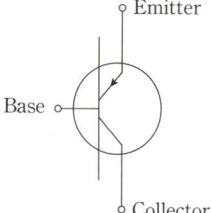

    (2) NPN형

    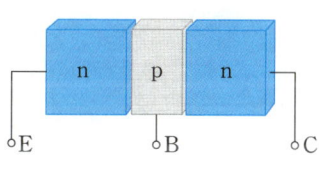 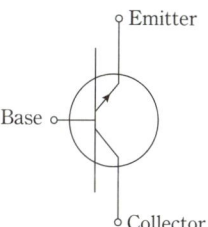

개념 확인문제

단답 문제 그림에서 고장 표시 접점 F가 닫혀 있을 때는 부저 BZ가 울리나 표시등 L은 켜지지 않으며, 스위치 24에 의하여 벨이 멈추는 동시에 표시등 L이 켜지도록 SCR의 게이트와 스위치 등을 접속하여 회로를 완성하시오. 또한 회로 작성에 필요한 저항이 있으면 그것도 삽입하여 도면을 완성하도록 하시오. (단, 트랜지스터는 NPN 트랜지스터이며, SCR은 P게이트형을 사용한다.)

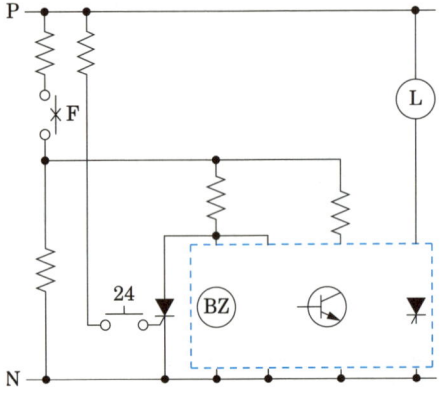

답

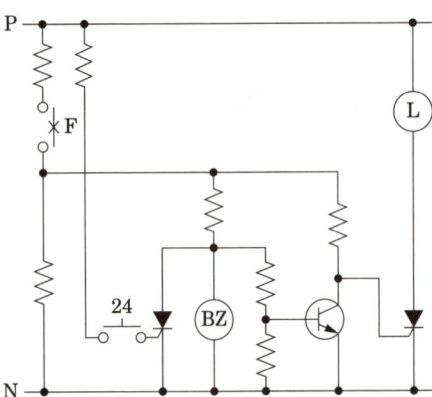

01 응용 제어 회로

그림에서 3개의 접점 A, B, C 가운데 둘 이상이 ON되었을 때, RL이 동작하는 회로이다. 다음 물음에서 답하시오.

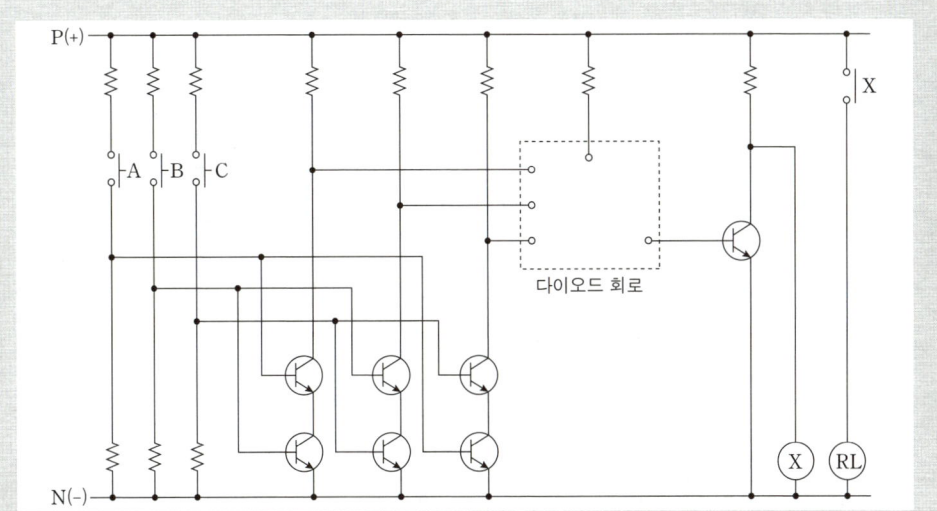

(1) 회로에서 점선 안의 내부회로를 다이오드 소자(▶│)를 이용하여 올바르게 연결하시오.

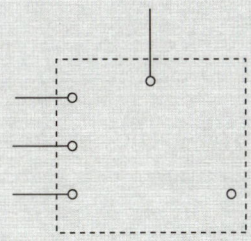

(2) 진리표를 완성하시오.

입력			출력
A	B	C	X

(3) X의 논리식을 간략화 하시오.

> 정답

(1)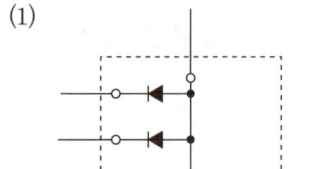

(2)

입력			출력
A	B	C	X
0	0	0	0
0	0	1	0
0	1	0	0
0	1	1	1
1	0	0	0
1	0	1	1
1	1	0	1
1	1	1	1

(3) $X = AB + BC + AC$

> 해설

$X = \overline{A}BC + ABC + A\overline{B}C + ABC + AB\overline{C} + ABC$
$ = (\overline{A} + A)BC + (\overline{B} + B)AC + (\overline{C} + C)AB$
$ = AB + BC + AC$

electrical engineer

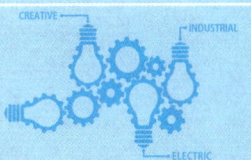

ELECTRICITY

04 조명설비·심벌

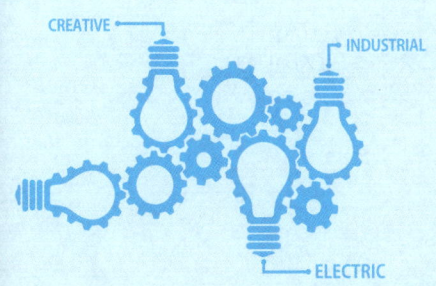

Chapter 01. 조명설비
Chapter 02. 심벌

1 조명 용어·기호·단위

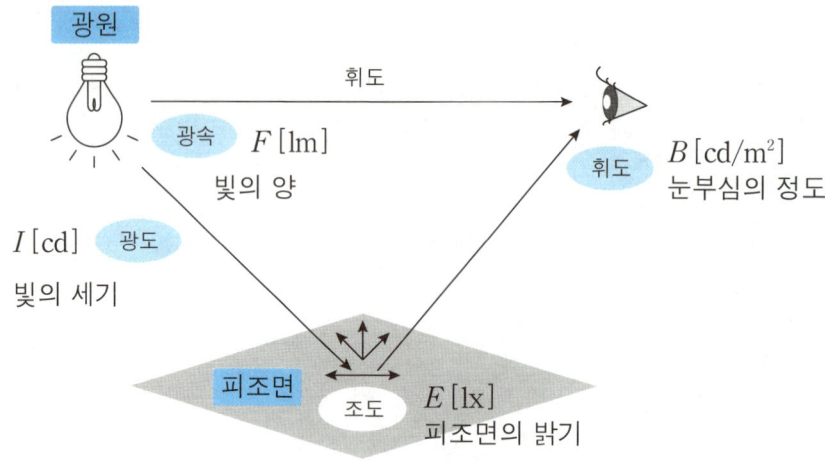

1. 광도(Luminous Intensity) : 빛의 세기

    광원으로부터 단위거리만큼 떨어진 곳의 단위면적을 단위시간에 통과하는 광속(F)을 광도(I)라 하며, 단위는 칸델라[cd]를 사용한다.

    $$I = \frac{F}{\omega}[\text{lm/sr}] = [\text{cd}]$$
    $$\omega = 2\pi(1-\cos\theta)$$

    - 구광원(백열전구) $F = 4\pi I$
    - 원통광원(형광등) $F = \pi^2 I$
    - 평판광원(면광원) $F = \pi I$

개념 확인문제   Check up! ☐☐☐

단답 문제 조명에서 사용되는 다음 용어의 정의를 설명하고, 그 단위를 쓰시오
(1) 광속
(2) 광도

답 (1) 광속 : 방사속 중 눈으로 보아 느끼는 빛의 양, 단위는 [lm]
(2) 광도 : 광원에서 어떤 방향에 대한 단위 입체각으로 발산되는 광속, 단위는 [cd]

💡 **참고**

방사속[ϕ] : 단위 시간에 단위 면적을 통하여 사방으로 발산, 전달되거나 또는 받아들여지는 에너지이며, 단위는 와트[W]이다.

2. 조도(Illumination) : 피조면의 밝기

피조면에 단위면적당 입사광속(F)을 조도(E)라 하며, 단위는 룩스[lx]를 사용

$$E = \frac{F}{S}[\text{lm/m}^2] = [\text{lx}]$$

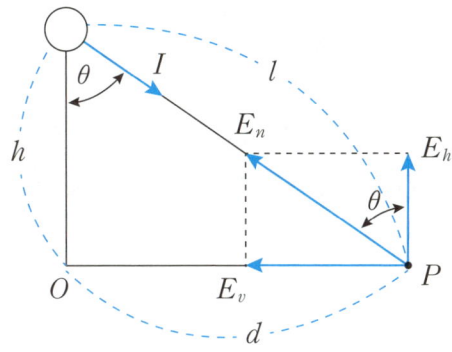

법선조도	수평면조도	수직면조도
$E_n = \dfrac{I}{l^2}[\text{lx}]$	$E_h = \dfrac{I}{l^2}\cos\theta[\text{lx}]$	$E_v = \dfrac{I}{l^2}\sin\theta[\text{lx}]$

개념 확인문제

단답 문제 다음 지문의 ①, ②, ③에 알맞은 답안을 작성하시오.
"임의의 면에서 한 점의 조도는 광원의 광도 및 입사각 θ의 코사인에 비례하고 거리의 역제곱에 반비례한다. 이와 같이 입사각의 코사인에 비례하는 것을 Lambert의 코사인 법칙이라 한다. 또 광선과 피조면의 위치에 따라 조도를 (①)조도, (②)조도, (③)조도 등으로 분류할 수 있다."

답 ① 법선 ② 수평면 ③ 수직면

계산 문제 바닥에서 3[m] 떨어진 높이에 300[cd]의 광원이 있다. 그 광원 밑에서 수평으로 4[m] 떨어진 지점의 수평면 조도를 구하시오.

계산 과정 $E_h = \dfrac{I}{l^2}\cos\theta = \dfrac{300}{5^2} \times 0.6 = 7.2[\text{lx}]$ **답** 7.2[lx]

3. 휘도(Brightness) : 발광면의 밝기 또는 눈부심의 정도

발광면의 단위 면적당의 광도를 휘도(B)라 하며, 단위는 니트[nt], 스틸브[sb=cd/cm²]를 사용한다.

$$B = \frac{I}{S'}[cd/m^2] = [nt]$$

- S'은 외견상의 면적으로 겉보기 면적

같은 광도일지라도 커다란 유백색의 유리글로브로 덮은 광원은 눈부심을 느끼지 못한다.

4. 광속 발산도(Luminous Emittance) : 발광면으로부터 나오는 빛의 양

발광면의 단위 면적에 대한 발산 광속(물체로부터 방사된 광속)을 광속 발산도(R)라 하며, 단위는 래드럭스[rlx=lm/m²]를 사용한다.

$$R = \frac{F[lm]}{S[m^2]}$$

- $R = \pi B = \rho E = \tau E = \eta E$[rlx]
- 반사율(ρ)+투과율(τ)+흡수율(α)=1
- 글로브의 효율 $\eta = \tau/(1-\rho)$

5. 조명률(Utilization Factor) : 램프에서 발생한 광속에 대한 피조면에 도달하는 광속의 비

개념 확인문제   Check up! ☐☐☐

단답 문제   조명에서 사용되는 다음 용어의 정의를 설명하고, 그 단위를 쓰시오.
- 휘도
- 광속발산도

답
- 휘도 : B[sb], [nt] 광원의 임의의 방향에서 바라본 단위 투영 면적당의 광도
- 광속발산도 : R[rlx] 광원의 단위 면적으로부터 발산하는 광속

계산 문제   지름 30[cm]인 완전 확산성 반구형 전구를 사용하여 평균휘도가 0.3[cd/m²]인 천장 등을 가설하려고 한다. 기구 효율을 0.75라 하면, 이 전구의 광속은 몇 [lm]정도이어야 하는지 계산하시오. (단, 광속 발산도는 0.95[lm/cm²]이라 한다.

계산 과정   광속발산도 $R = \eta \dfrac{F}{S}$이고, 반구의 표면적 $S = 4\pi r^2/2$, 효율 $\eta = 0.75$이므로

광속은 $F = \dfrac{R \times S}{\eta} = \dfrac{R}{\eta} \times \dfrac{\pi d^2}{2} = \dfrac{0.95}{0.75} \times \dfrac{\pi \times 30^2}{2} = 1790.71[lm]$이다.

답   1790.71[lm]

6. 감광 보상률(Depreciation factor) : 광속감소를 고려한 광속 여유율

① 광속감소 원인
- 광원의 노화로 인한 광속의 감소
- 조명기구 또는 실내반사면의 먼지, 변질에 의한 광속의 흡수율 증가

② 보수율(Maintenance factor)
감광보상률의 역수($M=1/D$)

7. 조명기구의 효율

① 전등효율 : 광원의 전력소비 P[W]에 대한 광속 F[lm]의 비율
② 발광효율 : 광원의 방사속 ϕ[W]에 대한 광속 F[lm]의 비율

$$\text{전등효율 } \eta = \frac{F}{P} [\text{lm/W}] \qquad \text{발광효율 } \varepsilon = \frac{F}{\phi} [\text{lm/W}]$$

개념 확인문제 　　　　　　　　　　　　　　　　　　Check up! ☐☐☐

단답 문제 조명설계 시 사용되는 용어 중 감광보상률이란 무엇을 의미하는지 설명하시오.

답 점등 중 광속의 감소를 고려하여 소요광속에 여유를 두어야 하며, 그 정도를 감광보상률이라 한다. 유지율(보수율)의 역수이며 보통 1보다 큰 값을 갖는다.

단답 문제 조명의 전등효율(Lamp Efficiency)과 발광효율(Luminous Efficiency)에 대하여 설명하시오.

답
- 전등효율 : 전등의 전 소비전력에 대한 전발산광속의 비율
- 발광효율 : 방사속에 대한 광속의 비율

단답 문제 어떤 램프의 소비 전력이 P[W]이고 램프에서 나오는 광속이 F[lm]이라면 이때 램프의 효율은 얼마인가? 단, 단위는 반드시 쓰시오.

답 $\eta = \dfrac{F}{P} [\text{lm/W}]$

2 실내조명 설비설계

1. 실지수

   방의 크기와 모양에 따라 흡수율과 광속의 이용률 결정

   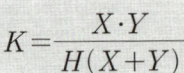
   $$K = \frac{X \cdot Y}{H(X+Y)}$$

   H : 등고(광원 ~ 피조면의 높이)

   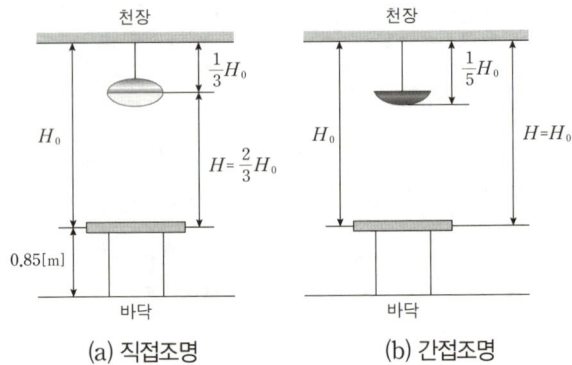

   (a) 직접조명   (b) 간접조명

2. 소요 등 개수 계산

   $$F \cdot U \cdot N = D \cdot E \cdot S$$

   F : 한등의 광속, U : 조명률, N : 등수
   D : 감광보상률, E : 조도, S : 조명면적

3. 등기구의 간격

   $$S \leq 1.5H$$

   가로등 간격 = 가로길이/가로 등수
   세로등 간격 = 세로길이/세로 등수

개념 확인문제 — Check up! □□□

계산 문제
가로의 길이가 10[m], 세로의 길이가 30[m], 높이 3.85[m]인 사무실에 40[W] 형광등 1개의 광속이 2500[lm]인 2등용 형광등 기구를 시설하여 400[lx]의 평균 조도를 얻고자 할 때 다음 요구사항을 구하시오. (단, 조명율이 60[%], 감광보상율은 1.3, 책상면에서 천장까지의 높이 3[m])

- 실지수
- 형광등 기구수

계산 과정

- $K = \dfrac{XY}{H(X+Y)} = \dfrac{10 \times 30}{3 \times (10+30)} = 2.5$ — **답** 2.5

- $N = \dfrac{DES}{FU} = \dfrac{1.3 \times 400 \times (10 \times 30)}{2500 \times 2 \times 0.6} = 52$ — **답** 52[개]

3 도로조명 설비설계

1. 도로조명의 조명면적

양쪽조명(대칭식)	양쪽조명(지그재그)	일렬조명(편측)	일렬조명(중앙)
$S=\dfrac{a \cdot b}{2}$	$S=\dfrac{a \cdot b}{2}$	$S=ab$	$S=ab$

2. 도로조명 설계에 있어서 성능상 고려하여야 할 사항

   ① 조명기구의 눈부심이 불쾌감을 주지 않을 것
   ② 조명시설이 도로나 그 주변의 경관을 해치지 않을 것
   ③ 광원색이 환경에 적합한 것이며, 그 연색성이 양호할 것
   ④ 운전자나 보행자가 보는 도로의 휘도가 충분히 높고, 조도균제도가 일정할 것

개념 확인문제 　　　　　　　　　　　　　　　　　　　　　　　Check up! □□□

계산 문제 폭 15[m]인 도로의 양쪽에 간격 20[m]를 두고 대칭 배열로 가로등이 점등되어 있다. 한 등의 전광속은 3500[lm], 조명률은 45[%]일 때, 도로의 조도를 계산하시오.

계산 과정 $FUN=DES$에서 양쪽 조명이므로 면적 $S=\dfrac{ab}{2}$이다.

따라서 $E=\dfrac{FUN}{D \times \dfrac{ab}{2}}=\dfrac{3500 \times 0.45 \times 1}{1 \times \dfrac{20 \times 15}{2}}=10.5[\mathrm{lx}]$ 　　　**답** 10.5[lx]

단답 문제 도로 조명 설계에 있어서 성능상 고려하여야 할 중요 사항을 5가지만 쓰시오.

답 ① 조명기구의 눈부심이 불쾌감을 주지 않을 것
　　② 조명시설이 도로나 그 주변의 경관을 해치지 않을 것
　　③ 광원색이 환경에 적합한 것이며, 그 연색성이 양호할 것
　　④ 보행자가 보는 도로의 휘도가 충분히 높고, 균제도가 일정할 것
　　⑤ 운전자가 보는 도로의 휘도가 충분히 높고, 균제도가 일정할 것

4 조명설비 에너지 절약 방안

조명기구 선정	• 고역률의 등기구 사용 • 고효율의 등기구 사용 • 고조도 및 저휘도의 반사갓을 사용 • 전구형 형광등 및 슬림라인 형광등 사용
사용시간 조절	• 재실감지기 및 카드키 채용 • 옥외등 자동 점멸 장치 채용
조명기구 배치·기타	• 적정 조명제어 시스템 채택 • 적절한 등기구의 보수 및 유지 관리 • 전반 조명과 국부조명(TAL 조명)을 적절히 병용

개념 확인문제 — Check up!

단답 문제 조명설비에서 전력을 절약하는 방법에 대하여 8가지를 간략하게 쓰시오.

답
- 전구형 형광등 사용
- 고역률의 등기구 사용
- 고효율의 등기구 사용
- 재실감지기 및 카드키 채용
- 등기구의 격등 제어 및 회로 구성
- 고조도 및 저휘도의 반사 갓을 사용
- 적절한 등기구의 보수 및 유지 관리
- 전반 조명과 국부조명을 적절히 병용하여 사용

5 조명방식

1. 조명기구 배광방식

상향 광속[%]	0~10	10~40	40~60	60~90	90~100
조명 기구					
하향 광속[%]	100~90	90~60	60~40	40~10	10~0
조명 방식	직접 조명	반직접 조명	전반 확산 조명	반간접 조명	간접 조명

2. 조명기구 배치방식

1) 전반조명 방식

① 조명 대상 실내 전체를 일정하게 조명하는 것으로 대표적인 조명방식이다.
② 전반조명은 계획과 설치가 용이하고, 책상의 배치나 작업 대상물이 바뀌어도 대응이 용이한 방식이다.

2) 국부조명 방식

① 실내에서 각 구역별 필요 조도에 따라 부분적 또는 국소적으로 설치하는 방식이다.
② 일반적으로 조명기구를 작업대에 직접 설치하거나 작업부의 천장에 매다는 형태이다.

3) 국부적 전반조명 방식

① 넓은 실내 공간에서 각 구역별 작업성이나 활동 영역을 고려한다.
② 일반적인 장소에는 평균조도로서 조명하고, 세밀한 작업을 하는 구역에는 고조도로 조명하는 방식이므로 이를 고려한다.

4) TAL 조명 방식(Task & Ambient Lighting)

① TAL 조명방식은 작업구역(Task)에는 전용의 국부조명방식으로 조명하고, 기타 주변(Ambient) 환경에 대하여는 간접조명과 같은 낮은 조도 레벨로 조명하는 방식을 말한다.
② 주변조명은 직접 조명방식도 포함되며, 사무실에서 사무자동화가 추진되면서 VDT(Visual Display Terminal) 작업환경에 따라 고안된 것이다.

3. 건축화 조명방식

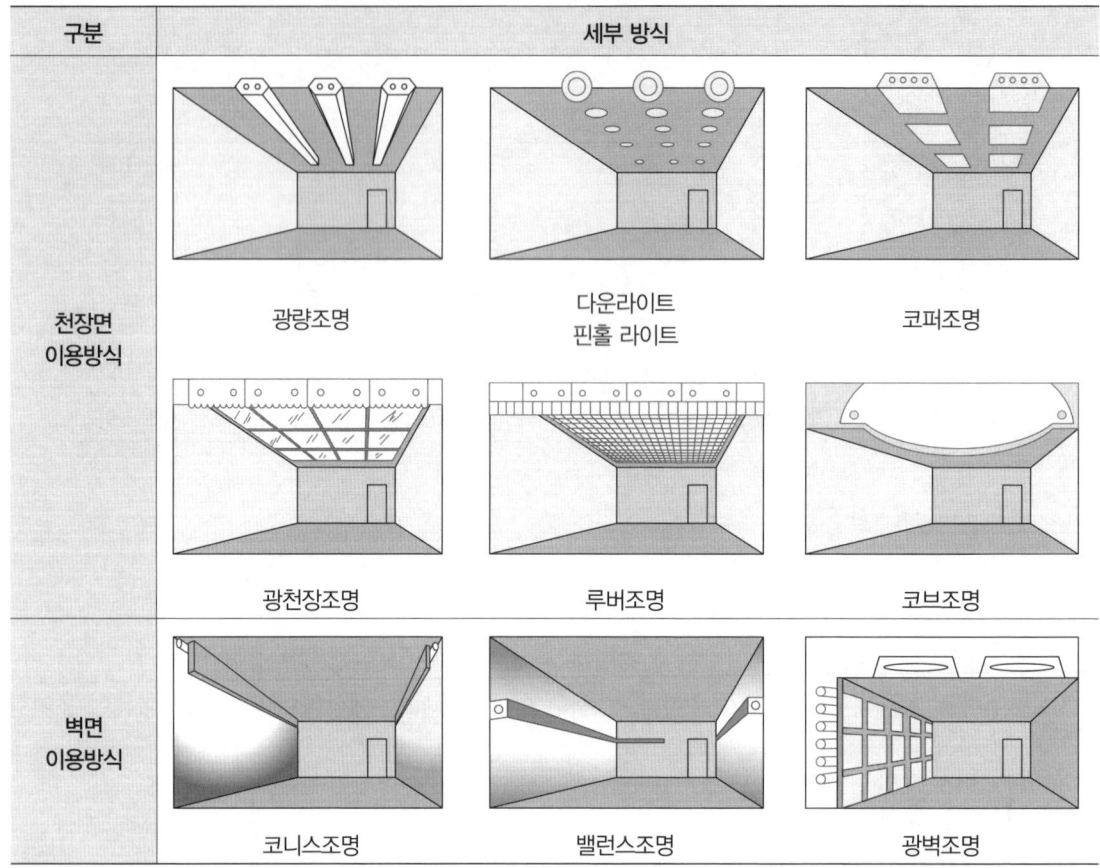

- 다운라이트 : 천장에 작은 구멍을 뚫고 조명기구를 매입하여 빛의 방향을 아래로 조명
- 핀홀라이트 : 아래로 조사되는 구멍을 작게 하거나 렌즈를 달아 복도에 집중 조사
- 코퍼라이트 : 천장면을 둥글게 또는 사각으로 파내어 내부에 조명기구를 배치
- 라인라이트 : 매입 형광등 방식의 일종으로 형광등을 연속으로 배치하는 조명방식
- 광천장 조명 : 천장 전체를 조명기구화 하는 방식으로 유백색의 아크릴판을 사용
- 루버 조명 : 천장면 재료로 루버를 사용하여 보호각을 증가시키는 방식
- 코브조명 : 천장이나 벽면 상부를 조명하여 천장면이나 벽에 반사되는 반사광을 이용
- 코너조명 : 천장과 벽면 사이에 조명기구를 배치하여 천장과 벽면에 동시에 조명하는 방식
- 코니스 조명 : 코너를 이용하여 코오니스를 15~20[cm] 정도 내려서 아래쪽의 벽 또는 커튼을 조명하는 방식
- 밸런스 : 광원의 전면에 밸런스판을 설치하여 천장면이나 벽면으로 반사시켜 조명하는 방식
- 광벽 조명 : 지하실이나 무창실에 창문이 있는 효과를 내는 방법으로 인공창의 뒷면에 형광등을 배치하는 방식

Chapter 01. 조명설비

개념 확인문제

단답 문제 건축화 조명은 건축물의 천장이나 벽을 조명기구 겸용으로 마무리하는 것으로 조명기구의 배치방식에 의하면 거의 전반조명 방식에 해당된다. 건축화 조명 중 천장면의 이용방식 4가지(KSD 31 70 10 : 2019)를 쓰시오

답
- 다운라이트
- 코퍼라이트
- 코브조명
- 광천장 조명
- 루버천장조명
- 핀홀라이트
- 라인라이트

단답 문제 설계자가 크기 형상 등 전체적인 조화를 생각하여 형광등 기구를 벽면 상방 모서리에 숨겨서 설치하는 방식으로, 기구로부터 빛이 직접 벽면을 조명하는 건축화 조명은?

답 코니스 조명

단답 문제 천장면에 작은 구멍을 뚫어 많이 배치한 방법이며 건축의 공간을 유효하게 하는 조명 방식은?

답 다운라이트 조명

6 광원의 종류·특징

1. 할로겐램프
   - 광속이 크다.
   - 초소형, 경량화가 가능하다.
   - 휘도가 높다. 연색성이 좋다.
   - 수명이 백열전구에 비해 2배로 길다.
   - 용도 : 옥외등용, 디스플레이등용, 자동차 전조등용

2. 적외선전구
   - 효율 : 75[%], 용량 : 250[W], 필라멘트 온도 : 2500[K], 빛의 파장 : 1~3[μm]
   - 용도 : 적외선에 의한 가열 및 건조 등

3. 형광등(fluorescent lamp)
   - 효율이 높고, 수명이 길며, 열방사가 적다.
   - 필요로 하는 광색을 쉽게 얻을 수 있다.
   - 점등회로의 종류 : 직류 점등회로, 교류 점등회로, 자기누설변압기 점등회로

개념 확인문제　　　　　　　　　　　　　　　　　　　　　　Check up! ☐☐☐

단답 문제　조명설비의 광원으로 활용되는 할로겐램프의 장점(3가지)과 용도(2가지)를 각각 쓰시오.

답
- 장점
  - 광속이 크다.　　　　　　　　　○ 휘도가 높다.
  - 연색성이 좋다.　　　　　　　　○ 소형, 경량화가 가능하다.
  - 수명이 백열전구에 비해 2배 정도 길다.
- 용도 : 옥외등, 디스플레이등, 자동차 전조등

단답 문제　적외선전구에 대한 내용이다. 각 물음에 답하시오.

답
- 주로 어떤 용도에 사용되는가?　　　　　　　　　　　　**답** 표면가열
- 주로 몇 [W]정도의 크기로 사용되는가?　　　　　　　　**답** 250[W]
- 효율은 몇 [%]정도 되는가?　　　　　　　　　　　　　　**답** 75[%]
- 필라멘트의 온도는 절대 온도로 몇 [K]정도 되는가?　　**답** 2500[K]
- 적외선전구에서 가장 많이 나오는 빛의 파장은 몇 [μm]인가?　**답** 1~3[μm]

4. T-5 램프

- 열발생이 적다.
- 연색성이 우수하다.
- 플리커 현상이 적다.
- 기존 형광램프에 비해 효율이 좋다.
- 수명은 기존 형광램프보다 1.5배 길다.
- 점등장치가 비싸고, 전압이 높아 위험하고, 음극이 손상되기 쉽다.

5. 고휘도 방전등 (High Intensity Discharge Lamp : HID Lamp)

고압나트륨램프, 메탈헬라이드램프, 고압크세논램프 등

6. LED 램프 (Light Emitting Diode)

- 다단계 제어가 우수하다.
- 수명이 길고 효율이 좋다.
- 수은기체를 사용하지 않으며, 응답속도가 빠르다.

개념 확인문제

단답 문제 T-5램프의 특징 5가지를 쓰시오.

답
- 열발생이 적다.
- 연색성이 우수하다.
- 플리커 현상이 적다.
- 기존 형광램프에 비해 효율이 좋다.
- 수명은 기존 형광램프보다 1.5배 길다.

단답 문제 다음이 설명하고 있는 광원(램프)의 명칭을 쓰시오.

> "반도체의 P-N접합 구조를 이용하여 소수캐리어(전자 및 정공)를 만들어내고, 이들의 재결합에 의하여 발광시키는 원리를 이용한 광원(램프)으로 발광파장은 반도체에 첨가되는 불순물의 종류에 따라 다르다. 종래의 광원에 비해 소형이고 수명은 길며 전기에너지가 빛에너지로 직접 변환하기 때문에 전력소모가 적은 에너지 절감형 광원이다."

답 LED 램프

01 색온도·연색성 정의

다음 조명에 대한 각 물음에 답하시오.

(1) 어느 광원의 광색이 어느 온도의 흑체의 광색과 같을 때 그 흑체의 온도를 이 광원의 무엇이라 하는지 쓰시오.
　◦ 답 :

(2) 빛의 분광 특성이 색의 보임에 미치는 효과를 말하며, 동일한 색을 가진 것이라도 조명하는 빛에 따라 다르게 보이는 특성을 무엇이라 하는지 쓰시오.
　◦ 답 :

정답

(1) 색온도
(2) 연색성

02 눈부심의 발생원인

눈부심이 있는 경우 작업능률의 저하, 재해 발생, 시력의 감퇴 등이 발생한다. 조명설계의 경우 이 눈부심을 피할 수 있도록 고려해야 한다. 눈부심의 발생원인 5가지를 쓰시오.

정답

◦ 광원을 오래 바라볼 때
◦ 광원의 휘도가 과대할 때
◦ 시선 부근에 광원이 있을 때
◦ 순응이 잘 안될 때
◦ 눈에 들어오는 광속이 너무 많을 때

03 점광원의 평균광도 - 원뿔

그림과 같은 점광원으로부터 원뿔 밑면까지의 거리가 $4[\text{m}]$이고, 밑면의 반지름이 $3[\text{m}]$인 원형면의 평균 조도가 $100[\text{lx}]$라면 이 점광원의 평균 광도$[\text{cd}]$는?

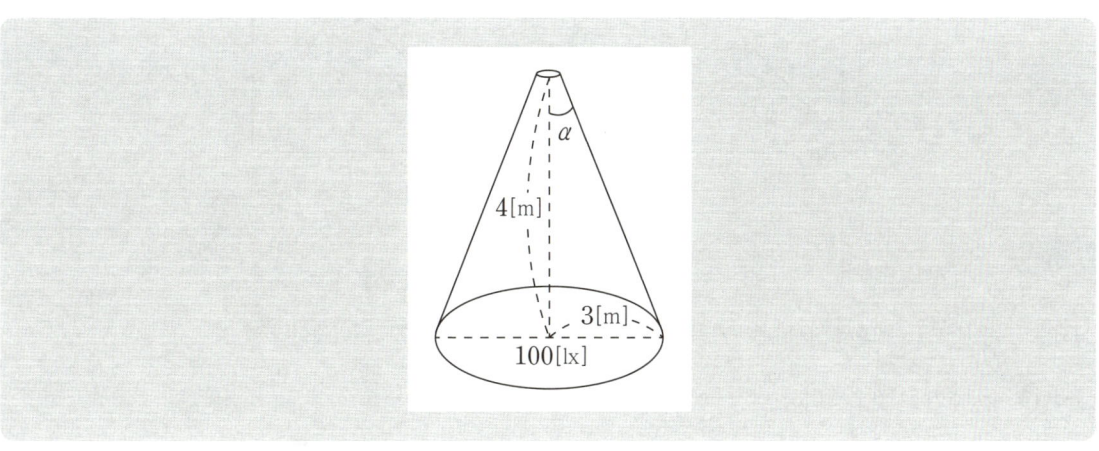

정답

$$E=\frac{F}{S}=\frac{\omega I}{\pi r^2}=\frac{2\pi(1-\cos\alpha)I}{\pi r^2}=\frac{2I(1-\cos\alpha)}{r^2}$$

$$100=\frac{F}{S}=\frac{2I\times\left(1-\frac{4}{5}\right)}{3^2} \rightarrow 900=2I\times 0.2 \quad \therefore\ I=\frac{900}{0.4}=2250[\text{cd}]$$

답 $2250[\text{cd}]$

참고

점광원으로부터 h만큼 떨어진 반지름 r의 원형면의 평균조도

① 입체각 $\omega=2\pi(1-\cos\theta)$

② 광도 $I=\dfrac{F}{\omega}=\dfrac{F}{2\pi(1-\cos\theta)}$

③ 조도 $E=\dfrac{F}{S}=\dfrac{2\pi(1-\cos\theta)I}{\pi r^2}=\dfrac{2(1-\cos\theta)I}{r^2}$

여기서, $\cos\theta=\dfrac{h}{\sqrt{r^2+h^2}}$, 면적 $S=\pi r^2$

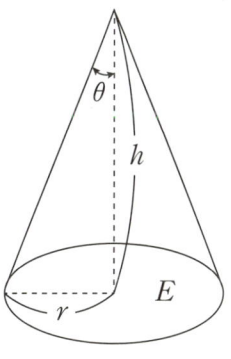

04 실지수의 크기 비교

다음 그림 A, B 중 실지수가 큰 것은?

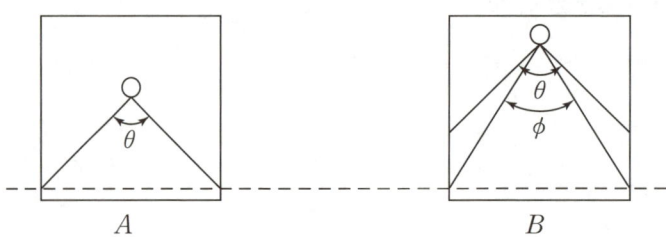

정답

실지수 $=\dfrac{X \cdot Y}{H(X+Y)}$ 에서 실지수는 H(등기구로부터 피조면까지의 거리)에 반비례한다.

그러므로 실지수가 큰 것은 A이다.

05 실내조명설비 계산

길이 $24[m]$, 폭 $12[m]$, 천장높이 $5.5[m]$, 조명률 $50[\%]$의 어떤 사무실에서 전광속 $6000[lm]$의 $32[W] \times 2$ 등용 형광등을 사용하여 평균 조도가 $300[lx]$되려면, 이 사무실에 필요한 형광등 수량을 구하시오. (단, 유지율은 $80[\%]$로 계산한다.)

정답

$$N = \dfrac{DES}{FU} = \dfrac{24 \times 12 \times 300}{6000 \times 0.5 \times 0.8} = 36 등$$

답 36등

06 조도계산·램프 기호

조명설비에 관한 다음 각 물음에 답하시오.

(1) 바닥면적이 12[m²]인 방에 40[W] 형광등 2등(1등당의 전광속은 3000[lm])을 점등하였을 때 바닥면에서의 광속의 이용도(조명률)를 60[%]라 하면 바닥면의 평균 조도는 몇 [lx]인가?
   ◦ 계산 과정 :
   ◦ 답 :

(2) 일반용 조명으로 HID등(수은등으로서 용량 400[W])의 그림을 그리시오.

정답

(1) $E = \dfrac{FUN}{SD} = \dfrac{3000 \times 0.6 \times 2}{12 \times 1} = 300[\text{lx}]$　　답　300[lx]

(2) ◯$_{H400}$

참고

(1) 감광보상률이 주어지지 않았으므로 1로 본다.

(2) ◯$_H$: 수은등, ◯$_M$: 메탈 헬라이드등, ◯$_N$: 나트륨등

07 각종 램프의 그림기호

일반용 조명에 관한 다음 각 물음에 답하시오.

(1) 백열등의 그림 기호는 ◯이다. 벽붙이의 그림 기호를 그리시오.

(2) HID 등의 종류를 표시하는 경우는 용량 앞에 문자기호를 붙이도록 되어 있다. 수은등, 메탈헬라이드등, 나트륨등은 어떤 기호를 붙이는가?
- 수은등 :
- 메탈헬라이드등 :
- 나트륨등 :

(3) 그림 기호가 ⊗로 표시되어 있다. 어떤 용도의 조명등인가?

정답

(1) ◐

(2)
- 수은등 : H
- 메탈헬라이드등 : M
- 나트륨등 : N

(3) 옥외등

명칭	그림 기호	적용
백열등 HID등	◯	① 벽붙이는 벽 옆을 칠한다. ◐ ② 옥외등은 ⊗로 하여도 좋다. ③ HID등의 종류를 표시하는 경우는 용량 앞에 다음 기호를 붙임 　수은등　　　　　H 　메탈 헬라이드 등　M　　[보기] H400 　나트륨등　　　　N
형광등	⎯⚬⎯	용량을 표시하는 경우는 램프의 크기(형)×램프 수로 표시하며 용량 앞에 F를 붙인다. [보기] F 40, F40×2

08 실내조명설비 계산

가로 10[m], 세로 16[m], 천장높이 3.85[m], 작업면 높이 0.85[m]인 사무실에 천장 직부 형광등 F40×2를 설치하려고 한다. 다음 물음에 답하시오.

(1) F40×2의 그림기호를 그리시오.
 ◦

(2) 이 사무실의 실지수는 얼마인가?
 ◦ 계산 과정 :
 ◦ 답 :

(3) 이 사무실의 작업면 조도를 300[lx], 천장 반사율 70[%], 벽 반사율 50[%], 바닥 반사율 10[%], 40[W] 형광등 1등의 광속 3150[lm], 보수율 70[%], 조명률 61[%]로 한다면 이 사무실에 필요한 소요되는 등기구 수는?
 ◦ 계산 과정 :
 ◦ 답 :

정답

(1) 형광등 기호 ▭◯▭ F40×2

(2) H(등고) : $3.85 - 0.85 = 3$, $X = 10[\text{m}]$, $Y = 16[\text{m}]$

실지수 $K = \dfrac{X \times Y}{H \times (X+Y)} = \dfrac{10 \times 16}{3 \times (10+16)} = 2.051$ 　　　답 2.05

(3) 등수 $N = \dfrac{1/M \times ES}{FU} = \dfrac{1/0.7 \times 300 \times (10 \times 16)}{3150 \times 0.61} ≒ 36[\text{등}]$

F40×2등용의 세트이므로 2로 나눈다. $\dfrac{36}{2} = 18[\text{등}]$이다. 　　　답 18[등]

09 실내조명설비 계산

가로 20[m], 세로 50[m]인 사무실에서 평균조도를 300[lx]를 얻고자 형광등 40[W] 2등용을 시설할 경우 다음 각 물음에 답하시오. (단, 40[W] 2등용 형광등 기구의 전체광속은 4600[lm], 조명률은 0.5, 감광보상률은 1.3, 전기방식은 단상 2선식 200[V]이며, 40[W] 2등용 형광등의 전체 입력전류는 0.87[A]이고, 1회로의 최대전류는 16[A]로 한다.)

(1) 형광등 기구 수를 구하시오.
 ∘ 계산 과정 :
 ∘ 답 :

(2) 최소분기회로 수를 구하시오.
 ∘ 계산 과정 :
 ∘ 답 :

정답

(1) $N = \dfrac{DES}{FU} = \dfrac{1.3 \times 300 \times 20 \times 50}{4600 \times 0.5} = 169.565\,[\text{등}]$ 　　답　170[등]

(2) 분기회로 수 $n = \dfrac{\text{형광등의 총 입력전류}}{\text{1회로의 전류}} = \dfrac{170 \times 0.87}{16} = 9.24$

　　분기회로 수 산정시 소수점 이하는 절상한다. 　　답　16[A] 분기 10회로

10 경제적 전등의 산정

다음의 A, B 전등 중 어느 것을 사용하는 편이 유리한지 다음 표를 이용하여 산정하시오. (단, 1시간 당 점등 비용으로 산정 할 것)

전등의 종류	전등의 수명	1[cd]당 소비전력[W] (수명 중의 평균)	평균 구면광도 [cd]	1[kWh]당 전력요금[원]	전등의 단가 [원]
A	1500시간	1.0	38	70	1900
B	1800시간	1.1	40	70	2000

정답

① A전구 사용시(1시간기준)

전기요금 : $1 \times 38 \times 10^{-3} \times 70 = 2.66$[원], A전구 비용 : $\dfrac{1900}{1500} = 1.27$[원]

$2.66 + 1.27 = 3.93$[원]

② B전구 사용시(1시간기준)

전기요금 : $1.1 \times 40 \times 10^{-3} \times 70 = 3.08$[원], B전구 비용 : $\dfrac{2000}{1800} = 1.11$[원]

$3.08 + 1.11 = 4.19$[원]

③ ∴ $4.19 - 3.93 = 0.26$[원]

답 A전구 사용 시 1시간당 0.26원이 절약되므로 A전구 사용이 유리하다.

11 도로조명 설비계산

도로폭 24[m]도로 양쪽에 20[m]간격으로 지그재그 배치한 경우, 노면의 평균조도 5[lx]로 하는 경우, 등주 한 등당의 광속은 얼마나 되는지 계산하시오. (단, 노면의 광속이용률은 25[%]로 하고, 감광보상률은 1로 한다.)

정답

$F = \dfrac{DES}{UN} = \dfrac{5 \times \left(20 \times 24 \times \dfrac{1}{2}\right)}{0.25 \times 1} = 4800$

답 4800[lm]

12 도로조명 설비계산

차도 폭 20[m], 등주 길이가 10[m](폴)인 등을 대칭배열로 설계하고자 한다. 조도 22.5[lx], 감광보상률 1.5, 조명률 0.5, 램프는 20000[lm], 250[W]의 메탈 헬라이드 램프를 사용한다. 이 때 다음 물음에 답하시오.

(1) 등주 간격을 구하시오.

(2) 운전자의 눈부심을 방지하기 위하여 컷오프 조명일 때 최소 등간격을 구하시오.

(3) 보수율을 구하시오.

정답

(1) $FUN = DES$에서 $S = \dfrac{FUN}{DE} \rightarrow S = \dfrac{a \times b}{2} = \dfrac{FUN}{DE}$

$\therefore a = \dfrac{FUN}{DE} \times \dfrac{2}{b} = \dfrac{20000 \times 0.5 \times 1}{1.5 \times 22.5} \times \dfrac{2}{20} = 29.63[\mathrm{m}]$

답 29.63[m]

(2) 컷오프 조명방식의 경우 최소 등간격은 등주길이의 3배 이하로 한다.

$S \leq 3h = 3 \times 10 = 30[\mathrm{m}]$

답 30[m] 이하

(3) 감광보상율과 보수율은 역수관계이다.

보수율 $M = \dfrac{1}{D} = \dfrac{1}{1.5} = 0.67$

답 0.67

13 도로조명 설계 고려사항

도로 조명 설계에 관한 다음 각 물음에 답하시오.

> (1) 도로 조명 설계에 있어서 성능상 고려하여야 할 중요 사항을 5가지만 쓰시오.
>
> (2) 도로의 너비가 40[m]인 곳의 양쪽으로 35[m]간격으로 지그재그 식으로 등주를 배치하여 도로 위의 평균 조도를 6[lx]가 되도록 하고자 한다. 도로면 광속 이용률은 30[%], 유지율 75[%]로 한다고 할 때 각 등주에 사용되는 수은등의 규격은 몇 [W]의 것을 사용하여야 하는지, 전 광속을 계산하고, 주어진 수은등 규격 표에서 찾아 쓰시오.
>
> | 크기[W] | 램프 전류[A] | 전광속[lm] |
> |---|---|---|
> | 100 | 1.0 | 3200~4000 |
> | 200 | 1.9 | 7700~8500 |
> | 250 | 2.1 | 10000~11000 |
> | 300 | 2.5 | 13000~14000 |
> | 400 | 3.7 | 18000~20000 |

정답

(1) ① 조명기구의 눈부심이 불쾌감을 주지 않을 것
  ② 보행자가 보는 도로의 휘도가 충분히 높고, 조도균제도가 일정할 것
  ③ 운전자가 보는 도로의 휘도가 충분히 높고, 조도균제도가 일정할 것
  ④ 조명시설이 도로나 그 주변의 경관을 해치지 않을 것
  ⑤ 광원색이 환경에 적합한 것이며, 그 연색성이 양호할 것

(2) 등 1개의 조명 면적 $S = \dfrac{1}{2} \times 도로폭 \times 등간격$

$$F = \dfrac{DES}{UN} = \dfrac{6 \times \left(\dfrac{1}{2} \times 40 \times 35\right)}{0.3 \times 1 \times 0.75} = 18666.666[\text{lm}]\ \text{표에서}\ 400[\text{W}]\ \text{선정}$$

답 400[W]

14 법선·수평면 조도계산

다음 주어진 조건을 이용하여 A점에 대한 법선조도와 수평면 조도를 계산하시오. (단, 전등 전광속은 20000[lm]이며, 광도의 θ는 그래프상에서 값을 읽는다.)

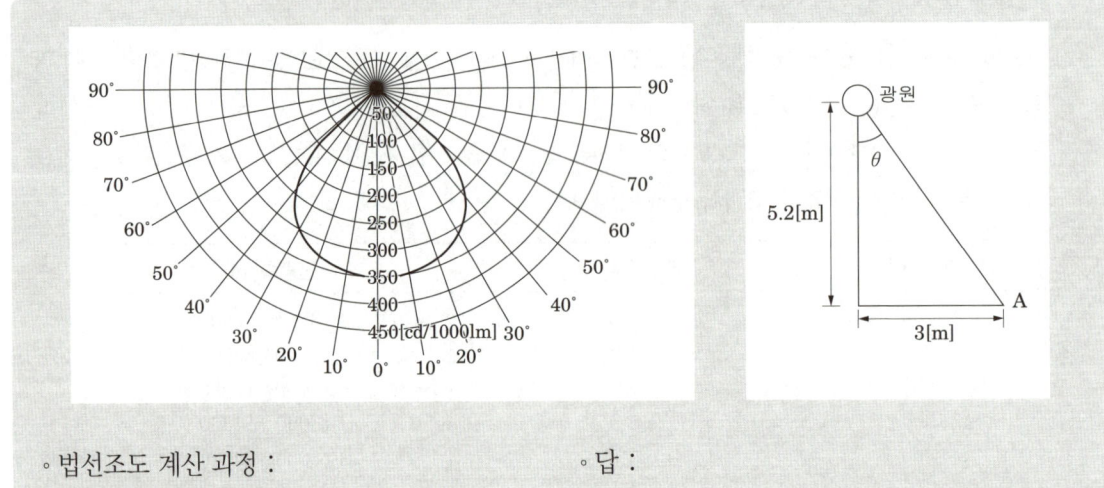

- 법선조도 계산 과정 :   ○ 답 :
- 수평면조도 계산 과정 :   ○ 답 :

정답

- 법선조도 : $l = \sqrt{5.2^2 + 3^2} = 6[\text{m}]$, $\cos\theta = \dfrac{5.2}{6} = 0.866$

  $\theta = \cos^{-1} 0.866 = 30°$ 그림에서 30°에서 배광곡선과 만나는 지점은 310[cd/1000lm]이다.

  $I = \dfrac{310}{1000} \times 20000 = 6200[\text{cd}]$

  법선조도 $E_n = \dfrac{I}{l^2} = \dfrac{6200}{6^2} = 172.22[\text{lx}]$ 답 172.22[lx]

- 수평면조도 : 수평면조도 $E_h = \dfrac{I}{l^2} \times \cos\theta = \dfrac{6200}{6^2} \times 0.866 = 149.14[\text{lx}]$ 답 149.14[lx]

15 수평면·수직면 조도

높이 5[m]의 점에 있는 백열전등에서 광도 12500[cd]의 빛이 수평거리 7.5[m]의 점 P에 주어지고 있다. 표1과 표2를 이용하여 다음을 구하시오.

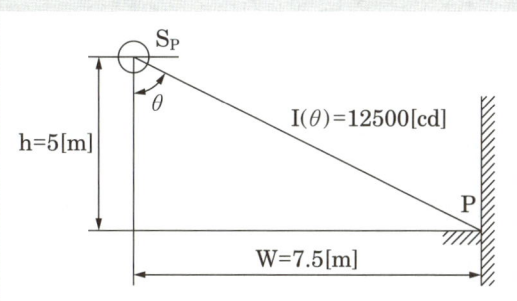

(1) P점의 수평면 조도(E_h)를 구하시오.

(2) P점의 수직면 조도(E_v)를 구하시오.

[표 1. W/h에서 구한 $\cos^3\theta$의 값]

W	0.1h	0.2h	0.3h	0.4h	0.5h	0.6h	0.7h	0.8h	0.9h	1.0h	1.5h	2.0h	3.0h	4.0h	5.0h
$\cos^3\theta$	.985	.943	.879	.800	.716	.631	.550	.476	.411	.354	.171	.089	.032	.014	.008

[표 2. W/h에서 구한 $\cos^2\theta\sin\theta$의 값]

W	0.1h	0.2h	0.3h	0.4h	0.5h	0.6h	0.7h	0.8h	0.9h	1.0h	1.5h	2.0h	3.0h	4.0h	5.0h
$\cos^2\theta\sin\theta$	.099	.189	.264	.320	.358	.378	.385	.381	.370	.354	.256	.179	.095	.057	.038

※ $\dfrac{0.1}{h}$, $\dfrac{0.2}{h}$ 은 $0.1h$, $0.2h$이다.

※ .098, .187은 0.098, 0.187이다.

> 정답

(1) 삼각함수를 이용하면 $l = \dfrac{h}{\cos\theta}$ 이다.

$$E_h = \dfrac{I}{l^2}\cos\theta = \dfrac{I}{\left(\dfrac{h}{\cos\theta}\right)^2}\cos\theta = \dfrac{I}{h^2}\cos^3\theta \text{이다.}$$

또한, 그림에서 $\dfrac{W}{h} = \dfrac{7.5}{5} = 1.5h$ 이므로 $W = 1.5h$ 이다.

표 1에서 $1.5h$는 0.171이므로 $\cos^3\theta = 0.171$이다.

$$\therefore E_h = \dfrac{I}{h^2}\cos^3\theta = \dfrac{12500}{5^2} \times 0.171 = 85.5[\text{lx}]$$

답 85.5[lx]

(2) 삼각함수를 이용하면 $l = \dfrac{h}{\cos\theta}$ 이다.

$$E_v = \dfrac{I}{l^2}\sin\theta = \dfrac{I}{\left(\dfrac{h}{\cos\theta}\right)^2}\sin\theta = \dfrac{I}{h^2}\cos^2\theta\sin\theta$$

또한, 그림에서 $\dfrac{W}{h} = \dfrac{7.5}{5} = 1.5h$ 이므로 $W = 1.5h$ 이다.

표 2에서 $1.5h$는 0.256이다.

$$E_v = \dfrac{I}{h^2}\cos^2\theta\sin\theta = \dfrac{12500}{5^2} \times 0.256 = 128[\text{lx}]$$

답 128[lx]

16 실내조명설비 계산

다음 그림과 같은 사무실이 있다. 이 사무실의 평균조도를 200[lx]로 하고자 할 때 다음 각 물음에 답하시오.

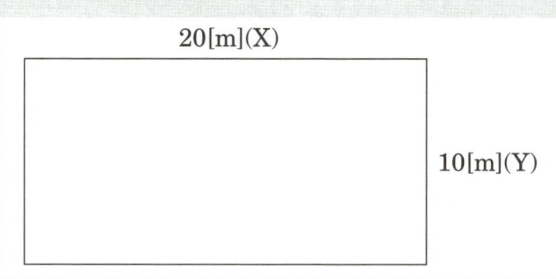

[조건]
- 형광등은 40[W]를 사용하고 형광등의 광속은 2500[lm]으로 한다.
- 조명률은 0.6, 감광보상률은 1.2로 한다.
- 사무실 내부에 기둥은 없는 것으로 한다.
- 간격은 등기구 센터를 기준으로 한다.
- 등기구 ◯으로 표현하도록 한다.
- 건물의 천장높이 3.85[m], 작업면 0.85[m]로 한다.

(1) 이 사무실에 필요한 형광등의 수를 구하시오.

　◦계산 :　　　　　　　　◦답 :

(2) 등기구를 답안지에 배치하시오.

(3) 등간의 간격과 최외각에 설치된 등기구와 건물 벽간의 간격(A, B, C, D)은 각각 몇 [m]인가?

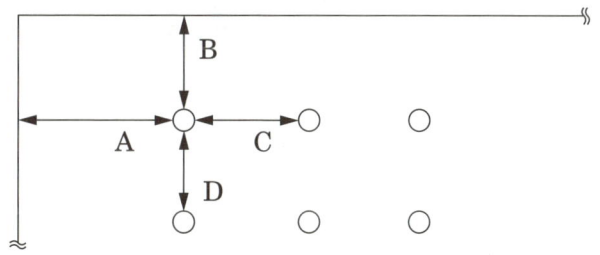

(4) 만일 주파수 60[Hz]에 사용되는 형광방전등을 50[Hz]에서 사용한다면 광속과 점등시간은 어떻게 변화되는지를 설명하시오.

(5) 양호한 전반 조명이라면 등간격은 등높이의 몇 배 이하로 해야 하는가?

> 정답

(1) $N = \dfrac{DES}{FU} = \dfrac{1.2 \times 200 \times (10 \times 20)}{2500 \times 0.6} = 32[등]$ 답 32[등]

(2)

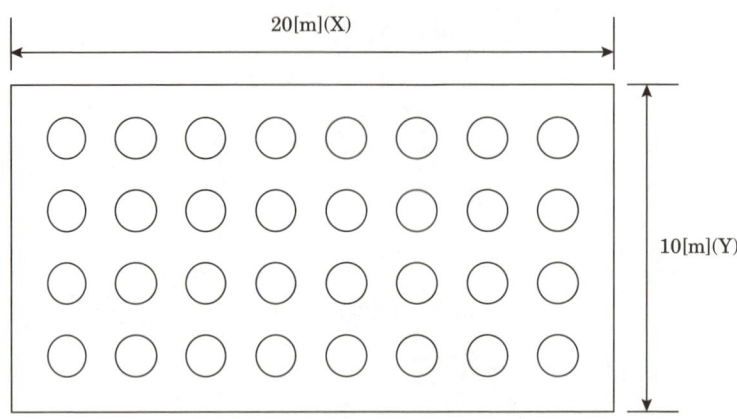

(3) ◦ A : 1.25[m]
   ◦ B : 1.25[m]
   ◦ C : 2.5[m]
   ◦ D : 2.5[m]

(4) ◦ 광속 : 증가
   ◦ 점등시간 : 늦음

(5) 1.5배

17 철골공장조명 설계

그림과 같은 철골공장에 백열등의 전반 조명을 할 때 평균조도로 200[lx]를 얻기 위한 광원의 소비전력을 구하려고 한다. 주어진 조건과 참고자료를 이용하여 다음 각 물음에 답하면서 순차적으로 구하도록 하시오.

[조건]

1) 천장, 벽면의 반사율은 30[%]이다.
2) 광원은 천장면하 1[m]에 부착한다.
3) 천장의 높이는 9[m] 이다.
4) 감광보상률은 보수 상태를 "양"으로 하며 적용한다.
5) 배광은 직접 조명으로 한다.
6) 조명 기구는 금속 반사갓 직부형이다.

[도면]

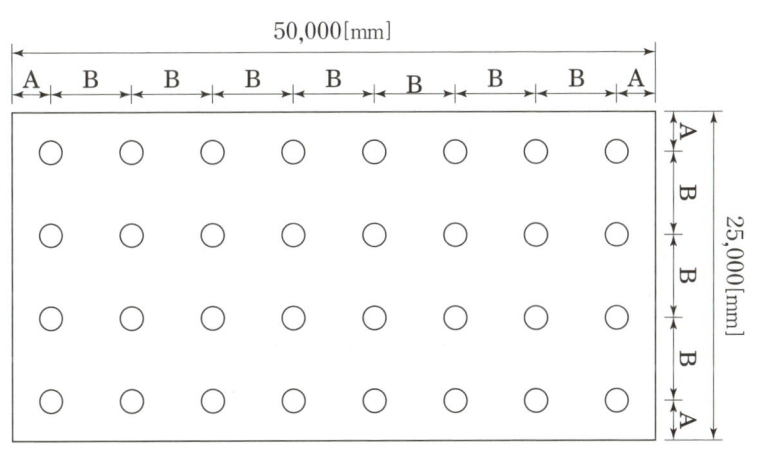

[참고자료]

[표 1] 조명률, 감광보상률 및 설치 간격

번호	배 광 / 설치간격	조명 기구	감광보상률(D) 보수상태			반사율 ρ	천장	0.75			0.50			0.30	
							벽	0.5	0.3	0.1	0.5	0.3	0.1	0.3	0.1
			양	중	부	실지수		조명률 U[%]							
(1)	간접 0.80 ↑↓ 0 S 1.2H		전구			J0.6		16	13	11	12	10	08	06	05
			1.5	1.7	2.0	I0.8		20	16	15	15	13	11	08	17
						H1.0		23	20	17	17	14	13	10	08
			형광등			G1.25		26	23	20	20	17	15	11	10
						F1.5		29	26	22	22	19	17	12	11
			1.7	2.0	2.5	E2.0		32	29	26	24	21	19	13	12
						D2.5		36	32	30	26	24	22	15	14
						C3.0		38	35	32	28	25	24	16	15
						B4.0		42	39	36	30	29	27	18	17
						A5.0		44	41	39	33	30	29	19	18
(2)	직접 0 ↑↓ 0.75 S 1.2H		전구			J0.6		34	29	26	32	29	27	29	27
			1.3	1.4	1.5	I0.8		43	38	35	39	36	35	36	34
						H1.0		47	43	40	41	40	38	40	38
			형광등			G1.25		50	47	44	44	43	41	42	41
						F1.5		52	50	47	46	44	43	44	43
			1.4	1.7	2.0	E2.0		58	55	52	49	48	46	47	46
						D2.5		62	58	56	52	51	49	50	49
						C3.0		64	61	58	54	52	51	51	50
						B4.0		67	64	62	55	53	52	52	52
						A5.0		68	66	64	56	54	53	54	52

[표 2] 실지수 기호

기 호	A	B	C	D	E	F	G	H	I	J
실지수	5.0	4.0	3.0	2.5	2.0	1.5	1.25	1.0	0.8	0.6
범 위	4.5 이상	4.5 ∫ 3.5	3.5 ∫ 2.75	2.75 ∫ 2.25	2.25 ∫ 1.75	1.75 ∫ 1.38	1.38 ∫ 1.12	1.12 ∫ 0.9	0.9 ∫ 0.7	0.7 이하

[표 3] 전등의 특성

형식	종별	유리구의 지름 (표준치) [mm]	길이 [mm]	베이스	초기 특성 소비전력 [W]	초기 특성 광속 [lm]	초기 특성 효율 [lm/W]	50[%] 수명에서의 효율	수명 [h]
L100V 10W	진공 단코일	55	101 이하	E26/25	10±0.5	76±8	7.6±0.6	6.5 이상	1500
L100V 20W	진공 단코일	55	101 〃	E26/25	20±1.0	175±20	8.7±0.7	7.3 〃	1500
L100V 30W	가스입단코일	5	108 〃	E26/25	30±1.5	290±30	9.7±0.8	8.8 〃	1000
L100V 40W	가스입단코일	55	108 〃	E26/25	40±2.0	440±45	11.0±0.9	10.0 〃	1000
L100V 60W	가스입단코일	50	114 〃	E26/25	60±3.0	760±75	12.6±1.0	11.5 〃	1000
L100V 100W	가스입단코일	70	140 〃	E26/25	100±5.0	1500±150	15.0±1.2	13.5 〃	1000
L100V 150W	가스입단코일	80	170 〃	E26/25	150±7.5	2450±250	16.4±1.3	14.8 〃	1000
L100V 200W	가스입단코일	80	180 〃	E26/25	200±10	3450±350	17.3±1.4	15.3 〃	1000
L100V 300W	가스입단코일	95	220 〃	E39/41	300±15	555±550	18.3±1.5	15.8 〃	1000
L100V 500W	가스입단코일	110	240 〃	E39/41	500±25	9900±990	19.7±1.6	16.9 〃	1000
L100V 1000W	가스입단코일	165	332 〃	E26/25	1000±50	21000±2100	21.0±1.7	17.4 〃	1000
L100V 30W	가스입이중코일	55	108 〃	E26/25	30±1.5	330±35	11.1±0.9	10.1 〃	1000
L100V 40W	가스입이중코일	55	108 〃	E26/25	40±2.0	500±50	12.4±1.0	11.3 〃	1000
L100V 50W	가스입이중코일	60	114 〃	E26/25	50±2.5	660±65	13.2±1.1	12.0 〃	1000
L100V 60W	가스입이중코일	60	114 〃	E26/25	60±3.0	830±85	13.0±1.1	12.7 〃	1000
L100V 75W	가스입이중코일	60	117 〃	E26/25	75±4.0	1100±110	14.7±1.2	13.2 〃	1000
L100V 100W	가스입이중코일	65 또는 67	128 〃	E26/25	100±5.0	1570±160	15.7±160	14.1 〃	1000

[조건]

(1) 광원의 높이는 몇 [m]인가?

　◦계산 과정 :　　　　　　　　◦답 :

(2) 실지수를 계산하여 실지수를 구하시오. (단, 실지수를 기호로 표시할 것)

　◦계산 과정 :　　　　　　　　◦답 :

(3) 조명률은 얼마인가?

(4) 감광보상률은 얼마인가?

(5) 전 광속을 계산하시오.

　◦계산 과정 :　　　　　　　　◦답 :

(6) 전등 한 등의 광속은 몇 [lm]인가?

　◦계산 과정 :　　　　　　　　◦답 :

(7) 전등의 Watt 수는 몇 [W]를 선정하면 되는가?

　◦계산 과정 :　　　　　　　　◦답 :

> 정답

(1) H(등고) : $9-1=8[m]$ **답** $8[m]$

(2) 실지수 $K=\dfrac{X \cdot Y}{H(X+Y)}$

$K=\dfrac{X \cdot Y}{H(X+Y)}=\dfrac{50 \times 25}{8 \times (50+25)}=2.08$

[표2]에서 실지수의 기호를 찾는다.　**답** 실지수의 기호 : E, 실지수 : 2.0이다. ∴ $E2.0$

(3) 위 문제에서 구한 실지수($E2.0$)와 주어진 조건(직접조명, 천장/벽면의 반사율:30%)을 이용하여 [표1]에서 알맞은 조명률을 찾는다.　**답** $47[\%]$

(4) 주어진 조건(직접조명, 보수상태: 양호, 전구)을 이용하여 [표1]에서 알맞은 감광보상률을 찾는다.

답 1.3

(5) $NF=\dfrac{DES}{U}=\dfrac{1.3 \times 200 \times (50 \times 25)}{0.47}=691489.36[lm]$　**답** $691489.36[lm]$

(6) 도면을 보고 등수를 구할 수 있다. 등수$=4 \times 8$

전등 한 등의 광속$=\dfrac{\text{전광속}}{\text{등수}}=\dfrac{691489.36}{(4 \times 8)}=21609.04[lm]$　**답** $21609.04[lm]$

(7) 백열전구의 Watt 수 : [표3]의 전등 특성 표에서 위에서 구한 광속($21609.04[lm]$)을 이용하여 $21,000 \pm 2,100[lm]$인 $1,000[W]$을 선정한다.　**답** $1,000[W]$

> **참고** 도로조명 설계

1. 노폭에 따른 도로조명 배열

    ① 한쪽배열 : 12~15[m], 차도의 폭이 등주의 높이가 같거나 좁을 때
    ② 지그재그 배열 : 15~25[m], 차도의 폭이 등주의 높이보다 1배~1.5배 일 경우
    ③ 마주보기 배열 : 25~35[m], 차도의 폭이 등주의 높이보다 1.5배 이상 일 경우
    ④ 중앙 배열
    - 중앙 쌍등 : 35~40[m], 중앙분리대가 있는 경우
    - 중앙 양측 : 40~80[m]

2. 도로조명 설계 계산

$$\frac{F}{S} = \frac{WKL}{NUM}$$

① F[lm] : 가로등주 개의 전광속
② S[m] : 등주의 간격, W[m] : 차도의 폭
③ L[cd/m² = nt] : 기준 휘도
  - 도로 종류에 따른 평균 노면 휘도
    고속자동차 : 2~1.5, 국도간선 : 1.5~1.0, 일반시가지 : 0.75, 주택도로 : 0.5
    (보통 0.75[nt] 단, 서울시내와 같이 시가지는 1[nt]로 함)
④ K : 평균조도 환산계수
  - 일반도로 : 콘크리트=10, 아스팔트=15
  - 터널 : 콘크리트=13, 아스팔트=18
⑤ N : 조명기구 배열에 따른 계수
  편측배열, 지그재그배열 : $N=1$, 마주보기배열 : $N=2$
⑥ U : 조명율

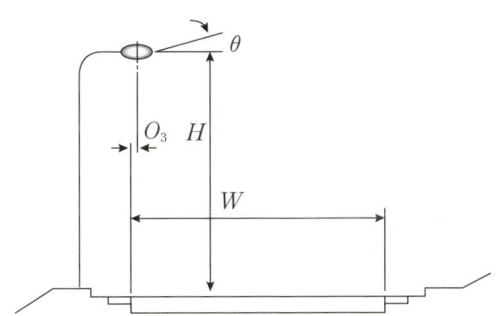

W[m] : 차도폭, H[m] : 등고, Oh : 오버행, θ : 경사각
Oh=암의길이+등기구의 길이(0.4)-경계석 폭(0.2)-기초대(0.25)
- 차도측 조명율 : (차도 측 도로폭/설치높이)=(도로폭-오버행/설치높이)
- 인도측 조명율 : (인도 측 도로폭/설치높이)=(오버행/설치높이)

⑦ M : 보수율

3. 조명기구와 높이 및 간격

배열	컷오프형		세미 컷오프형		논컷오프형	
	H	S	H	S	H	S
편측	1.0[W] 이상		1.2[W] 이상		1.4[W] 이상	
지그재그	0.7[W] 이상	3[H] 이하	0.8[W] 이상	3.5[H] 이하	0.9[W] 이상	4.0[H] 이하
마주보기	0.5[W] 이상		0.6[W] 이상		0.7[W] 이상	

① 컷오프형 : 주행하는 차량의 운전자에 대한 눈부심을 엄격히 제한한 배광으로서 아주 중요한 도로에 적용(고속자동차도로)
② 세미 컷오프형 : 눈부심을 어느 정도 제한한 배광으로 비교적 주변이 밝은 도로에 적용 함 (시가부, 도심지에서는 일반적으로 세미 컷오프형을 채용)

> **참고** 눈부심(글레어)

1. 감능 글레어

    1) 정의 : 시대상물을 보고자 하는 시선방향의 주면에 있는 고 휘도원에 의해 눈에 들어간 빛이 안구 내에서 산란하여 망막 앞에 어떤 휘도를 갖는 광막 커튼으로 쳐지기 때문에 결과적으로 시대상물을 식별하는 능력을 저하시키는 현상

    2) 원인 : 눈과 시대상물 사이에 광막을 끼움으로써 시표와 배경의 휘도 대비를 물리적으로 저하시키고 망막은 그만큼 높은 휘도에 순응하게 되어 망막의 감도가 물리적으로 저하

2. 불쾌 글레어

    1) 정의 : 실제의 조명 환경에서 눈부심이 마음에 걸리거나 눈부심 때문에 불쾌한 분위기를 느끼는 것을 말하며 심한 휘도차이로 눈의 피로, 불쾌감을 느껴 시력장해를 받는 현상

    2) 원인
        ① 광원의 휘도가 과대할 때
        ② 반사면 투과면을 주시하는 경우
        ③ 광원을 오래 바라볼 때
        ④ 시선 부근에 광원이 있을 때
        ⑤ 눈에 들어오는 광속이 너무 많을 때
        ⑥ 물체와 그 주위 사이의 고휘도 대비로 순응이 잘 안될 때

3. 직시 글레어

    1) 정의 : 고휘도 광원과 같이 극히 휘도가 높은 것이 중심 시야에 들어간 경우를 말하며 불쾌 글레어와도 상호 관계를 갖는다.

    2) 원인 : 휘도가 높은 광원을 직시하였을 때 나타나는 현상

4. 반사 글레어

    1) 정의 : 고휘도 광원에서의 빛이 물질의 표면에서 일단 반사하여 눈에 들어 왔을 때 일어나는 현상

    2) 원인 : 반사면이 평활하고 광택이 있는 면일 경우로 정반사율이 높은 면일수록 강하게 나타난다.

> **참고**
> 건축화 조명에서는 직시 글레어를 직접 글레어라고도 하며 감능 글레어와 불쾌 글레어를 합쳐서 간접 글레어라고도 한다.

Chapter 02. 심벌

01 점멸기

점멸기의 그림 기호에 대한 다음 각 물음에 답하시오.

(1) 용량 표시방법에서 몇 [A] 이상일 때 전류치를 표기하는가?
(2) ●$_{2P}$와 ●$_4$는 어떻게 구분되는가?
　① ●$_{2P}$　　　　　　　　　　② ●$_4$
(3) 방수형과 방폭형은 어떤 문자를 표기하는가?
　① 방수형　　　　　　　　　② 방폭형

정답

(1) 15[A]
(2) ① 2극 스위치　　② 4로 스위치
(3) ① 방수형 : WP　　② 방폭형 : EX

02 옥내 기구 및 배선①

다음 그림 기호는 일반 옥내 배선의 전등·전력·통신·신호·재해방지·피뢰설비 등의 배선, 기기 및 부착위치, 부착방법을 표시하는 도면에 사용하는 그림 기호이다. 각 그림 기호의 명칭을 쓰시오.

(1) E　　　　　(2) B　　　　　(3) EC
(4) S　　　　　(5)  ⊖$_G$

정답

(1) 누전차단기　　(2) 배선용 차단기　　(3) 접지센터
(4) 개폐기　　　　(5) 누전 경보기

03 옥내 기구 및 배선②

다음은 일반 옥내배선에서 전등·전력·통신·신호·재해방지·피뢰설비 등의 배선, 기기 및 부착위치, 부착방법을 표시하는 도면에 사용되는 기호이다. 각 기호의 명칭을 쓰시오.

정답

(1) 배전반 (2) 분전반 (3) 제어반

(4) 단자반 (5) 중간단자반

04 개폐기

개폐기 중에서 다음 기호(심벌)가 의미하는 것은 무엇인지 모두 쓰시오.

정답

- 정격전류 5[A]인 전류계 붙이
- 3극 50[A] 개폐기
- 퓨즈 정격 20[A]

05 콘센트

그림은 콘센트의 종류를 표시한 옥내배선용 그림기호이다. 각 그림기호는 어떤 의미를 가지고 있는지 설명하시오.

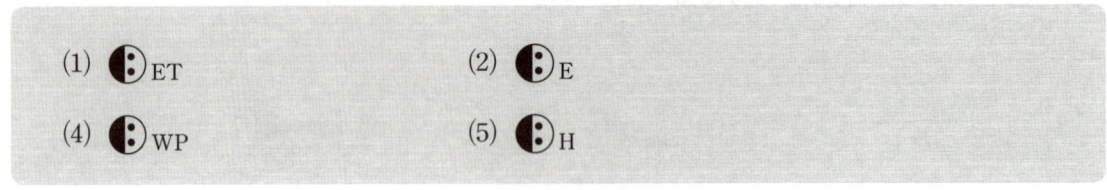

정답

(1) ⊙ET : 접지단자붙이 (2) ⊙E : 접지극붙이
(4) ⊙WP : 방수형   (5) ⊙H : 의료용

참고

명칭	그림기호	적요
콘센트	⊙	① 천장에 부착하는 경우 ⊙ ② 바닥에 부착하는 경우 ⊙ ③ 용량의 표시 방법 　• 15[A]는 방기하지 않는다. 　• 20[A] 이상은 암페어 수를 방기　예 ⊙20A ④ 2구 이상인 경우는 구수를 방기　예 ⊙2 ⑤ 3극 이상인 경우는 극수를 방기한다.　예 ⊙3P ⑥ 종류를 표시하는 경우 　• 빠짐방지형　⊙LK 　• 걸림형　⊙T 　• 접지극붙이　⊙E 　• 접지단자붙이　⊙ET 　• 누전 차단기붙이　⊙EL ⑦ 방수형은 WP를 방기　⊙WP ⑧ 방폭형은 EX를 방기　⊙EX ⑨ 의료용은 H를 방기　⊙H

06 조명 및 콘센트

일반용 조명 및 콘센트의 그림 기호에 대한 다음 각 물음에 답하시오.

(1) ⊗로 표시되는 등은 어떤 등인가?

(2) HID등을 ① $\bigcirc_{H400}$, ② $\bigcirc_{M400}$, ③ $\bigcirc_{N400}$ 로 표시하였을 때 각 등의 명칭은 무엇인가?

(3) 콘센트의 그림 기호는 ⦂이다.
  ① 천장에 부착하는 경우의 그림 기호는?
  ② 바닥에 부착하는 경우의 그림 기호는?

(4) 다음 그림 기호를 구분하여 설명하시오.
  ① ⦂₂   ② ⦂3P

정답

(1) 옥외등

(2) ① 400[W] 수은등
    ② 400[W] 메탈 핼라이드등
    ③ 400[W] 나트륨등

(3) ①   ②

(4) ① 2구 콘센트   ② 3극 콘센트

07 전기설비용 기구

다음 전기 설비에서 사용하는 그림 기호의 명칭을 쓰시오.

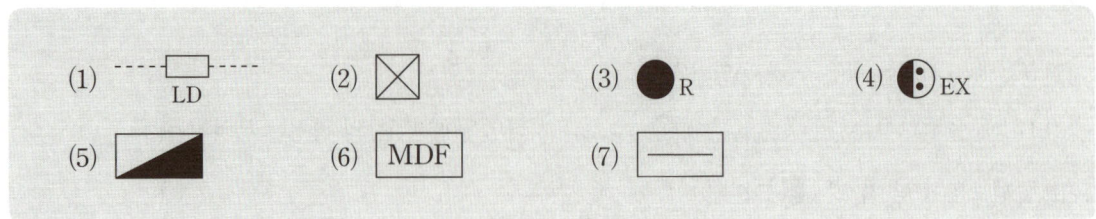

정답

(1) 라이팅 덕트   (2) 풀박스 및 접속 상자   (3) 리모콘 스위치   (4) 방폭형 콘센트
(5) 분전반   (6) 본 배선반   (7) 단자반

08 심벌 그리기①

그림은 옥내 배선을 설계할 때 사용되는 배전반, 분전반 및 제어반의 일반적인 그림기호이다. 이 것을 배전반, 분전반, 제어반 및 직류용으로 구별하여 그림기호를 사용하고자 할 때 그 그림기호를 그리시오.

(1) 배전반   (2) 분전반
(3) 제어반   (4) 직류용

정답

(1) 배전반 : ⊠   (2) 분전반 : ◣
(4) 제어반 : ⋈   (5) 직류반 : ▭

09 심벌 그리기 ②

다음 조건에 있는 콘센트의 그림기호를 그리시오.

(1) 벽붙이용 (2) 천장에 부착하는 경우
(3) 바닥에 부착하는 경우 (4) 방수형
(5) 타이머 붙이 (6) 2구용

정답

(1) ⊕ (2) ⊙ (3) ⊕▼

(4) ⊕$_{WP}$ (5) ⊕$_{TM}$ (6) ⊕$_2$

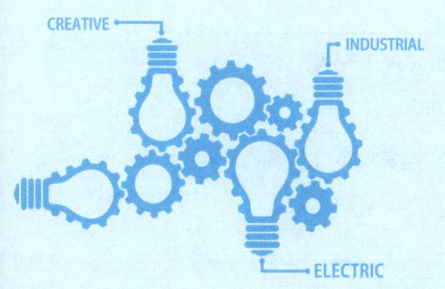

05 테이블 스펙

Chapter 01. 보호도체

Chapter 02. 전선의 최대길이·부하중심거리

Chapter 03. 분기회로 과전류 보호설계

Chapter 04. 간선 과전류 보호설계

1 보호도체

1. 보호도체의 단면적

보호도체의 최소 단면적은 표 에 따라 선정해야 하며, 다만, 계산식의 요건을 고려하여 선정한다.

상도체의 단면적 S ([mm^2], 구리)	보호도체의 최소 단면적([mm^2], 구리)	
	보호도체의 재질	
	상도체와 같은 경우	상도체와 다른 경우
$S \leq 16$	S	$(k_1/k_2) \times S$
$16 < S \leq 35$	$16(a)$	$(k_1/k_2) \times 16$
$S > 35$	$S(a)/2$	$(k_1/k_2) \times (S/2)$

- k_1 : 도체 및 절연의 재질에 따라 선정된 상도체에 대한 k값
- k_2 : 보호도체에 대한 k값
- a : PEN 도체의 최소단면적은 중성선과 동일하게 적용

※ 차단시간이 5초 이하인 경우에만 다음 계산식을 적용한다.

(1) 간선의 계산값

$$S = \frac{\sqrt{I_F^2 t}}{k} \times a$$

t : 자동차단을 위한 보호장치의 동작시간[s]
S : 단면적[mm^2], a : 설계여유, I_F : 최소단락전류[A]
k : 보호도체, 절연, 기타 부위의 재질 및 초기온도와 최종온도에 따라 정해지는 계수

(2) 분기회로의 계산값

$$S = \frac{\sqrt{I^2 t}}{k}$$

I : 보호장치를 통해 흐를수 있는 예상고장전류 실효값[A]
S : 단면적[mm^2], t : 자동차단을 위한 보호장치의 동작시간[s]
k : 보호도체, 절연, 기타 부위의 재질 및 초기온도와 최종온도에 따라 정해지는 계수

2. 보호도체의 종류

(1) 다심케이블의 도체

(2) 충전도체와 같은 트렁킹에 수납된 절연도체 또는 나도체

(3) 고정된 절연도체 또는 나도체

개념 확인문제　　　　　　　　　　　　　　　　　　　　Check up! □□□

단답 문제 다음 표는 보호도체의 최소 단면적을 나타낸 표이다. 빈칸에 알맞은 답안을 작성하시오.

상도체의 단면적 S ([mm^2], 구리)	보호도체의 최소 단면적([mm^2], 구리)	
	보호도체의 재질	
	상도체와 같은 경우	
$S \leq 16$		
$16 < S \leq 35$		
$S > 35$		

답

상도체의 단면적 S ([mm^2], 구리)	보호도체의 최소 단면적([mm^2], 구리)
	보호도체의 재질
	상도체와 같은 경우
$S \leq 16$	S
$16 < S \leq 35$	16
$S > 35$	$S/2$

2. 전선의 최대 길이·부하중심거리 및 전압강하

1. 전선최대길이

$$L = \frac{배선\ 설계의\ 길이 \times \dfrac{부하의\ 최대\ 사용\ 전류[A]}{표의\ 전류[A]}}{\dfrac{배선\ 설계의\ 전압\ 강하[V]}{표의\ 전압\ 강하[V]}}$$

2. 부하중심까지의 거리

$$L = \frac{\sum 전류 \times 길이}{\sum 전류} = \frac{\sum 전압 \times 전류 \times 길이}{\sum 전압 \times 전류} = \frac{\sum 전력 \times 길이}{\sum 전력}$$

3. 수용가설비의 전압강하

설비의 유형	조명[%]	기타[%]
A – 저압으로 수전하는 경우	3	5
B – 고압 이상으로 수전하는 경우 [a]	6	8

[a] 가능한 한 최종회로 내의 전압강하가 A 유형의 값을 넘지 않도록 하는 것이 바람직하다.
사용자의 배선설비가 100[m]를 넘는 부분의 전압강하는 미터 당 0.005[%] 증가할 수 있으나 이러한 증가분은 0.5[%]를 넘지 않아야 한다.

(1) 더 큰 전압강하 허용범위
- 기동 시간 중의 전동기
- 돌입전류가 큰 기타 기기

(2) 고려하지 않는 일시적인 조건
- 과도과전압
- 비정상적인 사용으로 인한 전압 변동

3 분기회로 과전류 보호 설계

현장에서 상황과 조건에 의해 KEC 212 및 232에서 요구하는 기준에 따라 가장 적절한 크기의 선도체, 중성선 및 보호도체의 단면적과 보호장치의 정격전류를 선정한다.

1. 도체의 단면적 선정

    (1) 설계전류를 고려한 공칭단면적 선정

    ① 단상회로의 설계전류

    $$I_B = \frac{P}{V \times \eta \times \cos\theta}[A]$$

    I_B : 전동기회로의 설계전류[A], P : 전동기의 출력[kW]
    V : 전동기의 정격전압[kV], η : 전동기의 효율, $\cos\theta$: 전동기의 역률

    ② 3상 전동기 회로의 설계전류

    $$I_B = \frac{P}{\sqrt{3} \times V \times \eta \times \cos\theta}[A]$$

    I_B : 전동기회로의 설계전류[A], P : 전동기의 출력[kW]
    V : 전동기의 정격전압[kV], η : 전동기의 효율, $\cos\theta$: 전동기의 역률

    ③ 도체의 허용전류
    설계전류를 기초로 그 이상의 값을 주어지는 표에 의해 산정하되 계산조건인 보정된 허용전류 값을 통해 선정한다.

    (2) 과부하 보호장치의 정격전류를 고려한 도체의 단면적

    $$I_B(설계전류) \leq I_n(정격전류)$$

    (3) 전압강하율을 고려한 계산단면적

    - 공급전압에 대한 부하의 단자에서 허용전압강하율은 부하기기의 허용전압강하율을 고려하여 선정하는 것이 원칙이다. 일반적으로 분기회로에서 허용전압강하율은 공급전압의 2[%] 이내로 하지만, 간선의 전압강하율을 포함한 합산전압강하율은 5[%] 이내가 바람직하다.
    - 허용전압강하율을 고려한 계산단면적 (계산면적보다 상위 값 선정)

$$S = \frac{K_w \times I \times L}{1000 \times e}$$

L : 도체의 길이[m], e : 선간의 전압강하율(3상4선의 경우 전압선과 중성선과의 전압)
S : 도체의 최소단면적[mm²], K_w : 단상2선 35.6, 3상3선 30.8, 3상4선 17.8, I : 전류[A]

(4) 전동기의 기동전류에 의한 온도상승을 고려한 도체의 단면적

$$S = \frac{I_B \times \beta \times \sqrt{t_m}}{K \times n}$$

I_B : 전동기회로의 설계전류, β : 전동기의 전전압 기동배율, n : 병렬도체 수
K : 절연물의 종류에 따라 정해지는 상수, t_m : 전동기의 전전압 기동시간[s]

(1)~(4) 중 보호장치의 과전류값 이상의 허용전류를 갖는 적합한 공칭단면적 선정

2. 과부하 보호장치의 정격전류 선정

(1) 설계전류를 고려한 과부하 보호장치의 정격전류 선정

$$I_B(\text{설계전류}) \leq I_n(\text{정격전류})$$

(2) $I_2 \leq 1.45 \times I_Z$(도체의 허용전류)에 의한 과부하 보호장치의 정격전류
 I_2는 보호장치가 규약시간 이내에 유효하게 동작하는 것을 보증하는 전류를 뜻한다.

$$I_2 = \text{계산시 산정계수} \times I_n(\text{정격전류})$$

[보호장치의 규약동작전류]

구분	동작전류	동작시간		계산식	
		63[A] 이하	63[A] 초과	63[A] 이하	63[A] 초과
주택용	$1.45 \times I_n$	60분	120분	$I_2 = I_n \times 1.45$	$I_2 = I_n \times 1.52$
산업용	$1.3 \times I_n$	60분	120분	$I_2 = I_n \times 1.3$	$I_2 = I_n \times 1.37$

(3) 전동기의 기동전류를 고려한 과부하 보호장치의 정격전류

$$I_n = \frac{I_B \times \beta}{\gamma}$$

I_B : 전동기의 설계전류, β : 전동기의 전전압 기동배율, γ : 보호장치의 규약동작배율

- 보호장치의 규약동작배율
  과부하보호장치의 최소동작시간과 동작특성곡선과의 교점 아래측의 전류배율을 뜻하며, 동작특성의 그래프 세로측 시간(초)의 산정은 전동기의 전전압 기동시간을 기준으로 하여 50~100[%]의 범위에서 가산하며, 가산시간은 5초를 초과하지 않도록 한다.

(1)~(3) 중 큰 값을 선정한다.

3. 단락 보호장치의 선정

  (1) 단락고장에 의한 도체의 단시간허용온도에 도달하는 시간을 고려한 보호장치의 선정

   ① 분기회로 도체가 단시간 허용온도에 도달하는 시간

$$t_z = \left(\frac{S \times k \times n}{I}\right)^2$$

   S : 적용도체의 단면적, K : 도체에 따른 계수, I : 최소단락전류, n : 병렬도체수

   ② 최소단락전류의 차단배율

$$\delta = \frac{I_F}{I_n}$$

   I_F : 최소단락전류, I_n : 과부하 보호장치의 정격전류

   ③ 최소단락전류에 의한 보호장치 동작시간 고려(기구별 보호장치의 동작특성 참고)

  (2) 전동기의 기동돌입전류를 고려한 단락보호장치의 정격전류 선정

   ① 전동기의 기동돌입전류

$$I_i = I_B \times \beta \times C \times k$$

   I_B : 설계전류, β : 전동기의 전전압 기동배율
   C : 전동기의 기동방식에 따른 배율, k : 전동기의 돌입전류의 배율

> **참고** **Y-D 기동회로의 경우**
>
> 기동돌입 전류와 변환 돌입전류 중 큰 값 적용
>
> 변환 $I_i = I_B \times \beta \times V_c \times k$
>
> V_c : 전압계수, k : 비대칭 계수

② 단락보호장치의 정격전류 계산

$$I_n = \frac{I_i \times \alpha}{\delta}$$

δ : 보호장치의 순시차단배율, α : 설계여유

(1)~(2) 중 큰 값을 선정한다.

(3) 보호장치의 차단용량 선정

정격차단전류는 제조사의 기술사양서를 참조하여 선정하며, 계통의 최대단락전류를 기초로 하여 125[%] 이상의 표준값을 선정하여야 한다.

4 간선 과전류 보호 설계

현장에서 상황과 조건에 의해 KEC 212 및 232에서 요구하는 기준에 따라 가장 적절한 크기의 선도체, 중성선 및 보호도체의 단면적과 보호장치의 정격전류를 선정한다.

1. 도체의 단면적 선정

   (1) 설계전류를 고려한 공칭단면적 선정

   ① 선행운전부하최대값

   $$S_a = S_{tot} \times a$$

   S_{tot} : 선행운전부하의 합계, a : 수용률

   ② 전동기 부하입력

   $$\delta = \frac{P_m}{\eta \times \cos\theta}[kVA]$$

   P_m : 전동기 정격출력[kW], η : 전동기의 효율, $\cos\theta$: 전동기의 역률

   ③ 간선에 접속된 부하의 입력

   $$S = \sqrt{P^2 + Q^2}$$

   ④ 간선의 설계전류

   $$I_B = \frac{S}{\sqrt{3}V} \text{ (3상 기준)}$$

   ⑤ 도체의 허용전류
   설계전류를 기초로 그 이상의 값을 주어지는 표에 의해 산정하되 계산조건인 보정된 허용전류 값을 통해 선정한다.

   (2) 과부하 보호장치의 정격전류를 고려한 도체의 단면적

   $$I_B(\text{설계전류}) \leq I_n(\text{정격전류}) \leq I_Z(\text{도체의 허용전류})$$

   (3) 전압강하율을 고려한 계산단면적

   - 간선에서 허용전압강하율은 3[%] 이내로 한다.
   - 허용전압강하율을 고려한 계산단면적 (계산면적보다 상위 값 선정)

$$S = \frac{K_w \times I \times L}{1000 \times e}$$

L : 도체의 길이[m], e : 선간의 전압강하율(3상4선의 경우 전압선과 중성선과의 전압)
S : 도체의 최소단면적[mm²], K_w : 단상2선 35.6, 3상3선 30.8, 3상4선 17.8, I : 전류[A]

(4) 전동기의 기동전류에 의한 온도상승을 고려한 도체의 단면적

$$S = \frac{I_{FS} \times \sqrt{t_m}}{K \times n} \times \alpha$$

I_{FS} : 전동기 기동시 간선에 흐르는 전류, n : 병렬도체 수
K : 절연물의 종류에 따라 정해지는 상수, t_m : 전동기의 전전압 기동시간[s], α : 설계여유

(1)~(4) 중 보호장치의 과전류값 이상의 허용전류를 갖는 적합한 공칭단면적 선정

2. 과부하 보호장치의 정격전류 선정

(1) 설계전류를 고려한 과부하 보호장치의 정격전류 선정

$$I_B(\text{설계전류}) \leq I_n(\text{정격전류})$$

(2) $I_2 \leq 1.45 \times I_Z$(도체의 허용전류)에 의한 과부하 보호장치의 정격전류

I_2는 보호장치가 규약시간 이내에 유효하게 동작하는 것을 보증하는 전류를 뜻한다.

$$I_2 = \text{계산시 산정계수} \times I_n(\text{정격전류})$$

(3) 전동기의 기동전류를 고려한 과부하 보호장치의 정격전류

$$I_n = \frac{I_{FS}}{\gamma}$$

I_{FS} : 전동기 기동시 간선에 흐르는 전류, γ : 보호장치의 규약동작배율

(1)~(3) 중 큰 값을 선정한다.

3. 단락 보호장치의 선정

(1) 단락고장에 의한 도체의 단시간허용온도에 도달하는 시간을 고려한 보호장치의 선정
① 분기회로 도체가 단시간 허용온도에 도달하는 시간

$$t_z = \left(\frac{S \times k \times n}{I}\right)^2$$

S : 적용도체의 단면적, K : 도체에 따른 계수, I : 최소단락전류, n : 병렬도체수

② 최소단락전류의 차단배율

$$\delta = \frac{I_F}{I_n}$$

I_F : 최소단락전류, I_n : 과부하 보호장치의 정격전류

③ 최소단락전류에 의한 보호장치 동작시간 고려(기구별 보호장치의 동작특성 참고)

(2) 전동기의 기동돌입전류를 고려한 단락보호장치의 정격전류 선정

① 전동기의 기동돌입부하용량

$$S_{mi} = S_m \times \beta \times C \times k$$

S_m : 전동기 부하입력, β : 전동기의 전전압 기동배율
C : 전동기의 기동방식에 따른 배율, k : 전동기의 돌입전류의 배율

② 기동돌입부하의 크기

$$S = \sqrt{P^2 + Q^2}$$

P : 선행운전부하와 전동기의 기동돌입부하 유효분의 합

③ 전동기의 기동시 합산부하의 기동돌입전류

$$I_i = \frac{S}{\sqrt{3}\,V}$$

④ 단락보호장치의 정격전류 계산

$$I_n = \frac{I_i \times \alpha}{\delta}$$

δ : 보호장치의 순시차단배율, α : 설계여유

(1)~(2) 중 큰 값을 선정한다.

(3) 보호장치의 차단용량 선정

정격차단전류는 제조사의 기술사양서를 참조하여 선정하며, 계통의 최대단락전류를 기초로 하여 125[%] 이상의 표준값을 선정하여야 한다.

참고 | 과전류 보호장치의 정격

[과전류 보호장치의 정격]

구분		과전류 보호장치의 정격
주택용 배선차단기	정격전류[A]	6, 8, 10, 13, 16, 20, 25, 32, 40, 50, 63, 80, 100, 125
	정격차단전류[kA]	1, 1.25, 1.5, 1.6, 2, 2.5, 3, 3.15, 4, 4.5, 5, 6, 6.3, 8, 10, 12.5, 16, 20, 25
산업용 배선차단기	정격전류[A]	6, 8, 10, 13, 16, 20, 25, 32, 40, 50, 63, 80, 100, 125, 160, 200, 250, 320, 400, 500, 630, 800, 1000, 1250, 1600, 2000, 2500, 3200
	정격차단전류[kA]	1, 1.25, 1.6, 2, 2.5, 3.15, 4, 5, 6.3, 8, 10, 12.5, 16, 20, 25, 31.5, 40, 50, 63, 80, 100, 125, 160, 200
퓨즈	정격전류[A]	2, 4, 6, 8, 10, 12, 16, 20, 25, 32, 40, 50, 63, 80, 100, 125, 160, 200, 250, 315, 400, 500, 630, 800, 1000, 1250
	정격차단전류[kA]	정격전압에 따른 제조자 지정 전류값 최소정격차단전류(산업용 : 교류 50, 직류 25) 최소정격차단전류(가정용 : 교류 50, 직류 8)

KSC IEC 전선규격[mm²]		
1.5	2.5	4
6	10	16
25	35	50
70	95	120
150	185	240
300	400	500

01 전선 최대길에 따른 전선의 굵기

그림과 같은 3상 3선식 회로의 전선 굵기를 구하시오. 단, 배선 설계의 길이는 50[m], 부하의 최대 사용 전류는 300[A], 배선 설계의 전압 강하는 4[V]이며, 전선 도체는 구리이다.

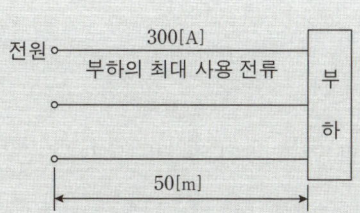

[참고자료]

[표] 전선 최대 길이(3상 3선식 380[V]·전압강하 3.8[V])

전류[A]	전선의 굵기[mm²]												
	2.5	4	6	10	16	25	35	50	95	150	185	240	300
	전선 최대 길이[m]												
1	534	854	1281	2135	3416	5337	7472	10674	20281	32022	39494	51236	64045
2	267	427	610	1067	1708	2669	3736	5337	10140	16011	19747	25618	32022
3	178	285	427	712	1139	1779	3491	3558	6760	10674	13165	17079	21348
4	133	213	320	534	854	1334	1868	2669	5070	8006	9874	12809	16011
5	107	171	256	427	683	1067	1494	2135	4056	6404	7899	10247	12809
6	89	142	213	356	569	890	1245	1779	3380	5337	6582	8539	10674
7	76	122	183	305	488	762	1067	1525	2897	4575	5642	7319	9149
8	67	107	160	267	427	667	934	1334	2535	4003	4937	6404	8006
9	59	95	142	237	380	593	830	1186	2253	3558	4388	5693	7116
12	44	71	107	178	285	445	623	890	1690	2669	3291	4270	5337
14	38	61	91	152	244	381	534	762	1449	2287	2821	3660	4575
15	36	57	85	142	228	356	498	712	1352	2135	2633	3416	4270
16	33	53	80	133	213	334	467	667	1268	2001	2468	3202	4003
18	30	47	71	119	190	297	415	593	1127	1779	2194	2846	3558
25	21	34	51	85	137	213	299	427	811	1281	1580	2049	2562
35	15	24	37	61	98	152	213	305	579	915	1128	1464	1830
45	12	19	28	47	76	119	166	237	451	712	878	1139	1423

[비고 1] 전압강하가 2[%] 또는 39[%]의 경우, 전선길이는 각각 이 표의 2배 또는 3배가 된다. 다른 경우에도 이 예에 따른다.
[비고 2] 전류가 20[A] 또는 200[A] 경우의 전선길이는 각각 이 표 전류2[A] 경우의 1/10 또는 1/100이 된다.
[비고 3] 이 표는 평형부하의 경우에 대한 것이다.
[비고 4] 이 표는 역률 1로 하여 계산한 것이다.

정답

전선의 최대길이 $L = \dfrac{\text{배선 설계의 길이} \times \dfrac{\text{부하의 최대 사용 전류[A]}}{\text{표의 전류[A]}}}{\dfrac{\text{배선 설계의 전압 강하[V]}}{\text{표의 전압 강하[V]}}}$

전선의 최대길이 $= \dfrac{50 \times \dfrac{300}{3}}{\dfrac{4}{3.8}} = 4750\,[\text{m}]$

표의 3[A]란에서 전선 최대 길이가 4750[m]를 넘는 6760[m]인 전선의 굵기 95[mm²] 선정

답 95[mm²]

02 차단기선정과 전선의 굵기

200[V] 3상 유도 전동기 부하에 전력을 공급하는 저압간선의 최소 굵기를 구하고자 한다. 전동기의 종류가 다음과 같을 때 200[V] 3상 유도 전동기 간선의 굵기 및 기구의 용량표를 이용하여 각 물음에 답하시오. (단, 전선은 PVC 절연전선으로서 공사방법은 B1에 준한다.)

부하
- 0.75[kW] × 1대 직입기동 전동기
- 1.5[kW] × 1대 직입기동 전동기
- 3.7[kW] × 1대 직입기동 전동기
- 3.7[kW] × 1대 직입기동 전동기

[참고자료]

전동기 [kW] 수의 총계 ① [kW] 이하	최대 사용 전류 ① [A] 이하	배선종류에 의한 간선의 최소 굵기[mm²]②						직입기동 전동기 중 최대 용량의 것										
		공사방법 A1		공사방법 B1		공사방법 C1		0.75 이하	1.5	2.2	3.7	5.5	7.5	11	15	18.5	22	30	37~55
		3개선		3개선		3개선		기동기 사용 전동기 중 최대 용량의 것											
		PVC	XLPE, EPR	PVC	XLPE, EPR	PVC	XLPE, EPR	–	–	–	5.5	7.5	11 15	18.5 22	–	30 37	–	45	55
								과전류 차단기[A] – (칸 위 숫자) ③ 개폐기 용량[A] – (칸 아래 숫자) ④											
3	15	2.5	2.5	2.5	2.5	2.5	2.5	15 30	20 30	30 30	–	–	–	–	–	–	–	–	–
4.5	20	4	2.5	2.5	2.5	2.5	2.5	20 30	20 30	30 30	50 60	–	–	–	–	–	–	–	–
6.3	30	6	4	6	4	4	2.5	30 30	30 30	50 60	50 60	75 100	–	–	–	–	–	–	–
8.2	40	10	6	10	6	6	4	50 60	50 60	50 60	75 100	75 100	100 100	–	–	–	–	–	–
12	50	16	10	10	10	10	6	50 60	50 60	50 60	75 100	75 100	100 100	150 200	–	–	–	–	–
15.7	75	35	25	25	16	16	16	75 100	75 100	75 100	75 100	100 100	100 200	150 200	150 200	–	–	–	–
19.5	90	50	25	35	25	25	16	100 100	100 100	100 100	100 100	100 200	150 200	150 200	200 200	200 200	–	–	–
23.2	100	50	35	35	25	35	25	100 100	100 100	100 100	100 100	100 200	150 200	150 200	200 200	200 200	–	–	–
30	125	70	50	50	35	50	35	150 200	150 200	150 200	150 200	150 200	150 200	150 200	200 200	200 200	200 200	–	–
37.5	150	95	70	70	50	70	50	150 200	150 200	150 200	150 200	150 200	150 200	150 200	300 300	300 300	300 300	–	–
45	175	120	70	95	50	70	50	200 200	200 200	200 200	200 200	200 200	200 200	200 200	300 300	300 300	300 300	300 300	–
52.5	200	150	95	95	70	95	70	200 200	200 200	200 200	200 200	200 200	200 200	200 200	300 300	300 300	400 400	400 400	–
63.7	250	240	150	–	95	120	95	300 300	300 300	300 300	300 300	300 300	300 300	300 300	400 400	400 400	400 400	500 600	–
75	300	300	185	–	120	185	120	300 300	300 300	300 300	300 300	300 300	300 300	300 300	400 400	400 400	400 400	500 600	–
86.2	350	–	240	–	–	240	150	400 400	400 400	400 400	400 400	400 400	400 400	400 400	400 400	400 400	400 400	600 600	–

(1) 간선배선을 금속관 배선으로 할 때 간선의 최소 굵기는 구리도체 전선 사용의 경우 얼마인가?

(2) 과전류 차단기의 용량은 몇 [A]를 사용하는가?

(3) 주개폐기 용량은 몇 [A]를 사용하는가?

정답

(1) 전동기총합 $P = 0.75 + 1.5 + 3.7 + 3.7 = 9.65[\text{kW}]$
   표에서 상위값인 12[kW] 선정란의 PVC 절연전선으로서 공사방법은 B1적용

   답 $10[\text{mm}^2]$

(2) 직입기동중 최대용량의 것 3.7[kW]란에서 칸 윗부분인 과전류차단기 적용

   답 $75[\text{A}]$

(3) 직입기동중 최대용량의 것 3.7[kW]란에서 칸 아래 부분인 개폐기 적용

   답 $100[\text{A}]$

03 전선의 굵기

전원측 전압이 380[V]인 3상 3선식 옥내 배선이 있다. 그림과 같이 250[m]떨어진 곳에서부터 10[m] 간격으로 용량 5[kVA]의 3상 동력을 5대 설치하려고 한다. 부하 말단까지의 전압 강하를 5[%] 이하로 유지하려면 동력선의 굵기를 얼마로 선정하면 좋은지 표에서 산정하시오. 단, 전선으로는 도전율이 97[%]인 비닐 절연 동선을 사용하여 금속관 내에 설치하여 부하 말단까지 동일한 굵기의 전선을 사용한다.

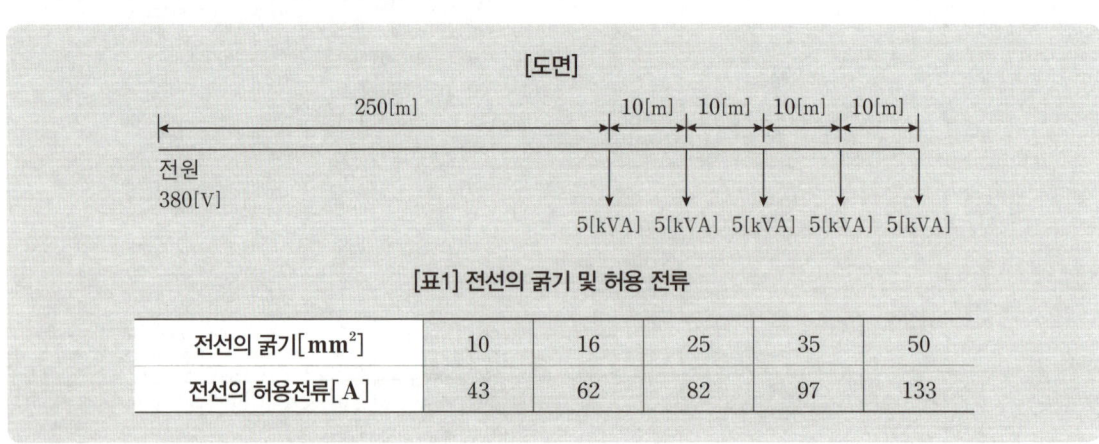

[표1] 전선의 굵기 및 허용 전류

전선의 굵기[mm²]	10	16	25	35	50
전선의 허용전류[A]	43	62	82	97	133

정답

부하 중심까지의 거리 $L = \dfrac{5 \times 250 + 5 \times 260 + 5 \times 270 + 5 \times 280 + 5 \times 290}{5 + 5 + 5 + 5 + 5} = 270[\text{m}]$

전부하 전류 $I = \dfrac{5 \times 10^3 \times 5}{\sqrt{3} \times 380} \fallingdotseq 38[\text{A}]$

전압강하 $e = 380 \times 0.05 = 19[\text{V}]$

전선 1[m]의 저항을 $r[\Omega/\text{m}]$라 하면 선로의 전 저항 $R = 270 \times r$

전압강하 $e = 19 = \sqrt{3} IR = \sqrt{3} \times 38 \times 270 \times r$

$$r = \frac{19}{\sqrt{3} \times 38 \times 270} = \frac{1}{58} \times \frac{100}{97} \times \frac{L}{A}$$

$$A = \frac{\sqrt{3} \times 38 \times 270 \times 100}{19 \times 58 \times 97} = 16.62[\text{mm}^2] \text{ 따라서, 표에서 상위값인 } 25[\text{mm}^2] \text{ 선정}$$

답 $25[\text{mm}^2]$

04 전선의 굵기

그림과 같은 교류 $100[\text{V}]$ 단상 2선식 분기 회로의 전선 굵기를 결정하되 표준 규격으로 결정하시오. (단, 전압강하는 $2[\text{V}]$ 이하, 배선은 $600[\text{V}]$ 고무 절연 전선을 사용하는 애자사용 공사로 한다.)

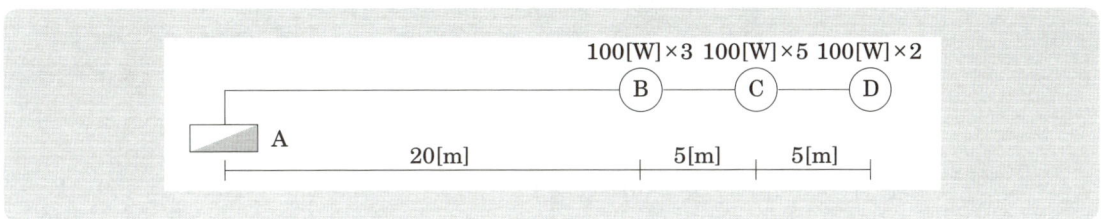

정답

부하 중심까지의 거리 $L = \dfrac{(300 \times 20) + (500 \times 25) + (200 \times 30)}{(300 + 500 + 200)} = \dfrac{6000 + 12500 + 6000}{1000} = 24.5[\text{m}]$

전부하전류 $I = \dfrac{P}{V} = \dfrac{1000}{100} = 10[\text{A}]$

전압강하 $e = 2[\text{V}]$

전선의 단면적 $A = \dfrac{35.6 LI}{1000 e} = \dfrac{35.6 \times 24.5 \times 10}{1000 \times 2} = 4.361[\text{mm}^2] ≒ 4.36[\text{mm}^2]$

$4.36[\text{mm}^2]$ 보다 큰 굵기를 선정, 따라서 $6[\text{mm}^2]$ 선정

답 $6[\text{mm}^2]$

참고

KSC IEC 전선규격 [mm^2]		
1.5	2.5	4
6	10	16
25	35	50
70	95	120
150	185	240
300	400	500

05 전선의 굵기 및 관의 호 수

공장 구내 사무실 건물에 110/220[V] 단상 3선식 채용하고, 공장 구내 변압기가 설치된 변전실에서 60[m]되는 곳의 부하를 아래 표 "부하집계표"와 같이 배분하는 분전반을 시설하고자 한다. 이 건물의 전기 설비에 대하여 다음의 허용 전류표를 참고로 하여 다음 물음에 답하시오. (단, 전압 강하는 2[%] 이하로 하여야 하고 간선의 수용률은 100[%]로 한다.)

※ 전선 굵기 중 상과 중성선(N)의 굵기는 같게 한다.

[부하집계표]

회로번호	부하명칭	총부하[VA]	부하분담 A선	부하분담 B선	NFB 크기 극수	NFB 크기 AF	NFB 크기 AT	비고
1	백열등	2460	2460		1	30	15	
2	형광등	1960		1960	1	30	15	
3	전열	2000	2000(AB간)		2	50	20	
4	팬코일	1000	1000(AB간)		2	30	15	
합계		7420						

[참고자료]

[표1] 전압 강하 및 전선 단면적을 구하는 공식

전기 방식	전압 강하	전선 단면적
단상 2선식 및 직류 2선식	$e = \dfrac{35.6LI}{1000A}$	$A = \dfrac{35.6LI}{1000e}$
3상 3선식	$e = \dfrac{30.8LI}{1000A}$	$A = \dfrac{30.8LI}{1000e}$
단상 3선식·직류 3선식·3상 4선식	$e' = \dfrac{17.8LI}{1000A}$	$A = \dfrac{17.8LI}{1000e'}$

단, e : 각 선간의 전압 강하[V]
  e' : 외측선 또는 각 상의 1선과 중성선 사이의 전압 강하[V]
  A : 전선의 단면적[mm²], L : 전선 1본의 길이[m], I : 전류[A]

우선순위 핵심문제

[표 2] 후강 전선관 굵기의 선정

도체 단면적 $[mm^2]$	전선 본수									
	1	2	3	4	5	6	7	8	9	10
	전선관의 최소 굵기[호]									
2.5	16	16	16	16	22	22	22	28	28	28
4	16	16	16	22	22	22	28	28	28	28
6	16	16	22	22	22	28	28	28	36	36
10	16	22	22	28	28	36	36	36	36	36
16	16	22	28	28	36	36	36	42	42	42
25	22	28	28	36	36	42	54	54	54	54
35	22	28	36	42	54	54	54	70	70	70
50	22	36	54	54	70	70	70	82	82	82
70	28	42	54	54	70	70	70	82	82	82
95	28	54	54	70	70	82	82	92	92	104
120	36	54	54	70	70	82	82	92		
150	36	70	70	82	92	92	104	104		
185	36	70	70	82	92	104				
240	42	82	82	92	104					

(1) 간선의 굵기를 산정하시오.
(2) 간선 설비에 필요한 후강 전선관의 굵기를 산정하시오.
(3) 분전반의 복선 결선도를 작성하시오.

정답

(1) ① 선로의 길이는 $L=60[m]$

   ② A선의 정격전류 $=I_A=\dfrac{P}{V}=\dfrac{\text{부하부담}}{\text{사용전압}}=\dfrac{2460}{110}+\dfrac{2000}{220}+\dfrac{1000}{220}=36[A]$

   B선의 정격전류 $=I_B=\dfrac{P}{V}=\dfrac{\text{부하부담}}{\text{사용전압}}=\dfrac{1960}{110}+\dfrac{2000}{220}+\dfrac{1000}{220}=31.45[A]$

   A선 정격전류가 높으므로 전류는 $36[A]$를 산정

   ③ $e=$사용전압$\times$전압강하율$=110\times 0.02=2.2[V]$

   전선의 단면적 $A=\dfrac{17.8LI}{1000e}=\dfrac{17.8\times 60\times 36}{1000\times 2.2}=17.467[mm^2]$ 답 $25[mm^2]$

(2) 후강전선관 굵기 [표 3]에서 도체의 단면적과 전선 본수에 따른 조건을 선정한다.

   따라서 [표 3]에서 $25[mm^2]$ 전선과 3선을 만족하는 후강전선관의 굵기는 28[호]가 된다. 답 28[호]

(3)

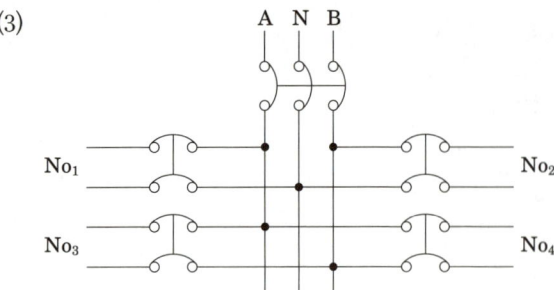

06 간선 및 전동기분기회로

다음 그림은 농형 유도 전동기를 공사방법 B_1, XLPE 절연전선을 사용하여 시설한 것이다. 도면을 충분히 이해한 다음 참고자료를 이용하여 다음 각 물음에 답하시오. (단, 전동기 4대의 용량은 다음과 같다.)

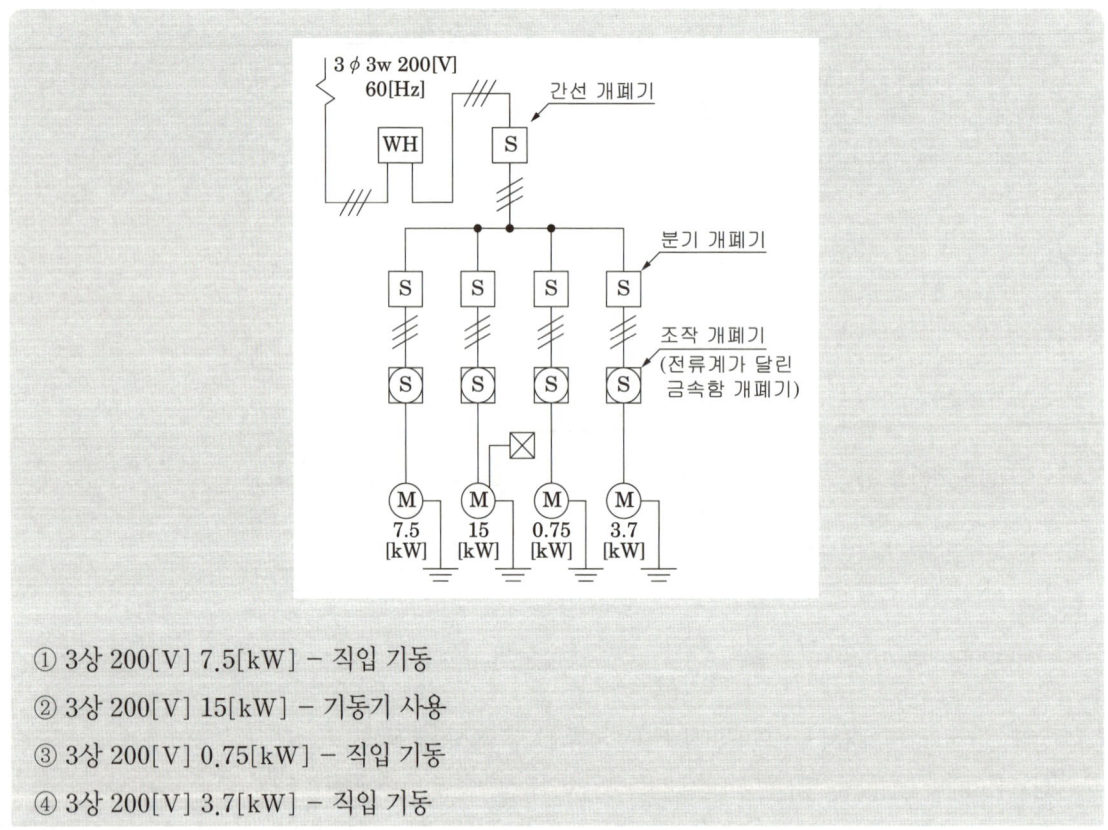

① 3상 200[V] 7.5[kW] - 직입 기동
② 3상 200[V] 15[kW] - 기동기 사용
③ 3상 200[V] 0.75[kW] - 직입 기동
④ 3상 200[V] 3.7[kW] - 직입 기동

[참고자료]

[표 1] 200[V] 3상 유도 전동기 1대인 경우의 분기회로(B종 퓨즈의 경우)

정격출력 [kW]	전부하전류 [A]	배선 종류에 의한 동 전선의 최소 굵기[mm²]					
		공사방법 A1		공사방법 B1		공사방법 C	
		PVC 3개선	XLPE	PVC 3개선	XLPE	PVC 3개선	XLPE
0.2	1.8	2.5	2.5	2.5	2.5	2.5	2.5
0.4	3.2	2.5	2.5	2.5	2.5	2.5	2.5
0.75	4.8	2.5	2.5	2.5	2.5	2.5	2.5
1.5	8	2.5	2.5	2.5	2.5	2.5	2.5
2.2	11.1	2.5	2.5	2.5	2.5	2.5	2.5
3.7	17.4	2.5	2.5	2.5	2.5	2.5	2.5
5.5	26	6	4	4	2.5	4	2.5
7.5	34	10	6	6	4	6	4
11	48	16	10	10	6	10	6
15	65	25	16	16	10	16	10
18.5	79	35	25	25	16	25	16
22	93	50	25	35	25	25	16
30	124	70	50	50	35	50	35
37	152	95	70	70	50	70	50

정격출력 [kW]	전부하 전류 [A]	개폐기 용량[A]				과전류 차단기(B종 퓨즈)[A]				전동기용 초과눈금 전류계의 정격전류 [A]	접지선의 최소 굵기 [mm²]
		직입기동		기동기 사용		직입기동		기동기 사용			
		현장조작	분기	현장조작	분기	현장조작	분기	현장조작	분기		
0.2	1.8	15	15			15	15			3	2.5
0.4	3.2	15	15			15	15			5	2.5
0.75	4.8	15	15			15	15			5	2.5
1.5	8	15	30			15	20			10	4
2.2	11.1	30	30			20	30			15	4
3.7	17.4	30	60			30	50			20	6
5.5	26	60	60	30	60	50	60	30	50	30	6
7.5	34	100	100	60	100	75	100	50	75	30	10
11	48	100	200	100	100	100	150	75	100	60	16
15	65	100	200	100	100	100	150	100	100	60	16
18.5	79	200	200	100	200	150	200	100	150	100	16
22	93	200	200	100	200	150	200	100	150	100	16
30	124	200	400	200	200	200	300	150	200	150	25
37	152	200	400	200	200	200	300	150	200	200	25

[비고 1] 최소 전선 굵기는 1회선에 대한 것이며, 2회선 이상일 경우는 부록 500-2의 복수회로 보정계수를 적용하여야 한다.

[비고 2] 공사방법 A1은 벽 내의 전선관에 공사한 절연전선 또는 단심케이블, B1은 벽면의 전선관에 공사한 절연전선 또는 단심 케이블, 공사방법 C는 벽면에 공사한 단심 또는 다심케이블을 시설하는 경우의 전선 굵기를 표시하였다.

[비고 3] 전동기 2대 이상을 동일 회로로 할 경우는 간선의 표를 적용할 것

[표 2] 전동기 공사에서 간선의 전선 굵기·개폐기 용량 및 적정 퓨즈(200[V], B종 퓨즈)

전동기 [kW] 수의 총계 ① [kW] 이하	최대 사용 전류 [A] 이하	배선종류에 의한 간선의 최소 굵기[mm²] ②						직입기동 전동기 중 최대 용량의 것										
		공사방법 A1 3개선		공사방법 B1 3개선		공사방법 C1 3개선		0.75 이하	1.5	2.2	3.7	5.5	7.5	11	15	18.5	22	30	37~55
								기동기 사용 전동기 중 최대 용량의 것										
		PVC	XLPE, EPR	PVC	XLPE, EPR	PVC	XLPE, EPR	–	–	–	–	5.5	7.5	11 / 15	18.5 / 22	–	30 / 37	–	45	55
								과전류 차단기[A] – (칸 위 숫자) ③ 개폐기 용량[A] – (칸 아래 숫자) ④									
3	15	2.5	2.5	2.5	2.5	2.5	2.5	15/30	20/30	30/30	–	–	–	–	–	–	–	–
4.5	20	4	2.5	2.5	2.5	2.5	2.5	20/30	20/30	30/30	50/60	–	–	–	–	–	–	–
6.3	30	6	4	6	4	4	2.5	30/30	30/30	50/60	50/60	75/100	–	–	–	–	–	–
8.2	40	10	6	10	6	6	4	50/60	50/60	50/60	75/100	75/100	100/100	–	–	–	–	–
12	50	16	10	10	10	10	6	50/60	50/60	50/60	75/100	75/100	100/100	150/200	–	–	–	–
15.7	75	35	25	25	16	16	16	75/100	75/100	75/100	75/100	100/100	100/100	150/200	150/200	–	–	–
19.5	90	50	25	35	25	25	16	100/100	100/100	100/100	100/100	100/100	150/200	200/200	200/200	–	–	–
23.2	100	50	35	35	25	35	25	100/100	100/100	100/100	100/100	100/100	150/200	150/200	200/200	200/200	–	–
30	125	70	50	50	35	50	35	150/200	150/200	150/200	150/200	150/200	150/200	200/200	200/200	200/200	–	–
37.5	150	95	70	70	50	70	50	150/200	150/200	150/200	150/200	150/200	150/200	200/200	300/300	300/300	–	–
45	175	120	70	95	50	70	50	200/200	200/200	200/200	200/200	200/200	200/200	200/200	300/300	300/300	300/300	–
52.5	200	150	95	95	70	95	70	200/200	200/200	200/200	200/200	200/200	200/200	200/200	300/300	400/400	400/400	–
63.7	250	240	150	–	95	120	95	300/300	300/300	300/300	300/300	300/300	300/300	300/300	400/400	400/400	500/600	–
75	300	300	185	–	120	185	120	300/300	300/300	300/300	300/300	300/300	300/300	300/300	400/400	400/400	500/600	–
86.2	350	–	240	–	–	240	150	400/400	400/400	400/400	400/400	400/400	400/400	400/400	400/400	400/400	600/600	–

[비고 1] 최소 전선 굵기는 1회선에 대한 것이며, 2회선 이상일 경우는 부록 500-2의 복수회로 보정계수를 적용하여야 한다.

[비고 2] 공사방법 A1은 벽 내의 전선관에 공사한 절연전선 또는 단심케이블, B1은 벽면의 전선관에 공사한 절연전선 또는 단심케이블, 공사방법 C는 벽면에 공사한 단심 또는 다심케이블을 시설하는 경우의 전선 굵기를 표시하였다.

[비고 3] 「전동기중 최대의 것」에 동시 기동하는 경우를 포함함
[비고 4] 과전류 차단기의 용량은 해당 조항에 규정되어 있는 범위에서 실용상 거의 최댓값을 표시함
[비고 5] 과전류 차단기의 선정은 최대 용량의 정격전류의 3배에 다른 전동기의 정격전류의 합계를 가산한 값 이하를 표시함.
[비고 6] 이 표의 전선 굵기 및 허용전류는 부록 500-2에서 공사방법 A1, B1, C는 표 A.52-4와 표 A.25에 의한 값으로 하였다.
[비고 7] 고리퓨즈는 300[A] 이하에서 사용하여야 한다.

[표 3] 후강전선관 굵기의 선정

도 체 단면적 [mm²]	전선 본수									
	1	2	3	4	5	6	7	8	9	10
	전선관의 최소 굵기[호]									
2.5	16	16	16	16	22	22	22	28	28	28
4	16	16	16	22	22	22	28	28	28	28
6	16	16	22	22	22	28	28	28	36	36
10	16	22	22	28	28	36	36	36	36	36
16	16	22	28	28	36	36	36	42	42	42
25	22	28	28	36	36	42	54	54	54	54
35	22	28	36	42	54	54	54	70	70	70
50	22	36	54	54	70	70	70	82	82	82
70	28	42	54	54	70	70	70	82	82	82
95	28	54	54	70	70	82	82	92	92	104
120	36	54	54	70	70	82	82	92		
150	36	70	70	82	92	92	104	104		
185	36	70	70	82	92	104				
240	42	82	82	92	104					

(1) 간선의 최소 굵기[mm²] 및 간선 금속관의 최소 굵기는?
(2) 간선의 과전류 차단기 용량[A] 및 간선의 개폐기 용량[A]은?
(3) 7.5[kW] 전동기의 분기 회로에 대한 다음을 구하시오.

① 개폐기 용량 ─┬─ 분기[A]
　　　　　　　　└─ 조작[A]

② 과전류 차단기 용량 ─┬─ 분기[A]
　　　　　　　　　　　└─ 조작[A]

③ 접지선의 굵기[mm²]
④ 초과 눈금 전류계[A]
⑤ 금속관의 최소 굵기[호]

> 정답

(1) 전동기의 정격출력수의 총계 = 7.5 + 15 + 0.75 + 3.7 = 26.95[kW]
　　상위 값인 30[kW] 선정, 공사방법 B1, XLPE 절연전선 표를 참고, 간선의 최소 굵기에서 35[mm²]를 선정
　　[표 3]에서 도체 단면적은 35[mm²]이며 3본인 경우이므로 후강 전선관의 최소 굵기는 36[mm]가 되므로 간선 금속관의 최소 굵기는 36[호]를 선정
　　　　　　　　　　　　　답 　간선의 최소 굵기 : 35[mm²], 간선 금속관의 최소 굵기 : 36[호]

(2) [표 2] 전동기 공사에서 간선의 전선 굵기·개폐기 용량 및 적정 퓨즈(200[V], B종 퓨즈)에서 전동기[kW]수의 총계 30[kW], 직입기동 전동기중 최대 용량은 7.5[kW] 또는 기동기사용 전동기중 최대용량 15[kW]와 교차하는 곳의 과전류 차단기 용량은 150[A]이고 개폐기 용량은 200[A] 선정
　　　　　　　　　　　　　답 　간선의 과전류 차단기 용량 : 150[A], 간선의 개폐기 용량 : 200[A]

(3) [표1]을 이용하여 7.5[kW] 200[V] 3상 유도 전동기의 분기회로 부분 산정
　　[표1]의 7.5[kW]란의 개폐기 및 과전류 차단기 용량 산정(직입)

　　① 개폐기 용량 ┬ 분기 100[A]
　　　　　　　　　└ 조작 100[A]

　　② 과전류 차단기 용량 ┬ 분기 100[A]
　　　　　　　　　　　　└ 조작 75[A]

　　③ 접지선의 굵기 : 10[mm²]
　　④ 초과 눈금 전류계 : 30[A]
　　⑤ 금속관의 최소 굵기 : 16[호]
　　　　[표 1]을 이용하여 7.5[kW] 정격출력, 공사방법 B1, XLPE 절연전선 확인 후 분기선의 굵기를 산정한 4[mm²]을 통해 [표 3]에서 3상 유도전동기이므로 전선본수 3 적용, 최소 굵기는 16[mm]가 되므로 분기회로 금속관의 최소 굵기는 16[호]를 선정

07 테이블 스펙 설계

전동기 $M_1 \sim M_5$의 사양이 주어진 조건과 같고 이것을 그림과 같이 배치하여 금속관공사로 시설하고자 한다.
(단 전선은 XLPE이고, 공사방법 B1이다.)

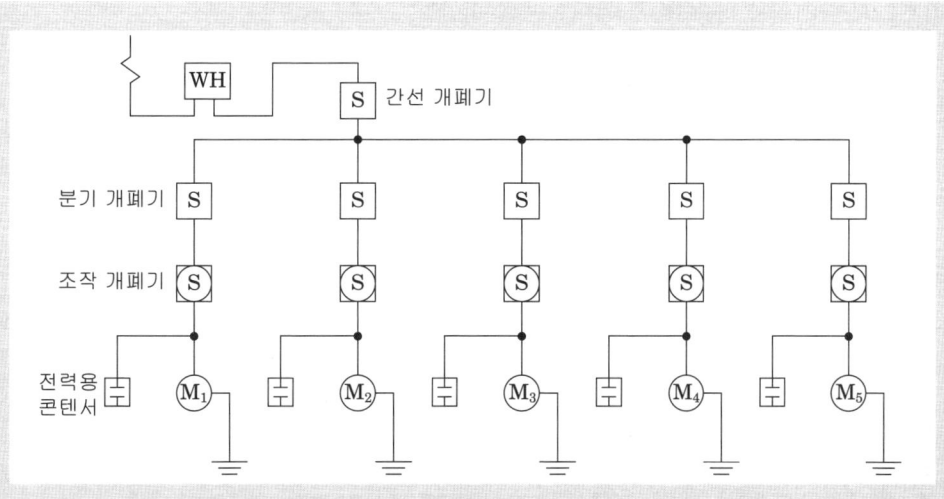

[조건]

- M_1 : 3상 200[V] 0.75[kW] 농형 유도전동기(직입기동)
- M_2 : 3상 200[V] 3.7[kW] 농형 유도전동기(직입기동)
- M_3 : 3상 200[V] 5.5[kW] 농형 유도전동기(직입기동)
- M_4 : 3상 200[V] 15[kW] 농형 유도전동기(Y−△기동)
- M_5 : 3상 200[V] 30[kW] 농형 유도전동기(기동보상기기동)

[표 1] 후강 전선관 굵기의 선정

도체 단면적[mm^2]	전선본수									
	1	2	3	4	5	6	7	8	9	10
	전선관의 최소 굵기[mm]									
2.5	16	16	16	16	22	22	22	28	28	28
4	16	16	16	22	22	22	28	28	28	28
6	16	16	22	22	22	28	28	28	36	36
10	16	22	22	28	28	36	36	36	36	36
16	16	22	28	28	36	36	36	42	42	42
25	22	28	28	36	36	42	54	54	54	54
35	22	28	36	42	54	54	54	70	70	70
50	22	36	54	54	70	70	70	82	82	82
70	28	42	54	54	70	70	70	82	82	92
95	28	54	54	70	70	82	82	92	92	104
120	36	54	54	70	70	82	82	92		
150	36	70	70	82	92	92	104	104		
185	36	70	70	82	92	104				
240	42	82	82	92	104					

[비고1] 전선 1본수는 접지선 및 직류 회로의 전선에도 적용한다.
[비고2] 이 표는 실험 결과와 경험을 기초로 하여 결정한 것이다.
[비고3] 이 표는 KSC IEC 60227-3의 450/750[V] 일반용 단심 비닐절연전선을 기준한 것이다.

[표 2] 콘덴서 설치용량 기준표(200[V], 380[V], 440[V] 3상 유도 전동기)

정격출력[kW]	설치하는 콘덴서 용량(90[%] 까지)					
	200[V]		380[V]		440[V]	
	[μF]	[kVA]	[μF]	[kVA]	[μF]	[kVA]
0.2	15	0.2262	–	–		
0.4	20	0.3016	–	–		
0.75	30	0.4524	–	–		
1.5	50	0.754	–	–		
2.2	75	1.131	15	0.816	15	1.095
3.7	100	1.508	20	1.088	20	1.459
5.5	175	2.639	50	2.720	40	2.919
7.5	200	3.016	75	4.080	40	2.919
11	300	4.524	100	5.441	75	5.474
15	400	6.032	100	5.441	75	5.474
22	500	7.54	150	8.161	100	7.299
30	800	12.064	200	10.882	175	12.744
37	900	13.572	250	13.602	200	14.598

[비고1] 200[V]용과 380[V]용은 전기공급약관 시행세칙에 의함
[비고2] 440[V]용은 계산하여 제시한 값으로 참고용임
[비고3] 콘덴서가 일부 설치되어 있는 경우는 무효전력[kVA] 또는 용량[kVA] 또는 [μF] 합계에서 설치되어 있는 콘덴서의 용량[kVA] 또는 [μF]의 합계를 뺀 값을 설치하면 된다.

[표 3] 200[V] 3상 유도 전동기의 간선의 전선 굵기 및 기구의 용량 (B종 퓨즈의 경우)

전동기[kW] 수의 총계[kW] 이하	최대 사용 전류[A] 이하	배선종류에 의한 간선의 최소 굵기[mm²]						직입기동 전동기 중 최대 용량의 것								
		공사방법 A1 3개선		공사방법 B1 3개선		공사방법 C1 3개선		0.75 이하	1.5	2.2	3.7	5.5	7.5	11	15	18.5	22
								기동기 사용 전동기 중 최대 용량의 것								
								−	−	−	5.5	7.5	11 / 15	18.5 / 22	−	30 / 37	−
		PVC	XLPE, EPR	PVC	XLPE, EPR	PVC	XLPE, EPR	과전류 차단기[A] − (칸 위 숫자) 개폐기 용량[A] − (칸 아래 숫자)									
3	15	2.5	2.5	2.5	2.5	2.5	2.5	15/30	20/30	30/30	−	−	−	−	−	−	−
4.5	20	4	2.5	2.5	2.5	2.5	2.5	20/30	20/30	30/30	50/60	−	−	−	−	−	−
6.3	30	6	4	6	4	4	2.5	30/30	30/30	50/60	50/60	75/100	−	−	−	−	−
8.2	40	10	6	10	6	6	4	50/60	50/60	50/60	75/100	75/100	100/100	−	−	−	−
12	50	16	10	10	10	10	6	50/60	50/60	50/60	75/100	75/100	100/100	150/200	−	−	−
15.7	75	35	25	25	16	16	16	75/100	75/100	75/100	75/100	100/100	100/200	150/200	150/200	−	−
19.5	90	50	25	35	25	25	16	100/100	100/100	100/100	100/100	100/100	150/200	150/200	200/200	200/200	−
23.2	100	50	35	35	25	35	25	100/100	100/100	100/100	100/100	100/100	150/200	150/200	200/200	200/200	200/200
30	125	70	50	50	35	50	35	150/200	150/200	150/200	150/200	150/200	150/200	150/200	200/200	200/200	200/200
37.5	150	95	70	70	50	70	50	150/200	150/200	150/200	150/200	150/200	150/200	150/200	150/200	300/300	300/300
45	175	120	70	95	50	95	50	200/200	200/200	200/200	200/200	200/200	200/200	200/200	200/200	300/300	300/300
52.5	200	150	95	95	70	95	70	200/200	200/200	200/200	200/200	200/200	200/200	200/200	200/200	300/300	300/300
63.7	250	240	150	−	95	120	95	300/300	300/300	300/300	300/300	300/300	300/300	300/300	300/300	300/300	400/400
75	300	300	185	−	120	185	120	300/300	300/300	300/300	300/300	300/300	300/300	300/300	300/300	300/300	400/400
86.2	350	−	240	−	−	240	150	400/400	400/400	400/400	400/400	400/400	400/400	400/400	400/400	400/400	400/400

[비고1] 최소 전선 굵기는 1회선에 대한 것임

[비고2] 공사방법 A1은 벽 내의 전선관에 공사한 절연전선 또는 단심케이블, B1은 벽면의 전선관에 공사한 절연전선 또는 단심케이블, 공사방법 C는 벽면에 공사한 단심 또는 다심케이블을 시설하는 경우의 전선 굵기를 표시하였다.

[비고3] 「전동기중 최대의 것」에는 동시 기동하는 경우를 포함함

[비고4] 과전류차단기의 용량은 해당 조항에 규정되어 있는 범위에서 실용상 거의 최댓값을 표시함

[비고5] 과전류 차단기의 선정은 최대용량의 정격전류의 3배에 다른 전동기의 정격전류의 합계를 가산한 값 이하를 표시함

[비고6] 고리퓨즈는 300[A] 이하에서 사용하여야 한다.

[표 4] 200[V] 3상 유도 전동기 1대인 경우의 분기회로 (B종 퓨즈의 경우)

정격출력 [kW]	전부하전류 [A]	배선 종류에 의한 동 전선의 최소 굵기[mm²]					
		공사방법 A1 (3개선)		공사방법 B1 (3개선)		공사방법 C (3개선)	
		PVC	XLPE, EPR	PVC	XLPE, EPR	PVC	XLPE, EPR
0.2	1.8	2.5	2.5	2.5	2.5	2.5	2.5
0.4	3.2	2.5	2.5	2.5	2.5	2.5	2.5
0.75	4.8	2.5	2.5	2.5	2.5	2.5	2.5
1.5	8	2.5	2.5	2.5	2.5	2.5	2.5
2.2	11.1	2.5	2.5	2.5	2.5	2.5	2.5
3.7	17.4	2.5	2.5	2.5	2.5	2.5	2.5
5.5	26	6	4	4	2.5	4	2.5
7.5	34	10	6	6	4	6	4
11	48	16	10	10	6	10	6
15	65	25	16	16	10	16	10
18.5	79	35	25	25	16	25	16
22	93	50	25	35	25	25	16
30	124	70	50	50	35	50	35
37	152	95	70	70	50	70	50

정격 출력 [kW]	전부하 전류 [A]	개폐기 용량[A]				과전류 차단기(B종 퓨즈)[A]				전동기용 초과눈금 전류계의 정격전류 [A]	접지선의 최소 굵기 [mm²]
		직입기동		기동기 사용		직입기동		기동기 사용			
		현장 조작	분기	현장 조작	분기	현장 조작	분기	현장 조작	분기		
0.2	1.8	15	15			15	15			3	2.5
0.4	3.2	15	15			15	15			5	2.5
0.75	4.8	15	15			15	15			5	2.5
1.5	8	15	30			15	20			10	4
2.2	11.1	30	30			20	30			15	4
3.7	17.4	30	60			30	50			20	6
5.5	26	60	60	30	60	50	60	30	50	30	6
7.5	34	100	100	60	100	75	100	50	75	30	10
11	48	100	200	100	100	100	150	75	100	60	16
15	65	100	200	100	100	100	150	100	100	60	16
18.5	79	200	200	100	200	150	200	100	150	100	16
22	93	200	200	100	200	150	200	100	150	100	16
30	124	200	400	200	200	200	300	150	200	150	25
37	152	200	400	200	200	200	300	150	200	200	25

[비고1] 최소 전선 굵기는 1회선에 대한 것이며, 2회선 이상일 경우는 복수회로 보정계수를 적용하여야 한다.
[비고2] 공사방법 A1은 벽 내의 전선관에 공사한 절연전선 또는 단심케이블, B1은 벽면의 전선관에 공사한 절연전선 또는 단심케이블, 공사방법 C는 벽면에 공사한 단심 또는 다심케이블을 시설하는 경우의 전선 굵기를 표시하였다.
[비고3] 전동기 2대 이상을 동일회로로 할 경우는 간선의 표를 적용할 것
[비고4] 전동기용 퓨즈 또는 모터브레이커를 사용하는 경우는 전동기의 정격출력에 적합한 것을 사용할 것
[비고5] 과전류차단기의 용량은 해당 조항에 규정되어 있는 범위에서 실용상 거의 최댓값을 표시한다.
[비고6] 개폐기 용량이 [kW]로 표시된 것은 이것을 초과하는 정격출력의 전동기에는 사용하지 말 것

(1) 각 전동기 분기회로의 설계에 필요한 자료를 답란에 기입 하시오.

구분		M_1	M_2	M_3	M_4	M_5
규약전류[A]						
전선	최소 굵기[mm²]					
개폐기 용량[A]	분기					
	현장조작					
과전류 차단기[A]	분기					
	현장조작					
초과눈금 전류계[A]						
접지선의 굵기[mm²]						
금속관의 굵기[mm]						
콘덴서 용량[μF]						

(2) 간선의 설계에 필요한 자료를 답란에 기입 하시오.

전선 최소 굵기[mm²]	개폐기 용량[A]	과전류 보호기 용량[A]	금속관의 굵기[mm]

정답

(1) • 규약전류 : [표 4] 200[V] 3상 유도 전동기 1대인 경우의 분기회로에 해당하므로 정격출력에 따른 규약전류는 전부하전류로 선정
 • 전선 최소 굵기[mm²] : [표 4] 200[V] 3상 유도 전동기 1대인 경우의 분기회로에 해당하며 공사방법B1, XLPE를 통해 산정
 • 분기 및 현장조작에 따른 개폐기용량과 과전류차단기 용량은 [표 4] 200[V] 3상 유도 전동기 1대인 경우의 분기회로의 부분

구분		M_1	M_2	M_3	M_4	M_5
규약전류[A]		4.8	17.4	26	65	124
전선	최소 굵기[mm^2]	2.5	2.5	2.5	10	35
개폐기 용량[A]	분기	15	60	60	100	200
	현장조작	15	30	60	100	200
과전류 차단기[A]	분기	15	50	60	100	200
	현장조작	15	30	50	100	150
초과눈금 전류계[A]		5	20	30	60	150
접지선의 굵기[mm^2]		2.5	6	6	16	25
금속관의 굵기[mm]		16	16	16	36	36
콘덴서 용량[μF]		30	100	175	400	800

(2) 전동기수의 총계 = 0.75 + 3.7 + 5.5 + 15 + 30 = 54.95[kW]

전류 총계 = 4.8 + 17.4 + 26 + 65 + 124 = 237.2[A]

조건에서 전선은 XLPE, 공사방법은 B1이므로 [표 3]의 전동기수 총계 63.7[kW], 250[A]에서 선정

전선 최소 굵기[mm^2]	개폐기 용량[A]	과전류 보호기 용량[A]	금속관의 굵기[mm]
95	300	300	54

08 전압강하

3상 4선식 교류 380[V], 15[kVA] 부하가 변전실 배전반에서 190[m] 떨어져 설치되어 있다. 이 경우 배전용 케이블의 최소 굵기는 얼마로 하여야 하는지 계산하시오. (단, 전기사용장소 내 시설한 변압기이며, 케이블은 IEC 규격에 의한다.)

정답

공급 변압기의 2차측 단자 또는 인입선 접속점에서 최원단 부하에 이르는 사이의 전선 길이가 100[m], 기준 5[%], 추가 1[m]당 0.005[%] 가신이므로 190[m]인 경우 90[m]만큼에 대한 부분을 가산하여 준다.)

- 허용전압강하 $= 5 + 90 \times 0.005 = 5.45[\%]$

  전선의 단면적 A는 3상 4선식일 경우

  $A = \dfrac{17.8LI}{1000e}$ 이므로 $I = \dfrac{P}{\sqrt{3}\,V} = \dfrac{15 \times 10^3}{\sqrt{3} \times 380} = 22.79[\text{A}]$을 적용하여

  $A = \dfrac{17.8 \times 190 \times 22.79}{1000 \times 220(\text{전력선과 중성선 사이의 전압}) \times 0.0545} = 6.43[\text{mm}^2]$

답 $10[\text{mm}^2]$

참고

전선규격[mm²]		
1.5	2.5	4
6	10	16
25	35	50
70	95	120
150	185	240
300	400	500

09 금속관 부품

아래의 표에서 금속관 부품의 특징에 해당하는 부품명을 쓰시오.

부품명	특징
①	관과 박스를 접속할 경우 파이프 나사를 죄어 고정시키는데 사용
②	전선 관단에 끼우고 전선을 넣거나 빼는데 있어서 전선의 피복을 보호하여 전선이 손상되지 않게 하는 것
③	금속관 상호 접속 또는 관과 노멀 밴드와의 접속에 사용
④	노출 배관에서 금속관을 조영재에 고정시키는데 사용되며 합성수지 전선관, 가요 전선관, 케이블 공사에도 사용
⑤	배관의 직각 굴곡에 사용하며 양단에 나사가 나있어 관과의 접속에는 커플링을 사용
⑥	금속관을 아웃렛 박스의 노크아웃에 취부할 때 노크아웃의 구멍이 관의 구멍보다 클 때 사용
⑦	매입형의 스위치나 콘센트를 고정하는데 사용
⑧	전선관 공사에 있어 전등 기구나 점멸기 또는 콘센트의 고정, 접속합으로 사용되며 4각 및 8각이 있다.

정답

부품명	특징
①	로크너트(lock nut)
②	부싱(bushing)
③	커플링(coupling)
④	새들(saddle)
⑤	노멀밴드(normal bend)
⑥	링 리듀우서(ring reducer)
⑦	스위치 박스(switch box)
⑧	아웃렛 박스(outlet box)

10 분기회로의 과전류 차단기 선정

다음 조건을 이용하여 분기회로의 설계전류 및 과전류 보호장치의 정격전류를 산정하시오.
(단, 차단기 선정후 도체의 허용전류 조건이 맞지 않을 경우 적정평가를 통해 수정)

[조건] 산업용 배선차단기

(표1)

전기방식 : 3상3선	전압 : 380[V]
전동기 정격출력 : 160[kW]	전동기의 효율 : 92[%]
전동기의 역율 : 82[%]	주위온도 : 40도
전동기의 전전압 기동시간 : 8[s]	전동기 전전압 기동배율 : 6.0
보호장치의 규약동작배율 : 3.93	1차선정 도체의 허용전류 : 425[A]

(표2)

산업용 배선차단기의 정격전류					
250	320	400	500	630	800

(표3)

공칭단면적[mm²]	허용전류[A] 30도 1회선	보정된 허용전류[A] 40도 1회선
150	444	311
185	510	357
240	607	425
300	703	492
400	823	576

정답

(1) 분기회로의 설계전류

$$I_B = \frac{P}{\sqrt{3} \times V \times \eta \times \cos\theta}[A] = \frac{160}{\sqrt{3} \times 0.38 \times 0.92 \times 0.82} = 322.24[A]$$

답 322.24[A]

(2) 분기회로의 차단기 정격전류

① 설계전류를 고려한 과부하 보호장치의 정격전류 선정

I_B(설계전류)≤I_n(정격전류)이므로 회로의 설계전류 322.3의 상위값인 400[A]선정

② I_2≤1.45×I_Z(도체의 허용 전류)에 의한 과부하 보호장치의 정격전류

I_2는 보호장치가 규약시간 이내에 유효하게 동작하는 것을 보증하는 전류이므로

I_2=계산시 산정계수×I_n(정격전류)=1.37×400=548[A]

1.45×I_Z=1.45×425=616.3[A] 1차 평가 적정

③ 전동기의 기동전류를 고려한 과부하 보호장치의 정격전류

$$I_n = \frac{I_B \times \beta}{\gamma} = \frac{322.3 \times 6}{3.93} = 492.1[A]$$

따라서 상위값인 500[A] 선정으로 ①번 부적정으로 500[A] 선정 　　　답　500[A]

(3) 도체의 허용전류 적정성 평가

차단기의 정격전류 값이 500[A]이고 도체의 허용전류가 425[A]이므로 부적정

따라서 표3을 통해 500[A] 이상인 400[mm^2]/576[A] 재선정

electrical engineer

ELECTRICITY

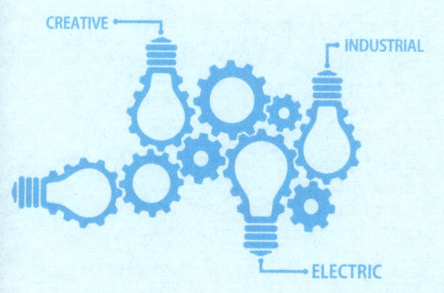

06 감리

Chapter 01. 구비서류

Chapter 02. 검토사항

Chapter 03. 업무

1 구비서류

1. 시운전 완료 후 발주자에게 인계서류

    감리원은 공사완료 후 준공검사 전에 공사업자로부터 시운전 절차를 준비하도록 하여 시운전에 입회할 수 있다. 이에 따른 시운전 완료 후 성과품을 공사업자로부터 제출받아 검토한 후 발주자에게 인계하여야 할 사항(서류 등)은 다음과 같다.

    ① 실 가동 다이어그램
    ② 전기 설비 운전 지침
    ③ 점검 항목에 대한 점검표
    ④ 기기류의 단독 시운전 방법을 검토 및 계획서
    ⑤ 전기 기기 시험 성적서 및 성능 시험 성적서

2. 안전관리 결과보고서

    감리원은 매 분기마다 공사업자로부터 안전관리 결과보고서를 제출받아 이를 검토하고 미비한 사항이 있을 때에 시정조치 하여야 한다. 안전관리 결과보고서에 포함되어야 하는 서류는 다음과 같다.

    ① 재해발생 현황
    ② 안전교육 실적표
    ③ 안전관리 조직표
    ④ 안전보건 관리체제
    ⑤ 산재요양신청서 사본

3. 설계변경 지시 서류

    전력시설물 공사감리업무 수행지침에서 정하는 발주자는 외부적 사업환경의 변동, 사업추진 기본계획의 조정, 민원에 따른 노선변경, 공법변경, 그 밖의 시설물 추가 등으로 설계변경이 필요한 경우에는 다음의 서류를 첨부하여 반드시 서면으로 책임 감리원에게 설계변경을 하도록 지시하여야 한다. 이 경우 첨부하여야 하는 서류는 다음과 같다.

    ① 계산서
    ② 설계설명서
    ③ 설계변경도면
    ④ 수량산출 조서
    ⑤ 설계변경 개요서

4. 감리원 필요 기록 및 보관 서류

감리원은 해당 공사현장에서 감리업무 수행상 필요한 서식을 비치하고 기록·보관하여야 한다. 필요한 서류는 다음과 같다.

① 감리업무일지
② 착수 신고서
③ 민원처리부
④ 근무상황판
⑤ 문서접수대장
⑥ 문서발송대장
⑦ 지원업무수행 기록부
⑧ 회의 및 협의내용 관리대장

5. 감리기록서류

책임 설계감리원이 설계감리의 기성 및 준공을 처리한 때에 발주자에게 제출하는 준공서류 중 감리기록서류는 다음과 같다.(단, 설계감리업무 수행지침을 따른다.)

① 설계감리일지
② 설계감리지시부
③ 설계감리기록부
④ 설계감리요청서
⑤ 설계자와 협의사항 기록부

6. 최종감리보고서 제출서류

책임감리원은 감리업무 수행 중 긴급하게 발생되는 사항 또는 불특정하게 발생하는 중요사항에 대해 발주자에게 수시로 보고하여야 한다. 또 책임감리원은 최종감리보고서를 감리기간 종료 후 발주자에게 제출하여야 하는데, 이때 제출하는 서류 중 안전관리 실적은 다음과 같다.

① 교육실적
② 안전관리조직
③ 안전점검실적
④ 안전관리비 사용실적

개념 확인문제 Check up! ☐☐☐

단답 문제 감리원은 해당 공사현장에서 감리업무 수행상 필요한 서식을 비치하고 기록·보관하여야 한다. 해당 서류 5가지만 쓰시오.

답
- 감리업무일지
- 지원업무수행 기록부
- 회의 및 협의내용 관리대장
- 근무상황판
- 착수 신고서

단답 문제 감리원은 매 분기마다 공사업자로부터 안전관리 결과보고서를 제출받아 이를 검토하고 미비한 사항이 있을 때에 시정조치 하여야 한다. 안전관리 결과보고서에 포함되어야 하는 서류 5가지를 쓰시오.

답
- 안전관리 조직표
- 재해발생 현황
- 안전교육 실적표
- 안전보건 관리체제
- 산재요양신청서 사본

단답 문제 책임 설계감리원이 설계감리의 기성 및 준공을 처리한 때에 발주자에게 제출하는 준공서류 중 감리기록서류 5가지를 쓰시오.(단, 설계감리업무 수행지침을 따른다.)

답
- 설계감리일지
- 설계감리기록부
- 설계자와 협의사항 기록부
- 설계감리지시부
- 설계감리요청서

2 검토사항

1. 설계도서 검토

    감리원은 공사시작 전에 설계도서의 적정여부를 검토하여야 한다. 설계도서 검토 시 포함하여야 하는 검토내용은 다음과 같다.

    ① 현장 조건 부합여부
    ② 시공 실제 가능여부
    ③ 관련 법규 준수여부
    ④ 공정간의 워크스코프
    ⑤ 시공상의 예상 문제점
    ⑥ 설계도서의 누락, 오류 등의 여부

2. 설계의 경제성 검토

    설계의 경제성 검토란 설계감리업무 수행지침의 용어 정의 중 전력시설물의 현장 적용 적합성 및 생애주기비용 등을 검토하는 것을 말한다.

3. 시공상세도

    ① 감리원은 공사업자로부터 시공상세도를 사전에 제출받아 다음 각 호의 사항을 고려하여 공사업자가 제출한 날부터 7일 이내에 검토·확인하여 승인 한 후 시공할 수 있도록 하여야 한다. 다만, 7일 이내에 검토·확인이 불가능한 때에는 사유 등을 명시하여 통보하고, 통보사항이 없는 때에는 승인한 것으로 본다.

    ⓐ 설계도면, 설계설명서 또는 관계 규정에 일치하는지 여부
    ⓑ 현장의 시공기술자가 명확하게 이해할 수 있는지 여부
    ⓒ 실제시공 가능 여부
    ⓓ 안정선의 확보 여부
    ⓔ 계산의 정확성
    ⓕ 제도의 품질 및 선명성, 도면작성 표준에 일치 여부
    ⓖ 도면으로 표시 곤란한 내용은 시공시 유의사항으로 작성되었는지 등의 검토

    ② 시공상세도는 설계도면 및 설계설명서 등에 불명확한 부분을 명확하게 해줌으로써 시공상의 착오방지 및 공사의 품질을 확보하기 위한 수단으로 사용한다.

4. 공사계약문서의 검토

감리원은 설계도서 등에 대하여 공사계약문서 상호 간의 모순되는 사항, 현장 실정과의 부합여부 등 현장 시공을 주안으로 하여 해당 공사 시작 전에 검토하여야 하며 검토내용에는 다음 각 호의 사항 등이 포함되어야 한다.

① 현장조건에 부합 여부
② 시공의 실제가능 여부
③ 시공 상의 예상 문제점 및 대책 등
④ 다른 사업 또는 다른 공정과의 상호부합 여부
⑤ 설계도서의 누락, 오류 등 불명확한 부분의 존재여부
⑥ 설계도면설계설명서, 기술계산서, 산출내역서 등의 내용에 대한 상호일치 여부
⑦ 발주자가 제공한 물량내역서와 공사업자가 제출한 산출내역서의 수량일치 여부

개념 확인문제 　　Check up! ☐☐☐

단답 문제 다음은 전력시설물 공사감리업무 수행지침과 관련된 사항이다. ( ) 안에 알맞은 내용을 답란에 쓰시오.

> 감리원은 설계도서 등에 대하여 공사계약문서 상호 간의 모순되는 사항, 현장 실정과의 부합여부 등 현장 시공을 주안으로 하여 해당 공사 시작 전에 검토하여야 하며 검토내용에는 다음 각 호의 사항 등이 포함되어야 한다.
>
> 1. 현장조건에 부합 여부
> 2. 시공의 (①) 여부
> 3. 다른 사업 또는 다른 공정과의 상호부합 여부
> 4. (②) 설계설명서, 기술계산서, (③) 등의 내용에 대한 상호일치 여부
> 5. (④), 오류 등 불명확한 부분의 존재여부
> 6. 발주자가 제공한 (⑤)와 공사업자가 제출한 산출내역서의 수량일치 여부
> 7. 시공 상의 예상 문제점 및 대책 등

답

①	②	③	④	⑤
실제가능	설계도면	산출내역서	설계도서의 누락	물량내역서

단답 문제 다음 ( ) 안에 들어갈 내용을 답란에 쓰시오.

> ( )은(는) 설계도면 및 설계설명서 등에 불명확한 부분을 명확하게 해줌으로써 시공 상의 착오방지 및 공사의 품질을 확보하기 위한 수단으로 사용한다.

답 시공상세도

3 업무

1. 공사감리업무 수행지침 중 감리원의 공사 중지명령

    감리원은 시공된 공사가 품질확보 미흡 또는 중대한 위해를 발생시킬 우려가 있다고 판단되거나, 안전상 중대한 위험이 발견된 경우에는 공사 중지를 지시할 수 있으며 공사 중지는 부분중지와 전면중지로 구분한다. 부분중지 명령의 경우는 다음 각 호와 같다.

    ① 재시공 지시가 이행되지 않는 상태에서는 다음 단계의 공정이 진행됨으로써 하자발생이 될 수 있다고 판단될 때
    ② 안전시공상 중대한 위험이 예상되어, 물적, 인적 중대한 피해가 예견될 때
    ③ 동일 공정에 있어 3회 이상 시정지시가 이행되지 않을 때
    ④ 동일 공정에 있어 2회 이상 경고가 있었음에도 이행되지 않을 때

2. 전력시설물 공사감리업무 수행 시 비상주 감리원의 업무

    ① 기성 및 준공검사
    ② 설계도서 등의 검토
    ③ 중요한 설계변경에 대한 기술검토
    ④ 감리업무 추진에 필요한 기술지원 업무
    ⑤ 공사와 관련하여 발주자가 요구한 기술적 사항 등에 대한 검토

개념 확인문제

단답 문제 다음은 전력시설물 공사감리업무 수행지침 중 감리원의 공사 중지명령과 관련된 사항이다. ①~⑤의 알맞은 내용을 답란에 쓰시오.

> 감리원은 시공된 공사가 품질확보 미흡 또는 중대한 위해를 발생시킬 우려가 있다고 판단되거나, 안전상 중대한 위험이 발견된 경우에는 공사 중지를 지시할 수 있으며 공사 중지는 부분중지와 전면중지로 구분한다.
> 부분중지 명령의 경우는 다음 각 호와 같다.
>
> (1) (①)이(가) 이행되지 않는 상태에서는 다음 단계의 공정이 진행됨으로써 (②)이(가) 될 수 있다고 판단될 때
> (2) 안전시공상 (③)이(가) 예상되어, 물적, 인적 중대한 피해가 예견될 때
> (3) 동일 공정에 있어 3회 이상 (④)이(가) 이행되지 않을 때
> (4) 동일 공정에 있어 2회 이상 (⑤)이(가) 있었음에도 이행되지 않을 때

답

①	②	③	④	⑤
재시공 지시	하자발생	중대한 위험	시정지시	경고

ELECTRICITY

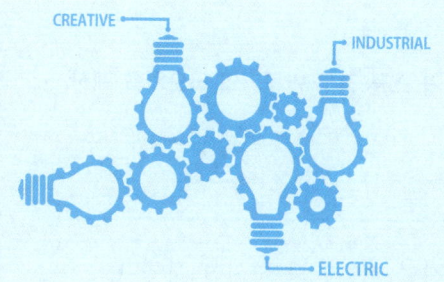

과년도 기출문제

전기기사 실기 기출문제 2020년
전기기사 실기 기출문제 2021년
전기기사 실기 기출문제 2022년
전기기사 실기 기출문제 2023년
전기기사 실기 기출문제 2024년

전기기사실기 2020년 1회 기출문제

01 100/5 변류기 1차에 250[A]가 흐를 때 2차 측에 실제 10[A]가 흐른 경우 변류기의 비오차를 계산하시오.

정답

변류기의 비오차란, 공칭 변류비가 실제변류비와 얼마만큼 다른가를 백분율로 표시한 것이다.

$$\varepsilon = \frac{K_n - K}{K} \times 100 = \frac{\frac{100}{5} - \frac{250}{10}}{\frac{250}{10}} \times 100 = -20[\%]$$

답 $-20[\%]$

02 계기용 변류기(CT)의 열적 과전류강도 관계식과 기계적 과전류강도 관계식을 쓰시오.

- 열적 과전류강도 관계식 :
- 기계적 과전류강도 관계식 :

S : 통전시간(t)초에 대한 열적 과전류강도, S_n : 정격 과전류강도, t : 통전시간[sec]
S_m : 기계적 과전류강도

정답

- 열적 과전류강도 관계식 : $S = \dfrac{S_n}{\sqrt{t}}$
- 기계적 과전류강도 관계식 : $S_m =$ 열적 과전류 강도의 2.5배(2.5S)

03 다음 도면을 보고 물음에 답하시오.

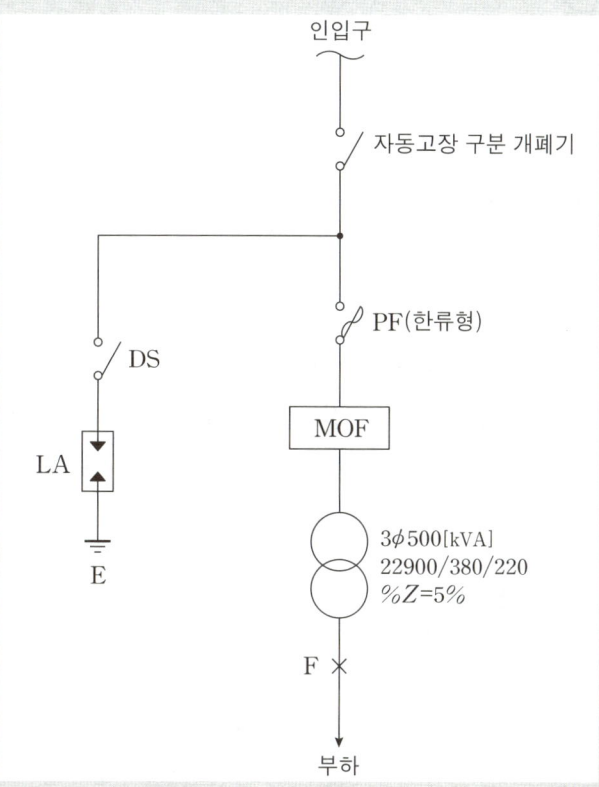

(1) ASS의 최대 과전류 LOCK 전류 값과 과전류 LOCK 기능을 쓰시오
   ◦ ASS 최대 과전류 LOCK 전류 값 :
   ◦ ASS 과전류 LOCK 기능 :

(2) 피뢰기 정격전압[kV]과 피뢰기의 제1보호대상을 쓰시오
   ◦ 피뢰기 정격전압 :   ◦ 제1 보호대상 :

(3) 한류형 퓨즈의 단점 2가지를 쓰시오
   ◦   ◦

(4) 다음 MOF 과전류강도 기준에 대한 설명에서 빈 칸을 채우시오

> MOF의 과전류강도는 기기 설치점에서 단락전류에 의하여 계산 적용하되, 22.9[kV]급으로서 60[A] 이하의 MOF 최소 과전류강도는 전기사업자규격에 의한 (①)배로 하고, 계산한 값이 75배 이상인 경우에는 (②)배를 적용하며, 60[A] 초과시 MOF의 과전류강도는 (③)배로 적용한다.

(5) 단락지점에서의 3상 단락전류와 2상(선간)단락전류를 구하시오. 단 변압기 임피던스만 고려한다.
　① 3상 단락전류
　　○ 계산 과정 :　　　　　　　　　　　　○ 답 :
　② 선간 단락전류
　　○ 계산 과정 :　　　　　　　　　　　　○ 답 :

정답

(1) ○ ASS 최대 과전류 LOCK 전류 값 : 880[A]
　　○ ASS 과전류 LOCK 기능 : LOCK전류 이상 발생시 개폐기는 LOCK되며, 후비보호장치 차단 후 개폐기 ASS가 개방되어 고장구간을 자동으로 분리한다.

(2) ○ 피뢰기 정격전압 : 18[kV]　　○ 제1 보호대상 : 변압기

(3) ○ 재투입이 불가능하다.　　○ 결상의 염려가 있다.

(4) ① 75　　② 150　　③ 40

(5) ① 3상 단락전류 $I_{3s} = \dfrac{100}{5} \times \dfrac{500000}{\sqrt{3} \times 380} = 15193.43$　　답 15193.43[A]

　② 선간단락전류 $I_{2s} = I_{3s} \times 0.866 = 13157.51$　　답 13157.51[A]

04 그림과 같이 차동계전기에 의하여 보호되고 있는 △−Y 결선 30[MVA], 33/11[kV] 변압기가 있다. 고장전류가 정격전류의 200[%] 이상에서 동작하는 계전기의 전류(i_r) 값은 얼마인가? (단, 변압기 1차측 및 2차측 CT의 변류비는 각각 500/5[A], 2000/5[A]이다.)

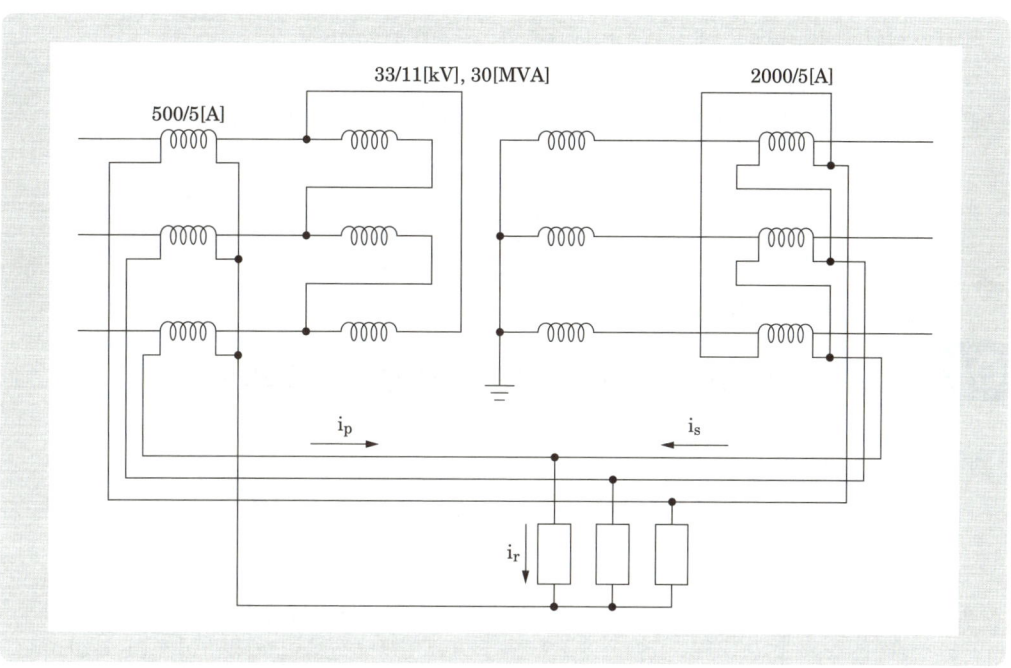

정답

$i_s = \dfrac{30 \times 10^3}{\sqrt{3} \times 11} \times \dfrac{5}{2000} \times \sqrt{3} = 6.82[A]$

$i_p = \dfrac{30 \times 10^3}{\sqrt{3} \times 33} \times \dfrac{5}{500} = 5.25[A]$

∴ i_r은 $2 \times |i_p - i_s| = 2 \times |5.25 - 6.82| = 3.14[A]$

답 3.14[A]

피뢰기 설치장소를 3가지 쓰시오.

정답

- 가공전선로에 접속하는 배전용 변압기의 고압측 및 특고압측
- 고압 및 특고압 가공전선로로부터 공급을 받는 수용장소의 인입구
- 발전소·변전소 또는 이에 준하는 장소의 가공전선 인입구 및 인출구

 소선의 지름이 3.2[mm], 37가닥으로 된 연선의 외경은 몇 [mm]인가?

정답

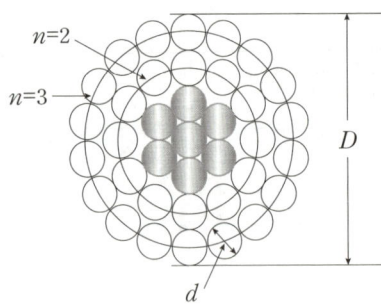

연선의 바깥지름 : $D=(2n+1)d$
n은 층수이며, d는 소선의 지름, 연선의 바깥지름 D
$D=(2\times 3+1)\times 3.2=22.4$

답 22.4[mm]

 ACSR 가공선로에 댐퍼를 설치하는 이유는?

정답

전선의 진동방지

08 그림과 같은 방전특성을 갖는 부하에 필요한 축전지 용량은 몇 [Ah]인가?

[조건]
- 방전전류 : $I_1=200[A]$, $I_2=300[A]$, $I_3=150[A]$, $I_4=100[A]$
- 방전시간 : $T_1=130[분]$, $T_2=120[분]$, $T_3=40[분]$, $T_4=5[분]$
- 용량환산시간 : $K_1=2.45$, $K_2=2.45$, $K_3=1.46$, $K_4=0.45$
- 보수율 : 0.7

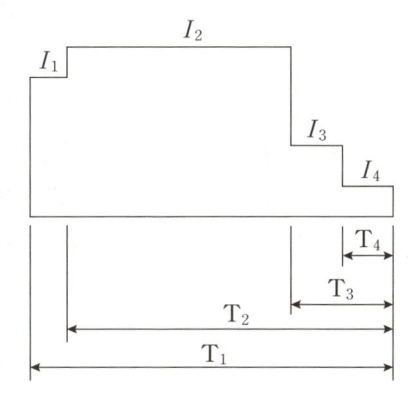

정답

$$C = \frac{1}{L}[K_1I_1 + K_2(I_2-I_1) + K_3(I_3-I_2) + K_4(I_4-I_3)]$$

$$= \frac{1}{0.7}\{2.45 \times 200 + 2.45 \times (300-200) + 1.46 \times (150-300) + 0.45 \times (100-150)\}$$

$$= 705[Ah]$$

답 705[Ah]

09 가로 8[m], 세로 10[m] 높이 4.8[m]인 사무실에서 조명기구를 천장에 직접 취부 하고자 한다. 이 때 실지수를 구하시오. (단, 작업면의 높이는 바닥에서 0.8[m]로 한다.)

[정답]

등고 $H = 4.8 - 0.8 = 4[m]$

$\therefore$ 실지수 $K = \dfrac{X \times Y}{H(X+Y)} = \dfrac{8 \times 10}{4 \times (8+10)} = 1.11$

답 1.11

10 그림은 변류기를 영상 접속시켜 그 잔류 회로에 지락계전기를 삽입시킨 것이다. 선로의 전압은 66[kV], 중성점에 300[Ω]의 저항 접지로 하였고, 변류기의 변류비는 300/5[A]이다. 송전 전력이 20000[kW], 역률이 0.8(지상)일 때 a상에 완전 지락 사고가 발생하였다. 물음에 답하시오. (단, 부하의 정상, 역상 임피던스 기타의 정수는 무시한다.)

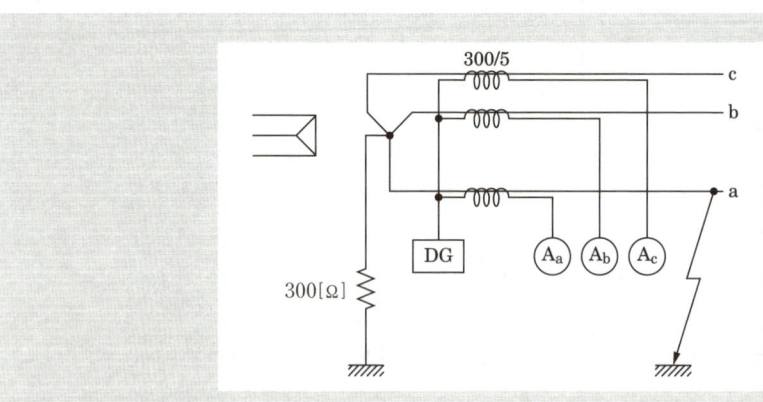

(1) 지락 계전기 DG에 흐르는 전류[A]의 값은?
   ◦ 계산 과정 :   ◦ 답 :

(2) a상 전류계 A_a에 흐르는 전류[A]의 값은?
   ◦ 계산 과정 :   ◦ 답 :

(3) b상 전류계 A_b에 흐르는 전류[A]의 값은?
   ◦ 계산 과정 :   ◦ 답 :

(4) c상 전류계 A_c에 흐르는 전류[A]의 값은?
   ◦ 계산 과정 :   ◦ 답 :

> 정답

(1) 지락계전기는 CT 2차 측에 설치하므로 CT 2차 측의 전류를 계산한다.

지락전류 $I_{DG} = \dfrac{E}{R} \times \dfrac{1}{CT비} = \dfrac{66000/\sqrt{3}}{300} \times \dfrac{5}{300} = 2.12[A]$ 　　답　2.12[A]

(2) ※ $I_L = I \times (\cos\theta - j\sin\theta) = I\cos\theta - Ij\sin\theta$

부하전류 $I_L = \dfrac{20000}{\sqrt{3} \times 66 \times 0.8} \times (0.8 - j0.6) = 175 - j131.2$

a상에 흐르는 전류는 부하전류와 지락전류의 합이 흐른다.

한편, 지락전류 $\left(I_g = \dfrac{66000/\sqrt{3}}{300} = 127.02[A]\right)$는 저항접지방식이므로 유효분만의 전류이다.

→ $I_a = I_L + I_g = 175 - j131.2 + 127.02 = \sqrt{(127.02+175)^2 + 131.2^2} = 329.29[A]$

∴ 전류계 A에 흐르는 전류는 CT 2차 측에 흐르는 전류이다.

$i_a = I_a \times \dfrac{1}{CT비} = I_a \times \dfrac{5}{300} = 329.29 \times \dfrac{5}{300} = 5.49[A]$ 　　답　5.49[A]

(3) 부하전류 $I_b = \dfrac{20000}{\sqrt{3} \times 66 \times 0.8} = 218.69[A]$

∴ $i_b = I_b \times \dfrac{5}{300} = 218.69 \times \dfrac{5}{300} = 3.64[A]$ 　　답　3.64[A]

(4) 부하전류 $I_c = \dfrac{20000}{\sqrt{3} \times 66 \times 0.8} = 218.69[A]$

∴ $i_c = I_c \times \dfrac{5}{300} = 218.69 \times \dfrac{5}{300} = 3.64[A]$ 　　답　3.64[A]

11 3층 사무실용 건물에 3상 3선식의 6000[V]를 수전하여 200[V]로 강압하여 수전하는 설비를 하였다. 각 종 부하설비가 표와 같을 때 주어진 조건을 이용하여 다음 각 물음에 답하시오.

[동력 부하 설비]

사용 목적	용량 [kW]	대수	상용 동력 [kW]	하계 동력 [kW]	동계 동력 [kW]
난방 관계					
• 보일러 펌프	6.7	1			6.7
• 오일 기어 펌프	0.4	1			0.4
• 온수 순환 펌프	3.7	1			3.7
공기 조화 관계					
• 1, 2, 3층 패키지 콤프레셔	7.5	6		45.0	
• 콤프레셔 팬	5.5	3	16.5		
• 냉각수 펌프	5.5	1		5.5	
• 쿨링 타워	1.5	1		1.5	
급수·배수 관계					
• 양수 펌프	3.7	1	3.7		
기타					
• 소화 펌프	5.5	1	5.5		
• 셔터	0.4	2	0.8		
합계			26.5	52.0	10.8

[조명 및 콘센트 부하 설비]

사용 목적	와트수 [W]	설치 수량	환산 용량 [VA]	총용량 [VA]	비고
전등관계					
• 수은등 A	200	2	260		
• 수은등 B	100	8	140		
• 형광등	40	820	55		
• 백열 전등	60	20	60		
콘센트 관계					
• 일반 콘센트		70	150	10500	2P 15[A]
• 환기팬용 콘센트		8	55	440	
• 히터용 콘센트	1500	2		3000	
• 복사기용 콘센트		4		3600	
• 텔레타이프용 콘센트		2		2400	
• 룸 쿨러용 콘센트		6		7200	
기타					
• 전화 교환용 정류기		1		800	
계				75880	

[변압기 용량]

상별	제작회사에서 시판되는 표준용량[kVA]
단상 3상	5, 10, 15, 20, 30, 50, 75, 100, 150, 200, 250, 300

[조건]

1. 동력부하의 역률은 모두 70[%]이며, 기타는 100[%]로 간주한다.
2. 조명 및 콘센트 부하설비의 수용률은 다음과 같다.
   - 전등설비 : 60[%]
   - 콘센트설비 : 70[%]
   - 전화교환용 정류기 : 100[%]
3. 변압기 용량 산출시 예비율(여유율)은 고려하지 않으며 용량은 표준규격으로 답하도록 한다.
4. 변압기 용량 산정시 필요한 동력부하설비의 수용률은 전체 평균 65[%]로 한다.

(1) 동계 난방 때 온수 순환 펌프는 상시 운전하고, 보일러용과 오일 기어 펌프의 수용률이 55[%]일 때 난방 동력 수용 부하는 몇 [kW]인가?
  ◦계산 과정 :   ◦답 :

(2) 상용 동력, 하계 동력, 동계 동력에 대한 피상전력은 몇 [kVA]가 되겠는가?
  ① 상용 동력
    ◦계산 과정 :   ◦답 :
  ② 하계 동력
    ◦계산 과정 :   ◦답 :
  ③ 동계 동력
    ◦계산 과정 :   ◦답 :

(3) 이 건물의 총 전기설비 용량은 몇 [kVA]를 기준으로 하여야 하는가?
  ◦계산 과정 :   ◦답 :

(4) 조명 및 콘센트 부하설비에 대한 단상변압기의 용량은 최소 몇 [kVA]가 되어야 하는가?
  ◦계산 과정 :   ◦답 :

(5) 동력 부하용 3상 변압기의 용량은 몇 [kVA]가 되겠는가?
  ◦계산 과정 :   ◦답 :

(6) 단상과 3상 변압기의 전류계용으로 사용되는 변류기의 1차측 정격전류는 각각 몇 [A]인가?
   ① 단상
     ◦ 계산 과정 :   ◦ 답 :
   ② 3상
     ◦ 계산 과정 :   ◦ 답 :
(7) 역률개선을 위하여 각 부하마다 전력용 콘덴서를 설치하려고 할 때 보일러 펌프의 역률을 95[%]로 개선하려면 몇 [kVA]의 전력용 콘덴서가 필요한가?
   ◦ 계산 과정 :   ◦ 답 :

정답

(1) 난방동력 수용부하 $= 3.7 + (6.7 + 0.4) \times 0.55 = 7.61 [kW]$ 답 7.61[kW]

(2) 피상전력 $= \dfrac{\text{유효전력}}{\text{역률}}$

   ① 상용동력 $= \dfrac{26.5}{0.7} = 37.857 [kVA]$ 답 37.86[kVA]

   ② 하계동력 $= \dfrac{52.0}{0.7} = 74.285 [kVA]$ 답 74.29[kVA]

   ③ 동계동력 $= \dfrac{10.8}{0.7} = 15.428 [kVA]$ 답 15.43[kVA]

(3) 상기 문제에서 총 전기설비용량 계산할 경우 하계부하용량과 동계부하용량 중 큰 것을 적용한다. 하계 : 74.29[kVA] > 동계 : 15.43[kVA]
   ∴ 총 전기설비 용량 $= 37.86 + 74.29 + 75.88 = 188.03 [kVA]$ 답 188.03[kVA]

(4) • 전등 관계 : $(520 + 1120 + 45100 + 1200) \times 0.6 \times 10^{-3} = 28.76 [kVA]$
   • 콘센트 관계 : $(10500 + 440 + 3000 + 3600 + 2400 + 7200) \times 0.7 \times 10^{-3} = 19 [kVA]$
   • 기타 : $800 \times 1 \times 10^{-3} = 0.8 [kVA]$
   ∴ 단상 변압기 용량 $\geq 28.76 + 19 + 0.8 = 48.56 [kVA]$ 답 50[kVA] 선정

(5) 3상 변압기 용량 $\geq \dfrac{\sum \text{설비용량[kW]} \times \text{수용률}}{\text{부등률} \times \text{역률}} = \dfrac{(26.5 + 52.0) \times 0.65}{0.7} = 72.89 [kVA]$
                                                              답 75[kVA] 선정

(6) ① 단상

$$I = \frac{P}{V} \times 1.25 = \frac{50 \times 10^3}{6 \times 10^3} \times 1.25 = 10.42[A]$$

답 10[A] 선정

② 3상

$$I_1 = \frac{P}{\sqrt{3}\,V} \times 1.25 = \frac{75 \times 10^3}{\sqrt{3} \times 6 \times 10^3} \times 1.25 = 9.02[A]$$

답 10[A] 선정

(7) $Q = 6.7 \times \left(\dfrac{\sqrt{1-0.7^2}}{0.7} - \dfrac{\sqrt{1-0.95^2}}{0.95} \right) = 4.63[kVA]$

답 4.63[kVA]

12 평형 3상 회로에 그림과 같은 유도 전동기가 있다. 이 회로에 2개의 전력계와 전압계 및 전류계를 접속하였더니 그 지시값은 $W_1 = 5.5[kW]$, $W_2 = 3.2[kW]$, 전압계의 지시는 200[V], 전류계의 지시는 30[A] 이었다. 이 때 다음 각 물음에 답하시오.

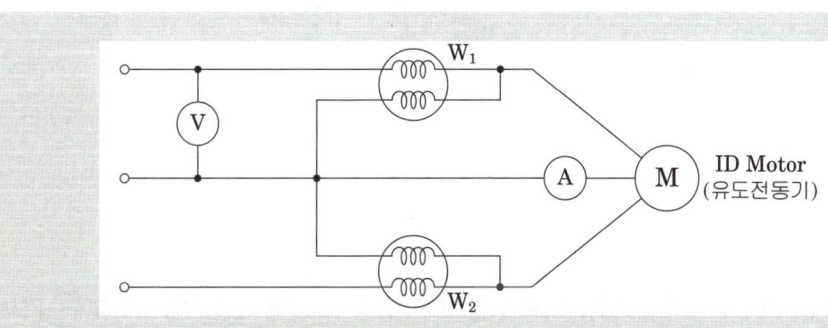

(1) 이 유도 전동기의 역률은 몇 [%]인가?
  ◦ 계산 과정 :   ◦ 답 :

(2) 역률을 95[%]로 개선하고자 할 때 전력용 콘덴서는 몇 [kVA]가 필요한가?
  ◦ 계산 과정 :   ◦ 답 :

(3) 이 유도 전동기로 매분 25[m]의 속도로 물체를 끌어 올린다면 몇 [ton]까지 가능한가?
  (단, 종합 효율은 80[%]로 계산한다.)
  ◦ 계산 과정 :   ◦ 답 :

정답

(1) $\cos\theta = \dfrac{P}{P_a} \times 100 = \dfrac{W_1 + W_2}{\sqrt{3}\,VI} = \dfrac{5.5 + 3.2}{\sqrt{3} \times 200 \times 30 \times 10^{-3}} \times 100 = 83.72[\%]$

답 83.72[%]

(2) 전력용 콘덴서 용량 $Q = P(\tan\theta_1 - \tan\theta_2)[\text{kVA}]$

$$\therefore Q = (5.5 + 3.2) \times \left(\frac{\sqrt{1-0.84^2}}{0.84} - \frac{\sqrt{1-0.95^2}}{0.95}\right) = 2.76[\text{kVA}]$$

답 2.76[kVA]

(3) 권상기용 전동기의 동력 $P = \dfrac{GV}{6.12\eta}[\text{kW}]$

$$\therefore G = \frac{6.12P\eta}{V} = \frac{6.12 \times 8.7 \times 0.8}{25} = 1.7[\text{ton}]$$

답 1.7[ton]

13

어느 선로에서 500[kVA] 변압기 3개를 사용하고 예비용으로 500[kVA] 변압기 1대를 가지고 있다. 부하가 급격하게 증가하여 예비용 변압기까지 운용할 때 사용 가능한 최대 용량은 몇 [kVA]인가? 예비용 변압기 운용에 따라 결선 방법은 달라질 수 있다.

정답

V결선×2를 하면, 총 4대의 변압기를 사용할 수 있다.
$P_v = \sqrt{3} \times 500 \times 2 = 1732.05$

답 1732.05[kVA]

14

설계자가 크기, 형상 등 전체적인 조화를 생각하여 형광등 기구를 벽면 상방 모서리에 숨겨서 설치하는 방식으로, 기구로부터 빛이 직접 벽면을 조명하는 건축화 조명은?

정답

코니스 조명

참고

벽면 이용 방법

① 코너조명 : 천정과 벽면 사이에 조명기구를 배치하여 천정과 벽면에 동시에 조명하는 방식
② 코니스 조명 : 코너를 이용하여 코오니스를 15~20[cm]정도 내려서 아래쪽의 벽 또는 커튼을 조명하는 방식
③ 밸런스 : 광원의 전면에 밸런스판을 설치하여 천정면이나 벽면으로 반사시켜 조명하는 방식
④ 광창 조명 : 지하실이나 무창실에 창문이 있는 효과를 내는 방법으로 인공창의 뒷면에 형광등을 배치하는 방법

15 건물의 보수공사를 하는데 32[W]×2 매입 하면 개방형 형광등 30등을 32[W]×3 매입 루버형으로 교체하고, 20[W]×2 팬던트형 형광등 20등을 20[W]×2 직부 개방형으로 교체하였다. 철거되는 20[W]×2 팬던트형 등기구는 재사용 할 것이다. 천장 구멍 뚫기 및 취부테 설치와 등기구 보강 작업은 계산하지 않으며, 공구손료 등을 제외한 직접 노무비만 계산하시오. (단, 인공계산은 소수점 셋째자리까지 구하고, 내선전공의 노임은 95000원으로 한다.)

[형광등 기구 설치 (단위 : 등, 적용직종 내선전공)]

종별	직부형	팬던트형	반매입 및 매입형
10[W] 이하×1	0.123	0.150	0.182
20[W] 이하×1	0.141	0.168	0.214
20[W] 이하×2	0.177	0.215	0.273
20[W] 이하×3	0.223	–	0.335
20[W] 이하×4	0.323	–	0.489
30[W] 이하×1	0.150	0.177	0.227
30[W] 이하×2	0.189	–	0.310
40[W] 이하×1	0.223	0.268	0.340
40[W] 이하×2	0.277	0.332	0.415
40[W] 이하×3	0.359	0.432	0.545
40[W] 이하×4	0.468	–	0.710
110[W] 이하×1	0.414	0.495	0.627
110[W] 이하×2	0.505	0.601	0.764

① 하면 개방형 기준임, 루버 또는 아크릴 커버 형일 경우 해당 등기구 설치 품의 110[%]
② 등기구 조립·설치, 결선. 지지금구류 설치, 장내 소운반 및 잔재 정리포함
③ 매입 또는 반매입 등기구의 천정 구멍 뚫기 및 취부테 설치 별도 가산
④ 매입 및 반매입 등기구에 등기구보강대를 별도로 설치 할 경우 이 품의 20[%] 별도 계산
⑤ 광천장 방식은 직부형 품 적용
⑥ 방폭형 200[%]
⑦ 높이 1.5[m] 이하의 pole형 등기구는 직부형 품의 150[%] 적용(기초대 설치 별도)
⑧ 형광등 안정기 교환은 해당 등기구 시설품의 110[%]. 다만, 팬던트형은 90[%]
⑨ 아크릴간판의 형광등 안정기 교환은 매입형 등기구 설치품의 120[%]
⑩ 공동주택 및 교실 등과 같이 동일 반복 공정으로 비교적 쉬운 공사의 경우는 90[%]

⑪ 형광램프만 교체시 해당 등기구 1등용 설치품의 10[%]
⑫ T-5(28[W]) 및 FLP(36[W], 55[W])는 FL 40[W] 기준품 적용
⑬ 팬던트형은 파이프 팬던트형 기준, 체인 팬던트는 90[%]
⑭ 등의 증가시 매 증가 1등에 대하여 직부형은 0.005[인], 매입 및 반매입형은 0.015[인] 가산
⑮ 철거 30[%], 재사용 철거 50[%]

∘ 계산 과정 :   ∘ 답 :

정답

설치인공과 철거인공을 합산한 후 직접노무비를 계산한다.

→ 설치인공
  ∘ 32[W]×3 매입 루버형 : 0.545×30×1.1＝17.985[인]
  ∘ 20[W]×2 직부 개방형 : 0.177×20＝3.54[인]

→ 철거인공
  ∘ 32[W]×2 매입 하면 개방형 : 0.415×30×0.3＝3.735[인]
  ∘ 20[W]×2 팬던트형 : 0.215×20×0.5＝2.15[인]

→ 총 소요인공＝설치인공＋철거인공＝17.985＋3.54＋3.735＋2.15＝27.41[인]
  ∴ 직접노무비＝27.41×95000＝2603950[원]   **답** 2603950[원]

16 다음 그림을 3개소에서 점멸이 가능하도록 3로 스위치 2개, 4로 스위치 1개를 이용한 결선도를 완성하시오.

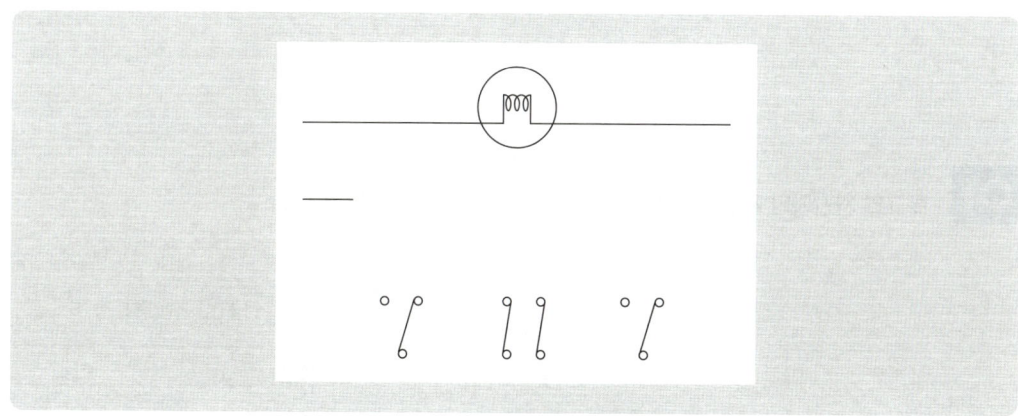

정답

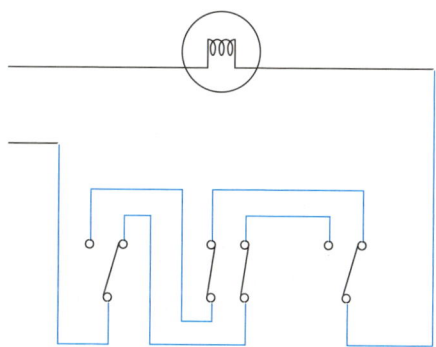

국가기술자격검정실기시험문제

전기기사실기 2020년 2회 기출문제

01 특고압 차단기와 저압 차단기의 약호와 명칭을 각각 3가지씩 쓰시오

[특고압 차단기]

약호	명칭

[저압 차단기]

약호	명칭

정답

[특고압 차단기]

약호	명칭
GCB	가스차단기
VCB	진공차단기
OCB	유입차단기

[저압 차단기]

약호	명칭
ACB	기중차단기
MCCB	배선용차단기
ELCB	누전차단기

다음은 전력퓨즈 정격 전압에 대한 표이다. 빈 칸을 채우시오

계통 전압[kV]	퓨즈 정격	
	퓨즈 정격전압[kV]	최대 설계전압[kV]
6.6	( )	8.25
13.2	15	( )
22 또는 22.9	( )	25.8
66	69	( )
154	( )	169

정답

계통 전압[kV]	퓨즈 정격	
	퓨즈 정격전압[kV]	최대 설계전압[kV]
6.6	6.9 또는 7.5	8.25
13.2	15	15.5
22 또는 22.9	23.0	25.8
66	69	72.5
154	161	169

고압선로에서의 접지사고 검출 및 경보장치를 그림과 같이 시설하였다. A선에 누전사고가 발생하였을 때 다음 각 물음에 답하시오. (단, 전원이 인가되고 경보벨의 스위치는 닫혀있는 상태라고 한다.)

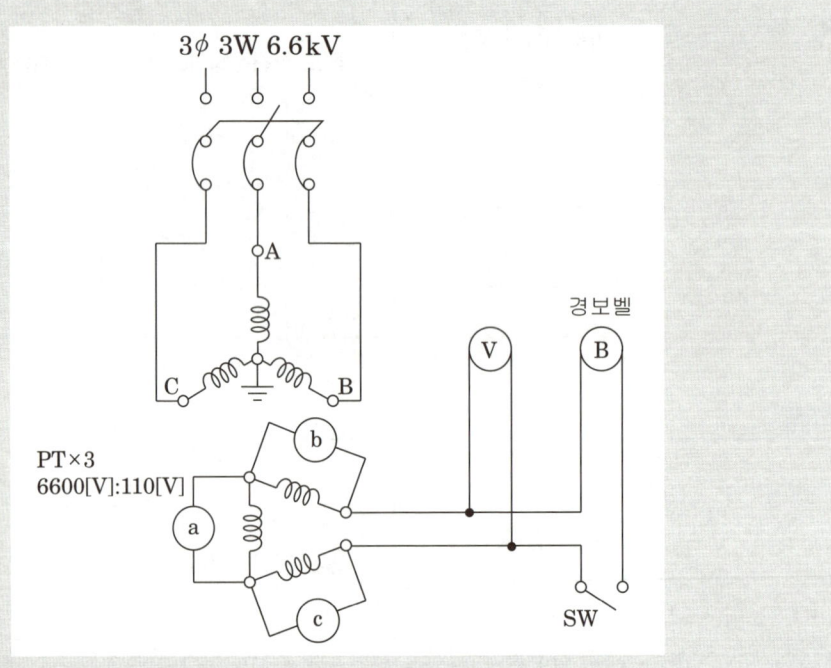

(1) 1차측 A선의 대지 전압이 0[V]인 경우 B선 및 C선의 대지 전압은 각각 몇 [V]인가?
   ① B선의 대지전압
      ◦ 계산 과정 :   ◦ 답 :
   ② C선의 대지전압
      ◦ 계산 과정 :   ◦ 답 :

(2) 2차측 전구 ⓐ의 전압이 0[V]인 경우 ⓑ 및 ⓒ 전구의 전압과 전압계 Ⓥ의 지시 전압, 경보벨 Ⓑ에 걸리는 전압은 각각 몇 [V]인가?
   ① ⓑ 전구의 전압
      ◦ 계산 과정 :   ◦ 답 :
   ② ⓒ 전구의 전압
      ◦ 계산 과정 :   ◦ 답 :
   ③ 전압계 Ⓥ의 지시 전압
      ◦ 계산 과정 :   ◦ 답 :
   ④ 경보벨 Ⓑ에 걸리는 전압
      ◦ 계산 과정 :   ◦ 답 :

> **정답**

(1) ① B선의 대지전압 : $\dfrac{6600}{\sqrt{3}} \times \sqrt{3} = 6600[V]$ 　　답　6600[V]

　　② C선의 대지전압 : $\dfrac{6600}{\sqrt{3}} \times \sqrt{3} = 6600[V]$ 　　답　6600[V]

(2) ① ⓑ 전구의 전압 : $\dfrac{110}{\sqrt{3}} \times \sqrt{3} = 110[V]$ 　　답　110[V]

　　② ⓒ 전구의 전압 : $\dfrac{110}{\sqrt{3}} \times \sqrt{3} = 110[V]$ 　　답　110[V]

　　③ 전압계 Ⓥ의 지시 전압 : $110 \times \sqrt{3} = 190.53[V]$ 　　답　190.53[V]

　　④ 경보벨 Ⓑ에 걸리는 전압 : $110 \times \sqrt{3} = 190.53[V]$ 　　답　190.53[V]

04 어느 변전소에서 그림과 같은 일부하 곡선을 가진 3개의 부하 A, B, C의 수용가에 있을 때 다음 각 물음에 답하시오. (단, 부하 A, B, C의 평균 전력은 각각 4500[kW], 2400[kW], 및 900[kW]라 하고 역률은 각각 100[%], 80[%], 60[%]라 한다.)

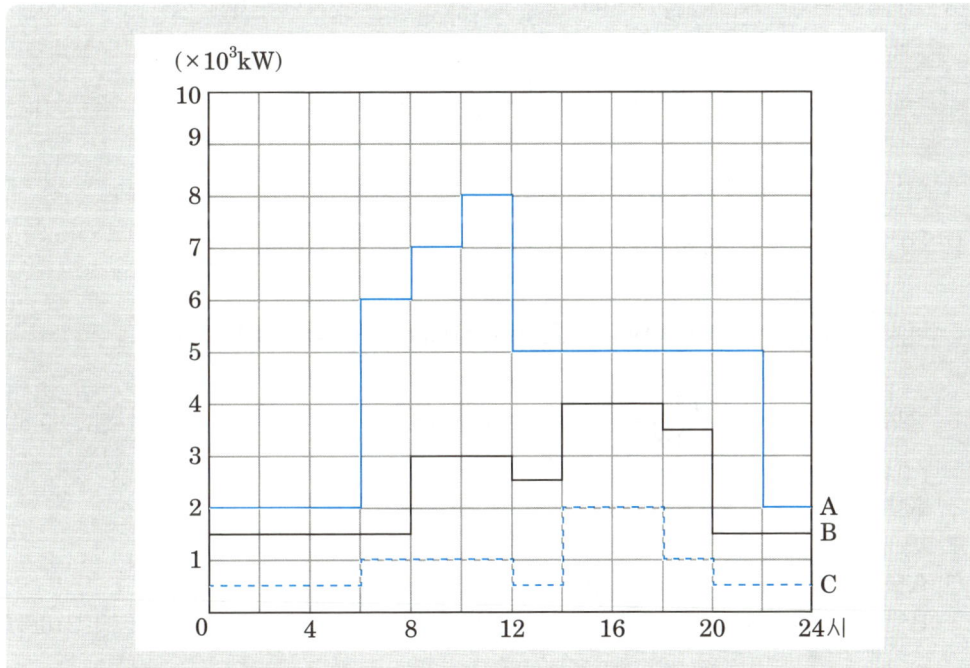

(1) 합성최대전력[kW]을 구하시오.

　ㅇ계산 과정 :　　　　　　　　　　　　　　　　　　ㅇ답 :

(2) 종합 부하율[%]을 구하시오.
  ◦ 계산 과정 :   ◦ 답 :
(3) 부등률을 구하시오.
  ◦ 계산 과정 :   ◦ 답 :
(4) 최대 부하시의 종합역률[%]을 구하시오.
  ◦ 계산 과정 :   ◦ 답 :
(5) A수용가에 관한 다음 물음에 답하시오.
  ① 첨두부하는 몇 [kW]인가?
  ② 지속첨두부하가 되는 시간은 몇 시부터 몇 시까지 인가?
  ③ 하루 공급된 전력량은 몇 [MWh]인가?
  ◦ 계산 과정 :   ◦ 답 :

정답

(1) 합성최대전력 $=(8+3+1)\times 10^3 = 12000[\text{kW}]$ 답 12000[kW]

(2) 종합부하율 $=\dfrac{\text{평균전력의 합}}{\text{합성최대전력}}\times 100 = \dfrac{4500+2400+900}{12000}\times 100 = 65[\%]$ 답 65[%]

(3) 부등률 $=\dfrac{\text{각 부하 최대수용전력의 합}}{\text{합성최대전력}} = \dfrac{8+4+2}{12} = 1.17$ 답 1.17

(4) A수용가 유효전력 $=8000[\text{kW}]$, 무효전력 $=0[\text{kVar}]$

  B수용가 유효전력 $=3000[\text{kW}]$, 무효전력 $=3000\times\dfrac{0.6}{0.8}=2250[\text{kVar}]$

  C수용가 유효전력 $=1000[\text{kW}]$, 무효전력 $=1000\times\dfrac{0.8}{0.6}=1333.33[\text{kVar}]$

  $\therefore$ 종합역률 $=\dfrac{12000}{\sqrt{12000^2+3583.33^2}}\times 100 = 95.82[\%]$ 답 95.82[%]

(5) ① 8000[kW]
  ② 10시~12시
  ③ A수용가에 하루 공급된 전력량
    $W = P\times t = 4500\times 24\times 10^{-3} = 108[\text{MWh}]$ 답 108[MWh]

수전 전압 6600[V], 가공 전선로의 %임피던스가 58.5[%]일 때 수전점의 3상 단락 전류가 7000[A]인 경우 기준 용량과 수전용 차단기의 정격차단용량은 얼마인가?

차단기 정격용량[MVA]										
10	20	30	50	75	100	150	250	300	400	500

(1) 기준 용량

(2) 정격차단 용량 (단, (1)에서 계산한 결과를 이용할 것)

정답

(1) $I_s = 7000[A]$

$I_n = \dfrac{\%Z}{100} \times I_s = \dfrac{58.5}{100} \times 7000 = 4095[A]$

기준용량 $P_n = \sqrt{3} V I_n = \sqrt{3} \times 6600 \times 4095 \times 10^{-6} = 46.81[MVA]$

답 46.81[MVA]

(2) $P_s = \dfrac{100}{\%Z} \times P_n = \dfrac{100}{58.5} \times 46.81 = 80.02[MVA]$

답 100[MVA] 선정

 그림과 같은 송전계통 S점에서 3상 단락사고가 발생하였다. 주어진 도면과 조건을 참고하여 계산하시오.

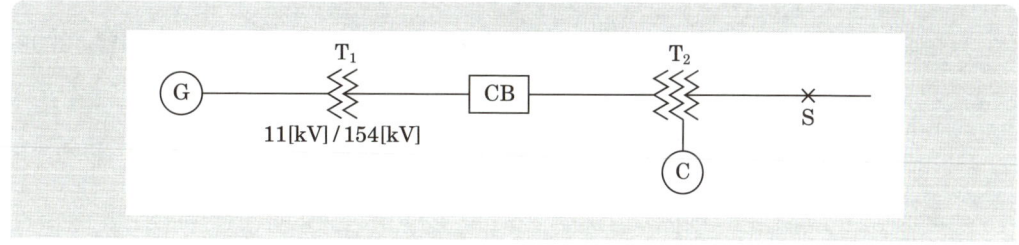

[조건]

번호	기기명	용량	전압	%X
1	발전기(G)	50000[kVA]	11[kV]	30
2	변압기(T_1)	50000[kVA]	11/154[kV]	12
3	송전선		154[kV]	10(10000[kVA] 기준)
4	변압기(T_2)	1차 25000[kVA]	154[kV]	12(25000[kVA] 기준, 1차~2차)
		2차 30000[kVA]	77[kV]	15(25000[kVA] 기준, 2차~3차)
		3차 10000[kVA]	11[kV]	10.8(10000[kVA] 기준, 3차~1차)
5	조상기(C)	10000[kVA]	11[kV]	20(10000[kVA])

(1) 발전기, 변압기(T_1), 송전선, 조상기의 %리액턴스를 기준용량 100[MVA]으로 환산하시오.
  ◦ 발전기   ◦ 계산 과정 :   ◦ 답 :
  ◦ 변압기(T_1)   ◦ 계산 과정 :   ◦ 답 :
  ◦ 송전선   ◦ 계산 과정 :   ◦ 답 :
  ◦ 조상기의 %리액턴스 ◦ 계산 과정 :   ◦ 답 :

(2) 변압기(T_2)의 각각의 %리액턴스를 기준용량 100[MVA]으로 환산하고, 1차, 2차, 3차의 %리액턴스를 구하시오.
  ◦ 계산 과정 :   ◦ 답 :

정답

(1) ◦ 발전기 $\%X = \dfrac{100}{50} \times 30 = 60[\%]$ 답 60[%]

  ◦ 변압기(T_1) $\%X = \dfrac{100}{50} \times 12 = 24[\%]$ 답 24[%]

  ◦ 송전선 $\%X = \dfrac{100}{10} \times 10 = 100[\%]$ 답 100[%]

  ◦ 조상기의 %리액턴스 $\%X = \dfrac{100}{10} \times 20 = 200[\%]$ 답 200[%]

(2) ◦ 1~2차 : $\dfrac{100}{25} \times 12 = 48[\%]$ ◦ 1차 = $\dfrac{48+108-60}{2} = 48[\%]$

  ◦ 2~3차 : $\dfrac{100}{25} \times 15 = 60[\%]$ ◦ 2차 = $\dfrac{48+60-108}{2} = 0[\%]$

  ◦ 3~1차 : $\dfrac{100}{10} \times 10.8 = 108[\%]$ ◦ 3차 = $\dfrac{60+108-48}{2} = 60[\%]$

07 다음 주어진 특고압 수전설비 단선도를 이용해서 물음에 답하시오.

[조건]
- 기준용량은 $100[\text{MVA}]$이다.
- 소수점 다섯 번째 자리에서 반올림하여 작성하시오.

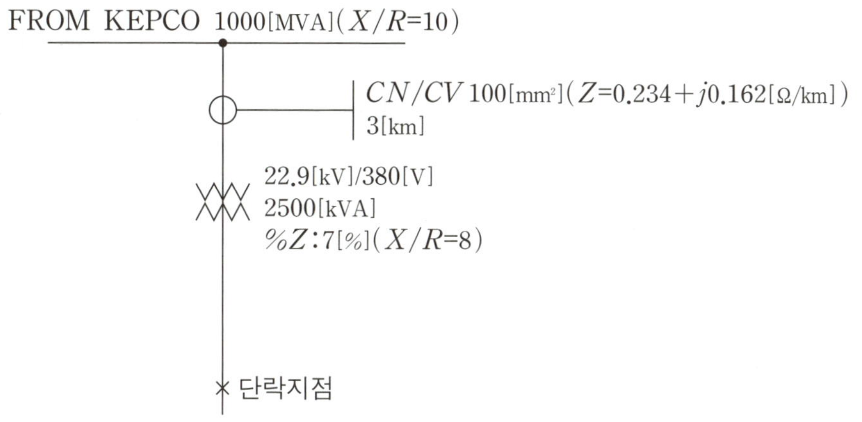

```
FROM  KEPCO  1000[MVA] (X/R=10)
                ●
                ├──── CN/CV 100[mm²] (Z=0.234+j0.162[Ω/km])
                │     3[km]
                │
               ╳╳╳   22.9[kV]/380[V]
                     2500[kVA]
                     %Z:7[%] (X/R=8)
                │
                │
                ✕  단락지점
```

(1) 전원의 임피던스 %Z, %R, %X를 구하시오.
  - 계산 과정 :   - 답 :

(2) 케이블의 임피던스 %Z를 구하시오.
  - 계산 과정 :   - 답 :

(3) 변압기의 %Z, %R, %X를 구하시오.
  - 계산 과정 :   - 답 :

(4) 선로의 합성 임피던스를 구하시오.
  - 계산 과정 :   - 답 :

(5) 단락전류의 크기를 구하시오.
  - 계산 과정 :   - 답 :

정답

(1) ㉠ $\%Z = \dfrac{100}{P_s} \times P_n = \dfrac{100}{1000} \times 100 = 10[\%]$ 답 $\%Z = 10[\%]$

㉡ $Z = \sqrt{R^2 + X^2}$ → $X/R = 10$에서 $X = 10R$이다.
$10^2 = R^2 + (10R)^2$ → $100 = R^2 + 100R^2 = 101R^2$
$\therefore \%R = \sqrt{\dfrac{100}{101}} = 0.9950[\%]$ 답 $\%R = 0.9950[\%]$

㉢ $\%X = \sqrt{\%Z^2 - \%R^2} = \sqrt{10^2 - 0.995^2} = 9.9504[\%]$ 답 $\%X = 9.9504[\%]$

(2) $\%R = \dfrac{PR}{10V^2} = \dfrac{100 \times 10^3 \times 0.234 \times 3}{10 \times 22.9^2} = 13.3865[\%]$

$\%X = \dfrac{PX}{10V^2} = \dfrac{100 \times 10^3 \times 0.162 \times 3}{10 \times 22.9^2} = 9.2676[\%]$

$\%Z = \sqrt{13.3865^2 + 9.2676^2} = 16.2815[\%]$ 답 $16.2815[\%]$

(3) 기준용량 100[MVA]으로 퍼센트 임피던스를 환산한 후 계산한다.

㉠ $\%Z = \dfrac{100}{2.5} \times 7 = 280[\%]$ 답 $280[\%]$

㉡ $Z = \sqrt{R^2 + X^2}$ → $X/R = 8$에서 $X = 8R$이다.
$280^2 = R^2 + (8R)^2$ → $280^2 = R^2 + 64R^2 = 65R^2$
$\therefore \%R = \sqrt{\dfrac{280^2}{65}} = 34.7297[\%]$ 답 $34.7297[\%]$

㉢ $\%X = \sqrt{\%Z^2 - \%R^2} = \sqrt{280^2 - 34.7297^2} = 277.8378[\%]$ 답 $277.8378[\%]$

(4) $\%R_0 = 0.995 + 13.3865 + 34.7297 = 49.1112[\%]$
$\%X_0 = 9.9504 + 9.2676 + 277.8378 = 297.0558[\%]$
$\therefore \%Z_0 = \sqrt{49.1112^2 + 297.0558^2} = 301.0881[\%]$ 답 $301.0881[\%]$

(5) $I_s = \dfrac{100}{\%Z_0} \times \dfrac{P_n}{\sqrt{3}\,V} = \dfrac{100}{301.0881} \times \dfrac{100 \times 10^3}{\sqrt{3} \times 380} = 50.4617[\text{kA}]$ 답 $50.4617[\text{kA}]$

08 부하가 최대 전류일 때의 전력손실이 100[kW]이고, 부하율을 50[%]라고 할 때 손실계수를 이용하여 평균 손실전력을 구하시오. (손실 계수를 구하는 a는 0.2 로 한다.)

정답

손실계수 $H = aF + (1-a)F^2 = 0.2 \times 0.5 + (1-0.2) \times 0.5^2 = 0.3$
평균손실전력 = 손실계수 × 최대손실전력 = $0.3 \times 100 = 30[kW]$

답 30[kW]

09 축전지 용량 200[Ah], 상시부하 10[kW], 표준전압 100[V]인 부동충전방식에서의 2차 전류는 몇 [A]인가? (단, 연축전지 방전율 10[h])

정답

2차 전류 = $\dfrac{\text{축전지 정격용량}}{\text{방전율}} + \dfrac{\text{상시부하용량}}{\text{표준전압}} = \dfrac{200}{10} + \dfrac{10 \times 10^3}{100} = 120[A]$

답 120[A]

10 다음 단상 유도 전동기들의 역회전 방법에 대한 설명 중 옳은 것을 찾아 고르시오.

[역회전 방법]
ㄱ. 역회전이 불가능하다.
ㄴ. 브러쉬의 위치를 이동시켜 역회전시킨다.
ㄷ. 기동권선의 접속을 반대로 하여 역회전시킨다.

(1) 분상기동형   (   )
(2) 반발기동형   (   )
(3) 셰이딩 코일형 (   )

정답

(1) 분상기동형   (ㄷ)
(2) 반발기동형   (ㄴ)
(3) 셰이딩 코일형 (ㄱ)

11 다음 내용은 시공 감리자의 공사 착공 신고서 검토 사항 중 착공 신고서에 포함되어야 하는 서류를 나열한 것이다. ( ) 안에 들어갈 서류 3가지를 넣으시오.

- 시공 관리 책임자 지정 통지서
- (   )
- (   )
- (   )
- 작업인원 및 장비투입 계획서

정답

- 공사 시작 전 사진
- 공사 예정 공정표
- 안전관리 계획서

12 도로의 너비가 30[m]인 곳의 양쪽으로 30[m] 간격으로 지그재그 식으로 등주를 배치하여 도로 위의 평균 조도를 6[lx]가 되도록 하고자 한다. 도로면 광속 이용률은 32[%], 유지율 80[%]로 한다고 할 때 각 등주에 사용되는 수은등의 규격은 몇 [W]의 것을 사용하여야 하는지 전 광속을 계산하고, 주어진 수은등 규격 표에서 찾아 쓰시오.

크기[W]	전광속[lm]
100	6000~7999
200	8000~9999
300	10000~10999
400	11000~11999
500	12000~13000

정답

$$F = \frac{ES}{UNM} = \frac{6 \times \left(\frac{1}{2} \times 30 \times 30\right)}{0.32 \times 1 \times 0.8} = 10546.88$$

답 표에서 300[W] 선정

13 다음 도면은 잘못된 표현이 되어있는 도면이다. 조건에 맞는 도면을 완성하시오.

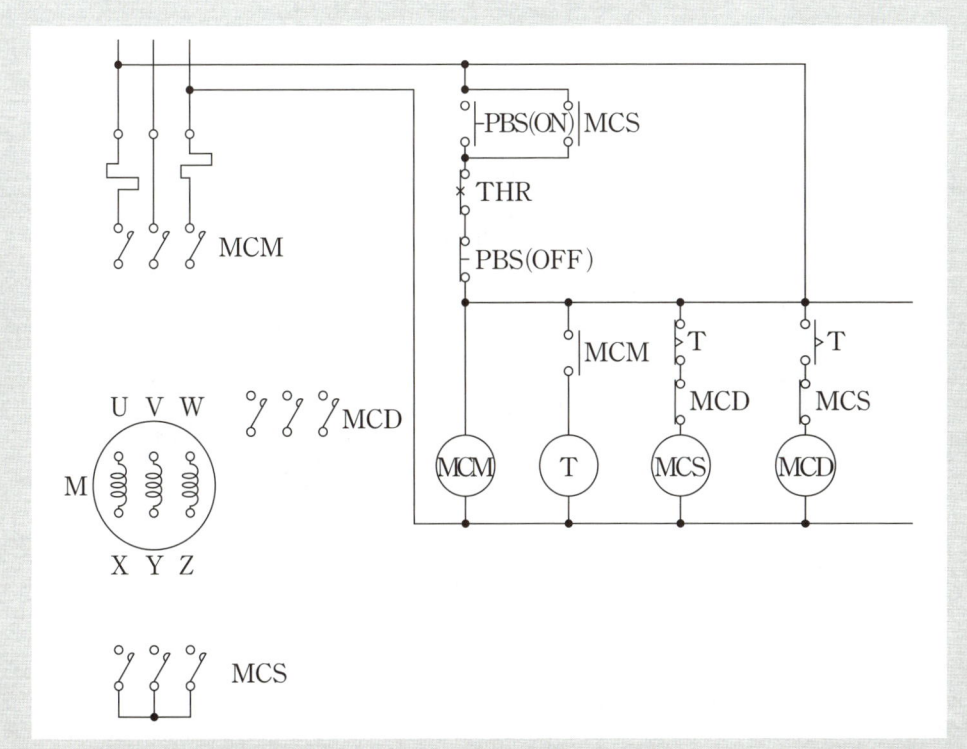

[조건]
- MCS와 MCD는 동시 투입이 불가능하다.
- PB-on을 누르면 MCM, MCS, T가 여자된다.
- 설정시간 후 MCD가 여자되고 MCS와 T는 소자된다.
- PB-off를 누르면 모두 소자된다.
- 열동계전기가 동작하게 되면, 모두 소자된다.

정답

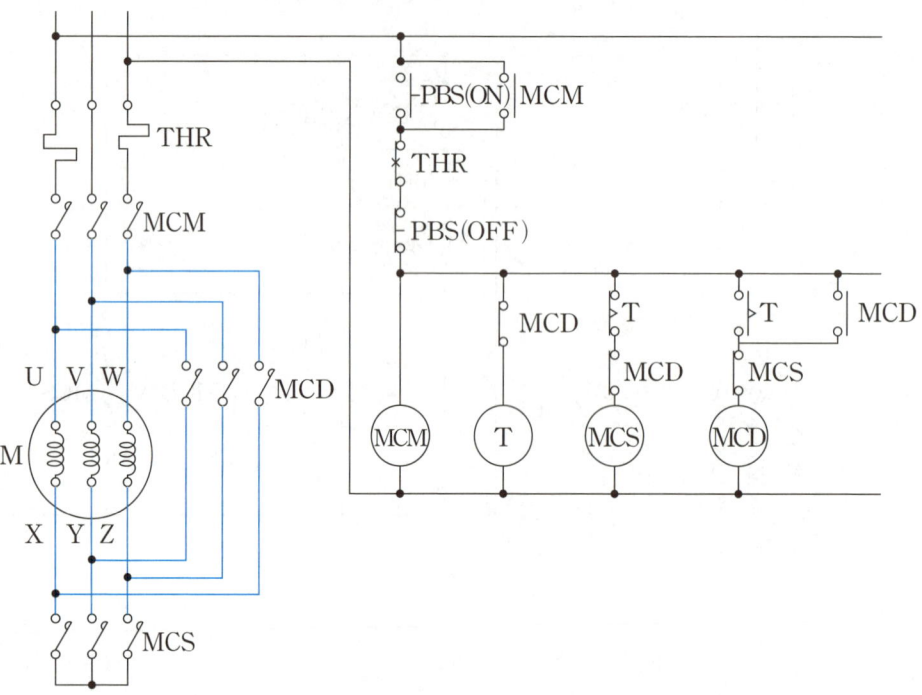

14 아래의 표에서 금속관 부품의 특징에 해당하는 부품명을 쓰시오.

부품명	특징
	관과 박스를 접속할 경우 파이프 나사를 죄어 고정시키는데 사용되며 6각형과 기어형이 있다.
	전선 관단에 끼우고 전선을 넣거나 빼는 데 있어서 전선의 피복을 보호하여 전선이 손상되지 않게 하는 것으로 금속제와 합성수지제의 2종류가 있다.
	금속관 상호 접속 또는 관과 노멀 밴드와의 접속에 사용되며 내면에 나사가 있으며 관의 양측을 돌리어 사용할 수 없는 경우 유니온 커플링을 사용한다.
	노출 배관에서 금속관을 조영재에 고정시키는 데 사용되며 합성수지 전선관, 가요 전선관, 케이블 공사에도 사용된다.
	배관의 직각 굴곡에 사용하며 양단에 나사가 나있어 관과의 접속에는 커플링을 사용한다.
	금속관을 아웃렛 박스의 노크아웃에 취부할 때 노크아웃의 구멍이 관의 구멍보다 클 때 사용된다.
	매입형의 스위치나 콘센트를 고정하는 데 사용되며 1개용, 2개용, 3개용 등이 있다.
	전선관 공사에 있어 전등 기구나 점멸기 또는 콘센트의 고정, 접속함으로 사용되며 4각 및 8각이 있다.

정답

부품명	특징
로크너트	관과 박스를 접속할 경우 파이프 나사를 죄어 고정시키는데 사용되며 6각형과 기어형이 있다.
부싱	전선 관단에 끼우고 전선을 넣거나 빼는 데 있어서 전선의 피복을 보호하여 전선이 손상되지 않게 하는 것으로 금속제와 합성수지제의 2종류가 있다.
커플링	금속관 상호 접속 또는 관과 노멀 밴드와의 접속에 사용되며 내면에 나사가 있으며 관의 양측을 돌리어 사용할 수 없는 경우 유니온 커플링을 사용한다.
새들	노출 배관에서 금속관을 조영재에 고정시키는 데 사용되며 합성수지 전선관, 가요 전선관, 케이블 공사에도 사용된다.
노멀밴드	배관의 직각 굴곡에 사용하며 양단에 나사가 나있어 관과의 접속에는 커플링을 사용한다.
링 리듀우서	금속관을 아웃렛 박스의 노크아웃에 취부할 때 노크아웃의 구멍이 관의 구멍보다 클 때 사용된다.
스위치 박스	매입형의 스위치나 콘센트를 고정하는 데 사용되며 1개용, 2개용, 3개용 등이 있다.
아웃렛 박스	전선관 공사에 있어 전등 기구나 점멸기 또는 콘센트의 고정, 접속함으로 사용되며 4각 및 8각이 있다.

전기기사실기 2020년 3회 기출문제

 전동기에 개별로 콘덴서를 설치할 경우 발생할 수 있는 자기여자현상의 발생 이유와 현상을 설명하시오.

  ◦ 이유 :   ◦ 현상 :

정답

◦ 이유 : 콘덴서 전류가 전동기의 무부하 전류보다 큰 경우
◦ 현상 : 전동기 단자전압이 정격전압을 초과할 수 있다.

 변압기 용량이 1000[kVA] 변압기에 200[kW], 500[kVar] 부하와 역률 0.8(지상) 400[kW] 부하를 연결하여 전력을 공급하고 있다. 여기에 350[kVar] 커패시터를 연결한다고 할 때 다음 물음에 답하시오

(1) 커패시터 설치 전 부하 합성역률[%]을 계산하시오.
  ◦ 계산 과정 :   ◦ 답 :
(2) 커패시터 설치 후 변압기가 과부하되지 않는 한도에서 200[kW] 전동기를 설치하려고 한다. 전동기의 역률은 최소 몇 이상이어야 하는가?
  ◦ 계산 과정 :   ◦ 답 :
(3) 전동기 추가 설치 후 합성역률[%]을 계산하시오.
  ◦ 계산 과정 :   ◦ 답 :

> 정답

(1) 커패시터 설치 전 합성역률 $= \dfrac{600}{\sqrt{(200+400)^2 + \left(500+400\times\dfrac{0.6}{0.8}\right)^2}} \times 100 = 60[\%]$

답 60[%]

(2) 전체 부하의 합성 유효분은 $200+400+200=800[\text{kW}]$이며 전동기 설치 후 과부하가 되지 않기 위해서 전체 무효분의 합성값이 $600[\text{kVar}]$ 이하가 되어야 한다.

$500+400\times\dfrac{0.6}{0.8} - 350 + P_r' = 600[\text{kVar}]$ → 그러므로 전동기의 무효분은 최소 $150[\text{kVar}]$ 이하 이어야 한다. 이때 전동기의 최소역률은 아래와 같이 계산한다.

$\cos\theta = \dfrac{200}{\sqrt{200^2+150^2}} \times 100 = 80[\%]$

답 80[%]

(3) 전동기 추가 설치 후 합성역률 $= \dfrac{800}{\sqrt{800^2+600^2}} \times 100 = 80[\%]$

답 80[%]

03 다음은 KEC에 따른 옥내용 변류기의 다른 사용 상태는 다음과 같다. 빈칸을 채우시오.

1. 태양열 복사 에너지의 영향은 무시해도 좋다.
2. 주위의 공기는 먼지, 연기, 부식 가스, 증기 및 염분에 의해 심각하게 오염되지 않는다.
3. 습도의 상태는 다음과 같다.
    1) 24시간 동안 측정한 상대 습도의 평균값은 (①)[%]를 초과하지 않는다.
    2) 24시간 동안 측정한 수증기압의 평균값은 (②)[kPa]를 초과하지 않는다.
    3) 1달 동안 측정한 상대 습도의 평균값은 (③)[%]를 초과하지 않는다.
    4) 1달 동안 측정한 수증기압의 평균값은 (④)[kPa]를 초과하지 않는다.

> 정답

① 95 ② 2.2 ③ 90 ④ 1.8

04 그림은 발전기의 상간 단락 보호 계전 방식을 도면화한 것이다. 이 도면을 보고 다음 각 물음에 답하시오.

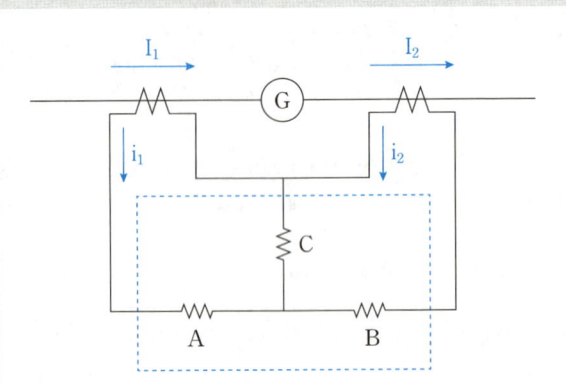

(1) 점선안의 계전기 명칭은?
(2) 동작 코일은 A, B, C 코일 중 어느 것인가?
(3) 발전기에 상간 단락이 생길 때 코일 C의 전류 i_d는 어떻게 표현되는가?
(4) 동기발전기를 병렬운전 시키기 위한 조건을 4가지만 쓰시오.

> **정답**

(1) 비율차동계전기

(2) C

(3) $i_d = |i_1 - i_2|$

(4) ① 기전력의 주파수가 같을 것
　　② 기전력의 위상이 같을 것
　　③ 기전력의 파형이 같을 것
　　④ 기전력의 크기가 같을 것

05

6300[V]/210[V]인 100[kVA] 단상 변압기 2대를 1차측과 2차측에 병렬로 설치하였다. 2차측에 단락 사고가 발생했을 때 전원측에 흐르는 단락전류는 몇 [A]인가? (단, 변압기의 %임피던스는 6% 이다.)

정답

합성 퍼센트 임피던스 $\%Z_{total} = \dfrac{6}{2} = 3[\%]$

$I_s = \dfrac{100}{\%Z_{total}} \times I_n = \dfrac{100}{3} \times \dfrac{100 \times 10^3}{6300} = 529.1$

답 529.1[A]

06

154[kV]의 병행 2회선 송전선이 있는데 현재 1회선만이 송전 중에 있다고 할 때, 휴전 회선의 전선에 대한 정전 유도 전압을 구하시오. 단, 송전 중인 회선의 전선과 휴전 회선간의 상호 정전 용량은 $C_a = 0.001[\mu F/km]$, $C_b = 0.0006[\mu F/km]$, $C_c = 0.0004[\mu F/km]$이며, 휴전 회선의 대지 정전 용량은 $C_s = 0.0052[\mu F/km]$이다.

정답

$E_s = \dfrac{\sqrt{C_a(C_a - C_b) + C_b(C_b - C_c) + C_c(C_c - C_a)}}{C_a + C_b + C_c + C_s} \times E$

$= \dfrac{\sqrt{0.001(0.001 - 0.0006) + 0.0006(0.0006 - 0.0004) + 0.0004(0.0004 - 0.001)}}{0.001 + 0.0006 + 0.0004 + 0.0052} \times \dfrac{154 \times 10^3}{\sqrt{3}}$

$= 6534.41[V]$

답 6534.41[V]

책임 설계감리원이 설계감리의 기성 및 준공을 처리할 때에 발주자에게 제출하는 준공서류 중 감리기록 서류 5가지를 쓰시오. 단, 설계감리업무 수행지침을 따른다.

정답

- 설계감리일지
- 설계감리 지시부
- 설계감리 기록부
- 설계감리 요청서
- 설계자와 협의사항 기록부

 폭 15[m]인 도로의 양쪽에 간격 20[m]를 두고 대칭 배열로 가로등이 점등되어 있다. 한 등의 전광속은 3000[lm], 조명률은 45[%]일 때, 도로의 조도를 계산하시오.

정답

도로조명에서 한 등을 기준으로 계산하며, 감광보상률이 조건에 없을 경우 1로 간주하고 계산한다.

$FUN = DES$ → $E = \dfrac{FUN}{ab/2} = \dfrac{3000 \times 0.45}{20 \times 15/2} = 9[\text{lx}]$ 답 9[lx]

동기발전기에 대한 다음 각 물음에 답하시오.

(1) 정격전압 6000[V], 정격출력 5000[kVA]인 3상 동기발전기에서 계자전류 10[A], 무부하 단자전압이 6000[V]이고, 3상 단락전류가 700[A]라고 한다. 이 발전기의 단락비는 얼마인가?
　◦계산 과정 :　　　　　　　　　　　　　　　　　◦답 :

(2) 다음 ①~③에 알맞은 (　　) 안의 내용을 증가, 감소, 높다(고), 낮다(고) 등으로 답란에 쓰시오.

> 단락비가 큰 발전기는 일반적으로 자속이 (　①　)하고, 효율이 (　②　), 안정도는 (　③　)

정답

(1) $K_s = \dfrac{I_s}{I_n} = \dfrac{I_s}{\dfrac{P}{\sqrt{3}\,V}} = \dfrac{700}{\dfrac{5000 \times 10^3}{\sqrt{3} \times 6000}} = 1.454$　　　답　1.45

(2) ① : 증가, ② : 낮고, ③ : 높다

10 그림과 같은 2:1 로핑의 기어리스 엘리베이터에서 적재하중은 1000[kg], 속도는 140[m/min]이다. 구동 로프 바퀴의 직경은 760[mm]이며, 기체의 무게는 1500[kg]인 경우 다음 각 물음에 답하시오. (단, 평형률은 0.6, 엘리베이터의 효율은 기어리스에서 1:1 로핑인 경우는 85[%], 2:1 로핑인 경우에는 80[%]이다.)

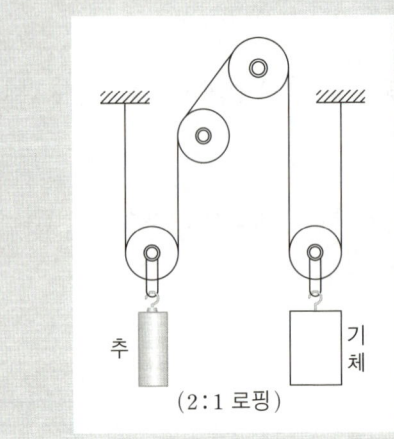

(2:1 로핑)

(1) 권상 소요동력은 몇 [kW]인지 계산하시오.
 ◦계산 과정 :   ◦답 :
(2) 전동기의 회전수는 몇 [rpm]인지 계산하시오.
 ◦계산 과정 :   ◦답 :

정답

(1) $P = \dfrac{KGV}{6.12\eta} = \dfrac{0.6 \times 1 \times 140}{6.12 \times 0.8} = 17.156 [kW]$

G : 적재하중[ton], V : 엘리베이터 속도[m/min], η : 권상기 효율, K : 평형률

답 17.16[kW]

(2) $V = \pi D N$ [m/min] → 전동기의 회전수 $N = \dfrac{V}{\pi D} = \dfrac{140 \times 2}{\pi \times 0.76} = 117.27$ [rpm]

여기서, V : 로프의 속도[m/min], D : 구동로프바퀴의 직경[m]

답 117.27[rpm]

11 다음 380[V] 선로에서 A점에서의 설계전류를 구하시오. (단, 3.75[kW] 전동기의 역률은 0.88, 2.2[kW] 전동기의 역률은 0.8, 7.5[kW] 전동기의 역률은 0.9이다.)

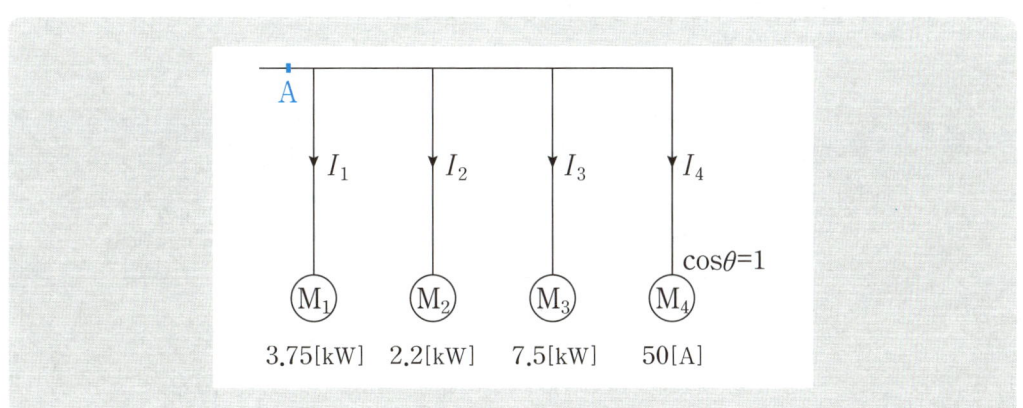

정답

전동기의 역률이 다를 경우 유효분과 무효분으로 각각 벡터 합성을 한다.

$I_{M1} = \dfrac{3.75 \times 10^3}{\sqrt{3} \times 380 \times 0.88} \times (0.88 - j\sqrt{1-0.88^2}) = 5.70 - j3.07[A]$

$I_{M2} = \dfrac{2.2 \times 10^3}{\sqrt{3} \times 380 \times 0.8} \times (0.8 - j0.6) = 3.34 - j2.51[A]$

$I_{M3} = \dfrac{7.5 \times 10^3}{\sqrt{3} \times 380 \times 0.9} \times (0.9 - j\sqrt{1-0.9^2}) = 11.40 - j5.52[A]$

$I_M = I_{M1} + I_{M2} + I_{M3} = (5.70 + 3.34 + 11.40) - j(3.07 + 2.51 + 5.52) = 20.44 - j11.1[A]$

설계전류 $I_B = \sqrt{(20.44+50)^2 + (11.1)^2} = 71.31[A]$

답 71.31[A]

12 20[kVA]의 단상 변압기 3대를 사용하여 45[kW], 역률 0.8(지상)인 3상 전동기 부하에 전력을 공급하는 배전선이 있다. 지금 변압기 2차측 a, b점 사이 60[W] 전구를 연결해 사용하고자 한다. 변압기가 과부하되지 않는 한도 내에서 몇 등까지 점등할 수 있는가?

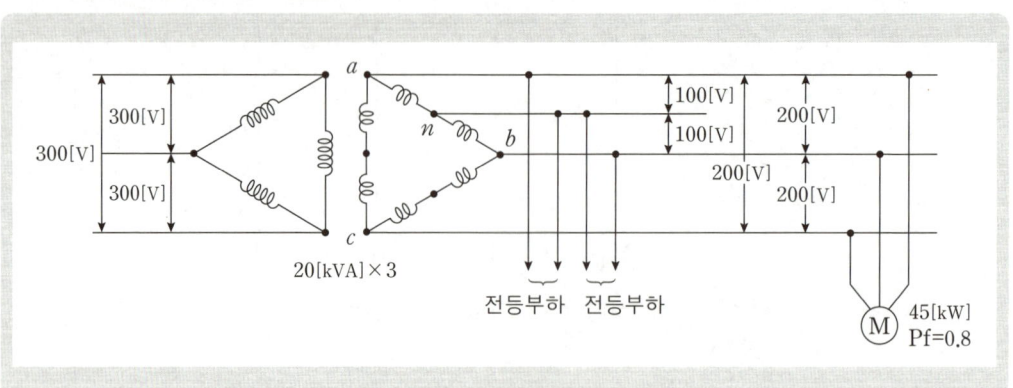

정답

① 한상의 유효분 $P = \dfrac{45}{3} = 15[\text{kW}]$

② 한상의 무효분 $P_r = 15 \times \dfrac{0.6}{0.8} = 11.25[\text{kVar}]$

$P_a = \sqrt{(P + 여유분)^2 + P_r^2}$ 에서 → $20^2 = (15 + P_\triangle)^2 + 11.25^2$ ∴ 여유분 $P_\triangle = 1.54$

증가가능 부하 : $\dfrac{3}{2} \times 1.54 = 2.31$ ∴ 등수 $= \dfrac{2.31 \times 10^3}{60} = 38.5$ 　답　38등

13 어느 공장 구내 건물에 220/440[V] 단상 3선식을 채용하고, 공장 구내 변압기가 설치된 변전실에서 60[m]되는 곳의 부하를 아래의 표와 같이 배분하는 분전반을 시설하고자 한다. 이 건물의 전기설비에 대하여 자료를 이용하여 다음 각 물음에 답하시오. (단, 전압강하는 2[%]로 하고 후강 전선관으로 시설하며, 간선의 수용률은 100[%]로 한다.)

[표1] 부하 집계표

※ 전선 굵기 중 상과 중성선(N)의 굵기는 같게 한다.

회로번호	부하명칭	부하[VA]	부하분담[VA] A선	부하분담[VA] B선	MCCB 규격 극수	MCCB 규격 AF	MCCB 규격 AT	비고
1	전등1	4920	4920		1	30	20	
2	전등2	3920		3920	1	30	20	
3	전열기1	4000	4000(AB간)		2	50	20	
4	전열기2	2000	2000(AB간)		2	50	15	
합계		14840						

[표2] 후강 전선관 굵기 산정

도체 단면적 [mm^2]	전선 본수 1	2	3	4	5	6	7	8	9	10
	전선관의 최소 굵기[mm]									
2.5	16	16	16	16	22	22	22	28	28	28
4	16	16	16	22	22	22	28	28	28	28
6	16	16	22	22	22	28	28	28	36	36
10	16	22	22	28	28	36	36	36	36	36
16	16	22	28	28	36	36	36	42	42	42
25	22	28	28	36	36	42	54	54	54	54
35	22	28	36	42	54	54	54	70	70	70
50	22	36	54	54	70	70	70	82	82	82
70	28	42	54	54	70	70	70	82	82	82
95	28	54	54	70	70	82	82	92	92	104
120	36	54	54	70	70	82	82	92		
150	36	70	70	82	92	92	104	104		
185	36	70	70	82	92	104				
240	42	82	82	92	104					

[비고1] 전선의 1본수는 접지선 및 직류회로의 전선에도 적용한다.
[비고2] 이 표는 실험결과와 경험을 기초로 하여 결정한 것이다.
[비고3] 이 표는 KSC IEC 60227-3의 450/700[V] 일반 단심 비닐절연전선을 기준으로 한다.

(1) 간선의 굵기를 선정하시오.
　◦ 계산 과정 :　　　　　　　　　　　　　　　　　　　◦ 답 :
(2) 간선 설비에 필요한 후강 전선관의 굵기를 선정하시오.
　◦ 계산 과정 :　　　　　　　　　　　　　　　　　　　◦ 답 :
(3) 분전반의 복선결선도를 작성하시오.

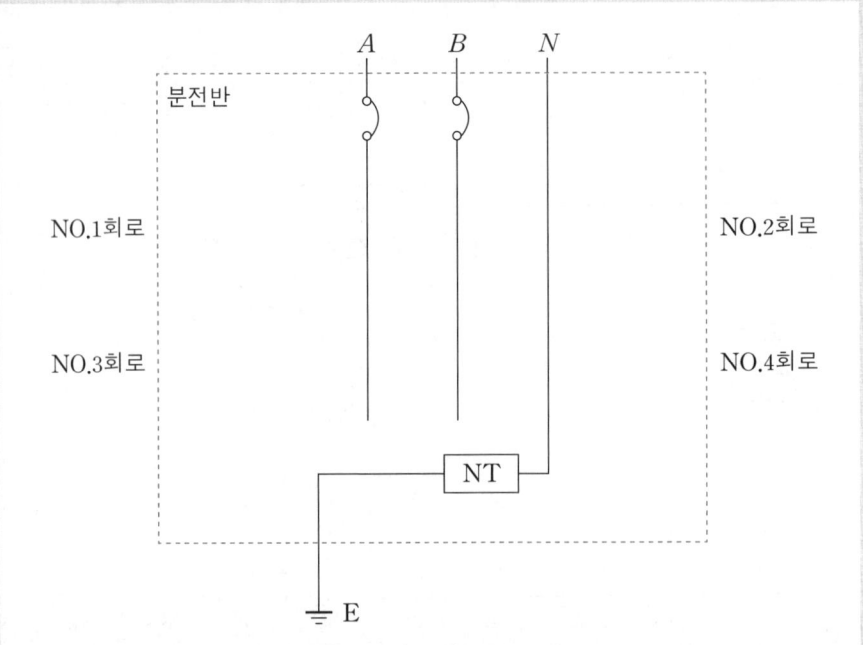

(4) 부하 집계표에 의한 설비불평형률을 구하시오.
　◦ 계산 과정 :　　　　　　　　　　　　　　　　　　　◦ 답 :

정답

(1) $I_A = \dfrac{4920}{220} + \dfrac{4000+2000}{440} = 36[A] \ > \ I_B = \dfrac{3920}{220} + \dfrac{4000+2000}{440} = 31.45[A]$

$I_A = \dfrac{17.8LI}{1000e} = \dfrac{17.8 \times 60 \times 36}{1000 \times 220 \times 0.02} = 8.74$

답 $10[\text{mm}^2]$

(2) 간선의 굵기가 $10[\text{mm}^2]$ 이므로 표2에 의해 전선 본수 3가닥이므로 22[mm] 선정

답 22[mm]

(3)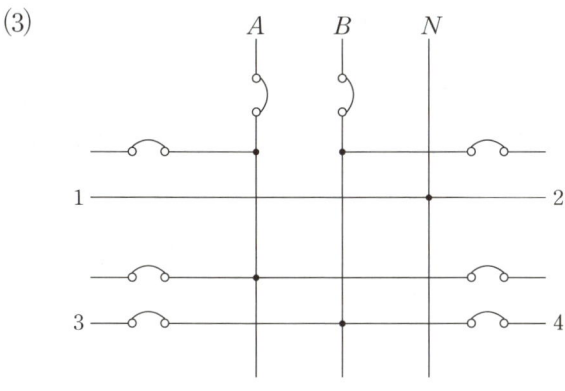

(4) 설비불평형률 $= \dfrac{4920-3920}{(4920+3920+4000+2000) \times \dfrac{1}{2}} \times 100 = 13.48$

답 13.48[%]

14 그림과 같은 논리회로의 명칭을 쓰고 진리표를 완성하시오.

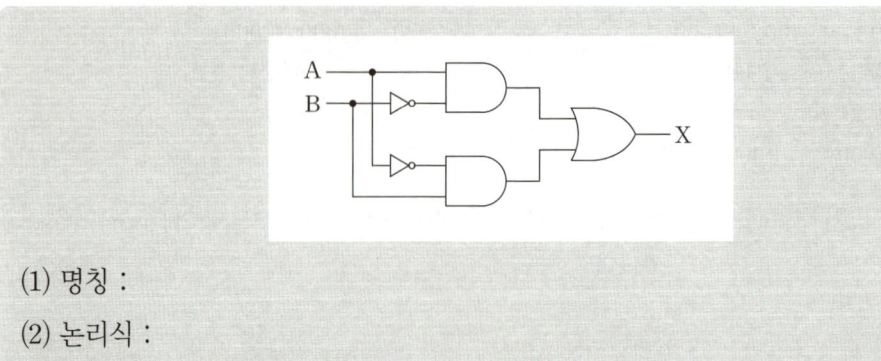

(1) 명칭 :

(2) 논리식 :

(3) 진리표

A	B	X

정답

(1) 배타적 논리합 회로(Exclusive OR)

(2) $X = A\overline{B} + \overline{A}B$

(3) 진리표

A	B	X
0	0	0
0	1	1
1	0	1
1	1	0

15 다음 요구사항을 만족하는 주회로 및 제어회로의 미완성 결선도를 직접 그려 완성하시오.(단, 접점기호와 명칭 등을 정확히 나타내시오.)

[요구사항]
- 전원스위치 MCCB를 투입하면 주회로 및 제어회로에 전원이 공급된다.
- 누름버튼스위치(PB_1)를 누르면 MC_1이 여자되고 MC_1의 보조접점에 의하여 RL이 점등되며, 전동기는 정회전 한다.
- 누름버튼스위치(PB_1)를 누른 후 손을 떼어도 MC_1은 자기유지 되어 전동기는 계속 정회전 한다.
- 전동기 운전 중 누름버튼스위치(PB_2)를 누르면 연동에 의하여 MC_1이 소자되어 전동기가 정지되고, RL은 소등된다. 이 때 MC_2는 자기유지 되어 전동기는 역회전(역상제동을 함)하고 타이머가 여자되며, GL이 점등된다.
- 타이머 설정시간 후 역회전 중인 전동기는 정지하고 GL도 소등된다. 또한 MC_1과 MC_2의 보조 접점에 의하여 상호 인터록이 되어 동시에 동작되지 않는다.
- 전동기 운전 중 과전류가 감지되어 EOCR이 동작되면, 모든 제어회로의 전원은 차단되고 OL만 점등된다.
- EOCR을 리셋하면 초기상태로 복귀한다.

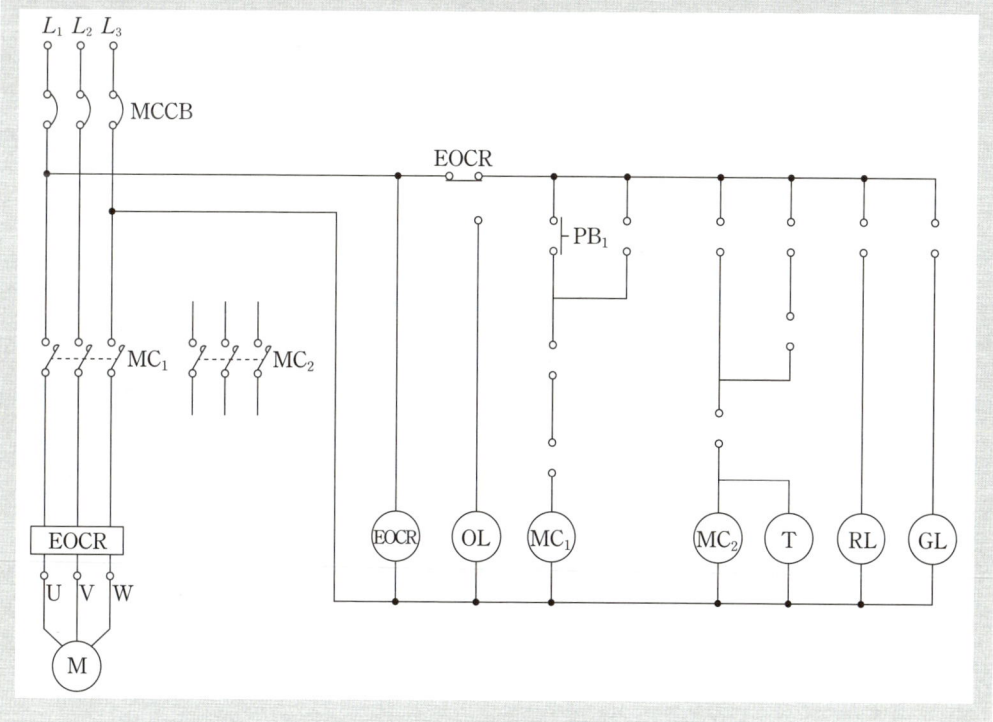

[정답]

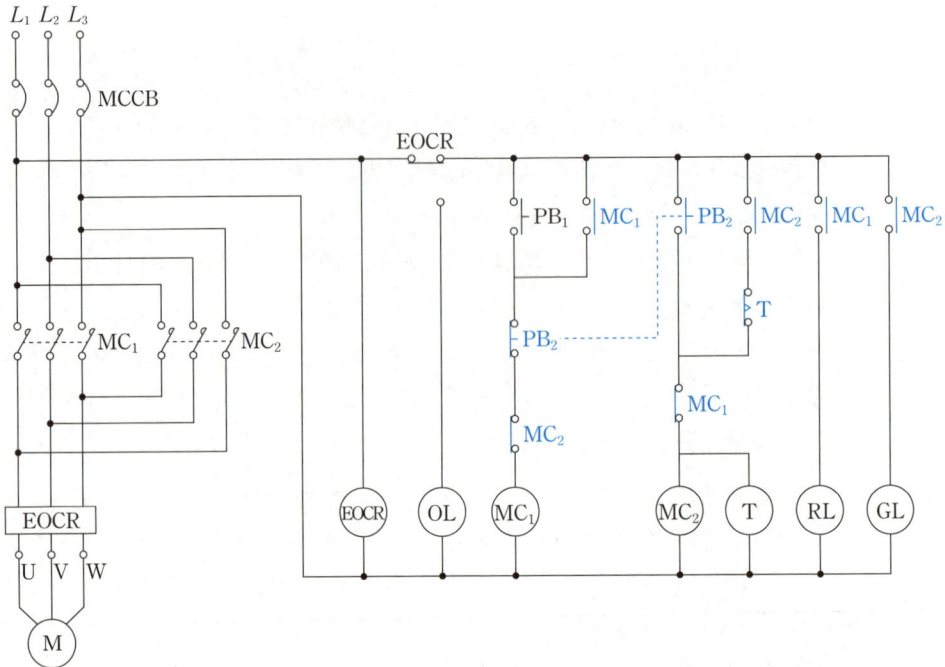

16 다음은 3상 전동기의 결선도이다. 아래 물음에 답하시오. (단, 수용률 0.65, 역률 0.9, 효율 0.8이다. 3상 변압기 표준 용량[kVA] : 50, 75, 100, 150, 200)

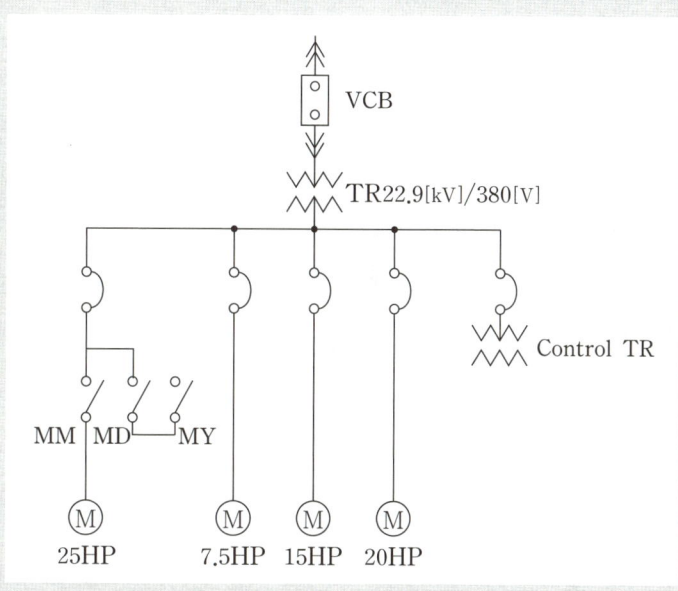

(1) 위 결선도에서 3상 유도전동기의 변압기 표준 용량을 선정하시오
   ◦ 계산 과정 :   ◦ 답 :
(2) 25[HP] 3상 농형 유도 전동기의 3선 결선도를 작성하시오
   (MM : 메인 MC, MD : △결선 MC, MY : Y결선 MC)
(3) 제어용 변압기 (Control TR)의 사용 목적은?
(4) 전동기에만 전력을 공급하는 저압옥내간선의 과전류차단기 정격전류는 전동기 허용 전류의 몇 배 이하여야 하는가?

> 정답

(1) 변압기 용량 = $\dfrac{\text{설비용량} \times \text{수용률}}{\text{부등률} \times \text{역률} \times \text{효율}} = \dfrac{(25+7.5+15+20) \times 0.746 \times 0.65}{0.9 \times 0.8} = 45.46[\text{kVA}]$

답 45.46[kVA]

(2)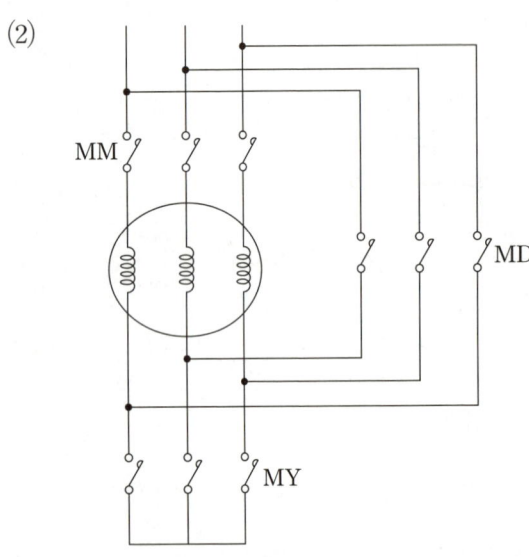

(3) 전압을 변성하여 제어기기의 조작용 전원을 공급한다.

(4) 3배

전기기사실기 2020년 4회 기출문제

01 답안지의 그림은 3상 4선식 전력량계의 결선도를 나타낸 것이다. PT와 CT를 사용하여 미완성 부분의 결선도를 완성하시오.

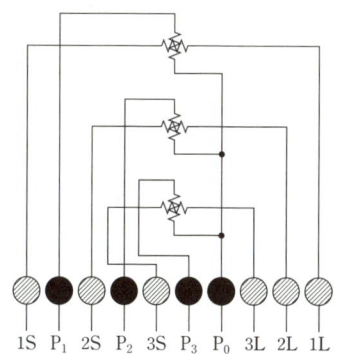

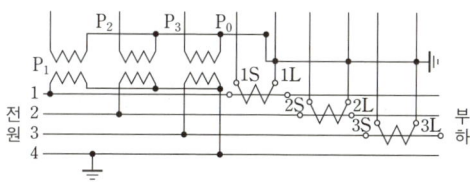

[정답]

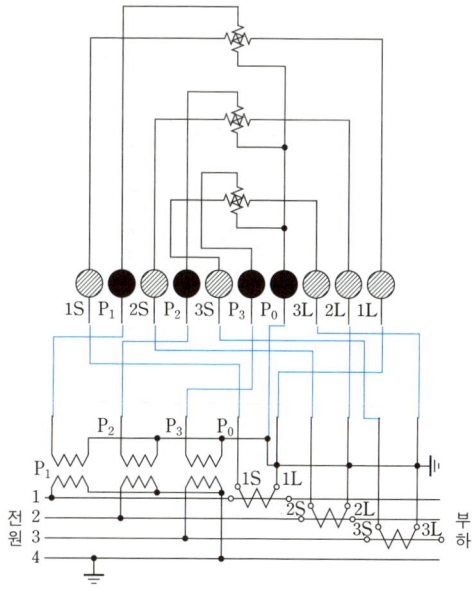

02 다음 그림은 어느 수용가의 수전설비 계통도이다. 다음 각 물음에 답하시오.

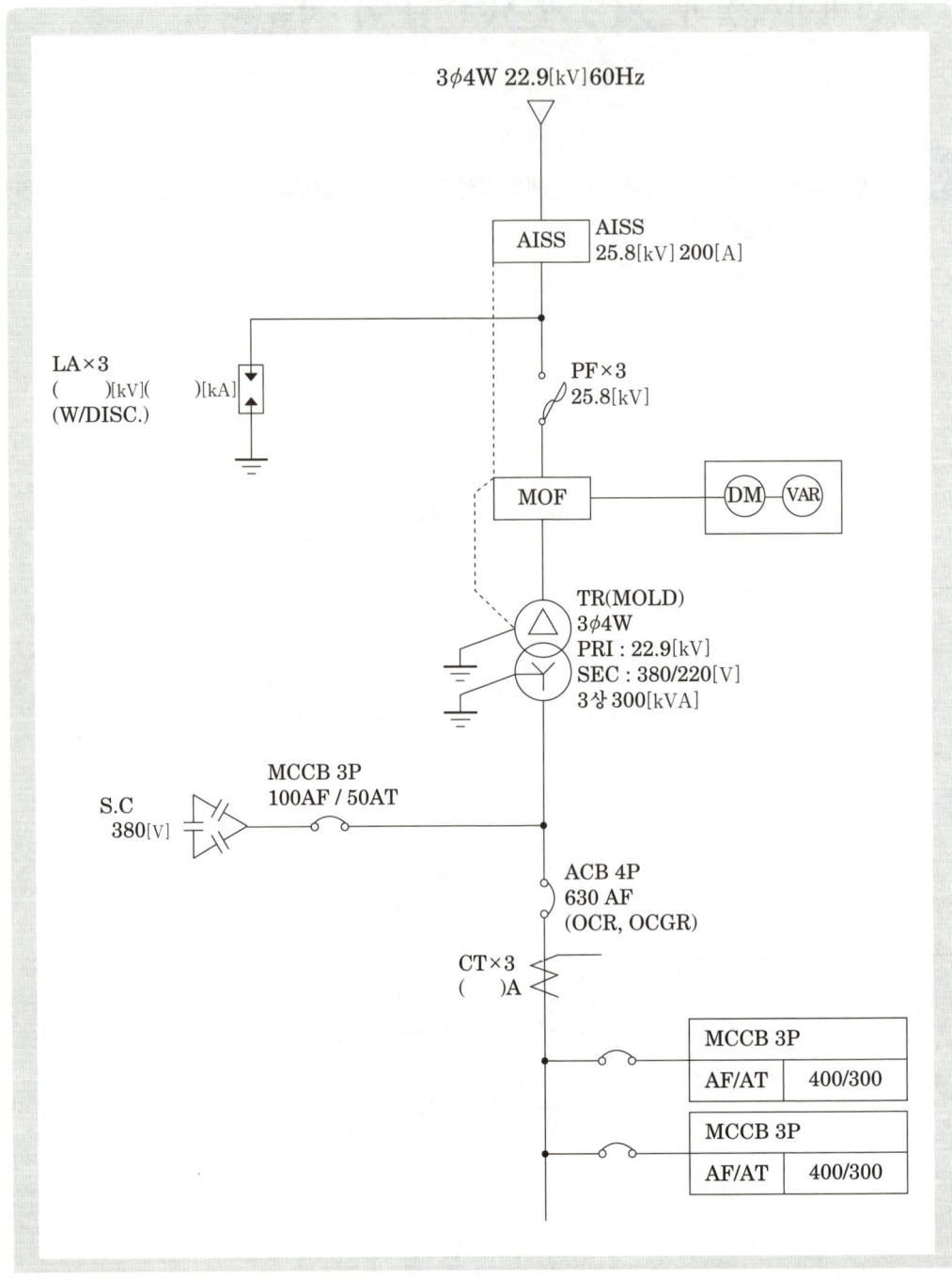

(1) AISS의 명칭을 쓰고 기능을 2가지 쓰시오.
- 명칭 :
- 기능 :

(2) 피뢰기의 정격전압 및 공칭 방전전류를 쓰고 그림에서의 DISC의 기능을 간단히 설명하시오.
- 피뢰기 정격전압 :
- 피뢰기 공칭방전전류 :
- DISC(Disconnector)의 기능 :

(3) MOLD TR의 장점 및 단점을 각각 2가지만 쓰시오.
- 장점 :
- 단점 :

(4) ACB의 명칭을 쓰시오.

(5) CT의 정격(변류비)를 구하시오.
- 계산 과정 :
- 답 :

정답

(1) - 명칭 : 기중형 자동고장구분개폐기
- 기능 : ① 고장구간을 자동으로 개방하여 사고확대를 방지
② 전 부하 상태에서 자동으로 개방할 수 있어 과부하로부터 보호

(2) - 피뢰기 정격전압 : 18[kV]
- 피뢰기 공칭방전전류 : 2.5[kA]
- DISC(Disconnector)의 기능 : 피뢰기의 고장시 피뢰기의 접지 측을 대지로부터 분리

(3) - 장점 : ① 난연성이 우수하다. ② 저손실이므로 에너지 절약이 가능하다.
- 단점 : ① 고가이다. ② 충격파 내전압이 낮다.

(4) 기중차단기

(5) $I = \dfrac{300}{\sqrt{3} \times 0.38} \times 1.25 = 569.75[A]$ 답 600/5

변류기에 관한 다음 각 물음에 답하시오.

(1) Y-△로 결선한 주변압기의 보호로 비율차동계전기를 사용한다면 CT의 결선은 어떻게 하여야 하는지를 설명하시오.
(2) 통전 중에 있는 변류기의 2차측 기기를 교체하고자 할 때 가장 먼저 취하여야 할 조치를 설명하시오.
(3) 수전전압이 22.9[kV], 수전 설비의 부하 전류가 40[A]이다. 60/5[A]의 변류기를 통하여 과부하 계전기를 시설하였다. 120[%]의 과부하에서 차단시킨다면 과부하 트립 전류는 몇 [A]로 설정해야 하는가?
  ◦계산 과정 :   ◦답 :

정답

(1) △-Y

(2) 변류기 2차측 단락(변류기 2차측 개방시 과전압이 유기되므로 위험하다.)

(3) 탭 전류 $I_{tap} = 40 \times \dfrac{5}{60} \times 1.2 = 4[A]$ 답 4[A]

 다음과 같은 아파트 단지를 계획하고 있다. 주어진 조건을 이용하여 다음 각 물음에 답하시오.

[규모]

- 아파트 동수 및 세대수 : 2개동, 300세대
- 세대당 면적과 세대수

동별	세대당 면적[m^2]	세대수	동별	세대당 면적[m^2]	세대수
A동	50	30	B동	50	50
	70	40		70	30
	90	50		90	40
	110	30		110	30

- 계단, 복도, 지하실 등의 공용면적 A동 : 1,700[m^2], B동 : 1,700[m^2]

[조건]

- 면적의 [m²]당 상정 부하는 다음과 같다.
  - 아파트 : 30[VA/m²]
  - 공용 면적 부분 : 5[VA/m²]
- 세대당 추가로 가산하여야 할 상정부하는 다음과 같다.
  - 80[m²] 이하의 세대 : 750[VA]
  - 150[m²] 이하의 세대 : 1000[VA]
- 아파트 동별 수용률은 다음과 같다.
  - 70세대 이하인 경우 : 65[%]
  - 100세대 이하인 경우 : 60[%]
  - 150세대 이하인 경우 : 55[%]
  - 200세대 이하인 경우 : 50[%]
- 공용 부분의 수용률은 100[%]로 한다.
- 역률은 100[%]로 계산한다.
- 각 세대의 공급 방식은 단상 2선식 220[V]로 한다.
- 변전실의 변압기는 단상변압기 3대로 구성한다.
- 동간 부등률은 1.4로 한다.

(1) A동의 상정 부하는 몇 [VA]인가?
  ○ 계산 과정 : ○ 답 :

(2) B동의 수용 부하는 몇 [VA]인가?
  ○ 계산 과정 : ○ 답 :

(3) 이 단지에는 단상 몇 [kVA]용 변압기 3대를 설치하여야 하는가?
  (단, 변압기 용량은 10[%]의 여유율을 두도록 하며, 단상변압기의 표준용량은 75, 100, 150, 200, 300[kVA] 등이다.)
  ○ 계산 과정 : ○ 답 :

정답

(1)

세대당 면적 [m²]	상정 부하 [VA/m²]	가산 부하 [VA]	세대수	상정 부하 [VA]
50	30	750	30	$\{(50 \times 30) + 750\} \times 30 = 67500$
70	30	750	40	$\{(70 \times 30) + 750\} \times 40 = 114000$
90	30	1000	50	$\{(90 \times 30) + 1000\} \times 50 = 185000$
110	30	1000	30	$\{(110 \times 30) + 1000\} \times 30 = 129000$
합 계				495500[VA]

A동의 전체 상정부하 = 상정부하 + 공용면적을 고려한 상정부하
= 495500 + 1700 × 5 = 504000[VA]   답 504000[VA]

(2)

세대당 면적 [m²]	상정 부하 [VA/m²]	가산 부하 [VA]	세대수	상정 부하 [VA]
50	30	750	50	$\{(50 \times 30) + 750\} \times 50 = 112500$
70	30	750	30	$\{(70 \times 30) + 750\} \times 30 = 85500$
90	30	1000	40	$\{(90 \times 30) + 1000\} \times 40 = 148000$
110	30	1000	30	$\{(110 \times 30) + 1000\} \times 30 = 129000$
합 계				475000[VA]

B동의 전체 수용부하 = 상정부하 × 수용률 + 공용면적을 고려한 수용부하
= 475000 × 0.55 + 1700 × 5 × 1 = 269750[VA]   답 269750[VA]

(3) TR 전체 용량 = $\dfrac{\sum 설비용량 \times 수용률}{부등률} \times 여유율$

$= \dfrac{495500 \times 0.55 + 1700 \times 5 \times 1 + 269750}{1.4} \times 1.1 \times 10^{-3} = 432.75[kVA]$

변압기 1대 용량 = 432.75/3 = 144.25[kVA] 따라서, 표준용량 150[kVA]를 선정한다.

답 150[kVA]

05 방폭구조에 관한 다음 물음에 답하시오.

(1) 방폭형 전동기에 대해 설명하시오
(2) 전기시설의 방폭구조의 종류 3가지 쓰시오

정답

(1) 폭발성이나 먼지가 많은 곳에서 사용하는 전동기
(2) ① 내압 방폭구조   ② 특수 방폭구조   ③ 본질안전 방폭구조

06 전력계통의 발전기, 변압기 등의 증설이나 송전선의 신·증설로 인하여 단락·지락전류가 증가하여 송변전 기기에의 손상이 증대되고, 부근에 있는 통신선의 유도장해가 증가하는 등의 문제점이 예상되므로, 단락용량의 경감대책을 세워야 한다. 이 대책을 3가지만 쓰시오.

정답

① 전압을 승압시킨다.
② 한류리액터를 설치한다.
③ 고임피던스 기기를 채용한다.

07 초고압 송전전압이 345[kV], 선로 긍장이 200[km]인 경우 1회선당 가능한 송전전력은 몇 [kW]인지 still식에 의해 구하시오.

정답

still 식 : $V_s = 5.5\sqrt{0.6\ell + \dfrac{P[\text{kW}]}{100}}$ [kV]에서 송전전력 P를 계산한다.

$5.5\sqrt{0.6 \times 200 + \dfrac{P}{100}} = 345$ [kV] : P를 계산하기 위해 양변에 제곱을 하면 아래와 같다.

$\left(\dfrac{345}{5.5}\right)^2 = 120 + \dfrac{P}{100}$ → $\left(\dfrac{345}{5.5}\right)^2 - 120 = \dfrac{P}{100}$ → $\left(\left(\dfrac{345}{5.5}\right)^2 - 120\right) \times 100$

∴ $P = 381471.07$ [kW]

답 381471.07 [kW]

08 불평형 부하의 제한에 관련된 다음 물음에 답하시오.

(1) 저압, 고압 및 특별 고압 수전의 3상 3선식 또는 3상 4선식에서 불평형 부하의 한도는 단상 접속 부하로 계산하여 설비불평형률을 몇 [%] 이하로 하는 것을 원칙으로 하는가?

(2) "(1)"항 문제의 제한 원칙에 따르지 않아도 되는 경우를 2가지만 쓰시오.

(3) 부하 설비가 그림과 같을 때 설비 불평형률은 몇 [%]인가?
(단, ⑭는 전열기 부하이고, ⑯은 전동기 부하이다.)
∘계산 과정 :   ∘답 :

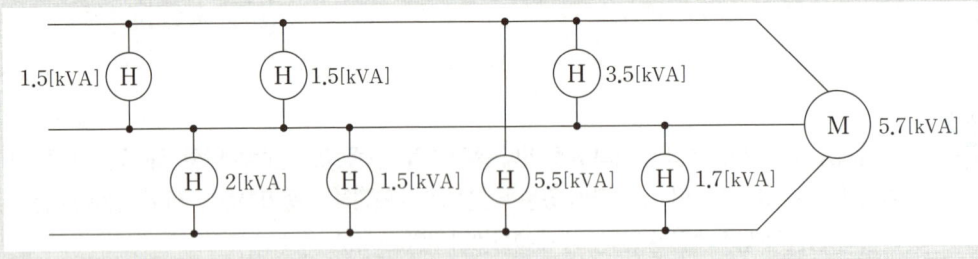

정답

(1) 30[%] 이하

(2) ① 저압수전에서 전용의 변압기 등으로 수전하는 경우
    ② 고압 및 특고압수전에서 100[kVA] 이하의 단상부하인 경우

(3) 3상 3선식의 설비불평형률

$$설비불평형률 = \frac{각\ 선간에\ 접속되는\ 단상부하\ 총\ 설비용량의\ 최대와\ 최소의\ 차[kVA]}{총\ 부하설비용량[kVA]의\ \frac{1}{3}} \times 100$$

$$= \frac{(3.5+1.5+1.5)-(2+1.5+1.7)}{(1.5+1.5+3.5+5.7+2+1.5+5.5+1.7) \times \frac{1}{3}} \times 100 = 17.03[\%]$$

답 17.03[%]

전압강하가 3[%]이고 긍장의 길이가 180[m]인 3상 4선식 배전선로가 있다. 아래의 표로 부하를 공급하고 있을 때 질문에 답하여라.

	전압	용량	개수	역률×효율	수용률
펌프1	380[V]	7.5[kW]	4[대]	0.7	0.7
펌프2	380[V]	20[kW]	2[대]	0.7	0.7
전등(단상)	220[V]	10[kW]	3[대]	1	0.5

(1) 간선의 설계전류를 구하시오.
   ◦ 계산 과정 :   ◦ 답 :
(2) 전선의 굵기를 선정하시오.(전선의 굵기는 IEC규격에 의한다.)
   ◦ 계산 과정 :   ◦ 답 :

정답

(1) $I_{M1} = \dfrac{7.5 \times 10^3 \times 4 \times 0.7}{\sqrt{3} \times 380 \times 0.7} = 45.58[A]$

$I_{M2} = \dfrac{20 \times 10^3 \times 2 \times 0.7}{\sqrt{3} \times 380 \times 0.7} = 60.77[A]$

$I_H = \dfrac{10 \times 10^3 \times 3 \times 0.5}{220 \times 1} = 68.18[A]$

∴ $(45.58 + 60.77) + 68.18 = 174.53[A]$ 답 174.53[A]

(2) $A = \dfrac{17.8LI}{1000e} = \dfrac{17.8 \times 180 \times 174.53}{1000 \times 220 \times 0.03} = 84.73[\text{mm}^2]$ 답 95[mm²]

 조명 광원의 발광 원리 3가지를 쓰시오.

정답

◦ 온도복사
◦ 유도방사
◦ 루미네선스

11 가로 10[m], 세로 14[m] 천장높이 2.75[m], 작업면 높이 0.75[m] 사무실에 형광등 F32×2를 설치하려고 한다. 다음 물음에 답하시오. (단, 형광등 32[W]한 개의 광속3200[lm], 보수율70[%], 조명율 50[%])

(1) 이 사무실의 실지수는 얼마인가?
   ◦ 계산 과정 :   ◦ 답 :
(2) F32×2의 심벌 기호를 그리시오.
(3) 이 사무실의 조도를 250[lx]를 얻고자 할 때 필요한 2등용 등기구의 개수를 구하시오.
   ◦ 계산 과정 :   ◦ 답 :

정답

(1) 실지수 $= \dfrac{X \times Y}{H \times (X+Y)} = \dfrac{10 \times 14}{(2.75-0.75) \times (10+14)} = 2.92$ 답 2.92

(2) ⊏○⊐
    F32×2

(3) $N = \dfrac{ES}{FUM} = \dfrac{250 \times 10 \times 14}{3200 \times 2 \times 0.5 \times 0.7} = 15.63$ 답 16등

12 감리원은 해당 공사 완료 후 준공검사 전에 사전 시운전 등이 필요한 부분에 대하여는 공사업자에게 시운전을 위한 계획을 수립하여 시운전 30일 이내에 제출하도록 하고, 이를 검토하여 발주자에게 제출하여야 한다. 시운전을 위한 계획에 포함되어야 하는 사항 3가지를 쓰시오.

정답

◦ 시운전 일정
◦ 시운전 절차
◦ 시운전 항목 및 종류

13 다음 주어진 레더다이어그램을 통해 PLC 프로그램을 완성하시오.(타이머 설정시간은 0.1초 단위)

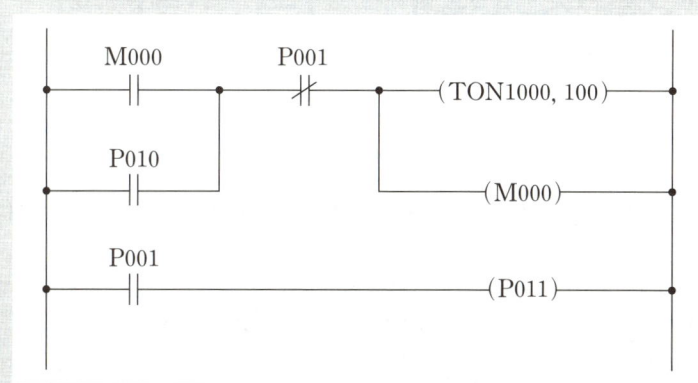

ADD	OP	DATA
0	LOAD	M000
1		
2		
3	TON	1000
4	DATA	100
5		
6		
7	OUT	P011
8	END	

정답

ADD	OP	DATA
0	LOAD	M000
1	OR	P010
2	AND NOT	P001
3	TON	1000
4	DATA	100
5	OUT	M000
6	LOAD	P001
7	OUT	P011
8	END	

전기기사실기 2021년 1회 기출문제

 어떤 인텔리전트빌딩에 대한 등급별 추정 전원 용량에 대한 다음 표를 이용하여 각 물음에 답하시오.

등급별 추정 전원 용량 [VA/m²]

내용 \ 등급별	0등급	1등급	2등급	3등급
조 명	32	22	22	29
콘 센 트	–	13	5	5
사무자동화(OA) 기기	–	–	34	36
일반동력	38	45	45	45
냉방동력	40	43	43	43
사무자동화(OA) 동력	–	2	8	8
합 계	110	125	157	166

(1) 연면적 10000[m²]인 인텔리전트 2등급인 사무실 빌딩의 전력 설비 부하의 용량을 다음 표에 의하여 구하도록 하시오.

부하 내용	면적을 적용한 부하용량 [kVA]
조 명	
콘 센 트	
OA 기기	
일반동력	
냉방동력	
OA 동력	
합 계	

(2) 물음 "(1)"에서 조명, 콘센트, 사무자동화기기의 적정 수용률은 0.7, 일반동력 및 사무자동화 동력의 적정 수용률은 0.5, 냉방동력의 적정 수용률은 0.8이고, 주변압기 부등률은 1.2로 적용한다. 이때 전압방식을 2단 강압 방식으로 채택할 경우 변압기의 용량에 따른 변전설비의 용량을 산출하시오.(단, 조명, 콘센트, 사무자동화 기기를 3상 변압기 1대로, 일반동력 및 사무자동화 동력을 3상 변압기 1대로, 냉방동력을 3상 변압기 1대로 구성하고, 상기 부하에 대한 주변압기 1대를 사용하도록 하며, 각각의 변압기 용량은 주어진 표를 이용하여 선정한다.)

변압기 용량[kVA]	200	300	400	500	750	1000

① 조명, 콘센트, 사무자동화 기기에 필요한 변압기 용량 산정
  ◦ 계산 과정 :   ◦ 답 :

② 일반동력, 사무자동화동력에 필요한 변압기 용량 산정
  ◦ 계산 과정 :   ◦ 답 :

③ 냉방동력에 필요한 변압기 용량 산정
  ◦ 계산 과정 :   ◦ 답 :

④ 주변압기 용량 산정
  ◦ 계산 과정 :   ◦ 답 :

(3) 주변압기에서부터 각 부하에 이르는 변전설비의 단선 계통도를 간단하게 그리시오.

정답

(1)

부하 내용	면적을 적용한 부하용량 [kVA]
조 명	$22 \times 10000 \times 10^{-3} = 220$
콘 센 트	$5 \times 10000 \times 10^{-3} = 50$
OA 기기	$34 \times 10000 \times 10^{-3} = 340$
일반동력	$45 \times 10000 \times 10^{-3} = 450$
냉방동력	$43 \times 10000 \times 10^{-3} = 430$
OA 동력	$8 \times 10000 \times 10^{-3} = 80$
합 계	$157 \times 10000 \times 10^{-3} = 1570$

(2) ① 조명, 콘센트, 사무자동화 기기에 필요한 변압기 용량 산정

$$TR_1 = \frac{(220+50+340) \times 0.7}{1} = 427[\text{kVA}]$$

답 500[kVA]

② 일반동력, 사무자동화동력에 필요한 변압기 용량 산정

$$TR_2 = \frac{(450+80) \times 0.5}{1} = 265[\text{kVA}]$$

답 300[kVA]

③ 냉방동력에 필요한 변압기 용량 산정

$$TR_3 = \frac{430 \times 0.8}{1} = 344[\text{kVA}]$$

답 400[kVA]

④ 주변압기 용량 산정

$$TRr = \frac{427+265+344}{1.2} = 863.33[\text{kVA}]$$

답 1000[kVA]

(3)

수전단 전압이 3000[V]인 3상 3선식 배전선로의 수전단에 역률 0.8(지상)되는 520[kW]의 부하가 접속되어 있다. 이 부하에 동일 역률의 부하 80[kW]를 추가하여 600[kW]로 증가시키되 부하와 병렬로 전력용 콘덴서를 설치하여 수전단 전압 및 선로 전류를 일정하게 불변으로 유지하고자 할 때, 다음 각 물음에 답하시오. (단, 전선의 1선당 저항 및 리액턴스는 각각 1.78[Ω] 및 1.17[Ω]이다.)

(1) 이 경우에 필요한 전력용 콘덴서 용량은 몇 [kVA]인가?
 ◦ 계산 과정 : ◦ 답 :

(2) 부하 증가 전의 송전단 전압은 몇 [V]인가?
 ◦ 계산 과정 : ◦ 답 :

(3) 부하 증가 후의 송전단 전압은 몇 [V]인가?
 ◦ 계산 과정 : ◦ 답 :

정답

(1) 수전단 전압 및 전류가 일정 : $\dfrac{P_1}{\sqrt{3}\,V\cos\theta_1} = \dfrac{P_2}{\sqrt{3}\,V\cos\theta_2}$

이 식에서 $\cos\theta_2 = \cos\theta_1 \times \dfrac{P_2}{P_1} = 0.8 \times \dfrac{600}{520} = 0.92$ 이므로 역률이 0.92까지 개선되는 경우 부하가 증설되더라도 부하전류는 일정하게 된다.

$Q = 600 \times \left(\dfrac{0.6}{0.8} - \dfrac{\sqrt{1-0.92^2}}{0.92} \right) = 194.4\,[\text{kVA}]$

답 194.4[kVA]

(2) $V_s = V_r + \sqrt{3}\,I(R\cos\theta + X\sin\theta)$

$= 3000 + \sqrt{3} \times \dfrac{520 \times 10^3}{\sqrt{3} \times 3000 \times 0.8} \times (1.78 \times 0.8 + 1.17 \times 0.6) = 3460.63\,[\text{V}]$

답 3460.63[V]

(3) $V_s' = V_r + \sqrt{3}\,I'(R\cos\theta + X\sin\theta)$

$V_s' = 3000 + \sqrt{3} \times \dfrac{600 \times 10^3}{\sqrt{3} \times 3000 \times 0.92} \times (1.78 \times 0.92 + 1.17 \times \sqrt{1-0.92^2}) = 3455.68\,[\text{V}]$

답 3455.68[V]

03 고압 배전선의 구성과 관련된 미완성 환상(루프식)식 배전간선의 단선도를 완성하시오.

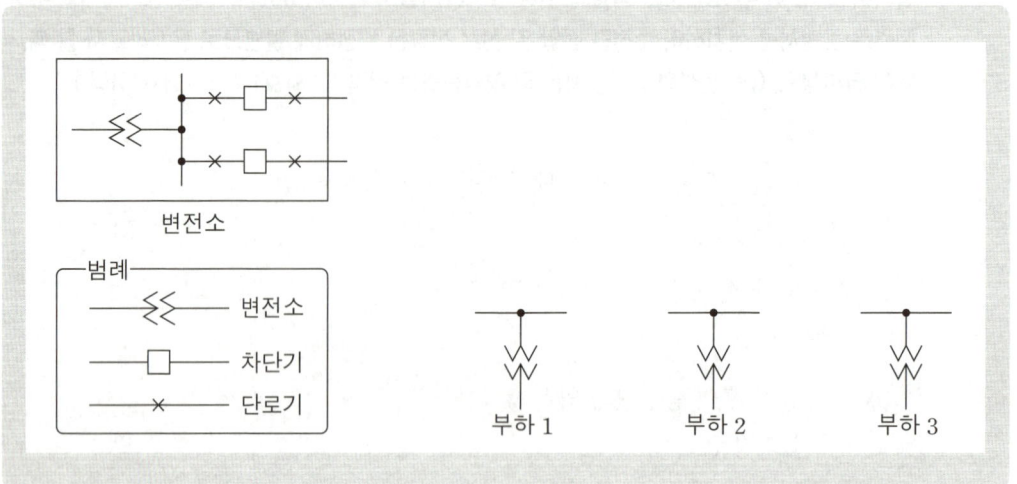

정답

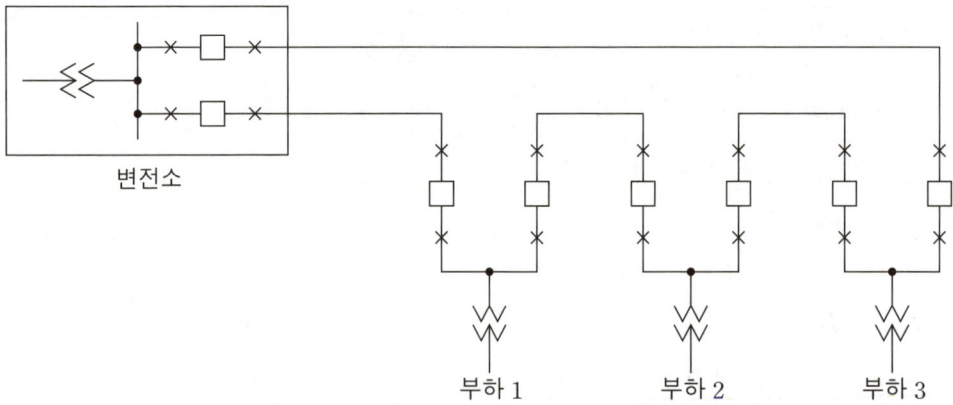

주파수 60[Hz]인 송전선의 특성임피던스가 600[Ω]이고 선로의 길이가 ℓ일 때 다음 물음에 답하시오. (단, 전파속도는 3×10^5[km/s]이다.)

(1) 인덕턴스[H/km]와 커패시터[F/km]를 각각 구하시오.
　① 인덕턴스[H/km]
　　· 계산 과정 :　　　　　　　　　　　　　　　　　· 답 :
　② 커패시터[F/km]
　　· 계산 과정 :　　　　　　　　　　　　　　　　　· 답 :
(2) 파장은 몇 [km]인가?
　· 계산 과정 :　　　　　　　　　　　　　　　　　· 답 :

정답

(1) ① 인덕턴스[H/km]

$$L = \frac{Z_o}{v} = \frac{600}{3 \times 10^5} = 2 \times 10^{-3} [\text{H/km}]$$

답　2×10^{-3}[H/km]

② 커패시터[F/km]

$$C = \frac{1}{Z_o v} = \frac{1}{600 \times 3 \times 10^5} = 5.56 \times 10^{-9} [\text{F/km}]$$

답　5.56×10^{-9}[F/km]

(2) $\lambda = \dfrac{v}{f} = \dfrac{3 \times 10^5}{60} = 5000$[km]

답　5000[km]

05 15[°C]의 물 4[L]를 용기에 넣고, 1[kW] 전열기를 사용하여 90[°C]로 가열 하는데 25분이 소요되었다. 전열기의 효율은 얼마인가?

정답

$$\eta = \frac{cm\theta}{860PT} \times 100[\%]$$

$$\eta = \frac{1 \times 4 \times (90-15)}{860 \times 1 \times \frac{25}{60}} \times 100 = 83.72[\%]$$

답 83.72[%]

06 다음은 지중 케이블의 사고점 측정법과 절연의 건전도를 측정하는 방법을 열거한 것이다. 다음 아래의 보기에 있는 측정방법에서 사고점 측정법과 절연 감시법을 구분하시오.

[보기]

① Megger법 ② Tanδ ③ 부분 방전 측정법
④ Murray Loop법 ⑤ Capacity Birdge 법 ⑥ Pulse radar 법

(1) 사고점 측정법 :
(2) 절연 감시법 :

정답

(1) 사고점 측정법 : ④, ⑤, ⑥
(2) 절연 감시법 : ①, ②, ③

단상 변압기 용량이 10[kVA], 철손 120[W], 전부하 동손이 200[W]인 변압기 2대를 V결선하여 부하를 걸었을 때, 전부하 효율은 약 몇[%]인가?(단, 부하의 역률은 0.5이다.)

정답

$\eta = \dfrac{P}{P+P_i+P_c} \times 100$ 여기서, P는 V결선한 변압기 출력 ($P=\sqrt{3}\,P_1 \times \cos\theta [\mathrm{kW}]$)

(P_1 : 단상변압기 용량, P_i : 변압기 2대의 철손, P_c : 변압기 2대의 전부하 동손)

$\eta = \dfrac{\sqrt{3}\times 10 \times 0.5}{\sqrt{3}\times 10 \times 0.5 + (0.12\times 2) + (0.2\times 2)} \times 100 = 93.12[\%]$

답 93.12[%]

 %보정율이 $-0.8[\%]$인 전압계로 측정한 값이 103[V]라면 그 참값은 얼마인가?

정답

보정률 $= \dfrac{\text{보정값}}{\text{측정값}}$ → 보정값 = 측정값 × 보정률 = $103 \times (-0.008) = -0.824[\mathrm{V}]$

∴ 참값 = 측정값 + 보정값 = $103 + (-0.824) = 102.18[\mathrm{V}]$

답 102.18[V]

09

그림과 같이 Y결선된 평형 부하에 전압을 측정할 때 전압계의 지시값이 $V_p=150[V]$, $V_l=220[V]$로 나타났다. 다음 각 물음에 답하시오. (단, 부하측에 인가된 전압은 각상 평형 전압이고 기본파와 제3고조파분 전압만이 포함되어 있다.)

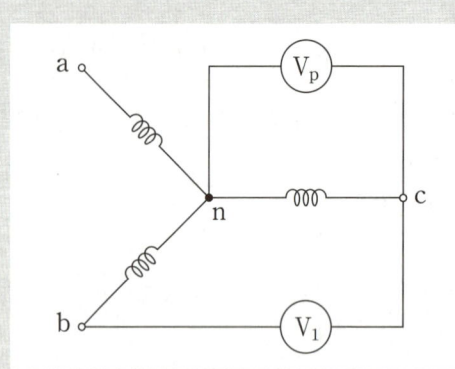

(1) 제3고조파 전압[V]을 구하시오.
  ◦ 계산 과정 :　　　　　　　　　　　　　　　　　　　　◦ 답 :
(2) 전압의 왜형률[%]을 구하시오.
  ◦ 계산 과정 :　　　　　　　　　　　　　　　　　　　　◦ 답 :

정답

(1) 부하측에 인가된 상전압(V_p :150[V])은 기본파와 제3고조파분 전압만이 포함되어 있으며, 선간전압에는 제3고조파분이 없으므로 기본파의 상전압을 알 수 있다.

  ① 상전압 $V_p = \sqrt{V_1^2 + V_3^2} = 150[V]$ 여기서, V_1은 기본파 전압이다.

  ② 선간전압 $V_l = \sqrt{3} V_1$, $220 = \sqrt{3} V_1$ 그러므로 기본파 전압 $V_1 = \dfrac{220}{\sqrt{3}} = 127.02[V]$이다.

  ③ 제3고조파 전압 $V_3 = \sqrt{V_p^2 - V_1^2} = \sqrt{150^2 - 127.02^2} = 79.79[V]$

  　　　　　　　　　　　　　　　　　　　　　　　　　　　답　79.79[V]

(2) 왜형률 $= \dfrac{\text{고조파실효값}}{\text{기본파실효값}} = \dfrac{V_3}{V_1} = \dfrac{79.79}{127.02} \times 100 = 62.82[\%]$　　　답　62.82[%]

10 3상 4선식에서 역률 100[%]의 부하가 각 상과 중성선 간에 연결되어 있다. a상, b상, c상에 흐르는 전류가 각각 10[A], 8[A], 9[A]일 때 중성선에 흐르는 전류의 크기 $|I_N|$을 계산하시오.

정답

중성선에 흐르는 불평형 전류 $|I_N|$

$\dot{I}_n = I_a + a^2 I_b + a I_c$ (단, $a^2 = -\dfrac{1}{2} - j\dfrac{\sqrt{3}}{2} = -120°$, $a = -\dfrac{1}{2} + j\dfrac{\sqrt{3}}{2} = 120°$)

$|I_N| = I_a + I_b + I_c = 10\angle 0° + 8\angle -120° + 9\angle 120° = 1.73$

답 1.73[A]

11 다음 수용가 설비에서의 전압강하에 대한 물음에 답하시오.

(1) 다른 조건을 고려하지 않는다면 수용가 설비의 인입구로부터 기기까지의 전압강하는 다음 표와 같다. 표의 빈칸을 채우시오.

[수용가설비의 전압강하]

설비의 유형	조명 [%]	기타 [%]
A – 저압으로 수전하는 경우		
B – 고압 이상으로 수전하는 경우a		

가능한 한 최종회로 내의 전압강하가 A 유형의 값을 넘지 않도록 하는 것이 바람직하다. 사용자의 배선설비가 100[m]를 넘는 부분의 전압강하는 미터 당 0.005[%] 증가할 수 있으나 이러한 증가분은 0.5[%]를 넘지 않아야 한다.

(2) 표보다 더 큰 전압강하를 허용할 수 있는 방법을 2가지 쓰시오.

> [정답]

(1)

설비의 유형	조명 [%]	기타 [%]
A – 저압으로 수전하는 경우	3	5
B – 고압 이상으로 수전하는 경우a	6	8

가능한 한 최종회로 내의 전압강하가 A 유형의 값을 넘지 않도록 하는 것이 바람직하다. 사용자의 배선설비가 100[m]를 넘는 부분의 전압강하는 미터 당 0.005[%] 증가할 수 있으나 이러한 증가분은 0.5[%]를 넘지 않아야 한다.

(2) ① 기동 시간 중의 전동기
　　② 돌입전류가 큰 기타 기기

12 다음 조명에 대한 각 물음에 답하시오.

> (1) 어느 광원의 광색이 어느 온도의 흑체의 광색과 같을 때 그 흑체의 온도를 이 광원의 무엇이라 하는지 쓰시오.
> (2) 빛의 분광 특성이 색의 보임에 미치는 효과를 말하며, 동일한 색을 가진 것이라도 조명하는 빛에 따라 다르게 보이는 특성을 무엇이라 하는지 쓰시오.

> [정답]

(1) 색온도
(2) 연색성

13

지름 20[cm]의 구형 외구의 광속발산도가 2000[rlx]라고 한다. 이 외구의 중심에 있는 균등점광원의 광도는 얼마인가? (단, 외구의 투과율이 90[%]라 한다.)

정답

광속발산도 $R = \dfrac{\tau I}{(1-\rho)r^2}$ [rlx] 여기서, τ : 투과율, I : 광도, r : 반지름, ρ : 반사율

$\therefore I = \dfrac{(1-\rho)r^2}{\tau} \times R = \dfrac{(1-0) \times 0.1^2}{0.9} \times 2000 = 22.22$ [cd]

답 22.22[cd]

14

접지저항을 결정하는 구성요소 3가지를 쓰시오.

정답

① 접지도선과 접지전극의 저항
② 접지전극의 표면과 주위 토양과의 접촉저항
③ 접지전극 주위 토양의 대지고유저항

15 다음은 저압전로의 절연성능에 관한 표이다. 다음 빈칸에 알맞은 수치를 쓰시오.

전로의 사용전압[V]	DC시험전압 [V]	절연저항 [MΩ]
SELV 및 PELV		
FELV, 500 이하		
500 초과		

정답

전로의 사용전압[V]	DC시험전압 [V]	절연저항 [MΩ]
SELV 및 PELV	250	0.5
FELV, 500 이하	500	1.0
500 초과	1000	1.0

16

보조 릴레이 A, B, C의 계전기로 출력 (H레벨)이 생기는 유접점 회로와 무접점 회로를 그리시오. (단, 보조 릴레이의 접점은 모두 a접점만을 사용하도록 한다.)

(1) A와 B를 같이 ON하거나 C를 ON할 때 X_1출력
  ① 유접점 회로
  ② 무접점 회로
(2) A를 ON하고 B 또는 C를 ON할 때 X_2출력
  ① 유접점 회로
  ② 무접점 회로

정답

(1) A와 B를 같이 ON하거나 C를 ON할 때 X_1출력

① 유접점 회로　　　　　　　　② 무접점 회로

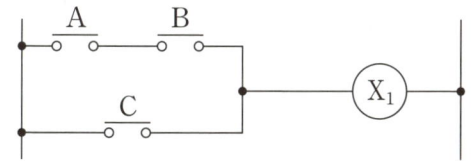
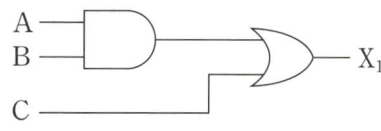

(2) A를 ON하고 B또는 C를 ON할 때 X_2출력

① 유접점 회로　　　　　　　　② 무접점 회로

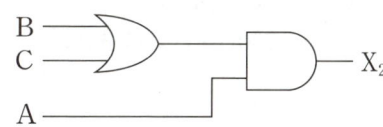

전기기사실기 2021년 2회 기출문제

01 ALTS의 명칭과 용도에 대해 쓰시오.

(1) 명칭 :
(2) 용도 :

정답

(1) 명칭 : 자동부하 전환개폐기
(2) 용도 : 이중 전원을 확보하여 주 전원이 정전되거나 기준전압 이하로 떨어진 경우 예비선로로 자동으로 전환되어 전원 공급의 신뢰도를 높이는 개폐기이다.

02 100[V], 20[A]용 단상 적산전력계에 어느 부하를 가할 때 원판의 회전수 20회에 대하여 40.3[초]걸렸다. 만일 이 계기의 20[A]에 있어서 오차가 +2[%]라 하면 부하 전력은 몇 [kW]인가? (단, 이 계기의 계기 정수는 1000[Rev/kWh]이다.)

정답

적산전력계의 측정 값 $= P_M = \dfrac{3600 \cdot n}{t \cdot k} = \dfrac{3600 \times 20}{40.3 \times 1000} = 1.79[\text{kW}]$

오차율 $= \dfrac{측정값(P_M) - 참값(P_T)}{참값(P_T)} \times 100[\%]$

여기서, $2 = \dfrac{1.79 - P_T}{P_T} \times 100[\%]$ ∴ $P_T = \dfrac{1.79}{1.02} = 1.75[\text{kW}]$

답 1.75[kW]

다음은 3상 4선식 22.9[kV] 수전설비 단선결선도이다. 다음 각 물음에 답하시오.

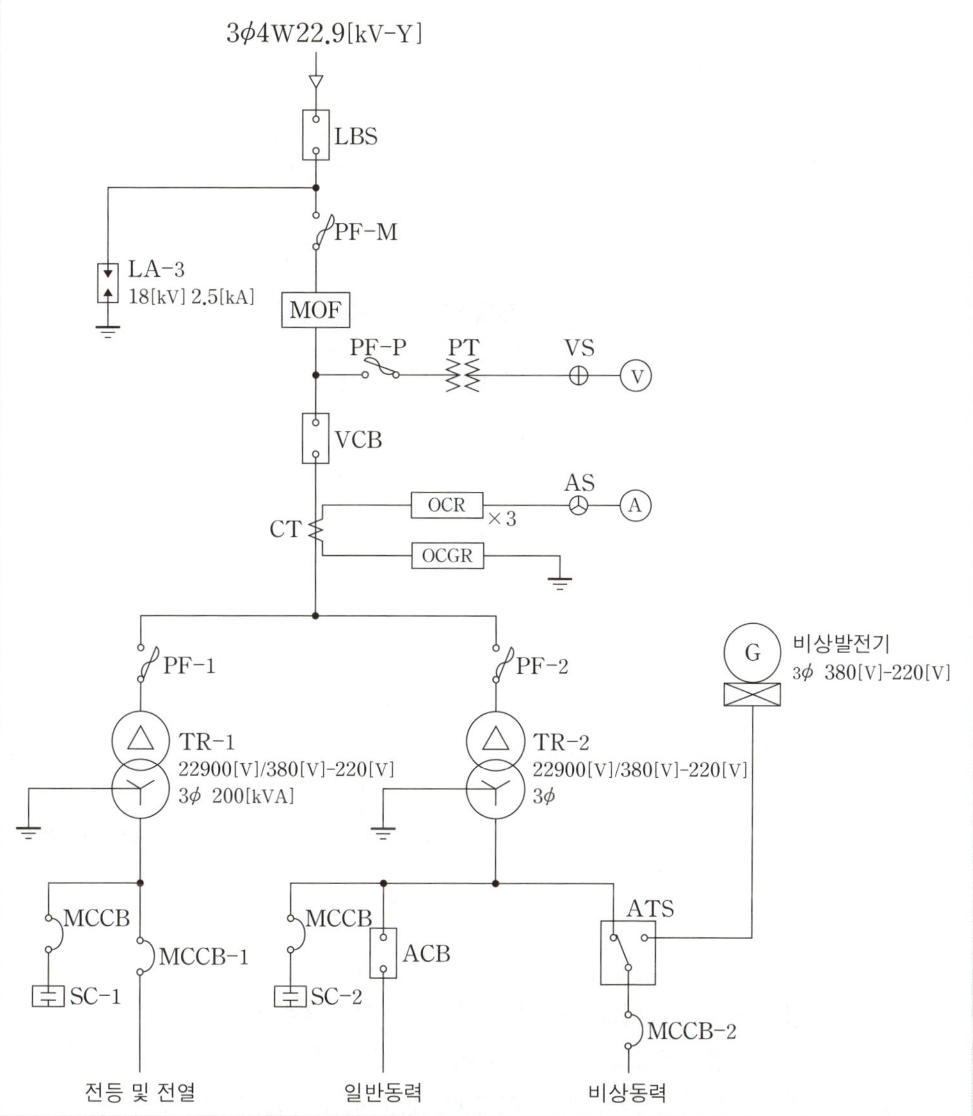

(1) 위 수전설비 단선결선도의 LA에 대하여 다음 물음에 답하시오.
   ① 우리말의 명칭은 무엇인가?
   ② 기능과 역할에 대해 간단히 설명하시오.
   ③ 요구되는 성능조건 4가지만 쓰시오.

(2) 다음은 위의 수전설비 단선결선도의 부하집계 및 입력환산표를 완성하시오.
   (단, 입력환산[kVA]은 계산 값의 소수 둘째자리에서 반올림한다.)

구분	전등 및 전열	일반동력	비상동력
설비용량 및 효율	합계 350[kW] 100[%]	합계 635[kW] 85[%]	유도전동기1 7.5[kW] 2대 85[%] 유도전동기2 11[kW] 1대 85[%] 유도전동기3 15[kW] 1대 85[%] 비상조명 8000[W] 100[%]
평균(종합)역률	80[%]	90[%]	90[%]
수용률	60[%]	45[%]	100[%]

[부하집계 및 입력환산표]

구분		설비용량[kW]	효율[%]	역률[%]	입력환산[kVA]
전등 및 전열		350			
일반동력		635			
비상동력	유도전동기1	7.5×2			
	유도전동기2	11			
	유도전동기3	15			
	비상조명	8			
	소 계	-	-	-	

(3) 단선결선도와 (2)항의 부하집계표에 의한 TR-2의 적정용량은 몇 [kVA]인지 구하시오.

[참고사항]
- 일반 동력군과 비상 동력군 간의 부등률은 1.3으로 본다.
- 변압기 용량은 15[%] 정도의 여유를 갖게 한다.
- 변압기의 표준규격[kVA]은 200, 300, 400, 500, 600으로 한다.

○ 계산 과정 :   ○ 답 :

(4) 단선결선도에서 TR-2의 2차측 중성점의 접지선 굵기[mm²]를 구하시오.

[참고사항]
- 접지선은 GV전선을 사용하고 표준 굵기[mm²]는 6, 10, 16, 25, 35, 50, 70 으로 한다.
- 도체재료, 저항률, 온도계수와 열용량에 따라 초기온도와 최종온도를 고려한 계수 $K=143$ 이다.
- 고장전류는 변압기 2차 정격전류의 20배로 본다.
- 변압기 2차의 과전류 보호차단기는 고장전류에서 0.1초 이내에 차단되는 것이다.

◦ 계산 과정 :　　　　　　　　　　　　　　◦ 답 :

정답

(1) ① 피뢰기
　② 이상전압 내습시 뇌전류를 방전하고 속류를 차단한다.
　③ ㉠ 상용주파 방전개시전압이 높을 것
　　 ㉡ 제한 전압이 낮을 것
　　 ㉢ 충격방전개시전압이 낮을 것
　　 ㉣ 내구성이 크고, 경제성이 있을 것

(2)

구분		설비용량[kW]	효율[%]	역률[%]	입력환산[kVA]
전등 및 전열		350	100	80	$\frac{350}{0.8 \times 1} = 437.5$
일반동력		635	85	90	$\frac{635}{0.9 \times 0.85} = 830.1$
비상동력	유도전동기1	7.5×2	85	90	$\frac{7.5 \times 2}{0.9 \times 0.85} = 19.6$
	유도전동기2	11	85	90	$\frac{11}{0.9 \times 0.85} = 14.4$
	유도전동기3	15	85	90	$\frac{15}{0.9 \times 0.85} = 19.6$
	비상조명	8	100	90	$\frac{8}{0.9 \times 1} = 8.9$
	소　계	-	-	-	62.5

(3) $TR = \dfrac{830.1 \times 0.45 + 62.5 \times 1}{1.3} \times 1.15 = 385.73 [\text{kVA}]$ 답   400[kVA] 선정

(4) 접지선의 굵기 계산

$TR-2$의 2차측 정격전류 $I_2 = \dfrac{P}{\sqrt{3}\,V} = \dfrac{400 \times 10^3}{\sqrt{3} \times 380} = 607.74 [\text{A}]$

$S = \dfrac{\sqrt{I^2 t}}{K} = \dfrac{\sqrt{(20 \times 607.74)^2 \times 0.1}}{143} = 26.88 [\text{mm}^2]$ 답   35[mm²]

 피뢰시스템의 각 등급은 다음과 같은 특징을 가진다. 위험성 평가를 기초로 하여 요구되는 피뢰시스템의 등급을 관계가 있는 것과 없는 것으로 분류하시오.

(1) 피뢰시스템의 등급과 관계가 있는 데이터 :
(2) 피뢰시스템의 등급과 관계없는 데이터 :

ⓐ 회전구체의 반경, 메시(mesh)의 크기 및 보호각
ⓑ 인하도선사이 및 환상도체사이의 전형적인 최적거리
ⓒ 위험한 불꽃방전에 대비한 이격거리
ⓓ 접지극의 최소길이
ⓔ 수뢰부시스템으로 사용되는 금속판과 금속관의 최소두께
ⓕ 접속도체의 최소치수
ⓖ 피뢰시스템의 재료 및 사용조건

정답

(1) ⓐ, ⓑ, ⓒ, ⓓ
(2) ⓔ, ⓕ, ⓖ

154[kV], 60[Hz]의 3상 송전선이 있다. 강심알루미늄의 전선을 사용하고, 지름은 1.6[cm], 등가 선간 거리 400[cm]이다. 25[°C] 기준으로 날씨계수와 공기밀도는 각각 1이며, 전선의 표면계수는 0.83이다. 코로나 임계전압[kV] 및 코로나 손실[kW/km/선]을 구하여라.

(1) 코로나 임계전압
  ◦ 계산 과정 :   ◦ 답 :
(2) 코로나 손실 (단, 코로나손실은 피크식을 이용할 것)
  ◦ 계산 과정 :   ◦ 답 :

정답

(1) 코로나 임계전압 $E_0 = 24.3 m_0 m_1 \delta d \log_{10} \dfrac{D}{r}$ [kV]

m_0 : 표면계수, m_1 : 날씨계수, δ : 공기밀도, d : 전선직경[cm], D : 등가선간거리[cm]

$E_0 = 24.3 \times 0.83 \times 1 \times 1 \times 1.6 \times \log_{10} \dfrac{2 \times 400}{1.6} = 87.1$ [kV]　　　답　87.1[kV]

(2) 코로나 손실 $P_c = \dfrac{241}{\delta}(f+25)\sqrt{\dfrac{d}{2D}}(E-E_0)^2 \times 10^{-5}$ [kW/km/선]

f : 주파수, E : 전선에 걸리는 대지전압, E_0 : 코로나 임계전압

$P_c = \dfrac{241}{1} \times (60+25)\sqrt{\dfrac{1.6}{2 \times 400}} \times \left(\dfrac{154}{\sqrt{3}} - 87.1\right)^2 \times 10^{-5} = 0.03$ [kW/km/선]

답　0.03[kW/km/선]

06

지표면상 15[m] 높이에 수조가 있다. 이 수조에 초당 0.2[m³]의 물을 양수하는데 사용되는 펌프용 전동기에 3상 전력을 공급하기 위하여 단상 변압기 2대를 V결선하였다. 펌프 효율이 65[%]이고, 펌프축 동력에 10[%]의 여유를 두는 경우 다음 각 물음에 답하시오. (단, 펌프용 3상 농형 유도 전동기의 역률을 85[%]로 가정한다.)

(1) 펌프용 전동기의 소요 동력은 몇 [kVA]인가?
 ◦ 계산 과정 :   ◦ 답 :

(2) 단상변압기 1대의 용량 [kVA]은 얼마인가?
 ◦ 계산 과정 :   ◦ 답 :

정답

(1) • 펌프용 전동기의 소요 동력 $P = \dfrac{9.8QHK}{\eta}$[kW]

• 펌프용 전동기의 소요 동력 $P = \dfrac{9.8QHK}{\eta \times \cos\theta}$[kVA]

Q : 양수량[m³/sec], H : 양정[m], η : 효율, K : 여유계수

$P = \dfrac{9.8 \times 0.2 \times 15 \times 1.1}{0.65 \times 0.85} = 58.53[\text{kVA}]$ 　　　답 58.53[kVA]

(2) 변압기 V 결선시 출력 : $P_V = \sqrt{3}\, P_1$[kVA] (단, P_1 = 단상변압기 1대 용량)

$P_1 = \dfrac{P_V}{\sqrt{3}} = \dfrac{58.53}{\sqrt{3}} = 33.79[\text{kVA}]$ 　　　답 33.79[kVA]

07 22900[V], 60[Hz], 1회선의 3상 지중 송전선의 무부하 충전용량[kVA]은? (단, 송전선의 길이는 50[km], 1선의 1[km]당 정전 용량은 0.01[μF]이다.)

> 정답

무부하 송전선의 충전용량 $Q = 3\omega CE^2 \times 10^{-3}$[kVA]

$Q = 3 \times 2\pi \times 60 \times 0.01 \times 10^{-6} \times 50 \times \left(\dfrac{22900}{\sqrt{3}}\right)^2 \times 10^{-3} = 98.85$[kVA]   답 98.85[kVA]

08 그림에서 B점의 차단기 용량을 100[MVA]로 제한하기 위한 한류리액터의 리액턴스는 몇 [%]인가? (단, 10[MVA]를 기준으로 한다.)

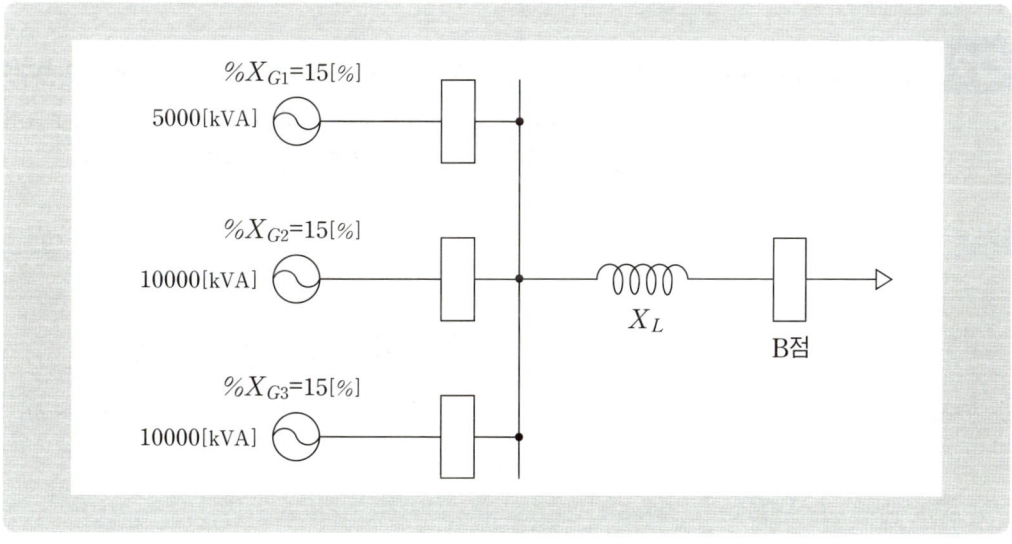

정답

$P_S = \dfrac{100}{\%X} \times P_n$ 에서 차단기 용량을 100[MVA]로 제한하기 위한 전원측의

합성 %X를 구하면 $100 = \dfrac{100}{\%X} \times 10$ 에서 합성 %X=10[%]가 되어야 한다.

10[MVA] 기준용량에 맞게 $\%X_{G1}$을 환산한다.

$\%X_{G1}' = \dfrac{10}{5} \times 15 = 30[\%]$, $\%X_G = \dfrac{1}{\dfrac{1}{30}+\dfrac{1}{15}+\dfrac{1}{15}} = 6[\%]$

$\therefore \%X = \%X_G + X_L$이므로 $10 = 6 + X_L$에서 $X_L = 10 - 6 = 4[\%]$ **답** 4[%]

09 3상 배전선로의 말단에 늦은 역률 80[%]인 평형 3상의 집중 부하가 있다. 변전소 인출구의 전압이 3300[V]인 경우 부하의 단자전압을 3000[V] 이하로 떨어뜨리지 않으려면 부하 전력[kW]은 얼마인가? (단, 전선 1선의 저항은 2[Ω], 리액턴스 1.8[Ω], 그 이외의 선로정수는 무시한다.)

정답

전압강하 $e = V_s - V_r = \dfrac{P}{V_r} \times (R + X\tan\theta)$에서, $P = \dfrac{e \times V_r}{R + X\tan\theta} \times 10^{-3}[\text{kW}]$

$\therefore P = \dfrac{300 \times 3000}{2 + 1.8 \times \dfrac{0.6}{0.8}} \times 10^{-3} = 268.66[\text{kW}]$ **답** 268.66[kW]

다음 물음에 답하시오.

(1) 그림과 같은 철탑에서 등가 선간 거리[m]는?
  ◦ 계산 과정 :   ◦ 답 :

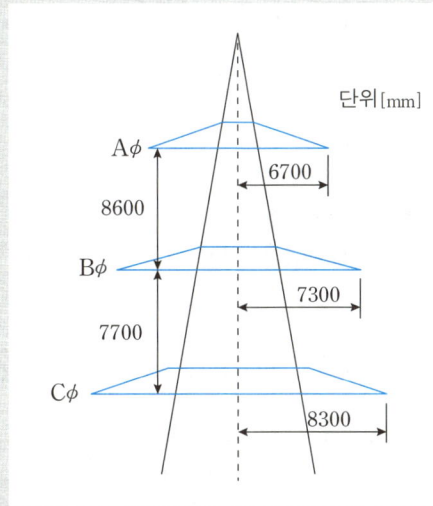

(2) 간격 500[mm]인 정사각형 배치의 4도체에서 소선 상호간의 기하학적 평균 거리 [m]는?
  ◦ 계산 과정 :   ◦ 답 :

정답

(1) $D_{AB} = \sqrt{8.6^2 + (7.3-6.7)^2} = 8.62[m]$, $D_{BC} = \sqrt{7.7^2 + (8.3-7.3)^2} = 7.76[m]$
  $D_{CA} = \sqrt{(8.6+7.7)^2 + (8.3-6.7)^2} = 16.37[m]$
  등가선간거리 D_e
  $D_e = \sqrt[3]{D_{AB} \times D_{BC} \times D_{CA}} = \sqrt[3]{8.62 \times 7.76 \times 16.37} = 10.31[m]$ 답 10.31[m]

(2) $D_0 = \sqrt[6]{2} \times D = \sqrt[6]{2} \times 0.5 = 0.56[m]$ 답 0.56[m]

11 사용전압 220[V]인 옥내 배선에서 소비전력 60[W], 역률 90[%]인 형광등 50개와 소비전력 100[W]인 백열등 60개를 설치하려고 할 때 최소 분기회로수는 몇 회로인가? (단, 16[A] 분기회로로 한다.)

정답

① 60[W] 형광등의 유효분과 무효분
- 유효전력 : $P_1 = 60 \times 50 = 3000[W]$
- 무효전력 : $P_{r1} = P \times \tan\theta = 60 \times \dfrac{\sqrt{1-0.9^2}}{0.9} \times 50 = 1452.97[Var]$

② 100[W] 백열등의 유효분과 무효분
- 유효전력 : $P_2 = 100 \times 60 = 6000[W]$
- 무효전력 : $P_{r2} = 0[Var]$: 백열등의 역률은 1이므로 무효분이 없다.

③ 피상전력
$$P_a = \sqrt{(P_1+P_2)^2 + P_{r1}^2} = \sqrt{(3000+6000)^2 + (1452.97)^2} = 9116.53[VA]$$

④ 분기회로수 $= \dfrac{\text{부하용량[VA]}}{\text{정격전압[V]} \times \text{전류[A]}} = \dfrac{9116.53}{220 \times 16} = 2.59$

※ 분기회로수는 소수점 이하 절상한다.

답 16[A] 분기 3회로

12

그림과 같은 회로에서 최대 눈금 15[A]의 직류 전류계 2개를 접속하고 전류 20[A]를 흘리면 각 전류계의 지시는 몇 [A]인가? (단, 전류계 최대 눈금의 전압강하는 A_1이 75[mV], A_2가 50[mV]이다.)

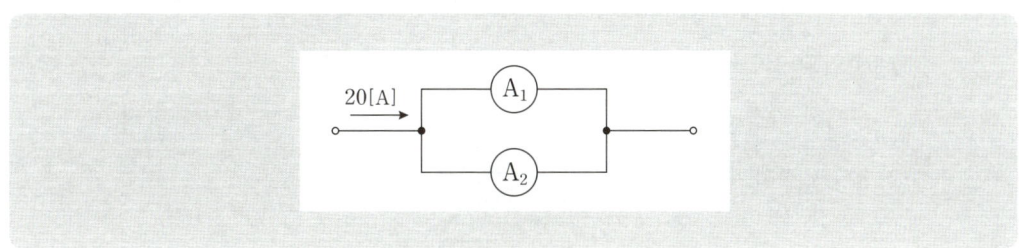

정답

① 각 전류계의 내부저항을 계산

$$R_1 = \frac{e_1}{I_{max}} = \frac{75 \times 10^{-3}}{15} = 5 \times 10^{-3} [\Omega], \quad R_2 = \frac{e_2}{I_{max}} = \frac{50 \times 10^{-3}}{15} = 3.33 \times 10^{-3} [\Omega]$$

② 각 전류계에 흐르는 전류 I_1, I_2를 계산

전류분배법칙에서 $I_1 = \frac{R_2}{R_1 + R_2} \times I = \frac{3.33 \times 10^{-3}}{5 \times 10^{-3} + 3.33 \times 10^{-3}} \times 20 = 8[A]$

그러므로, $I_2 = I - I_1 = 20 - 8 = 12[A]$

답 $I_1 = 8[A]$, $I_2 = 12[A]$

13

$i(t) = 10\sin\omega t + 4\sin(2\omega t + 30°) + 3\sin(3\omega t + 60°)[A]$의 실효값은 몇 [A]인가?

정답

비정현파의 실효치는 기본파와 각 고조파의 실효값의 제곱의 합의 제곱근으로 표시

$$I_{rms} = \sqrt{\left(\frac{I_{1max}}{\sqrt{2}}\right)^2 + \left(\frac{I_{2max}}{\sqrt{2}}\right)^2 + \left(\frac{I_{3max}}{\sqrt{2}}\right)^2} [A]$$

$$I_{rms} = \sqrt{\left(\frac{10}{\sqrt{2}}\right)^2 + \left(\frac{4}{\sqrt{2}}\right)^2 + \left(\frac{3}{\sqrt{2}}\right)^2} = 7.91$$

답 7.91[A]

14 정격전압 1차 6600[V], 2차 210[V], 10[kVA]의 단상 2대를 V결선하여 6300[V] 3상 전원에 접속하였다. 다음 물음에 답하시오.

(1) 승압된 전압[V]는?
  ◦ 계산 과정 :   ◦ 답 :

(2) 3상 V결선 승압기 결선도를 완성하시오.

정답

(1) $V_H = \left(1 + \dfrac{1}{a}\right) \times V_L = \left(1 + \dfrac{210}{6600}\right) \times 6300 = 6500.45[\text{V}]$ 답 6500.45[V]

(2)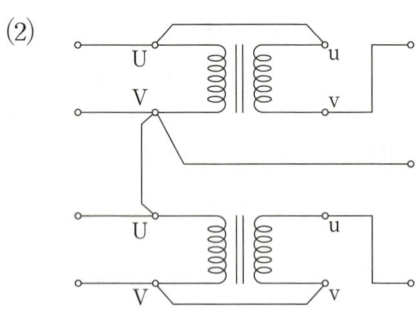

15 다음 빈칸을 채우시오.

사용전압[V]	접지방식	절연내력시험전압[V]
6900	비접지식	( )
13800	중성점 다중접지	( )
24000	중성점 다중접지	( )

정답

① 7[kV] 이하 1.5배 적용
 $6900 \times 1.5 = 10350$
② 중성점 다중접지 방식 0.92배 적용
 $13800 \times 0.92 = 12696$
 $24000 \times 0.92 = 22080$

사용전압[V]	접지방식	절연내력시험전압[V]
6900	비접지식	10350
13800	중성점 다중접지	12696
24000	중성점 다중접지	22080

16 다음 등전위본딩에 관한 도체의 내용이다. 빈칸에 알맞은 값은?

(1) 주접지단자에 접속하기 위한 등전위본딩 도체는 설비 내에 있는 가장 큰 보호접지도체 단면적의 1/2 이상의 단면적을 가져야 하고 다음의 단면적 이상이어야 한다.
  가. 구리도체 (①) [mm²]
  나. 알루미늄 도체 (②) [mm²]
  다. 강철 도체 (③) [mm²]

(2) 주접지 단자에 접속하기 위한 보호본딩도체의 단면적은 구리도체 (④) [mm²] 또는 다른 재질의 동등한 단면적을 초과할 필요는 없다.

정답

①	②	③	④
6	16	50	25

17. 다음 시퀀스 회로도를 보고 물음에 답하시오.

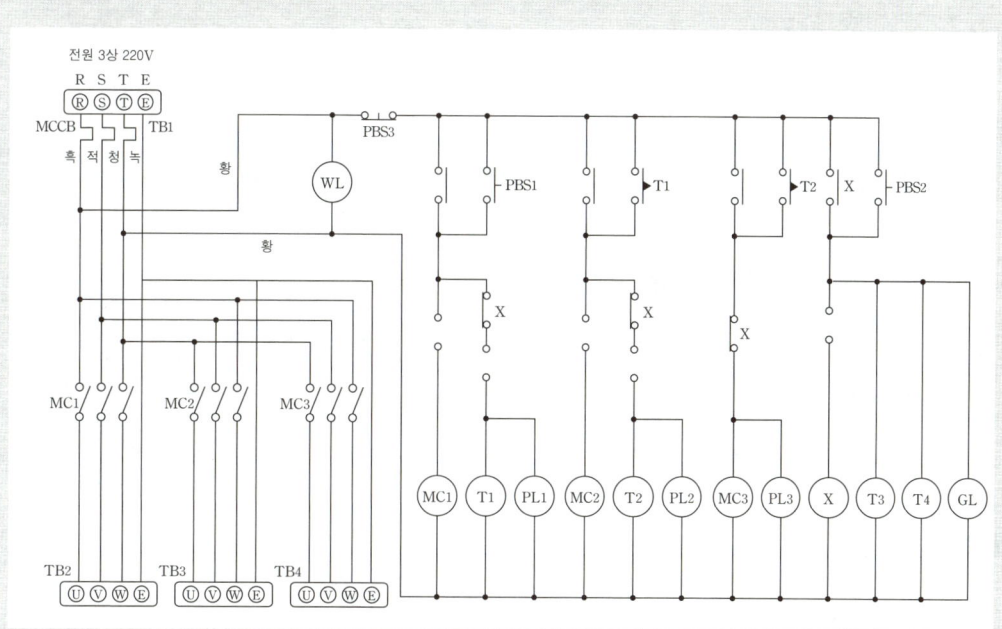

[동작설명]

1) 전원을 투입하면 WL이 점등한다.
2) PBS1을 누르면 MC1, T1이 여자되어 TB2가 회전한다. PL1점등
   (이 때 X가 여자될 준비가 된다.)
3) t1초 후 MC2, T2가 여자되어 TB3가 회전한다. PL2점등, PL1소등 (T1소호)
4) t2초 후 MC3가 여자되어 TB4가 회전한다. PL3점등, PL2소등(T2소호)
5) PBS2를 누르면 X, T3, T4가 여자되며 MC3가 소호된다.
6) t3초 후 MC2가 소호된다.
7) t4 초후 MC1이 소호된다.
8) 동작사항 진행 중 PBS3를 누르면 모든 동작사항이 Reset된다.

(1) 빈 칸에 알맞은 접점을 넣으시오.

(2) 타임챠트를 완성하시오.

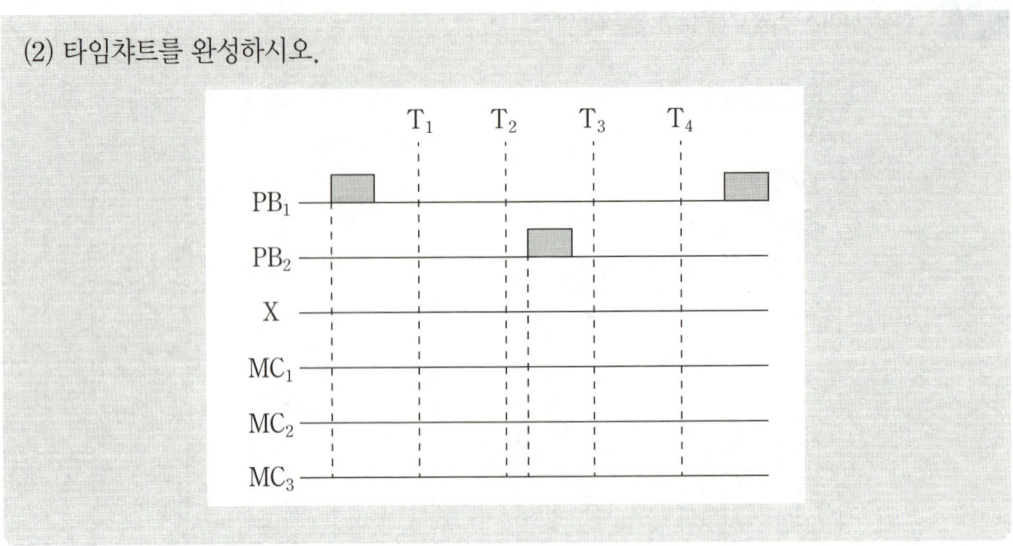

정답

(1)

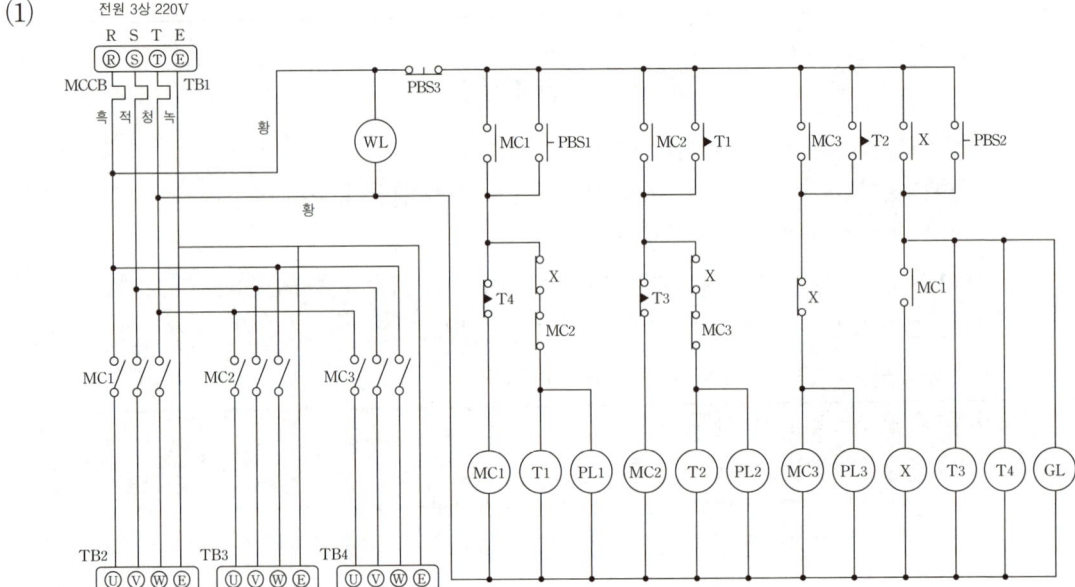

(2)

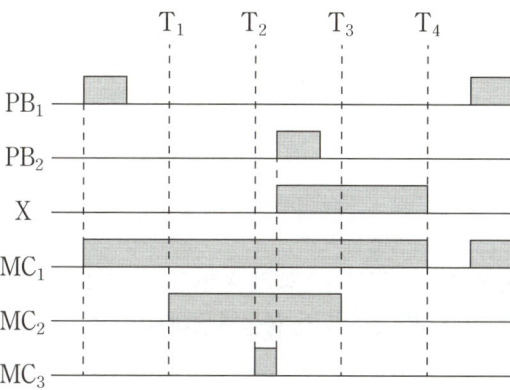

18 태양광발전 모듈의 조건이 다음과 같을 때 최대출력동작점에서의 최대출력(P_{MPP})은 몇 [W]인지 구하시오. (단, STC(Standard Test Conditions)에 따른다.)

[조건]
- 태양광발전 모듈 직렬 구성 수 : 5개
- 태양광발전 모듈 병렬 구성 수 : 2개
- 태양광발전 모듈 개방전압(V_{OC}) : 22[V]
- 태양광발전 모듈 단락전류(I_{SC}) : 5[A]
- 태양광발전 모듈 효율(η) : 15[%]
- 태양광발전 모듈 크기 : (L)1200[mm]×(W)500[mm]

○ 계산 과정 :　　　　　　　　　　　　　　　　　　　○ 답 :

정답

태양광발전 모듈 효율 $\eta = \dfrac{P_{MPP}[\text{W}]}{A[\text{m}^2] \times S[\text{W/m}^2]} \times 100$

$= \dfrac{P_{MPP}}{(1.2 \times 0.5 \times 5 \times 2) \times 1000} \times 100 = 15[\%]$

$\therefore P_{MPP} = \dfrac{15}{100} \times (1.2 \times 0.5 \times 5 \times 2) \times 1000 = 900[\text{W}]$

답　900[W]

전기기사실기 2021년 3회 기출문제

01 정격용량 18.5[kW], 정격전압 380[V], 역률이 70[%]인 전동기 부하에 Y결선하여 콘덴서를 설치하려고 한다. 부하의 역률을 90[%]로 개선하고자 하는 경우 다음 물음에 답하시오.

(1) 콘덴서의 용량[kVA]
  ◦계산 과정 :   ◦답 :
(2) 정전용량[μF]
  ◦계산 과정 :   ◦답 :

정답

(1) 콘덴서의 용량[kVA]

$$Q = P \times (\tan\theta_1 - \tan\theta_2) = 18.5 \times \left(\frac{\sqrt{1-0.7^2}}{0.7} - \frac{\sqrt{1-0.9^2}}{0.9}\right) = 9.91[\text{kVA}]$$

답 9.91[kVA]

(2) 정전용량[μF]

$$C = \frac{Q}{\omega V^2} = \frac{9.91 \times 10^3}{2\pi \times 60 \times 380^2} \times 10^6 = 182.04[\mu\text{F}]$$

답 182.04[μF]

△－Y결선방식의 주변압기 보호에 사용되는 비율차동계전기의 간략화한 회로도이다. 주변압기 1차 및 2차측 변류기(CT)의 미결선된 2차 회로를 완성하시오.

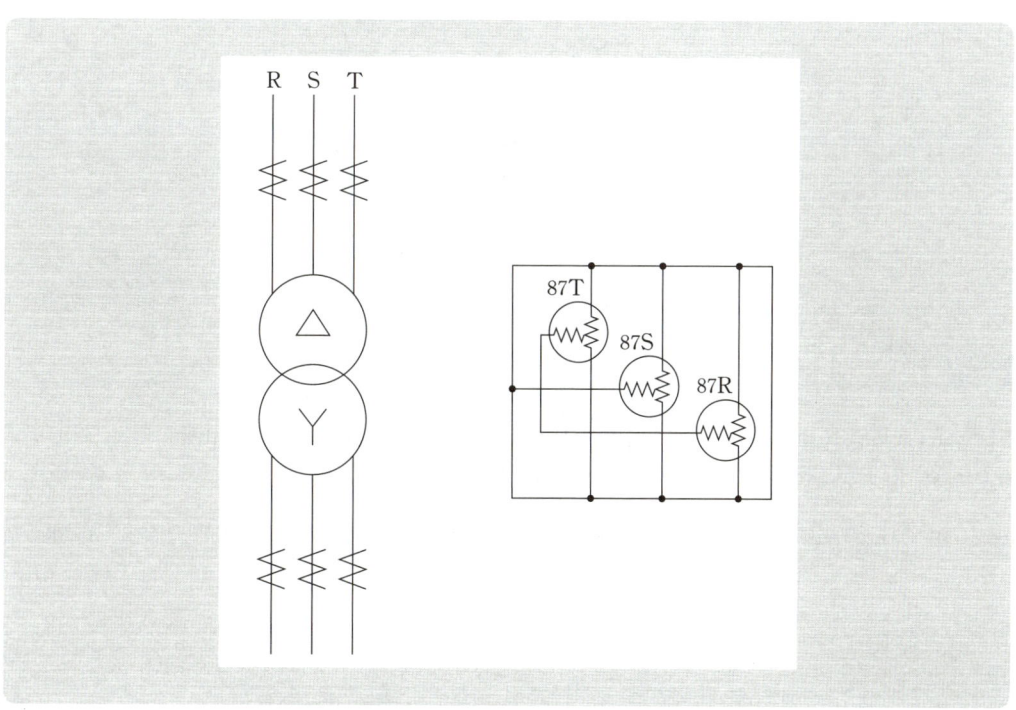

정답

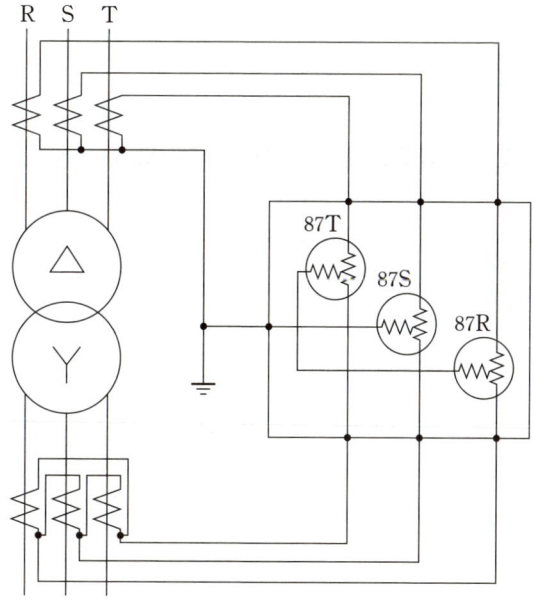

03 어느 수용가의 전기설비의 변류기의 CT비가 50/5[A]이고, 3상 단락전류가 8[kA]이다. 변류기의 열적 과전류강도의 정격(표준)을 선정하시오. 단, 단락사고 발생 후 0.2초 이내에 차단기가 동작하는 것으로 한다.

[변류기의 열적 과전류강도]

| 40 | 75 | 150 | 300 |

정답

단락사고 발생시 1초 동안 변류기가 견디어야 하는 과전류강도는 160배이다. 그러나 차단기가 0.2초 이내에 동작하므로, 차단기가 빠르게 동작하는 만큼 과전류강도는 작아질 수 있다.

열적 과전류강도 $S = \dfrac{S_n}{\sqrt{t}}[A] \rightarrow S_n = S \times \sqrt{t} = \dfrac{8000}{50} \times \sqrt{0.2} = 71.55[A]$ 답 75

04 어느 빌딩의 수용가가 자가용 디젤발전기 설비를 계획하고 있다. 발전기의 용량 산출에 필요한 부하의 종류 및 특성이 다음과 같을 때 주어진 조건과 참고자료를 이용하여 전부하를 운전하는데 필요한 발전기 용량은 몇 [kVA] 인지 표의 빈칸을 채우면서 선정하시오.

부하의 종류	출력[kW]	극수[극]	대수[대]	적용부하	기동방법
전동기	37	8	1	소화전 펌프	리액터 기동
	22	6	2	급수펌프	리액터 기동
	11	6	2	배풍기	Y-△ 기동
	5.5	4	1	배수펌프	직입 기동
전등, 기타	50	-	-	비상조명	-

[조건]

① 전동기 기동시에 필요한 용량은 무시한다.
② 수용률 적용(동력) : 최대 입력 전동기 1대에 대하여 100[%], 2대는 80[%], 전등, 기타는 100[%]를 적용한다.
③ 전등, 기타의 역률은 100[%]를 적용한다.

[참고자료]

표 1. 저압 농형 전동기(KSC 4202)

정격 출력 [kW]	극수	동기 속도 [rpm]	전부하 특성		기동 전류 I_{st} 각상의 평균값[A]	비고		전부하 슬립 s[%]
			효율 η[%]	역률 pf[%]		무부하 전류 I_0 각상의 전류값[A]	전부하 전류 I 각상의 평균값[A]	
5.5	4	1800	82.5 이상	79.5 이상	150 이하	12	23	5.5
7.5			83.5 이상	80.5 이상	190 이하	15	31	5.5
11			84.5 이상	81.5 이상	280 이하	22	44	5.5
15			85.5 이상	82.0 이상	370 이하	28	59	5.0
(18.5)			86.0 이상	82.5 이상	455 이하	33	74	5.0
22			86.5 이상	83.0 이상	540 이하	38	84	5.0
30			87.0 이상	83.5 이상	710 이하	49	113	5.0
37			87.5 이상	84.0 이상	875 이하	59	138	5.0
5.5	6	1200	82.0 이상	74.5 이상	150 이하	15	25	5.5
7.5			83.0 이상	75.5 이상	185 이하	19	33	5.5
11			84.0 이상	77.0 이상	290 이하	25	47	5.5
15			85.0 이상	78.0 이상	380 이하	32	62	5.5
(18.5)			85.5 이상	78.5 이상	470 이하	37	78	5.0
22			86.0 이상	79.0 이상	555 이하	43	89	5.0
30			86.5 이상	80.0 이상	730 이하	54	119	5.0
37			87.0 이상	80.0 이상	900 이하	65	145	5.0
5.5	8	900	81.0 이상	72.0 이상	160 이하	16	26	6.0
7.5			82.0 이상	74.0 이상	210 이하	20	34	5.5
11			83.5 이상	75.5 이상	300 이하	26	48	5.5
15			84.0 이상	76.5 이상	405 이하	33	64	5.5
(18.5)			85.5 이상	77.0 이상	485 이하	39	80	5.5
22			85.0 이상	77.5 이상	575 이하	47	91	5.0
30			86.5 이상	78.5 이상	760 이하	56	121	5.0
37			87.0 이상	79.0 이상	940 이하	68	148	5.0

표 2. 자가용 디젤 표준 출력[kVA]

| 50 | 100 | 150 | 200 | 300 | 4400 |

	효율[%]	역률[%]	입력[kVA]	수용률[%]	수용률 적용값[kVA]
37×1					
22×2					
11×2					
5.5×1					
50					
계					

정답

부하의 종류	출력[kW]	전부하특성			수용률 [%]	수용률 적용값 [kVA]
		효율[%]	역률[%]	입력[kVA]		
전동기	37×1	87	79	53.83	100	53.83
	22×2	86	79	64.76	80	51.81
	11×2	84	77	34.01	80	27.21
	5.5×1	82.5	79.5	8.39	100	8.39
전등, 기타	50	100	100	50	100	50
합 계	158.5	–	–	210.99	–	191.24

답 200[kVA] 선정

머레이 루프(Murray loop)법으로 선로의 고장지점을 찾고자 한다. 길이가 4[km](0.2[Ω/km])인 선로가 그림과 같이 접지고장이 생겼을 때 고장점까지의 거리 X는 몇 [km]인지 구하시오. (단, G는 검류계이고, $P=170[\Omega]$, $Q=90[\Omega]$에서 브리지가 평형 되었다고 한다.)

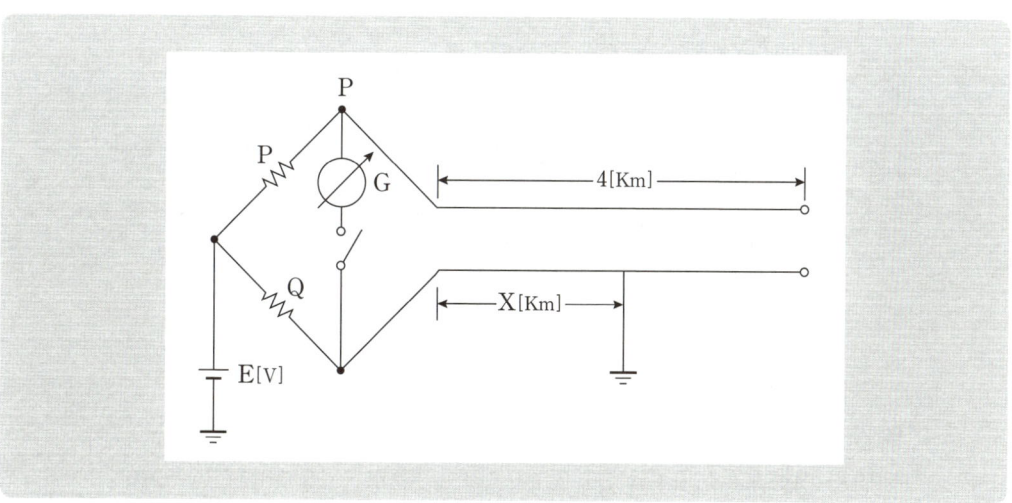

정답

브리지 평형조건 : $PX = Q \times (8-X)$

고장점까지의 거리 : $X = \dfrac{8Q}{P+Q} = \dfrac{8 \times 90}{170+90} = 2.77[km]$

답 2.77[km]

06 그림과 주어진 조건 및 참고표를 이용하여 3상 단락용량, 3상 단락전류, 차단기의 차단용량 등을 계산하시오.

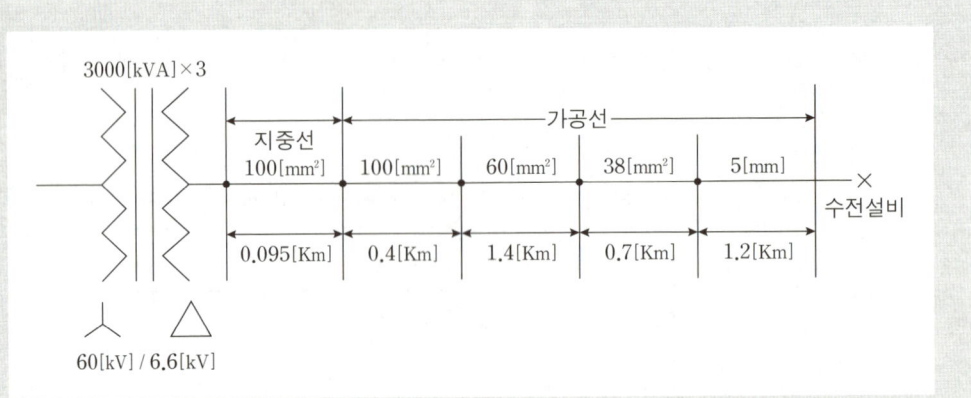

수전설비 1차측에서 본 1상당의 합성임피던스 $\%X_G=1.5[\%]$이고, 변압기 명판에는 $7.4[\%]/3000[kVA]$(기준용량은 $10000[kVA]$)이다.

[표 1] 유입차단기 전력퓨즈의 정격차단용량

정격전압[V]	정격 차단용량 표준치(3상[MVA])
3600	10 25 50 (75) 100 150 250
7200	25 50 (75) 100 150 (200) 250

[표 2] 가공전선로(경동선) %임피던스

배선방식	선의 굵기 %r, %x	%r, %x의 값은 [%/km]								
		100	80	60	50	38	30	22	14	5[m]	4[mm]
3상 3선 3[kV]	%r	16.5	21.1	27.9	34.8	44.8	57.2	75.7	119.15	83.1	127.8
	%x	29.3	30.6	31.4	32.0	32.9	33.6	34.4	35.7	35.1	36.4
3상 3선 6[kV]	%r	4.1	5.3	7.0	8.7	11.2	18.9	29.9	29.9	20.8	32.5
	%x	7.5	7.7	7.9	8.0	8.2	8.4	8.6	8.7	8.8	9.1
3상 4선 5.2[kV]	%r	5.5	7.0	9.3	11.6	14.9	19.1	25.2	39.8	27.7	43.3
	%x	10.2	10.5	10.7	10.9	11.2	11.5	11.8	12.2	12.0	12.4

[주] 3상 4선식, 5.2[kV] 선로에서 전압선 2선, 중앙선 1선인 경우 단락용량의 계획은 3상 3선식 3[kV]시에 따른다.

[표 3] 지중케이블 전로의 %임피던스

배선방식	선의 굵기 %r, %x	%r, %x의 값은 [%/km]											
		250	200	150	125	100	80	60	50	38	30	22	14
3상 3선 3[kV]	%r	6.6	8.2	13.7	13.4	16.8	20.9	27.6	32.7	43.4	55.9	118.5	
	%x	5.5	5.6	5.8	5.9	6.0	6.2	6.5	6.6	6.8	7.1	8.3	
3상 3선 6[kV]	%r	1.6	2.0	2.7	3.4	4.2	5.2	6.9	8.2	8.6	14.0	29.6	
	%x	1.5	1.5	1.6	1.6	1.7	1.8	1.9	1.9	1.9	2.0	–	
3상 4선 5.2[kV]	%r	2.2	2.7	3.6	4.5	5.6	7.0	9.2	14.5	14.5	18.6	–	
	%x	2.0	2.0	2.1	2.2	2.3	2.3	2.4	2.6	2.6	2.7	–	

[주] 1. 3상 4선식, 5.2[kV] 전로의 %r, %x의 값은 6[kV] 케이블을 사용한 것으로서 계산한 것이다.
　　2. 3상 3선식 5.2[kV]에서 전압선 2선, 중앙선 1선의 경우 단락용량의 계산은 3상 3선식 3[kV] 전로에 따른다.

(1) 수전설비에서의 합성 %임피던스를 계산하시오.
　◦계산 과정 :　　　　　　　　　　　　　　◦답 :
(2) 수전설비에서의 3상 단락용량을 계산하시오.
　◦계산 과정 :　　　　　　　　　　　　　　◦답 :
(3) 수전설비에서의 3상 단락전류를 계산하시오.
　◦계산 과정 :　　　　　　　　　　　　　　◦답 :
(4) 수전설비에서의 정격차단용량을 계산하고 표에서 적당한 용량을 선정하시오.
　◦계산 과정 :　　　　　　　　　　　　　　◦답 :

정답

(1) ① 변압기 : $\%X_T = \dfrac{기준용량}{자기용량} \times 환산할\ \%X = \dfrac{10000}{3000} \times j7.4 = j24.67[\%]$

② 가공선의 $\%Z_{L1}$은 $\%r$과 $\%x$를 [표 2]를 통해 각각 계산한다.

$\%r$: $100[mm^2]\ \ 0.4 \times 4.1 = 1.64$
$60[mm^2]\ \ 1.4 \times 7 = 9.8$
$38[mm^2]\ \ 0.7 \times 11.2 = 7.84$
$5[mm^2]\ \ 1.2 \times 20.8 = 24.96$

$\%x$: $100[mm^2]\ \ 0.4 \times j7.5 = j3$
$60[mm^2]\ \ 1.4 \times j7.9 = j11.06$
$38[mm^2]\ \ 0.7 \times j8.2 = j5.74$
$5[mm^2]\ \ 1.2 \times j8.8 = j10.56$

$\therefore \%r = 44.24,\ \%x = j30.36$

③ 지중선의 $\%Z_{L2}$는 [표 3]을 통해 계산한다.
$\%Z_{L2} = \%r + j\%x = (0.095 \times 4.2) + j(0.095 \times 1.7) = 0.399 + j0.1615$

$\therefore$ 합성 %임피던스 $= \%X_T + \%Z_{L1} + \%Z_{L2} + \%X_G$ 이므로

$= j24.67 + 0.399 + 44.24 + j30.36 + 0.1615 + j1.5$
$= (0.399 + 44.24) + j(24.67 + 0.1615 + 30.36 + 1.5)$
$= 44.639 + j56.6915 = 72.16[\%]$

답 72.16[%]

(2) 단락용량 $P_s = \dfrac{100}{\%Z} \times P_n = \dfrac{100}{72.16} \times 10000 = 13858.09[kVA]$ 답 13858.09[kVA]

(3) 단락전류 $I_s = \dfrac{100}{\%Z} \times I_n = \dfrac{100}{72.16} \times \dfrac{10000}{\sqrt{3} \times 6.6} = 1212.27[A]$ 답 1212.27[A]

(4) $P_s = \sqrt{3} \times V_n \times I_s = \sqrt{3} \times 7200 \times 1212.27 \times 10^{-6} = 15.12[MVA]$ 답 25[MVA]

07

송전단 전압이 3300[V], 수전단 전압 3150[V]인 3상 송전선로의 고유저항 $\rho = 1.818 \times 10^{-2}[\Omega mm^2/m]$일 때 전선의 굵기는? (단, 정격용량은 1000[kW], 길이는 3[km]이며, 리액턴스는 무시한다.)

전선의 굵기[mm²]				
70	95	120	150	185

정답

전압강하 $e = \dfrac{P}{V_r} \times (R + X\tan\theta) \rightarrow e = \dfrac{P}{V_r} \times R = \dfrac{P}{V_r} \times \rho \times \dfrac{l}{A}[V]$ (∵ 리액턴스는 무시)

∴ $A = \dfrac{P}{V_r} \times \rho \times \dfrac{l}{e} = \dfrac{1000 \times 10^3}{3150} \times 1.818 \times 10^{-2} \times \dfrac{3 \times 10^3}{150} = 115.43[mm^2]$

답 120[mm²]

08 용량이 200[kVA]이고 전압이 200[V]인 6펄스 3상 UPS로 공급 중인 설비의 기본파 전류와 제5고조파 전류값을 계산하시오. (단, 역률과 효율은 100[%]이며, 제5고조파 저감계수는 0.5이다.)

(1) 기본파 전류
  ◦ 계산 과정 :   ◦ 답 :
(2) 제5고조파 전류
  ◦ 계산 과정 :   ◦ 답 :

정답

(1) 전류 $= \dfrac{P}{\sqrt{3}\,V} = \dfrac{200 \times 10^3}{\sqrt{3} \times 200} = 577.35[\text{A}]$ 답 577.35[A]

(2) 5고조파전류 $= \dfrac{\text{기본파전류}}{5} \times \text{고조파저감계수} = \dfrac{577.35}{5} \times 0.5 = 57.74[\text{A}]$

답 57.74[A]

09 어떤 보호장치를 통해 흐를 수 있는 예상 고장전류 실효값은 48162[A]이고, 사용되는 보호도체의 절연물의 상수는 143일 때, 보호장치의 순시차단시간이 0.1초 라면 보호도체의 단면적은 몇 [mm²]이상 이어야 하는가? (단, 자동차단시간이 5초 이내인 경우이며, 설계여유는 1.25를 적용한다.)

정답

$S = \dfrac{I_F \sqrt{t_n}}{k} \times \alpha = \dfrac{48162 \times \sqrt{0.1}}{143} \times 1.25 = 133.13[\text{mm}^2]$

t : 자동차단을 위한 보호장치의 동작시간[s]
S : 단면적[mm²], α : 설계여유, I_F : 최소단락전류
k : 보호도체, 절연, 기타 부위의 재질 및 초기온도와 최종온도에 따라 정해지는 계수

답 150[mm²]

어느 공장의 평면도가 [그림1]과 같고, 공장 천장 중앙에 환풍기가 설치되어 있다. 이 공장의 천장 양 끝에는 2.5[m] 높이의 냉각탑이 시설되어 있으며 냉각탑의 꼭대기에 [그림2]와 같이 조명이 설치되어 있다면, 환풍기에서의 수평면 조도를 구하시오. (단, 조명 1개의 광도는 270[lx]이다.)

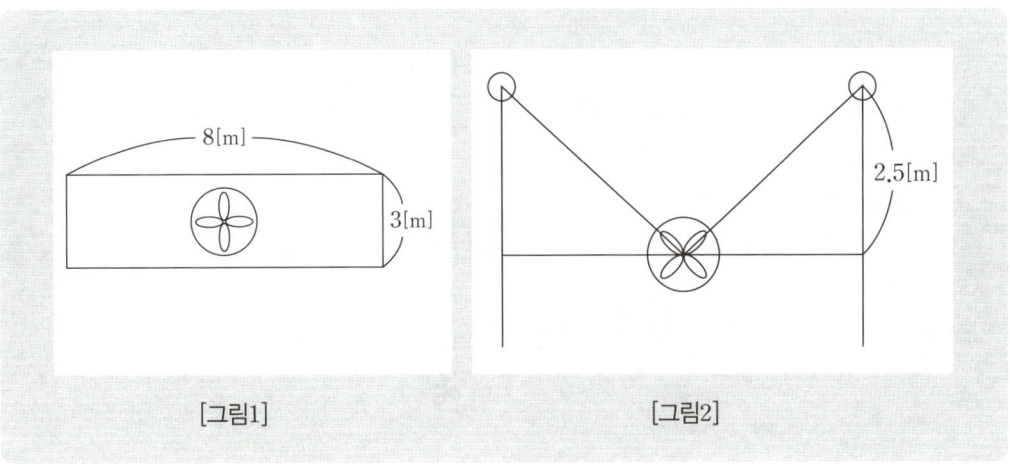

[그림1]   [그림2]

정답

수평면조도 $E_h = \dfrac{I}{l^2} \times \cos\theta = \dfrac{270 \times 2}{(\sqrt{4^2+2.5^2})^2} \times \dfrac{2.5}{\sqrt{4^2+2.5^2}} = 12.86 \,[\text{lx}]$ 답 12.86[lx]

11

그림과 같은 철골공장에 백열등의 전반 조명을 할 때 평균조도로 200[lx]를 얻기 위한 광원의 소비전력을 구하려고 한다. 주어진 조건과 참고자료를 이용하여 다음 각 물음에 답하면서 순차적으로 구하도록 하시오.

[조건]

1) 천장, 벽면의 반사율은 30[%]이다.
2) 광원은 천장면하 1[m]에 부착한다.
3) 천장의 높이는 9[m] 이다.
4) 감광보상률은 보수 상태를 "양"으로 하며 적용한다.
5) 배광은 직접 조명으로 한다.
6) 조명 기구는 금속 반사갓 직부형이다.

[도면]

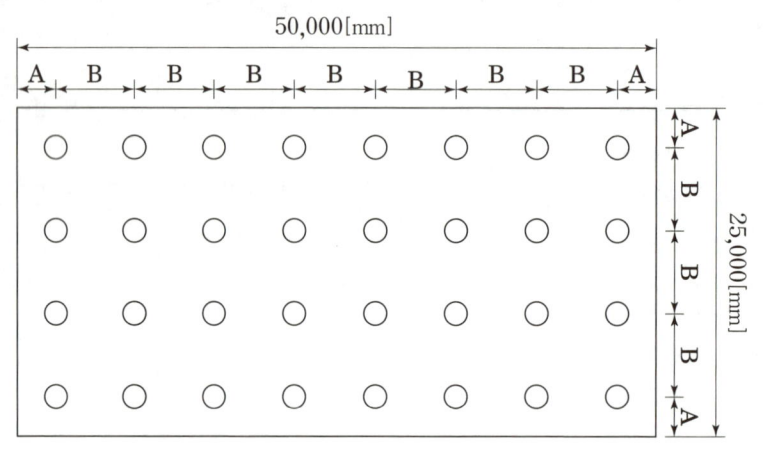

[참고자료]

[표 1] 각종 전등의 특성

(A) 백열등

형 식	종 별	유리구의 지름 (표준치) [mm]	길이 [mm]	베이스	초기 특성			50[%] 수명에서의 효율	수명 [h]
					소비전력 [W]	광속 [lm]	효율 [lm/W]		
L100V 10W	진공 단코일	55	101 이하	E26/25	10±0.5	76±8	7.6±0.6	6.5 이상	1500
L100V 20W	진공 단코일	55	101 〃	E26/25	20±1.0	175±20	8.7±0.7	7.3 〃	1500
L100V 30W	가스입단코일	5	108 〃	E26/25	30±1.5	290±30	9.7±0.8	8.8 〃	1000
L100V 40W	가스입단코일	55	108 〃	E26/25	40±2.0	440±45	11.0±0.9	10.0 〃	1000
L100V 60W	가스입단코일	50	114 〃	E26/25	60±3.0	760±75	12.6±1.0	11.5 〃	1000
L100V 100W	가스입단코일	70	140 〃	E26/25	100±5.0	1500±150	15.0±1.2	13.5 〃	1000
L100V 150W	가스입단코일	80	170 〃	E26/25	150±7.5	2450±250	16.4±1.3	14.8 〃	1000
L100V 200W	가스입단코일	80	180 〃	E26/25	200±10	3450±350	17.3±1.4	15.3 〃	1000
L100V 300W	가스입단코일	95	220 〃	E39/41	300±15	555±550	18.3±1.5	15.8 〃	1000
L100V 500W	가스입단코일	110	240 〃	E39/41	500±25	9900±990	19.7±1.6	16.9 〃	1000
L100V 1000W	가스입단코일	165	332 〃	E26/25	1000±50	21000±2100	21.0±1.7	17.4 〃	1000
L100V 30W	가스입이중코일	55	108 〃	E26/25	30±1.5	330±35	11.1±0.9	10.1 〃	1000
L100V 40W	가스입이중코일	55	108 〃	E26/25	40±2.0	500±50	12.4±1.0	11.3 〃	1000
L100V 50W	가스입이중코일	60	114 〃	E26/25	50±2.5	660±65	13.2±1.1	12.0 〃	1000
L100V 60W	가스입이중코일	60	114 〃	E26/25	60±3.0	830±85	13.0±1.1	12.7 〃	1000
L100V 75W	가스입이중코일	60	117 〃	E26/25	75±4.0	1100±110	14.7±1.2	13.2 〃	1000
L100V 100W	가스입이중코일	65 또는 67	128 〃	E26/25	100±5.0	1570±160	15.7±160	14.1 〃	1000

[표 2] 조명률, 감광보상률 및 설치 간격

번호	배광 설치간격	조명 기구	감광보상률(D) 보수상태			반사율 ρ 실지수	천장 벽	0.75			0.50			0.30	
			양	중	부			0.5	0.3	0.1	0.5	0.3	0.1	0.3	0.1
								조명률 U[%]							
(1)	간접 0.80 ↕ 0 $S \leq 1.2H$		전구			J0.6		16	13	11	12	10	08	06	05
			1.5	1.7	2.0	I0.8		20	16	15	15	13	11	08	17
						H1.0		23	20	17	17	14	13	10	08
			형광등			G1.25		26	23	20	20	17	15	11	10
						F1.5		29	26	22	22	19	17	12	11
						E2.0		32	29	26	24	21	19	13	12
						D2.5		36	32	30	26	22	22	15	14
						C3.0		38	35	32	28	25	24	16	15
			1.7	2.0	2.5	B4.0		42	39	36	30	29	27	18	17
						A5.0		44	41	39	33	30	29	19	18
(2)	반간접 0.70 ↕ 0.10 $S \leq 1.2H$		전구			J0.6		18	14	12	14	11	09	08	07
			1.4	1.5	1.7	I0.8		22	19	17	17	15	13	10	09
						H1.0		26	22	19	20	17	15	12	10
			형광등			G1.25		29	25	22	22	19	17	14	12
						F1.5		32	28	25	24	21	19	15	14
						E2.0		35	32	29	27	24	21	17	15
						D2.5		39	35	32	29	26	24	19	18
						C3.0		42	38	35	31	28	27	20	19
			1.7	2.0	2.5	B4.0		46	42	39	34	31	29	22	21
						A5.0		48	44	42	36	33	31	23	22
(3)	전반확산 0.40 ↕ 0.40 $S \leq 1.2H$		전구			J0.6		24	19	16	22	18	15	16	14
			1.3	1.4	1.5	I0.8		29	25	22	27	23	20	21	19
						H1.0		33	28	26	30	26	24	24	21
			형광등			G1.25		37	32	29	33	29	26	26	21
						F1.5		40	36	31	36	32	29	29	26
						E2.0		45	40	36	40	36	33	32	29
						D2.5		48	43	39	43	39	36	34	33
						C3.0		51	46	42	45	41	38	37	34
			1.4	1.7	2.0	B4.0		55	50	47	49	45	42	40	38
						A5.0		57	53	49	51	47	44	41	40
(4)	반직접 0.25 ↕ 0.55 $S \leq H$		전구			J0.6		26	22	19	24	21	18	19	17
			1.3	1.4	1.5	I0.8		33	28	26	30	26	24	25	23
						H1.0		36	32	30	33	30	28	28	26
			형광등			G1.25		40	36	33	36	33	30	30	29
						F1.5		43	39	35	39	35	33	33	31
						E2.0		47	44	40	43	39	36	36	34
						D2.5		51	47	43	46	42	40	39	37
						C3.0		54	49	45	48	44	42	42	38
			1.6	1.7	1.8	B4.0		57	53	50	51	47	45	43	41
						A5.0		59	55	52	53	49	47	47	43
(5)	직접 0 ↕ 0.75 $S \leq H$		전구			J0.6		34	29	26	32	29	27	29	27
			1.3	1.4	1.5	I0.8		43	38	35	39	36	35	36	34
						H1.0		47	43	40	41	40	38	40	38
			형광등			G1.25		50	47	44	44	43	41	42	41
						F1.5		52	50	47	46	44	43	44	43
						E2.0		58	55	52	49	48	46	47	46
						D2.5		62	58	56	52	51	49	50	49
						C3.0		64	61	58	54	52	51	51	50
			1.4	1.7	2.0	B4.0		67	64	62	55	53	52	52	52
						A5.0		68	66	64	56	54	53	54	52

기호	A	B	C	D	E	F	G	H	I	J
실지수	5.0	4.0	3.0	2.5	2.0	1.5	1.25	1.0	0.8	0.6
범위	4.5 이상	4.5 ∫ 3.5	3.5 ∫ 2.75	2.75 ∫ 2.25	2.25 ∫ 1.75	1.75 ∫ 1.38	1.38 ∫ 1.12	1.12 ∫ 0.9	0.9 ∫ 0.7	0.7 이하

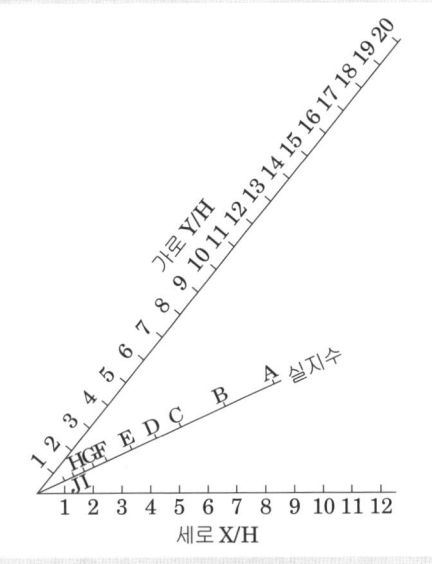

[실지수 그림]

(1) 광원의 높이는 몇 [m]인가?
  ◦ 계산 과정 :   ◦ 답 :

(2) 실지수를 계산하여 실지수를 구하시오. (단, 실지수를 기호로 표시할 것)
  ◦ 계산 과정 :   ◦ 답 :

(3) 조명률은 얼마인가?

(4) 감광보상률은 얼마인가?

(5) 전 광속을 계산하시오.
  ◦ 계산 과정 :   ◦ 답 :

(6) 전등 한 등의 광속은 몇 [lm]인가?
  ◦ 계산 과정 :   ◦ 답 :

(7) 전등의 Watt 수는 몇 [W]를 선정하면 되는가?
  ◦ 계산 과정 :   ◦ 답 :

정답

(1) 등고 $H = 9 - 1 = 8[m]$ 답 $8[m]$

(2) 실지수 $K = \dfrac{X \cdot Y}{H(X+Y)} = \dfrac{50 \times 25}{8 \times (50+25)} = 2.08$ 답 실지수의 기호 : E, 실지수 : 2.0

(3) 답 $47[\%]$

(4) 답 1.3

(5) $NF = \dfrac{DES}{U} = \dfrac{1.3 \times 200 \times (50 \times 25)}{0.47} = 691489.36[lm]$ 답 $691489.36[lm]$

(6) 도면을 보고 등수를 구할 수 있다. 등수 $= 4 \times 8$

 전등 한 등의 광속 $= \dfrac{전광속}{등수} = \dfrac{69148.36}{(4 \times 8)} = 21609.04[lm]$ 답 $21609.04[lm]$

(7) 답 $1,000[W]$

12 전기설비기술기준에 따라 공칭전압 154[kV]인 중성점 직접 접지식 전로의 절연내력 시험을 하고자 한다. (단, 정격전압으로 계산하시오.)

(1) 절연내력 시험전압
　◦계산 과정 :　　　　　　　　　　　　　　　　　　◦답 :
(2) 절연내력 시험방법

정답

(1) 절연내력 시험전압 : $170000 \times 0.72 = 122400[V]$　　　답　122.4[kV]

(2) 전로와 대지간 최대사용전압에 의하여 결정되는 시험전압을 연속하여 가하여 10분간 견디어야 한다.

13 저압옥내배선 시설시 케이블 공사로 할 경우 가능(○)과 불가능(×)으로 표의 빈칸을 완성하시오.

옥내		옥측		옥외	물기가 있는 장소
건조한 장소	습기가 많은 장소	우선내	우선외		

정답

옥내		옥측		옥외	물기가 있는 장소
건조한 장소	습기가 많은 장소	우선내	우선외		
○	○	○	○	○	○

14 전기안전관리자는 전기설비의 유지·운용 업무를 위해 국가표준기본법 제 14조 및 교정대상 및 주기설정을 위한 지침 제4조에 따라 다음의 계측장비를 주기적으로 교정하는 권장교정 및 시험주기의 빈칸을 작성하시오.

구분		권장 교정 및 시험주기 (년)
계측장비 교정	계전기 시험기	
	절연내력 시험기	
	절연유 내압 시험기	
	적외선 열화상 카메라	
	전원 품질 분석기	

정답

구분		권장 교정 및 시험주기 (년)
계측장비 교정	계전기 시험기	1
	절연내력 시험기	1
	절연유 내압 시험기	1
	적외선 열화상 카메라	1
	전원 품질 분석기	1

15 설계감리원은 필요한 경우, 필요 서류를 구비하고, 그 세부양식은 발주자의 승인을 받아 설계감리과정을 기록하여야 하며, 설계감리 완료와 동시에 발주자에게 제출하여야 한다. 다음 내용 중 구비해야 할 서류가 아닌 것은?

① 근무상황부
② 설계감리일지
③ 공사기성신청서
④ 설계감리기록부
⑤ 설계자와 협의사항 기록부
⑥ 공사예정공정표
⑦ 설계수행계획서
⑧ 설계감리 주요 검토결과
⑨ 설계도서 검토의견서

정답

답   ③, ⑥, ⑦

※설계감리업무 수행지침 제8조

① 근무상황부
② 설계감리일지
③ 설계감리지시
④ 설계감리기록부
⑤ 설계자와 협의사항 기록부
⑥ 설계감리 추진현황
⑦ 설계감리 검토의견 및 조치 결과서
⑧ 설계감리 주요 검토결과
⑨ 설계도서 검토의견서
⑩ 설계도서(내역서, 수량산출 및 도면 등)을 검토한 근거서류
⑪ 해당 용역관련 수·발신 공문서 및 서류
⑫ 그 밖에 발주자가 요구하는 서류

16 다음 plc 래더다이어그램을 논리회로로 표현하시오. (AND, OR, NOT만을 사용하며, 2입력 1출력 논리소자만 가능)

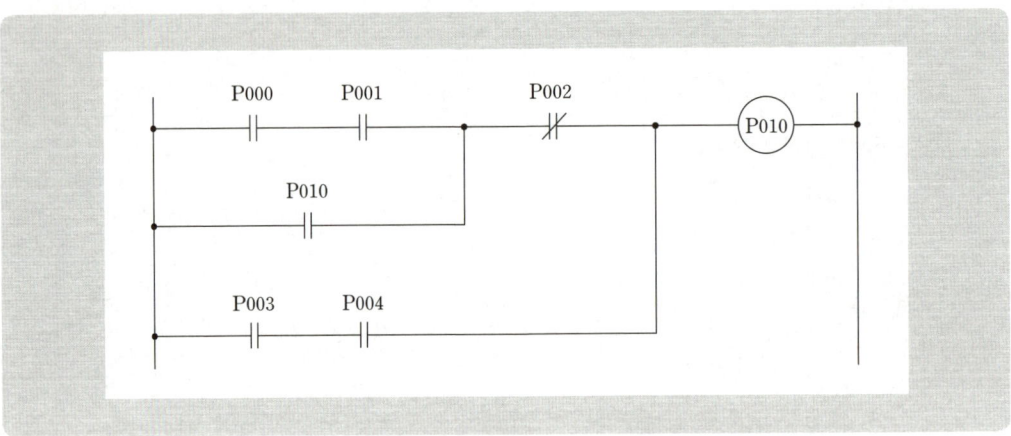

정답

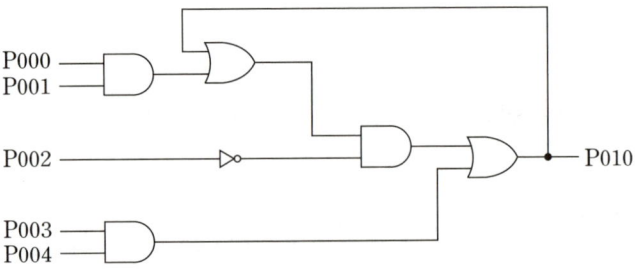

17 다음 동작설명을 참고하여 조작회로의 접점을 완성하시오.

[동작설명]

- PB1을 누르면 MC1과 T1이 여자되고, MC1-a접점에 의해 GL이 점등된다.
- T1 설정시간 후 MC2와 T2, FR이 여자되고 MC2-a접점에 의해 RL이 점등되며, FR-b접점에 의해 YL이 점등되고 부저는 YL과 교차로 동작한다.
- 동시에 MC1은 소자되어 GL이 소등된다.
- T2 설정시간 후 MC2와 T2, FR은 소자되며, RL과 YL은 소등되며, 부저는 정지한다.
- EOCR이 동작하면 회로는 차단되고, WL가 점등된다.

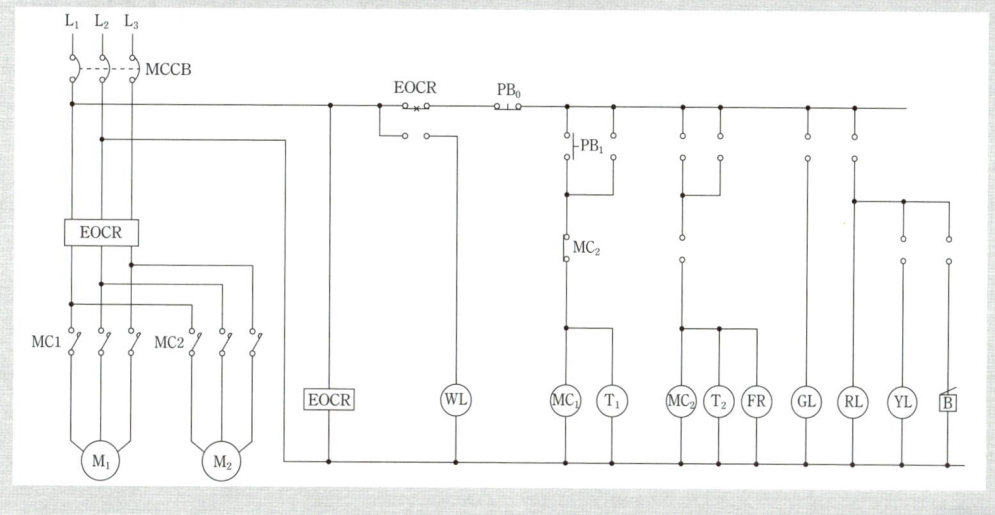

정답

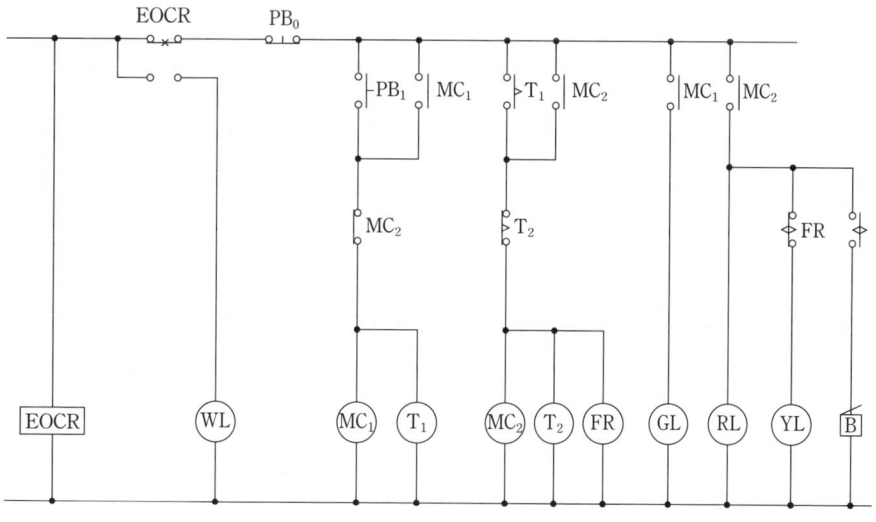

전기기사실기 2022년 1회 기출문제

국가기술자격검정실기시험문제

01 최대 수요 전력이 5000[kW], 부하 역률 0.9, 네트워크(network) 수전 회선수 4회선, 네트워크 변압기의 과부하율 130[%]인 경우 네트워크 변압기 용량은 몇 [kVA] 이상이어야 하는가?

정답

네트워크 변압기 용량 $= \dfrac{\text{최대수요전력[kVA]}}{\text{수전회선수}-1} \times \dfrac{100}{\text{과부하율}}$

$= \dfrac{\frac{5000}{0.9}}{4-1} \times \dfrac{100}{130} = 1424.5 [\text{kVA}]$

답 1424.5[kVA]

02 측정범위 1[mA], 내부저항 20[kΩ]의 전류계에 분류기를 붙여서 6[mA]까지 측정하고자 한다. 몇 [Ω]의 분류기를 사용하여야 하는지 계산하시오.

정답

$I_0 = \left(1 + \dfrac{r}{R}\right) I_a$ 에서, R 분류기의 저항[Ω], r 전류계의 내부저항[Ω], I_a 전류계의 측정범위[A]

$R = \dfrac{r}{\left(\dfrac{I_0}{I_a} - 1\right)} = \dfrac{20 \times 10^3}{\left(\dfrac{6 \times 10^{-3}}{1 \times 10^{-3}} - 1\right)} = 4000[\Omega]$

답 4000[Ω]

03 대지 고유 저항률 400[Ω·m], 직경 19[mm], 길이 2400[mm]인 접지봉을 전부 매입했다고 한다. 접지저항(대지저항)값은 얼마인가?

정답

막대모양의 접지저항 산정 : $R = \dfrac{\rho}{2\pi l} \times \ln \dfrac{2l}{r}[\Omega]$

여기서, ρ : 대지고유저항률[Ω·m], l : 접지봉의 길이[m], r : 접지봉의 반지름[m]

$R = \dfrac{400}{2\pi \times 2.4} \times \ln \dfrac{2 \times 2.4}{\dfrac{0.019}{2}} = 165.13[\Omega]$ 　　　　　답 165.13[Ω]

04 다음 주어진 불평형 전압 조건을 이용하여 영상분, 정상분, 역상분을 구하시오.
($V_a = 7.3 \angle 12.5°, V_b = 0.4 \angle -100°, V_c = 4.4 \angle 154°$ 단, 상순은 $a-b-c$이다.)

(1) 영상분 전압
　◦계산 과정 :　　　　　　　　　　　　　　　　　　　　◦답 :
(2) 정상분 전압
　◦계산 과정 :　　　　　　　　　　　　　　　　　　　　◦답 :
(3) 역상분 전압
　◦계산 과정 :　　　　　　　　　　　　　　　　　　　　◦답 :

정답

(1) 영상분전압
$V_0 = \dfrac{1}{3}(V_a + V_b + V_c) = \dfrac{1}{3}(7.3\angle 12.5° + 0.4\angle -100° + 4.4\angle 154°) = 1.47\angle 45.11°$

　　　　　　　　　　　　　　　　　　　　　답 $1.47\angle 45.11°[V]$

(2) 정상분전압

$$V_1 = \frac{1}{3}(V_a + aV_b + a^2V_c)$$

$$= \frac{1}{3}(7.3\angle 12.5° + 1\angle 120° \times 0.4\angle -100° + 1\angle 240° \times 4.4\angle 154°) = 3.97\angle 20.54°$$

답 $3.97\angle 20.54°[\text{V}]$

(3) 역상분전압

$$V_2 = \frac{1}{3}(V_a + a^2V_b + aV_c)$$

$$= \frac{1}{3}(7.3\angle 12.5° + 1\angle 240° \times 0.4\angle -100° + 1\angle 120° \times 4.4\angle 154°) = 2.52\angle -19.7°$$

답 $2.52\angle -19.7°[\text{V}]$

05 커패시터에서 주파수가 50[Hz]에서 60[Hz]로 증가했을 때 전류는 몇 [%]가 증가 또는 감소하는가?

정답

주파수가 50[Hz]에서 60[Hz] 증가한 경우 전류는 주파수에 비례하므로

$\frac{6}{5} \times 100[\%] = 120[\%]$가 되어 20[%] 증가하게 된다.   **답** 20[%] 증가

다음 부하에 대한 발전기 최소 용량[kVA]을 아래의 식을 이용하여 산정하시오.
(단, 전동기[kW]당 입력 환산계수(a)는 1.45, 전동기의 기동계수(c)는 2, 발전기의 허용전압강하계수(k)는 1.45이다.)

[발전기용량 산정식]

$$PG \geq \{\sum P + (\sum P_m - P_L) \times a + (P_L \times a \times c)\} \times k$$

여기서,
PG : 발전기용량
P : 전동기 이외 부하의 입력 용량[kVA]
$\sum P_m$: 전동기 부하 용량 합계[kW]
P_L : 전동기 부하 중 기동용량이 가장 큰 전동기 부하 용량[kW]
a : 전동기의 [kW]당 입력[kVA] 용량 계수
c : 전동기의 기동계수
k : 발전기의 허용전압강하계수

No	부하 종류	부하 용량
1	유도전동기 부하	37[kW]×1대
2	유도전동기 부하	10[kW]×5대
3	전동기 이외 부하의 입력용량	30[kVA]

정답

$PG \geq \{\sum P + (\sum P_m - P_L) \times a + (P_L \times a \times c)\} \times k$
$= \{30 + (37 + 10 \times 5 - 37) \times 1.45 + (37 \times 1.45 \times 2)\} \times 1.45 = 304.21[kVA]$

답 304.21[kVA]

07 단권변압기에서 전부하 2차단자전압 115[V], 권수비 20, 전압변동률 2[%]일 때 1차 전압을 구하시오.

정답

$V_1 = a(1+\varepsilon)V_{2n} = 20(1+0.02) \times 115 = 2346[V]$

답 2346[V]

08 그림은 누전차단기를 적용하는 것으로 CVCF 출력단의 접지용 콘덴서 C_0는 5[μF]이고, 부하측 라인필터의 대지 정전용량 $C_1 = C_2 = 0.1[\mu F]$, 누전차단기 ELB_1에서 지락점까지의 케이블의 대지정전용량 $C_{L1} = 0.2(ELB_1$의 출력단에 지락 발생 예상), ELB_2에서 부하 2까지의 케이블의 대지정전용량은 $C_{L2} = 0.2[\mu F]$이다. 지락저항은 무시하며, 사용 전압은 220[V], 주파수가 60[Hz]인 경우 다음 각 물음에 답하시오.

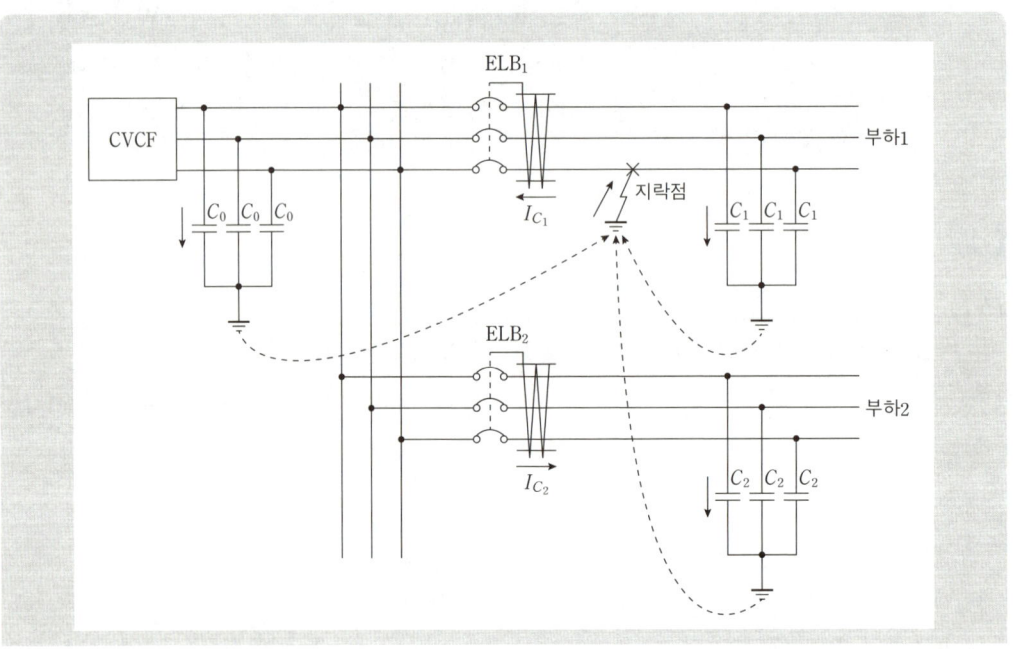

[조건]

- $I_{c1} = 3 \times 2\pi f CE$에 의하여 계산한다.
- 누전차단기는 지락시의 지락전류의 $\frac{1}{3}$에 동작 가능하여야 하며, 부동작 전류는 건전 피더에 흐르는 지락전류의 2배 이상의 것으로 한다.
- 누전차단기의 시설 구분에 대한 표시 기호는 다음과 같다.
  ○ : 누전차단기를 시설할 것
  △ : 주택에 기계기구를 시설하는 경우에는 누전차단기를 시설할 것
  □ : 주택 구내 또는 도로에 접한 면에 룸에어컨디셔너, 아이스박스, 진열장, 자동판매기 등 전동기를 부품으로 한 기계기구를 시설하는 경우에는 누전차단기를 시설하는 것이 바람직하다.

※ 사람이 조작하고자 하는 기계기구를 시설한 장소보다 전기적인 조건이 나쁜 장소에서 접촉할 우려가 있는 경우에는 전기적 조건이 나쁜 장소에 시설된 것으로 취급한다.

(1) 도면에서 CVCF는 무엇인지 우리말로 그 명칭을 쓰시오.

(2) 건전 피더(Feeder) ELB_2에 흐르는 지락전류 I_{C2}는 몇 [mA]인가?
  ◦ 계산 과정 :   ◦ 답 :

(3) 누전 차단기 ELB_1, ELB_2가 불필요한 동작을 하지 않기 위해서는 정격감도전류 몇 [mA] 범위의 것을 선정하여야 하는가?
  ◦ 계산 과정 :   ◦ 답 :

(4) 누전 차단기의 시설 예에 대한 표의 빈 칸에 ○, △, □로 표현하시오.

전로의 대지전압 \ 기계기구 시설장소	옥내		옥측		옥외	물기가 있는 장소
	건조한 장소	습기가 많은 장소	우선내	우선외		
150[V] 이하	–	–	–			
150[V] 초과 300[V] 이하				–		

정답

(1) 정전압 정주파수 공급 장치

(2) 지락전류 $I_{c2} = 3\omega CE = 3 \times 2\pi f \times (C_{L2} + C_2) \times \dfrac{V}{\sqrt{3}}$

$= 3 \times 2\pi \times 60 \times (0.2 + 0.1) \times 10^{-6} \times \dfrac{220}{\sqrt{3}} \times 10^3 = 43.1 [\text{mA}]$

답 43.1[mA]

(3) 정격 감도 전류의 범위

① 동작 전류 = 지락전류 $\times \dfrac{1}{3}$

$I_c = 3\omega CE = 3 \times 2\pi f \times (C_0 + C_{L1} + C_1 + C_{L2} + C_2) \times \dfrac{V}{\sqrt{3}}$

$= 3 \times 2\pi \times 60 \times (5 + 0.2 + 0.1 + 0.2 + 0.1) \times 10^{-6} \times \dfrac{220}{\sqrt{3}} \times 10^3 = 804.46 [\text{mA}]$

$\therefore ELB = 804.46 \times \dfrac{1}{3} = 268.15 [\text{mA}]$

답 268.15[mA]

② 부동작 전류 = 건전피더 지락전류 × 2

부하 1측 cable 지락시 부하 2측 cable에 흐르는 지락전류

$I_c' = 3 \times 2\pi f \times (C_{L2} + C_2) \times \dfrac{V}{\sqrt{3}}$

$= 3 \times 2\pi \times 60 \times (0.2 + 0.1) \times 10^{-6} \times \dfrac{220}{\sqrt{3}} \times 10^3 = 43.1 [\text{mA}]$

$\therefore ELB = 43.1 \times 2 = 86.2 [\text{mA}]$

답 : 정격 감도 전류 $ELB = 86.2 \sim 268.15 [\text{mA}]$

(4)

전로의 대지전압	기계기구 시설장소	옥내		옥측		옥외	물기가 있는 장소
		건조한 장소	습기가 많은 장소	우선내	우선외		
150[V] 이하		−	−	−	□	□	○
150[V] 초과 300[V] 이하		△	○	−	○	○	○

09

다음은 어느 제조공장의 부하 목록이다. 부하중심거리공식을 활용하여 부하중심위치(X, Y)를 구하시오. (단, X는 X축 좌표, Y는 Y축 좌표를 의미하고 다른 주어지지 않은 조건은 무시한다.

구분	분류	소비전력량	위치(X)	위치(Y)
1	물류저장소	120[kWh]	4[m]	4[m]
2	유틸리티	60[kWh]	9[m]	3[m]
3	사무실	20[kWh]	9[m]	9[m]
4	생산라인	320[kWh]	6[m]	12[m]

정답

$$X = \frac{120 \times 4 + 60 \times 9 + 20 \times 9 + 320 \times 6}{120 + 60 + 20 + 320} = 6[\text{m}]$$

$$Y = \frac{120 \times 4 + 60 \times 3 + 20 \times 9 + 320 \times 12}{120 + 60 + 20 + 320} = 9[\text{m}]$$

답 $X = 6[\text{m}]$, $Y = 9[\text{m}]$

10

다음 주어진 논리회로를 보고 물음에 답하시오.

(1) 회로의 명칭을 쓰시오.

(2) 논리식을 작성하시오.

(3) 진리표를 완성하시오.

A	B	Y
0	0	
0	1	
1	0	
1	1	

> 정답

(1) Exclusive NOR회로, 배타적 부정 논리합
(2) $Y = A \cdot B + \overline{A} \cdot \overline{B}$
(3) 진리표

A	B	Y
0	0	1
0	1	0
1	0	0
1	1	1

11 다음 논리식을 참고하여 유접점 회로를 완성하시오.

$$L = (X + \overline{Y} + Z) \cdot (Y + \overline{Z})$$

> 정답

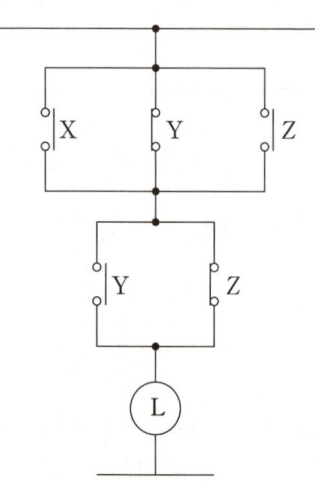

12

기계기구 및 전선의 보호시 과전류 차단기의 시설이 제한되는 개소 3가지를 작성하시오.
(단, 전동기 과부화 보호 사항은 제외된다)

○
○
○

정답

○ 접지공사의 접지도체
○ 다선식 전로의 중성선
○ 전로의 일부에 접지공사를 한 저압가공전선로의 접지측 전선

13

감리자의 지시 등이 서로 일치하지 아니하는 경우에 있어 계약으로 그 적용의 우선순위를 정하지 아니한 때의 순서를 바르게 배열하시오.

정답

1. 공사시방서
2. 설계도면
3. 전문시방서
4. 표준시방서
5. 산출내역서
6. 승인된 상세시공도면
7. 관계법령의 유권해석
8. 감리자의 지시사항

14 다음과 같은 380[V] 선로에서 계기용 변압기의 PT비는 380/110[V]이다. 아래의 그림을 참고하여 다음 각 물음에 답하시오.

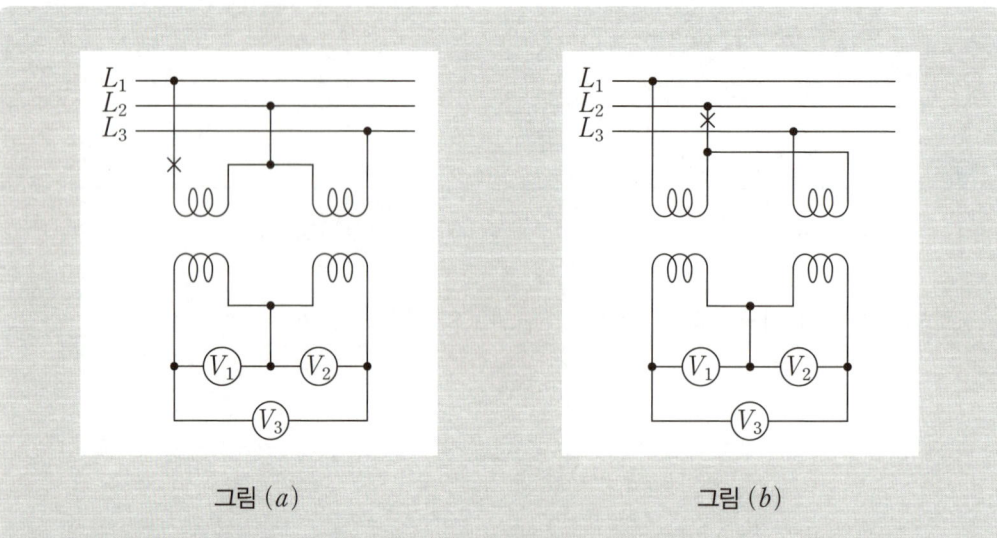

그림 (a)　　　　　　　　　그림 (b)

(1) 그림 (a)의 X 지점에서 단선사고가 발생하였을 때, 전압계 V_1, V_2, V_3의 지시값을 구하시오.
  ◦ V_1 :
  ◦ V_2 :
  ◦ V_3 :

(2) 그림 (b)의 X 지점에서 단선사고가 발생하였을 때, 전압계 V_1, V_2, V_3의 지시값을 구하시오.
  ◦ V_1 :
  ◦ V_2 :
  ◦ V_3 :

정답

(1) ◦ $V_1 = 0[V]$　　　　　　　　　　　　　　답　0[V]

　　◦ $V_2 = 380 \times \dfrac{110}{380} = 110[V]$　　　　　답　110[V]

　　◦ $V_3 = 0 + 380 \times \dfrac{110}{380} = 110[V]$　　　답　110[V]

(2) ・$V_1 = 380 \times \dfrac{1}{2} \times \dfrac{110}{380} = 55[\text{V}]$ 　　　답　$55[\text{V}]$

　・$V_2 = 380 \times \dfrac{1}{2} \times \dfrac{110}{380} = 55[\text{V}]$ 　　　답　$55[\text{V}]$

　・$V_3 = 380 \times \dfrac{1}{2} \times \dfrac{110}{380} - 380 \times \dfrac{1}{2} \times \dfrac{110}{380} = 0[\text{V}]$ 　　　답　$0[\text{V}]$

15 용량이 500[kVA]인 변압기에 역률 60[%](지상), 500[kVA]인 부하가 접속되어있다. 부하에 병렬로 전력용 커패시터를 설치하여 역률을 90[%]로 개선하려고 할 때, 이 변압기에 증설할 수 있는 부하 용량 [kW]을 구하시오. 단, 증설 부하의 역률은 90[%]이다.

정답

증설 가능한 부하 용량
$P' = P_a(\cos\theta_2 - \cos\theta_1) = 500 \times (0.9 - 0.6) = 150[\text{kW}]$ 　　　답　$150[\text{kW}]$

16 전압 22900[V], 주파수 60[Hz], 1회선의 3상 지중 송전선로의 3상 무부하 충전전류 및 충전용량을 구하시오. (단, 송전선의 선로길이는 7[km], 케이블 1선당 작용 정전용량은 0.4[μF/km]라고 한다.)

(1) 충전전류
　・계산 과정 :　　　　　　　　　　　　　　　　　　　　　　　・답 :

(2) 충전용량
　・계산 과정 :　　　　　　　　　　　　　　　　　　　　　　　・답 :

정답

(1) 충전전류
$$I_c = \omega CE = 2 \times \pi \times 60 \times 0.4 \times 10^{-6} \times 7 \times \frac{22900}{\sqrt{3}} = 13.96[A]$$

답 13.96[A]

(2) 충전용량
$$Q_c = 3\omega CE^2 \times 10^{-3}[kVA]$$
$$= 3 \times 2 \times \pi \times 60 \times 0.4 \times 10^{-6} \times 7 \times \left(\frac{22900}{\sqrt{3}}\right)^2 \times 10^{-3} = 553.55[kVA]$$

답 553.55[kVA]

17 154[kV] 중성점 직접 접지계통의 피뢰기 정격전압은 어떤 것을 선택해야 하는가? (단, 접지 계수는 0.75이고, 유도계수는 1.1이다.)

피뢰기 정격전압[kV]					
126	144	154	168	182	196

정답

$E_n = \alpha\beta V_m[kV]$ 여기서, α : 접지계수, β : 유도계수, V_m : 계통최고전압[kV]
$E_n = 0.75 \times 1.1 \times 170 = 140.25[kV]$

답 144[kV]

18 수전전압 140[kV]인 변전소에 아래와 같은 정격전압 및 용량을 가진 3권선 변압기가 설치되어 있다. (단, 1차, 2차, 3차 전압과 용량은 각각 154[kV], 100[MVA]/66[kV], 100[MVA]/15.4[kV], 50[MVA]이며, 권선간의 %리액턴스는 아래와 같고 변압기의 기타 정수는 무시한다.)

- $X_{ps}=9[\%]$(100[MVA] 기준)
- $X_{st}=3[\%]$(50[MVA] 기준)
- $X_{pt}=8.5[\%]$(50[MVA]기준)

(1) 각 권선의 %리액턴스를 각 권선의 용량기준으로 표시하여라.
  ◦ X_p :   ◦ X_s :   ◦ X_t :

(2) 1차 입력이 100000[kVA](역률은 0.9앞섬) 3차에는 50000[kVA]의 진상 무효전력이 접속되어 있을 때 2차 출력과 역률을 구하여라.
  ◦ 2차 출력 :   ◦ 2차 역률 :

(3) (1),(2)의 경우 1차 전압이 154[kV]일 때 2차와 3차 모선의 전압을 구하여라.
  ◦ V_2 :   ◦ V_3 :

정답

(1) 각 권선의 %리액턴스를 100[MVA]로 환산하면

$X_{ps}=9[\%]$, $X'_{st}=\dfrac{100}{50}\times X_{st}=\dfrac{100}{50}\times 3=6[\%]$, $X'_{pt}=\dfrac{100}{50}\times X_{pt}=2\times 8.5=17[\%]$

따라서, 각 권선의 리액턴스는

1차 $X_p=\dfrac{9+17-6}{2}=10[\%]$(100[MVA] 기준)   답 10[%]

2차 $X_s=\dfrac{9+6-17}{2}=-1[\%]$(100[MVA] 기준)   답 −1[%]

3차 $X_t=\dfrac{17+6-9}{2}=7[\%]$(100[MVA] 기준) ∴50[MVA] 기준 : 3.5[%]   답 3.5[%]

(2) 각 권선의 피상전력을 P_p, P_s, P_t라고 하면 2차 출력과 역률은 아래와 같다.

- 2차측 출력

$$P_s = \sqrt{(P_p\cos\theta_p)^2 + (P_t - P_p\sin\theta_p)^2}$$
$$= \sqrt{(100 \times 0.9)^2 + (50 - 100 \times \sqrt{1-0.9^2})^2}$$
$$= 90200[kVA]$$

답 90200[kVA]

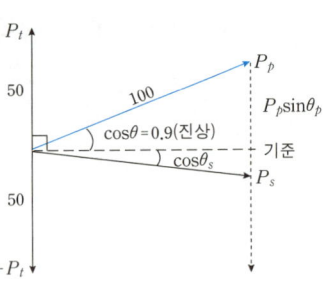

- 2차측 역률

$$\cos\theta_s = \frac{90000}{90200} \times 100 = 99.8[\%]$$

답 99.8[%]

(3) 각 권선의 전압강하

① $e_p = (-0.1)\sqrt{1-0.9^2} = -0.0436$

② $e_s = (-0.01)\sqrt{1-0.998^2} \times \frac{90200}{100000} = -0.00057$

③ $e_t = (-0.035) \times 1 = -0.035$

- $V_2 = 66(1 - e_p - e_s)$
  $= 66 \times [1 - (-0.0436) - (-0.00057)] = 68.92[kV]$

답 68.92[kV]

- $V_3 = 15.4(1 - e_p - e_t)$
  $= 15.4 \times [1 - (-0.0436) - (-0.035)] = 16.61[kV]$

답 16.61[kV]

전기기사실기 2022년 2회 기출문제

01 그림과 같이 전류계 3개를 이용하여 부하전력을 측정하고자 한다. 각 전류계의 지시가 $A_1=7[A]$, $A_2=4[A]$, $A_3=10[A]$이고, $R=25[\Omega]$일 때 다음을 구하시오.

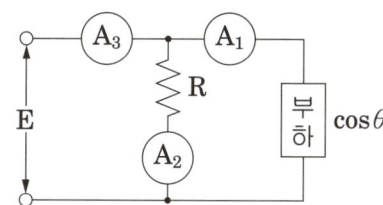

(1) 부하전력[W]을 구하시오.
 ◦ 계산 과정 : ◦ 답 :
(2) 부하 역률을 구하시오.
 ◦ 계산 과정 : ◦ 답 :

정답

(1) $P = \dfrac{R}{2}(A_3^2 - A_2^2 - A_1^2) = \dfrac{25}{2}(10^2 - 4^2 - 7^2) = 437.5[W]$ 답 437.5[W]

(2) $\cos\theta = \dfrac{A_3^2 - A_2^2 - A_1^2}{2A_2A_1} = \dfrac{10^2 - 4^2 - 7^2}{2 \times 4 \times 7} \times 100 = 62.5[\%]$ 답 62.5[%]

02 3상 3선식 1회선 배전선로의 말단에 늦은 역률 80[%]인 평형 3상의 집중부하가 있다. 변전소인출구 전압이 6600[V]인 경우 부하의 단자전압을 6000[V] 이하로 떨어뜨리지 않기 위한 부하전력은 몇 [kW]인지 구하시오. (단, 전선 1가닥당 저항은 1.4[Ω], 리액턴스는 1.8[Ω]이라고 하고 기타의 선로정수는 무시한다.)

정답

전압강하 $e = \dfrac{P}{V_r}(R + X\tan\theta)$에서

$P = \dfrac{e \times V_r}{R + X\tan\theta} = \dfrac{600 \times 6000}{1.4 + 1.8 \times \dfrac{0.6}{0.8}} \times 10^{-3} = 1309.09[\text{kW}]$

답 1309.09[kW]

03 전압 2300[V], 전류 43.5[A], 저항 0.66[Ω], 무부하손 1000[W]인 변압기에서 다음 조건일 때의 효율을 구하시오.

(1) 전 부하시 역률 100[%]와 80[%]인 경우
 ◦ 계산 과정 :   ◦ 답 :
(2) 반 부하시 역률 100[%]와 80[%]인 경우
 ◦ 계산 과정 :   ◦ 답 :

정답

(1) 전 부하시 역률 100[%]와 80[%]인 경우

변압기 효율 $\eta = \dfrac{mP_a\cos\theta}{mP_a\cos\theta + P_i + m^2 P_c} \times 100[\%]$, 전 부하시 $m = 1$

① 역률 100[%]일 때

$\eta = \dfrac{1 \times 2300 \times 43.5 \times 1}{1 \times 2300 \times 43.5 \times 1 + 1000 + 1^2 \times 43.5^2 \times 0.66} \times 100[\%] = 97.8[\%]$

② 역률 80[%]일 때

$\eta = \dfrac{1 \times 2300 \times 43.5 \times 0.8}{1 \times 2300 \times 43.5 \times 0.8 + 1000 + 1^2 \times 43.5^2 \times 0.66} \times 100[\%] = 97.27[\%]$

답 ① 역률 100[%]일 때 97.8[%], ② 역률 80[%]일 때 97.27[%]

(2) 반 부하시 역률 100[%]와 80[%]인 경우

변압기 효율 $\eta = \dfrac{mP_a\cos\theta}{mP_a\cos\theta + P_i + m^2P_c} \times 100[\%]$, 전 부하시 $m=0.5$

① 역률 100[%]일 때

$$\eta = \dfrac{0.5 \times 2300 \times 43.5 \times 1}{0.5 \times 2300 \times 43.5 \times 1 + 1000 + 0.5^2 \times 43.5^2 \times 0.66} \times 100[\%] = 97.44[\%]$$

② 역률 80[%]일 때

$$\eta = \dfrac{0.5 \times 2300 \times 43.5 \times 0.8}{0.5 \times 2300 \times 43.5 \times 0.8 + 1000 + 0.5^2 \times 43.5^2 \times 0.66} \times 100[\%] = 96.83[\%]$$

답 ① 역률 100[%]일 때 97.44[%], ② 역률 80[%]일 때 96.83[%]

04

지표면상 10[m] 높이에 수조가 있다. 이 수조에 초당 1[m^3]의 물을 양수하는데 사용되는 펌프용 전동기에 3상 전력을 공급하기 위하여 단상 변압기 2대를 V결선하였다. 펌프 효율이 70[%]이고, 펌프축 동력에 20[%]의 여유를 두는 경우 다음 각 물음에 답하시오. (단, 펌프용 3상 농형 유도 전동기의 역률을 100[%]로 가정한다.)

(1) 펌프용 전동기의 소요 동력은 몇 [kW]인가?
  ◦ 계산 과정 :   ◦ 답 :

(2) 변압기 1대의 용량은 몇 [kVA]인가?
  ◦ 계산 과정 :   ◦ 답 :

정답

(1) 펌프용 전동기의 소요 동력

$P = \dfrac{9.8QH}{\eta} \times K \, [\text{kW}]$

여기서, Q : 유량[m^3/s], H : 높이[m], K : 여유계수, η : 펌프효율

$P = \dfrac{9.8 \times 1 \times 10}{0.7} \times 1.2 = 168[\text{kW}]$

답 168[kW]

(2) 변압기 1대의 용량

V결선시 변압기 용량 $P_V=\sqrt{3}\,P_1[\mathrm{kVA}]\,(\because \cos\theta=1)$

$P_1=\dfrac{168}{\sqrt{3}}=96.99[\mathrm{kVA}]$ 답 96.99[kVA]

05
아래의 그림과 같은 전력 계통이 있다. 각 부분의 %임피던스는 그림에 보인 대로이며 모두가 10[MVA]의 기준용량으로 환산된 것이다. 차단기 a의 단락 용량[MVA]을 구하시오.

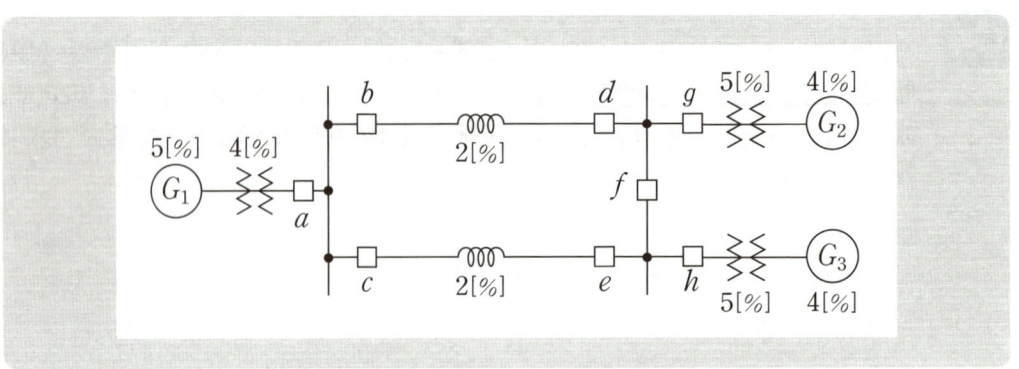

정답

① 차단기 a의 바로 우측에서 단락 고장이 일어났을 경우 a에 흐르는 전류 I_a

$I_a=I_{G1}=\dfrac{100}{5+4}\times I_n=11.11 I_n$

② 차단기 a의 바로 좌측에서 단락 고장이 일어났을 경우 a에 흐르는 전류 I_a'

$I_a'=I_{G2}+I_{G3}=\dfrac{100}{5+4+2}\times I_n\times 2=18.18 I_n$

$I_a'>I_a$이므로, I_a'에 대해서 단락 용량을 결정한다.

$\%Z_{total}=\dfrac{4+5+2}{2}=5.5[\%]\quad \therefore P_s=\dfrac{100}{5.5}\times 10=181.82[\mathrm{MVA}]$ 답 181.82[MVA]

06 다음 아래의 표를 이용하여 합성최대전력을 구하시오.

	A	B	C	D
설비용량[kW]	10	20	20	30
수용률	0.8	0.8	0.6	0.6
부등률	1.3			

정답

$$합성최대전력 = \frac{\sum 설비용량 \times 수용률}{부등률}$$

$$= \frac{10 \times 0.8 + 20 \times 0.8 + 20 \times 0.6 + 30 \times 0.6}{1.3} = 41.54[\text{kW}]$$

답 41.54[kW]

07 다음 주어진 불평형 전압 조건을 이용하여 영상분, 정상분, 역상분을 구하시오.
($V_a = 7.3\angle 12.5°$, $V_b = 0.4\angle -100°$, $V_c = 4.4\angle 154°$ 단, 상순은 $a-b-c$이다.)

(1) 영상분 전압
  ◦ 계산 과정 :   ◦ 답 :
(2) 정상분 전압
  ◦ 계산 과정 :   ◦ 답 :
(3) 역상분 전압
  ◦ 계산 과정 :   ◦ 답 :

정답

(1) 영상분전압

$$V_0 = \frac{1}{3}(V_a + V_b + V_c) = \frac{1}{3}(7.3\angle 12.5° + 0.4\angle -100° + 4.4\angle 154°) = 1.47\angle 45.11°$$

답 $1.47\angle 45.11°[\text{V}]$

(2) 정상분전압

$$V_1 = \frac{1}{3}(V_a + aV_b + a^2V_c)$$

$$= \frac{1}{3}(7.3\angle 12.5° + 1\angle 120° \times 0.4\angle -100° + 1\angle 240° \times 4.4\angle 154°) = 3.97\angle 20.54°$$

답 $3.97\angle 20.54°[V]$

(3) 역상분전압

$$V_2 = \frac{1}{3}(V_a + a^2V_b + aV_c)$$

$$= \frac{1}{3}(7.3\angle 12.5° + 1\angle 240° \times 0.4\angle -100° + 1\angle 120° \times 4.4\angle 154°) = 2.52\angle -19.7°$$

답 $2.52\angle -19.7°[V]$

08
폭 15[m]인 도로의 양쪽에 간격 20[m]를 두고 대칭 배열로 가로등이 점등되어 있다. 한 등의 전광속은 8000[lm], 조명률은 45[%]일 때, 도로의 조도를 계산하시오.

정답

도로 양쪽 조명[대칭배열]의 면적 $S = \dfrac{ab}{2}$

$$E = \frac{FUN}{D \times \dfrac{ab}{2}} = \frac{8000 \times 0.45 \times 1}{1 \times \dfrac{20 \times 15}{2}} = 24[lx]$$

답 24[lx]

09
수전 전압 6600[V], 가공 전선로의 %임피던스가 58.5[%]일 때 수전점의 3상 단락 전류가 8000[A]인 경우 기준 용량과 수전용 차단기의 정격차단용량은 얼마인가?

차단기 정격용량[MVA]										
10	20	30	50	75	100	150	250	300	400	500

(1) 기준 용량
　　◦계산 과정 :　　　　　　　　　　　　　　　　　　　　　　◦답 :
(2) 차단 용량
　　◦계산 과정 :　　　　　　　　　　　　　　　　　　　　　　◦답 :

정답

(1) 기준용량

$$I_s = \frac{100}{\%Z} \times I_n, \ I_s = 8000[\text{A}], \ I_n = \frac{\%Z}{100} \times I_s = \frac{58.5}{100} \times 8000 = 4680[\text{A}]$$

$$P_n = \sqrt{3} \times 6600 \times 4680 \times 10^{-6} = 53.5[\text{MVA}]$$

답　53.5[MVA]

(2) 차단 용량

$$P_s = \frac{100}{\%Z} \times P_n = \frac{100}{58.5} \times 53.5 = 91.45[\text{MVA}]$$

답　100[MVA]

10 그림과 같이 접속된 3상3선식 고압 수전설비의 변류기 2차 전류가 언제나 4.2[A]이었다. 이때, 수전전력[kW]을 구하시오. (단, 수전전압은 6600[V], 변류비는 50/5[A], 역률은 100[%]이다.)

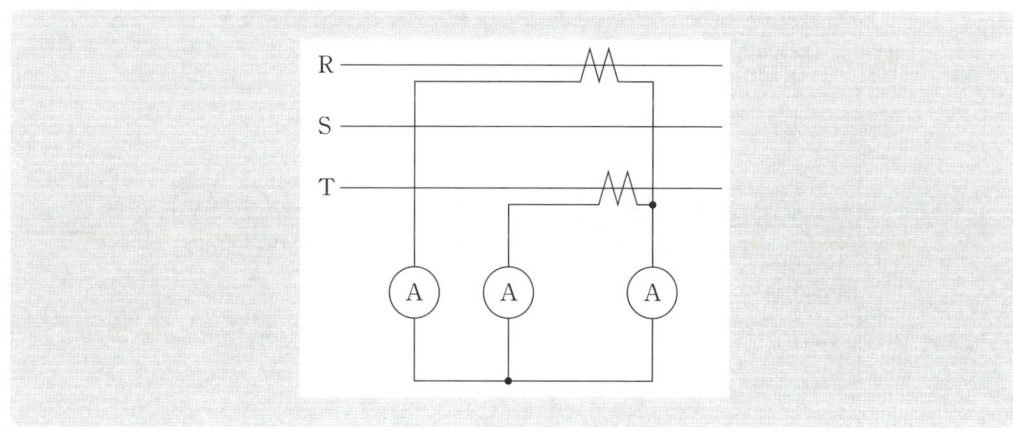

정답

$$P = \sqrt{3} \, V_1 I_1 \cos\theta = \sqrt{3} \times 6600 \times \left(4.2 \times \frac{50}{5}\right) \times 1 \times 10^{-3} = 480.12[\text{kW}]$$

답　480.12[kW]

11 다음 도면은 22.9[kV]특고압 수전설비의 도면이다. 다음 도면을 보고 물음에 답하시오.

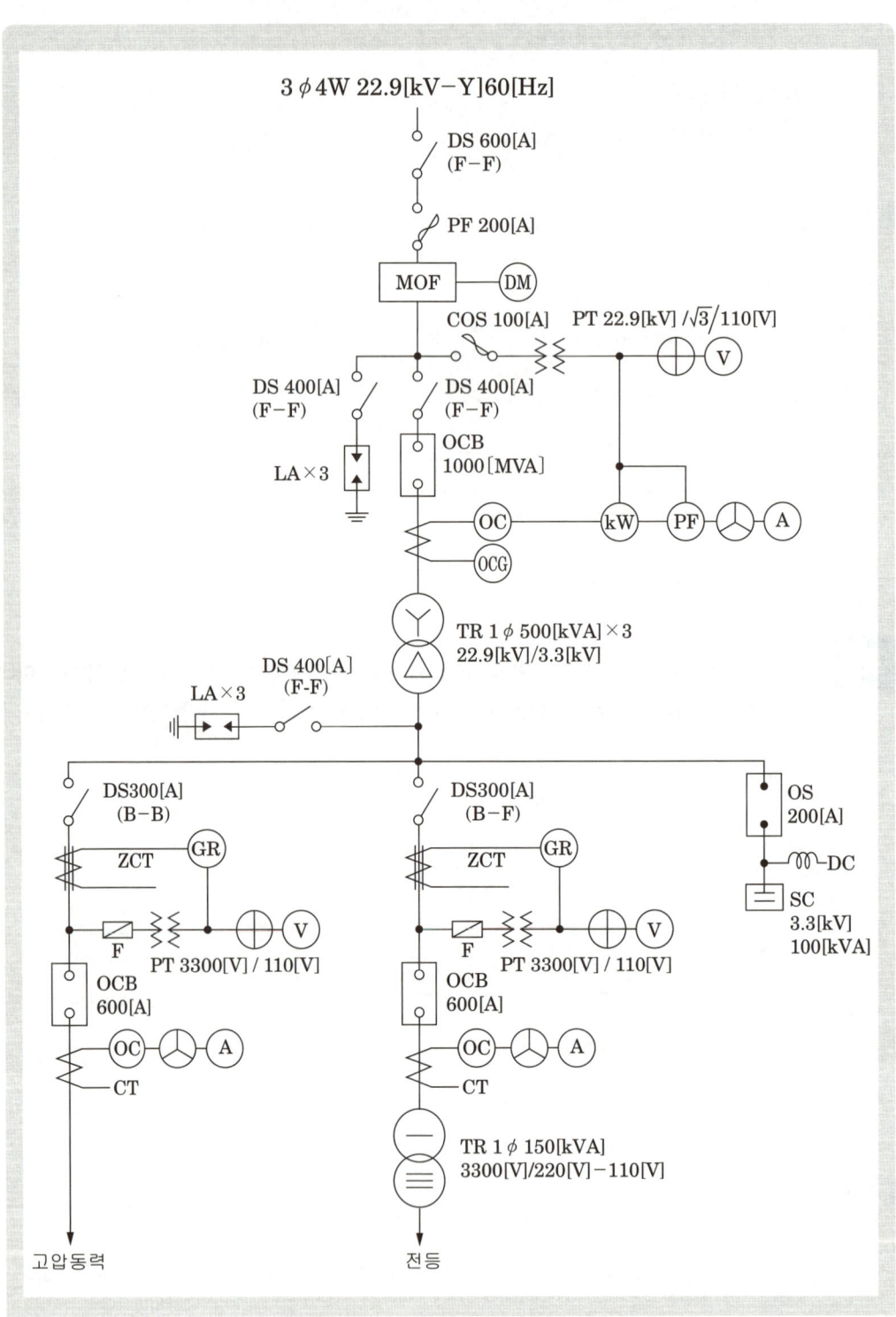

(1) DM의 명칭을 쓰시오.

(2) 단로기의 정격전압을 쓰시오.

(3) PF의 역할을 쓰시오.

(4) SC의 역할을 쓰시오.

(5) 22.9[kV] 피뢰기의 정격전압을 쓰시오

(6) ZCT의 역할을 쓰시오.

(7) GR의 역할을 쓰시오.

(8) CB의 역할을 쓰시오.

(9) 1대의 전압계로 3상 전압을 측정하기 위한 기기의 약호를 쓰시오.

(10) 1대의 전류계로 3상 전류를 측정하기 위한 기기의 약호를 쓰시오.

(11) OS의 명칭이 무엇인지 쓰시오.

(12) MOF의 기능을 쓰시오.

(13) 3.3[kV]측의 차단기에 적힌 전류값 600[A]는 무엇을 의미하는가?

정답

(1) 최대수요전력량계
(2) 25.8[kV]
(3) 단락전류 차단
(4) 부하의 역률개선
(5) 18[kV]
(6) 지락 사고시 영상 전류 검출
(7) 지락사고시 트립코일을 여자시킴
(8) 고장전류 차단 및 부하전류 개폐
(9) VS
(10) AS
(11) 유입 개폐기
(12) PT와 CT를 함께 내장하여 전력량계에 전원을 공급
(13) 차단기의 정격전류

12 5000[kVA]의 변전설비를 갖는 수용가에서 현재 5000[kVA], 역률 75[%](지상)의 부하를 공급하고 있다.

(1) 1000[kVA]의 전력용 콘덴서를 연결할 경우 개선되는 역률은?
  ◦ 계산 과정 :   ◦ 답 :

(2) 전력용 콘덴서 연결 후 80[%](지상)의 부하를 추가하여 변압기 전용량까지 사용할 경우 증가시킬 수 있는 유효전력은 몇 [kW]인가?
  ◦ 계산 과정 :   ◦ 답 :

(3) 이때의 종합역률[%]은 얼마인가?
  ◦ 계산 과정 :   ◦ 답 :

정답

(1) ① 기존부하의 유효분 : $P_1 = P_a \times \cos\theta_1 = 5000 \times 0.75 = 3750 [\text{kW}]$
  ② 콘덴서 설치 후 기존부하의 무효분 :
    $P_{r1} = P_r - Q = 5000 \times \sqrt{1-0.75^2} - 1000 = 2307.19 [\text{kVar}]$
  ③ 개선 역률 $\cos\theta = \dfrac{3750}{\sqrt{3750^2 + 2307.19^2}} \times 100 = 85.17[\%]$ 답 85.17[%]

(2) ① 콘덴서 설치 후 부하의 크기 : $P_a' = \sqrt{3750^2 + 2307.19^2} = 4402.91 [\text{kVA}]$
  ② 감소된 부하의 크기[kVA]
    $\triangle P_a = 5000 - 4402.91 = 597.09 [\text{kVA}]$
  ③ 증가시킬 수 있는 부하의 크기[kW]
    $\triangle P = 597.09 \times 0.8 = 477.67 [\text{kW}]$ 답 477.67[kW]

(3) $\cos\theta = \dfrac{3750 + 477.67}{5000} \times 100 = 84.55[\%]$ 답 84.55[%]

13 다음 회로를 보고 물음에 답하시오.

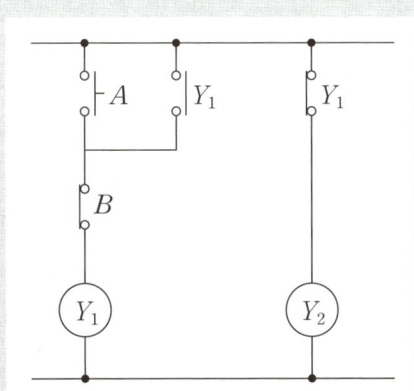

(1) 논리식을 작성하시오.

(2) 논리회로를 완성하시오.

> **정답**

(1) $Y_1 = (A + Y_1)\overline{B}$, $Y_2 = \overline{Y_1}$

(2) 논리회로

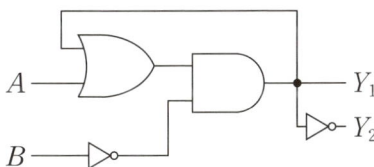

14 다음 진리표를 보고 물음에 답하시오.

A	B	C	Y_1	Y_2
0	0	0	0	1
0	0	1	0	1
0	1	0	0	1
0	1	1	0	0
1	0	0	0	1
1	0	1	1	1
1	1	0	1	1
1	1	1	1	0

(1) 논리식을 작성하시오.
(2) 유접점 회로를 완성하시오.
(3) 논리회로를 완성하시오.

정답

(1)
- $Y_1 = A(B+C)$
- $Y_2 = \overline{B} + \overline{C}$

(2) 유접점 회로

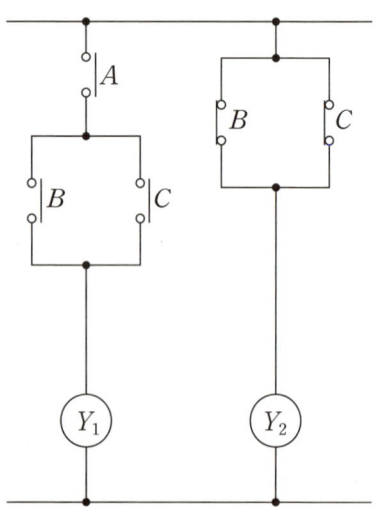

(3) 논리회로

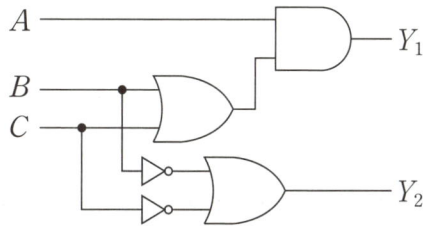

15

다음 한국전기설비규정(KEC)에 의한 전선의 색상표이다. 빈칸을 채우시오.

상(문자)	색상
$L1$	①
$L2$	검은색
$L3$	②
N	③
보호도체	④

정답

① 갈색 ② 회색 ③ 파란색 ④ 녹색-노란색

16

다음 약호에 대한 명칭을 쓰시오.

(1) PEM (protective earthing conductor and a mid-point conductor)
(2) PEL (protective earthing conductor and a line conductor)

정답

(1) (직류회로) 중간도체 겸용 보호도체
(2) (직류회로) 선도체 겸용 보호도체

17 안전관리업무를 대행하는 전기안전관리자는 전기설비가 설치된 장소 또는 사업장을 방문하여 실시해야 하는 용량별 점검횟수 및 간격에 해당하는 빈칸을 채우시오.

용량별		점검 횟수	점검 간격
저압	1~300[kW] 이하	월 1회	20일 이상
	300[kW] 초과	월 2회	10일 이상
고압이상	1~300[kW] 이하	월 1회	20일 이상
	300[kW] 초과 ~ 500[kW] 이하	월 ① 회	② 일 이상
	500[kW] 초과 ~ 700[kW] 이하	월 ③ 회	④ 일 이상
	700[kW] 초과 ~ 1,500[kW] 이하	월 ⑤ 회	⑥ 일 이상
	1,500[kW] 초과 ~ 2,000[kW] 이하	월 ⑦ 회	⑧ 일 이상
	2,000[kW] 초과~	월 ⑨ 회	⑩ 일 이상

정답

① 2 ② 10 ③ 3 ④ 7 ⑤ 4
⑥ 5 ⑦ 5 ⑧ 4 ⑨ 6 ⑩ 3

18 다음 사항은 전력시설물 공사감리업무 수행지침 중 설계변경 및 계약금액의 조정 관련 감리업무와 관련된 사항이다. 빈칸을 채우시오.

감리원은 설계변경 등으로 인한 계약금액의 조정을 위한 각종 서류를 공사업자로부터 제출받아 검토 및 확인한 후 감리업자에게 보고하여야 하며, 감리업자는 소속 비상주감리원에게 검토 및 확인하게 하고 대표자 명의로 발주자에게 제출하여야 한다. 이때 변경설계도서의 설계자는 (①), 심사자는 (②)이 날인하여야 한다. 다만, 대규모 통합감리의 경우, 설계자는 실제 설계 담당 감리원과 책임감리원이 연명으로 날인하고 변경설계도서의 표지양식은 사전에 발주처와 협의하여 정한다.

정답

① 책임감리원
② 비상주감리원

전기기사실기 2022년 3회 기출문제

01 고압선로에서의 지락사고 검출 및 경보장치를 그림과 같이 시설하였다. A선에 지락사고가 발생하였을 때 다음 각 물음에 답하시오. (단, 전원이 인가되고 경보벨의 스위치는 닫혀있는 상태라고 한다.)

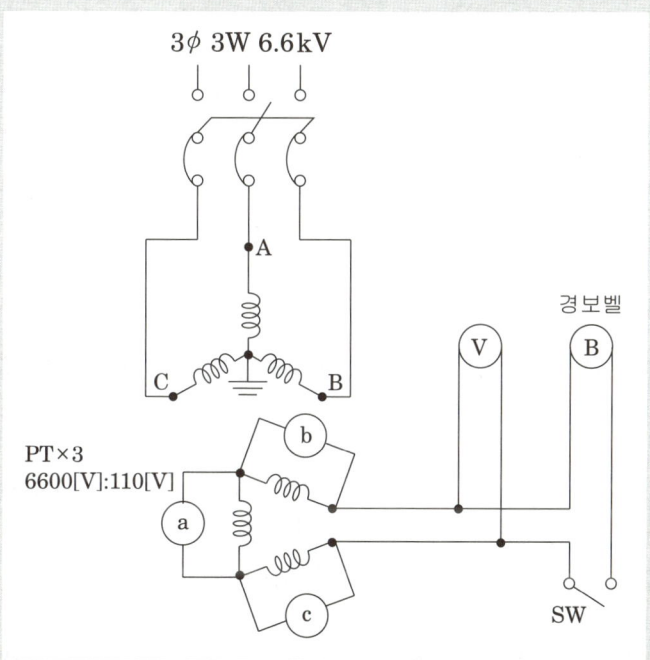

(1) 1차측 A선의 대지 전압이 0[V]인 경우 B선 및 C선의 대지 전압은 각각 몇 [V]인가?
 ① B선의 대지전압 ∘계산 과정 : ∘답 :
 ② C선의 대지전압 ∘계산 과정 : ∘답 :

(2) 2차측 전구 ⓐ의 전압이 0[V]인 경우 ⓑ 및 ⓒ 전구의 전압과 전압계 Ⓥ의 지시 전압, 경보벨 Ⓑ에 걸리는 전압은 각각 몇 [V]인가?
 ① ⓑ 전구의 전압 ∘계산 과정 : ∘답 :
 ② ⓒ 전구의 전압 ∘계산 과정 : ∘답 :
 ③ 전압계 Ⓥ의 지시 전압 ∘계산 과정 : ∘답 :
 ④ 경보벨 Ⓑ에 걸리는 전압 ∘계산 과정 : ∘답 :

> 정답

(1) ① $\frac{6600}{\sqrt{3}} \times \sqrt{3} = 6600[\text{V}]$ 　　　　　　　답 6600[V]

　　② $\frac{6600}{\sqrt{3}} \times \sqrt{3} = 6600[\text{V}]$ 　　　　　　　답 6600[V]

(2) ① $\frac{110}{\sqrt{3}} \times \sqrt{3} = 110[\text{V}]$ 　　　　　　　답 110[V]

　　② $\frac{110}{\sqrt{3}} \times \sqrt{3} = 110[\text{V}]$ 　　　　　　　답 110[V]

　　③ $\frac{110}{\sqrt{3}} \times 3 = 190.53[\text{V}]$ 　　　　　　　답 190.53[V]

　　④ $\frac{110}{\sqrt{3}} \times 3 = 190.53[\text{V}]$ 　　　　　　　답 190.53[V]

02 그림은 22.9[kV-Y] 1000[kVA] 이하에 적용 가능한 특고압 간이 수전설비 결선도이다. 각 물음에 답하시오.

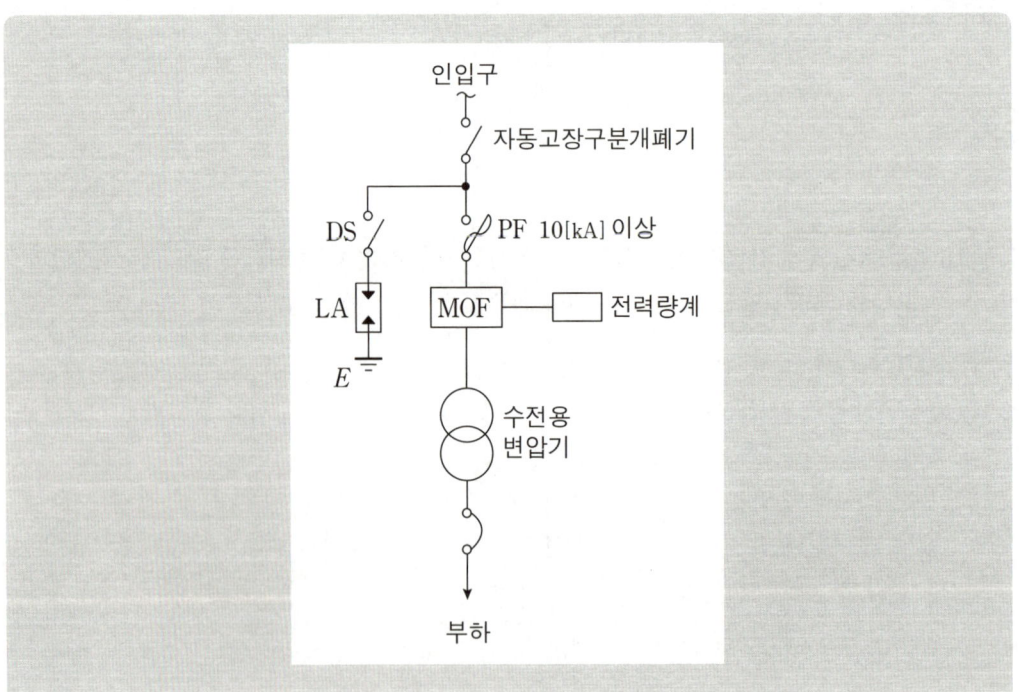

(1) 위 결선도에서 생략할 수 있는 것은?

(2) 인입선을 지중선으로 시설하는 경우로 공동주택 등 고장시 정전피해가 큰 경우에는 예비지중선을 포함하여 몇 회선으로 시설하는 것이 바람직한가?

(3) 지중인입선의 경우에 22.9[kV-Y] 계통은 어떤 케이블을 사용하는 것이 바람직한가?

(4) 300[kVA] 이하인 경우는 자동고장 구분개폐기 대신 어떤 것을 사용할 수 있는가?

정답

(1) 피뢰기용 단로기
(2) 2회선
(3) CNCV-W(수밀형) 또는 TR CNCV-W(트리억제형)
(4) 인터럽터스위치

03 다음 상용전원과 예비전원 운전시 유의하여야 할 사항이다. ( ) 안에 알맞은 내용을 쓰시오.

상용전원과 예비전원 사이에는 병렬운전을 하지 않는 것이 원칙이므로 수전용 차단기와 발전용차단기 사이에는 전기적 또는 기계적 (①)을 시설해야 하며 (②)를 사용해야 한다.

정답

① 인터록
② 전환개폐기

04 다음 아래의 보호계전기의 약호에 따른 명칭을 쓰시오.

약호	명칭
OCR	
OVR	
UVR	
GR	

정답

① 과전류계전기　② 과전압계전기
③ 부족전압계전기　④ 지락계전기

05 어느 기간 중에 수용가의 최대수요전력[kW]과 그 수용가가 설치하고 있는 설비용량의 합계[kW]와의 비를 말하는 것은 무엇인가?

정답

수용률

06 발전기의 최대출력 400[kW], 일부하율 40[%], 중유의 발열량 9600[kcal/ℓ], 열효율 36[%]일 때 하루 동안의 연료 소비량[ℓ]은 얼마인가?

정답

발전기 효율 $\eta = \dfrac{860W}{mH} \times 100[\%]$ 단, m : 연료[ℓ], H : 발열량[kcal/ℓ], W : 발생전력량[kWh]

$m = \dfrac{860 \times 400 \times 0.4 \times 24}{0.36 \times 9600} = 955.56[ℓ]$

답　955.56[ℓ]

07 전력계통에 이용되는 리액터의 설치 목적에 따른 리액터의 명칭을 쓰시오.

설치 목적	리액터 명칭
단락사고시 단락전류를 제한한다.	
페란티 현상을 방지한다.	
중성점 접지용으로 아크를 소호시킨다.	

정답

설치 목적	리액터 명칭
단락사고시 단락전류를 제한한다.	한류리액터
페란티 현상을 방지한다.	분로리액터
중성점 접지용으로 아크를 소호시킨다.	소호리액터

08 전기설비의 방폭구조 종류 3가지만 쓰시오.

정답

① 내압 방폭구조 ② 유입 방폭구조
③ 특수 방폭구조 ④ 압력 방폭구조

09 평형 3상 회로로 운전하는 유도 전동기의 회로를 2전력계법에 의하여 측정하고자 한다. $W_1=2.6[\text{kW}]$, $W_2=5.4[[\text{kW}]$, $V=220[\text{V}]$, $I=25[\text{A}]$일 때 전동기의 역률은 몇 [%]인가?

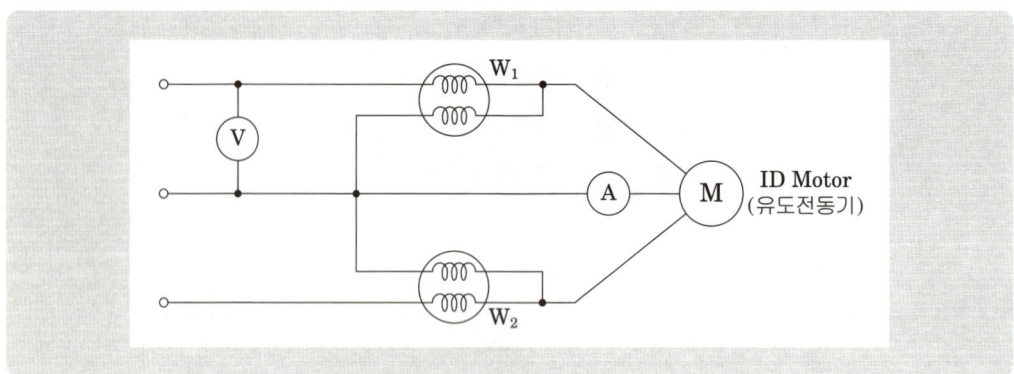

정답

① 유효 전력 $P=W_1+W_2=2.6+5.4=8[\text{kW}]$
② 피상 전력 $P_a=\sqrt{3}\,VI=\sqrt{3}\times 220\times 25\times 10^{-3}=9.53[\text{kVA}]$
③ 역률 $\cos\theta=\dfrac{P}{P_a}=\dfrac{8}{9.53}\times 100=83.95[\%]$

답 83.95[%]

10 5[km]의 3상 3선식 배전선로의 말단에 1000[kW], 역률 80[%](지상)의 부하가 접속되어 있다. 지금 전력용 콘덴서로 역률이 95[%]로 개선 되었다면 이 선로의 전압강하와 전력손실은 역률 개선 전의 몇 [%]로 되겠는가? (단, 선로의 임피던스는 1선당 $0.3+j0.4[\Omega/\text{km}]$라 하고 부하전압은 6000[V]로 일정하다고 한다.)

(1) 전압강하
  ◦ 계산 과정 :   ◦ 답 :
(2) 전력손실
  ◦ 계산 과정 :   ◦ 답 :

정답

(1) 전압강하

$R = 0.3 \times 5 = 1.2[\Omega]$, $X = 0.4 \times 5 = 2[\Omega]$

전압강하 $e = \sqrt{3}\, I(R\cos\theta + X\sin\theta)[V]$

역률 개선 전 전류 $I_1 = \dfrac{1000 \times 10^3}{\sqrt{3} \times 6000 \times 0.8} = 120.28[A]$

역률 개선 후 전류 $I_2 = \dfrac{1000 \times 10^3}{\sqrt{3} \times 6000 \times 0.95} = 101.29[A]$

① 역률 개선 전 전압강하
$e_1 = \sqrt{3}\, I_1(R\cos\theta_1 + X\sin\theta_1)[V]$
$= \sqrt{3} \times 120.28 \times (1.5 \times 0.8 + 2 \times 0.6) = 500[V]$

② 역률 개선 후 전압강하
$e_2 = \sqrt{3}\, I_2(R\cos\theta_2 + X\sin\theta_2)[V]$
$= \sqrt{3} \times 101.29 \times (1.5 \times 0.95 + 2 \times \sqrt{1 - 0.95^2}) = 359.56[V]$

$\therefore \dfrac{e_2}{e_1} = \dfrac{359.56}{500} \times 100 = 71.91[\%]$

답 71.91[%]

(2) 전력손실

① 역률 개선 전 전력손실
$P_{l1} = 3I_1^2 R = 3 \times (120.28)^2 \times 1.5 = 65102.75[W]$

② 역률 개선 후 전력손실
$P_{l2} = 3I_2^2 R = 3 \times (101.29)^2 \times 1.5 = 46168.49[W]$

$\therefore \dfrac{P_{l2}}{P_{l1}} = \dfrac{46168.49}{65102.75} \times 100 = 70.92[\%]$

답 70.92[%]

11 높이 5[m]의 점에 있는 백열전등에서 광도 12500[cd]의 빛이 수평거리 7.5[m]의 점 P에 주어지고 있다.

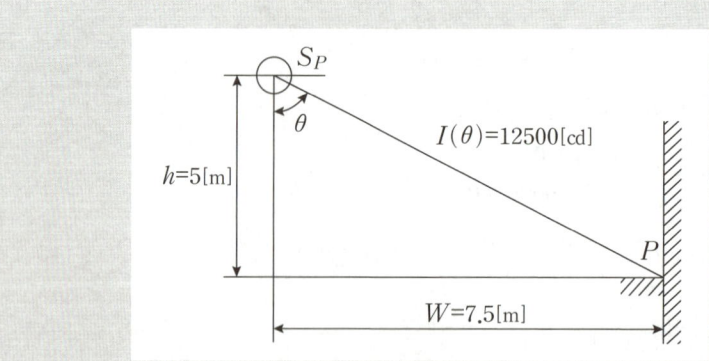

(1) P점의 수평면 조도(E_h)를 구하시오.
  ◦ 계산 과정 :   ◦ 답 :

(2) P점의 수직면 조도(E_v)를 구하시오.
  ◦ 계산 과정 :   ◦ 답 :

정답

(1) $E_h = \dfrac{I}{\ell^2}\cos\theta = \dfrac{12500}{5^2+7.5^2} \times \dfrac{5}{\sqrt{5^2+7.5^2}} = 85.34[\text{lx}]$ 답 85.34[lx]

(2) $E_v = \dfrac{I}{\ell^2}\sin\theta = \dfrac{12500}{5^2+7.5^2} \times \dfrac{7.5}{\sqrt{5^2+7.5^2}} = 128.01[\text{lx}]$ 답 128.01[lx]

12 그림과 같은 사무실에서 평균조도를 200[lx]로 할 때 다음 각 물음에 답하시오.

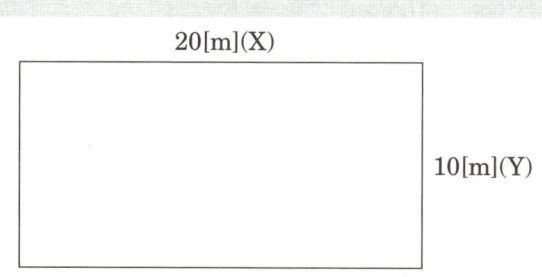

[조건]
- 40[W] 형광등이며 광속은 2500[lm]으로 한다.
- 조명률은 0.6, 감광보상률은 1.2로 한다.
- 사무실 내부에 기둥은 없다.
- 간격은 등기구 센터를 기준으로 한다.
- 등기구는 ○으로 표현한다.

(1) 이 사무실에 필요한 형광등의 수를 구하시오.

  ○계산 과정 :   ○답 :

(2) 등기구를 답안지에 배치하시오.

(3) 등간격과 최외각에 설치된 등기구와 건물벽간의 간격(A, B, C, D)은 각각 몇 [m]인가?

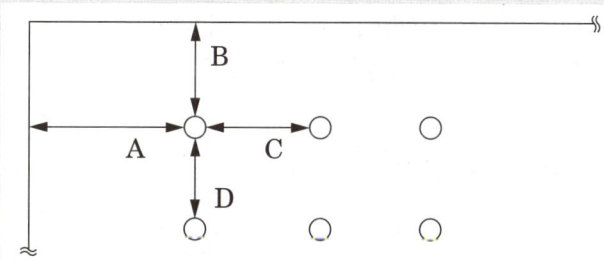

(4) 만일 주파수 60[Hz]에 사용하는 형광방전등을 50[Hz]에서 사용한다면 광속과 점등시간은 어떻게 변화되는지를 설명하시오.

(5) 양호한 전반 조명이라면 등간격은 등높이의 몇 배 이하로 해야 하는가?

■ 정답

(1) $N = \dfrac{DES}{FU} = \dfrac{1.2 \times 200 \times (10 \times 20)}{2500 \times 0.6} = 32[등]$ 답 32[등]

(2)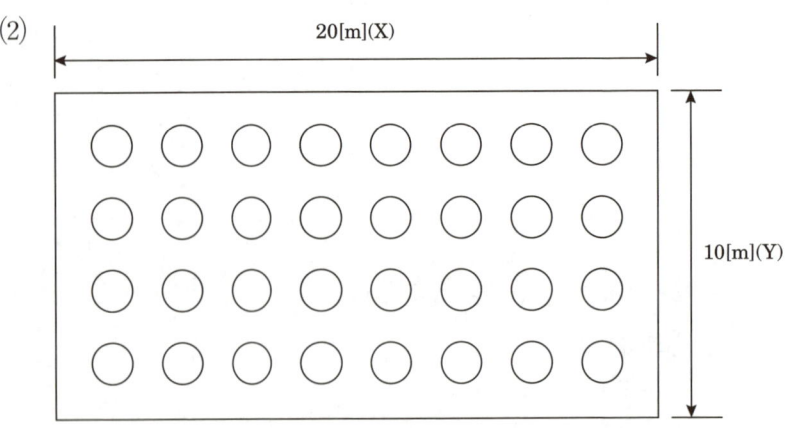

(3) A : 1.25[m],   B : 1.25[m],   C : 2.5[m],   D : 2.5[m]

(4) ◦ 광속 : 증가
    ◦ 점등시간 : 늦음

(5) 1.5배

13 가로 10[m], 세로 16[m], 천장높이 3.85[m], 작업면 높이 0.85[m]인 사무실에 천장 직부 형광등 $F40 \times 2$를 설치하려고 한다. 다음 물음에 답하시오.

(1) 이 사무실의 실지수는 얼마인가?
  ◦ 계산 과정 :   ◦ 답 :

(2) 이 사무실의 작업면 조도를 300[lx], 천장 반사율 70[%], 벽 반사율 50[%], 바닥 반사율 10[%], 40[W] 형광등 1등의 광속 3150[lm], 보수율 70[%], 조명률 61[%]로 한다면 이 사무실에 필요한 소요되는 등기구 수는?
  ◦ 계산 과정 :   ◦ 답 :

■ 정답

(1) 실지수 $K = \dfrac{X \cdot Y}{H(X+Y)}$, 등고 $H = 3.85 - 0.85 = 3$

$K = \dfrac{10 \times 16}{3 \times (10+16)} = 2.05$

답 2.05

(2) 등수 $N = \dfrac{DES}{FU} = \dfrac{ES}{FUM} = \dfrac{300 \times (10 \times 16)}{3150 \times 0.61 \times 0.7} = 35.69 [등]$

∴ $F40 \times 2$등용이므로 2로 나눈다. $\dfrac{36}{2} = 18[등]$

답 18[등]

14

단상 3선식 110/220[V]을 채용하고 있는 어떤 건물이 있다. 변압기가 설치된 수전실로부터 100[m]되는 곳에 부하집계표와 같은 분전반을 시설하고자 한다. 다음 표를 참고하여 전압 변동률 2[%] 이하, 전압 강하율 2[%] 이하가 되도록 다음 사항을 구하시오. (단, 공사방법 $B1$이며 전선은 PVC 절연전선이다.)

- 후강 전선관 공사로 한다.
- 3선 모두 같은 선으로 한다.
- 부하의 수용률은 100[%]로 적용
- 후강 전선관 내 전선의 점유율은 48[%] 이내를 유지할 것

[표 1] 부하 집계표

회로번호	부하명칭	부하[VA]	부하분담[VA]		NFB 크기			비고
			A선	B선	극수	AF	AT	
1	전등	2400	1200	1200	2	50	15	
2	〃	1400	700	700	2	50	15	
3	콘센트	1000	1000	–	1	50	20	
4	〃	1400	1400	–	1	50	20	
5	〃	600	–	600	1	50	20	
6	〃	1000	–	1000	1	50	20	
7	팬코일	700	700	–	1	30	15	
8	〃	700	–	700	1	30	15	
합계		9200	5000	4200				

[표 2] 전선 (피복절연물을 포함)의 단면적

도체 단면적[mm²]	절연체 두께[mm]	평균 완성 바깥지름[mm]	전선의 단면적[mm²]
1.5	0.7	3.3	9
2.5	0.8	4.0	13
4	0.8	4.6	17
6	0.8	5.2	21
10	1.0	6.7	35
16	1.0	7.8	48
25	1.2	9.7	74
35	1.2	10.9	93
50	1.4	12.8	128
70	1.4	14.6	167
95	1.6	17.1	230
120	1.6	18.8	277
150	1.8	20.9	343
185	2.0	23.3	426
240	2.2	26.6	555
300	2.4	29.6	688
400	2.6	33.2	865

[비고 1] 전선의 단면적은 평균완성 바깥지름의 상한값을 환산한 값이다.
[비고 2] KSC IEC 60227-3의 450/750[V] 일반용 단심 비닐절연전선(연선)을 기준한 것이다.
[후강전선관] G16, G22, G28, G36, G42, G54, G70, G82, G92, G104

(1) 간선의 굵기는?
　◦ 계산 과정 :　　　　　　　　　　　　　　　　　　　　◦ 답 :
(2) 후강 전선관의 굵기는?
　◦ 계산 과정 :　　　　　　　　　　　　　　　　　　　　◦ 답 :
(3) 설비 불평형률은?
　◦ 계산 과정 :　　　　　　　　　　　　　　　　　　　　◦ 답 :

정답

(1) A선의 전류 $I_A = \dfrac{5000}{110} = 45.45[\text{A}]$, B선의 전류 $I_B = \dfrac{4200}{110} = 38.181[\text{A}]$

I_A와 I_B 중 큰 값인 45.45[A] 기준
전선길이 $L = 50[\text{m}]$, 선 전류 $I = 45.45[\text{A}]$, 전압강하 $e = 110 \times 0.02 = 2.2[\text{V}]$

$A = \dfrac{17.8LI}{1000e} = \dfrac{17.8 \times 100 \times 45.45}{1000 \times 110 \times 0.02} = 36.773[\text{mm}^2]$

[표 2]에서 18.386을 넘는 공칭단면적(도체단면적)을 선정   답 $50[\text{mm}^2]$

(2) [표 2]에서 공칭단면적(도체단면적)이 $50[\text{mm}^2]$
후강전선관에 넣기 위한 피복포함 된 전선의 단면적 $128[\text{mm}^2]$
3선식이므로 전선의 최대 총단면적 $= 128 \times 3 = 384[\text{mm}^2]$이다.

조건에서 후강전선관 내단면적의 48[%]이내를 사용하므로 $A = \dfrac{1}{4}\pi d^2 \times 0.48 \geq 384$

$d = \sqrt{\dfrac{384 \times 4}{0.48 \times \pi}} = 31.923[\text{mm}]$ 답 $G36$

(3) 설비불평형률 $= \dfrac{\text{중성선과 각 전압측 전선간에 접속되는 부하설비용량}[\text{kVA}]\text{의 차}}{\text{총 부하설비용량}[\text{kVA}]\text{의 }\dfrac{1}{2}} \times 100[\%]$

$= \dfrac{3100 - 2300}{9200 \times \dfrac{1}{2}} \times 100 = 17.39[\%]$ 답 $17.39[\%]$

15 다음 논리회로를 보고 물음에 답하시오.

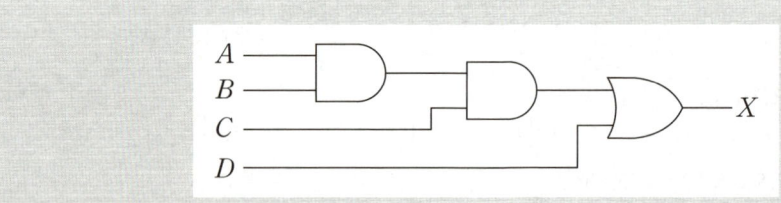

(1) 논리식을 작성하시오.
(2) 유접점회로로 나타내시오.

정답

(1) $X = ABC + D$

(2)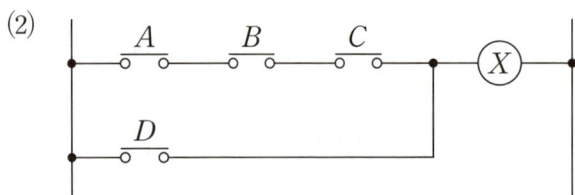

16 그림과 같은 무접점의 논리 회로도를 보고 다음 각 물음에 답하시오.

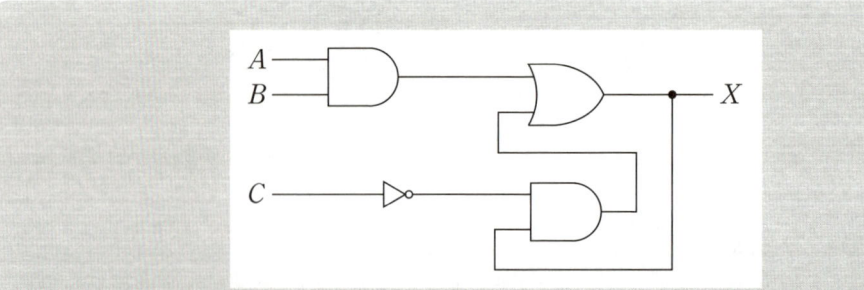

(1) 출력식을 나타내시오.
(2) 주어진 무접점 논리회로를 유접점 논리회로로 바꾸어 그리시오.

> 정답

(1) $X = AB + \overline{C}X$

(2)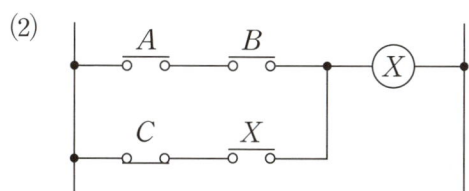

17 정격 전압비가 같은 두 변압기가 병렬로 운전중이다. A변압기의 정격용량은 20[kVA], %임피던스는 4[%]이고 B변압기의 정격용량은 75[kVA], %임피던스는 5[%]일 때 다음 각 물음에 답하시오. 단, 변압기 A, B의 내부저항과 누설리액턴스비는 같다. ($\frac{R_a}{X_a} = \frac{R_b}{X_b}$)

(1) 2차 측의 부하용량이 60[kVA]일 때 각 변압기가 분담하는 전력은 얼마인가?
  ○ 계산 과정 :   ○ 답 :
(2) 2차 측의 부하용량이 120[kVA]일 때 각 변압기가 분담하는 전력은 얼마인가?
  ○ 계산 과정 :   ○ 답 :
(3) 변압기가 과부하 되지 않는 범위 내에서 2차측 최대 부하용량은 얼마인가?
  ○ 계산 과정 :   ○ 답 :

> 정답

(1) 2차 측의 부하용량이 60[kVA]일 때 각 변압기가 분담

$\dfrac{P_a}{P_b} = \dfrac{\%Z_B}{\%Z_A} \times \dfrac{P_A}{P_B} = \dfrac{5}{4} \times \dfrac{20}{75} = \dfrac{1}{3}$ ∴ $P_a : P_b = 1 : 3$

① A 변압기 $= 60 \times \dfrac{1}{4} = 15[\text{kVA}]$ 답 15[kVA]

② B 변압기 $= 60 \times \dfrac{3}{4} = 45[\text{kVA}]$ 답 45[kVA]

(2) 2차 측의 부하용량이 120[kVA]일 때 각 변압기가 분담

① A 변압기 $=120\times\dfrac{1}{4}=30[\text{kVA}]$ 답 30[kVA]

② B 변압기 $=120\times\dfrac{3}{4}=90[\text{kVA}]$ 답 90[kVA]

(3) P_A가 20[kVA]일 때 P_b는 60[kVA]이므로 운전 가능
P_B가 75[kVA]일 때 P_a는 25[kVA]이므로 운전 불가능(과부하)
∴ 60+20=80[kVA]   답 80[kVA]

18 다음 설비 도면을 보고 각 물음에 답하시오.

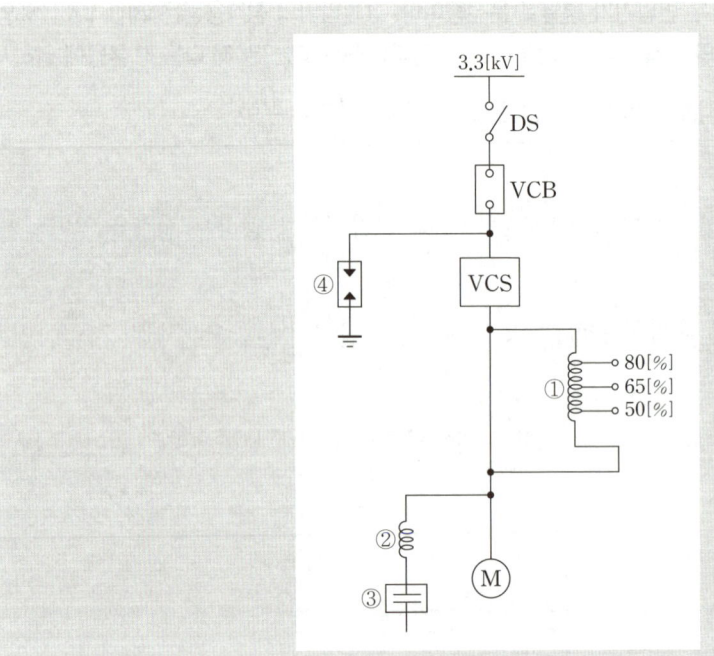

(1) 도면의 고압 유도 전동기 기동방식이 무엇인지 쓰시오.
(2) ①~④의 명칭을 작성하시오.

정답

(1) 리액터기동방식
(2) ① 기동용리액터 ② 직렬리액터 ③ 전력용콘덴서 ④ 서지흡수기

전기기사실기 2023년 1회 기출문제

01 회전날개의 지름이 31[m]인 프로펠러형 풍차의 풍속이 16.5[m/s]일 때 풍력 에너지[kW]를 계산하시오. (단, 공기의 밀도는 1.225[kg/m³])

정답

$$P = \frac{1}{2}\rho A V^3 = \frac{1.225 \times \frac{\pi 31^2}{4} \times 16.5^3}{2} \times 10^{-3} = 2076.69[\text{kW}]$$

답 2076.69[kW]

02 평형 3상 회로에 변류비 100/5인 변류기 2개를 그림과 같이 접속하였을 때 전류계에 3[A]의 전류가 흘렀다. 1차 전류의 크기는 몇 [A]인가?

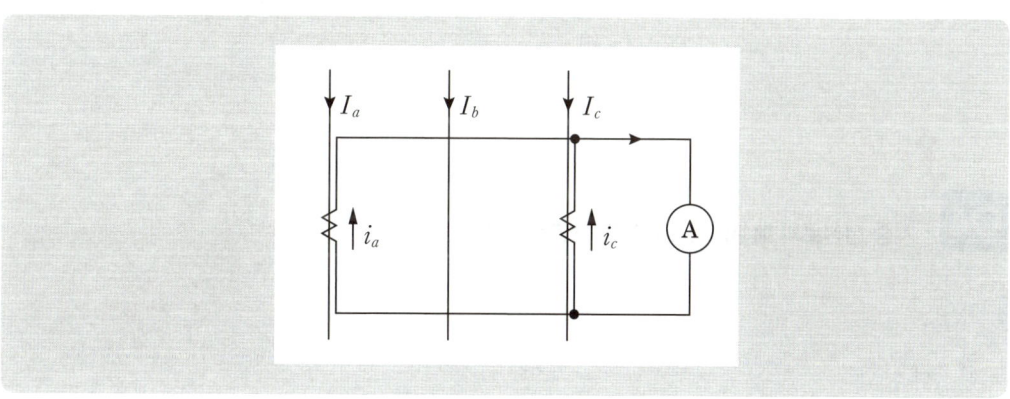

정답

$$I_1 = I_2 \times \text{CT비} = 3 \times \frac{100}{5} = 60[\text{A}]$$

답 60[A]

03 전압 33000[V], 60[c/s], 1회선의 3상 지중 송전선로의 3상 무부하 충전전류 및 충전용량을 구하시오. (단, 송전선의 선로길이는 7[km], 케이블 1선당 작용 정전용량은 0.4[μF/km]라고 한다.)

(1) 충전전류
 ∘ 계산 과정 :   ∘ 답 :

(2) 충전용량
 ∘ 계산 과정 :   ∘ 답 :

정답

(1) 충전전류 $I_c = \omega CE$ [A]

$I_c = 2\pi \times 60 \times 0.4 \times 10^{-6} \times 7 \times \dfrac{33000}{\sqrt{3}} = 20.11$ [A]   답 20.11[A]

(2) 충전용량 $Q_c = 3\omega CE^2 \times 10^{-3}$ [kVA]

$Q_c = 3 \times 2\pi \times 60 \times 0.4 \times 10^{-6} \times 7 \times \left(\dfrac{33000}{\sqrt{3}}\right)^2 \times 10^{-3} = 1149.52$ [kVA]   답 1149.52[kVA]

04 지중 전선로의 매설방식 3가지를 작성하시오.

정답

∘ 직접매설식
∘ 관로식
∘ 전력구식 (암거식)

가스절연변전소의 특징 5가지를 작성하시오.

정답

- 소형화 할 수 있다.
- 소음이 작고 환경조화를 기할 수 있다.
- 충전부가 완전히 밀폐되어 안정성이 높다.
- 공장조립이 가능하여 설치공사 기간이 단축된다.
- 대기 중 오염물의 영향을 받지 않으므로 신뢰도가 높다.

 전력용 콘덴서의 자동조작방식 제어요소 4가지를 쓰시오.

정답

- 전압에 의한 제어
- 전류에 의한 제어
- 역률에 의한 제어
- 무효전력에 의한 제어

 수전전압 22.9[kV]이며, 계약전력은 300[kW]이다. 3상 단락전류가 7000[A]일 경우 차단용량 [MVA]을 구하시오.

정답

$P_s = \sqrt{3}\, V_m I_{ka} = \sqrt{3} \times 25.8 \times 7 = 312.81[\text{MVA}]$ 　　　답　312.81[MVA]

08 그림과 같이 3상 4선식 배전선로에 역률 100[%]인 부하 $a-n, b-n, c-n$이 각 상과 중성선간에 연결되어 있다. a, b, c상에 흐르는 전류가 220[A], 172[A], 190[A]일 때 중성선에 흐르는 전류를 계산 (절대값)하시오.

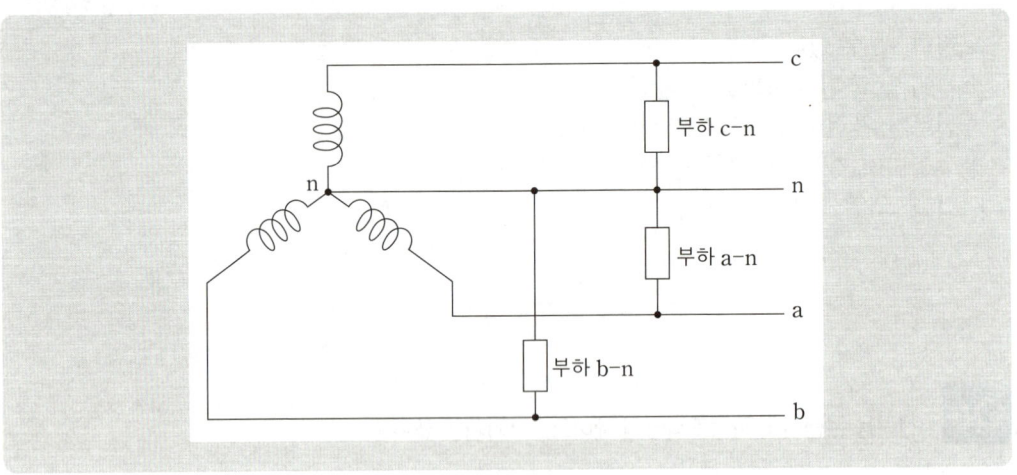

정답

$I_n = I_a + a^2 I_b + a I_c \left(단, a^2 = -\frac{1}{2} - j\frac{\sqrt{3}}{2}, a = -\frac{1}{2} + j\frac{\sqrt{3}}{2} \right)$

$= 220 + 172 \times \left(-\frac{1}{2} - j\frac{\sqrt{3}}{2} \right) + 190 \times \left(-\frac{1}{2} + j\frac{\sqrt{3}}{2} \right)$

$= 39 + j15.59 \quad \therefore |I_n| = \sqrt{39^2 + 15.59^2} = 42[A]$

답 42[A]

어느 변전소에서 그림과 같은 일부하 곡선을 가진 3개의 부하 A, B, C의 수용가가 있을 때 다음 각 물음에 답하시오. (단, 부하 A, B, C의 평균 전력은 각각 4500[kW], 2400[kW], 및 900[kW]라 하고 역률은 각각 100[%], 80[%], 60[%]라 한다.)

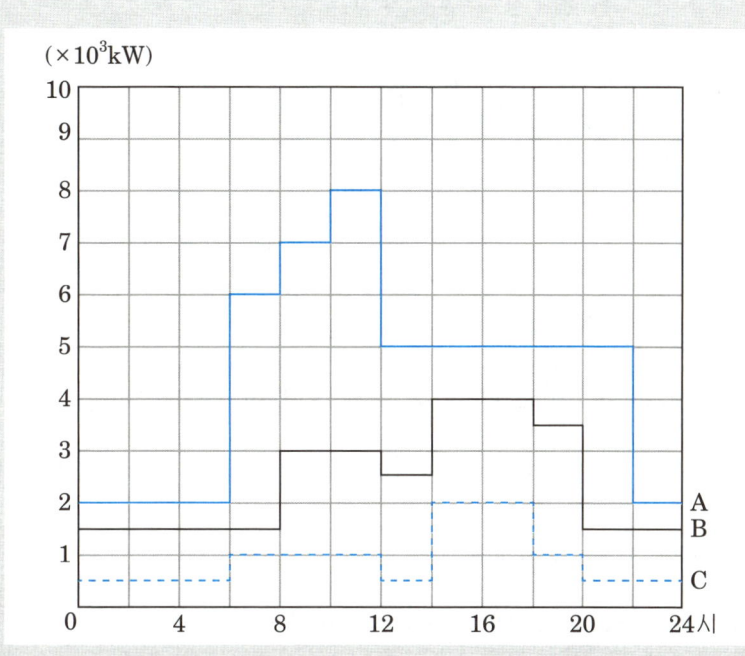

(1) 합성최대전력[kW]을 구하시오.
  ◦ 계산 과정 :   ◦ 답 :

(2) 종합 부하율[%]을 구하시오.
  ◦ 계산 과정 :   ◦ 답 :

(3) 부등률을 구하시오.
  ◦ 계산 과정 :   ◦ 답 :

(4) 최대 부하시의 종합역률[%]을 구하시오.
  ◦ 계산 과정 :   ◦ 답 :

> 정답

(1) 합성최대전력 $=(8+3+1)\times 10^3 = 12000[\text{kW}]$

> 참고 합성최대전력 발생시간 : 10~12시

답 12000[kW]

(2) 종합부하율 $=\dfrac{\text{각 부하 평균전력의 합}}{\text{합성최대전력}}\times 100$

$=\dfrac{4500+2400+900}{12000}\times 100 = 65[\%]$

답 65[%]

(3) 부등률 $=\dfrac{\text{각 부하 최대전력의 합}}{\text{합성최대전력}}=\dfrac{8+4+2}{12}=1.17$

답 1.17

(4) ① A수용가 유효전력 $=8000[\text{kW}]$, A수용가 무효전력 $=0[\text{kVar}]$

② B수용가 유효전력 $=3000[\text{kW}]$, B수용가 무효전력 $=3000\times\dfrac{0.6}{0.8}=2250[\text{kVar}]$

③ C수용가 유효전력 $=1000[\text{kW}]$, C수용가 무효전력 $=1000\times\dfrac{0.8}{0.6}=1333.33[\text{kVar}]$

④ 종합유효전력 $=8000+3000+1000=12000[\text{kW}]$

⑤ 종합무효전력 $=0+2250+1333.33=3583.33[\text{kVar}]$

∴ 종합역률 $=\dfrac{12000}{\sqrt{12000^2+3583.33^2}}\times 100 = 95.82[\%]$

답 95.82[%]

권수비가 30, 1차 전압 6.6[kV]인 3상 변압기가 있다. 다음 물음에 답하시오.
(단, 변압기의 손실은 무시한다.)

(1) 2차 전압[V]을 구하시오.
 ◦계산과정 :   ◦답 :

(2) 2차 측에 부하 50[kW], 역률 0.8를 2차에 연결할 때 2차 전류 및 1차 전류를 구하시오.
 ① 2차 전류
  ◦계산과정 :   ◦답 :
 ② 1차 전류
  ◦계산과정 :   ◦답 :

(3) 1차 입력[kVA]
 ◦계산과정 :   ◦답 :

정답

(1) $V_2 = \dfrac{V_1}{a} = \dfrac{6600}{30} = 220[\text{V}]$ 답 220[V]

(2) ① 2차 전류 : $I_2 = \dfrac{P}{\sqrt{3}\,V_2\cos\theta} = \dfrac{50 \times 10^3}{\sqrt{3} \times 220 \times 0.8} = 164.02[\text{A}]$ 답 164.02[A]

② 1차 전류 : $I_1 = \dfrac{1}{a} \times I_2 = \dfrac{1}{30} \times 164.02 = 5.47[\text{A}]$ 답 5.47[A]

(3) $P = \sqrt{3}\,V_1 I_1 = \sqrt{3} \times 6600 \times 5.47 \times 10^{-3} = 62.53[\text{kVA}]$ 답 62.53[kVA]

11 제3고조파를 감소시키기 위한 리액터의 용량은 콘덴서의 몇 [%] 이상이어야 하는지 계산하여 쓰시오. (단, 실제 적용시 2% 가산하여 적용하시오.)

정답

$$3\omega L = \frac{1}{3\omega C}, \quad \omega L = \frac{1}{3^2 \times \omega C} = 0.1111 \times \frac{1}{\omega C}$$

(리액터의 용량은 이론상 콘덴서 용량의 11.11[%])
실제 적용시 2[%] 가산하여 11.11 + 2 = 13.11[%]

답 13.11[%]

12 전력설비의 간선을 설계하고자 한다. 간선설계시 고려해야 할 사항을 5가지 쓰시오.

정답

- 간선의 굵기(허용전류, 전압강하, 기계적강도 등)
- 간선계통(전용간선의 분리, 건물용도에 적합한 간선구분, 공급 전압의 결정 등)
- 간선경로(파이프샤프트의 위치, 크기, 루트의 길이 등의 검토)
- 배선방식(용량, 시공성에서 본 재료 및 분기방법 등)
- 설계조건(수용률, 부하율, 동력설비, 부하 등)

13 아래 회로도의 $a-b$ 사이에 저항을 연결하려고 한다. 각 물음에 답하시오.

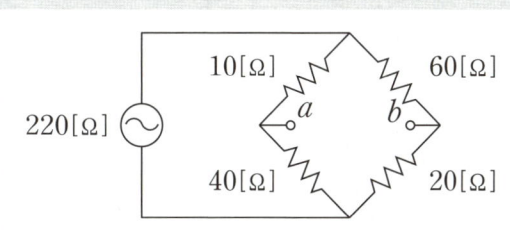

(1) 최대전력이 발생할 때의 $a-b$ 사이 저항의 크기를 구하시오.
　○ 계산 과정 :　　　　　　　　　　　　　　　　　　○ 답 :

(2) 10분간 전압을 가했을 때 $a-b$ 사이 저항의 일량[kJ]을 구하시오.
　(단, 효율은 0.9이다.)
　○ 계산 과정 :　　　　　　　　　　　　　　　　　　○ 답 :

정답

(1) 테브난의 등가회로 변환시 테브난의 등가저항

$$R_T = \frac{10 \times 40}{10 + 40} + \frac{60 \times 20}{60 + 20} = 23[\Omega]$$

최대전력시 $R_T = R_{ab}$ 이므로 $R_{ab} = 23[\Omega]$　　　　　답　$23[\Omega]$

(2) 테브난의 등가회로 변환시 테브난의 등가전압

$$V_T = V_a - V_b = 220 \times \frac{40}{10+40} - 220 \times \frac{20}{60+20} = 121[V]$$

전체전류 $I = \dfrac{V}{R_0} = \dfrac{121}{23+23} = 2.63[A]$

$W = Pt\eta = I^2 R_{ab} \times t \times \eta = 2.63^2 \times 23 \times 10 \times 60 \times 0.9 \times 10^{-3} = 85.91[kJ]$　　답　$85.91[kJ]$

14 아래와 같이 단상 3선식 선로에 전열기 A부하가 접속되어 있다. 각 선에 흐르는 전류의 크기를 구하시오.

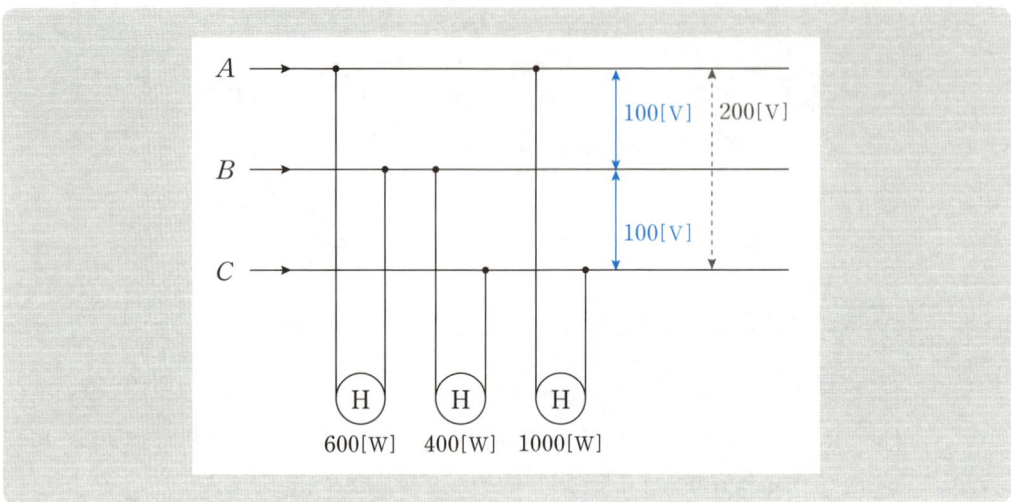

정답

- $I_{ab} = \dfrac{600}{100} = 6[A]$, $I_{bc} = \dfrac{400}{100} = 4[A]$, $I_{ac} = \dfrac{1000}{200} = 5[A]$ 이므로
- $I_a = I_{ab} + I_{ac} = 6 + 5 = 11[A]$
- $I_b = I_{bc} - I_{ab} = 4 - 6 = -2[A]$
- $I_c = -I_{bc} - I_{ac} = -4 - 5 = -9[A]$

답 $I_a = 11[A]$, $I_b = -2[A]$, $I_c = -9[A]$

15 다음은 어느 계전기 회로의 논리식이다. 이 논리식을 이용하여 다음 각 물음에 답하시오. (단, 여기에서 A, B, C는 입력이고, X는 출력이다.)

$$X = A + B \cdot \overline{C}$$

(1) 이 논리식을 로직을 이용한 시퀀스도(논리회로)로 나타내시오.

(2) 물음 (1)에서 로직 시퀀스로도 표현된 것을 2입력 NAND gate만으로 등가 변환하시오.

(3) 물음 (2)에서 로직 시퀀스로도 표현된 것을 2입력 NOR gate만으로 등가 변환하시오.

정답

(1)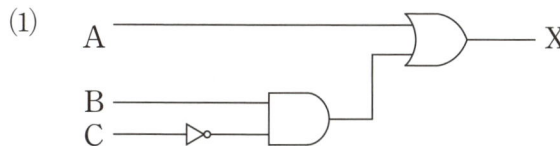

(2)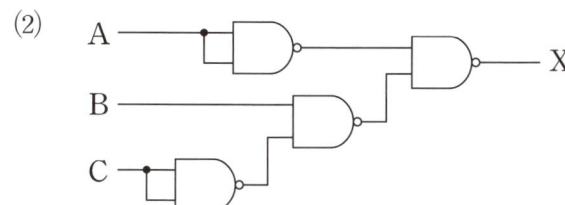

(3)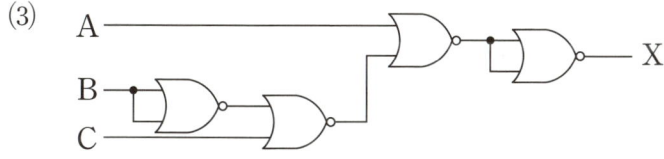

16 다음 조건과 같은 동작이 되도록 제어회로의 배선과 감시반 회로 배선 단자를 연결하시오.

[조건]
- 배선용차단기(MCCB)를 투입(ON)하면 GL1과 GL2가 점등된다.
- 선택스위치(SS)를 "L"위치에 놓고 PB2를 누른 후 놓으면 전자접촉기(MC)에 의하여 전동기가 운전되고, RL1과 RL2는 점등, GL1과 GL2는 소등된다.
- 전동기 운전 중 PB1을 누르면 전동기는 정지하고, RL1과 RL2는 소등, GL1과 GL2는 점등된다.
- 선택스위치(SS)를 "R"위치에 놓고 PB3를 누른 후 놓으면 전자접촉기(MC)에 의하여 전동기가 운전되고, RL1과 RL2는 점등, GL1과 GL2는 소등된다.
- 전동기 운전 중 PB4를 누르면 전동기는 정지하고, RL1과 RL2는 소등되고 GL1과 GL2가 점등된다.
- 전동기 운전 중 과부하에 의하여 EOCR이 작동되면 전동기는 정지하고 모든 램프는 소등되며, EOCR을 RESET하면 초기상태로 된다.

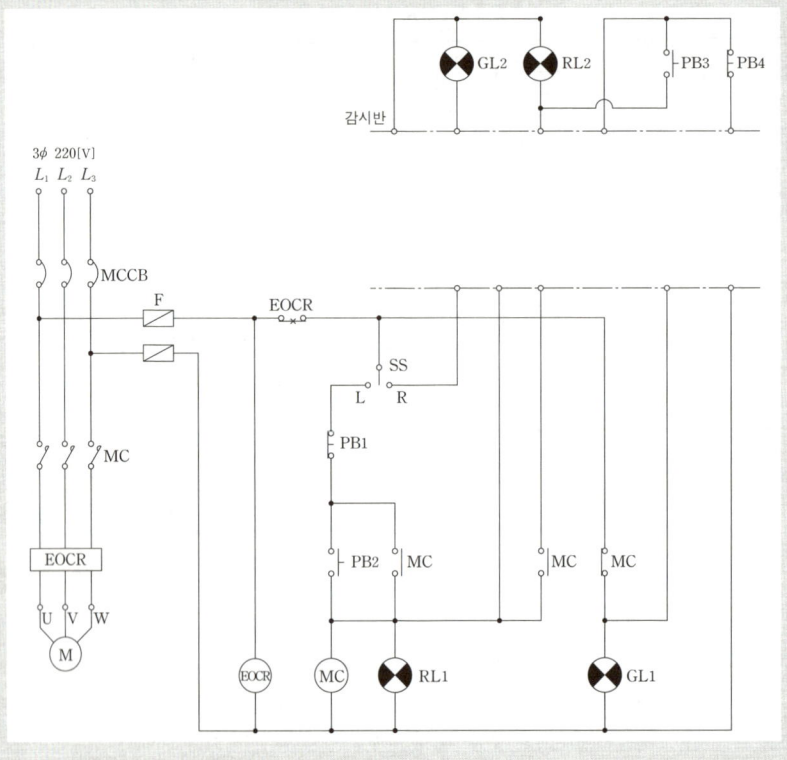

정답

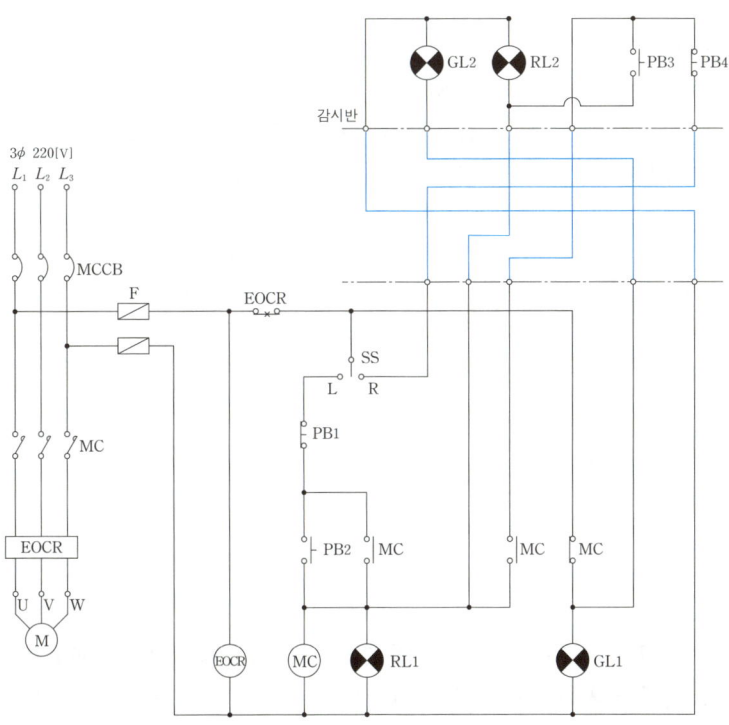

17 다음 빈칸에 알맞은 값을 넣으시오.

가공 전선로에 사용하는 지지물의 강도 계산에 적용하는 을종 풍압 하중은 전선 기타의 가섭선 주위에 두께 (①)[mm], 비중 (②)의 빙설이 부착된 상태에서 수직 투영면적 372[Pa](다도체를 구성하는 전선은 333[Pa]), 그 이외의 것은 갑종 풍압의 2분의 1을 기초로 하여 계산한 것을 적용한다.

정답

① 6, ② 0.9

18 그림과 같은 154[kV] 계통에서 X친 F점(모선③)에서 3상 단락 고장이 발생하였을 경우 다음 사항을 구하시오. (단, 그림에 표시된 수치는 모두 154[kV], 100[MVA] 기준 %임피던스를 표시하여 모선①의 좌측 및 모선②의 우측 %임피던스는 각각 40[%], 4[%]로서 모선 전원측 등가 임피던스를 표시한다.)

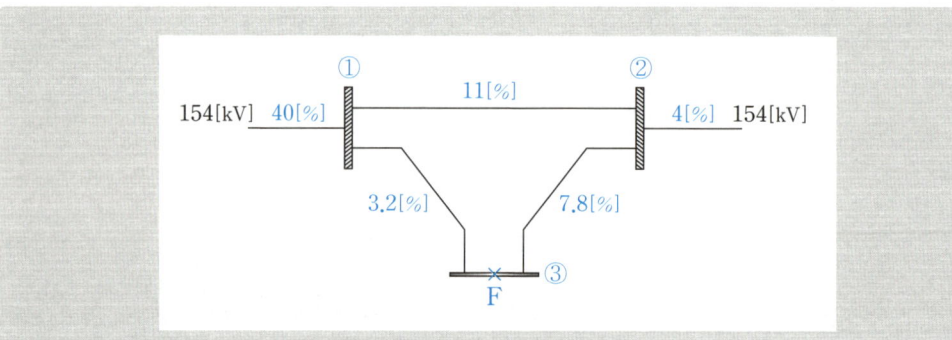

1) ①번과 ②번 모선간 단락전류[A]와 단락용량[MVA]
2) ①번과 ③번 모선간 단락전류[A]와 단락용량[MVA]
3) ②번과 ③번 모선간 단락전류[A]와 단락용량[MVA]

정답

[참고해설1]

1. 계통을 PU법으로 전환환 등가 회로도

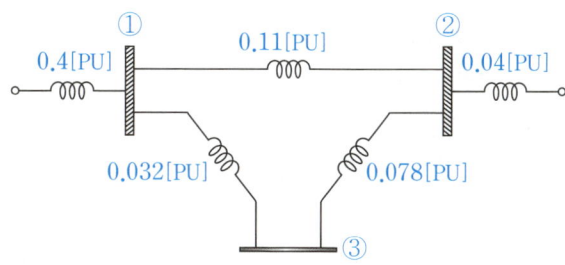

2. Y_{bus} 산출

$$Y_{bus} = \begin{bmatrix} Y_{11} & Y_{12} & Y_{13} \\ Y_{21} & Y_{22} & Y_{23} \\ Y_{31} & Y_{32} & Y_{33} \end{bmatrix}$$

① $Y_{11} = \dfrac{1}{0.4} + \dfrac{1}{0.11} + \dfrac{1}{0.032} = \dfrac{1885}{44} = 42.84$

② $Y_{12} = Y_{21} = -\dfrac{1}{0.11} = -\dfrac{100}{11} = -9.09$

③ $Y_{13} = Y_{31} = -\dfrac{1}{0.032} = -\dfrac{125}{4} = -31.25$

④ $Y_{22} = \dfrac{1}{0.11} + \dfrac{1}{0.04} + \dfrac{1}{0.078} = \dfrac{20125}{429} = 46.91$

⑤ $Y_{23} = Y_{32} = -\dfrac{1}{0.078} = -\dfrac{500}{39} = -12.82$

⑥ $Y_{33} = \dfrac{1}{0.032} + \dfrac{1}{0.078} = \dfrac{6875}{156} = 44.07$

$\therefore Y_{bus} = \begin{bmatrix} 42.84 & -9.09 & -31.25 \\ -9.09 & 46.91 & -12.82 \\ -31.25 & -12.82 & 44.07 \end{bmatrix}$

[참고해설2]

어드미턴스 행렬 작성시 지문에서 주어진 것은 임피던스이므로 리액턴스로 간주하여 실제 j를 붙여 계산하여야한다. (편의상 j생략된 계산식)

㉠ $Z_{bus} = Y_{bus}^{-1}$

$$A = \begin{bmatrix} 42.84 & -9.09 & -31.25 \\ -9.09 & 46.91 & -12.82 \\ -31.25 & -12.82 & 44.07 \end{bmatrix}^{-1} = Z_{bus}$$

(a) $det(A) = \begin{vmatrix} 42.84 & -9.09 & -31.25 \\ -9.09 & 46.91 & -12.82 \\ -31.25 & -12.82 & 44.07 \end{vmatrix} = 24787.96$

(b) $adj(A) = \begin{vmatrix} \begin{vmatrix} 46.91 & -12.82 \\ -12.82 & 44.07 \end{vmatrix} & -\begin{vmatrix} -0.09 & -31.25 \\ -12.82 & 44.07 \end{vmatrix} & \begin{vmatrix} -9.09 & -31.25 \\ 46.91 & -12.82 \end{vmatrix} \\ -\begin{vmatrix} -9.09 & -12.82 \\ -31.25 & 44.07 \end{vmatrix} & \begin{vmatrix} 42.84 & -31.25 \\ -31.25 & 44.07 \end{vmatrix} & -\begin{vmatrix} 42.84 & -31.25 \\ -9.09 & -12.82 \end{vmatrix} \\ \begin{vmatrix} -9.09 & 46.91 \\ -31.25 & -12.82 \end{vmatrix} & -\begin{vmatrix} 42.84 & -9.09 \\ -31.25 & -12.82 \end{vmatrix} & \begin{vmatrix} 42.84 & -9.09 \\ -9.09 & 46.91 \end{vmatrix} \end{vmatrix}$

$adj(A) = \begin{vmatrix} 1902.97 & 801.22 & 1582.47 \\ 801.22 & 911.39 & 833.27 \\ 1582.47 & 833.27 & 1926.99 \end{vmatrix}$

$Z_{bus} = Y_{bus}^{-1} = \frac{1}{det(A)} \cdot adj(A) = \frac{1}{24787.96} \cdot \begin{bmatrix} 1902.97 & 801.22 & 1582.47 \\ 801.22 & 911.39 & 833.27 \\ 1582.47 & 833.27 & 1926.99 \end{bmatrix}$

$Z_{bus} = \begin{bmatrix} 0.0767 & 0.0323 & 0.0638 \\ 0.0323 & 0.0367 & 0.0336 \\ 0.0638 & 0.0336 & 0.0777 \end{bmatrix}$

3. ③번 모선의 3상 단락시

①번 모선의 전압, ②번 모선의 전압, ③번 모선의 전압

$Z_{bus} = \begin{bmatrix} 0.0767 & 0.0323 & 0.0638 \\ 0.0323 & 0.0367 & 0.0336 \\ 0.0638 & 0.0336 & 0.0777 \end{bmatrix}$

ⓐ ①번 모선의 전압
$E_1^{(F)} = E_1^{(0)} - Z_{13} \times I_3 = 1 - (0.0638 \times 12.87) = 0.1788 [pu]$

ⓑ ②번 모선의 전압
$E_2^{(F)} = E_2^{(0)} - Z_{23} \times I_3 = 1 - (0.0336 \times 12.87) = 0.5675 [pu]$

ⓒ ③번 모선의 전압
$E_3^{(F)} = 0$

[참고해설3]

$E_i^{(F)} = E_i^{(0)} - Z_{ip} \times I_p$ 단) $i=1, 2, 3$(모선) $P=3$(고장점)

$E_i^{(F)}$: 고장시 전압으로 3상단락시 그 해당 모선은 0이된다.

$E_i^{(0)}$: 고장직전의 전압으로 1[pu]=154[kV]이다.

(1) ③번 모선의 3상 단락시 ①번과 ②번 모선간 단락전류[A]와 단락용량[MVA]

ⓐ 단락전류

$$I_{12} = \frac{E_1 - E_2}{Z_{12}} = \frac{0.1788 - 0.5675}{0.11} = -3.53[\text{pu}]$$

실제전류 $= -3.53 \times I_n = -3.53 \times \frac{100 \times 10^3}{\sqrt{3} \times 154} = -1323.41[\text{A}]$ 답 $-1323.41[\text{A}]$

ⓑ 단락용량

$$P_s = 3 \times I_s^2 \times Z \times 10^{-6}[\text{MVA}]$$

단) I_s : 모선간 단락전류[A], Z : 모선간 임피던스[Ω]

%Z와 Z관계식 $\%Z = \frac{P \cdot Z}{10V^2}$ 에서

$1[\%]$임피던스 $Z = \frac{10V^2 \times \%Z}{P} = \frac{10 \times 154^2}{100 \times 10^3[\text{kVA}]} \times 1$

$Z = 23716[\Omega/\%]$

$P_s = 3 \times (-1323.41)^2 \times 2.3716[\Omega/\%] \times 11[\%] \times 10^{-6} = 137.07[\text{MVA}]$

답 $137.07[\text{MVA}]$

(2) ③번 모선의 단락시 ①번과 ③번 모선간 단락전류[A]와 단락용량[MVA]

ⓐ 단락전류

$$I_{13} = \frac{E_1 - E_3}{Z_{13}} = \frac{0.1788 - 0}{0.032} = 5.59[\text{pu}]$$

실제전류 $= 5.59 \times I_n = 5.59 \times \frac{100 \times 10^3}{\sqrt{3} \times 154} = 2095.71[\text{A}]$ 답 $2095.71[\text{A}]$

ⓑ 단락용량

$$P_s = 3 \times I_s^2 \times Z \times 10^{-6}[\text{MVA}]$$

$P_s = 3 \times 2095.71^2 \times 2.3716[\Omega/\%] \times 3.2[\%] \times 10^{-6} = 99.99[\text{MVA}]$

답 $99.99[\text{MVA}]$

(3) ③번 모선의 단락시 ②번과 ③번 모선간 단락전류[A]와 단락용량[MVA]

    ⓐ 단락전류

$$I_{23} = \frac{E_2 - E_3}{Z_{23}} = \frac{0.5675 - 0}{0.078} = 7.276 [\text{pu}]$$

실제전류 $= 7.276 \times I_n = 7.276 \times \dfrac{100 \times 10^3}{\sqrt{3} \times 154} = 2727.79 [\text{A}]$ 답   2727.79[A]

    ⓑ 단락용량

$$P_s = 3 \times I_s^2 \times Z \times 10^{-6} [\text{MVA}]$$
$$P_s = 3 \times 2727.79^2 \times 2.3716 [\Omega/\%] \times 7.8 [\%] \times 10^{-6} = 412.93 [\text{MVA}]$$

답   412.93[MVA]

전기기사실기 2023년 2회 기출문제

01 유도 전동기 IM을 유도전동기가 있는 현장과 현장에서 조금 떨어진 제어실 어느 쪽에서든지 기동 및 정지가 가능하도록 전자접촉기 MC와 누름버튼 스위치 PBS-ON용 및 PBS-OFF용을 사용하여 제어회로를 점선 안에 그리시오.

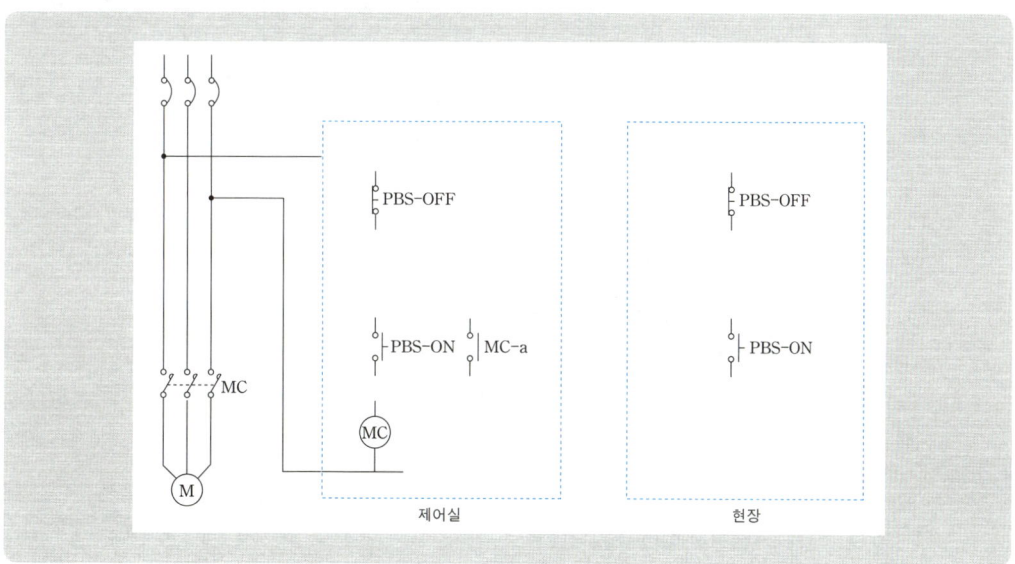

정답

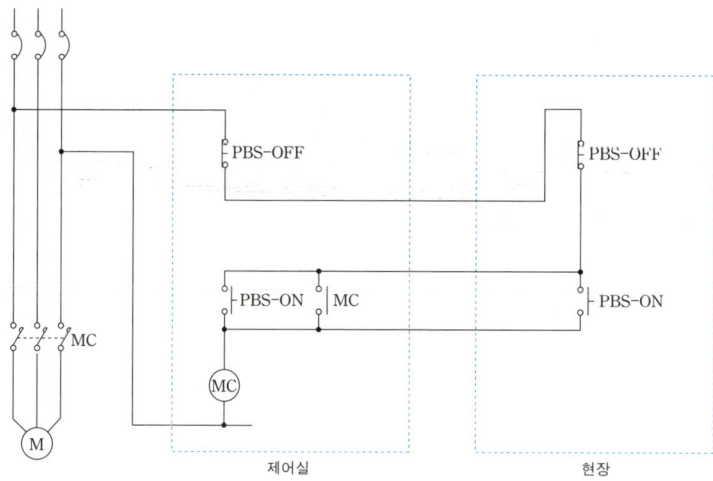

다음 그림은 TN-S계통의 일부분이다. 결선하여 계통을 완성하시오. (단, 계통 일부의 중성선과 보호선을 동일전선으로 사용하며, 중성선 ↗, 보호선 ⊤, 보호선과 중성선을 겸한선 ⊤↗을 사용한다.)

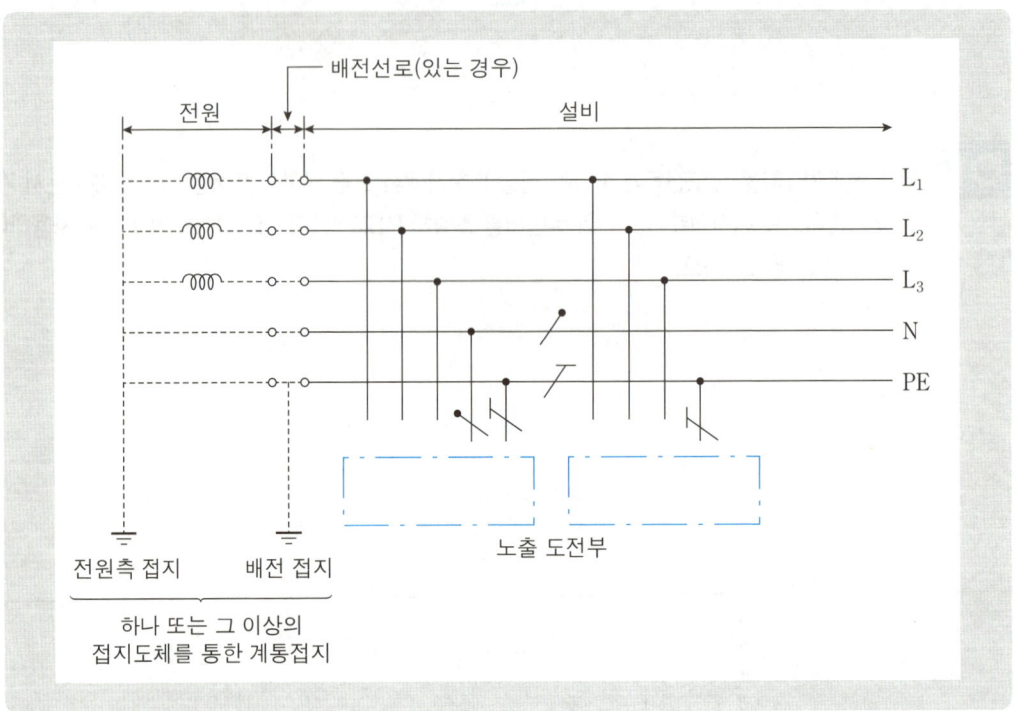

정답

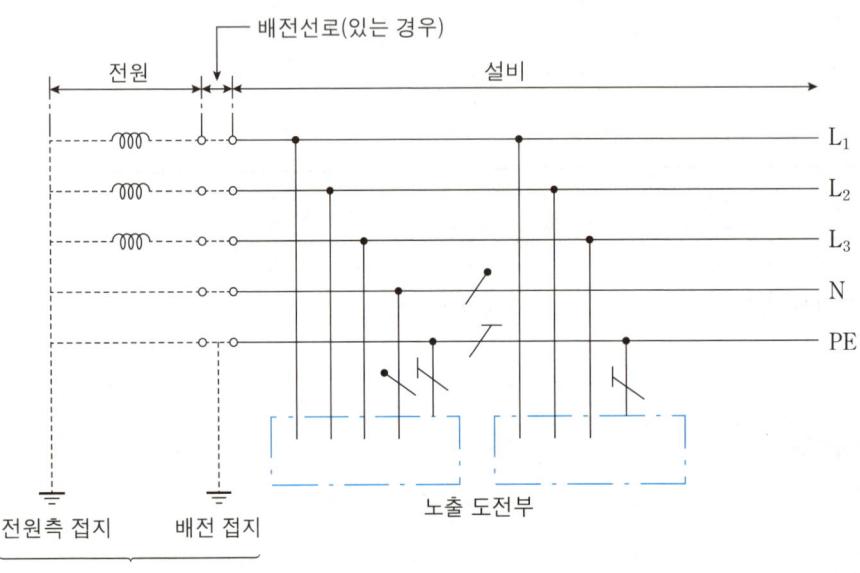

03

피뢰기의 설치장소에 관한 사항이다. 아래의 빈칸을 채우시오.

- (①) 또는 이에 준하는 장소의 가공전선 인입구 및 인출구
- 가공전선로에 접속되는 (②) 변압기의 고압 및 특별고압측
- (③) 가공전선로로부터 공급받는 (④)의 인입구
- 가공전선로와 (⑤)가 접속되는 곳

정답

① 발전소·변전소   ② 배전용   ③ 고압 및 특고압   ④ 수용장소   ⑤ 지중전선로

04

다음은 한국전기설비규정(KEC)의 저압배선용 차단기에 대한 사항이다. 다음 빈칸을 채우시오.

[순시트립에 따른 구분(주택용)]

형	순시트립범위
①	$3I_n$ 초과 $5I_n$ 이하
②	$5I_n$ 초과 $10I_n$ 이하
③	$10I_n$ 초과 $20I_n$ 이하

[과전류트립 동작시간 및 특성(주택용)]

정격전류의 구분	시간(분)	정격전류의 배수	
		부동작전류	동작전류
63[A] 이하	60	④( )	⑤( )
63[A] 초과	120	④( )	⑤( )

정답

① B   ② C   ③ D   ④ 1.13   ⑤ 1.45

05 입력이 A, B, C이며 출력이 Y_1, Y_2일 때 진리표와 같이 동작시키고자 한다. 다음 물음에 답하시오.

A	B	C	Y_1	Y_2
0	0	0	1	1
0	0	1	0	0
0	1	0	0	1
0	1	1	0	1
1	0	0	1	1
1	0	1	0	0
1	1	0	1	1
1	1	1	0	1

접속점 표기 방식	
접속	비접속

(1) Y_1, Y_2의 논리식을 간략화하여 작성하시오.

(2) Y_1, Y_2를 논리회로로 나타내시오.

(3) Y_1, Y_2를 시퀀스회로(유접점회로)로 나타내시오.

정답

(1) $Y_1 = \overline{C}(A + \overline{B})$, $Y_2 = B + \overline{C}$

(2)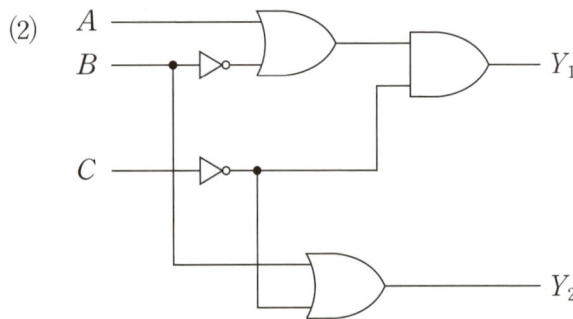

(3)
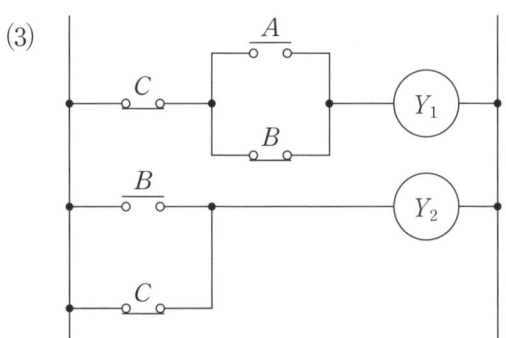

> 참고

논리식 간소화

$Y_1 = \overline{A}\,\overline{B}\,\overline{C} + A\overline{B}\,\overline{C} + AB\overline{C} = \overline{C}(\overline{A}\,\overline{B} + A\overline{B} + AB)$
$= \overline{C}(\overline{A}\,\overline{B} + A(\overline{B}+B)) = \overline{C}((\overline{A}+A)(A+\overline{B})) = \overline{C}(A+\overline{B})$

$Y_2 = \overline{A}\,\overline{B}\,\overline{C} + \overline{A}B\overline{C} + \overline{A}BC + A\overline{B}\,\overline{C} + AB\overline{C} + ABC$
$= \overline{A}\,\overline{C} + BC + A\overline{C} = \overline{C}(\overline{A}+A) + BC = (\overline{C}+B)(\overline{C}+C) = \overline{C}+B$

06
변류비 50/5인 변류기 2대를 그림과 같이 접속하였을 때 전류계에 2[A]의 전류가 흘렀다. 1차 전류를 구하시오.

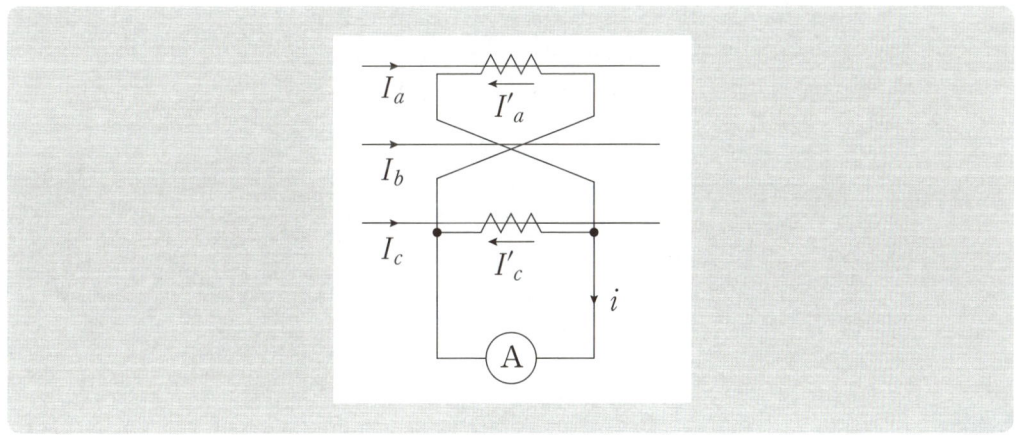

> 정답

$I_1 = I_2 \times \text{CT비} \times \dfrac{1}{\sqrt{3}} = 2 \times \dfrac{50}{5} \times \dfrac{1}{\sqrt{3}} = 11.55[\text{A}]$

답 11.55[A]

07 전동기 부하의 역률 개선을 위해 병렬로 콘덴서를 설치하여 역률 90[%]로 유지하고자 한다. 다음 각 물음에 답하시오. (단, 콘덴서는 △결선한다.)

(1) 전압 380[V], 전동기의 출력 7.5[kW], 역률 80%이다. 역률 개선시 필요한 콘덴서의 용량[kVA]를 구하시오.
  ◦ 계산 과정 :   ◦ 답 :

(2) 물음 (1)의 콘덴서 용량을 구성하기 위해 1상에 필요한 콘덴서 정전용량[μF]을 구하시오.
  ◦ 계산 과정 :   ◦ 답 :

정답

(1) $Q = P(\tan\theta_1 - \tan\theta_2) = 7.5 \times \left(\dfrac{\sqrt{1-0.8^2}}{0.8} - \dfrac{\sqrt{1-0.9^2}}{0.9}\right) = 1.99\,[\text{kVA}]$ 답 1.99[kVA]

(2) $C = \dfrac{Q}{3\omega V^2} = \dfrac{1.99 \times 10^3}{3 \times 2\pi \times 60 \times 380^2} \times 10^6 = 12.19\,[\mu\text{F}]$ 답 12.19[μF]

08 그림과 같은 점광원으로부터 원뿔 밑면까지의 거리가 4[m]이고, 밑면의 반지름이 3[m]인 원형면의 평균 조도가 100[lx]라면 이 점광원의 평균 광도[cd]는?

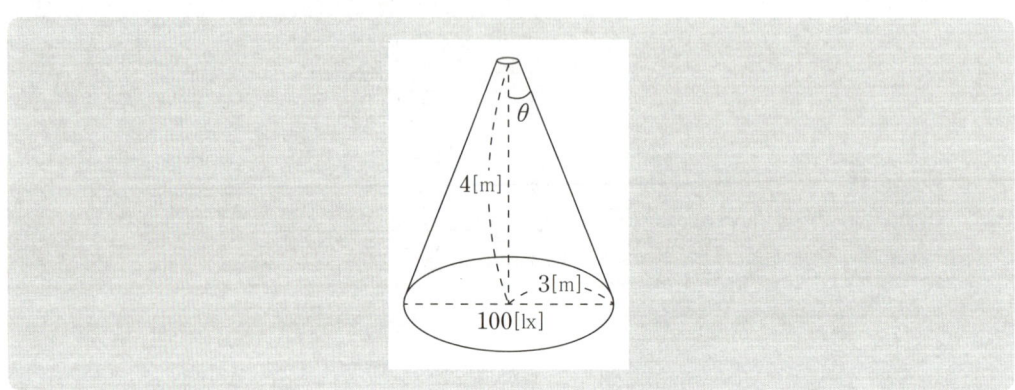

정답

$E = \dfrac{F}{S}$ 에서 $F = E \cdot s = E \cdot \pi r^2 = 100 \times \pi \times 3^2 = 900\pi\,[\text{lm}]$

광도 $I = \dfrac{F}{\omega} = \dfrac{F}{2\pi(1-\cos\theta)} = \dfrac{900\pi}{2\pi\left(1-\dfrac{4}{5}\right)} = 2250\,[\text{cd}]$ 답 2250[cd]

09 다음은 A, B 수용가에 대해 나타낸 것이다. 다음 각 물음에 답하시오.

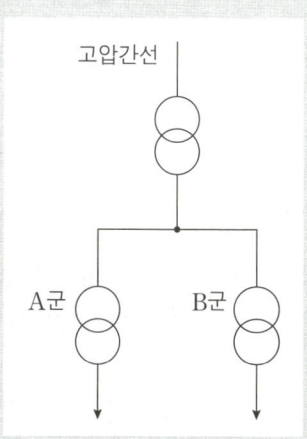

	A군	B군
설비용량	50[kW]	30[kW]
역률	1	1
수용률	0.6	0.5
부등률	1.2	1.2
변압기 간 부등률	1.3	

(1) A 수용가의 변압기 용량[kVA]을 구하시오.
  ○ 계산 과정 :   ○ 답 :

(2) B 수용가의 변압기 용량[kVA]을 구하시오.
  ○ 계산 과정 :   ○ 답 :

(3) 고압 간선에 걸리는 최대부하[kW]를 구하시오.
  ○ 계산 과정 :   ○ 답 :

정답

(1) $TR_A = \dfrac{\text{설비용량} \times \text{수용률}}{\text{부등률} \times \text{역률}} = \dfrac{50 \times 0.6}{1.2 \times 1} = 25[\text{kVA}]$ 답 25[kVA]

(2) $TR_B = \dfrac{\text{설비용량} \times \text{수용률}}{\text{부등률} \times \text{역률}} = \dfrac{30 \times 0.5}{1.2 \times 1} = 12.5[\text{kVA}]$ 답 12.5[kVA]

(3) 최대부하 $= \dfrac{\text{각 부하 합성최대전력의 합}}{\text{부등률}} = \dfrac{25 + 12.5}{1.3} = 28.85[\text{kW}]$ 답 28.85[kW]

10

그림과 같은 송전계통 S점에서 3상 단락사고가 발생하였다. 주어진 도면과 조건을 참고하여 다음 각 물음에 답하시오.

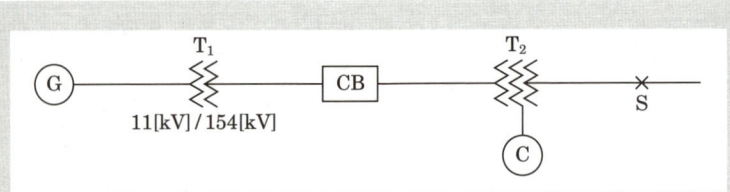

[조건]

번호	기기명	용량	전압	%X
1	발전기(G)	50000[kVA]	11[kV]	25
2	변압기(T_1)	50000[kVA]	11/154[kV]	10
3	송전선		154[kV]	8(10000[kVA] 기준)
4	변압기(T_2)	1차 25000[kVA]	154[kV]	12(25000[kVA] 기준, 1차~2차)
		2차 30000[kVA]	77[kV]	16(25000[kVA] 기준, 2차~3차)
		3차 10000[kVA]	11[kV]	9.5(10000[kVA] 기준, 3차~1차)
5	조상기(C)	10000[kVA]	11[kV]	15

(1) 변압기(T_2)의 1~2차, 2~3차, 3~1차의 %임피던스를 기준용량 10[MVA]로 환산하시오.
  ◦ 1차   ◦ 계산 과정 :   ◦ 답 :
  ◦ 2차   ◦ 계산 과정 :   ◦ 답 :
  ◦ 3차   ◦ 계산 과정 :   ◦ 답 :

(2) 변압기(T_2)의 1차(%Z_1), 2차(%Z_2), 3차(%Z_3) %임피던스를 구하시오.
  ◦ %Z_1 ◦ 계산 과정 :   ◦ 답 :
  ◦ %Z_2 ◦ 계산 과정 :   ◦ 답 :
  ◦ %Z_3 ◦ 계산 과정 :   ◦ 답 :

(3) 고장점 S에서 바라본 전원 측의 합성 %임피던스를 구하시오.
  ◦ 계산 과정 :   ◦ 답 :

(4) 고장점의 차단용량을 구하시오.
　◦계산 과정 :　　　　　　　　　　　　　　　　　　◦답 :

(5) 고장점의 고장전류를 구하시오.
　◦계산 과정 :　　　　　　　　　　　　　　　　　　◦답 :

정답

(1) ◦1차 : $\dfrac{10}{25} \times 12 = 4.8[\%]$　　　　　　　　　답　4.8[%]

　　◦2차 : $\dfrac{10}{25} \times 16 = 6.4[\%]$　　　　　　　　　답　6.4[%]

　　◦3차 : $\dfrac{10}{10} \times 9.5 = 9.5[\%]$　　　　　　　　　답　9.5[%]

(2) ◦$\%Z_1 = \dfrac{1}{2}(4.8 + 9.5 - 6.4) = 3.95[\%]$　　　　답　3.95[%]

　　◦$\%Z_2 = \dfrac{1}{2}(4.8 + 6.4 - 9.5) = 0.85[\%]$　　　　답　0.85[%]

　　◦$\%Z_3 = \dfrac{1}{2}(6.4 + 9.5 - 4.8) = 5.55[\%]$　　　　답　5.55[%]

(3) 발전기 10[MVA]기준으로 환산하면 $\dfrac{10}{50} \times 25 = 5[\%]$

　　변압기 10[MVA]기준으로 환산하면 $\dfrac{10}{50} \times 10 = 2[\%]$

　　송전선 8[%]이므로 $\%Z = \dfrac{(5+2+8+3.95) \times (5.55+15)}{(5+2+8+3.95) + (5.55+15)} + 0.85 = 10.71[\%]$

　　　　　　　　　　　　　　　　　　　　　　　　답　10.71[%]

(4) $P_s = \dfrac{100}{\%Z} \times P_n = \dfrac{100}{10.71} \times 10 = 93.37[\text{MVA}]$　　답　93.37[MVA]

(5) $I_s = \dfrac{100}{\%Z} \times I_n = \dfrac{100}{10.71} \times \dfrac{10 \times 10^6}{\sqrt{3} \times 77 \times 10^3} = 700.1[\text{A}]$　　답　700.1[A]

11 4극 3상 유도전동기를 변전실 분전반에서 긍장 50[m] 떨어진 곳에 설치하였으며 부하 전류는 75[A]이다. 이때 전압강하를 5[V] 이하로 하기 위해서 전선의 굵기[mm²]를 얼마로 선정하는 것이 적당한가? (단, 3상 3선식 회로이며, 전압은 380[V]임)

KSC IEC 전선규격[mm²]		
1.5	2.5	4
6	10	16
25	35	50

정답

전선의 굵기 $= \dfrac{30.8 \times LI}{1000 \times e} = \dfrac{30.8 \times 50 \times 75}{1000 \times 5} = 23.1 [\mathrm{mm}^2]$ 　　**답** 25[mm²]

12 3300/200[V]인 변압기의 용량이 각각 250[kVA], 200[kVA]이고 %임피던스 강하가 각각 2.7[%]와 3[%]일 때 그 병렬 합성 용량[kVA]은?

정답

부하분담은 용량에 비례, 임피던스에 반비례한다.

$\dfrac{I_A}{I_B} = \dfrac{[\mathrm{kVA}]_A}{[\mathrm{kVA}]_B} \times \dfrac{\%Z_B}{\%Z_A} \quad \therefore \ \dfrac{I_A}{I_B} = \dfrac{[\mathrm{kVA}]_A}{[\mathrm{kVA}]_B} \times \dfrac{\%Z_B}{\%Z_A} = \dfrac{250}{200} \times \dfrac{3}{2.7} = \dfrac{25}{18}$

① A기의 부하분담 $I_A = \dfrac{25}{18} \times I_B = \dfrac{25}{18} \times 200 = 277.78 [\mathrm{kVA}]$

　　최대용량 250[kVA]까지 가능

② B기의 부하분담 $I_B = \dfrac{18}{25} \times I_A = \dfrac{18}{25} \times 250 = 180 [\mathrm{kVA}]$

　　$\therefore \ 250 + 180 = 430 [\mathrm{kVA}]$ 　　**답** 430[kVA]

13 그림과 같은 일 부하 곡선을 가진 2개의 부하 A, B의 수용가가 있을 때 다음 각 물음에 답하시오.
(단, 부하 A, B의 설비용량은 각각 10[kW]이다.)

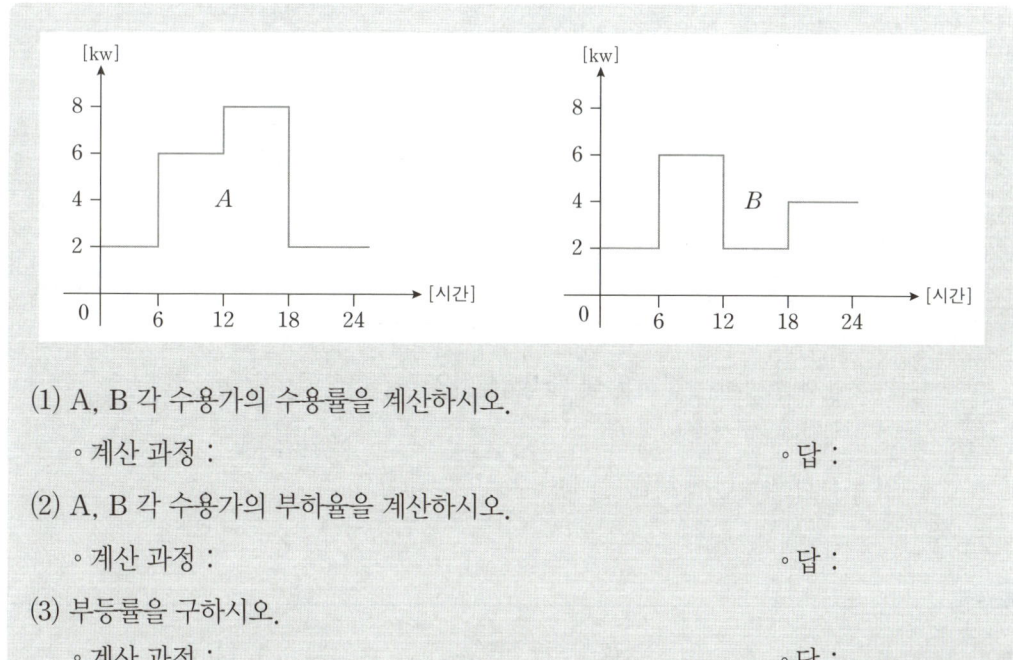

(1) A, B 각 수용가의 수용률을 계산하시오.
  ◦ 계산 과정 :   ◦ 답 :

(2) A, B 각 수용가의 부하율을 계산하시오.
  ◦ 계산 과정 :   ◦ 답 :

(3) 부등률을 구하시오.
  ◦ 계산 과정 :   ◦ 답 :

정답

(1) 수용률 $= \dfrac{\text{최대전력}}{\text{설비용량}} \times 100$

  ◦ $A = \dfrac{8}{10} \times 100 = 80[\%]$ 　　　　　　　　　　　답　80[%]

  ◦ $B = \dfrac{6}{10} \times 100 = 60[\%]$ 　　　　　　　　　　　답　60[%]

(2) 부하율 $= \dfrac{\text{평균전력}}{\text{최대전력}} = \dfrac{\text{사용전력량/시간}}{\text{최대전력}} = \dfrac{\text{사용전력량}}{\text{최대전력} \times \text{시간}}$

  ◦ $A = \dfrac{(2+6+8+2) \times 6}{8 \times 24} \times 100 = 56.25[\%]$ 　　　답　56.25[%]

  ◦ $B = \dfrac{(2+6+2+4) \times 6}{6 \times 24} \times 100 = 58.33[\%]$ 　　　답　58.33[%]

(3) 부등률 $= \dfrac{\text{각 부하 최대 수용전력의 합}}{\text{합성최대전력}} = \dfrac{8+6}{12} = 1.17$ 　　답　1.17

14 평형 3상 회로에 그림과 같이 접속된 전압계의 지시가 220[V], 전류계의 지시가 20[A], 전력계의 지시가 2[kW]일 때 다음 각 물음에 답하시오.

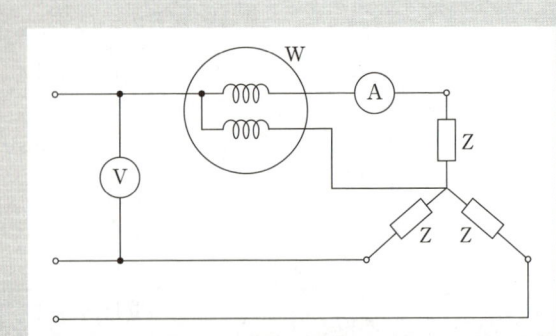

(1) Z에서 소비되는 전력은 몇 [kW]인가?
  ◦ 계산 과정 :   ◦ 답 :
(2) 부하의 임피던스 $Z[\Omega]$를 복소수로 나타내시오.

정답

(1)

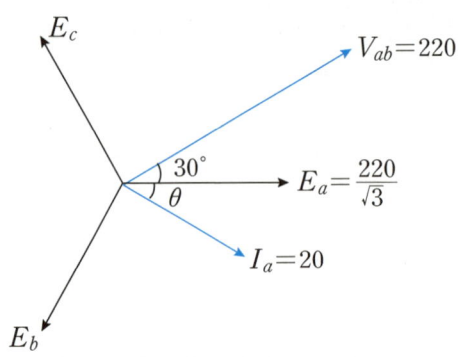

[벡터도]

전압계의 지시값이 선간전압 220[V]이므로 상전압(E_a) = $\dfrac{V_{ab}}{\sqrt{3}}$ = $\dfrac{220}{\sqrt{3}}$ [V]

1상의 유효전력(P) = $E_a I_a \cos\theta$에서 $\cos\theta = \dfrac{P}{E_a I_a} = \dfrac{2000}{\dfrac{220}{\sqrt{3}} \times 20} = 0.787$

$\cos\theta = 0.787$ → $\theta = \cos^{-1} 0.787 = 38.09°$

∘ $Z = \dfrac{E_a}{I_a} = \dfrac{\frac{220}{\sqrt{3}}}{20} = \dfrac{220}{20\sqrt{3}} = 6.35[\Omega]$

∘ $R = Z\cos\theta = 6.35 \times 0.787 = 4.997$ ∴ $R = 5[\Omega]$

∘ $X = Z\sin\theta = 6.35\sqrt{1 - 0.787^2} = 3.917$ ∴ $X = 3.92[\Omega]$

∘ Z에서 소비되는 전력 (3상 소비전력)

∘ $P_{3\phi} = 3I^2 R = 3 \times 20^2 \times 5 \times 10^{-3} = 6[\text{kW}]$ 답 $6[\text{kW}]$

(2) $Z = R + jX = 5 + j3.92[\Omega]$ 답 $5 + j3.92[\Omega]$

15 다음 회로에서 저항 $R = 20[\Omega]$, 전압 $V = 220\sqrt{2}\sin(120\pi t)[\text{V}]$이고, 변압기 권수비는 1:1일 때, 단상 전파 정류 브리지 회로에 대한 다음 물음에 답하시오.

(1) 점선 안에 브리지 회로를 완성하시오.

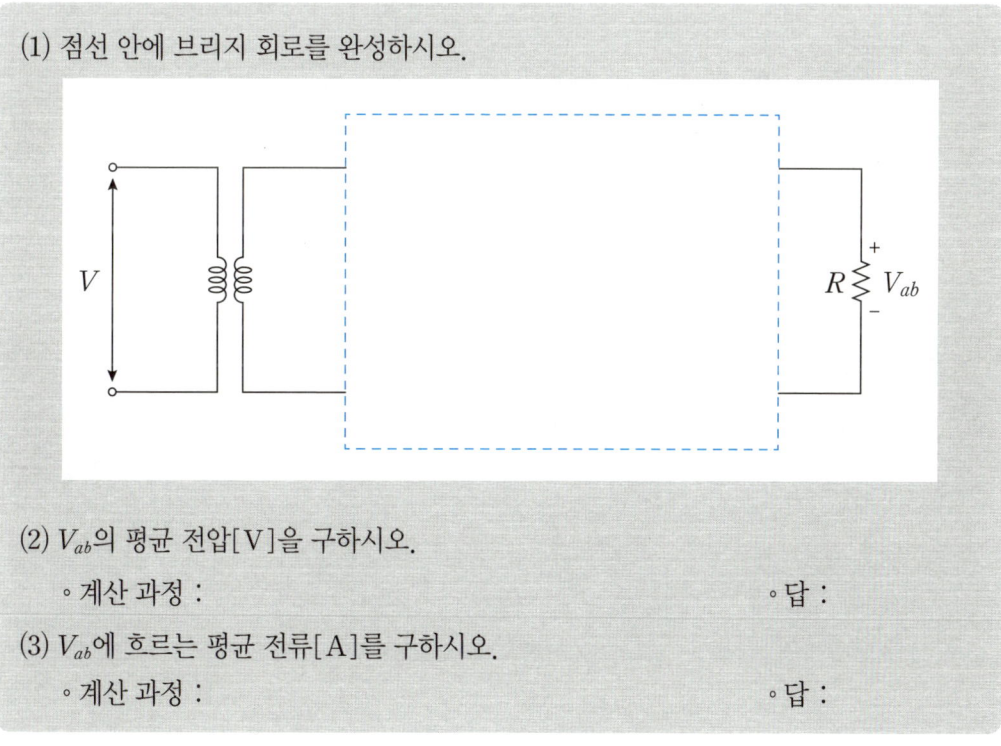

(2) V_{ab}의 평균 전압[V]을 구하시오.
   ∘ 계산 과정 :   ∘ 답 :

(3) V_{ab}에 흐르는 평균 전류[A]를 구하시오.
   ∘ 계산 과정 :   ∘ 답 :

> 정답

(1)

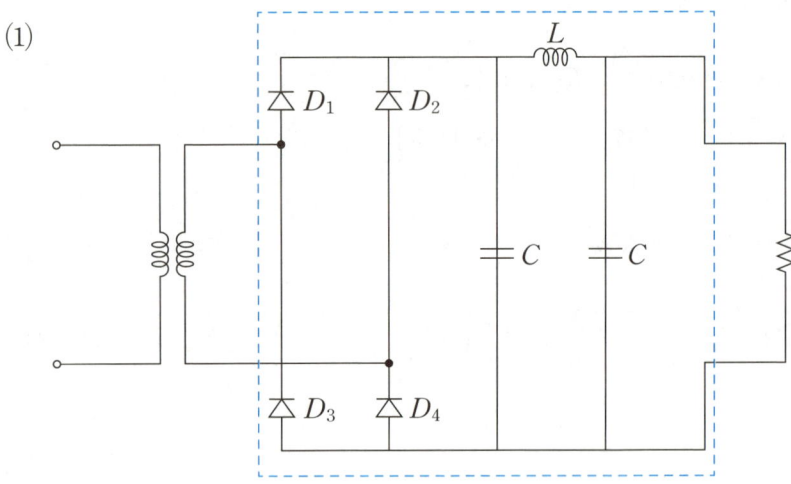

(2) V_{ab} = 평균전압 = V_{av}

$$V_{av} = \frac{2V_m}{\pi} = \frac{2 \times 220\sqrt{2}}{\pi} = 198.07[\text{V}]$$

답 198.07[V]

(3) I_{ab} = 평균전류

$$I_{av} = \frac{V_{av}}{R} = \frac{\frac{2 \times 220\sqrt{2}}{\pi}}{20} = \frac{2 \times 220\sqrt{2}}{20 \times \pi} = 9.9[\text{A}]$$

답 9.9[A]

16 다음은 전기안전관리자의 직무에 관한 고시 제6조에 대한 사항이다. 다음 빈칸에 알맞은 말을 쓰시오.

(1) 전기안전관리자는 제3조제2항에 따라 수립한 점검을 실시하고, 다음 각 호의 내용을 기록하여야 한다. 다만, 전기안전관리자와 점검자가 같은 경우 별지 서식(제2호~제8호)의 서명을 생략할 수 있다.
   1. 점검자
   2. 점검 연월일, 설비명(상호) 및 설비용량
   3. 점검 실시 내용(점검항목별 기준치, 측정치 및 그 밖에 점검 활동 내용 등)
   4. 점검의 결과
   5. 그 밖에 전기설비 안전관리에 관한 의견

(2) 전기안전관리자는 제1항에 따라 기록한 서류(전자문서를 포함한다)를 전기설비 설치 장소 또는 사업장마다 갖추어 두고, 그 기록서류를 (①)년간 보존하여야 한다.

(3) 전기안전관리자는 법 제11조에 따른 정기검사 시 제1항에 따라 기록한 서류(전자문서를 포함한다)를 제출하여야 한다. 다만, 법 제38조에 따른 전기안전종합정보시스템에 매월 (②) 회 이상 안전관리를 위한 확인·점검 결과 등을 입력한 경우에는 제출하지 아니할 수 있다.

정답

① 4 ② 1

17 3상 불평형 교류의 대칭분이 아래와 같을 때, 각 상의 전류 I_a, I_b, I_c[A]를 구하시오. (단, 상 순서는 $a-b-c$ 순이다.)

영상분	$1.8\angle-159.17°$
정상분	$8.95\angle1.14°$
역상분	$2.5\angle96.55°$

1) I_a
   ◦ 계산 과정 :   ◦ 답 :
2) I_b
   ◦ 계산 과정 :   ◦ 답 :
3) I_c
   ◦ 계산 과정 :   ◦ 답 :

정답

(1) $I_a = I_0 + I_1 + I_2$
$1.8\angle-159.17° + 8.95\angle1.14° + 2.5\angle96.55° = 7.27\angle16.15°$ 답 $I_a = 7.27\angle16.15°$

(2) $I_b = I_0 + a^2I_1 + aI_2$
$1.8\angle-159.17° + 1\angle240° \times 8.95\angle1.14° + 1\angle120° \times 2.5\angle96.55° = 12.78\angle-128.79°$
답 $I_b = 12.78\angle-128.79°$

(3) $I_c = I_0 + aI_1 + a^2I_2$
$1.8\angle-159.17° + 1\angle120° \times 8.95\angle1.14° + 1\angle240° \times 2.5\angle96.55° = 7.24\angle123.69°$
답 $I_c = 7.24\angle123.69°$

18 3상 3선식의 6.6[kV] 가공배전 선로에 접속된 주상변압기의 저압측에 시설될 중성점 접지공사의 접지 저항값을 구하시오. (단, 1초 초과, 2초 이내에 자동적으로 차단하는 장치를 설치하였으며, 고압측 1선 지락전류는 5[A]라고 한다.)

정답

$R = \dfrac{300}{I_g} = \dfrac{300}{5} = 60[\Omega]$ 답 $60[\Omega]$

전기기사실기 2023년 3회 기출문제

01 현장에서 시험용 변압기가 없을 경우 그림과 같이 주상 변압기 2대와 수(水)저항기를 사용하여 변압기의 절연내력 시험을 할 수 있다. 이때 다음 각 물음에 답하시오.
(단, 최대사용전압 6900[V]의 변압기의 권선을 시험할 경우이며, $E_2/E_1 = 105/6300[V]$임)

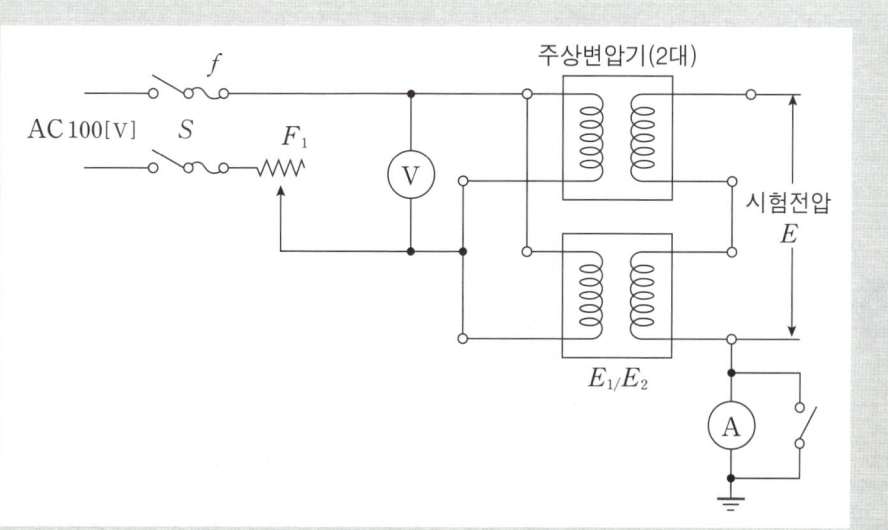

(1) 절연내력시험전압은 몇 [V]이며, 이 시험전압을 몇 분간 가하여 이에 견디어야 하는가?
  ① 절연내력시험전압
    ◦ 계산과정 :   ◦ 답 :
  ② 가하는 시간 :

(2) 시험 시 전압계 ⓥ로 측정되는 전압은 몇 [V]인가?
  ◦ 계산과정 :   ◦ 답 :

(3) 전류계는 어떤 목적으로 사용되는가?

정답

(1) ① 절연내력시험전압

　　절연내력시험전압 7[kV] 이하인 전로는 최대사용전압의 1.5배

　　∴ 절연내력시험전압 $V = 6900 \times 1.5 = 10350[V]$　　　답　10350[V]

　② 가하는 시간 : 10분

(2) 변압기 1대에 걸리는 전압이므로 $\frac{1}{2}$을 곱한다.

　전압계 V에 걸리는 전압

　$V = 10350 \times a \times \frac{1}{2} = 10350 \times \frac{105}{6300} \times \frac{1}{2} = 86.25[V]$　　　답　86.25[V]

(3) 누설 전류의 측정

02 다음은 한국전기설비규정의 내용이다. 빈칸을 채우시오.

다음과 같이 분기회로 (S_2)의 보호장치 (P_2)는 (P_2)의 전원 측에서 분기점(O) 사이에 다른 분기회로 또는 콘센트의 접속이 없고, 단락의 위험과 화재 및 인체에 대한 위험성이 최소화 되도록 시설된 경우, 분기회로의 보호장치 (P_2)는 분기회로의 분기점(O)으로부터 (　) [m]까지 이동하여 설치할 수 있다.

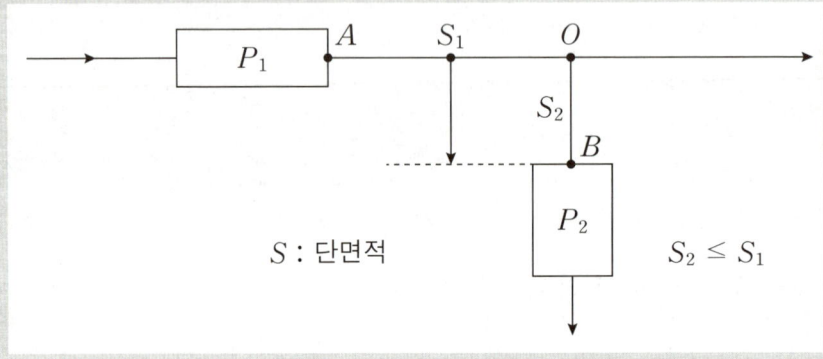

정답

3

03 연료전지의 특징에 대해 3가지를 쓰시오.

정답

- 환경 친화적이다.
- 발전 효율이 높다.
- 연료의 다양화가 가능하다.

04 소선의 지름이 3.2[mm], 37가닥으로 된 연선의 외경은 몇 [mm]인가?

정답

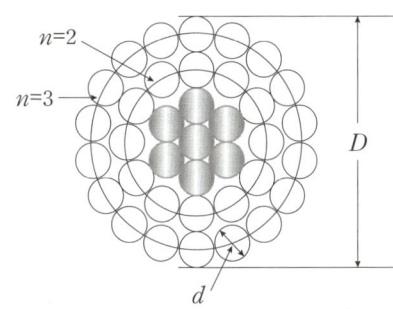

연선의 바깥지름 : $D=(2n+1)d$
n : 층수이며, d : 소선의 지름, 연선의 바깥지름 D
$D=(2\times3+1)\times3.2=22.4[mm]$

답 22.4[mm]

05 다음은 차단기의 트립방식에 관한 설명이다. 빈칸을 채우시오.

트립방식	설명
①	고장시 변류기의 2차 전류에 의해 트립되는 방식
②	고장시 콘덴서의 충전 전하에 의해 트립되는 방식
③	고장시 부족 전압 트립 장치에 인가되는 전압의 저하에 의해 트립되는 방식

정답

①	②	③
과전류 트립방식	콘덴서 트립방식	부족전압 트립방

06 6600/220[V]인 두 대의 단상 변압기 A, B가 있다. A는 30[kVA]로서 2차로 환산한 저항과 리액턴스의 값은 $r_A=0.03[\Omega]$, $x_A=0.04[\Omega]$이고, B는 20[kVA]로서 2차로 환산한 값은 $r_B=0.03[\Omega]$, $x_B=0.06[\Omega]$이다. 이 두 변압기를 병렬 운전해서 40[kVA]의 부하를 건 경우, A기의 분담 부하[kVA]는 얼마인가?

정답

$$\%Z_A = \frac{PZ_{21}}{10V_2^2} = \frac{30 \times \sqrt{0.03^2+0.04^2}}{10 \times 0.22^2} = 3.1[\%]$$

$$\%Z_B = \frac{PZ_{21}}{10V_2^2} = \frac{20 \times \sqrt{0.03^2+0.06^2}}{10 \times 0.22^2} = 2.77[\%]$$

$$\frac{P_A'}{P_B'} = \frac{P_A}{P_B} \times \frac{\%Z_B}{\%Z_A} = \frac{30}{20} \times \frac{2.77}{3.1} = 1.34$$

$$P_B' = \frac{P_A'}{1.34}, \quad P_A' + P_B' = P_A' + \frac{P_A'}{1.34} = \frac{2.34}{1.34}P_A' = 40[kVA]$$

$$\therefore P_A' = 22.91[kVA]$$

답 22.91[kVA]

---

07 어떤 공장의 어느 날 부하실적이 1일 사용전력량 192[kWh]이며, 1일의 최대 전력이 12[kW]이고, 최대전력일 때의 전류값이 34[A]이었을 경우 다음 각 물음에 답하시오.
(단, 이 공장은 220[V], 11[kW]인 3상 유도전동기를 부하 설비로 사용한다고 한다.)

(1) 일 부하율은 몇 [%]인가?
  ◦ 계산 과정 :   ◦ 답 :
(2) 최대 공급 전력일 때의 역률은 몇 [%]인가?
  ◦ 계산 과정 :   ◦ 답 :

정답

(1) 일 부하율 $= \dfrac{\text{사용전력량[kWh]}/24[h]}{\text{최대전력[kW]}} \times 100 = \dfrac{192/24}{12} \times 100 = 66.67[\%]$ **답** 66.67[%]

(2) 역률 $\cos\theta = \dfrac{\text{유효전력}}{\text{피상전력}} \times 100 = \dfrac{12000}{\sqrt{3} \times 220 \times 34} \times 100 = 92.62[\%]$ **답** 92.62[%]

08

차단기의 정격전압이 170[kV]이고 정격차단전류가 24[kA]일 때 아래 표를 참조하여 차단기의 차단용량[MVA]을 구하시오.

차단기의 정격차단용량[MVA]				
3600	5800	7300	9200	12000

정답

정격차단용량 $P_s = \sqrt{3}\, V_n I_{kA} = \sqrt{3} \times 170 \times 24 = 7066.77\,[\text{MVA}]$

답 7300[MVA]

09

동일한 용량의 단상변압기 2대를 V결선으로 3상 운전할 경우, △결선과 비교하여 출력비와 이용률은 얼마인가?

정답

출력비 : 57.74[%], 이용률 : 86.6[%]

10

다음 ①, ②에 알맞은 말을 넣으시오.

중성선을 (①) 및 (②)하는 회로의 경우에 설치하는 개폐기 및 차단기는 (①) 시에는 중성선이 선도체보다 늦게 (①)되어야 하며, (②) 시에는 선도체와 동시 또는 그 이전에 (②) 되는 것을 설치하여야 한다.

정답

① 차단 ② 재폐로

11 차단기는 고장시 발생하는 대전류를 신속하게 차단하여 고장구간을 분리하는 역할을 한다. 아래 차단기의 약호에 알맞은 명칭을 쓰시오.

① OCB ② ABB
③ GCB ④ MBB

정답

① 유입 차단기 ② 공기 차단기
③ 가스 차단기 ④ 자기 차단기

12 다음 무접점회로를 보고 진리표의 빈칸을 채우시오.

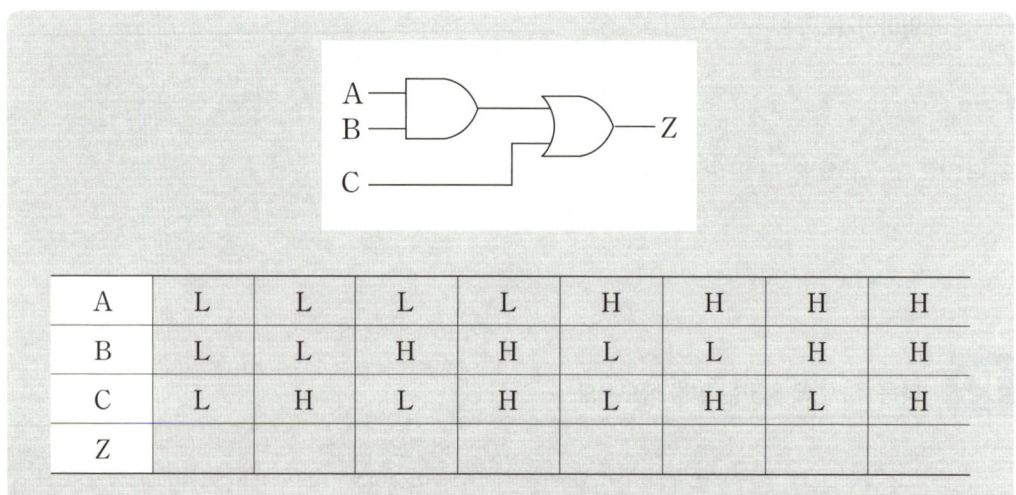

A	L	L	L	L	H	H	H	H
B	L	L	H	H	L	L	H	H
C	L	H	L	H	L	H	L	H
Z								

정답

A	L	L	L	L	H	H	H	H
B	L	L	H	H	L	L	H	H
C	L	H	L	H	L	H	L	H
Z	L	H	L	H	L	H	H	H

13 동기 발전기의 병렬 운전 조건을 4가지 쓰시오.

정답

- 기전력의 주파수가 같을 것
- 기전력의 위상이 같을 것
- 기전력의 파형이 같을 것
- 기전력의 크기가 같을 것

14 그림은 전자개폐기 MC에 의한 시퀀스 회로를 개략적으로 그린 것이다. 이 그림을 보고 다음 각 물음에 답하시오.

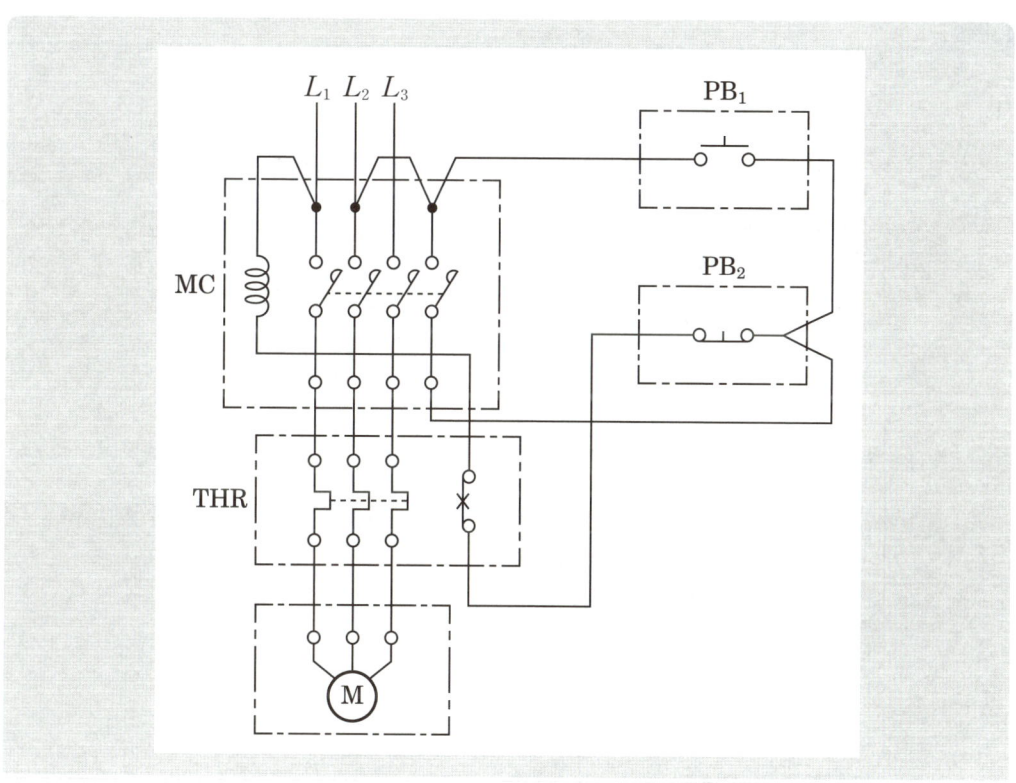

(1) 그림과 같은 회로용 전자개폐기 MC의 보조 접점을 사용하여 자기유지가 될 수 있는 일반적인 시퀀스 회로로 다시 작성하여 그리시오.

(2) 시간 t_3에 열동 계전기가 작동하고, 시간 t_4에서 수동으로 복귀하였다. 이때의 동작을 타임차트로 표시하시오.

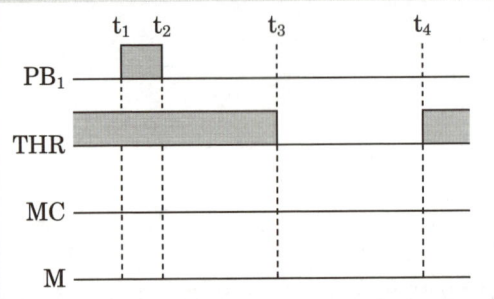

정답

(1)

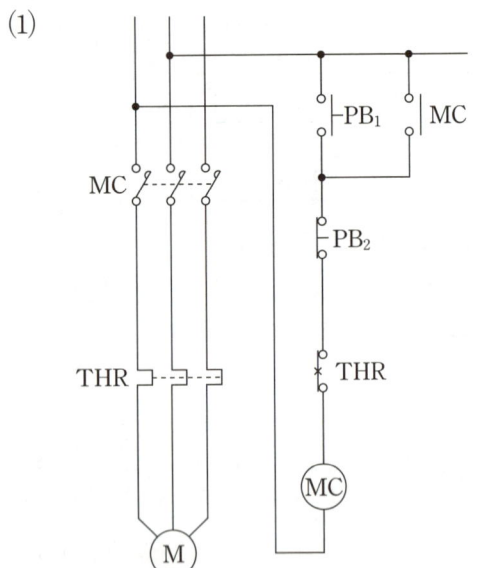

(2)

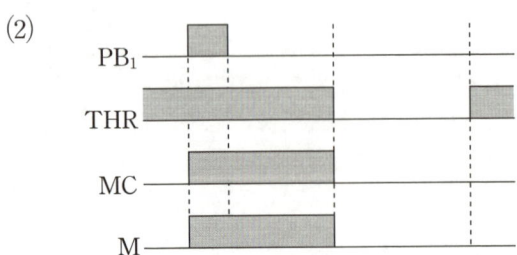

15 도면과 같이 345[kV] 변전소의 단선도와 변전소에 사용되는 주요제원을 이용하여 다음 각 물음에 답하시오.

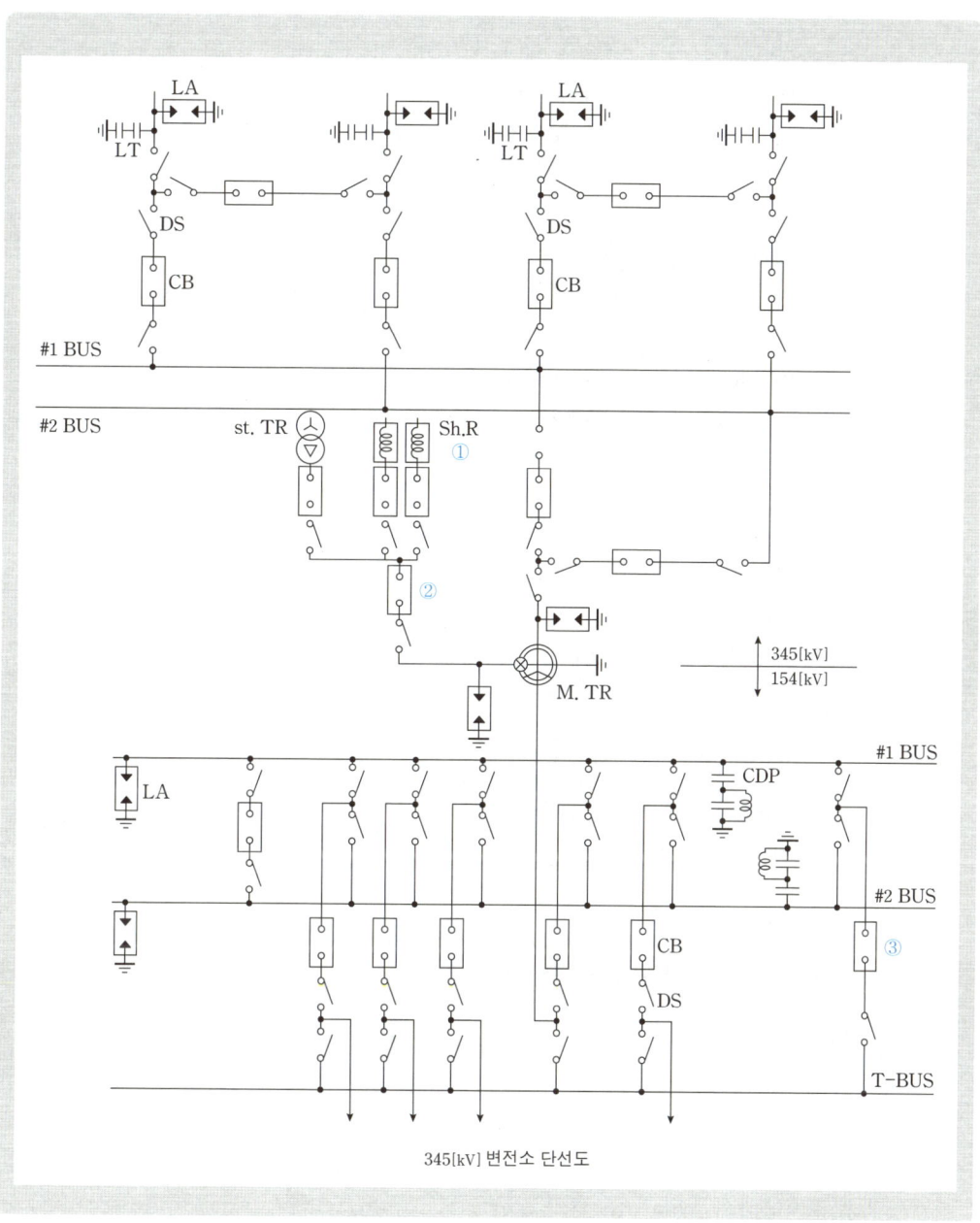

345[kV] 변전소 단선도

[주변압기]
- 단권변압기
  345[kV]/154[kV]/23[kV](Y－Y－△)
  166.7[MVA]×3대≒500[MVA]
- OLTC부 %임피던스(500[MVA] 기준)
  1차~2차 : 10[%]
  1차~3차 : 78[%]
  2차~3차 : 67[%]

[차단기]
- 362[kV] GCB 25[GVA] 4000~2000[A]
- 170[kV] GCB 15[GVA] 4000~2000[A]
- 25.8[kV] VCB (   )[MVA] 2500~1200[A]

[단로기]
- 362[kV] DS 4000~2000[A]
- 170[kV] DS 4000~2000[A]
- 25.8[kV] DS 2500~1200[A]

[피뢰기]
- 288[kV] LA 10[kA]
- 144[kV] LA 10[kA]
- 21[kV] LA 10[kA]

[분로 리액터]
- 23[kV] Sh.R 30[MVar]

[주모선]
- Al-Tube 200ϕ

(1) 도면의 345[kV]측 모선 방식은 어떤 모선 방식인가?

(2) 도면에서 ①번 기기의 설치 목적은 무엇인가?

(3) 도면에 주어진 제원을 참조하여 주변압기에 대한 등가 %임피던스(%Z_H, %Z_M, %Z_L)를 구하고, ②번 23[kV] VCB의 차단용량을 계산하시오. (단, 그림과 같은 임피던스 회로는 100[MVA] 기준이다.)

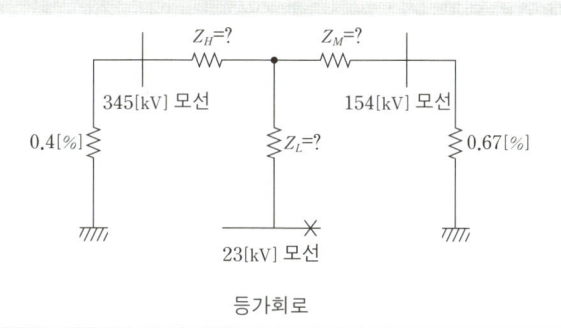

등가회로

① 등가 %임피던스(%Z_H, %Z_M, %Z_L)
  ◦ 계산 과정 :   ◦ 답 :

② 23[kV] VCB 차단용량
  ◦ 계산 과정 :   ◦ 답 :

(4) 도면의 345[kV] GCB에 내장된 계전기용 BCT의 오차계급은 C800이다. 부담은 몇 [VA]인가?
  ◦ 계산 과정 :   ◦ 답 :

(5) 도면의 ③번 차단기의 설치 목적을 설명하시오.

(6) 도면의 주변압기 1 Bank(단상×3대)을 증설하여 병렬 운전을 하고자 한다. 이때 병렬 운전 4가지를 쓰시오.

정답

(1) 2중 모선방식

(2) 페란티 현상 방지

(3) ① 등가 %임피던스(%Z_H, %Z_M, %Z_L)

※ %임피던스를 100[MVA]으로 환산한 후 등가 임피던스를 계산한다.

- $Z_{HM} = 10 \times \dfrac{100}{500} = 2[\%]$ · $Z_{ML} = 67 \times \dfrac{100}{500} = 13.4[\%]$ · $Z_{HL} = 78 \times \dfrac{100}{500} = 15.6[\%]$

- %$Z_H = \dfrac{1}{2}(Z_{HM} + Z_{HL} - Z_{ML}) = \dfrac{1}{2}(2 + 15.6 - 13.4) = 2.1[\%]$

- %$Z_M = \dfrac{1}{2}(Z_{HM} + Z_{ML} - Z_{HL}) = \dfrac{1}{2}(2 + 13.4 - 15.6) = -0.1[\%]$

- %$Z_L = \dfrac{1}{2}(Z_{HL} + Z_{ML} - Z_{HM}) = \dfrac{1}{2}(15.6 + 13.4 - 2) = 13.5[\%]$

답   · %$Z_H = 2.1[\%]$ · %$Z_M = -0.1[\%]$ · %$Z_L = 13.5[\%]$

② 23[kV] VCB 차단용량

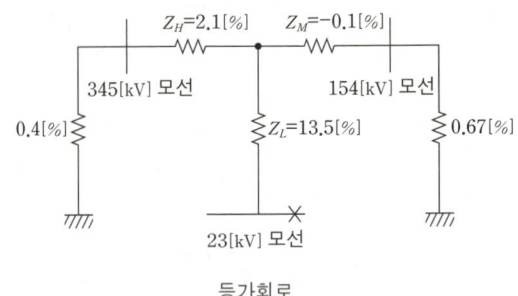

등가회로

$$\%Z_{total} = 13.5 + \frac{(2.1+0.4)(-0.1+0.67)}{(2.1+0.4)+(-0.1+0.67)} = 13.96[\%]$$

차단용량 $P_s = \dfrac{100}{\%Z_{total}} \times P_n = \dfrac{100}{13.96} \times 100 = 716.33[MVA]$ 답 716.33[MVA]

(4) 부담 $= I^2 Z = 5^2 \times 8 = 200[VA]$ 답 200[VA]

(5) 무정전으로 점검하기 위한 모선절체용 차단기

(6) ◦ 정격 전압이 같을 것 ◦ 극성이 같을 것
 ◦ %임피던스가 같을 것 ◦ 내부 저항과 누설리액턴스 비가 같을 것

16 진공차단기(VCB)의 특징 3가지를 쓰시오.

정답

◦ 소형·경량이다.
◦ 화재의 염려가 없다.
◦ 고속도 개폐가 가능하고 차단 성능이 우수하다.

17 22.9[kV-Y] 중선선 다중접지 전선로에 정격전압 13.2[kV], 정격용량 250[kVA]의 단상 변압기 3대를 이용하여 아래 그림과 같이 Y-△ 결선하고자 한다. 다음 물음에 답하시오.

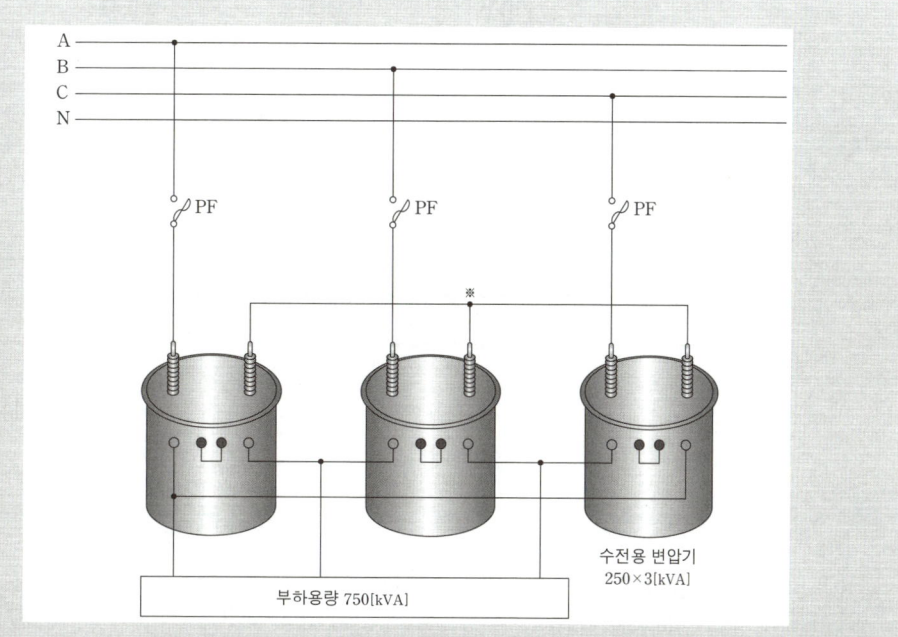

(1) 변압기 1차측 Y결선의 중성점(※표부분)을 전선로의 N선에 연결하여야 하는가? 연결하여서는 안 되는가?

(2) 연결하여야 하면 연결하여야 하는 이유, 연결하여서는 안 되면 안 되는 이유를 설명하시오.

(3) PF 전력퓨즈의 용량은 몇 [A]인지 선정하시오.(1.25배적용)
퓨즈용량(10[A], 15[A], 20[A], 25[A], 30[A], 40[A], 50[A], 65[A], 80[A], 100[A])
∘계산 과정 :   ∘답 :

> **정답**

(1) 연결하지 않는다.

(2) 1상의 PF 용단시 역V결선이 되어 변압기가 과열, 소손된다.

(3) 전부하전류 $= \dfrac{750}{\sqrt{3} \times 22.9} = 18.91[A]$

퓨즈용량 $= 18.91 \times 1.25 = 23.64[A]$ 답 25[A]

18 아래 표와 같이 부하가 시설될 경우 여기에 공급하는 변압기 용량을 선정하시오.

	용량[kW]	수용률[%]	부등률	역률[%]
전 등	60	80		95
전 열	40	50		90
동 력	70	40	1.4	90

변압기 표준용량[kVA]

| 50 | 75 | 100 | 150 | 200 | 300 |

◦ 계산 과정 :   ◦ 답 :

정답

◦ 전등부하의 합성 유효전력 $P_1 = 60 \times 0.8 = 48 [\text{kW}]$

◦ 전등부하의 합성 무효전력 $P_{1r} = 60 \times 0.8 \times \dfrac{\sqrt{1-0.95^2}}{0.95} = 15.78 [\text{kVar}]$

◦ 전열부하의 합성 유효전력 $P_2 = 40 \times 0.5 = 20 [\text{kW}]$

◦ 전열부하의 합성 무효전력 $P_{2r} = 40 \times 0.5 \times \dfrac{\sqrt{1-0.9^2}}{0.9} = 9.69 [\text{kVar}]$

◦ 동력부하의 합성 유효전력 $P_3 = \dfrac{70 \times 0.4}{1.4} = 20 [\text{kW}]$

◦ 동력부하의 합성 무효전력 $P_{3r} = \dfrac{70 \times 0.4}{1.4} \times \dfrac{\sqrt{1-0.9^2}}{0.9} = 9.69 [\text{kVar}]$

◦ 변압기 용량 $P_a = \sqrt{(48+20+20)^2 + (15.78+9.69+9.69)^2} = 94.76 [\text{kVA}]$

답 100[kVA] 선정

전기기사실기 2024년 1회 기출문제

국가기술자격검정실기시험문제

01

욕조나 샤워시설이 있는 욕실 또는 화장실 등 인체가 물에 젖어있는 상태에서 전기를 사용하는 장소에 콘센트를 시설하는 경우 인체감전보호용 누전차단기의 정격감도전류와 동작시간은?

정답

- 정격감도전류 : 15[mA]
- 동작시간 : 0.03초

02

한국전기설비규정에 따른 저압전로 중의 전동기 보호용 과전류보호장치의 시설에서 적합한 단락보호전용 퓨즈의 용단특성 표를 완성하시오.

[단락보호전용 퓨즈(aM)의 용단특성]

정격전류의 배수	불용단시간	용단시간
4배	(㉠)초 이내	-
6.3배	-	(㉢)초 이내
8배	0.5초 이내	-
10배	(㉡)초 이내	-
12.5배	-	0.5초 이내
19배	-	(㉣)초 이내

정답

- ㉠ 60
- ㉡ 0.2
- ㉢ 60
- ㉣ 0.1

03 다음 빈 칸을 채우시오.

[상주 감시를 하지 아니하는 변전소의 시설]
(1) 변전소(이에 준하는 곳으로서 (①)[kV]를 초과하는 특고압의 전기를 변성하기 위한 것을 포함한다. 이하 같다)의 운전에 필요한 지식 및 기능을 가진 자(이하 "기술원"이라고 한다)가 그 변전소에 상주하여 감시를 하지 아니하는 변전소는 다음에 따라 시설하는 경우에 한한다.
(2) 사용전압이 (②)[kV] 이하의 변압기를 시설하는 변전소로서 기술원이 수시로 순회하거나 그 변전소를 원격감시 제어하는 제어소(이하에서 "변전제어소"라 한다)에서 상시 감시하는 경우

정답

① 50
② 170

04 보호도체, 절연, 기타 부위의 재질 및 초기온도와 최종온도에 따른 계수가 143이며 보호장치를 통해 흐를 수 있는 예상 고장전류의 실효값이 10000[A]이고, 자동 차단을 위한 보호장치의 동작시간이 0.2초라면 보호도체의 최소 공칭단면적은 몇 [mm²]인가?

[공칭단면적]

단위[mm²]

6	10	16	25	35	50

정답

$$S = \frac{\sqrt{I^2 t}}{k} = \frac{I\sqrt{t}}{k} = \frac{10000 \times \sqrt{0.2}}{143} = 31.27 [mm^2]$$

(I : 보호장치를 통해 흐를 수 있는 예상 고장전류 실효값[A]
S : 단면적[mm²]
t : 자동 차단을 위한 보호장치의 동작 시간[s]
k : 보호도체, 절연, 기타 부위의 재질 및 초기온도와 최종온도에 따라 정해지는 계수)

답 35[mm²] 선정

05 전동기를 현장과 사무실에서 각각 기동 및 정지가 가능하도록 미완성된 회로를 완성하시오.
(단, ON/OFF 스위치는 각각 한 개씩 사용한다.)

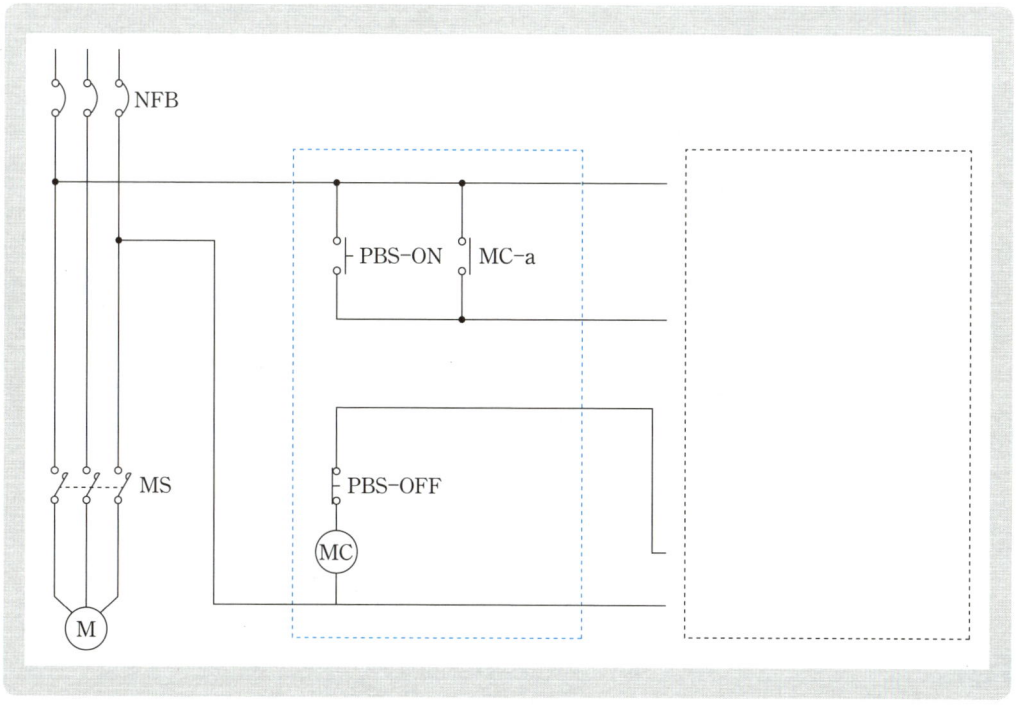

정답

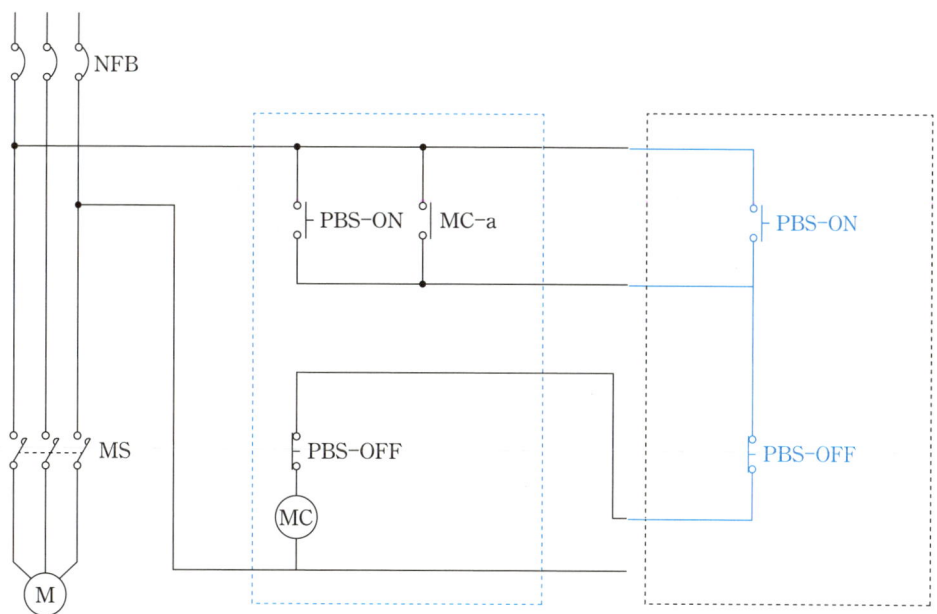

06 그림과 같은 논리회로의 명칭을 쓰고 진리표를 완성하시오.

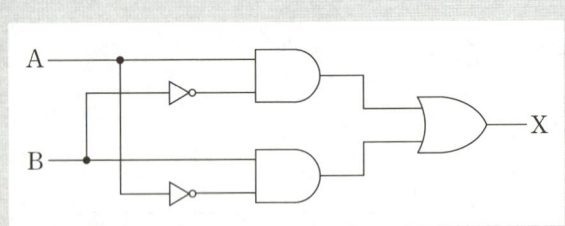

(1) 명칭 :

(2) 논리식 :

(3) 진리표

A	B	X
0	0	
0	1	
1	0	
1	1	

정답

(1) 배타적 논리합 회로(Exclusive OR)

(2) $X = A\overline{B} + \overline{A}B$

(3) 진리표

A	B	X
0	0	0
0	1	1
1	0	1
1	1	0

다음 주어진 레더 다이어그램을 통해 PLC 프로그램을 완성하시오.

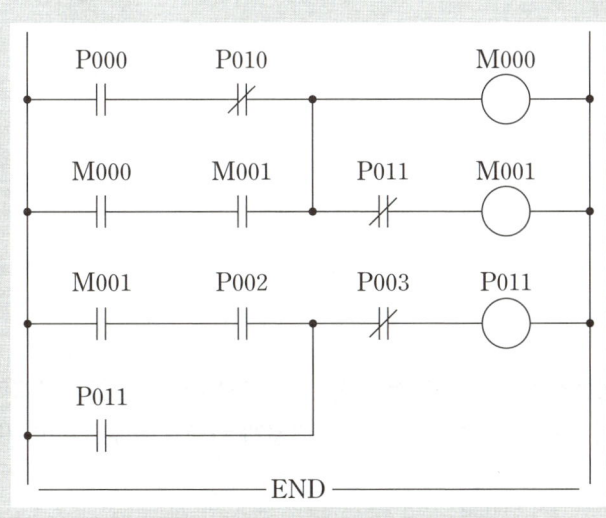

S : 시작
A : AND
O : OR
W : 출력
N : NOT
AS : 그룹직렬연결
OS : 그룹병렬연결
END : 종료

차례	명령	번지	차례	명령	번지
1	S	P000	8	W	M001
2	AN	P010	9	(⑤)	(⑥)
3	(①)	(②)	10	A	P002
4	A	M001	11	(⑦)	P011
5	(③)	–	12	AN	P003
6	(④)	M000	13	W	P011
7	AN	P011	14	(⑧)	–

정답

① S　　② M000
③ OS　④ W
⑤ S　　⑥ M001
⑦ O　　⑧ END

08 사용중인 UPS의 2차측에 단락사고 등이 발생했을 경우 UPS와 고장회로를 분리시키는 방식 3가지를 쓰시오.

정답

① 속단퓨즈에 의한 방식
② 배선용차단기에 의한 방식
③ 반도체차단기에 의한 방식

09 어떤 건물에 수전설비를 계획하고 있다. 예상되는 설비용량이 조명 $20[VA/m^2]$, 일반동력 $35[VA/m^2]$, 냉방동력 $40[VA/m^2]$이다. 건물의 연면적이 $70000[m^2]$일 때 건물의 총 수전설비용량[kVA]을 구하시오.

정답

수전설비용량 $= (20+35+40) \times 10^{-3} \times 70000 = 6.65[kVA]$ 답 $6.65[kVA]$

10 계약부하설비에 의한 계약최대전력을 정하는 경우 부하설비용량이 $900[kW]$일 때 전력 회사와의 계약최대전력은 몇 $[kW]$인가? (단, 계약최대전력 환산표는 다음과 같다.)

계약전력	환산율
처음 75[kW]에 대하여	100[%]
다음 75[kW]에 대하여	85[%]
다음 75[kW]에 대하여	75[%]
다음 75[kW]에 대하여	65[%]
300[kW] 초과분에 대하여	60[%]

정답

계약전력 $= 75 \times 1 + 75 \times 0.85 + 75 \times 0.75 + 75 \times 0.65 + (900-300) \times 0.6 = 603.75[kW]$

답 $604[kW]$

11

연축전지의 정격용량 200[Ah], 상시 부하 10[kW], 표준전압 100[V]인 부동 충전방식의 충전기 2차 전류는 몇 [A]인가?

정답

부동 충전방식의 충전기 2차 전류 = $\dfrac{\text{축전지 정격용량[Ah]}}{\text{정격방전율[h]}} + \dfrac{\text{상시 부하용량[VA]}}{\text{표준전압[V]}}$

$I = \dfrac{200}{10} + \dfrac{10 \times 10^3}{100} = 120[\text{A}]$

답 120[A]

12

각 단상 변압기의 변압비가 3500/100[V]이며 고압측에 5500[V]의 전압이 인가되고 있다. 저압측에 3[Ω], 5[Ω]의 저항을 연결했을 때 고압측 전압 E_1, E_2를 구하시오.

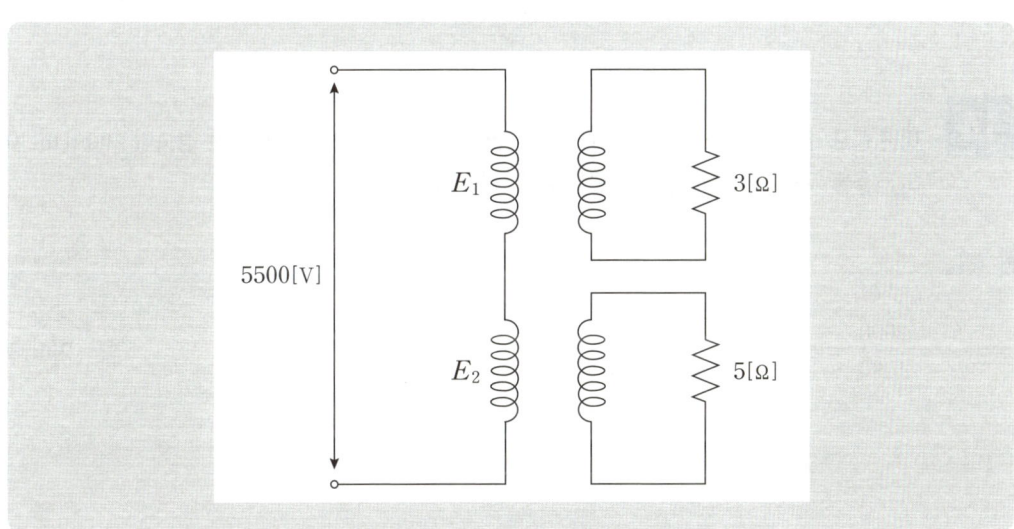

정답

$E_1 = \dfrac{3}{3+5} \times 5500 = 2.06[\text{kV}]$

$E_2 = \dfrac{5}{3+5} \times 5500 = 3.44[\text{kV}]$

답 $E_1 = 2.06[\text{kV}]$, $E_2 = 3.44[\text{kV}]$

13 전력시설물 공사감리업무 수행지침에 따라 전기공사업자는 해당 공사현장에서 공사업무 수행상 필요한 서식을 비치하고 기록·보관하여야 한다. 해당 서류 5가지만 쓰시오.

정답

- 하도급 현황
- 주요인력 및 장비투입 현황
- 작업계획서
- 기자재 공급원 승인현황
- 주간공정계획 및 실적보고서
- 안전관리비 사용실적 현황
- 각종 측정 기록표

14 어떤 램프의 전압이 220[V], 소비전력이 1000[W]이며 램프에서 나오는 광속이 2000[lm]이다. 램프의 효율을 구하시오. (단, 반드시 단위를 명시하시오.)

정답

$$\eta = \frac{F}{P} = \frac{2000}{1000} = 2[\text{lm/W}]$$

답 $2[\text{lm/W}]$

15 양수량 18[m³/min], 총 양정 25[m]인 양수 펌프용 전동기의 소요출력[kW]을 구하시오.
(단, 효율은 82[%]이며, 여유계수 1.1을 적용한다.)

정답

$$P = \frac{9.8HQ}{\eta}K = \frac{HQ}{6.12\eta}K = \frac{25 \times 18}{6.12 \times 0.82} \times 1.1 = 98.64[\text{kW}]$$

답 98.64[kW]

16 아래 그림에서 중성선이 단선되었을 때 A부하와 B부하에 걸리는 전압을 구하시오.

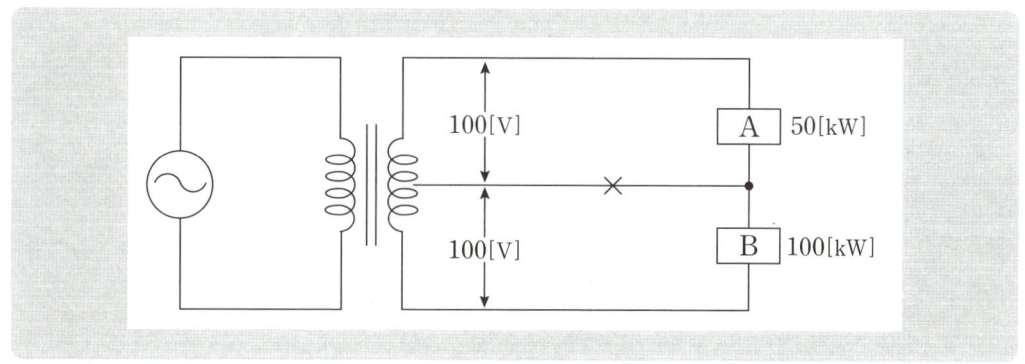

정답

$$R_A = \frac{100^2}{50 \times 10^3} = 0.2[\Omega]$$

$$R_B = \frac{100^2}{100 \times 10^3} = 0.1[\Omega]$$

$$V_A = \frac{R_A}{R_A + R_B} \times 200 = \frac{0.2}{0.2 + 0.1} \times 200 = 133.33[\text{V}]$$

$$V_B = 200 - V_A = 66.67[\text{V}]$$

답 A부하에 걸리는 전압 : 133.33[V]
B부하에 걸리는 전압 : 66.67[V]

17 도면은 어느 154[kV] 수용가의 수전 설비 단선 결선도의 일부분이다. 주어진 표와 도면을 이용하여 다음 각 물음에 답하시오.

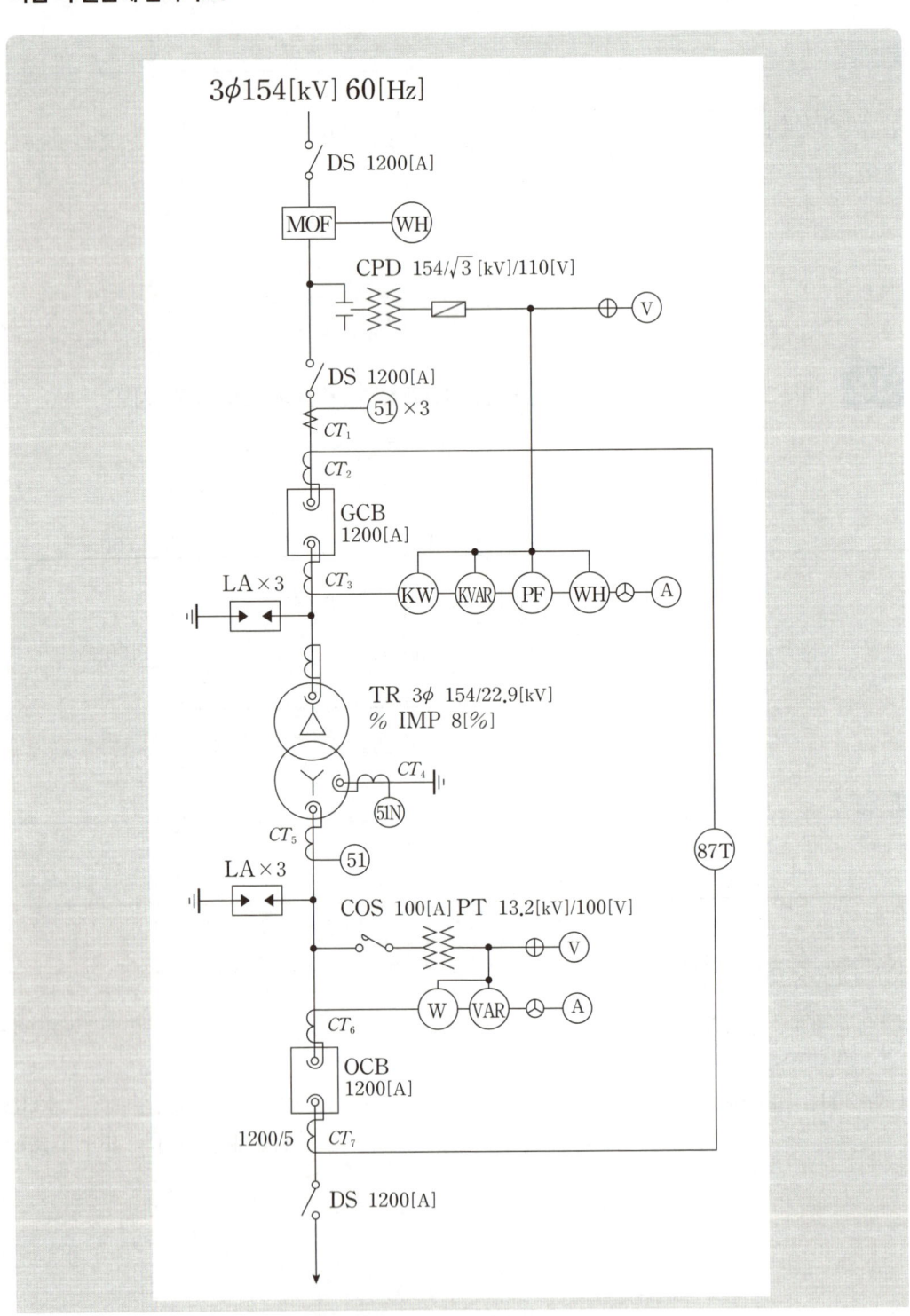

[CT의 정격]

1차 정격 전류[A]	200	400	600	800	1200	1500
2차 정격 전류[A]	\multicolumn{6}{c	}{5}

(1) 변압기 2차 부하설비용량이 51[MW], 수용률이 70[%], 부하역률이 90[%]일 때 도면의 변압기 표준용량을 선정하시오.

변압기 표준용량[MVA]							
15	20	25	30	40	50	80	100

　∘ 계산 과정 :　　　　　　　　　　∘ 답 :

(2) 변압기 1차측 DS의 정격전압은 몇 [kV]인가?

(3) CT_1의 비는 얼마인지를 계산하고 표에서 선정하시오.
　　(단, (1)에서 구한 변압기 표준용량을 기준으로 계산하고 여유율은 1.25배로 계산)
　∘ 계산 과정 :　　　　　　　　　　∘ 답 :

(4) VCB의 정격 차단전류가 23[kA]일 때, 이 차단기의 차단용량은 몇 [MVA]인가?
　∘ 계산 과정 :　　　　　　　　　　∘ 답 :

(5) 과전류 계전기의 정격부담이 9[VA]일 때 이 계전기의 임피던스는 몇 [Ω]인가?
　∘ 계산 과정 :　　　　　　　　　　∘ 답 :

(6) CT_7 1차 전류가 600[A]일 때 CT_7의 2차에서 비율 차동 계전기의 단자에 흐르는 전류는 몇 [A]인가? (단, 비율 차동 계전기의 위상 보정 기능은 없고, CT결선 방식으로 위상보정)
　∘ 계산 과정 :　　　　　　　　　　∘ 답 :

정답

(1) 변압기용량 $= \dfrac{\text{설비용량} \times \text{수용률}}{\text{역률}} = \dfrac{51 \times 0.7}{0.9} = 39.67[\text{MVA}]$　　답　40[MVA] 선정

(2) 170[kV]

(3) CT비 선정 방법

① CT 1차 측 전류 : $I_1 = \dfrac{P}{\sqrt{3}\,V} = \dfrac{40 \times 10^3}{\sqrt{3} \times 154} = 149.96[\text{A}]$

② CT의 여유 배수 적용 : $I_1 \times 1.25 = 187.45[\text{A}]$ 　　　답 200/5 선정

(4) 차단 용량 : $P_S = \sqrt{3}\,V_n I_s = \sqrt{3} \times 25.8 \times 23 = 1027.798[\text{MVA}]$ 　　　답 1027.8[MVA]

(5) 정격부담 $I_2^2 \cdot Z[\text{VA}]$ (단, 여기서 I_2은 CT의 2차 정격 전류인 5[A]이다.)

$Z = \dfrac{[\text{VA}]}{I_2^2} = \dfrac{9}{5^2} = 0.36[\Omega]$ 　　　답 0.36[Ω]

(6) CT가 △결선일 경우 비율 차동 계전기 단자에 흐르는 전류(I_2)

$I_2 = CT\ 1차\ 전류 \times CT역수비 \times \sqrt{3} = 600 \times \dfrac{5}{1200} \times \sqrt{3} = 4.33[\text{A}]$ 　　　답 4.33[A]

18 아래 계전기의 명칭을 쓰시오.

약 호	명 칭
OCR	
GR	
OPR	
OVR	
PWR	

정답

약 호	명 칭
OCR	과전류계전기
GR	지락계전기
OPR	결상계전기
OVR	과전압계전기
PWR	전력계전기

전기기사실기 2024년 2회 기출문제

01 다음은 한국전기설비규정의 용어에 대한 내용이다. 빈칸에 알맞은 용어는?

> PEN 도체(Protective earthing conductor and neutral conductor)란 (①)회로에서 (②) 겸용 보호도체를 말한다.
> PEL 도체(Protectiveearthing conductor and a line conductor)란 (③)회로에서 (④) 겸용 보호도체를 말한다.

정답

① 교류 ② 중성선
③ 직류 ④ 선도체

02 다음 논리식을 참고하여 유접점 회로를 완성하시오.

$$L=(X+\overline{Y}+\overline{Z})(\overline{X}+Y+\overline{Z})$$

정답

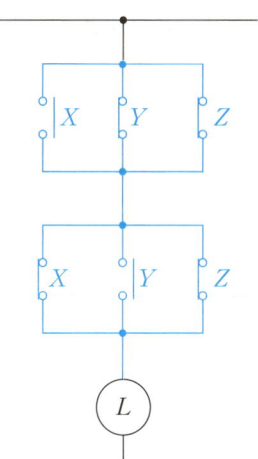

03 주어진 프로그램표를 참고하여 래더다이어그램을 완성하시오.

주소	명령어	번지	주소	명령어	번지
0	STR	P00	4	AND STR	–
1	OR	P01	5	AND NOT	P04
2	STR NOT	P02	6	OUT	P10
3	OR	P03	7		

정답

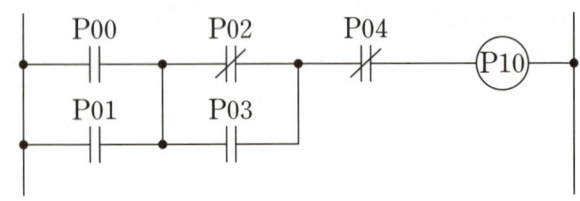

04 다음은 전류계붙이 개폐기의 그림기호이다. 그림기호에서 의미하는 것을 각각 쓰시오.

정답

- 3P30A : 3극 30A 개폐기
- f15A : 퓨즈 정격 15A
- A5 : 정격전류 5A 전류계붙이

05 중성점 접지방식의 장, 단점을 각각 세 가지 쓰시오.

정답

(1) 장점
　① 1선 지락시 건전상 전위상승 억제된다.
　② 전선로 및 기기의 절연레벨을 경감시킨다.
　③ 보호계전기 동작이 확실하다.

(2) 단점
　① 1선 지락시 지락전류가 크다.
　② 통신선 유도장해가 크다.
　③ 과도 안정도가 나쁘다.

06 그림과 같이 Y결선된 평형 부하에 전압을 측정할 때 전압계의 지시값이 $V_p=150[V]$, $V_l=220[V]$로 나타났다. 다음 각 물음에 답하시오. (단, 부하측에 인가된 전압은 각상 평형 전압이고 기본파와 제3고조파분 전압만이 포함되어 있다.)

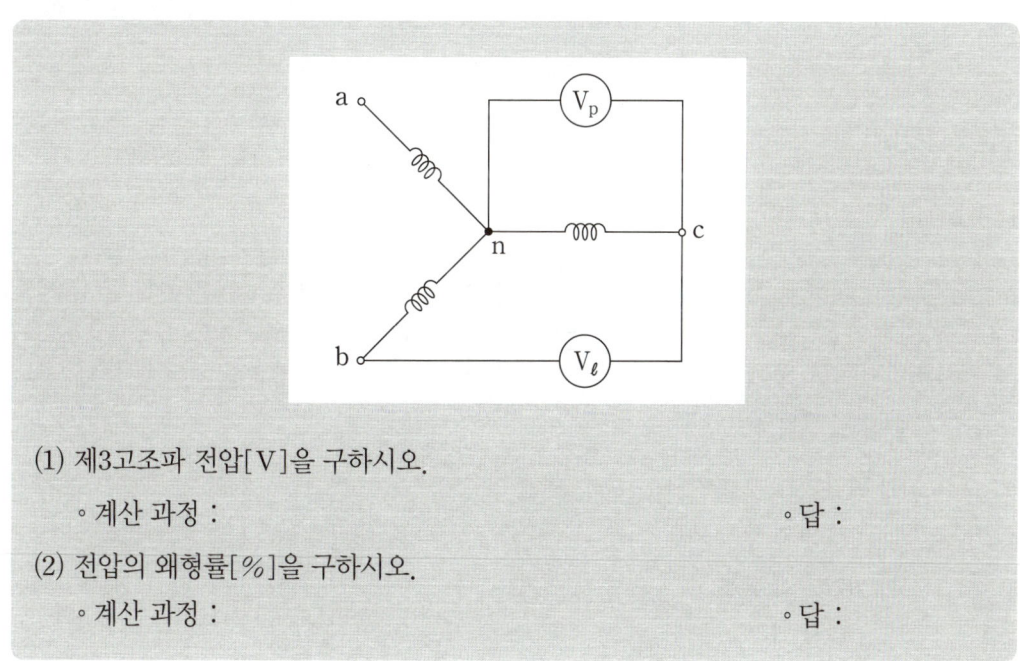

(1) 제3고조파 전압[V]을 구하시오.
　◦계산 과정 :　　　　　　　　　　　　　　　　　◦답 :

(2) 전압의 왜형률[%]을 구하시오.
　◦계산 과정 :　　　　　　　　　　　　　　　　　◦답 :

> **정답**

(1) 부하측에 인가된 상전압(V_p : 150[V])은 기본파와 제3고조파분 전압만이 포함되어 있으며, 선간전압에는 제3고조파분이 없으므로 기본파의 상전압을 알 수 있다.

① 상전압 $V_p = \sqrt{V_1^2 + V_3^2} = 150$[V] 여기서, V_1은 기본파 전압이다.

② 선간전압 $V_\ell = \sqrt{3}\,V_1$, $220 = \sqrt{3}\,V_1$ → 기본파 전압 $V_1 = \dfrac{220}{\sqrt{3}} = 127.02$[V]이다.

③ 제3고조파 전압 $V_3 = \sqrt{V_p^2 - V_1^2} = \sqrt{150^2 - 127.02^2} = 79.79$[V]

답 79.79[V]

(2) 왜형률 = $\dfrac{\text{고조파실효값}}{\text{기본파실효값}} = \dfrac{79.79}{127.02} \times 100 = 62.82$[%]   답 62.82[%]

07 3상 3선식 3000[V], 200[kVA]의 배전선로의 전압을 3100[V]로 승압하기 위해서 단상 변압기 3대를 그림과 같이 접속하였다. 이 변압기의 1차, 2차 전압 및 용량을 구하여라. (단, 변압기의 손실은 무시한다.)

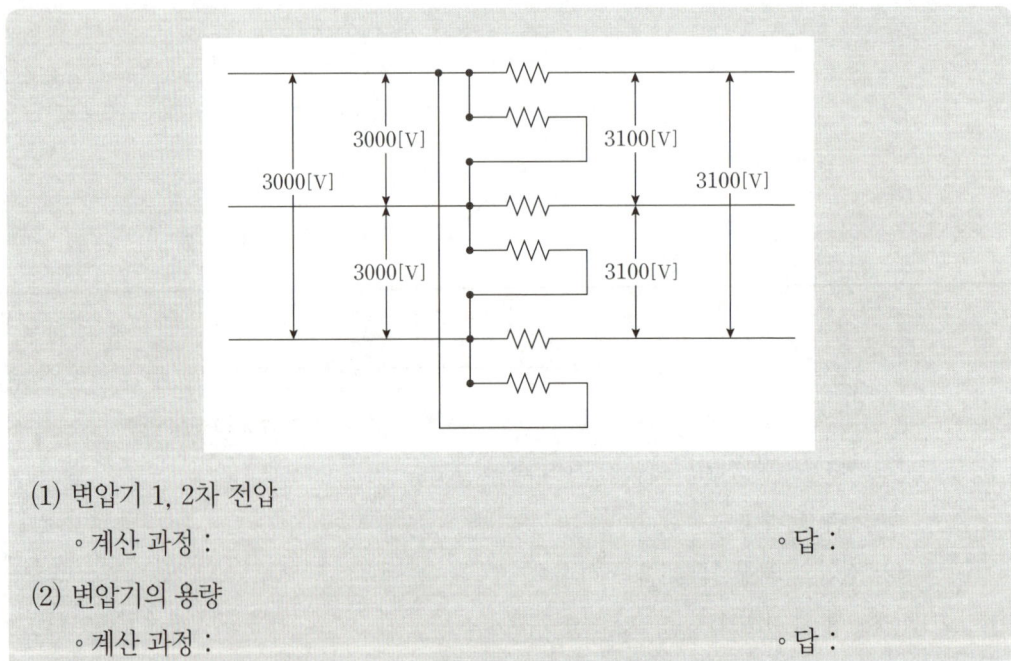

(1) 변압기 1, 2차 전압
  ○ 계산 과정 :   ○ 답 :

(2) 변압기의 용량
  ○ 계산 과정 :   ○ 답 :

> **정답**

(1) $V_n = \sqrt{\dfrac{4V_2^2 - V_1^2}{12}} - \dfrac{V_1}{2} = \sqrt{\dfrac{4 \times 3100^2 - 3000^2}{12}} - \dfrac{3000}{2} = 66.31[V]$

　　　　　　　　　　　답　1차측 전압 : 3000[V], 2차측 전압 : 66.31[V]

(2) $\dfrac{\text{자기용량}}{\text{선로출력}} = \dfrac{3V_n I_2}{\sqrt{3}\, V_2 I_2} = \dfrac{3V_n}{\sqrt{3}\, V_2}$ 이므로

　자기용량(변압기 용량) = 선로출력 $\times \dfrac{3V_n}{\sqrt{3}\, V_2} = 200 \times \dfrac{3 \times 66.31}{\sqrt{3} \times 3100} = 7.41[kVA]$

　　　　　　　　　　　답　7.41[kVA]

08 그림은 변류기를 영상 접속시켜 그 잔류 회로에 지락계전기를 삽입시킨 것이다. 선로의 전압은 66[kV], 중성점에 300[Ω]의 저항 접지로 하였고, 변류기의 변류비는 300/5[A]이다. 송전 전력이 20000[kW], 역률이 0.8(지상)일 때 a상에 완전 지락 사고가 발생하였다. 물음에 답하시오. (단, 부하의 정상, 역상 임피던스 기타의 정수는 무시한다.)

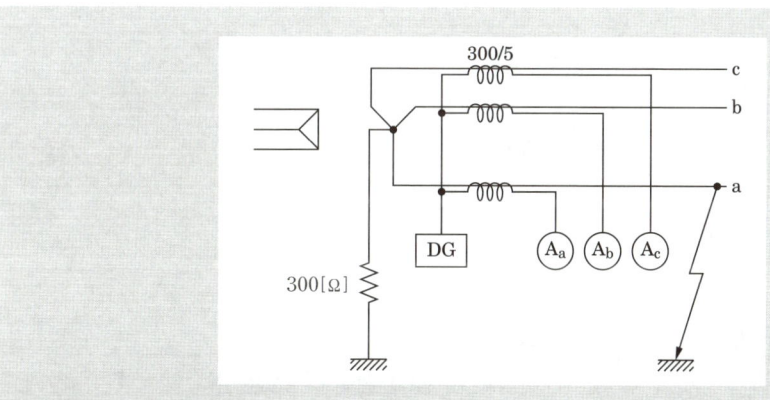

(1) 지락 계전기 DG에 흐르는 전류[A]의 값은?
　◦계산 과정 :　　　　　　　　　　　　　　　◦답 :
(2) a상 전류계 A에 흐르는 전류는 몇 [A]인가?
　◦계산 과정 :　　　　　　　　　　　　　　　◦답 :
(3) b상 전류계 B에 흐르는 전류는 몇 [A]인가?
　◦계산 과정 :　　　　　　　　　　　　　　　◦답 :
(4) c상 전류계 C에 흐르는 전류는 몇 [A]인가?
　◦계산 과정 :　　　　　　　　　　　　　　　◦답 :

정답

(1) 중성점 저항접지 방식의 지락전류 $I_g = E/R$ (단, E는 대지전압)
지락계전기는 CT 2차 측에 설치하므로 CT 2차 측의 전류를 계산한다.

$$I_{DG} = \frac{E}{R} \times \frac{1}{CT비} = \frac{66000/\sqrt{3}}{300} \times \frac{5}{300} = 2.12[A]$$

답 2.12[A]

(2) ※ $I = I \times (\cos\theta - j\sin\theta) = I\cos\theta - Ij\sin\theta$

- 부하전류 $I = \dfrac{20000}{\sqrt{3} \times 66 \times 0.8} \times (0.8 - j0.6) = 175 - j131.2$

- 지락전류 $\left(I_g = \dfrac{66000/\sqrt{3}}{300} = 127.02[A]\right)$는 저항접지방식이므로 유효분 전류이다.

- a상에 흐르는 전류는 부하전류와 지락전류의 합이 흐른다.

→ $I_a = I_L + I_g = 175 - j131.2 + 127.02 = \sqrt{(127.02 + 175)^2 + 131.2^2} = 329.29[A]$

전류계 A에 흐르는 전류는 CT 2차 측에 흐르는 전류이다.

$$i_a = I_a \times \frac{1}{CT비} = I_a \times \frac{5}{300} = 329.29 \times \frac{5}{300} = 5.49[A]$$

답 5.49[A]

(3) 부하전류 $I_b = \dfrac{20000}{\sqrt{3} \times 66 \times 0.8} = 218.69[A]$

$$i_b = I_b \times \frac{5}{300} = 218.69 \times \frac{5}{300} = 3.64[A]$$

답 3.64[A]

(4) 부하전류 $I_c = \dfrac{20000}{\sqrt{3} \times 66 \times 0.8} = 218.69[A]$

$$i_c = I_c \times \frac{5}{300} = 218.69 \times \frac{5}{300} = 3.64[A]$$

답 3.64[A]

가로 10[m], 세로 16[m], 천장높이 3.85[m], 작업면 높이 0.85[m]인 사무실에 천장 직부 형광등 (F40×2)를 설치하려고 한다. 다음 물음에 답하시오.

(1) F40×2의 그림기호를 그리시오.

(2) 이 사무실의 실지수는 얼마인가?
- 계산 과정 :   ○ 답 :

(3) 이 사무실의 작업면 조도를 300[lx], 천장반사율 70[%], 벽반사율 50[%], 바닥반사율 10[%], 40[W] 형광등 (F40x2)의 광속 3150[lm], 보수율 70[%], 조명률 60[%]로 한다면 이 사무실에 필요한 소요되는 등기구수는?
- 계산 과정 :   ○ 답 :

정답

(1)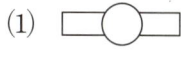

F40×2

(2) $K = \dfrac{XY}{H(X+Y)} = \dfrac{10 \times 16}{(3.85-0.85) \times (10+16)} = 2.05$ 답 2.05

(3) $N = \dfrac{DES}{FU} = \dfrac{ES}{FUM} = \dfrac{300 \times 10 \times 16}{3150 \times 0.6 \times 0.7} = 36.28$ 답 37[등]

10 고휘도 방전램프(HID LAMP)의 종류 3가지를 쓰시오.

정답

① 고압 수은등
② 고압 나트륨등
③ 메탈 할라이드등
④ 고압 크세논등

11 송전단 전압이 6600[V]인 3상 선로의 수전단 전압을 6300[V]로 유지하려고 한다. 부하전력 2200[kW], 역률 0.8, 선로 길이 3[km]이며 선로의 리액턴스를 무시할 때 아래 표에서 적당한 경동선의 굵기[mm²]를 선정하시오.

경동선의 굵기[mm²]							
10	16	25	36	50	70	95	120

정답

① 전압강하 $e = V_s - V_r = 6600 - 6300 = 300[V]$

② $e = \dfrac{P}{V_r}(R + x \cdot \tan\theta)$에서 리액턴스를 무시할 때

$e = \dfrac{PR}{V_r}$에서 $R = \dfrac{eV_r}{P} = \dfrac{6300}{2200 \times 10^3} \times 300 = 0.85[\Omega]$

③ 전선의 저항 $R = \rho\dfrac{\ell}{R} = \dfrac{1}{55} \times \dfrac{3000}{0.85} = 64.17[\text{mm}^2]$

답 70[mm²] 선정

12

그림과 같이 환상 직류 배전선로에서 각 구간의 왕복 저항은 0.1[Ω], 급전점 A의 전압은 100[V], 부하점 B, C의 부하전류는 각각 30[A], 50[A]라 할 때 부하점 B의 전압은 몇 [V]인가?

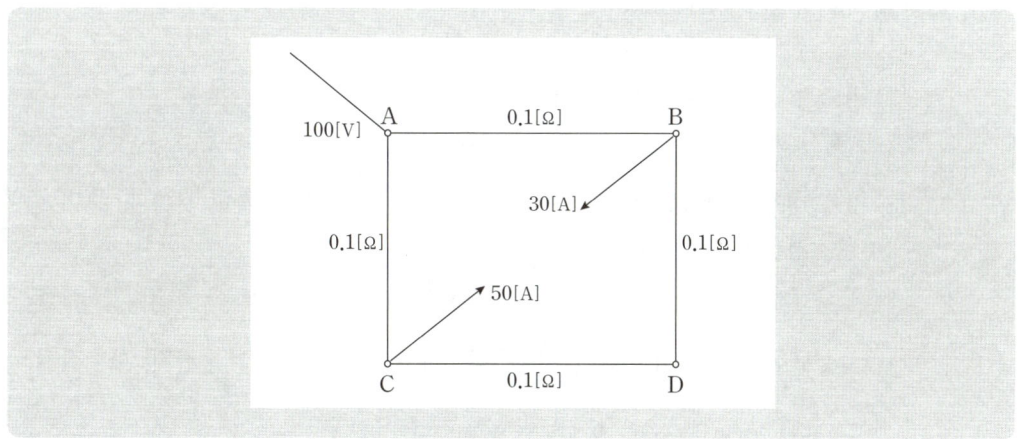

정답

① $I_1 + I_2 = 80$
② $0.1I_1 + 0.1(I_1 - 30) \times 2 - 0.1I_2 = 0$, $0.1I_1 + 0.1(I_1 - 30) \times 2 - 0.1(80 - I_1) = 0$
③ $0.4I_1 = 14$ ∴ $I_1 = 35[A]$
④ $V_B = 100 - 0.1I_1 = 100 - 0.1 \times 35 = 96.5[V]$

답 96.5[V]

13

전력계통의 단락용량의 경감대책을 3가지만 쓰시오.

정답

① 계통전압의 격상
② 한류리액터 설치
③ 고 임피던스 기기를 채택
④ 모선계통을 분리 운용

14 피뢰기 접지공사를 실시한 후, 접지저항을 보조 접지극 2개(A와 B)를 시설하여 측정하였더니 본 접지와 A 사이의 저항은 86[Ω], A와 B 사이의 저항은 156[Ω], B와 본 접지 사이의 저항은 80[Ω]이었다. 이 때 다음 각 물음에 답하시오.

(1) 피뢰기의 접지 저항값을 구하시오.
  ○ 계산 과정 :   ○ 답 :

(2) 다음 내용은 한국전기설비규정(KEC)에 따른 정의를 서술한 것이다. 보기 중 설명에 맞는 명칭을 고르시오.

[보기]

보호도체, 접지도체, 접지시스템, 내부 피뢰시스템, 계통접지, 보호접지

명 칭	정 의
	계통, 설비 또는 기기의 한 점과 접지극 사이의 도전성 경로 또는 그 경로의 일부가 되는 도체
	고장 시 감전에 대한 보호를 목적으로 기기의 한 점 또는 여러 점을 접지하는 것
	기기나 계통을 개별적 또는 공통으로 접지하기 위하여 필요한 접속 및 장치로 구성된 설비

> **정답**

(1) $R_E = \dfrac{1}{2}(86+80-156) = 5[\Omega]$ 답 5[Ω]

(2)

명 칭	정 의
접지도체	계통, 설비 또는 기기의 한 점과 접지극 사이의 도전성 경로 또는 그 경로의 일부가 되는 도체
보호도체	고장 시 감전에 대한 보호를 목적으로 기기의 한 점 또는 여러 점을 접지하는 것
접지시스템	기기나 계통을 개별적 또는 공통으로 접지하기 위하여 필요한 접속 및 장치로 구성된 설비

15 다음 그림과 같은 전력 계통에서 B변전소의 (1)번 차단기의 차단용량[MVA]을 선정하시오. (단, 계통의 %임피던스는 10[MVA]를 기준으로 그림에 표시한 것으로 본다.)

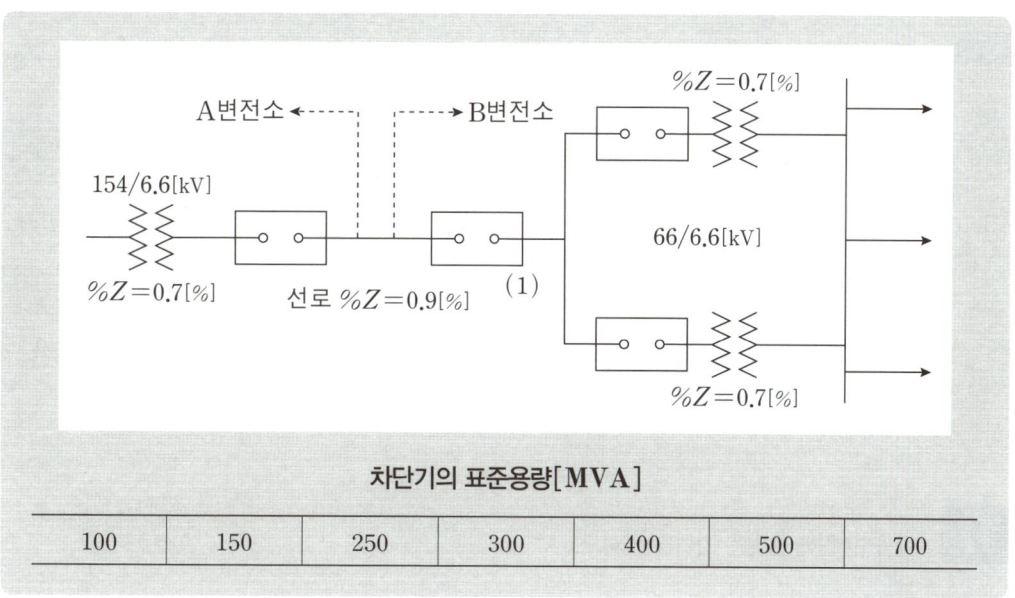

차단기의 표준용량[MVA]

| 100 | 150 | 250 | 300 | 400 | 500 | 700 |

정답

① 고장점까지의 %임피던스($%Z$)
   $%Z = %Z_T + %Z_L = 0.7 + 0.9 = 1.6[\%]$

② 단락용량(P_s)
   $P_s = \dfrac{100}{%Z} \times P_n = \dfrac{100}{1.6} \times 10 = 625[\text{MVA}]$

③ 차단용량은 단락용량보다 커야 하므로 표에 의해서 700[MVA] 선정   답 700[MVA]

16 연동선으로 만든 코일의 저항이 0[°C]에서 4000[Ω]이다. 코일에 전류를 흘려 온도가 높아지면서 저항이 4500[Ω]이 되었다. 이 때의 연동선의 온도를 구하시오.

정답

$R_T = R_t[1+\alpha_t(T-t)]$ 단, $\alpha_t = \dfrac{1}{234.5+t°C} = \dfrac{1}{234.5+0} = \dfrac{1}{234.5}$

$4500 = 4000\left[1+\dfrac{1}{234.5}(T-0)\right] \rightarrow T = 29.312[°C]$

답 29.31[°C]

17 다음 빈 칸에 알맞은 기기를 쓰시오.

①	배전선로에서 지락 고장이나 단락 고장 사고가 발생하였을 때 고장을 검출하여 선로를 차단한 후 일정시간 경과하면 자동적으로 재투입 동작을 반복함으로써 순간 고장을 제거할 수 있다. 단, 영구 고장일 경우에는 정해진 재투입 동작을 반복한 후 사고 구간만을 계통에서 분리하여 선로에 파급되는 정전 범위를 최소한으로 억제하도록 한다.
②	부하전류를 차단할 수 없으며 무부하 회로의 개폐시 사용한다. 특히 기기의 점검 및 수리 또는 회로 접속 변경시 사용하며, 요즘에는 ASS로 대체하여 사용하고 있으며, 66[kV] 이상의 경우에 사용한다.

정답

① 리클로저
② 선로개폐기

18 그림과 같은 배선평면도와 주어진 조건을 이용하여 다음 각 물음에 답하시오.

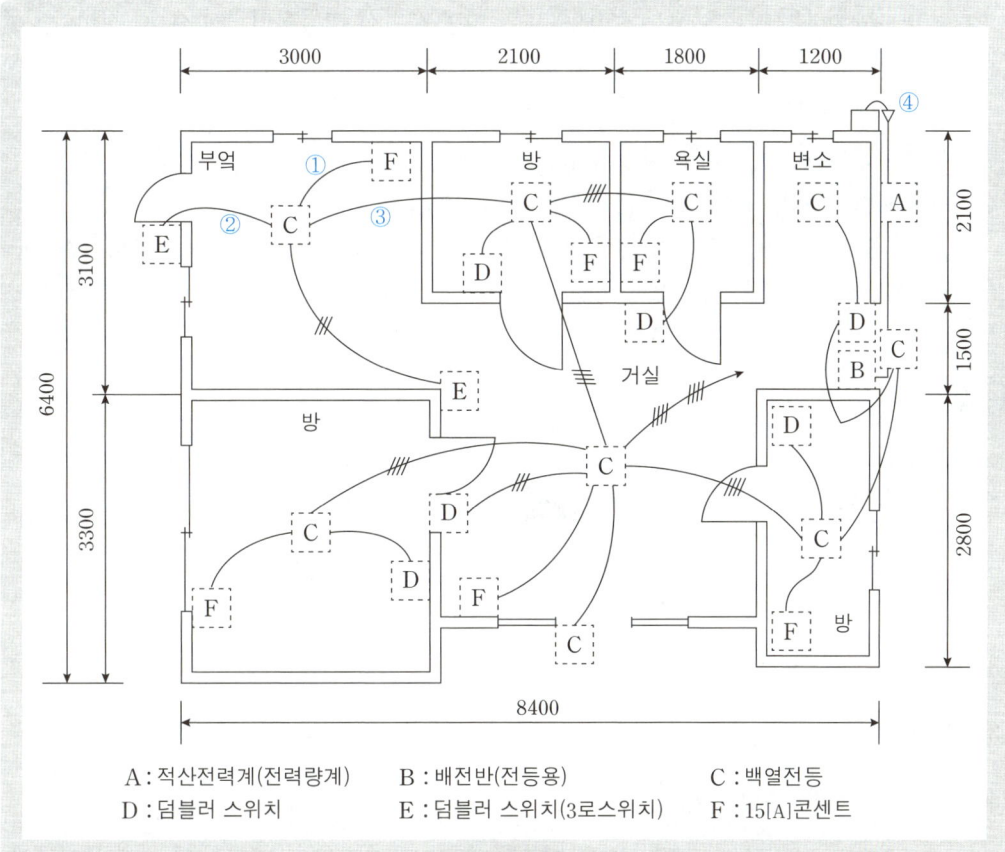

A : 적산전력계(전력량계) B : 배전반(전등용) C : 백열전등
D : 덤블러 스위치 E : 덤블러 스위치(3로스위치) F : 15[A]콘센트

[3로 스위치]

(1) 점선으로 표시된 위치(A~F)에 기구를 배치하여 배선평면도를 완성하려고 한다. 해당되는 기구의 그림기호를 그리시오.

Ⓐ	Ⓑ	Ⓒ
Ⓓ	Ⓔ	Ⓕ

(2) 배선평면도의 ①~③의 배선 가닥수는 몇 가닥인가?

(3) 도면의 ④에 대한 그림기호의 명칭은 무엇인가?

(4) 본 배선평면도에 소요되는 4각 박스와 부싱은 몇 개 인가? (단, 자재의 규격은 구분하지 않고 개수만 산정한다.)

[조건]
- 사용하는 전선은 모두 450/750[V]일반용 단심 비닐절연전선 4[mm²]이다.
- 박스는 모두 4각 박스를 사용하며, 기구 1개에 박스 1개를 사용한다. 2개 연등인 경우에는 각 1개씩을 사용하는 것으로 한다.
- 전선관은 콘크리트 매입 후강금속관이다.
- 층고는 3[m]이고, 분전반의 설치 높이는 1.5[m]이다.
- 3로 스위치 이외의 스위치는 단극 스위치를 사용하며, 2개를 나란히 사용한 개소는 2개소이다.

정답

(1)

Ⓐ	WH	Ⓑ	 ◸	Ⓒ	○
Ⓓ	●	Ⓔ	●₃	Ⓕ	◉

(2) ① 2가닥 ② 3가닥 ③ 4가닥

(3) 케이블 헤드

(4) 4각 박스 25개, 부싱 46개

전기기사실기 2024년 3회 기출문제

01 그림과 같은 전자 릴레이 회로를 미완성 다이오드매트릭스 회로에 다이오드를 추가시켜 다이오드매트릭스로 바꾸어 그리시오.

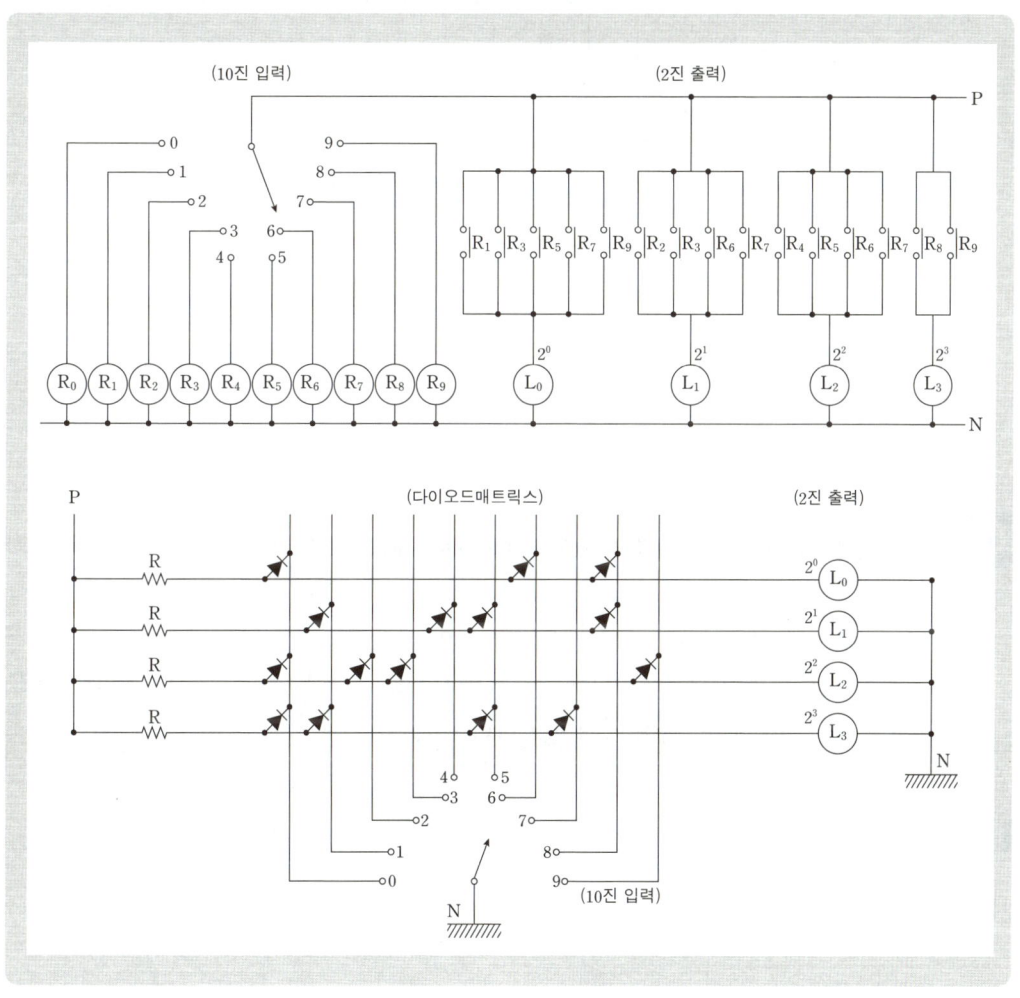

정답

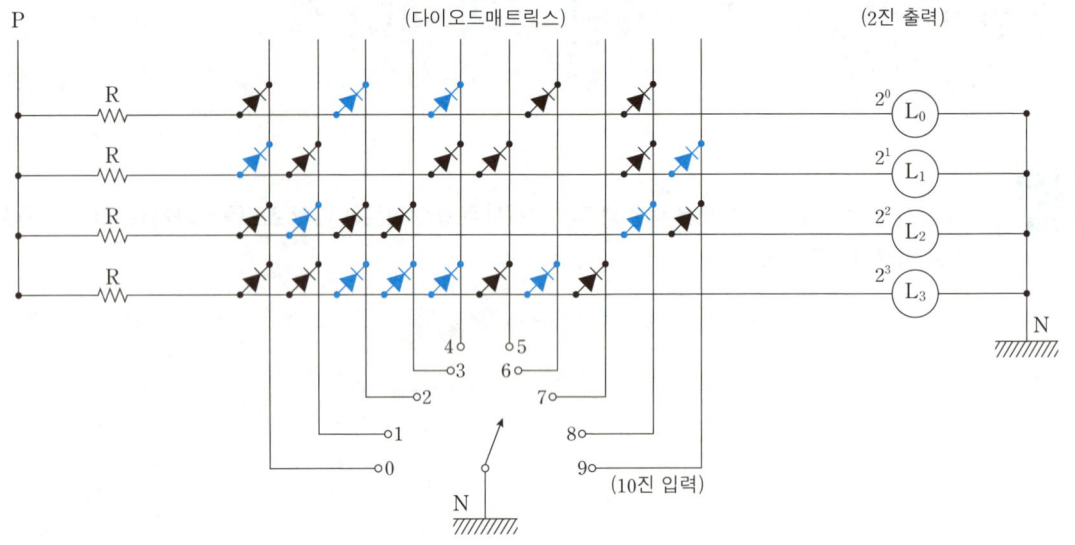

02 다음은 한국전기설비규정에 따른 아크를 발생하는 기구의 시설에 대한 내용이다. 빈 칸을 채우시오.

> 고압용의 개폐기·차단기·피뢰기 기타 이와 유사한 기구(이하 이 조에서 "기구 등"이라 한다)로서 동작 시에 아크가 생기는 것은 목재의 벽 또는 천장 기타의 가연성 물체로부터 ( )[m] 이상 이격하여 시설여야 한다.

정답

1[m]

다음은 한국전기설비규정에 따른 발전기 등의 보호장치에 대한 내용이다. 빈 칸을 채우시오.

> 발전기에는 다음의 경우에 자동적으로 이를 전로로부터 차단하는 장치를 시설하여야 한다.
> 가. 발전기에 과전류나 과전압이 생긴 경우
> 나. 용량이 (①)[kVA] 이상의 발전기를 구동하는 수차의 압유 장치의 유압 또는 전동식 가이드밴 제어장치, 전동식 니이들 제어장치 또는 전동식 디플렉터 제어장치의 전원전압이 현저히 저하한 경우
> 다. 용량이 (②)[kVA] 이상의 발전기를 구동하는 풍차(風車)의 압유장치의 유압, 압축 공기장치의 공기압 또는 전동식 브레이드 제어장치의 전원전압이 현저히 저하한 경우
> 라. 용량이 (③)[kVA] 이상인 수차 발전기의 스러스트 베어링의 온도가 현저히 상승한 경우
> 마. 용량이 (④)[kVA] 이상인 발전기의 내부에 고장이 생긴 경우
> 바. 정격출력이 (⑤)[kW]를 초과하는 증기터빈은 그 스러스트 베어링이 현저하게 마모되거나 그의 온도가 현저히 상승한 경우

정답

① 500　　② 100　　③ 2000
④ 10000　　⑤ 10000

 다음 주어진 표에 절연내력 시험전압을 빈 칸에 채워 넣으시오.

정격전압[V]	최대전압[V]	시험전압[V]
6600	6900	①
13200(중성점 다중 접지 전로)	13800	②
22900(중성점 다중 접지 전로)	24000	③

정답

① 10350　　② 12696　　③ 22080

다음은 한국전기설비규정에서 지중전선로에 대한 내용이다. 아래 빈 칸을 채우시오.

> 1. 지중 전선로는 전선에 케이블을 사용하고 또한 (①) · 암거식(暗渠式) 또는 (②)에 의하여 시설하여야 한다.
> 2. 지중 전선로를 (①) 또는 암거식에 의하여 시설하는 경우에는 다음에 따라야 한다.
>   가. (①)에 의하여 시설하는 경우에는 매설 깊이를 (③)[m] 이상으로 하되, 매설 깊이를 충족하지 못한 장소에는 견고하고 차량 기타 중량물의 압력에 견디는 것을 사용할 것. 다만 중량물의 압력을 받을 우려가 없는 곳은 0.6[m] 이상으로 한다.

정답

① 관로식
② 직접 매설식
③ 1

 다음 그림은 TN-C-S계통의 일부분이다. 결선하여 계통을 완성하시오. (단, 계통 일부의 중성선과 보호선을 동일전선으로 사용하며, 중성선 ⌐, 보호선 ㄒ, 보호선과 중성선을 겸한선 ⌐ 을 사용한다.)

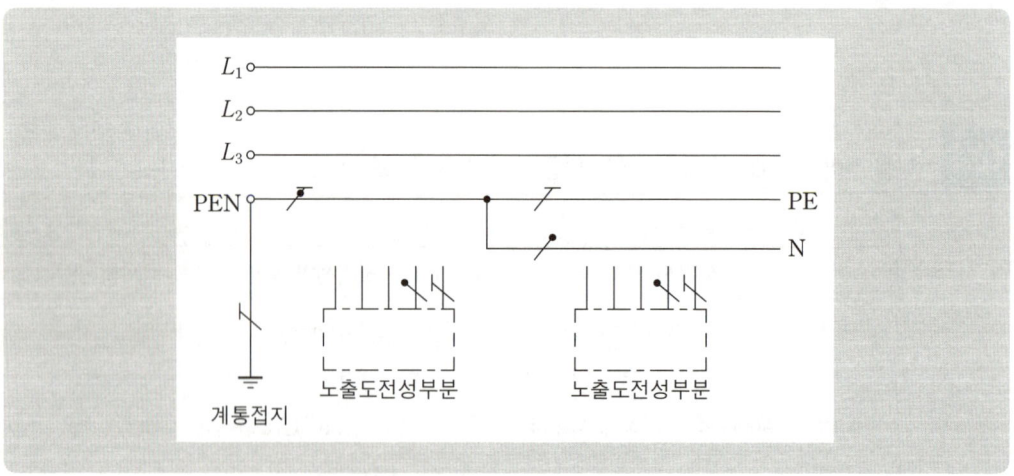

정답

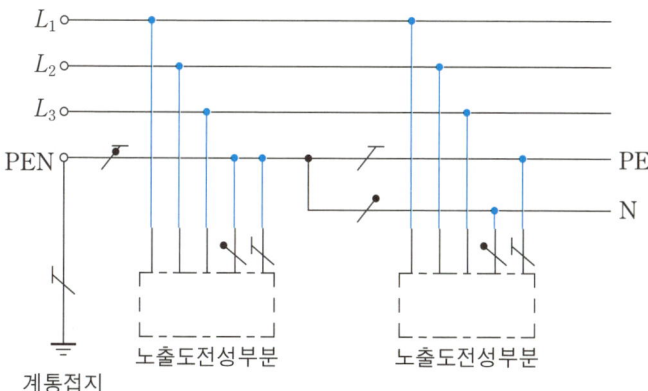

07 다음 빈 칸을 채우시오.

전력시설물 공사감리업무 수행지침에 따르면 감리원은 설계도서 등에 대하여 공사계약 문서 상호 간의 모순되는 사항, 현장 실정과의 부합여부 등 현장 시공을 주안으로 하여 해당 공사 시작 전에 검토하여야 하며 검토내용에는 다음 각 호의 사항 등이 포함되어야 한다.

1. 현장조건에 부합 여부
2. 시공의 (①) 여부
3. 다른 사업 또는 다른 공정과의 상호부합 여부
4. (②), 설계설명서, 기술계산서, (③) 등의 내용에 대한 상호일치 여부
5. (④), 오류 등 불명확한 부분의 존재여부
6. 발주자가 제공한 (⑤)와 공사업자가 제출한 산출내역서의 수량일치 여부

정답

① 실제 가능 ② 설계도면
③ 산출내역서 ④ 설계도서의 누락
⑤ 물량내역서

08

종합부하역률이 0.85, 부하간 부등률이 1.3이며 변압기는 최대부하에 20[%]의 여유를 준다고 할 때 변압기의 전용량[kVA]을 선정하시오. (단 변압기 표준용량은 100, 200, 300, 400, 500[kVA]이다.)

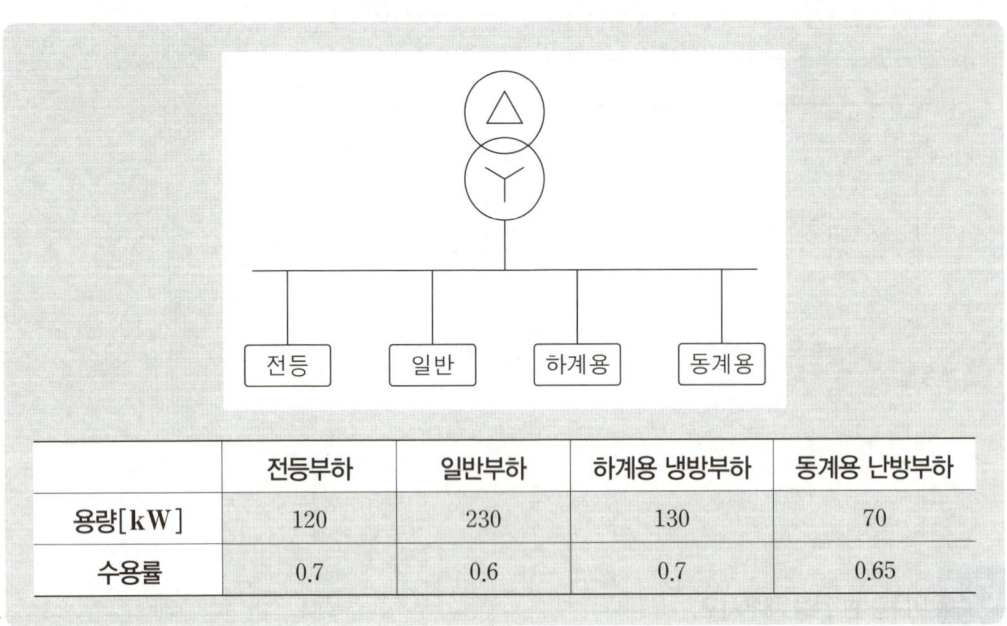

	전등부하	일반부하	하계용 냉방부하	동계용 난방부하
용량[kW]	120	230	130	70
수용률	0.7	0.6	0.7	0.65

정답

변압기 용량 = $\dfrac{\text{설비용량} \times \text{수용률}}{\text{부등률} \times \text{역률}} \times \text{효율}$

$= \dfrac{120 \times 0.7 + 230 \times 0.6 + 130 \times 0.7}{0.85 \times 1.3} \times 1.2 = 339.91 [\text{kVA}]$

답 400[kVA] 선정

아래 그림과 같이 3상 3선식 배전선로의 중앙에 100[A], 지상 역률 0.8의 부하를 설치하고 배전선로의 말단에 100[A], 지상 역률 0.6의 부하를 설치하였다. 말단 부하와 병렬로 콘덴서를 연결하였을 때 아래 질문에 답하시오. (단 주어진 조건 외 다른 조건은 무시한다.)

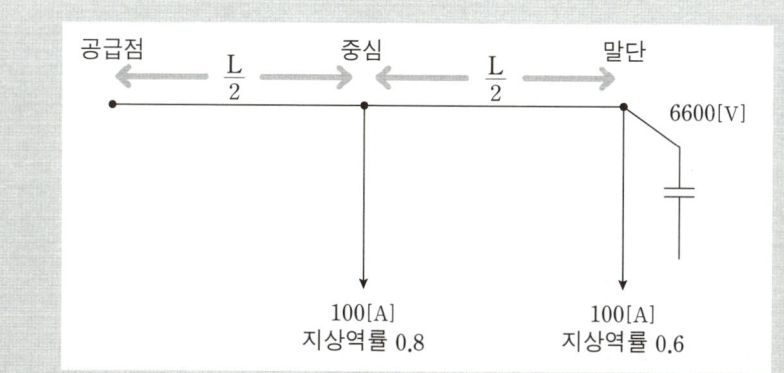

(1) 공급점의 지상역률을 0.9로 개선하는 콘덴서 용량 Q_c[kVA]를 구하시오.
 ◦계산 과정 :   ◦답 :

(2) 선로손실을 최소로 하는 콘덴서 용량 Q_c[kVA]를 구하시오.
  (단, 말단전압은 6600[V]로 일정하며 선로저항은 r[Ω/m]이다.)
 ◦계산 과정 :   ◦답 :

정답

(1) 공급점 기준 전체 전류
$$I = 100 \times (0.8 - j0.6) + 100 \times (0.6 - j0.8) = 140 - j140[A]$$
$$\cos\theta = \frac{유효분}{피상분} = \frac{I}{I_a} = \frac{140}{\sqrt{140^2 + (140 - I_c)^2}} = 0.9$$
$$I_c = j\left(140 - \sqrt{\frac{140^2}{0.9^2} - 140^2}\right) = j72.19[A]$$
$$\therefore Q = \sqrt{3} \times 6600 \times 72.19 \times 10^{-3} = 825.24[kVA]$$

답 825.24[kVA]

(2) 손실이 최소가 되려면 역률이 최대($\cos\theta = 1$)가 되어야 하므로
$$\cos\theta = \frac{I}{I_a} = \frac{140}{\sqrt{140^2 + (140 - I_c)^2}} = 1 \rightarrow I_c = j140[A]$$
$$\therefore Q_c = \sqrt{3} \times 6600 \times 140 \times 10^{-3} = 1600.41[kVA]$$

답 1600.41[kVA]

10 다음은 컴퓨터 등 중요 부하의 무정전 전원 공급을 나타낸 그림이다. 빈 칸을 채우시오.

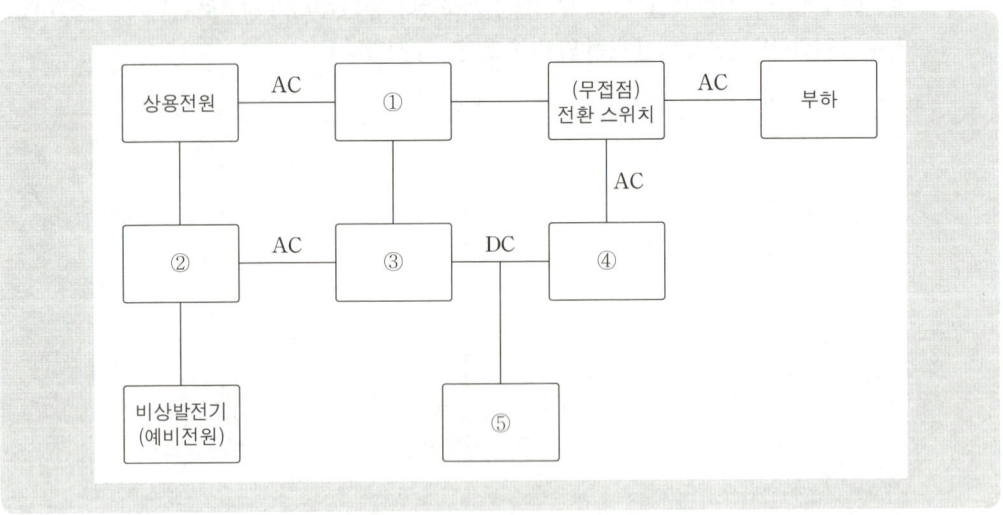

정답

① AVR   ② 전환스위치
③ 컨버터   ④ 인버터
⑤ 축전지

11 스폿 네트워크(SPOT NETWORK) 방식의 특징을 3가지만 쓰시오.

정답

① 무정전 전력공급이 가능하다
② 부하증가에 대한 적응성이 높다.
③ 계통 기기의 이용률이 향상된다.
④ 운전효율이 높고 전압변동률이 작다.

12

방폭구조의 종류를 4가지만 쓰시오.

정답

① 내압 방폭구조 ② 유입 방폭구조
③ 안전증 방폭구조 ④ 본질안전 방폭구조
⑤ 특수 방폭구조 ⑥ 압력 방폭구조

13

어떤 송전선의 4단자 정수가 $A=0.9$, $B=j380$, $C=j0.5\times 10^{-3}$, $D=0.9$이고, 무부하시 송전단에 154[kV]를 인가했을 때 다음 각 물음에 답하시오.

(1) 수전단 전압[kV] 및 송전단 전류[A]를 구하시오.
　① 수전단 전압
　　∘계산 과정 :　　　　　　　　　　　　　　　　∘답 :
　② 송전단 전류
　　∘계산 과정 :　　　　　　　　　　　　　　　　∘답 :

(2) 수전단 전압을 140[kV]로 유지하려고 한다. 이 때 수전단에서 필요로 하는 조상설비 용량은 몇 [kVA]인지 구하시오.
　∘계산 과정 :　　　　　　　　　　　　　　　　∘답 :

정답

(1) ① 수전단 전압

4단자 방정식 $E_s = AE_r + BI_r$ 무부하시 $I_r = 0$ 이므로 $E_s = AE_r$이다.

∴ $E_r = \dfrac{1}{A} E_s = \dfrac{1}{0.9} \times 154 = 171.11 \text{[kV]}$　　　　답　171.11[kV]

② 송전단 전류

4단자 방정식 $I_s = CE_r + DI_r$ 무부하시 $I_r = 0$ 이므로 $I_s = CE_r$이다.

∴ $I_s = CE_r = j0.5 \times 10^{-3} \times \dfrac{171.11 \times 10^3}{\sqrt{3}} = 49.4 \text{[A]}$　　답　49.4[A]

(2) $\begin{bmatrix} \frac{V_s}{\sqrt{3}} \\ I_s \end{bmatrix} = \begin{bmatrix} A & B \\ C & D \end{bmatrix} \begin{bmatrix} \frac{V_r}{\sqrt{3}} \\ I_r \end{bmatrix} \rightarrow \begin{bmatrix} \frac{154 \times 10^3}{\sqrt{3}} \\ I_s \end{bmatrix} = \begin{bmatrix} 0.9 & j380 \\ j0.5 \times 10^{-3} & 0.9 \end{bmatrix} \begin{bmatrix} \frac{140 \times 10^3}{\sqrt{3}} \\ I_c \end{bmatrix}$

위 식에서 조상기 전류를 계산하면 다음과 같다.

$I_c = \left(\frac{154 \times 10^3}{\sqrt{3}} - 0.9 \times \frac{140 \times 10^3}{\sqrt{3}} \right) \div j380 = -j42.54 [A]$

그러므로 수전단에서 필요한 조상설비 용량은 아래와 같이 계산할 수 있다.

$Q = \sqrt{3} V_r I_c \times 10^{-3} = \sqrt{3} \times 140 \times 10^3 \times 42.54 \times 10^{-3} = 10315.4 [kVar]$

답 10315.4[kVar]

14 송전단 전압 3300[V]인 변전소에서 5.8[km] 떨어진 곳에 역률 0.9(지상) 500[kW]인 3상 동력부하에 지중송전선로를 설치하여 전력을 공급하려 한다. 선로의 전압강하율이 10[%]가 넘지 않게 케이블의 허용전류(안전전류) 범위 내에서 아래 표를 참고하여 심선의 굵기를 선정하시오.(케이블의 허용전류는 아래 표와 같고, 도체의 고유저항은 $\frac{1}{55} [\Omega \cdot mm^2/m]$이며 선로의 정전용량과 인덕턴스를 무시한다.)

심선의 굵기[mm²]	22	30	38	58	60	80	100	125	150
허용전류	50	70	90	100	110	140	160	180	200

정답

$V_r = \frac{3300}{1+0.1} = 3000 [V]$

$\delta = \frac{P}{V_r^2}(R + X\tan\theta)$ 식에서 $R = \frac{V_r^2}{P} \delta = \frac{3000^2}{500 \times 10^3} \times 0.1 = 1.8 [\Omega]$

$A = \rho \frac{\ell}{R} = \frac{1}{55} \times \frac{5.8 \times 10^3}{1.8} = 58.59 [mm^2]$ ∴ $60 [mm^2]$ 선정

부하전류 $I = \frac{P}{\sqrt{3} V \cos\theta} = \frac{500 \times 10^3}{\sqrt{3} \times 3000 \times 0.9} = 106.92 [A]$ 이며

심선의 굵기 60[mm²] 허용전류 범위 만족

답 60[mm²] 선정

15. 전력용 한류퓨즈의 단점 4가지를 쓰시오.

정답

① 소전류 차단이 곤란하다.
② (차단시) 과전압이 발생한다.
③ 재투입 불가능하다.
④ 비보호 영역이 존재한다. (결상사고 우려)

16. 한류저항기의 설치 목적을 두 가지 쓰시오.

정답

① 지락 방향 계전기 사용시 지락전류의 유효분을 발생
② 오픈델타 회로의 각 상전압 중의 제 3고조파 억제

17. 아래 기기의 명칭과 용도를 쓰시오.

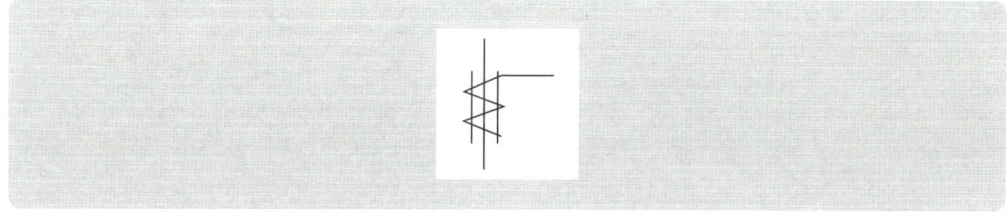

정답

- 명칭 : 영상변류기
- 용도 : 지락사고시 영상전류 검출

18 그림은 통상적인 단락, 지락 보호에 쓰이는 방식으로서 주보호와 후비보호의 기능을 지니고 있다. 도면을 보고 다음 각 물음에 답하시오.

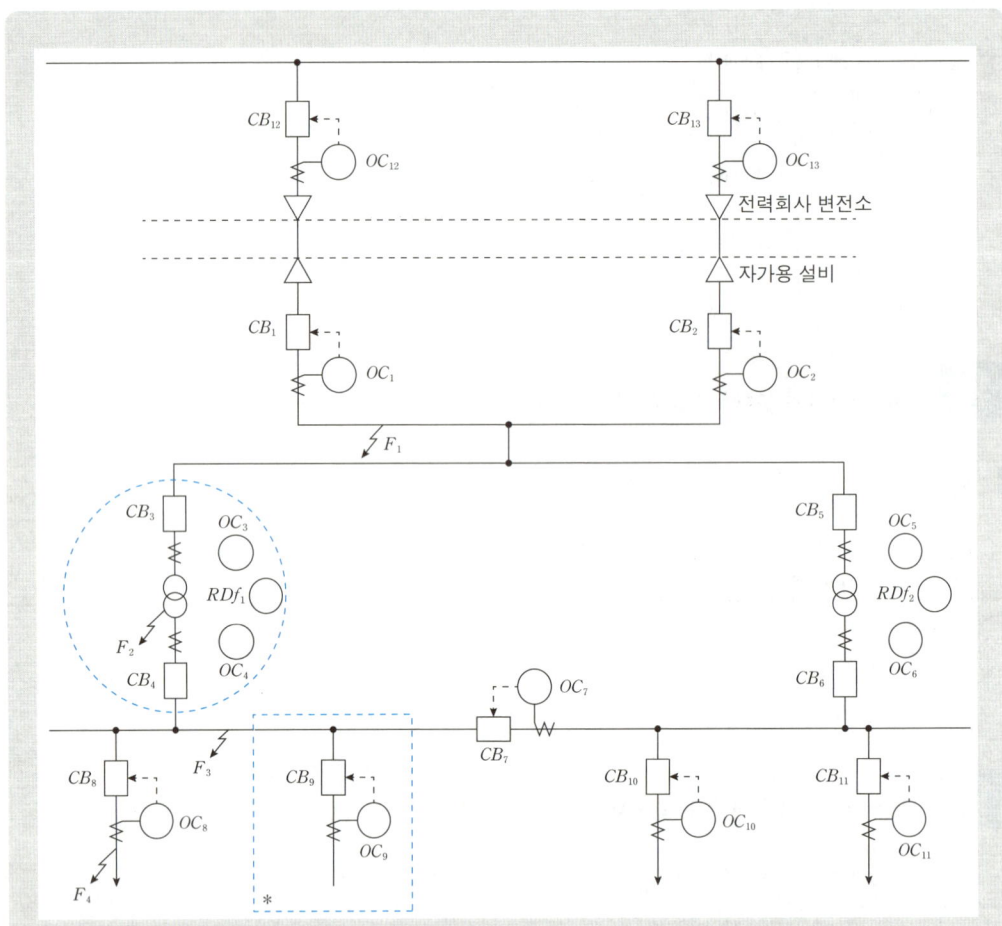

(1) 사고점이 F_1, F_2, F_3, F_4라고 할 때 주보호와 후비보호에 대한 다음 표의 ( ) 안을 채우시오.

사고점	주보호	후비보호
F_1	OC_1+CB_1 And OC_2+CB_2	(①)
F_2	(②)	OC_1+CB_1 And OC_2+CB_2
F_3	OC_4+CB_4 And OC_7+CB_7	OC_3+CB_3 And OC_6+CB_6
F_4	OC_8+CB_8	OC_4+CB_4 And OC_7+CB_7

(2) 그림은 도면의 * 표 부분을 좀더 상세하게 나타낸 도면이다. 각 부분 ①~④에 대한 명칭을 쓰고, 보호 기능 구성상 ⑤~⑦의 부분을 검출부, 판정부, 동작부로 나누어 표현하시오.

(3) 답란의 그림 F_2 사고와 관련된 검출부, 판정부, 동작부의 도면을 완성하시오. (단, 질문 "(2)"의 도면을 참고하시오.)

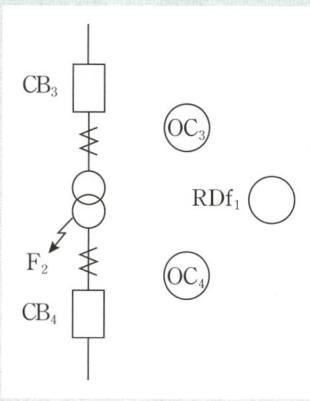

정답

(1) ① OC_2+CB_2 And OC_3+CB_3
  ② OC_3+CB_3 And $RDf_1+OC_3+CB_3$

(2) ① 차단기   ② 변류기
  ③ 계기용변압기   ④ 과전류계전기
  ⑤ 동작부   ⑥ 검출부
  ⑦ 판정부

(3)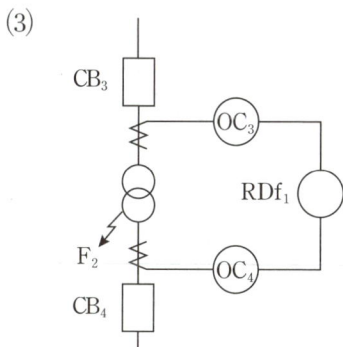

ELECTRICITY

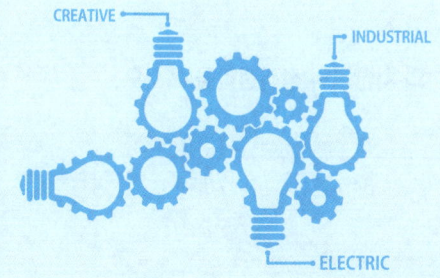

과년도 기출문제

전기산업기사 실기 기출문제 2020년
전기산업기사 실기 기출문제 2021년
전기산업기사 실기 기출문제 2022년
전기산업기사 실기 기출문제 2023년
전기산업기사 실기 기출문제 2024년

국가기술자격검정실기시험문제

전기산업기사실기 2020년 1회 기출문제

01

전력계통의 공칭전압 22.9[kV], 154[kV], 345[kV], 765[kV]의 차단기의 정격전압을 쓰시오.

공칭전압[kV]	22.9	154	345	765
차단기 정격전압[kV]				

정답

공칭전압[kV]	22.9	154	345	765
차단기 정격전압[kV]	25.8	170	362	800

02

주변압기가 3상 △결선(6.6[kV] 계통)일 때 1선 지락 사고 시 지락보호에 대하여 답하시오.

(1) 지락보호에 사용하는 변성기 및 계전기의 명칭을 쓰시오.

① 변성기　　② 계전기

(2) 영상전압을 얻기 위하여 단상 PT 3대를 사용하는 경우 접속 방법을 간단히 설명하시오.

정답

(1) ① 변성기 : 영상 변류기　② 계전기 : 선택지락계전기

(2) 1차 측은 Y결선하여 중성점을 직접 접지하고, 2차 측은 영상전압을 얻기 위해 개방델타결선을 한다.

03 주어진 도면은 어떤 수용가의 수전 설비의 단선 결선도이다. 도면과 참고표를 이용하여 물음에 답하시오.

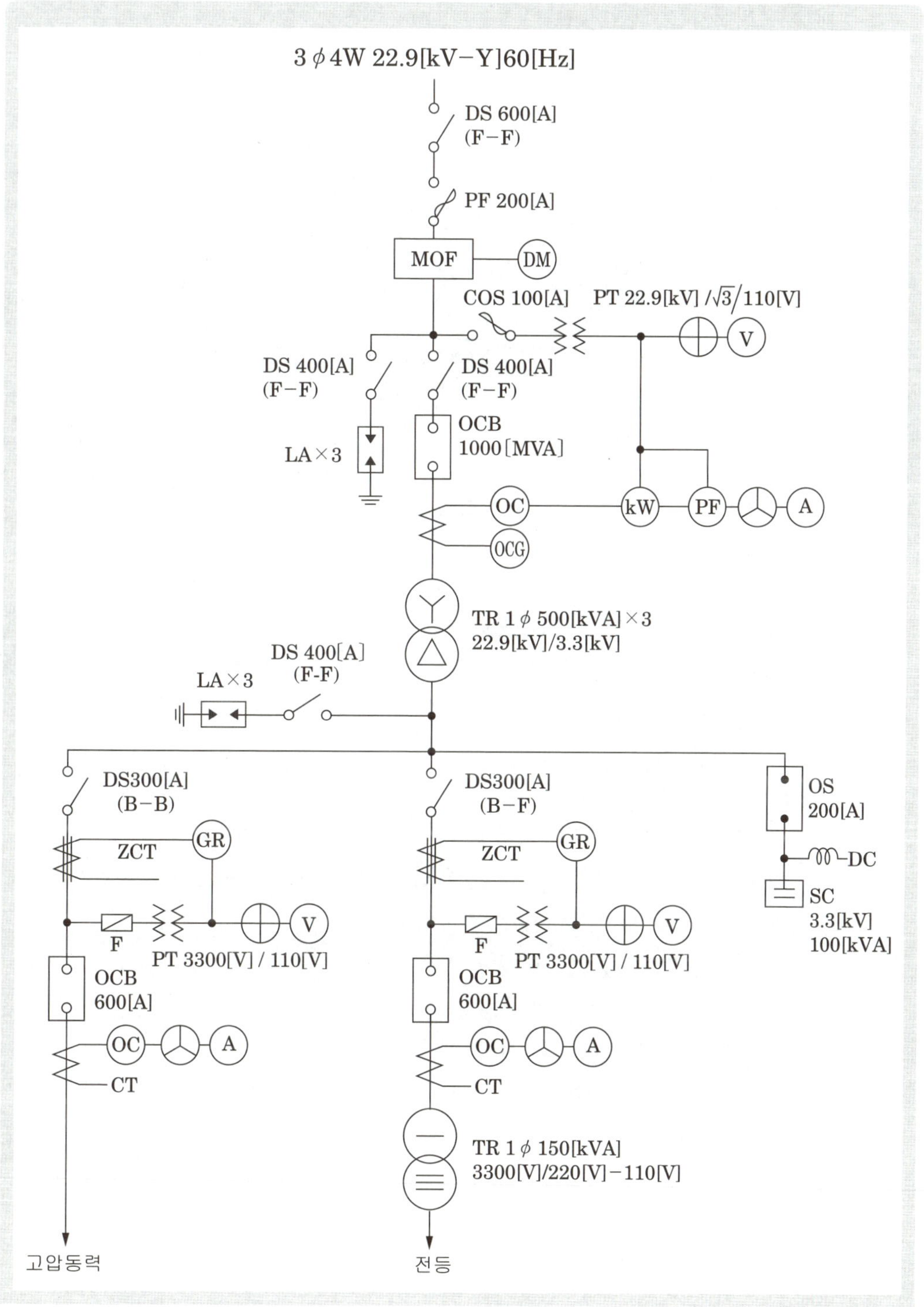

[참고표]

계기용변성기 정격(일반 고압용)

종별		정격
PT	1차 정격 전압[V]	3300, 6000
	2차 정격 전압[V]	110
	정격 부담[VA]	50, 100, 200, 400
CT	1차 정격 전류[A]	10, 15, 20, 30, 40, 50, 75, 100, 150, 200, 300, 400, 500, 600
	2차 정격 전류[A]	5
	정격 부담[VA]	15, 40, 100 일반적으로 고압 회로는 40[VA] 이하, 저압 회로는 15[VA]이상

(1) 22.9[kV] 측에 대하여 다음 각 물음에 답하시오.
  ① MOF에 연결되어 있는 ⒟는 무엇인가?
  ② DS의 정격 전압은 몇 [kV]인가?
  ③ LA의 정격 전압은 몇 [kV]인가?
  ④ OCB의 정격 전압은 몇 [kV]인가?
  ⑤ OCB의 정격 차단 용량 선정은 무엇을 기준으로 하는가?
  ⑥ CT의 변류비는? (단, 1차 전류의 여유는 25[%]로 한다.)
    ○ 계산 과정 :   ○ 답 :
  ⑦ DS에 표시된 F-F의 뜻은?
  ⑧ 변압기와 피뢰기의 최대 유효 이격 거리는 몇 [m]인가?
  ⑨ OCB의 차단 용량이 1000[MVA]일 때 정격차단전류는 몇 [A]인가?

(2) 3.3[kV]측에 대하여 다음 각 물음에 답하시오.
  ① 옥내용 PT는 주로 어떤 형을 사용하는가?
  ② 고압 동력용 OCB에 표시된 600[A]는 무엇을 의미하는가?
  ③ 콘덴서에 내장된 DC의 역할은?
  ④ 전등 부하의 수용률이 70[%]일 때 전등용 변압기에 걸 수 있는 부하설비용량은 몇 [kW]인가?

정답

(1) ① 최대수요전력량계 ② 25.8[kV] ③ 18[kV]
④ 25.8[kV] ⑤ 단락용량
⑥ CT비 선정방법

㉠ CT 1차측 전류 : $I_1 = \dfrac{P}{\sqrt{3}\cdot V} = \dfrac{500 \times 3}{\sqrt{3}\times 22.9}$

㉡ CT의 여유배수 적용 : $I_1 \times 1.25 = \dfrac{500\times 3}{\sqrt{3}\times 22.9}\times 1.25 = 47.27[A]$

답 CT정격을 선정 : 50/5

⑦ 표면 접속
⑧ 20[m]
⑨ 정격차단용량 $P_s = \sqrt{3}\,V_n I_s$ → 정격차단전류 $I_s = \dfrac{P_s}{\sqrt{3}\,V_n}$

$I_s = \dfrac{1000\times 10^3}{\sqrt{3}\times 25.8} = 22377.92[A]$

답 22377.92[A]

(2) ① 몰드형 ② 정격전류 ③ 잔류전하를 방전시켜 감전사고 방지

④ 부하설비용량 = $\dfrac{\text{변압기용량}}{\text{수용률}} = \dfrac{150}{0.7} = 214.29[kW]$

답 214.29[kW]

  3상 3선식 송전단 전압 6.6[kV] 전선로의 전압강하율을 10[%] 이하로 하고자 한다. 수전전력의 크기 [kW]는? (단, 저항 1.19[Ω], 리액턴스 1.8[Ω], 역률 80[%]이다.)

정답

주어진 조건에서 먼저 수전단전압을 계산하면 $V_r = \dfrac{V_s}{1+\delta} = \dfrac{6600}{1+0.1} = 6000[V]$이다.

$\delta = \dfrac{P}{V_r^2}(R+X\tan\theta)$에서 $P = \dfrac{\delta\times V_r^2}{R+X\tan\theta}$이다.

$\therefore P = \dfrac{\delta\times V_r^2}{R+X\tan\theta} = \dfrac{0.1\times 6000^2}{1.19+1.8\times\dfrac{0.6}{0.8}}\times 10^{-3} = 1417.32[kW]$

답 1417.32[kW]

05 200[V], 15[kVA]인 3상 유도전동기를 부하로 사용하는 공장이 있다. 이 공장이 어느 날 1일 사용전력량이 90[kWh]이고, 1일 최대전력이 10[kW]일 경우 다음 각 물음에 답하시오. 단, 최대전력일 때의 전류값은 43.3[A]라고 한다.

(1) 일 부하율은 몇 [%]인가?
   ◦ 계산 과정 :   ◦ 답 :
(2) 최대전력일 때의 역률은 몇 [%]인가?
   ◦ 계산 과정 :   ◦ 답 :

정답

(1) 일부하율 $= \dfrac{\text{사용전력량[kWh]}/24[\text{h}]}{\text{최대전력}} \times 100 = \dfrac{90/24}{10} \times 100 = 37.5[\%]$ 답 37.5[%]

(2) 역률 $= \dfrac{\text{유효전력}}{\text{피상전력}} = \dfrac{P_{\max}}{\sqrt{3}\,VI} \times 100 = \dfrac{10 \times 10^3}{\sqrt{3} \times 200 \times 43.3} \times 100 = 66.67[\%]$ 답 66.67[%]

06 어떤 수용가의 최대수용전력이 각각 200[W], 300[W], 800[W], 1200[W], 2500[W] 일 때 주상변압기의 용량을 선정하시오. (단, 부등률은 1.14, 부하의 역률은 1, 변압기는 표준용량으로 선정한다.)

단상 변압기 표준용량 [kVA]
1, 2, 3, 5, 7.5, 10, 15, 20, 30

정답

변압기용량 $\geq \dfrac{\text{각 부하의 최대수용전력의 합}}{\text{부등률} \times \text{역률} \times \text{효율}}$ [kVA]

$= \dfrac{200+300+800+1200+2500}{1.14 \times 1} \times 10^{-3} = 4.39$ 답 변압기 5[kVA] 선정

예비 전원으로 이용되는 축전지에 대한 다음 각 물음에 답하시오.

(1) 그림과 같은 부하 특성을 갖는 축전지를 사용할 때 보수율이 0.8, 최저 축전지 온도 5[℃], 허용 최저 전압 90[V]일 때 몇 [Ah] 이상인 축전지를 선정하여야 하는가? (단, $I_1=60[A]$, $I_2=50[A]$, $K_1=1.15$, $K_2=0.91$, 셀(cell)당 전압은 1.06[V/cell]이다.)
- 계산 과정 :   - 답 :

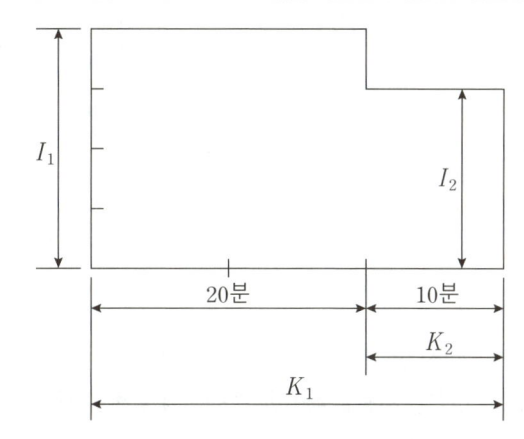

(2) 연 축전지와 알칼리 축전지의 공칭 전압은 각각 몇 [V]인가?
- 연 축전지 :   - 알칼리 축전지 :

정답

(1) $C = \dfrac{1}{L}[K_1 I_1 + K_2(I_2 - I_1)] = \dfrac{1}{0.8} \times (60 \times 1.15 - 10 \times 0.91) = 74.88[Ah]$

답 74.88[Ah]

(2) ○ 연 축전지 : 2[V]   ○ 알칼리 축전지 : 1.2[V]

08 단상 유도 전동기의 기동방법을 3가지 쓰시오.

정답

- 반발 기동형
- 콘덴서 기동형
- 분상 기동형

09 경간 200[m]인 가공 송전선로가 있다. 전선 1[m]당 무게는 2.0[kg]이고 풍압하중은 없다고 한다. 인장강도 4000[kg]의 전선을 사용할 때 이도와 전선의 실제길이를 구하라. (단, 안전율은 2.2이다.)

(1) 이도
 - 계산 과정 :   답 :
(2) 전선의 실제길이
 - 계산 과정 :   답 :

정답

(1) $D = \dfrac{WS^2}{8T} = \dfrac{2 \times 200^2}{8 \times 4000/2.2} = 5.5[\mathrm{m}]$ 답 5.5[m]

(2) $L = S + \dfrac{8D^2}{3S} = 200 + \dfrac{8 \times 5.5^2}{3 \times 200} = 200.4[\mathrm{m}]$ 답 200.4[m]

10 건축연면적 350[m²]의 주택에 다음 조건과 같은 전기설비를 시설하고자 할 때 분전반에서 사용할 20[A]와 30[A]의 분기회로 수는 각각 몇 회로로 하여야 하는지를 계산하시오. 단, 분전반의 인입 전압은 단상 220[V]이며, 전등 및 전열의 분기회로는 20[A], 에어콘은 30[A] 분기회로이다.

[조건]
① 전등과 전열용 부하의 표준부하 밀도는 25[VA/m²]이다.
② 2500[VA] 용량의 에어콘 2대를 사용한다.
③ 예비부하는 3500[VA]으로 한다.
  ◦ 계산 과정 :   ◦ 답 :

정답

◦ 전등 및 전열의 분기회로 수 $= \dfrac{350 \times 25 + 3500}{220 \times 20} = 2.78$ → 3회로

◦ 에어컨 분기회로 수 $= \dfrac{2500 \times 2}{220 \times 30} = 0.76$ → 1회로

답 20[A]분기 3회로 선정, 에어컨 30[A]분기 1회로 선정

11 종합전기설계사업법에서 기술인력 등록요건 3가지를 쓰시오.

정답

◦ 설계사 2명
◦ 설계보조자 2명
◦ 전기분야 기술사 2명

12 배전 변전소의 각종 시설에는 접지를 하고 있다. 그 접지 목적을 2가지로 요약하여 설명하시오.

정답

- 1선 지락 사고 시 전위상승을 억제하여 절연레벨을 경감시킨다.
- 배전 변전소 운전원의 감전사고 및 설비의 화재사고를 방지한다.

13 조명배치에 따른 조명설치방법 3가지를 쓰시오.

정답

- 전반조명
- 국부조명
- 전반국부병용조명

14 관등회로의 전선과 조영재와의 전압별 이격거리를 작성하시오.

6000[V] 미만	6000[V] 이상 ~ 9000[V] 미만	9000[V] 이상
①	②	③

정답

① 2[cm]   ② 3[cm]   ③ 4[cm]

15 다음 그림은 3상 유도전동기의 Y−△ 기동법을 나타내는 결선도이다. 다음 물음에 답하시오.

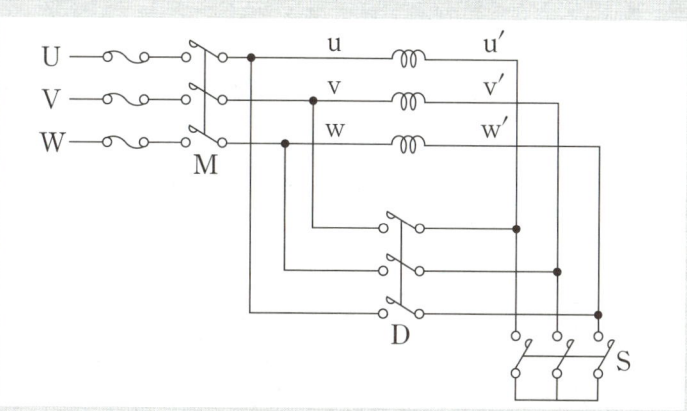

(1) 다음 표의 빈칸에 기동시 및 운전시의 전자개폐기 접점의 ON, OFF 상태 및 접속 상태(Y−△)를 쓰시오.

구 분	전자개폐기 접점상태(ON, OFF)			접속 상태
	S	D	M	
기동시				
운전시				

(2) 전전압 기동과 비교하여 Y−△ 기동법의 기동시 기동전압, 기동전류 및 기동토크는 각각 어떻게 되는가?
① 기동전압(선간전압) :
② 기동전류 :
③ 기동토크 :

정답

(1)

구 분	전자개폐기 접점상태(ON, OFF)			접속 상태
	S	D	M	
기동시	ON	OFF	ON	Y
운전시	OFF	ON	ON	△

(2) ① $\frac{1}{\sqrt{3}}$배 ② $\frac{1}{3}$배 ③ $\frac{1}{3}$배

16 도면은 사무실 일부의 조명 및 전열 도면이다. 주어진 조건을 이용하여 다음 각 물음에 답하시오.

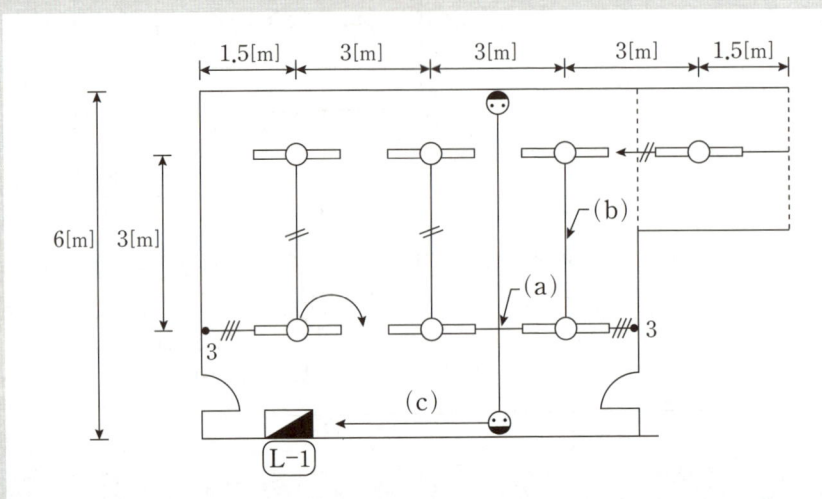

(1) 전등과 전열에 사용할 수 있는 전선의 최소 굵기는 얼마인가? (단 접지선은 제외)
  ◦ 전등 :   ◦ 전열 :
(2) (a)와 (b)에 배선되는 전선수는 최소 몇 본이 필요한가?
(3) (c)에 사용될 전선의 종류와 전선의 굵기 및 전선 가닥수를 쓰시오. 단, 접지선은 제외
(4) 도면에서 박스(4각 박스＋8각 박스)는 몇 개가 필요한가?
(5) 30AF/20AT에서 AF와 AT의 의미는 무엇인가?

정답

(1) ◦ 전등 : 2.5[mm^2]   ◦ 전열 : 2.5[mm^2]
(2) (a) 6가닥   (b) 4가닥
(3) ① 전선의 종류 : NR   ② 전선의 굵기 : 2.5[mm^2]   ③ 전선의 가닥수 : 4가닥
(4) 11개
(5) ◦ AF : 차단기 프레임 전류   ◦ AT : 차단기 트립 전류

전기산업기사실기 2020년 2회 기출문제

01 그림과 같은 계통에서 측로 단로기 T_1을 통하여 부하를 공급하고, 차단기를 점검하기 위한 조작 순서를 쓰시오. (단, 평상시에 T_1은 개방되어 있는 상태임)

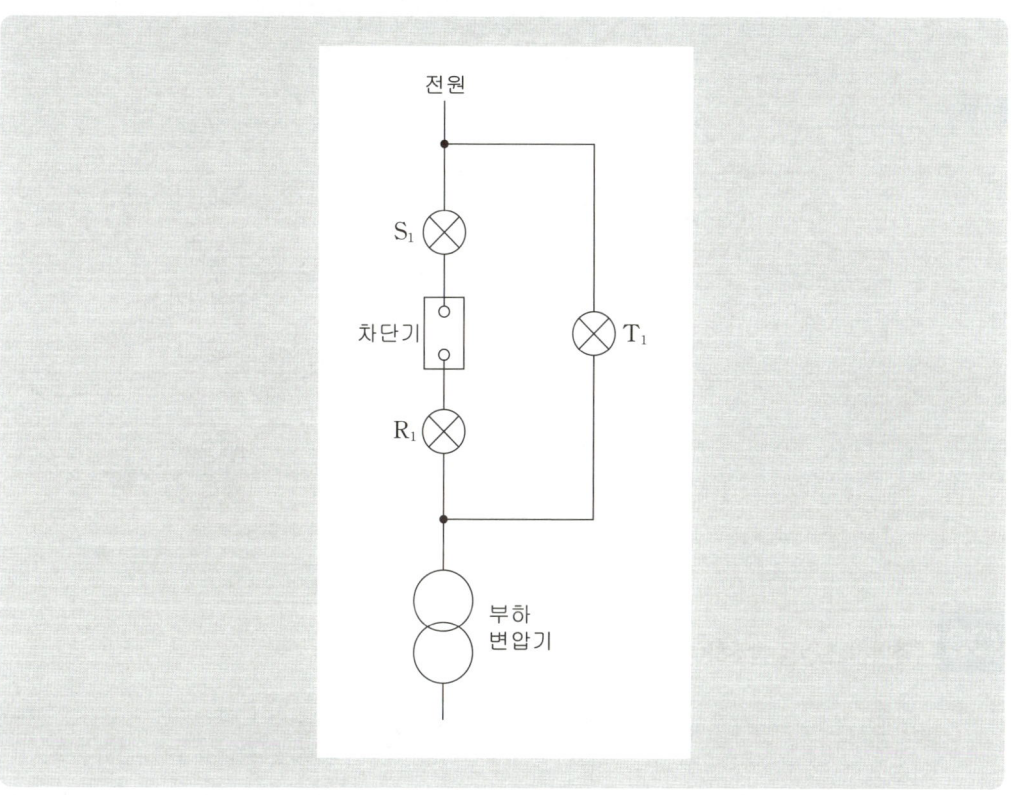

정답

T_1(ON) → 차단기(OFF) → R_1(OFF) → S_1(OFF)

차단기의 종류 5가지와 그에 따른 소호매질을 쓰시오.

차단기의 종류	소호매질
( )	( )
( )	( )
( )	( )
( )	( )
( )	( )

정답

차단기의 종류	소호매질
진공 차단기	고진공
가스 차단기	육불화유황가스
공기 차단기	압축공기
유입 차단기	절연유
기중 차단기	자연공기

 주어진 조건을 참조하여 다음 각 물음에 답하시오.

[조건]

차단기 명판(name plate)에 BIL 150[kV], 정격 차단전류 20[kA], 차단시간 8 사이클, 솔레노이드(solenoid)형 이라고 기재되어 있다. (단, BIL은 절연계급 20호 이상의 비유효 접지계에서 계산하는 것으로 한다.)

(1) BIL 이란 무엇인가?
(2) 이 차단기의 정격전압이 25.8[kV]일 때 정격 차단용량은 몇 [MVA]인가?
  ○ 계산 과정 :   ○ 답 :
(3) 차단기의 트립(Trip) 방식 3가지를 적으시오.

> 정답

(1) 기준충격 절연강도

(2) $P_s = \sqrt{3}\,V_n I_{kA} = \sqrt{3} \times 25.8 \times 20 = 893.74$ 　　답　893.74[MVA]

(3) ∘ 직류전압트립방식　　∘ 콘덴서트립방식　　∘ 부족전압트립방식

04 그림은 고압 수전설비의 단선결선도이다. 다음 각 물음에 답하시오.

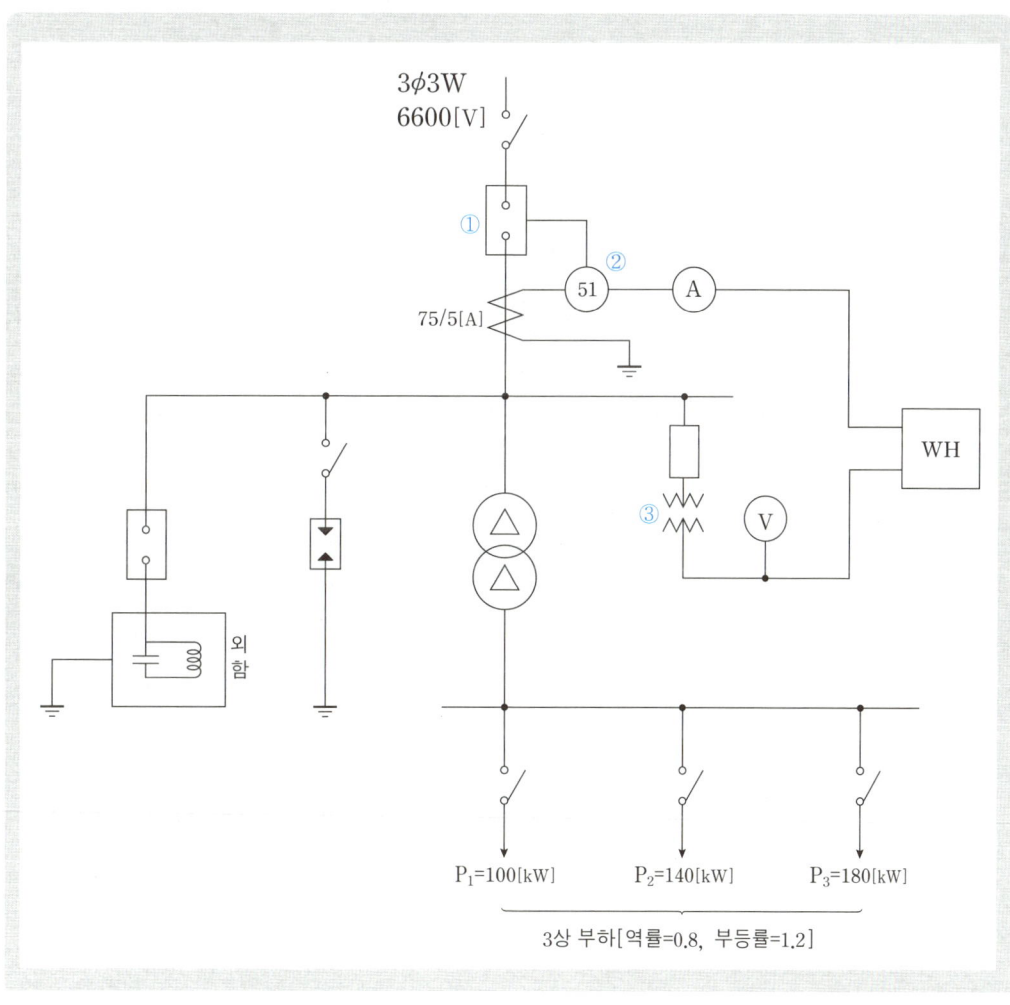

(1) 그림에서 ① ~ ③의 명칭을 우리말로 작성하시오.

(2) ① 각 부하의 최대전력이 그림과 같고, 역률 0.8, 부등률 1.2일 때, 변압기 1차측의 전류계 Ⓐ에 흐르는 전류의 최댓값을 구하시오.
　　• 계산 과정 :　　　　　　　　　　　　　　　　　　• 답 :

　② 동일한 조건에서 합성역률을 0.92 이상으로 유지하기 위한 전력용 콘덴서의 최소 용량[kVar]을 구하시오.
　　• 계산 과정 :　　　　　　　　　　　　　　　　　　• 답 :

(3) 단선도상의 피뢰기 정격전압과 방전전류는 얼마인지 쓰시오.

(4) DC(방전코일)의 설치목적을 간단히 쓰시오.

정답

(1) ① 차단기　② 과전류계전기　③ 계기용변압기

(2) ① 합성최대전력 = $\dfrac{\text{각 부하설비 최대전력의 합}}{\text{부등률}} = \dfrac{100+140+180}{1.2} = 350[\text{kW}]$

∴ 전류계에 흐르는 전류 = $\dfrac{350 \times 10^3}{\sqrt{3} \times 6600 \times 0.8} \times \dfrac{5}{75} = 2.55[\text{A}]$　　　답 2.55[A]

② $Q = P \times (\tan\theta_1 - \tan\theta_1) = 350 \times \left(\dfrac{0.6}{0.8} - \dfrac{\sqrt{1-0.92^2}}{0.92}\right) = 113.4$　　답 113.4[kVar]

(3) • 피뢰기 정격전압 : 7.5[kV]　　• 피뢰기 공칭 방전전류 : 2500[A]

(4) 잔류전하 방전

05. 전력용 콘덴서에 직렬리액터[SR]를 설치하는 경우 효과 3가지를 쓰시오.

정답

- 고조파를 제거
- 전압의 파형 왜곡 억제
- 고조파 전류에 의한 오동작 방지

06. 다음과 같은 값을 측정하는데 사용되는 기기 또는 원리를 쓰시오.

(1) 단선인 전선의 굵기 :
(2) 옥내전등선의 절연저항 :
(3) 접지저항 측정 :

정답

(1) 와이어 게이지
(2) 메거
(3) 콜라우시 브리지

07. 선로 전압을 110[V]에서 220[V]로 승압할 경우 선로에 나타나는 효과에 대해 다음 물음에 답하시오.

(1) 전력손실이 동일한 경우 공급능력의 증대는 몇 배인지 구하시오.
  - 계산 과정 : 　　　　　　　　　　　　　　　 ○ 답 :
(2) 전력손실의 감소는 몇 [%]인지 구하시오.
  - 계산 과정 : 　　　　　　　　　　　　　　　 ○ 답 :
(3) 전압강하율의 감소는 몇 [%]인지 구하시오.
  - 계산 과정 : 　　　　　　　　　　　　　　　 ○ 답 :

> 정답

(1) 전력손실이 동일한 경우 $P \propto V$

$$\frac{P_2}{P_1} = \frac{V_2}{V_1} = \frac{220}{110} = 2$$

답 2배

(2) 전력손실 $P_l \propto \dfrac{1}{V^2}$

$$\frac{P_{l2}}{P_{l1}} = \left(\frac{V_1}{V_2}\right)^2 = \left(\frac{110}{220}\right)^2 = 0.25$$

∴ 전력손실 감소분 $=(1-0.25) \times 100 = 75[\%]$

답 75[%]

(3) 전압강하율 $\delta \propto \dfrac{1}{V^2}$

$$\frac{\delta_2}{\delta_1} = \left(\frac{V_1}{V_2}\right)^2 = \left(\frac{110}{220}\right)^2 = 0.25$$

전압강하율 감소분 $=(1-0.25) \times 100 = 75[\%]$

답 75[%]

08 어느 변전실에서 그림과 같은 일부하 곡선 A, B, C 인 부하에 전기를 공급하고 있다. 이 변전실의 총부하에 대한 다음 각 물음에 답하시오. (단, A, B, C의 역률은 시간에 관계없이 각각 80[%], 100[%] 및 60[%]이며, 그림에서 부하 전력은 부하 곡선의 수치에 10^3을 한다는 의미로 수직 측의 10은 $10 \times 10^3[\text{kW}]$라는 의미이다.)

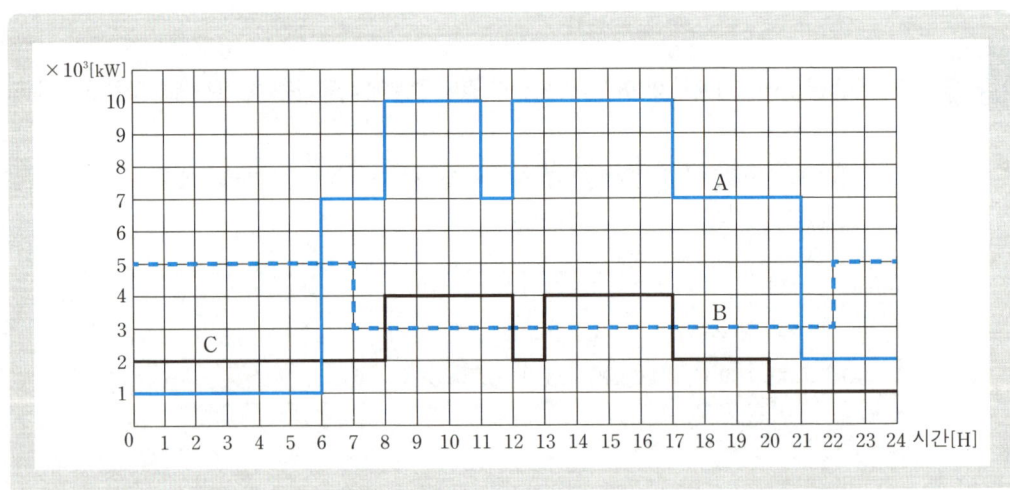

(1) 합성 최대 전력은 몇 [kW]인가?
　◦ 계산 과정 :　　　　　　　　　　　　　　　◦ 답 :

(2) A, B, C 각 부하에 대한 평균전력은 몇 [kW]인가?
　① A 부하 평균전력
　　◦ 계산 과정 :　　　　　　　　　　　　　　◦ 답 :
　② B 부하 평균전력
　　◦ 계산 과정 :　　　　　　　　　　　　　　◦ 답 :
　③ C 부하 평균전력
　　◦ 계산 과정 :　　　　　　　　　　　　　　◦ 답 :

(3) 종합 부하율은 몇 [%]인가?
　◦ 계산 과정 :　　　　　　　　　　　　　　　◦ 답 :

(4) 부등률은 얼마인가?
　◦ 계산 과정 :　　　　　　　　　　　　　　　◦ 답 :

(5) 최대 부하일 때의 합성역률은 몇 [%]인가?
　◦ 계산 과정 :　　　　　　　　　　　　　　　◦ 답 :

정답

(1) 합성최대전력 : $P = (10+3+4) \times 10^3 = 17 \times 10^3 [\text{kW}]$　　답　$17 \times 10^3 [\text{kW}]$

(2) ① $A = \dfrac{\{(1 \times 6)+(7 \times 2)+(10 \times 3)+(7 \times 1)+(10 \times 5)+(7 \times 4)+(2 \times 3)\} \times 10^3}{24}$

$= 5.88 \times 10^3 [\text{kW}]$　　답　$5.88 \times 10^3 [\text{kW}]$

② $B = \dfrac{\{(5 \times 7)+(3 \times 15)+(5 \times 2)\} \times 10^3}{24} = 3.75 \times 10^3 [\text{kW}]$　　답　$3.75 \times 10^3 [\text{kW}]$

③ $C = \dfrac{\{(2 \times 8)+(4 \times 4)+(2 \times 1)+(4 \times 4)+(2 \times 3)+(1 \times 4)\} \times 10^3}{24}$

$= 2.5 \times 10^3 [\text{kW}]$　　답　$2.5 \times 10^3 [\text{kW}]$

(3) 종합부하율 $= \dfrac{\text{각수용가 평균전력의 합계}}{\text{합성최대전력}} \times 100$

$= \dfrac{(5.88+3.75+2.5) \times 10^3}{17 \times 10^3} \times 100 = 71.35 [\%]$　　답　$71.35 [\%]$

(4) 부등률 = $\dfrac{\text{각수용가 최대전력의 합계}}{\text{합성최대전력}} = \dfrac{(10+5+4)\times 10^3}{17\times 10^3} = 1.12$ 　　답 1.12

(5) ① 합성 최대 유효전력 : $P = 17\times 10^3 [\text{kW}]$

② 합성 최대 무효전력 : $P_r = 10\times 10^3 \times \dfrac{0.6}{0.8} + 4\times 10^3 \times \dfrac{0.8}{0.6} = 12833.33[\text{kVar}]$

최대 부하일 때의 합성역률 = $\dfrac{17\times 10^3}{\sqrt{(17\times 10^3)^2 + (12833.33)^2}} \times 100 = 79.81[\%]$

답 79.81[%]

09 아래 조건과 같이 자가발전설비를 시설하고자 한다. 조건에서 발전기의 정격용량은 최소 몇 [kVA]를 초과해야 하는가?

[조 건]

- 부하 : 유도 전동기로써 기동용량은 2000[kVA]
- 기동시의 전압강하 : 20[%]
- 발전기의 과도리액턴스 : 25[%]

 정답

발전기의 최소용량 = $2000 \times 0.25 \times \left(\dfrac{1}{0.2} - 1\right) = 2000[\text{kVA}]$ 　　답 2000[kVA]

10 여러 설비의 접지를 공통으로 묶어서 사용하는 접지를 공통접지라 한다. 공통접지의 장점 5가지를 쓰시오.

[정답]

① 접지배선 및 구조가 단순하여 보수 점검이 쉽다.
② 등전위가 구성되어 장비간의 전위차가 발생되지 않는다.
③ 접지전극이 병렬로 연결되므로 합성저항을 낮추기 용이하다.
④ 여러 접지전극을 연결하므로 노이즈전류의 방전이 용이하다.
⑤ 시공 접지봉의 수를 줄일 수 있어 접지공사비를 줄일 수 있다.

11 단상 500[kVA] 변압기 3대(22900/380[V])를 Y-Y 결선으로 하였을 경우, 2차 측에 설치하는 차단기의 차단용량 [MVA]을 구하여라. (단, 변압기의 임피던스는 3[%] 이다.)

[정답]

$P_s = \dfrac{100}{\%Z} \times P_n = \dfrac{100}{3} \times 500 \times 3 \times 10^{-3} = 50[\text{MVA}]$

답 50[MVA]

12 평면도와 같은 건물에 대한 전기배선을 설계하기 위하여, 전등 및 소형 전기기계기구의 부하용량을 상정하여 분기회로수를 결정하고자 한다. 주어진 평면도와 표준부하를 이용하여 최대부하용량을 상정하고 최소분기 회로수를 결정하시오. (단, 분기회로는 16[A] 분기회로이며 배전전압은 220[V]를 기준하고, 적용 가능한 부하는 최대값으로 상정할 것)

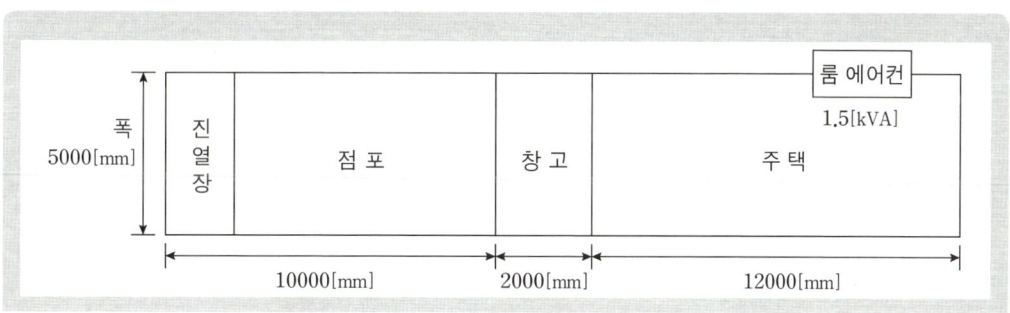

① 건축물의 종류에 따른 표준부하

건축물의 종류	표준부하[VA/m^2]
공장, 공회당, 사원, 교회, 극장, 영화관, 연회장	10
기숙사, 여관, 호텔, 병원, 음식점, 다방, 목욕탕, 학교	20
주택, 아파트, 사무실, 은행, 상점[점포], 백화점, 미용실	40

② 건축물중 별도로 계산할 부분의 표준 부하 (주택, 아파트 제외)

건물의 부분	표준부하[VA/m^2]
복도, 계단, 세면장, 창고, 다락	5
강당, 관람석	10

③ 표준 부하에 따라 산출한 수치에 가산해야할 [VA]수
- 주택, 아파트(1세대마다)에 대하여는 500~1000[VA]
- 상점의 진열장에 대하여는 진열장 폭 1[m]에 대하여 300[VA]
- 옥외의 광고 등, 전광 사인 등의 [VA]수

정답

설비부하용량 = 바닥면적 × 표준부하 + 가산부하 + RC
= 12×5×40 + 10×5×40 + 2×5×5 + 5×300 + 1000 + 1500 = 8450[VA]

∴ 최대부하용량 : 8450[VA]

∴ 분기회로수 = $\dfrac{설비부하용량[VA]}{사용전압[V] \times 16[A]}$ = $\dfrac{8450}{220 \times 16}$ = 2.4

답 최대부하용량 : 8450[VA], 분기회로 수 : 16[A] 분기 3회로

13 건축화 조명은 건축물의 천장이나 벽을 조명기구 겸용으로 마무리하는 것으로 조명기구의 배치방식에 의하면 거의 전반조명 방식에 해당된다. 건축화 조명 중 천장면의 이용방식 4가지(KS-317010)를 쓰시오.

정답

- 다운라이트
- 코퍼라이트
- 코브조명
- 핀홀라이트

14 다음 무접점회로를 이용하여 유접점 회로를 완성하시오.

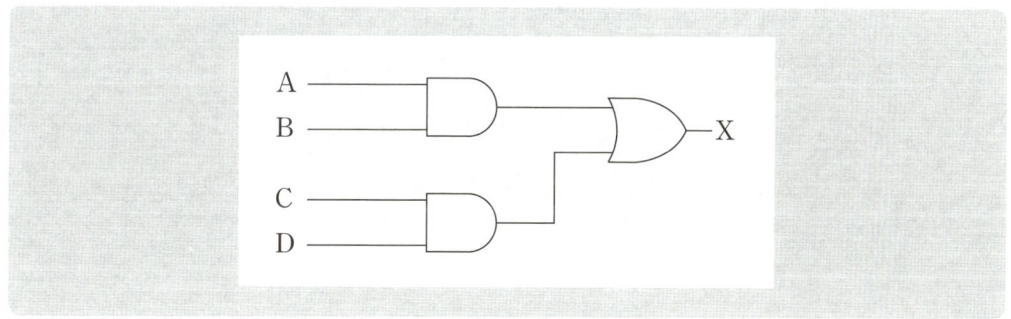

정답

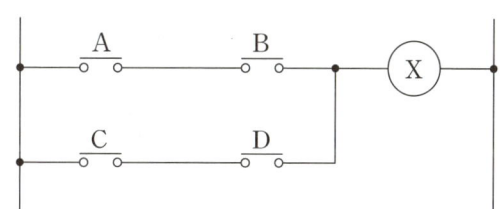

15 그림과 같은 유도 전동기의 미완성 시퀀스 회로도를 보고 다음 각 물음에 답하시오.

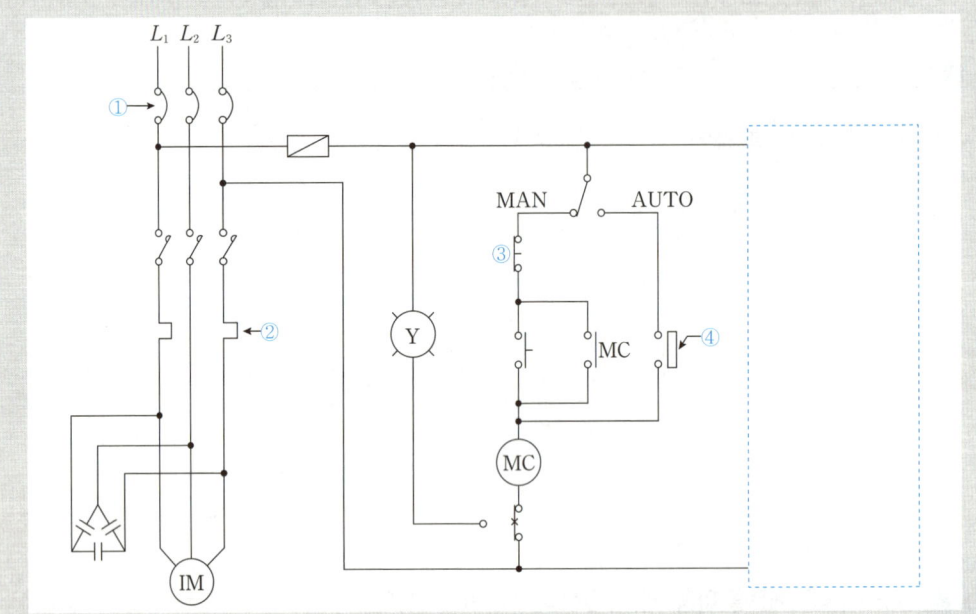

(1) 도면에 표시된 ①~④의 명칭을 쓰시오.
(2) 도면에 그려져 있는 Y 등은 어떤 역할을 하는 등인가?
(3) 전동기가 정지하고 있을 때는 녹색등 ⓖ가 점등되고, 전동기가 운전중일 때는 녹색등 ⓖ가 소등되고 적색등 ⓡ이 점등되도록 표시등 ⓖ, ⓡ을 회로의 [　　　] 내에 설치하시오.

정답

(1) ① 배선용 차단기 ② 열동 계전기 ③ 푸쉬버튼스위치(OFF용) ④ 리미트스위치 a접점

(2) 과부하 동작표시 램프

(3)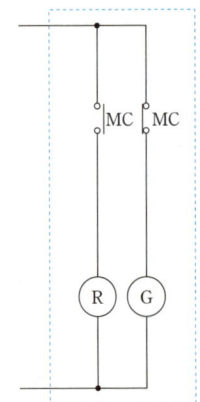

전기산업기사실기 2020년 3회 기출문제

01 어느 수용가가 당초 역률(지상) 80[%]로 150[kW]의 부하를 사용하고 있는데, 새로 역률(지상) 60[%], 100[kW]의 부하를 증가하여 사용하게 되었다. 이 때 콘덴서로 합성 역률을 90[%]로 개선하는데 필요한 용량은 몇 [kVA]인가?

[정답]

① 합성 무효전력 : $P_r = P_{r1} + P_{r2} = P_1\tan\theta_1 + P_2\tan\theta_2 = 150 \times \dfrac{0.6}{0.8} + 100 \times \dfrac{0.8}{0.6} = 245.83[\text{kVar}]$

② 합성 유효전력 : $P = P_1 + P_2 = 150 + 100 = 250[\text{kW}]$

③ 합성역률 : $\cos\theta_1 = \dfrac{P}{\sqrt{P^2 + P_r^2}} = \dfrac{250}{\sqrt{250^2 + 245.83^2}} = 0.71$

④ 역률 개선시 필요한 콘덴서 용량 : $Q = 250 \times \left(\dfrac{\sqrt{1-0.71^2}}{0.71} - \dfrac{\sqrt{1-0.9^2}}{0.9}\right) = 126.88$

답 126.88[kVA]

02 계약용량 3000[kW] 설비의 기본요금이 4054[원/kW]이고, 51[원/kWh]인 경우에 1개월간 사용전력량이 540[MWh], 무효전력량이 350[MVarh]일 때 1개월간 총 전력요금을 산정하시오. (단, 역률 90[%]기준 60[%]까지 1[%] 부족시 기본요금의 0.2[%]를 할증하며, 초과시 0.2[%]를 할인 적용)

[정답]

$\cos\theta = \dfrac{\text{유효전력}}{\text{피상전력}} = \dfrac{540}{\sqrt{540^2 + 350^2}} = 0.84$

총 전력요금 $= 3000 \times 4054 \times [1 + 0.2 \times (0.9 - 0.84)] + 540 \times 10^3 \times 51 = 39847944$원

답 39847944원

03 아래의 그림과 같이 CT가 결선되어 있을 때 전류계 A_3의 지시는 얼마인가?
(단, 부하전류 $I_1 = I_2 = I_3 = I$로 한다.)

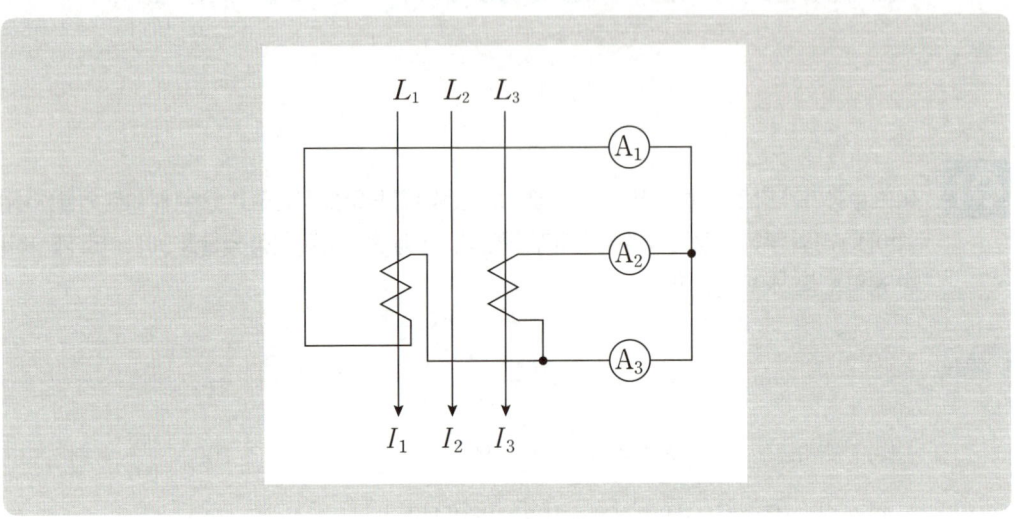

정답

전류계 A_3에 흐르는 전류는 차($I_1 - I_3$)의 전류가 흐른다. 한편, 차전류는 상전류의 $\sqrt{3}$배가 된다.
$A_3 = I_1 - I_3 = \sqrt{3}\,I$

답 $\sqrt{3}\,I$

04 그림은 인입변대에 22.9[kV] 수전설비를 설치하여 380/220[V]를 사용하고자 한다. 다음 각 물음에 답하시오.

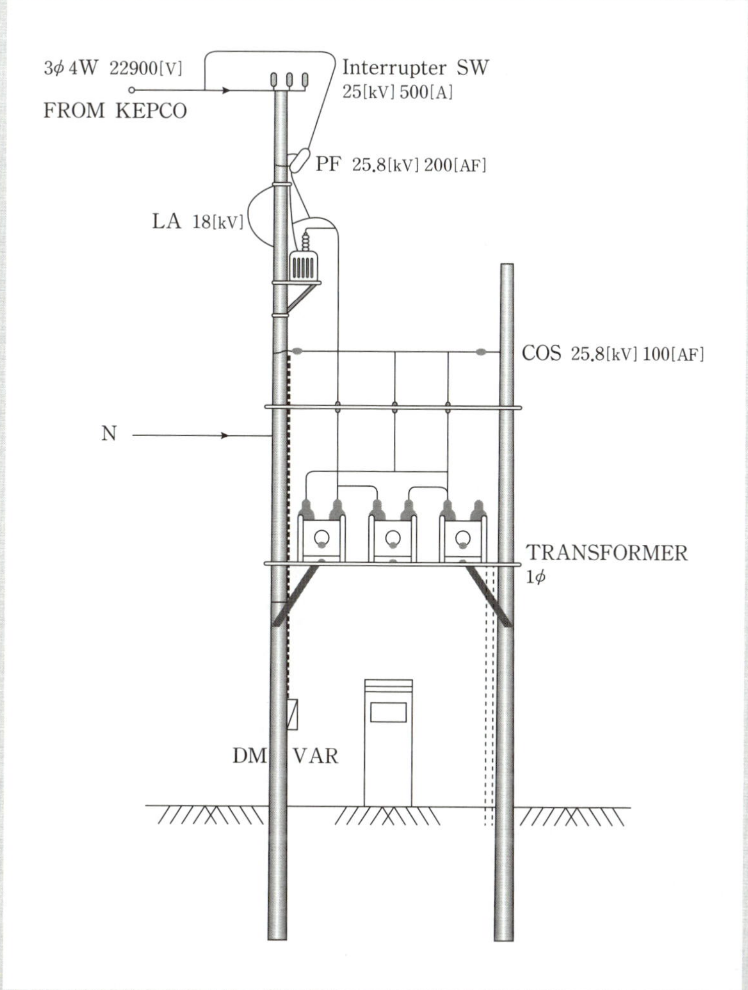

[도면: 3φ4W 22900[V] FROM KEPCO, Interrupter SW 25[kV] 500[A], PF 25.8[kV] 200[AF], LA 18[kV], COS 25.8[kV] 100[AF], N, TRANSFORMER 1φ, DM, VAR]

(1) DM 및 VAR의 명칭을 쓰시오.

　∘ DM :　　　　　　　　　　　　∘ VAR :

(2) 도면에 사용된 LA의 수량은 몇 개이며 정격 전압은 몇 [kV]인지 쓰시오.

　∘ LA 수량 :　　　　　　　　　　∘ 정격전압 :

(3) 22.9[kV-Y] 계통에 사용하는 것은 주로 어떤 케이블이 사용되는지 쓰시오.

(4) 주어진 도면을 단선도로 그리시오.

정답

(1) ° DM : 최대수요전력량계   ° VAR : 무효전력량계

(2) ° LA 수량 : 3개   ° 정격전압 : 18[kV]

(3) CNCV-W(수밀형) 또는 TR CNCV-W(트리억제형)

(4)

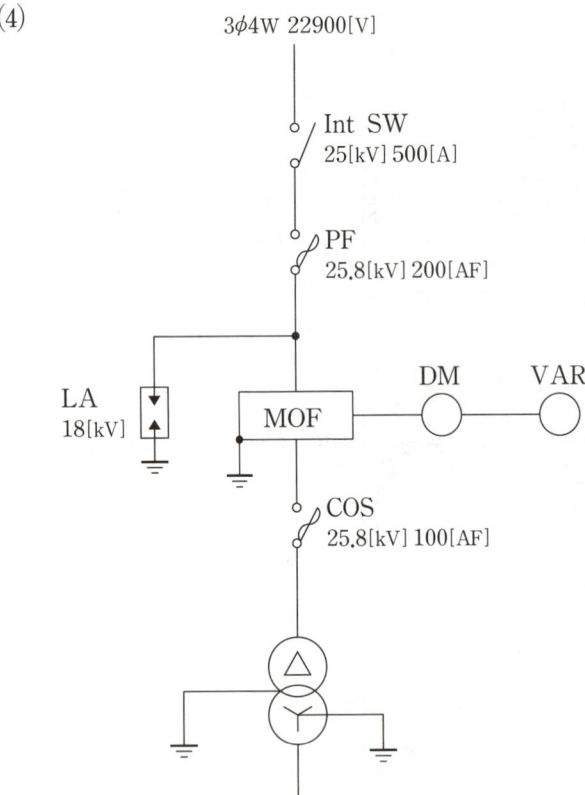

서지보호장치(SPD: Surge Protect Device)에 관한 사항에 대해 다음 물음에 답하시오.

(1) 기능상 3가지로 분류하여 쓰시오.
(2) 구조상 2가지로 분류하여 쓰시오.

정답

(1) ◦ 전압스위치형SPD   ◦ 전압억제형SPD   ◦ 조합형SPD
(2) ◦ 1포트 SPD   ◦ 2포트 SPD

 단상 변압기 병렬운전조건 4가지를 쓰시오.

정답

◦ 극성이 같을 것
◦ 정격전압과 권수비가 같을 것
◦ 부하분담 시 용량에는 비례하고 %Z에는 반비례할 것
◦ %임피던스 강하가 같으며 저항과 리액턴스 비가 같을 것

07 200[V], 10[kVA]인 3상 유도전동기를 부하설비로 사용하는 곳이 있다. 이 곳의 어느 날 부하실적이 1일 사용 전력량 60[kWh], 1일 최대전력 8[kW], 최대 전류일 때의 전류 값이 30[A]이었을 경우, 다음 각 물음에 답하시오.

(1) 1일 부하율은 얼마인가?
  ◦ 계산 과정 :   ◦ 답 :
(2) 최대 공급 전력일 때의 역률은 얼마인가?
  ◦ 계산 과정 :   ◦ 답 :

정답

(1) 일 부하율 = $\dfrac{평균전력}{최대전력} \times 100[\%] = \dfrac{60/24}{8} \times 100 = 31.25[\%]$ 답 31.25[%]

(2) $\cos\theta = \dfrac{P}{\sqrt{3}\,VI} = \dfrac{8 \times 10^3}{\sqrt{3} \times 200 \times 30} \times 100 = 76.98[\%]$ 답 76.98[%]

08 100[kVA] 단상변압기 3대를 Y−△결선한 경우 2차 측 1상에 접속할 수 있는 전등부하는 최대 몇 [kVA]인가? (단, 변압기는 과부하 되지 않아야 한다.)

정답

$P = 100 + \dfrac{1}{2} \times 100 = 150[\text{kVA}]$ 답 150[kVA]

09

그림과 같은 부하 특성을 갖는 축전지를 사용할 때 보수율은 0.8, 최저 축전지 온도 5[℃], 허용 최저 전압 90[V]일 때 몇 [Ah] 이상인 축전지를 선정하여야 하는가? (단, $I_1=50[A]$, $I_2=40[A]$, $K_1=1.15$, $K_2=0.91$, 셀(cell)당 전압은 1.06[V/cell]이다.)

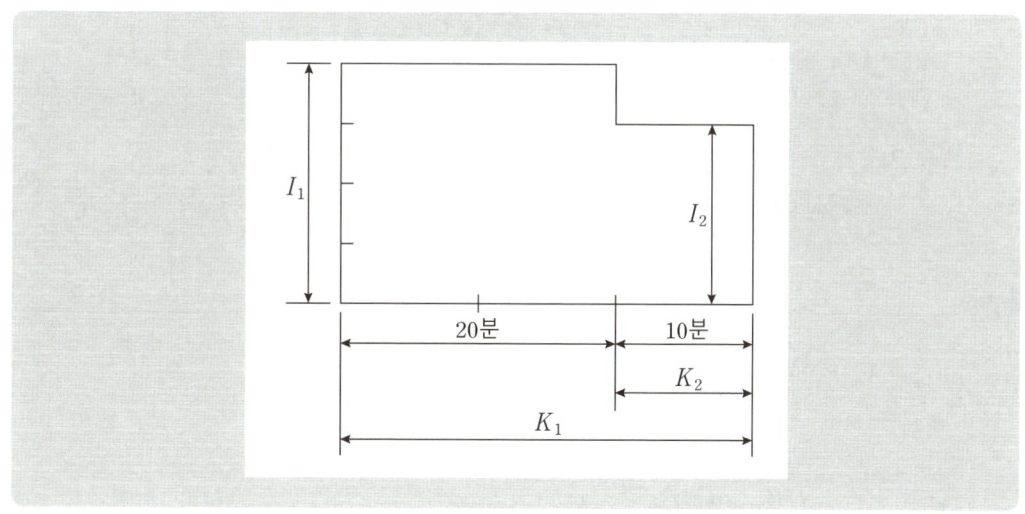

정답

$$C=\frac{1}{L}[K_1 I_1 + K_2(I_2 - I_1)] = \frac{1}{0.8} \times (1.15 \times 50 + 0.91(40-50)) = 60.5[Ah]$$

답 60.5[Ah]

10

지표면상 18[m] 높이의 수조가 있다. 이 수조에 25[m³/min] 물을 양수하는데 필요한 펌프용 전동기의 소요 동력은 몇 [kW]인가? (단, 펌프의 효율은 82[%]로 하고, 여유계수는 1.1로 한다.)

정답

$$P = \frac{HQ}{6.12\eta} \times K = \frac{18 \times 25}{6.12 \times 0.82} \times 1.1 = 98.64[kW]$$

단, H : 양정[m], Q : 양수량[m³/min], K : 여유계수, η : 효율

답 98.64[kW]

11 단상 주상 변압기의 2차측(105[V] 단자)에 1[Ω]의 저항을 접속하고 1차측에 1[A]의 전류가 흘렀을 때 1차 단자 전압이 900[V]였다. 1차측 탭 전압[V]와 2차 전류[A]는 얼마인가? (단, 변압기는 이상 변압기, V_{1T}는 1차 탭 전압, I_2는 2차 전류이다.)

(1) 1차 측 탭전압
  ◦ 계산 과정 :   ◦ 답 :
(2) 2차 전류
  ◦ 계산 과정 :   ◦ 답 :

정답

(1) ① $R_1 = \dfrac{V_1}{I_1} = \dfrac{900}{1} = 900[\Omega]$

  ② 권수비 $a = \sqrt{\dfrac{R_1}{R_2}} = \sqrt{\dfrac{900}{1}} = 30$

  $a = \dfrac{V_{1T}}{V_{2T}} \rightarrow \therefore V_{1T} = aV_{2T} = 30 \times 105 = 3150[V]$ 답 3150[V]

(2) $a = \dfrac{I_2}{I_1} \rightarrow a = \dfrac{I_2}{I_1} \rightarrow I_2 = aI_1 = 30 \times 1 = 30[A]$ 답 30[A]

12 폭 24[m]의 도로 양쪽에 30[m] 간격으로 지그재그 식으로 가로등을 배치하여 노면의 평균 조도를 5[lx]로 한다면 각 등주 상에 몇 [lm]의 전구가 필요한가? (단, 도로면에서의 광속 이용률은 35[%], 감광보상률 1.3이다.)

정답

$F = \dfrac{DES}{UN} = \dfrac{1.3 \times 5 \times \left(24 \times 30 \times \dfrac{1}{2}\right)}{0.35 \times 1} = 6685.71[lm]$ 답 6685.71[lm]

13 다음 회로는 두 입력 중 먼저 동작한 쪽이 우선이고, 다른 쪽의 동작을 금지시키는 시퀀스 회로이다. 이 회로를 보고 다음 각 물음에 답하시오.

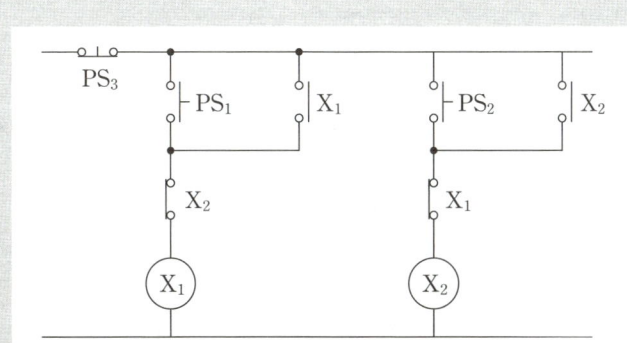

(1) 다음 유접점 회로를 무접점 논리회로로 나타내시오.
   (AND는 3입력1출력, OR는 2입력1출력, X_1, X_2는 릴레이, L_1, L_2는 출력)
(2) 그림과 같은 타임차트를 완성하시오.

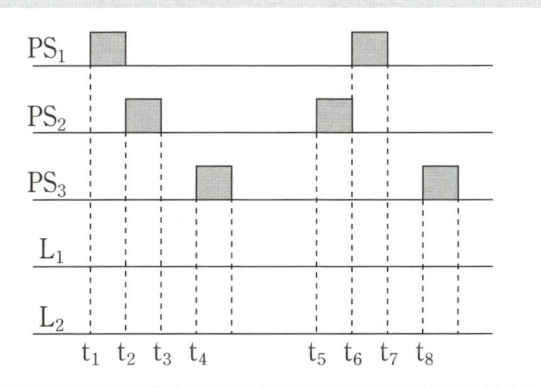

정답

(1)
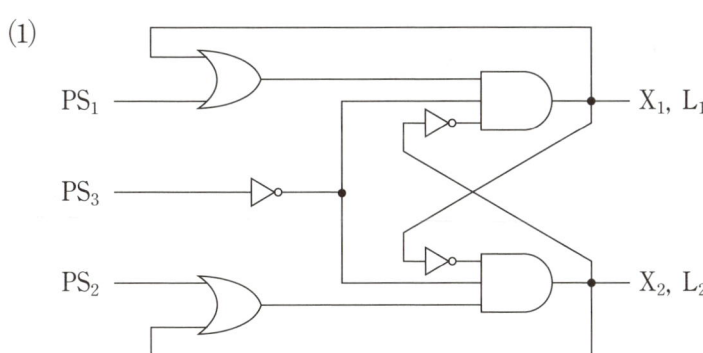

(2)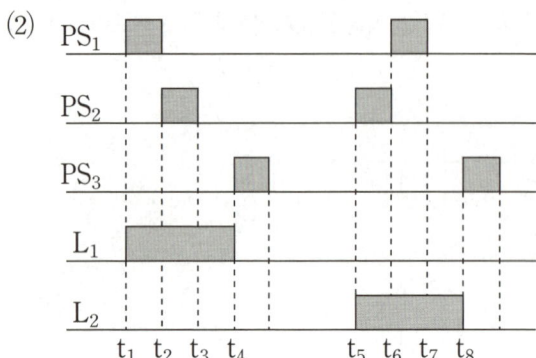

14 다음 무접점회로를 NAND만의 회로로 나타내시오.

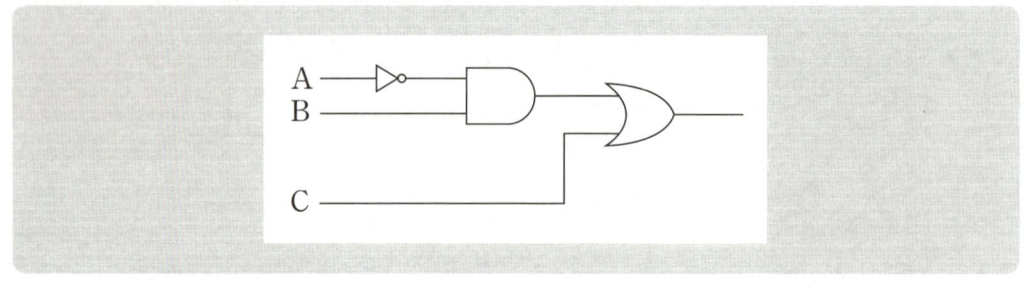

> 정답

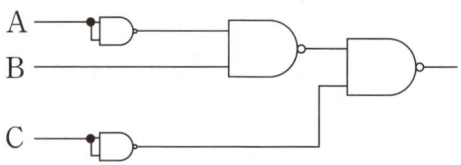

전기산업기사실기 2020년 4회 기출문제

01 그림과 같은 전선로의 단락 용량은 약 몇 [MVA]인가? (단, 그림의 수치는 10[MVA]를 기준으로 한 %리액턴스를 나타낸다.)

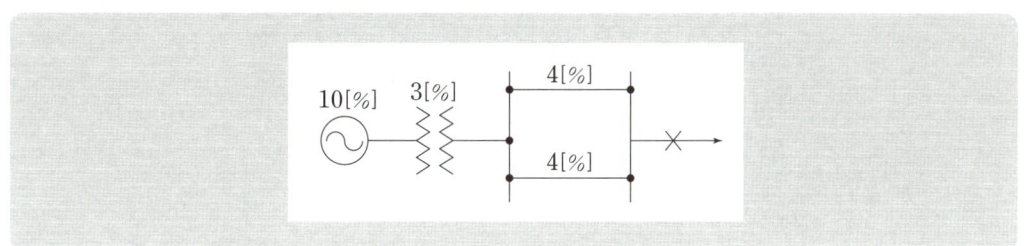

정답

10[MVA]를 기준으로 퍼센트 임피던스를 집계 및 합성하여 단락용량을 계산한다.

① $\%Z_{tl} = \dfrac{4 \times 4}{4+4} = 2[\%]$

② $\%Z_o = \%Z_g + \%Z_t + \%Z_{tl} = 10 + 3 + 2 = 15[\%]$

∴ $P_s = \dfrac{100}{\%Z_o} \times P_n = \dfrac{100}{15} \times 10 = 66.67[\text{MVA}]$

답 66.67[MVA]

02 콘덴서 3개를 선간전압 3300[V] 주파수 60[Hz]의 선로에 △로 접속하여 60[kVA]가 되게 하려고할 때 필요한 콘덴서 1개의 정전용량[μF]을 계산하시오.

정답

콘덴서 델타결선시 정전용량은 아래와 같이 계산한다. (콘덴서의 결선에 유의할 것)

$C = \dfrac{Q}{3 \times 2\pi f V^2} = \dfrac{60 \times 10^3}{3 \times 2\pi \times 60 \times 3300^2} \times 10^6 = 4.87[\mu\text{F}]$

답 4.87[μF]

03

500[kVA]의 변압기가 그림과 같은 부하로 운전되고 있다. 오전에는 역률 80[%]로 오후에는 100[%]로 운전된다면 전일효율은 몇 [%]가 되겠는가? (단, 이 변압기의 철손은 6[kW]이고 전부하시 동손은 10[kW]이다.)

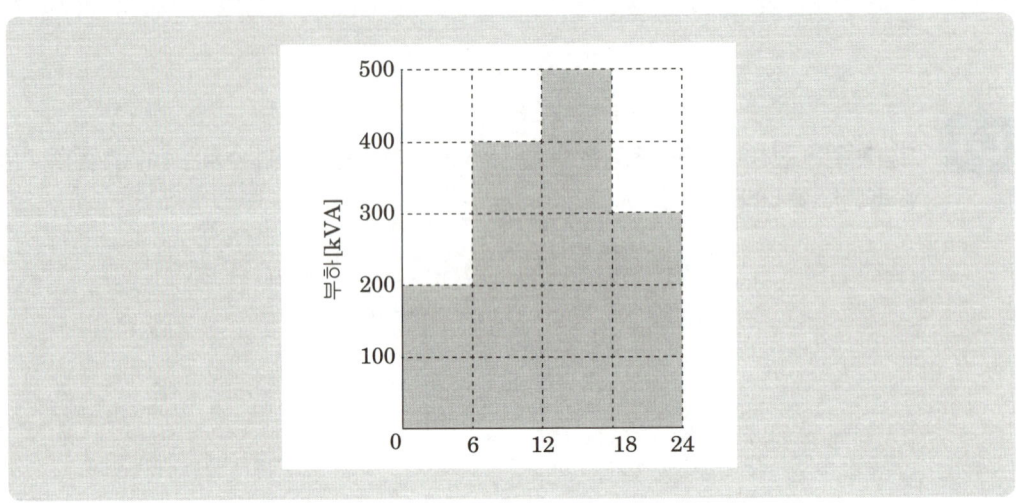

정답

전일효율 $\eta_a = \dfrac{\sum hmP_a\cos\theta}{\sum hmP_a\cos\theta + 24P_i + \sum hm^2P_c} \times 100[\%]$

부하의 소비 전력량 $\sum hmP_a\cos\theta = 6 \times (200 \times 0.8 + 400 \times 0.8 + 500 \times 1 + 300 \times 1) = 7680[kWh]$

철손량 $24P_i = 24 \times 6 = 144[kWh]$

동손량 $\sum hm^2P_c = 6 \times \left\{\left(\dfrac{200}{500}\right)^2 + \left(\dfrac{400}{500}\right)^2 + \left(\dfrac{500}{500}\right)^2 + \left(\dfrac{300}{500}\right)^2\right\} \times 10 = 129.6[kWh]$

∴ 전일 효율 $\eta_a = \dfrac{7680}{7680 + 144 + 129.6} \times 100 = 96.56[\%]$

답 96.56[%]

60[Hz]로 설계된 3상유도전동기를 동일 전압으로 50[Hz]에 사용할 경우 다음 요소는 어떻게 변화하는지를 수치를 이용하여 설명하시오.

> (1) 무부하 전류
> (2) 온도 상승
> (3) 속도

정답

(1) 6/5으로 증가   (2) 6/5으로 증가   (3) 5/6로 감소

 권상하중이 18[ton]이며, 매분 6.5[m]의 속도로 끌어 올리는 권상용 전동기의 용량[kW]을 구하시오. 단, 전동기를 포함한 기중기의 효율은 73[%]이다.

정답

$$P = \frac{G \cdot V}{6.12 \times \eta} = \frac{18 \times 6.5}{6.12 \times 0.73} = 26.19[\text{kW}]$$

단, G : 적재하중[ton], V : 속도[m/min], η : 효율

답 26.19[kW]

06 다음 물음에 답하시오.

(1) 정전기 대전의 종류 3가지를 쓰시오.
(2) 정전기 발생 억제 2가지에 대해 작성하시오.

정답

(1) ○ 마찰대전   ○ 박리대전   ○ 유동대전
(2) ○ 주변의 습도 상승   ○ 대전되는 물체의 전기적 접지

07 다음 (   )에 알맞은 내용을 쓰시오.

"임의의 면에서 한 점의 조도는 광원의 광도 및 입사각 θ의 코사인에 비례하고 거리의 제곱에 반비례 한다. 이와 같이 입사각의 코사인에 비례하는 것을 Lambert의 코사인 법칙이라 한다. 또 광선과 피조면의 위치에 따라 조도를 (①)조도, (②)조도, (③)조도 등으로 분류 할 수 있다."

정답

① 법선   ② 수평면   ③ 수직면

08 그림과 같은 철골공장에 백열등의 전반 조명을 할 때 평균조도로 200[lx]를 얻기 위한 광원의 소비전력을 구하려고 한다. 주어진 조건과 참고자료를 이용하여 다음 각 물음에 답하면서 순차적으로 구하도록 하시오.

[조건]
1) 천정, 벽면의 반사율은 30[%]이다.
2) 광원은 천장면하 1[m]에 부착한다.
3) 천장의 높이는 9[m] 이다.
4) 감광보상률은 보수 상태를 "양"으로 하며 적용한다.
5) 배광은 직접 조명으로 한다.
6) 조명 기구는 금속 반사갓 직부형이다.

[도면]

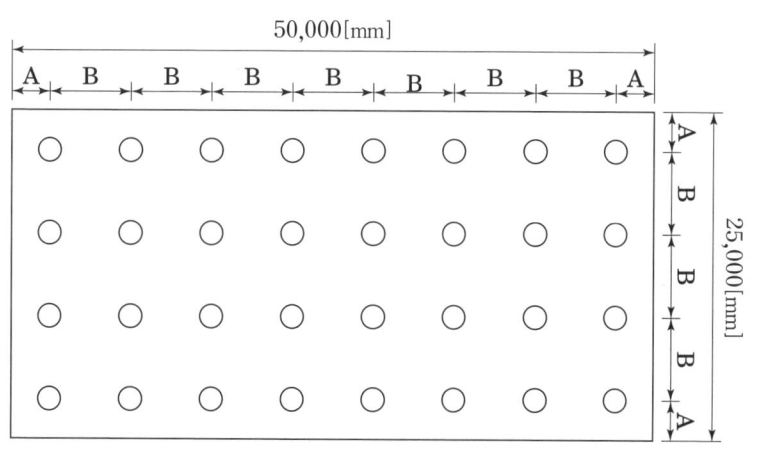

[표 1] 조명률, 감광보상률 및 설치 간격

번호	배 광 설치간격	조명 기구	감광보상률(D) 보수상태			반사율 ρ	천장	0.75			0.50			0.30	
							벽	0.5	0.3	0.1	0.5	0.3	0.1	0.3	0.1
			양	중	부	실지수		조명률 U[%]							
(1)	간접 0.80↑↓0 $S≤1.2H$		전구			J0.6		16	13	11	12	10	08	06	05
			1.5	1.7	2.0	I0.8		20	16	15	15	13	11	08	17
						H1.0		23	20	17	17	14	13	10	08
						G1.25		26	23	20	20	17	15	11	10
						F1.5		29	26	22	22	19	17	12	11
			형광등			E2.0		32	29	26	24	21	19	13	12
						D2.5		36	32	30	26	24	22	15	14
						C3.0		38	35	32	28	25	24	16	15
			1.7	2.0	2.5	B4.0		42	39	36	30	29	27	18	17
						A5.0		44	41	39	33	30	29	19	18
(2)	직접 0↑↓0.75 $S≤H$		전구			J0.6		34	29	26	32	29	27	29	27
			1.3	1.4	1.5	I0.8		43	38	35	39	36	35	36	34
						H1.0		47	43	40	41	40	38	40	38
						G1.25		50	47	44	44	43	41	42	41
						F1.5		52	50	47	46	44	43	44	43
			형광등			E2.0		58	55	52	49	48	46	47	46
						D2.5		62	58	56	52	51	49	50	49
						C3.0		64	61	58	54	52	51	51	50
			1.4	1.7	2.0	B4.0		67	64	62	55	53	52	52	52
						A5.0		68	66	64	56	54	53	54	52

[표 2]

기 호	A	B	C	D	E	F	G	H	I	J
실지수	5.0	4.0	3.0	2.5	2.0	1.5	1.25	1.0	0.8	0.6
범 위	4.5 이상	4.5∫3.5	3.5∫2.75	2.75∫2.25	2.25∫1.75	1.75∫1.38	1.38∫1.12	1.12∫0.9	0.9∫0.7	0.7 이하

[표 3] 각종 전등의 특성

(A) 백열등

형식	종별	유리구의 지름 (표준치) [mm]	길이 [mm]	베이스	초기 특성 소비전력 [W]	초기 특성 광속 [lm]	초기 특성 효율 [lm/W]	50[%] 수명에서의 효율 [lm/W]	수명 [h]
L100V 10W	진공 단코일	55	101 이하	E26/25	10±0.5	76±8	7.6±0.6	6.5 이상	1500
L100V 20W	진공 단코일	55	101 ″	E26/25	20±1.0	175±20	8.7±0.7	7.3 ″	1500
L100V 30W	가스입단코일	5	108 ″	E26/25	30±1.5	290±30	9.7±0.8	8.8 ″	1000
L100V 40W	가스입단코일	55	108 ″	E26/25	40±2.0	440±45	11.0±0.9	10.0 ″	1000
L100V 60W	가스입단코일	50	114 ″	E26/25	60±3.0	760±75	12.6±1.0	11.5 ″	1000
L100V 100W	가스입단코일	70	140 ″	E26/25	100±5.0	1500±150	15.0±1.2	13.5 ″	1000
L100V 150W	가스입단코일	80	170 ″	E26/25	150±7.5	2450±250	16.4±1.3	14.8 ″	1000
L100V 200W	가스입단코일	80	180 ″	E26/25	200±10	3450±350	17.3±1.4	15.3 ″	1000
L100V 300W	가스입단코일	95	220 ″	E39/41	300±15	555±550	18.3±1.5	15.8 ″	1000
L100V 500W	가스입단코일	110	240 ″	E39/41	500±25	9900±990	19.7±1.6	16.9 ″	1000
L100V 1000W	가스입단코일	165	332 ″	E26/25	1000±50	21000±2100	21.0±1.7	17.4 ″	1000
L100V 30W	가스입이중코일	55	108 ″	E26/25	30±1.5	330±35	11.1±0.9	10.1 ″	1000
L100V 40W	가스입이중코일	55	108 ″	E26/25	40±2.0	500±50	12.4±1.0	11.3 ″	1000
L100V 50W	가스입이중코일	60	114 ″	E26/25	50±2.5	660±65	13.2±1.1	12.0 ″	1000
L100V 60W	가스입이중코일	60	114 ″	E26/25	60±3.0	830±85	13.0±1.1	12.7 ″	1000
L100V 75W	가스입이중코일	60	117 ″	E26/25	75±4.0	1100±110	14.7±1.2	13.2 ″	1000
L100V 100W	가스입이중코일	65 또는 67	128 ″	E26/25	100±5.0	1570±160	15.7±160	14.1 ″	1000

(1) 광원의 높이는 몇 [m]인가?

(2) 실지수를 계산하여 실지수를 구하시오. (단, 실지수를 기호로 표시할 것)

(3) 조명률은 얼마인가?

(4) 감광보상률은 얼마인가?

(5) 전 광속을 계산하시오.

(6) 전등 한 등의 광속은 몇 [lm]인가?

(7) 전등의 Watt 수는 몇 [W]를 선정하면 되는가?
   ◦ 계산 과정 :　　　　　　　　　　　◦ 답 :

정답

(1) H(등고) : $9-1=8$[m] 　　　　　답　8[m]

(2) 실지수 $K=\dfrac{X \cdot Y}{H(X+Y)}$

$K=\dfrac{X \cdot Y}{H(X+Y)}=\dfrac{50 \times 25}{8 \times (50+25)}=2.08$

[표2]에서 실지수의 기호를 찾는다.　답　실지수의 기호 : E, 실지수 : 2.0이다. ∴ $E2.0$

(3) 위 문제에서 구한 실지수($E2.0$)와 주어진 조건(직접조명, 천정/벽면의 반사율:30[%])을 이용하여 [표1]에서 알맞은 조명률을 찾는다.　답　47[%]

(4) 주어진 조건(직접조명, 보수상태 : 양호, 전구)을 이용하여 [표1]에서 알맞은 감광보상률을 찾는다.　답　1.3

(5) $NF=\dfrac{DES}{U}=\dfrac{1.3 \times 200 \times (50 \times 25)}{0.47}=691489.36$[lm]　답　691489.36[lm]

(6) 도면을 보고 등수를 구할 수 있다. 등수=4×8

전등 한 등의 광속=$\dfrac{\text{전광속}}{\text{등수}}=\dfrac{691489.36}{(4 \times 8)}=21609.04$[lm]　답　21609.04[lm]

(7) 백열전구의 Watt 수 : [표3]의 전등 특성 표에서 위에서 구한 광속(21609.04[lm])을 이용하여 21000 ± 2100[lm]인 1000[W]을 선정한다.　답　1000[W]

09

그림은 전동기의 정·역 변환이 가능한 미완성 시퀀스 회로이다. 이 회로도를 보고 다음 각 물음에 답하시오. 단, 전동기는 가동 중 정·역을 곧바로 바꾸면 과전류와 기계적 손상이 발생되기 때문에 지연 타이머로 지연시간을 주도록 하였다.

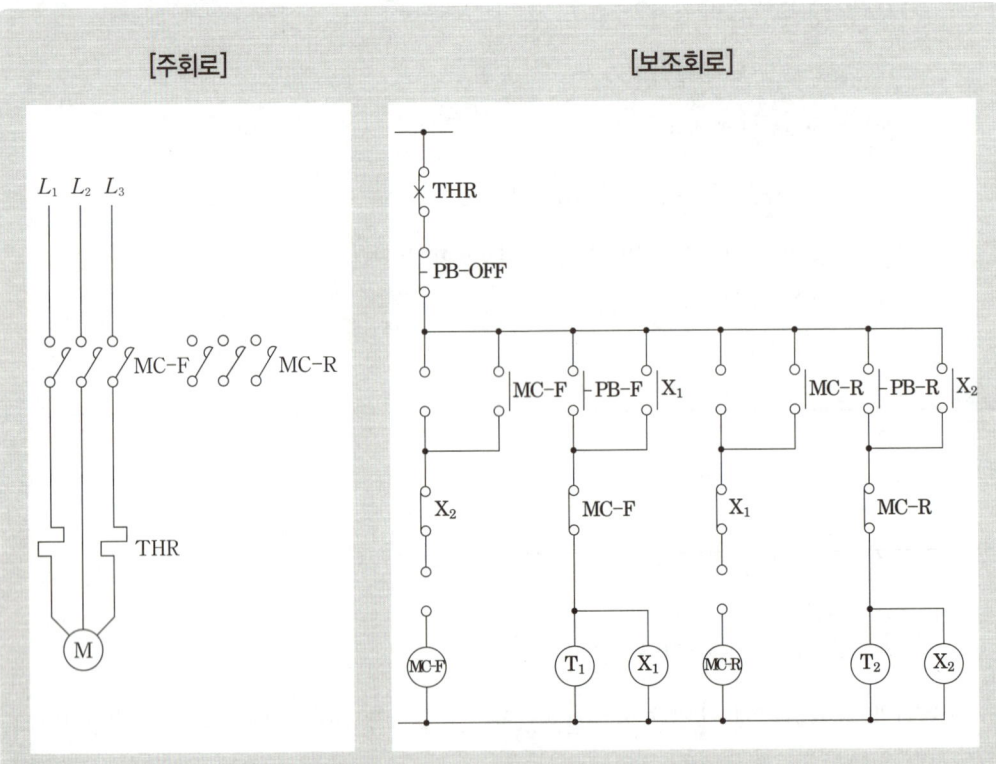

(1) 정·역 운전이 가능하도록 주어진 회로의 주회로의 미완성 부분을 완성하시오.

(2) 정·역 운전이 가능하도록 주어진 보조(제어)회로의 미완성 부분을 완성하시오.
   (단, 접점에는 접점 명칭을 반드시 기록하시오.)

(3) 약호 EOCR의 명칭은 무엇인가?

> 정답

(1)

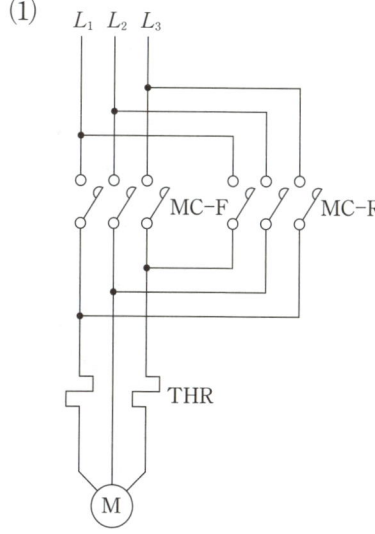

(2)

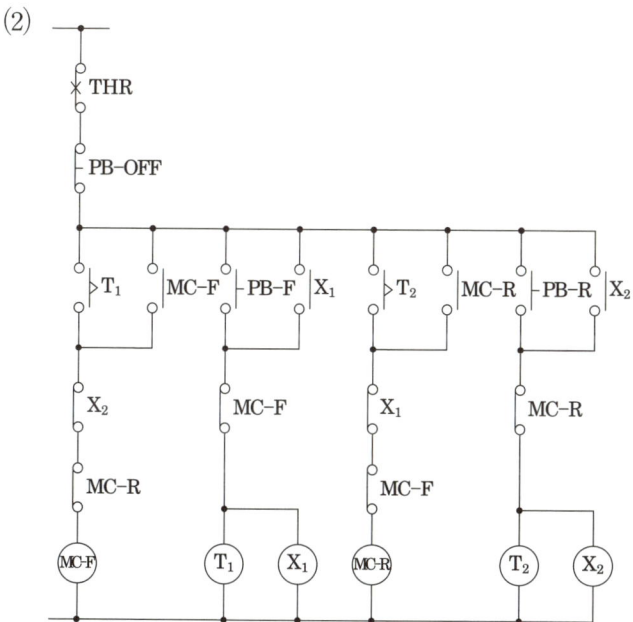

(3) 전자식 과전류 계전기

10 다음 물음에 답하시오.

(1) 다음 그림의 논리식을 간략화 하시오.

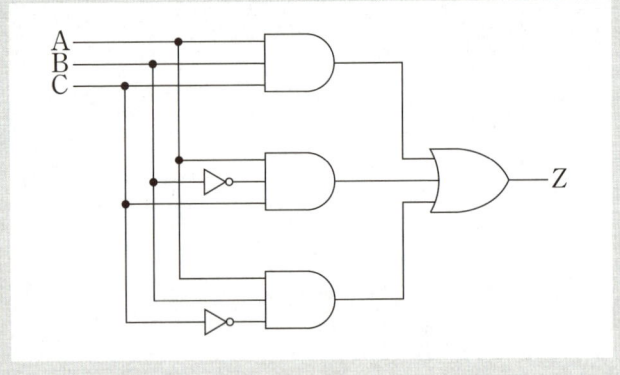

(2) 접점을 간략화 하여 유접점을 그리시오.

정답

(1) $ABC + AB\bar{C} + A\bar{B}C = AB(C+\bar{C}) + A\bar{B}C = AB + A\bar{B}C$
$= A(B+\bar{B}C) = A(B+\bar{B})(B+C) = A(B+C)$

(2)
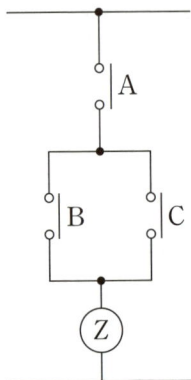

11 어느 회사에서 한 부지에 A, B, C의 세 공장을 세워 3대의 급수 펌프 P_1(소형), P_2(중형), P_3(대형)으로 다음 계획에 따라 급수 계획을 세웠다. 이 계획을 잘 보고 다음 물음에 답하시오.

[조건]

① 모든 공장 A, B, C가 휴무일 때 또는 그 중 한 공장만 가동할 때에는 펌프 P_1만 가동시킨다.

② 모든 공장 A, B, C중 어느 것이나 두 개의 공장만 가동할 때에는 P_2만 가동시킨다.

③ 모든 공장 A, B, C가 모두 가동할 때에는 P_3만 가동시킨다.

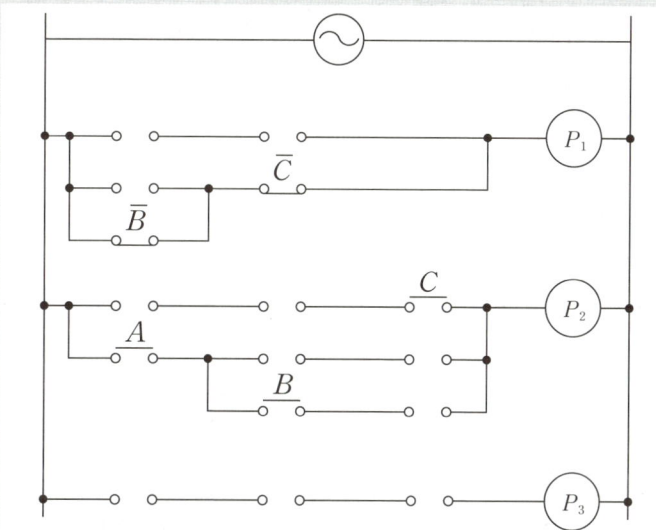

(1) 조건과 같은 진리표를 작성하시오.

A	B	C	P_1	P_2	P_3
0	0	0			
1	0	0			
0	1	0			
0	0	1			
1	1	0			
1	0	1			
0	1	1			
1	1	1			

(2) ①~③번의 접점 문자 기호를 쓰시오.

(3) $P_1 \sim P_3$의 출력식을 각각 쓰시오.
   ※ 접점 심벌을 표시할 때는 A, B, C, $\overline{A}$, $\overline{B}$, $\overline{C}$ 등 문자 표시도 할 것

정답

(1)

A	B	C	P_1	P_2	P_3
0	0	0	1	0	0
1	0	0	1	0	0
0	1	0	1	0	0
0	0	1	1	0	0
1	1	0	0	1	0
1	0	1	0	1	0
0	1	1	0	1	0
1	1	1	0	0	1

(2)
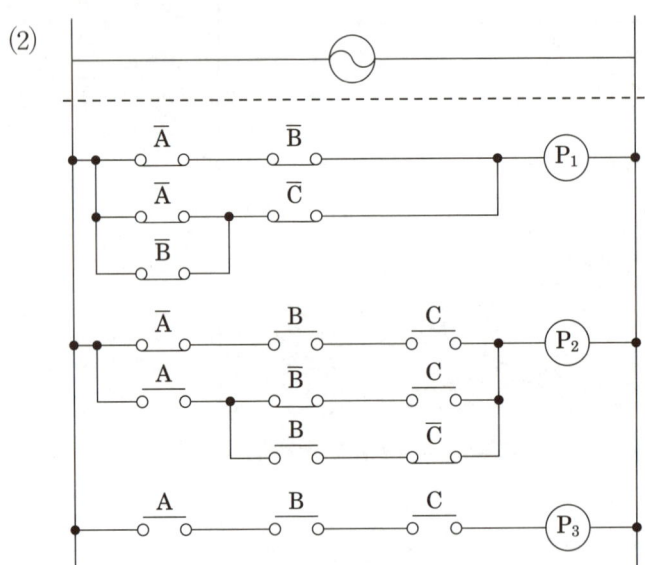

(3) $P_1 = \overline{A}\,\overline{B} + (\overline{A} + \overline{B})\overline{C}$
   $P_2 = \overline{A}BC + A(\overline{B}C + B\overline{C})$
   $P_3 = ABC$

12 다음 단선도를 참고하여 복선도를 완성하시오.

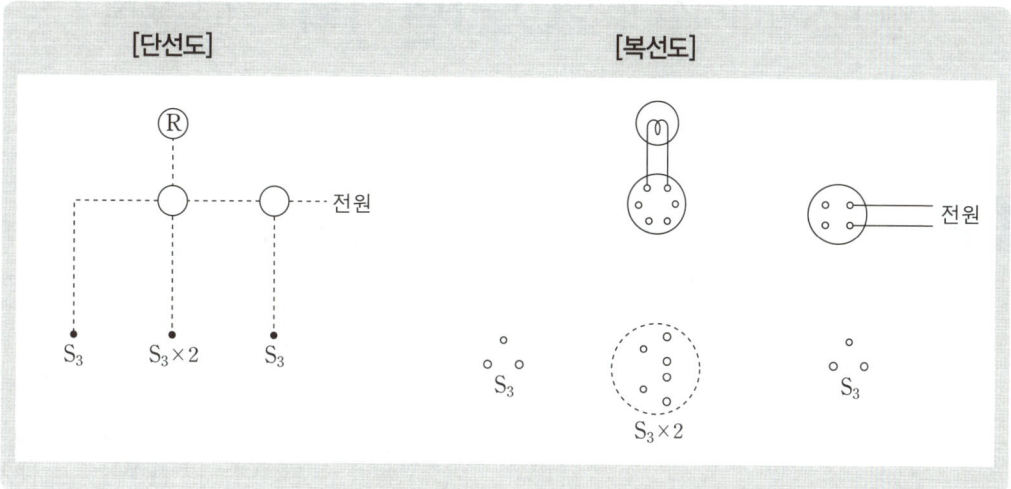

정답

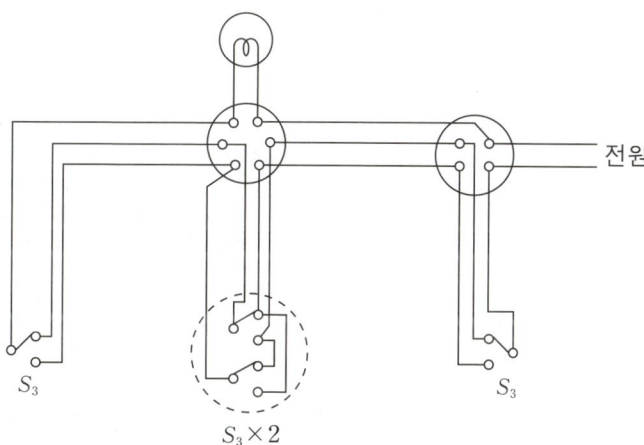

전기산업기사실기 2021년 1회 기출문제

01 3층 사무실용 건물에 3상 3선식의 6000[V]를 수전하여 200[V]로 강압하여 수전하는 설비를 하였다. 각 종 부하설비가 표와 같을 때 주어진 조건을 이용하여 다음 각 물음에 답하시오.

[동력 부하 설비]

사용 목적	용량 [kW]	대수	상용 동력 [kW]	하계 동력 [kW]	동계 동력 [kW]
난방 관계					
• 보일러 펌프	6.7	1			6.7
• 오일 기어 펌프	0.4	1			0.4
• 온수 순환 펌프	3.7	1			3.7
공기 조화 관계					
• 1, 2, 3층 패키지 콤프레셔	7.5	6		45.0	
• 콤프레셔 팬	5.5	3	16.5		
• 냉각수 펌프	5.5	1		5.5	
• 쿨링 타워	1.5	1		1.5	
급수·배수 관계					
• 양수 펌프	3.7	1	3.7		
기타					
• 소화 펌프	5.5	1	5.5		
• 셔터	0.4	2	0.8		
합계			26.5	52.0	10.8

[조명 및 콘센트 부하 설비]

사용 목적	와트수 [W]	설치 수량	환산 용량 [VA]	총용량 [VA]	비고
전등관계					
• 수은등 A	200	2	260	520	
• 수은등 B	100	8	140	1120	
• 형광등	40	820	55	45100	
• 백열 전등	60	20	60	1200	
콘센트 관계					
• 일반 콘센트		70	150	10500	2P 15[A]
• 환기팬용 콘센트		8	55	440	
• 히터용 콘센트	1500	2		3000	
• 복사기용 콘센트		4		3600	
• 텔레타이프용 콘센트		2		2400	
• 룸 쿨러용 콘센트		6		7200	
기타					
• 전화 교환용 정류기		1		800	
계				75880	

[조건]

1. 동력부하의 역률은 모두 70[%]이며, 기타는 100[%]로 간주한다.
2. 조명 및 콘센트 부하설비의 수용률은 다음과 같다.
- 전등설비 : 60 [%]
- 콘센트설비 : 70[%]
- 전화교환용 정류기 : 100[%]
3. 변압기 용량 산출시 예비율(여유율)은 고려하지 않으며 용량은 표준규격으로 답하도록 한다.
4. 변압기 용량 산정시 필요한 동력부하설비의 수용률은 전체 평균 65[%]로 한다.

(1) 동계 난방 때 온수 순환 펌프는 상시 운전하고, 보일러용과 오일 기어 펌프의 수용률이 55[%]일 때 난방 동력 수용 부하는 몇 [kW]인가?
　　○계산 과정 :　　　　　　　　　　　　　　　　　　　　○답 :

(2) 상용 동력, 하계 동력, 동계 동력에 대한 피상전력은 몇 [kVA]가 되겠는가?
　　① 상용 동력
　　　　○계산 과정 :　　　　　　　　　　　　　　　　　○답 :

　　② 하계 동력
　　　　○계산 과정 :　　　　　　　　　　　　　　　　　○답 :
　　③ 동계 동력
　　　　○계산 과정 :　　　　　　　　　　　　　　　　　○답 :

(3) 이 건물의 총 전기설비 용량은 몇 [kVA]를 기준으로 하여야 하는가?
　　○계산 과정 :　　　　　　　　　　　　　　　　　　　　○답 :

(4) 조명 및 콘센트 부하설비에 대한 단상변압기의 용량은 최소 몇 [kVA]가 되어야 하는가?
　　○계산 과정 :　　　　　　　　　　　　　　　　　　　　○답 :

(5) 동력 부하용 3상 변압기의 용량은 몇 [kVA]가 되겠는가?
　　○계산 과정 :　　　　　　　　　　　　　　　　　　　　○답 :

(6) 단상과 3상 변압기의 전류계용으로 사용되는 변류기의 1차측 정격전류는 각각 몇 [A]인가?
　　① 단상 변압기 1차측 변류기 정격전류
　　　　○계산 과정 :　　　　　　　　　　　　　　　　　○답 :
　　② 3상 변압기 1차측 변류기 정격전류
　　　　○계산 과정 :　　　　　　　　　　　　　　　　　○답 :

(7) 역률개선을 위하여 각 부하마다 전력용 콘덴서를 설치하려고 할 때 보일러 펌프의 역률을 95[%]로 개선하려면 몇 [kVA]의 전력용 콘덴서가 필요한가?
　　○계산 과정 :　　　　　　　　　　　　　　　　　　　　○답 :

정답

(1) 수용부하 = 부하용량[kW] × 수용률
   = 3.7 + (6.7 + 0.4) × 0.55 = 7.61[kW]   답 7.61[kW]

(2) ① 상용동력
   상용동력의 피상 전력 = $\dfrac{26.5}{0.7}$ = 37.86[kVA]   답 37.86[kVA]

   ② 하계동력
   하계동력의 피상 전력 = $\dfrac{52.0}{0.7}$ = 74.29[kVA]   답 74.29[kVA]

   ③ 동계동력
   동계동력의 피상 전력 = $\dfrac{10.8}{0.7}$ = 15.43[kVA]   답 15.43[kVA]

(3) 총 전기설비용량 = 상용동력 부하용량[kVA] + 하계동력 부하용량[kVA]
                  + 전등 및 콘센트 부하용량[kVA]
   = 37.86 + 74.29 + 75.88 = 188.03[kVA]   답 188.03[kVA]

(4) • 전등 관계 : (520 + 1120 + 45100 + 1200) × 0.6 × 10^{-3} = 28.76[kVA]
   • 콘센트 관계 : (10500 + 440 + 3000 + 3600 + 2400 + 7200) × 0.7 × 10^{-3} = 19[kVA]
   • 기타 : 800 × 1 × 10^{-3} = 0.8[kVA]
   ∴ 변압기 용량 = $\dfrac{28.76 + 19 + 0.8}{1}$ = 48.56[kVA]   답 50[kVA]

(5) 변압기 용량 = $\dfrac{(26.5 + 52.0) \times 0.65}{0.7}$ = 72.89[kVA]   답 75[kVA]

(6) ① 단상 변압기 1차측 변류기의 정격전류

변류기 1차측 정격전류＝1차측 부하전류×여유배수

$$I_1=\frac{P_a}{V}\times 1.25=\frac{50\times 10^3}{6\times 10^3}\times 1.25=10.42[A]$$

답 10[A]

② 3상 변압기 1차측 변류기의 정격전류

변류기 1차측 정격전류＝1차측 부하전류×여유배수

$$I_1=\frac{P}{\sqrt{3}\,V}\times 1.25=\frac{75\times 10^3}{\sqrt{3}\times 6\times 10^3}\times 1.25=9.02[A]$$

답 10[A]

(7) 콘덴서 용량 $Q=P\times(\tan\theta_1-\tan\theta_2)[kVA]$

$$=6.7\times\left(\frac{\sqrt{1-0.7^2}}{0.7}-\frac{\sqrt{1-0.95^2}}{0.95}\right)=4.63[kVA]$$

답 4.63[kVA]

02 아래 선로에서 변압기 내부고장시 가장 먼저 동작하는 기구는 무엇인가?

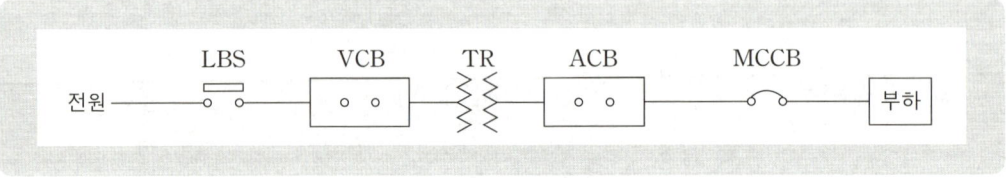

정답

VCB

03

5[°C]의 물 15[L]를 용기에 넣고 60[°C]로 가열하는데 1시간이 소요되었다. 이 때 사용한 전열기의 전력은 얼마인가? (단, 전열기 효율은 0.76이다.)

정답

$\eta = \dfrac{cm\theta}{860PT} \rightarrow P = \dfrac{cm\theta}{860\eta T} = \dfrac{15 \times (60-5)}{860 \times 0.76 \times 1} = 1.26$

답 1.26[kW]

04

어느 가공선로의 경간이 100[m], 전선 중량은 0.334[kg/m]이며 수평풍압하중이 0.608[kg/m]라고 한다. 선로의 이도를 구하시오. (단, 전선의 인장강도는 1,480[kg], 안전율은 2.2이다.)

정답

전선의 합성하중 $W = \sqrt{W_i^2 + W_p^2} = \sqrt{0.334^2 + 0.608^2}$, 수평장력 $T = \dfrac{\text{인장하중}}{\text{안전율}} = \dfrac{1480}{2.2}$

∴ 전선의 이도 $D = \dfrac{WS^2}{8T} = \dfrac{\sqrt{0.334^2 + 0.608^2} \times 100^2}{8 \times \dfrac{1480}{2.2}} = 1.29[\text{m}]$

답 1.29[m]

05 수용가 인입구 전압이 22.9[kV], 주 차단기 용량이 200[MVA]이다. 변압기(10[MVA], 22.9/3.3[kV], %Z=4.5) 2차측에 필요한 차단기 용량을 다음 표에서 선정하시오.

차단기 정격용량[MVA]
10, 20, 30, 50, 75, 100, 150, 250, 300, 400, 500, 750, 1000

정답

전원측 $\%Z = \dfrac{P_n}{P_s} \times 100 = \dfrac{10}{200} \times 100 = 5[\%]$, $\%Z_{total} = 5 + 4.5 = 9.5[\%]$

단락용량 $P_s = \dfrac{100}{\%Z_{total}} \times P_n = \dfrac{100}{9.5} \times 10 = 105.26[MVA]$

답 150[MVA]

06 단상 2선식 220[V]의 옥내배선에서 소비전력 40[W], 역률 85[%]의 LED 형광등 85등을 설치할 때 16[A]의 분기회로 수는 최소 몇 회로인지 구하시오. (단, 한 회선의 부하전류는 분기회로 용량의 80[%]로 하고 수용률은 100[%]로 한다.)

정답

분기회로수 = $\dfrac{\text{설비부하용량[VA]}}{\text{사용전압[V]} \times \text{분기회로 전류[A]} \times \text{정격률}} = \dfrac{\dfrac{40}{0.85} \times 85}{220 \times 16 \times 0.8} = 1.42$

답 16[A] 분기 2회로

예비 전원 설비에 이용되는 연축전지와 알칼리 축전지에 대하여 다음 각 물음에 답하시오.

(1) 연축전지와 비교할 때 알칼리 축전지의 장점과 단점을 1가지씩 쓰시오.
  ◦ 장점 :　　　　　　　　　　　　　◦ 단점 :
(2) 연축전지와 알칼리축전지의 공칭전압은 몇 [V]인지 쓰시오.
  ◦ 연축전지 :　　　　　　　　　　　◦ 알칼리축전지 :
(3) 축전지의 일상적인 충전방식 중 부동충전방식에 대하여 간단히 설명하시오.
(4) 연축전지의 정격용량이 200[Ah]이고, 상시부하가 10[kW]이며, 표준전압이 100[V]인 부동충전방식 충전기의 2차 전류는 몇 [A]인가? (단, 상시부하의 역률은 1로 간주한다.)
  ◦ 계산 과정 :　　　　　　　　　　　◦ 답 :

정답

(1) ◦ 장점 : 수명이 길다.
　　◦ 단점 : 연축전지보다 공칭 전압이 낮다.

(2) ◦ 연축전지 : 2.0[V/cell]
　　◦ 알칼리축전지 : 1.2[V/cell]

(3) 축전지의 자가방전을 보충함과 동시에 상용부하에 대한 전력공급은 충전기가 부담하고, 충전기가 공급하기 어려운 일시적인 대전류 부하는 축전지가 공급하는 충전방식

(4) 충전기 2차전류 $I = \dfrac{축전지용량[Ah]}{정격방전률[h]} + \dfrac{상시부하용량[W]}{표준전압[V]}$

(단, 연축전지의 정격 방전율 : 10[h]) $= \dfrac{200}{10} + \dfrac{10000}{100} = 120[A]$　　답　120[A]

08 건축화 조명은 천정면을 이용하는 방식과 벽면 이용방식이 있다. 방식별 종류 3가지를 쓰시오.

- 천정면 이용방식 :
- 벽면 이용방식 :

정답

- 천정면 이용방식 : 다운라이트, 핀홀라이트, 코퍼라이트
- 벽면 이용방식 : 코너조명, 코니스조명, 밸런스조명

09 그림과 같이 V결선과 Y결선된 변압기 한 상의 중심 O에서 110[V]를 인출하여 사용하고자 한다.

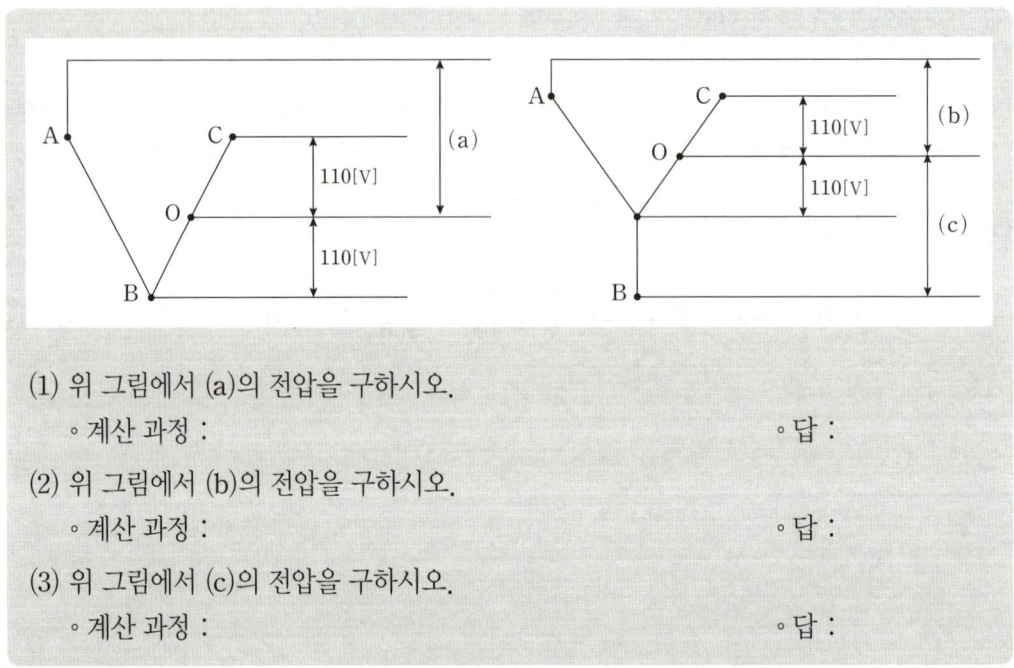

(1) 위 그림에서 (a)의 전압을 구하시오.
  - 계산 과정 :   · 답 :
(2) 위 그림에서 (b)의 전압을 구하시오.
  - 계산 과정 :   · 답 :
(3) 위 그림에서 (c)의 전압을 구하시오.
  - 계산 과정 :   · 답 :

> 정답

(1) $V_{AO} = 220\angle 0° + 110\angle -120°$
    $= 165 - j55\sqrt{3} = \sqrt{165^2 + (55\sqrt{3})^2} = 190.53[\text{V}]$

    답   190.53[V]

(2) $V_{AO} = 220\angle 0° - 110\angle 120° = 275 - j55\sqrt{3}$
    $= \sqrt{275^2 + (55\sqrt{3})^2} = 291.03[\text{V}]$

    답   291.03[V]

(3) $V_{BO} = 110\angle 120° - 220\angle -120°$
    $= 55 + j165\sqrt{3}$
    $= \sqrt{55^2 + (165\sqrt{3})^2} = 291.03[\text{V}]$

    답   291.03[V]

10 수전단 전압이 22900[V]일 때 변압기 2차 전압이 380/220[V]이라고 한다. 실제 측정된 변압기 2차측 전압이 370[V]일 때, 1차 탭전압을 22900[V]에서 21900[V]로 변경한다면 2차 전압 측정값은?

> 정답

$$V_2' = \frac{22900}{21900} \times 370 = 386.89[V]$$

답 386.89[V]

11 25[kVA] A상 부하, 33[kVA] B상 부하, 19[kVA] C상 부하, 20[kVA] 3상 부하가 있다. 최소 3상 변압기 용량을 구하시오.

> 정답

$$3상\ 최대부하 = 단상최대부하 \times 3 = \left(33 + \frac{20}{3}\right) \times 3 = 119[kVA]$$

답 119[kVA]

12

공동주택에 전력량계 1φ2W용 35개를 신설, 3φ4W 7개를 사용이 종료되어 신품으로 교체하였다. 소요되는 공구손료 등을 제외한 직접노무비를 계산하시오. 단, 인공 계산은 소수 셋째자리까지 구하며, 내선전공 노임은 95000원이다.

[전력량계 및 부속장치 설치]
(단위 : 대)

종 별	내 선 전 공
전력량계 1φ2W용	0.14
〃 1φ3W용 및 3φ3W용	0.21
〃 3φ4W용	0.32
CT(저고압)	0.40
PT(저고압)	0.40
ZCT(영상변류기)	0.40
현수용 MOF(고압, 특고압)	3.00
거치용 MOF(고압, 특고압)	2.00
계기함 설치	0.30
특수계기함 설치	0.45
변성기함(저압, 고압)	0.60

[해 설]

① 방폭 200[%]
② 아파트 등 공동주택 및 기타 이와 유사한 동일 장소 내에서 10대를 초과하는 전력량계 설치 시 추가 1대당 해당 품의 70[%]
③ 특수계기함은 3종 계기함, 농사용 계기함, 집합 계기함 및 저압 변류용 계기함 등임.
④ 고압 변성기함, 현수용 MOF 및 거치용 MOF(설치대 조립품 포함)를 주상설치 시 배전전공 적용
⑤ 철거 30[%], 재사용 50[%]

∘ 계산 과정 : ∘ 답 :

정답

㉠ 내선전공 : $10 \times 0.14 + (35-10) \times 0.14 \times 0.7 + 7 \times 0.32 \times 1.3 = 6.762$
㉡ 직접노무비 : $6.762 \times 95000 = 642{,}390$원

답 642,390원

13 지중전선로는 케이블을 사용하여 관로식, 암거식, 직접 매설식에 의하여 시설하여야 한다. 다음 물음에 답하시오.

(1) 관로식으로 매설할 경우 최소 매설 깊이는 얼마인가?
(2) 지중전선로에서 직접매설식에 의하여 차량 및 기타 중량물의 압력을 받을 경우 매설깊이는 얼마인가?

정답

(1) 1[m]   (2) 1[m]

14 다음 그림은 TN 계통의 TN-C방식 저압배전선로 접지계통이다. 중성선(N), 보호선(PE) 등의 범례 기호를 활용하여 노출 도전성 부분의 접지 계통 결선도를 완성하시오.

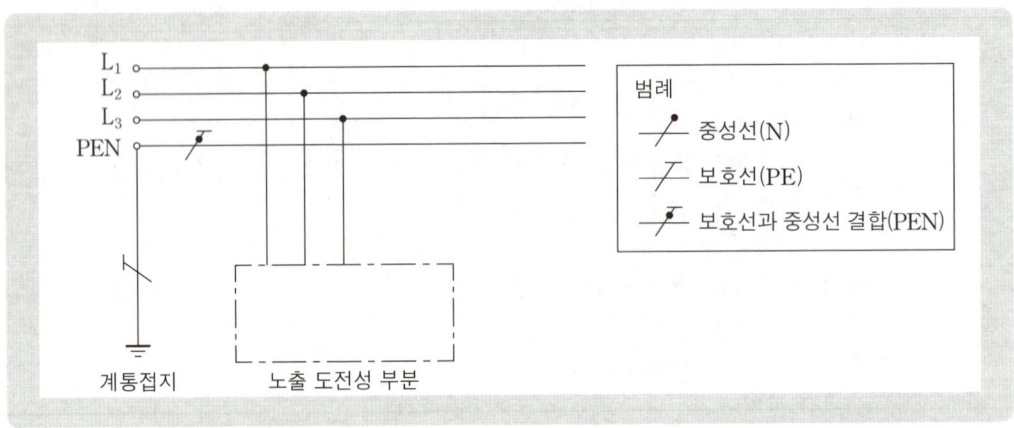

정답

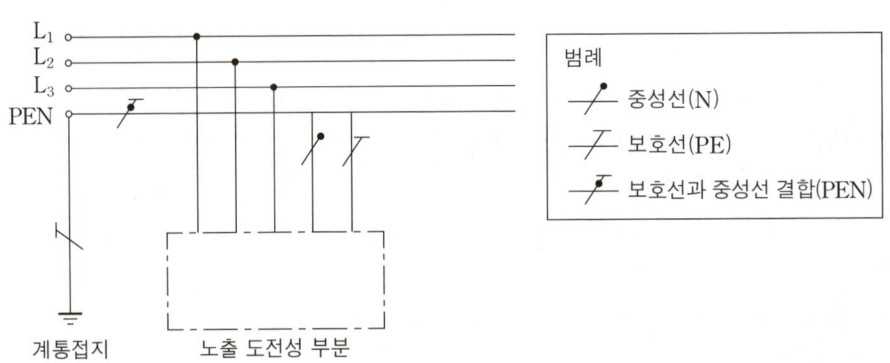

15 사용전압이 400[V] 초과인 저압 옥내 배선의 가능 여부를 시설장소에 따라 답안지 표의 빈칸에 O, X로 표시하시오. (단, O는 시설가능, X는 시설 불가능 표시)

배선 방법	노출장소		은폐장소				옥측/옥외	
			점검가능		점검 불가능			
	건조한 장소	습기가 많은 장소	건조한 장소	습기가 많은 장소	건조한 장소	습기가 많은 장소	우선내	우선외
합성 수지관								

정답

배선 방법	노출장소		은폐장소				옥측/옥외	
			점검가능		점검 불가능			
	건조한 장소	습기가 많은 장소	건조한 장소	습기가 많은 장소	건조한 장소	습기가 많은 장소	우선내	우선외
합성 수지관	O	O	O	O	O	O	O	O

16 다음 빈칸을 채우시오.

감리원은 공사진도율이 계획공정 대비 월간 공정실적이 (①)[%] 이상 지연되거나 누적공사실적이 (②)[%] 이상 지연될 때에는 공사업가에게 부진 사유분석 만회대책 및 만회공정표를 수립하여 제출하도록 지시하여야 한다.

정답

① 10   ② 5

17 그림과 같은 무접점 릴레이 회로의 출력식 Z를 구하고, 이것을 전자 릴레이 회로로 바꾸어 그리시오.

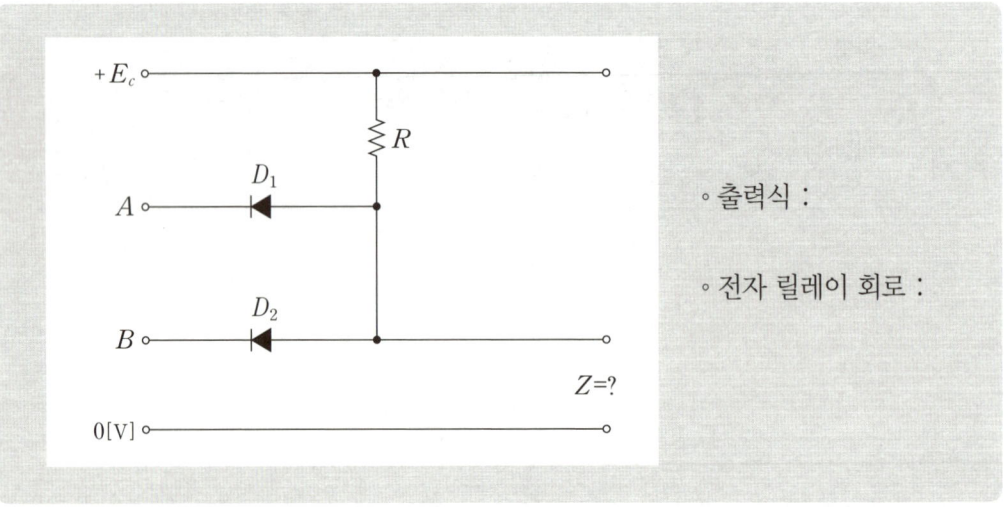

정답

○ 출력식 : $Z = A \cdot B$
○ 전자 릴레이 회로

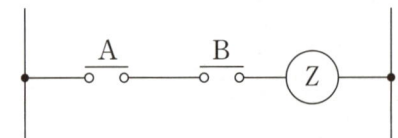

18 주어진 진리값 표는 3개의 리미트 스위치 LS_1, LS_2, LS_3에 입력을 주었을 때 출력 X와의 관계표이다. 이 표를 이용하여 다음 각 물음에 답하시오.

[진리값 표]

LS_1	LS_2	LS_3	X
0	0	0	0
0	0	1	0
0	1	0	0
0	1	1	1
1	0	0	0
1	0	1	1
1	1	0	1
1	1	1	1

(1) 진리값 표를 이용하여 다음과 같은 카르노맵을 완성하시오.

LS_3 \ LS_1, LS_2	0 0	0 1	1 1	1 0
0				
1				

(2) 물음 (1)항의 카르노맵에 대한 논리식을 쓰시오.
(3) 진리값과 물음 (2)항의 논리식을 이용하여 이것을 무접점 회로도로 표시하시오.

정답

(1)

LS_3 \ LS_1, LS_2	0 0	0 1	1 1	1 0
0	0	0	1	0
1	0	1	1	1

(2) $X = LS_1(LS_2 + LS_3) + LS_2 LS_3$

(3)

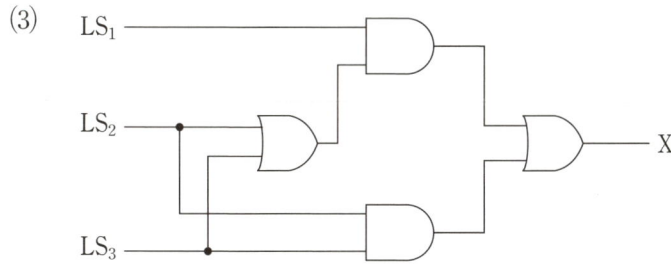

국가기술자격검정실기시험문제

전기산업기사실기 2021년 2회 기출문제

 정격용량 500[kVA]의 변압기에서 배전선의 전력손실을 40[kW]로 유지하면서 부하 L_1, L_2에 전력을 공급하고 있다. 지금 그림과 같이 전력용 콘덴서를 기존 부하와 병렬로 연결하여 합성 역률을 90[%]로 개선하고 새로운 부하를 증설하려고 할 때 다음 물음에 답하시오. 단, 여기서 부하 L_1은 역률 60[%], 180[kW]이고, 부하 L_2의 전력은 120[kW], 160[kVar]이다.

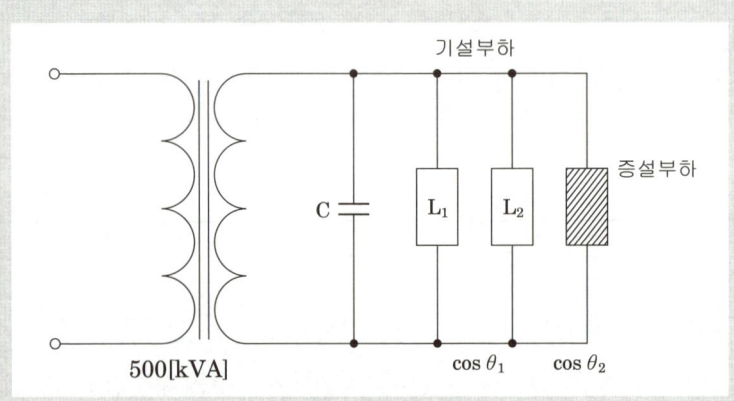

(1) 부하 L_1과 L_2의 합성용량과 합성역률은?
① 합성용량 :
  ◦ 계산 과정 :   ◦ 답 :
② 합성역률 :
  ◦ 계산 과정 :   ◦ 답 :
(2) 역률 개선시 변압기 용량의 한도까지 부하설비를 증설하고자 할 때 증설부하용량은 몇 [kW]인가?
  ◦ 계산 과정 :   ◦ 답 :

정답

(1) ① 합성용량
- 합성유효전력 $P = 180 + 120 = 300[\text{kW}]$
- 합성무효전력 $P_r = P_1 \times \tan\theta_1 + P_{r2} = 180 \times \dfrac{0.8}{0.6} + 160 = 400[\text{kVar}]$
- 합성용량 $P_a = \sqrt{P^2 + P_r^2} = \sqrt{300^2 + 400^2} = 500[\text{kVA}]$ 답 500[kVA]

② 합성역률 : $\cos\theta = \dfrac{300}{500} \times 100 = 60[\%]$ 답 60[%]

(2) 증설부하용량 $(\triangle P) = P' - P - P_l$

P : 역률 개선전 유효전력($P = P_1 + P_2 = 300[\text{kW}]$)
P' : 역률 개선후 유효전력($P' = P_a \cos\theta_2$)
P_l : 고정전력손실(전력손실은 40[kW]로 일정하다고 본다.)
$\triangle P = 500 \times 0.9 - 300 - 40 = 110[\text{kW}]$ 답 110[kW]

02 변류기(CT) 2대를 V결선하여 OCR 3대를 그림과 같이 연결하였다. 그림을 보고 다음 각 물음에 답하시오.

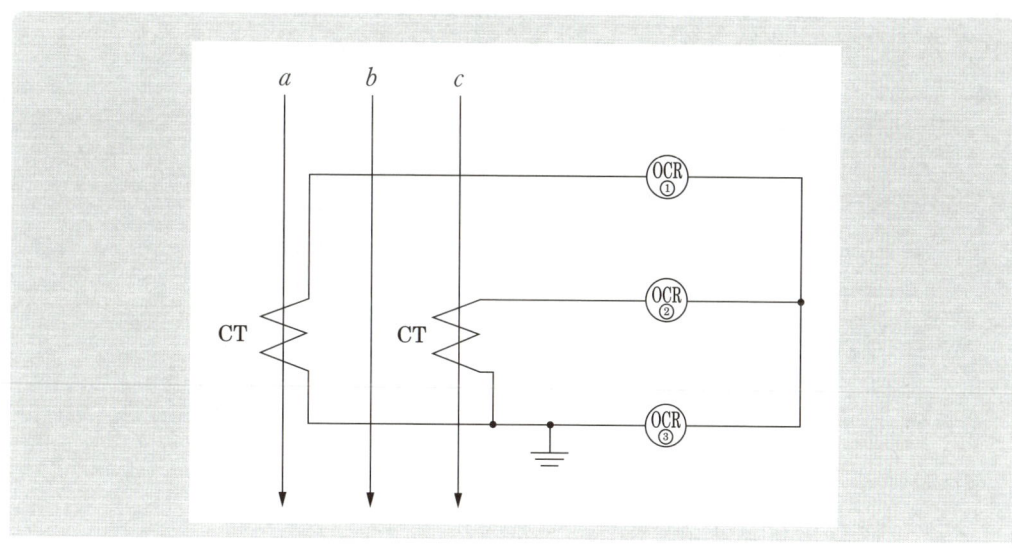

(1) 우리나라에서 사용하는 변류기(CT)의 극성은 일반적으로 어떤 극성을 사용하는지 쓰시오.
(2) 변류기 2차 측에 접속하는 외부 부하임피던스를 무엇이라고 하는지 쓰시오.
(3) ③번에 OCR에 흐르는 전류는 어떤 상의 전류인지 쓰시오.
(4) OCR은 주로 어떤 사고가 발생하였을 때 작동하는지 쓰시오.
(5) 이 전로는 어떤 배전방식을 취하고 있는지 쓰시오.
(6) 그림에서 CT의 변류비가 30/5이고, 변류기 2차측 전류를 측정하였더니 3[A]이였다면 수전전력은 약 몇 kW인지 계산하시오. (단, 수전전압은 22900[V]이고, 역률은 90[%]이다.)

  ㅇ계산 과정 :   ㅇ답 :

정답

(1) 감극성

(2) 부담

(3) b상전류

(4) 단락사고

(5) 3상3선식 비접지방식

(6) $P = \sqrt{3} \times 22900 \times \left(3 \times \dfrac{30}{5}\right) \times 0.9 \times 10^{-3} = 642.56 [\text{kW}]$

그림은 어느 생산공장의 수전설비의 계통도이다. 이 계통도와 뱅크의 부하용량표, 변류기 규격표를 보고 다음 각 물음에 답하시오. (단, 용량산출시 제시되지 않은 조건은 무시한다.)

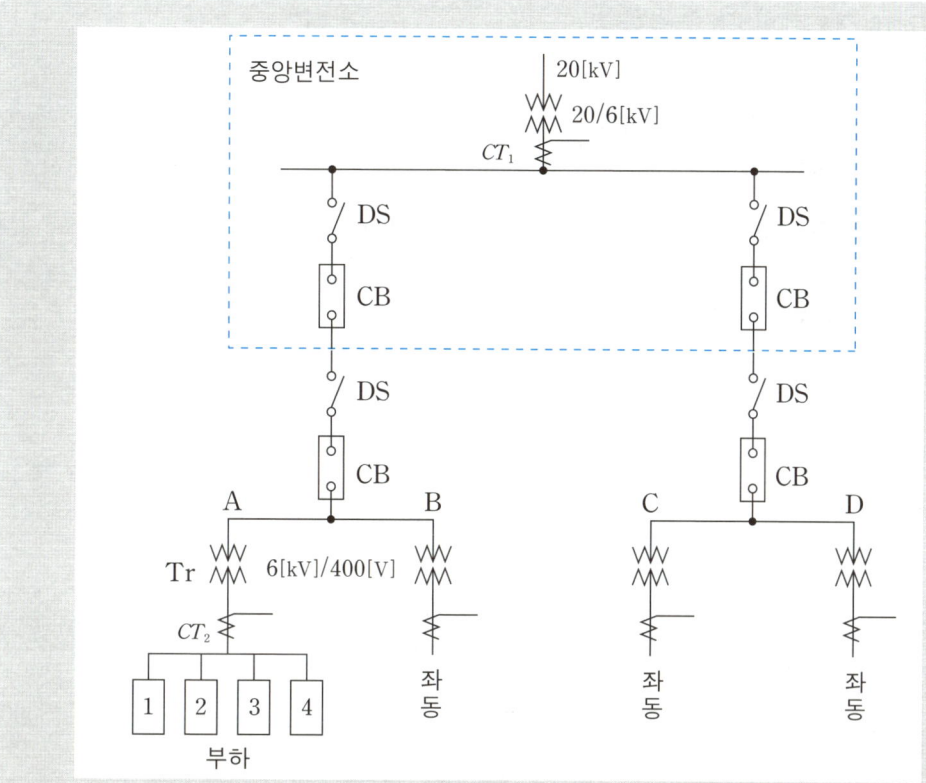

[뱅크의 부하 용량표]

피더	부하 설비 용량[kW]	수용률[%]
1	125	80
2	125	80
3	500	70
4	600	84

[변류기 규격표]

항목	변류기
정격 1차 전류[A]	5, 10, 15, 20, 30, 40, 50, 75, 100, 150, 200, 300, 400, 500, 600, 750, 1000, 1500, 2000, 2500
정격 2차 전류[A]	5

(1) A, B, C, D 뱅크에 같은 부하가 걸려 있으며, 각 뱅크의 부등률은 1.1이고, 전부하 합성역률은 0.8이다. 중앙변전소 변압기 용량을 구하시오. (단, 변압기 용량은 표준규격으로 답하도록 한다.)
  ◦ 계산 과정 :   ◦ 답 :
(2) 변류기 CT_1의 변류비를 구하시오. (단, 변류비는 1.2배로 결정한다.)
  ◦ 계산 과정 :   ◦ 답 :
(3) A뱅크 변압기의 용량을 선정하고 CT_2의 변류비를 구하시오. (단, 변류비는 1.15배로 결정하고, 변압기 용량은 표준규격으로 답하도록한다.)
  ① A 뱅크 변압기 용량
  ② CT_2 변류비

정답

(1) 중앙변전소 TR용량 = 변압기 용량 1대 × 4 = $\dfrac{\text{설비용량} \times \text{수용률}}{\text{부등률} \times \text{역률}} \times 4$

$$= \dfrac{125 \times 0.8 + 125 \times 0.8 + 500 \times 0.7 + 600 \times 0.84}{1.1 \times 0.8} \times 4 = 4790.91[\text{kVA}]$$

답 5000[kVA]

(2) CT_1의 변류비 산정

$I = \dfrac{5000}{\sqrt{3} \times 6} \times 1.2 = 577.35[\text{A}]$ 답 600/5

(3) ① A 뱅크 변압기 용량

$P = \dfrac{125 \times 0.8 + 125 \times 0.8 + 500 \times 0.7 + 600 \times 0.84}{1.1 \times 0.8} = 1197.73[\text{kVA}]$

답 1500[kVA] 선정

① CT_2 변류비

$I = \dfrac{1500 \times 10^3}{\sqrt{3} \times 400} \times 1.15 = 2489.82[\text{A}]$ 답 변류비 선정 : 2500/5 선정

04

그림은 3φ4W Line에 WHM을 접속하여 전력량을 적산하기 위한 결선도이다. 다음 물음에 답하여라.

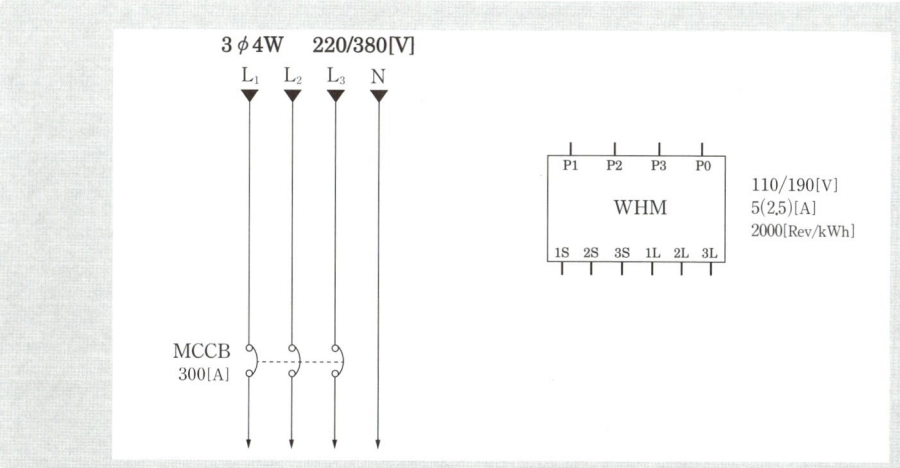

(1) WHM가 정상적으로 적산이 가능하도록 변성기를 추가하여 결선도를 완성하여라.

(2) 필요한 PT비율은?

(3) WHM의 승률은? (단, CT비는 300/5, rpm=계기 정수×전력)

  ○ 계산 과정 :   ○ 답 :

정답

(1)

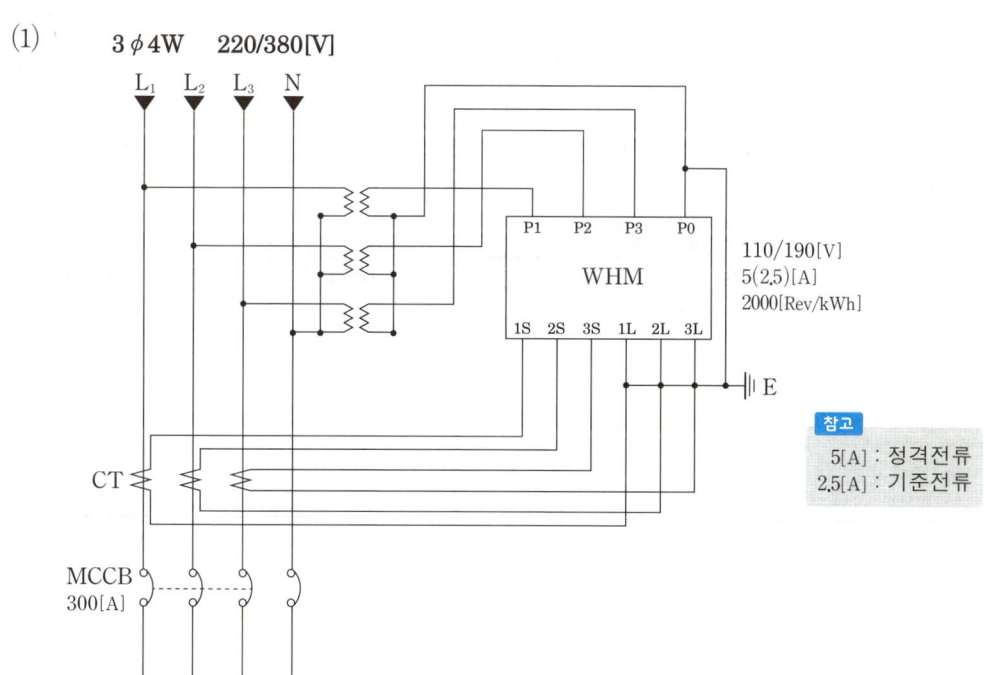

참고
- 5[A] : 정격전류
- 2.5[A] : 기준전류

(2) $PT = \dfrac{220}{110}$ 　　　　　　　　　　　　　　　　답 220/110

(3) 승률 $= PT \times CT = \dfrac{220}{110} \times \dfrac{300}{5} = 120$ 　　　　답 120

05 3상 3선식 6.6kV, 고압 자가용 수용가에 있는 전력량계의 계기정수가 1000[Rev/kWh]이다. 이 계기의 원판이 5회전하는데 40초가 걸렸다. 이때 부하의 평균전력은 몇 kW인가? (단, 계기용변압기의 정격은 6600/110V, 변류기의 공칭 변류비는 20/5이다.)

정답

초당 회전수 : $n = \dfrac{\sqrt{3}\,VI\cos\theta \times 10^{-3} \times K}{3600} = \dfrac{P \times K}{3600} \rightarrow P = \dfrac{3600 \times n}{K}$

여기서, P : 2차측 전력, K : 계기정수 [Rev/kWh]
P_M 부하의 평균전력(1차측 전력)

$P_M = \dfrac{3600 \cdot n}{K} \times PT비 \times CT비 = \dfrac{3600 \times \left(\dfrac{5}{40}\right)}{1000} \times \dfrac{6600}{110} \times \dfrac{20}{5} = 108[\text{kW}]$ 　　답 108[kW]

06 40[kVA], 3상 380[V], 60[Hz]용 전력용 콘덴서의 결선방식에 따른 용량을 [μF]으로 구하시오.

(1) △결선인 경우 C_1[μF]
  ◦ 계산 과정 :   ◦ 답 :

(2) Y결선인 경우 C_2[μF]
  ◦ 계산 과정 :   ◦ 답 :

정답

(1) $C_1 = \dfrac{Q}{3 \times 2\pi f V^2} = \dfrac{40 \times 10^3}{3 \times 2 \times 3.14 \times 60 \times 380^2} \times 10^6 = 245.05[\mu F]$ 답 245.05[μF]

(2) $C_2 = \dfrac{Q}{2\pi f V^2} = \dfrac{40 \times 10^3}{2 \times 3.14 \times 60 \times 380^2} \times 10^6 = 735.16[\mu F]$ 답 735.16[μF]

07 그림과 같은 3상3선식 배전선로가 있다. 다음 각 물음에 답하시오.
(단, 전선 1가닥당의 저항은 0.5[Ω/km]라고 한다.)

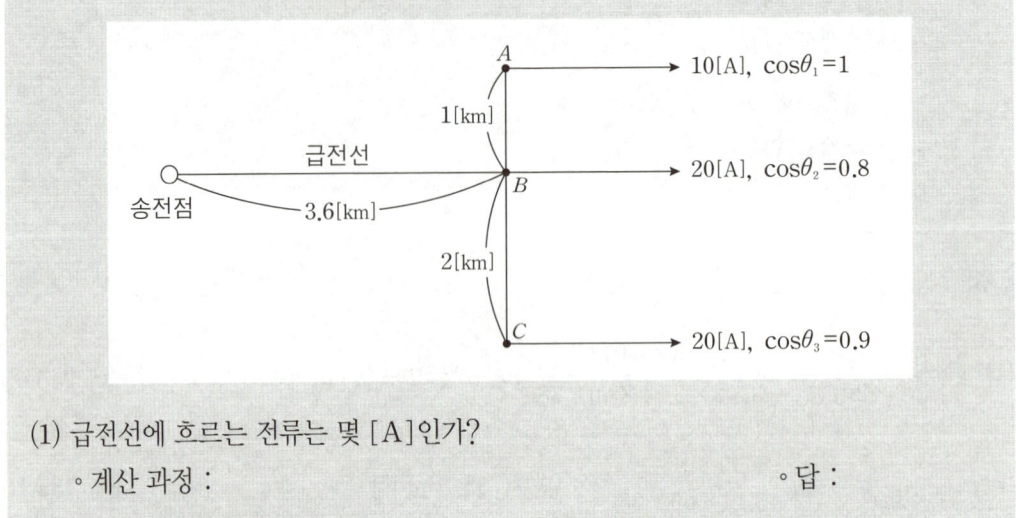

(1) 급전선에 흐르는 전류는 몇 [A]인가?
  ◦ 계산 과정 :   ◦ 답 :

(2) 선로 손실[kW]을 구하시오.
  ◦ 계산 과정 :   ◦ 답 :

정답

(1) $I = 10 + 20 \times (0.8 - j0.6) + 20 \times (0.9 - j\sqrt{1-0.9^2}) = 44 - j20.72$

→ $\therefore I = \sqrt{44^2 + 20.72^2} = 48.63[A]$ 답 48.63[A]

(2) $P_l = [3 \times 48.63^2 \times (0.5 \times 3.6) + 3 \times 10^2 \times (0.5 \times 1) + 3 \times 20^2 \times (0.5 \times 2)] \times 10^{-3} = 14.12[kW]$

답 14.12[kW]

08

어떤 발전소의 발전기가 13.2[kV], 용량 93000[kVA], %임피던스 95[%]일 때, 임피던스는 몇 [Ω]인가?

정답

발전기의 선간전압, 용량, %임피던스가 주어졌으므로

$\%Z = \dfrac{P_a Z}{10V^2}$ 식을 이용하여 임피던스 값을 구하면 아래와 같다.

$Z = \dfrac{\%Z \cdot 10V^2}{P} = \dfrac{95 \times 10 \times 13.2^2}{93000} = 1.78[\Omega]$

답 1.78[Ω]

09

3상 송전선의 각 선의 전류가 $I_a = 220 + j50[A]$, $I_b = -150 - j300[A]$, $I_c = -50 + j150[A]$일 때 통신선에 유도되는 전자유도전압의 크기는 몇 [V]인가? (단, 송전선과 통신선사이 상호 임피던스는 15[Ω]이다.)

정답

$E_m = \omega M l \times (I_a + I_b + I_c) = Z_m \times (I_a + I_b + I_c)$ 이므로

$E_m = 15 \times \sqrt{(220 - 150 - 50)^2 + (50 - 300 + 150)^2} = 1529.71[V]$

답 1529.71[V]

10 분전반에서 30[m]인 거리에 5[kW]의 단상 교류 200[V]의 전열기용 아웃트렛을 설치하여, 그 전압강하를 4[V] 이하가 되도록 하려고 한다. 배선방법을 금속관공사로 한다고 할 때 여기에 필요한 전선의 굵기를 계산하고, 실제 사용되는 전선의 굵기를 정하시오.

정답

$$I = \frac{P}{V} = \frac{5000}{200} = 25[A]$$

단상 2선식의 전선의 굵기

$$A = \frac{35.6 LI}{1000 \times 4} = \frac{35.6 \times 30 \times 25}{1000 \times 4} = 6.68[mm^2]$$

답 $10[mm^2]$ 선정

11 표와 같이 어느 수용가 A, B, C에 공급하는 배전선로의 합성최대전력은 600[kW]이다. 이때 수용가의 부등률은 얼마인가?

수용가	설비용량[kW]	수용률[%]
A	400	70
B	400	60
C	500	60

정답

$$부등률 = \frac{\sum 설비용량 \times 수용률}{합성최대수용전력}$$

$$부등률 = \frac{(400 \times 0.7) + (400 \times 0.6) + (500 \times 0.6)}{600} = 1.37$$

답 1.37

12

대지 고유 저항률 400[Ω·m], 직경 19[mm], 길이 2400[mm]인 접지봉을 전부 매입했다고 한다. 접지저항(대지저항)값은 얼마인가?

정답

막대모양의 접지저항 산정 : $R = \dfrac{\rho}{2\pi l} \times \ln \dfrac{2l}{r} [\Omega]$

여기서, ρ : 대지고유저항률, l : 접지봉의 길이, r : 접지봉의 반지름

$R = \dfrac{400}{2\pi \times 2.4} \times \ln \dfrac{2 \times 2.4}{\dfrac{0.019}{2}} = 165.13 [\Omega]$

답 165.13[Ω]

13

그림과 같은 회로에서 단자 전압이 V_0일 때 전압계의 눈금 V로 측정하기 위해서는 배율기의 저항 R_m은 얼마로 하여야 하는가? (단, 전압계의 내부 저항은 R_v로 한다.)

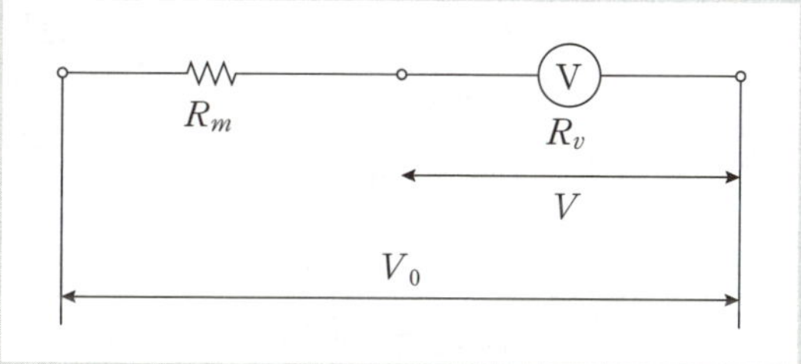

정답

$V = IR_v$, $I = \dfrac{V_0}{R_m + R_v}$ 이므로

$V = \dfrac{R_v}{R_m + R_v} \times V_0 \rightarrow \therefore R_m = R_v \times \left(\dfrac{V_0}{V} - 1\right)$

답 $R_m = R_v \times \left(\dfrac{V_0}{V} - 1\right)$

14
폭 8[m]의 2차선 도로에 가로등을 도로 한쪽 배열로 50[m] 간격으로 설치하고자 한다. 도로면의 평균 조도를 5[lx]로 설계할 경우 가로등 1등당 필요한 광속을 구하시오. (단, 감광보상률은 1.5, 조명률은 0.43으로 한다.)

정답

도로조명의 조명면적(한쪽 배열) : $S=ab$

$F=\dfrac{DES}{UN}=\dfrac{1.5\times5\times(8\times50)}{0.43\times1}=6976.74[\text{lm}]$

답 6976.74[lm]

15
전기안전관리자는 전기설비의 유지·운용 업무를 해 국가표준기본법 제 14조 및 교정대상 및 주기설정을 위한 지침 제4조에 따라 다음의 계측장비를 주기적으로 교정하는 권장교정 및 시험주기의 빈칸을 작성하시오.

	구분	권장 교정 및 시험주기 (년)
계측장비 교정	계전기 시험기	
	절연내력 시험기	
	절연유 내압 시험기	
	적외선 열화상 카메라	
	전원 품질 분석기	

정답

	구분	권장 교정 및 시험주기 (년)
계측장비 교정	계전기 시험기	1
	절연내력 시험기	1
	절연유 내압 시험기	1
	적외선 열화상 카메라	1
	전원 품질 분석기	1

16 다음 무접점회로를 보고 물음에 답하시오.

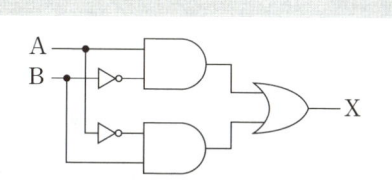

(1) 유접점회로로 나타내시오.
(2) 타임챠트를 완성하시오.

정답

(1)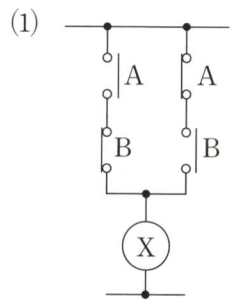

(2)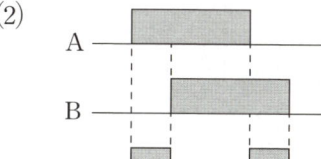

17 다음은 컨베이어시스템 제어회로의 도면이다. 3대의 컨베이어가 A → B → C 순서로 기동하며, C → B → A 순서로 정지한다고 할 때, 시스템도와 타임차트도를 보거 PLC 프로그램 입력 ①~⑤를 답안지에 완성하시오.

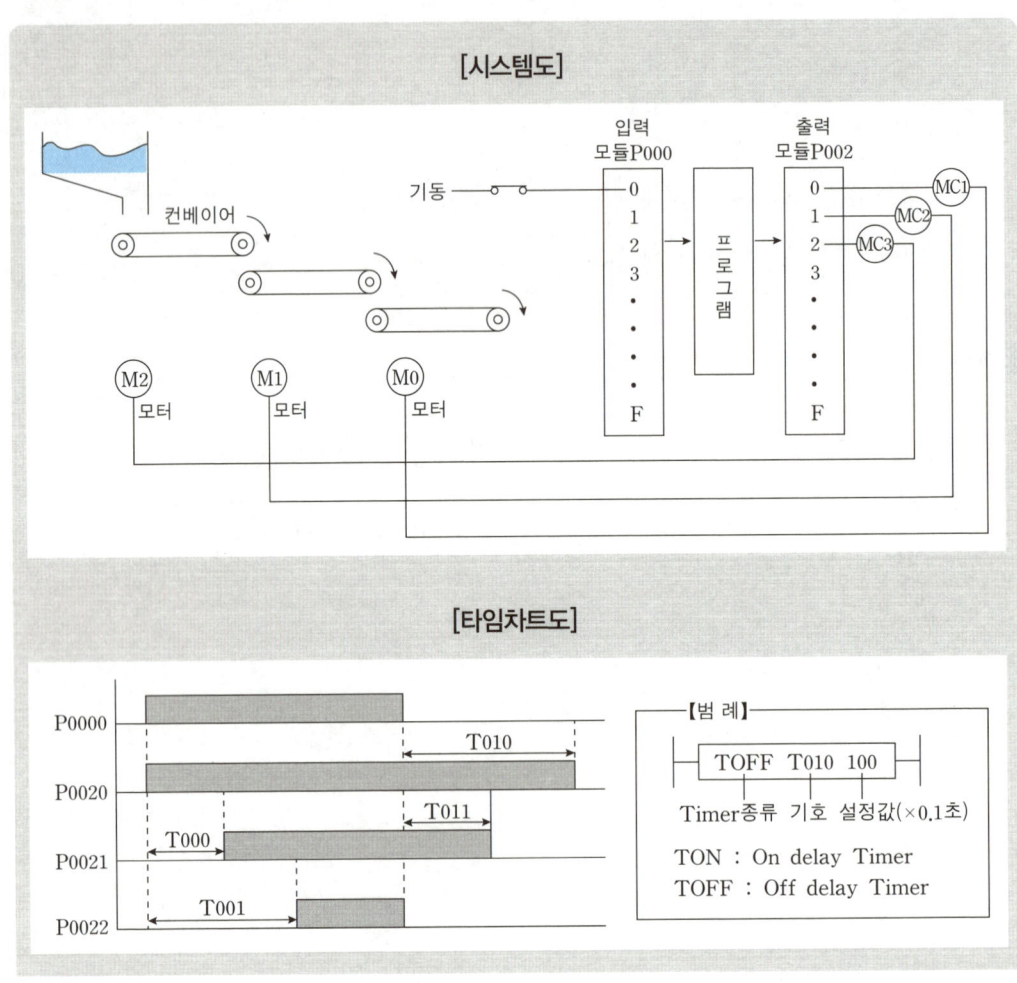

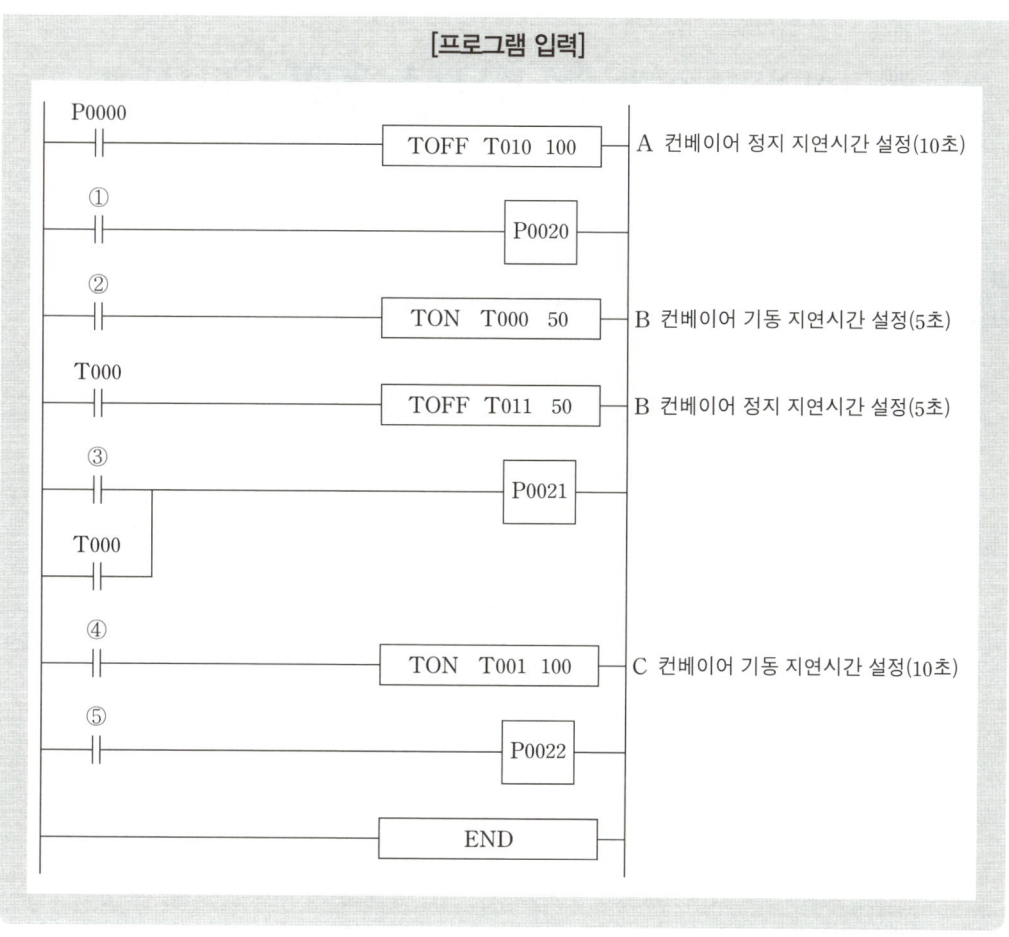

정답

①	②	③	④	⑤
T010	P0000	T011	P0000	T001

전기산업기사실기 2021년 3회 기출문제

01 그림은 22.9[kV] 특고압 수전설비의 단선도이다. 이 도면을 보고 다음 각 물음에 답하시오.

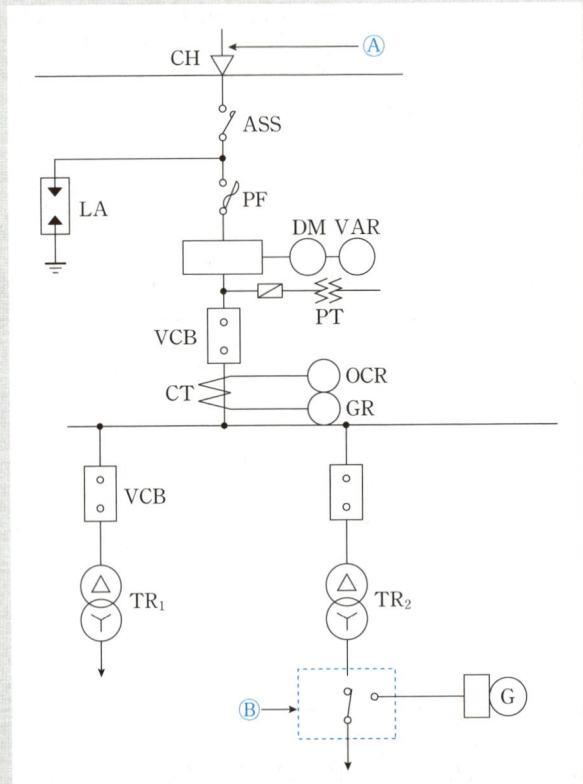

(1) 도면에 표시되어 있는 다음 약호의 명칭을 우리말로 쓰시오.
  ① ASS :
  ② LA :
  ③ VCB :
  ④ DM :

(2) TR_1쪽의 부하 용량의 합이 300[kW]이고, 역률 및 효율이 각각 0.8, 수용률이 0.6이라면 TR_1 변압기의 용량은 몇 [kVA]가 적당한지를 계산하고 규격용량으로 답하시오.
  ○ 계산 과정 :   ○ 답 :

(3) Ⓐ에는 어떤 종류의 케이블이 사용되는가?

(4) Ⓑ의 명칭은 무엇인가?

(5) 변압기의 결선도를 복선도로 그리시오.

정답

(1) ① ASS : 자동고장 구분개폐기   ② LA : 피뢰기
 ③ VCB : 진공 차단기   ④ DM : 최대수요전력량계

(2) 변압기 용량 $= \dfrac{설비용량 \times 수용률}{역률 \times 효율} = \dfrac{300 \times 0.6}{0.8 \times 0.8} = 281.25[\text{kVA}]$ 답 300[kVA]

(3) CNCV-W(수밀형) 또는 TR CNCV-W(트리억제형)

(4) 자동 전환 개폐기

(5)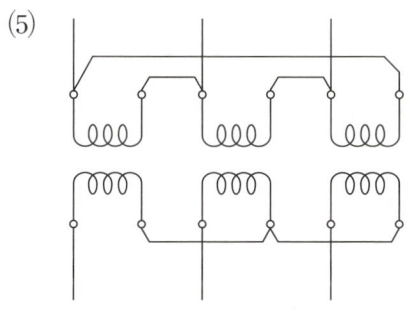

02

제5고조파 전류의 확대 방지 및 스위치 투입시 돌입전류 억제를 목적으로 역률개선용 콘덴서에 직렬 리액터를 설치하고자 한다. 콘덴서의 용량이 500[kVA]라고 할 때 다음 각 물음에 답하시오.

> (1) 이론상 필요한 직렬 리액터의 용량[kVA]을 구하시오.
>   ◦ 계산 과정 :   ◦ 답 :
> (2) 실제적으로 설치하는 직렬 리액터의 용량[kVA]을 구하시오.
>   ◦ 리액터 용량 :   ◦ 사유 :

정답

(1) 리액터의 용량은 이론상 콘덴서의 용량의 4[%]를 적용한다.

$Q_L = Q \times 0.04 = 500 \times 0.04 = 20[\text{kVA}]$ **답** 20[kVA]

(2) 리액터의 용량은 실제적으로 콘덴서의 용량의 6[%]를 적용한다.

$Q_L = Q \times 0.06 = 500 \times 0.06 = 30[\text{kVA}]$

답 30[kVA], 사유: 계통의 주파수 변동을 고려함

03

거리계전기의 설치점에서 고장점까지의 임피던스를 70[Ω]이라고 하면 계전기측에서 본 임피던스는 몇 [Ω]인지 구하시오. (단, PT의 변압비는 154000/110[V], CT의 변류비는 500/5[A]이다.)

정답

계전기 측에서 본 임피던스

$Z_s = Z_F \times CT\text{비} \times \dfrac{1}{PT\text{비}} = 70 \times \dfrac{500}{5} \times \dfrac{110}{154000} = 5[\Omega]$ **답** 5[Ω]

역률 80[%]의 3상 평형부하에 공급하고 있는 선로길이 2[km]의 3상 3선식 배전선로가 있다. 부하의 단자전압을 6000[V]로 유지하였을 경우, 선로의 전압강하율 10[%]를 넘지 않게 하기 위해서는 부하전력을 약 몇 [kW]까지 허용할 수 있는가? (단, 전선 1선당의 저항은 0.82[Ω/km] 리액턴스는 0.38[Ω/km]라 하고, 그 밖의 정수는 무시한다.)

정답

부하전력 $P = \dfrac{\delta \times V^2}{(R + X\tan\theta)} \times 10^{-3} = \dfrac{0.1 \times 6000^2}{0.82 \times 2 + 0.38 \times 2 \times \dfrac{0.6}{0.8}} \times 10^{-3} = 1628.96\,[\text{kW}]$

답 1628.96[kW]

 다음 물음에 답하시오.

(1) 중성점 접지방식의 종류 4가지를 쓰시오.
(2) 유효접지방식은 1선 지락시 건전상 전위상승이 몇 배 이하가 되도록 하는 방식인가?
(3) 송전선로에서 일반적으로 사용하는 접지방식은?

정답

(1) ① 직접 접지방식   ② 저항 접지방식   ③ 소호리액터 접지방식   ④ 비접지방식

(2) 1.3배

(3) 직접 접지방식

06 외부피뢰시스템 중 수뢰부시스템의 구성요소와 배치방법 3가지를 작성하시오.

(1) 구성요소 :
(2) 배치방법 :

정답

(1) 구성요소 : 돌침, 수평도체, 그물망도체
(2) 배치방법 : 보호각법, 회전구체법, 그물망법

07 특고압용 변압기의 내부고장 검출방법 3가지를 쓰시오.

정답

① 비율차동계전기 ② 과전류계전기 ③ 방압안전장치
④ 브흐홀쯔계전기 ⑤ 충격압력계전기

08 그림과 같은 회로에서 단자 전압이 V_0일 때 전압계의 눈금 V로 측정하기 위해서는 배율기의 저항 R_m은 얼마로 하여야 하는가? (단, 전압계의 내부 저항은 R_v로 한다.)

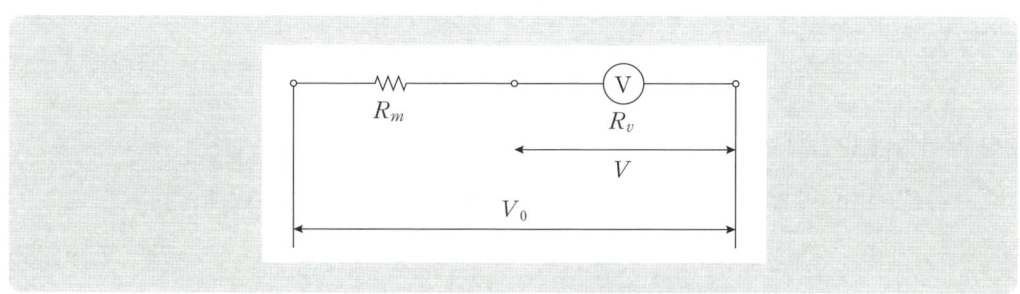

정답

$V = IR_v$, $I = \dfrac{V_0}{R_m + R_v}$ 이므로

$V = \dfrac{R_v}{R_m + R_v} \times V_0 \Rightarrow \therefore R_m = R_v \times \left(\dfrac{V_0}{V} - 1\right)$

답 $R_m = R_v \times \left(\dfrac{V_0}{V} - 1\right)$

09 지표면상 10[m] 높이의 수조가 있다. 이 수조에 초 당 1[m³] 물을 양수하는데 필요한 펌프용 전동기의 소요 동력은 몇 [kW]인가? (단, 펌프의 효율은 70[%]로 하고, 여유계수는 1.2로 한다.)

정답

$P = \dfrac{9.8HQK}{\eta} = \dfrac{9.8 \times 10 \times 1 \times 1.2}{0.7} = 168[\text{kW}]$

단, H : 총양정[m], Q : 양수량[m³/s], K : 여유계수, η : 효율

답 168[kW]

10 선간전압 22.9[kV], 주파수 60[Hz], 작용정전용량 0.03[μF/km], 유전체 역률이 0.003일 경우 3심 케이블에서 발생하는 유전체 손실은 몇 [W/km]인가?

> **정답**

3심 케이블의 유전체 손실

$W_{d3} = \omega CV^2 \tan\delta = 2\pi \times 60 \times 0.03 \times 10^{-6} \times 22900^2 \times 0.003 = 17.79 [\text{W/km}]$

답 17.79 [W/km]

11 단상 2선식 220[V]의 옥내배선에서 소비전력 40[W], 역률 85[%]의 LED 형광등 85등을 설치할 때 16[A]의 분기회로 수는 최소 몇 회로인지 구하시오. (단, 한 회선의 부하전류는 분기회로 용량의 80[%]로 하고 수용률은 100[%]로 한다.)

> **정답**

$$\text{분기회로수} = \frac{\text{설비부하용량[VA]}}{\text{사용전압[V]} \times \text{분기회로 전류[A]} \times \text{정격률}} = \frac{\frac{40}{0.85} \times 85}{220 \times 16 \times 0.8} = 1.42$$

답 16[A] 분기 2회로

12

도로의 너비가 30[m]인 곳에 양쪽으로 30[m] 간격으로 지그재그 식으로 등주를 배치하여 도로 위의 평균조도를 6[lx]가 되도록 하려면 각 등주에 사용되는 수은등은 몇 [W]의 것을 사용하면 되는지를 주어진 표를 참조하여 답하시오. (단, 노면의 광속이용률은 32[%], 유지율은 80[%]로 한다.)

[수은등의 광속]

용량[W]	전광속[lm]
100	3200~4000
200	7700~8500
300	10000~11000
400	13000~14000
500	18000~20000

정답

광속 $F = \dfrac{ES}{UNM} = \dfrac{6 \times \left(\dfrac{1}{2} \times 30 \times 30\right)}{0.32 \times 1 \times 0.8} = 10546.88 \, [\text{lm}]$ 표에서 300[W] 선정

답 300[W]

13

간접조명 방식에서 천장 밑의 휘도를 균일하게 하기 위하여 등기구 사이의 간격과 천장과 등기구와의 거리는 얼마로 하는게 적합한가? (단, 작업면에서 천장까지의 거리는 2.0[m]이다.)

(1) 등기구 사이의 간격
 ◦ 계산 과정 :　　　　　　　　　　　　　　　　　　　　◦ 답 :

(2) 천장과 등기구 와의 거리
 ◦ 계산 과정 :　　　　　　　　　　　　　　　　　　　　◦ 답 :

정답

(1) 등간격 $S \leq 1.5H$ 이므로 $S = 1.5 \times 2 = 3[m]$　　　　**답** 3[m] 이하

(2) 간접 조명일 때 : $H_0 = \dfrac{S}{5} = \dfrac{3}{5} = 0.6[m]$　　　　**답** 0.6[m]

14 3상4선식 교류 380[V], 15[kVA] 부하가 변전실 배전반에서 190[m] 떨어져 설치되어 있다. 이 경우 배전용 케이블의 최소 굵기는 얼마고 하여야 하는지 계산하시오. (단, 전기사용장소 내 시설한 변압기이며, 케이블은 IEC 규격에 의한다.)

정답

공급 변압기의 2차측 단자 또는 인입선 접속점에서 최원단 부하에 이르는 사이의 전선 길이가 100[m] 기준 5[%], 추가 1[m]당 0.005[%] 가산이므로 190[m]인 경우 90[m]만큼에 대한 부분을 가산하여 준다.)

- 허용전압강하 = $5 + 90 \times 0.005 = 5.45[\%]$, 전선의 단면적 A는 3상 4선식일 경우

  $A = \dfrac{17.8LI}{1000e}$ 이므로 $I = \dfrac{P}{\sqrt{3}V} = \dfrac{15 \times 10^3}{\sqrt{3} \times 380} = 22.79[A]$을 적용하여

- $A = \dfrac{17.8 \times 190 \times 22.79}{1000 \times 220(\text{전력선과 중성선 사이의 전압}) \times 0.0545} = 6.43[mm^2]$　　**답** 10[mm^2]

전선규격[mm^2]								
1.5	2.5	4	6	10	16	25	35	50

15 그림과 같은 교류 $100[\text{V}]$ 단상 2선식 분기 회로의 전선 굵기를 결정하되 표준규격으로 결정하시오. (단, 전압강하는 $2[\text{V}]$ 이하, 배선은 $600[\text{V}]$ 고무 절연 전선을 사용하는 애자사용 공사로 한다.)

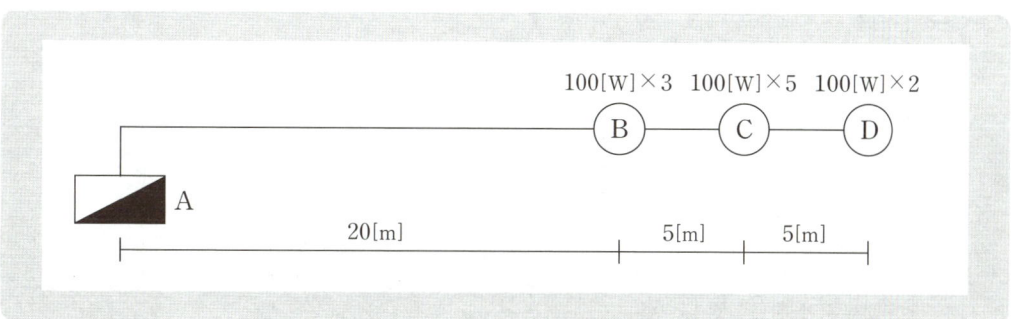

정답

① 부하중심까지의 거리 $L = \dfrac{\sum l \times 전력}{\sum 전력} = \dfrac{20 \times 300 + 25 \times 500 + 30 \times 200}{300 + 500 + 200} = 24.5[\text{m}]$

② 전부하 전류 $I = \sum i = \dfrac{100 \times 3}{100} + \dfrac{100 \times 5}{100} + \dfrac{100 \times 2}{100} = 10[\text{A}]$

② 전선의 굵기 $A = \dfrac{35.6 LI}{1000e} = \dfrac{35.6 \times 24.5 \times 10}{1000 \times 2} = 4.36[\text{mm}^2]$ 　　답 $6[\text{mm}^2]$

전선규격[mm²]								
1.5	2.5	4	6	10	16	25	35	50

16 그림과 같은 논리회로의 출력을 간소화된 식으로 작성하시오.

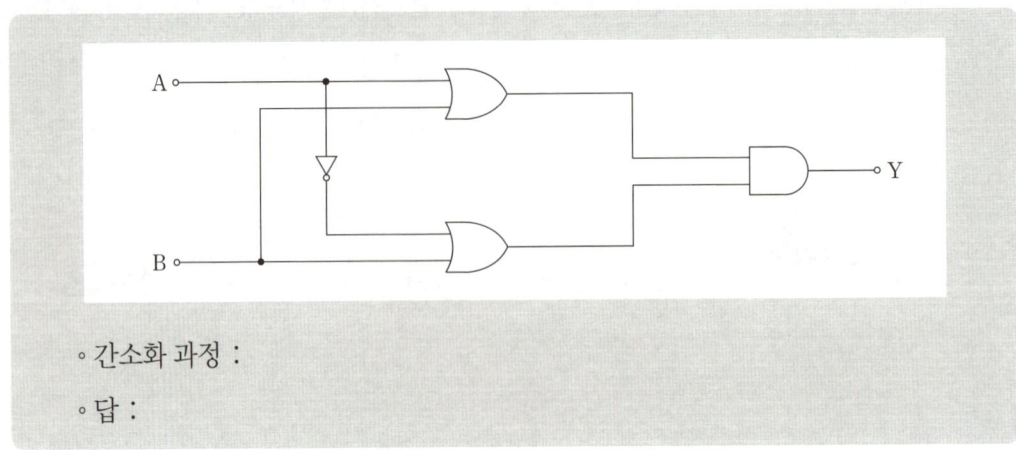

◦ 간소화 과정 :

◦ 답 :

> **정답**

◦ 간소화 과정

$Y = (A+B)(\overline{A}+B) = A\overline{A} + \overline{A}B + AB + BB$
$= \overline{A}B + AB + B = B(\overline{A}+A+1)$ [괄호안은 1로 환산됨] $= B$

답 $Y = B$

17 누름버튼 스위치 BS_1, BS_2, BS_3에 의하여 직접 제어되는 계전기 X_1, X_2, X_3가 있다. 이 계전기 3개가 모두 소자(복귀)되어 있을 때만 출력램프 L_1이 점등되고, 그 이외에는 출력램프 L_2가 점등되도록 계전기를 사용한 시퀀스 제어회로를 설계하려고 한다. 이때 다음 각 물음에 답하시오.

(1) 본문 요구조건과 같은 진리표를 작성하시오.

입 력			출 력	
X_1	X_2	X_3	L_1	L_2
0	0	0		
0	0	1		
0	1	0		
0	1	1		
1	0	0		
1	0	1		
1	1	0		
1	1	1		

(2) 최소 접점수를 갖는 논리식을 쓰시오.
  ◦ $L_1 =$
  ◦ $L_2 =$

(3) 논리식에 대응되는 계전기 시퀀스 제어회로(유접점 회로)를 그리시오.

정답

(1)

입력			출력	
X_1	X_2	X_3	L_1	L_2
0	0	0	1	0
0	0	1	0	1
0	1	0	0	1
0	1	1	0	1
1	0	0	0	1
1	0	1	0	1
1	1	0	0	1
1	1	1	0	1

(2) ◦ $L_1 = \overline{X_1} \cdot \overline{X_2} \cdot \overline{X_3}$

◦ $L_2 = \overline{X_1} \cdot \overline{X_2} \cdot X_3 + \overline{X_1} \cdot X_2 \cdot \overline{X_3} + \overline{X_1} \cdot X_2 \cdot X_3$
$\quad + X_1 \cdot \overline{X_2} \cdot \overline{X_3} + X_1 \cdot \overline{X_2} \cdot X_3 + X_1 \cdot X_2 \cdot \overline{X_3} + X_1 \cdot X_2 \cdot X_3$
$\quad = X_1 + X_2 + X_3$

(3)
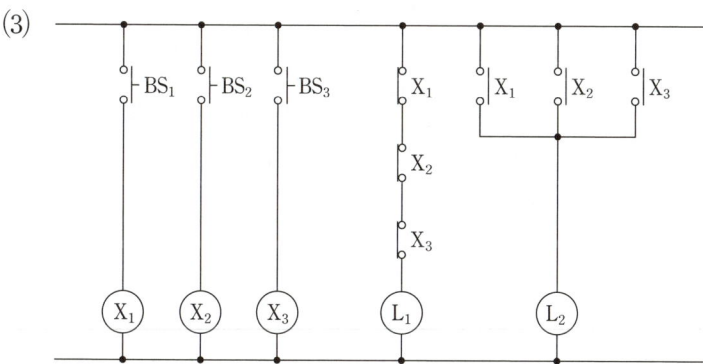

전기산업기사실기 2022년 1회 기출문제

01 공칭 변류비가 150/5 변류기 1차에 400[A]가 흐를 때 2차 측에 실제 10[A]가 흐른 경우 변류기의 비오차를 계산하시오.

정답

$$비오차\ \varepsilon = \frac{K_n - K}{K} \times 100 = \frac{\frac{150}{5} - \frac{400}{10}}{\frac{400}{10}} \times 100 = -25[\%]$$

답 $-25[\%]$

02 자가용전기설비의 수변전설비 단선도의 일부이다. 과전류계전기와 관련된 다음 각 물음에 답하시오.

- 계전기 Type : 유도원판형
- 동작특성 : 반한시
- Tap Range : 한시 3~9[A] (3, 4, 5, 6, 7, 8, 9)
- Level : 1~10

[계기용 변류기 정격]

1차 정격전류[A]	20	25	30	40	50	75
2차 정격전류[A]	5					

(1) 수변전설비에서 자주 쓰는 개폐기로써 부하전류차단, 단락전류제한(한류형 전력퓨즈)와 결합하여 단락 전류를 차단할 수 있는 기능을 가진 개폐기의 명칭은?

(2) CT비를 구하시오. (단, 여유율은 1.25를 적용한다.)
  ◦ 계산 과정 :   ◦ 답 :

(3) OCR 탭전류를 구하시오. (정정기준은 변압기 정격전류의 150[%]이다.)
  ◦ 계산 과정 :   ◦ 답 :

(4) 개폐 서지 혹은 순간과도전압 등 이상전압으로부터 2차측 기기를 보호하는 장치는 무엇인가?

정답

(1) 부하개폐기

(2) CT 1차측 $I_{CT} = \dfrac{1500}{\sqrt{3} \times 22.9} \times 1.25 = 42.27$ → ∴ 50/5선정   답 50/5

(3) OCR 한시 Tap 전류 $I_{tap} = \dfrac{1500}{\sqrt{3} \times 22.9} \times \dfrac{5}{50} \times 1.5 = 5.67[A]$ 답 6[A]

(4) 서지흡수기

03

3상 200[V], 60[Hz], 20[kW]의 부하가 지상 역률 60[%]이다. 여기에 전력용 커패시터를 △ 결선 후 병렬로 설치하여 역률을 80[%]로 개선하고자 한다. 다음 물음에 답하시오.

(1) 3상 전력용 커패시터의 용량[kVA]을 구하시오.
  ◦ 계산 과정 :   ◦ 답 :
(2) 1상당 전력용 커패시터의 정전용량[μF]을 구하시오.
  ◦ 계산 과정 :   ◦ 답 :

정답

(1) $Q = P \times (\tan\theta_1 - \tan\theta_2) = 20 \times \left(\dfrac{0.8}{0.6} - \dfrac{0.6}{0.8}\right) = 11.67 [\text{kVA}]$ 답 11.67[kVA]

(2) $C = \dfrac{Q}{3\omega V^2} = \dfrac{11.67 \times 10^3}{3 \times 2\pi \times 60 \times 200^2} \times 10^6 = 257.96 [\mu\text{F}]$ 답 257.96[μF]

04

500[kVA] 단상 변압기 3대를 △-△ 결선의 1뱅크로 하여 사용하고 있는 변전소가 있다. 지금 부하의 증가로 동일한 용량의 단상 변압기 1대를 추가하여 운전하려고 할 때, 최대 몇 [kVA]의 3상 부하에 대응할 수 있겠는가?

정답

변압기 V-V결선하여 2뱅크로 운전한다. 아래와 같이 P_V에 2배를 한다.
$P = 2P_V = 2 \times \sqrt{3} P_1 = 2 \times \sqrt{3} \times 500 = 1732.05 [\text{kVA}]$ 답 1732.05[kVA]

05

52C, 52T의 명칭을 쓰시오.

정답

◦ 52C - 차단기 투입코일
◦ 52T - 차단기 트립코일

06

3상 4선식 22.9[kV] 수전 설비에 부하전류 30[A]가 흐른다고 한다. 60/5의 변류기를 통하여 과전류계전기를 시설하였다. 120[%]의 과부하에서 차단기를 동작시키려면 과전류계전기의 탭전류는 몇 [A]로 설정해야 하는가?

과전류계전기의 전류 TAP[A]							
2	3	4	5	6	7	8	10

정답

I_{tap} = 1차측 부하전류 × 변류비의 역수 × 설정값

과전류계전기의 탭전류 $I_{tap} = 30 \times \dfrac{5}{60} \times 1.2 = 3[A]$

답 3[A]

07

연축전지의 용량이 100[Ah], 상시 부하전류는 80[A]인 부동 충전방식이 있다. 부동 충전방식에서의 충전기 2차 전류는 몇 [A]인가?

정답

충전기 2차전류 $I = \dfrac{축전지용량[Ah]}{정격방전률[h]} + \dfrac{상시부하용량[W]}{표준전압[V]}$

$= \dfrac{100}{10} + 80 = 90[A]$ (연축전지의 정격 방전율: 10[h])

답 90[A]

08

3상 송전선의 각 선의 전류가 $I_a = 220 + j50$, $I_b = -150 - j300$, $I_c = -50 + j150$ 이고, 이것과 병행으로 가설된 통신선에 유기되는 전자유도 전압의 크기는 몇 [V]인가? (단, 송전선과 통신선 사이의 상호 임피던스는 15[Ω]이다.)

정답

$|E_m| = \omega M l \times (I_a + I_b + I_c) = \omega M l (3I_0)$ 이고,
상호 임피던스 $Z_M = \omega M l = 15[Ω]$이므로 전자유도전압은 아래와 같다.
$|E_m| = 15 \times (220 + j50 - 150 - j300 - 50 + j150) = 15 \times (20 - j100)$
$= 15 \times \sqrt{20^2 + 100^2} = 1529.71[V]$

답 1529.71[V]

09 평형 3상 회로에 그림과 같은 유도 전동기가 있다. 이 회로에 2개의 전력계와 전압계 및 전류계를 접속하였더니 그 지시값은 $W_1=6.24[\text{kW}]$, $W_2=3.77[\text{kW}]$, 전압계의 지시는 200[V], 전류계의 지시는 34[A] 이었다. 이 때 다음 각 물음에 답하시오.

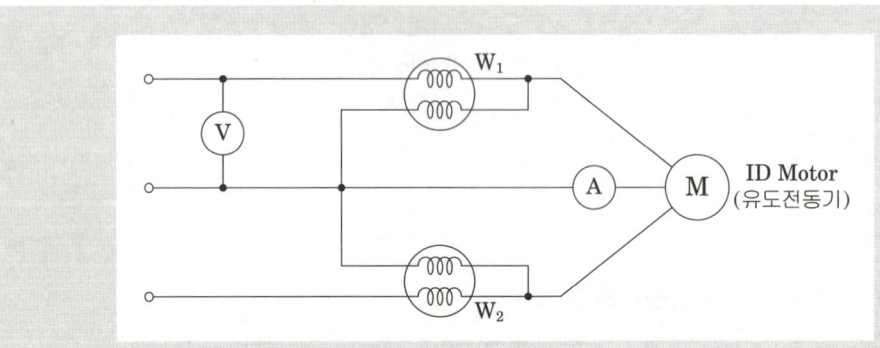

(1) 부하에 소비되는 전력을 구하시오.
  ◦ 계산 과정 :   ◦ 답 :

(2) 부하의 피상전력을 구하시오.
  ◦ 계산 과정 :   ◦ 답 :

(3) 이 유도 전동기의 역률은 몇 [%]인가?
  ◦ 계산 과정 :   ◦ 답 :

정답

(1) $P=W_1+W_2=6.24+3.77=10.01[\text{kW}]$ 답 10.01[kW]

(2) $P_a=\sqrt{3}\,VI=\sqrt{3}\times 200\times 34\times 10^{-3}=11.78[\text{kVA}]$ 답 11.78[kVA]

(3) $\cos\theta=\dfrac{P}{P_a}\times 100=\dfrac{10.01}{11.78}\times 100=84.97[\%]$ 답 84.97[%]

10

다음 각 항목을 측정하는데 가장 알맞은 계측기 또는 측정방법을 쓰시오.

(1) 변압기의 절연저항
(2) 검류계의 내부저항
(3) 전해액의 저항
(4) 배전선의 전류
(5) 절연 재료의 고유저항

정답

(1) 절연저항계
(2) 휘스톤 브리지
(3) 콜라우시 브리지
(4) 후크온 메터
(5) 절연저항계

11

150[kVA] 변압기 용량에 22.9[kV]/380−220[V] 전압이 있다. %R는 3[%], %X는 4[%]일 때 정격전압에서 단락 전류는 정격전류의 몇 배인가? (단, 변압기 전원 측 임피던스는 무시할 것)

정답

퍼센트 임피던스 $\%Z = \sqrt{\%R^2 + \%X^2} = \sqrt{3^2 + 4^2} = 5[\%]$

단락전류 $I_s = \dfrac{100}{\%Z} \times I_n$ 이므로, $I_s = \dfrac{100}{5} \times I_n = 20 I_n$

답 20배

12

접지저항을 측정하기 위하여 보조접지극 A, B와 접지극 E 상호간에 접지저항을 측정한 결과 그림과 같은 저항값을 얻었다. E의 접지저항은 몇 [Ω]인지 구하시오.

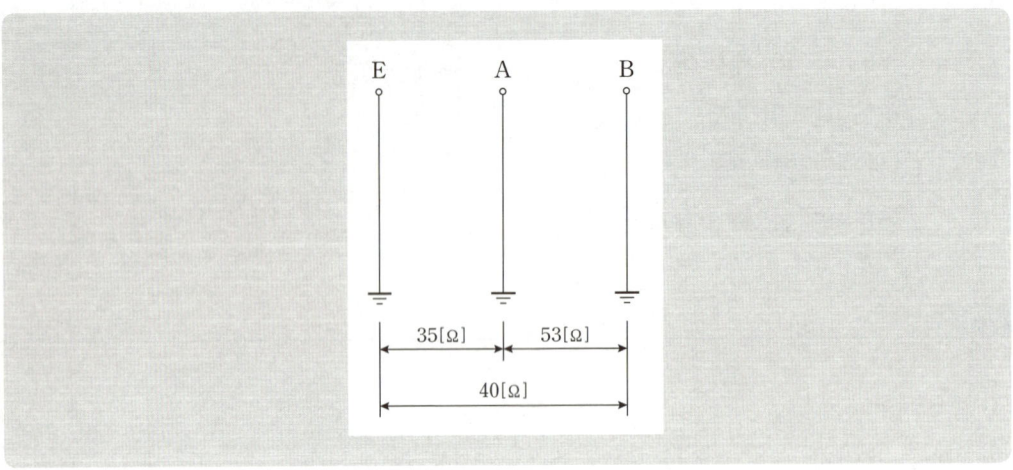

정답

접지저항 $R_E = \dfrac{R_{EA} + R_{EB} - R_{AB}}{2} = \dfrac{40 + 35 - 53}{2} = 11[\Omega]$

답 11[Ω]

13

지름 30[cm]인 완전 확산성 반구형 전구를 사용하여 평균 휘도가 0.3[cd/cm²]인 천장등을 가설하려고 한다. 기구효율을 0.75라 하면, 이 전구의 광속은 몇 [lm] 정도이어야 하는지 계산하시오. (단, 광속발산도는 0.95[lm/cm²]라 한다.)

정답

광속 발산도 $R = \dfrac{F}{S}$ 이고 여기서, 반구의 표면적 $R = \dfrac{4\pi r^2}{2} = \dfrac{\pi d^2}{2}$ 이다.

광속 $F = R \times S = R \times \dfrac{\pi d^2}{2} = 0.95 \times \dfrac{\pi \times 30^2}{2} = 1343.03[\text{lm}]$

기구효율 0.75를 적용하여 아래와 같이 전구의 광속을 계산한다.

$\dfrac{F}{\eta} = \dfrac{1343.03}{0.75} = 1790.71[\text{lm}]$

답 1790.71[lm]

14 그림과 같은 점광원으로부터 원뿔 밑면까지의 거리가 8[m]이고, 밑면의 지름이 12[m]인 원형면의 평균 조도가 1570[lx]라면 이 점광원의 평균 광도[cd]는?

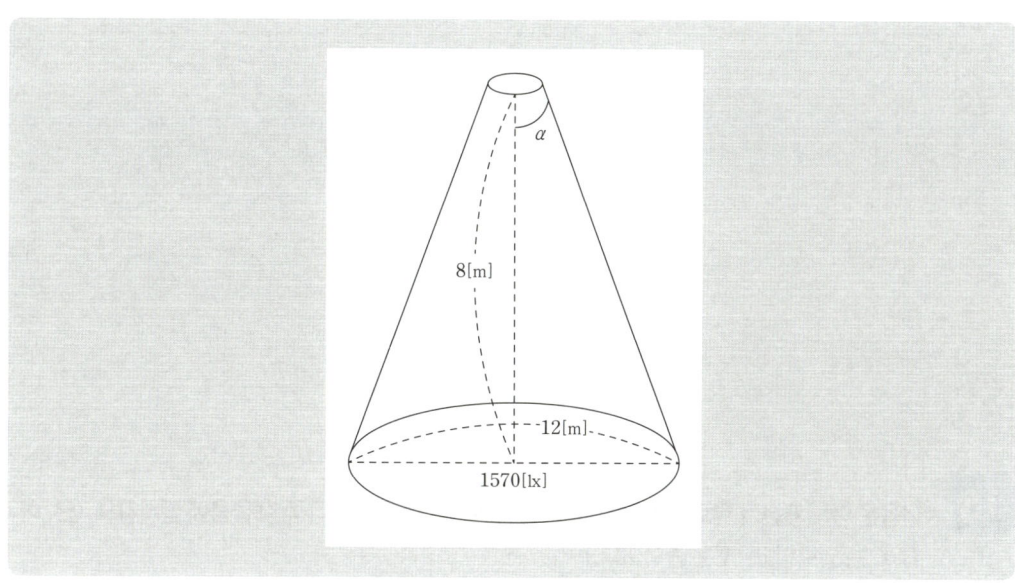

정답

조도 $E = \dfrac{F}{S}$ 에서, $1570 = \dfrac{2I \times \left(1 - \dfrac{8}{10}\right)}{6^2}$ 따라서, $56520 = 2I \times 0.2$

$\therefore I = \dfrac{56520}{0.4} = 141300\,[\mathrm{cd}]$

답 141300[cd]

15 주어진 프로그램 표를 이용하여 래더도를 그리시오.

(1)
LOAD	P001
OR	P002
LOAD NOT	P003
OR	P004
AND LOAD	
OUT	P010

(2)
LOAD	P001
AND	P002
LOAD	P003
AND	P004
OR LOAD	
OUT	P011

정답

(1)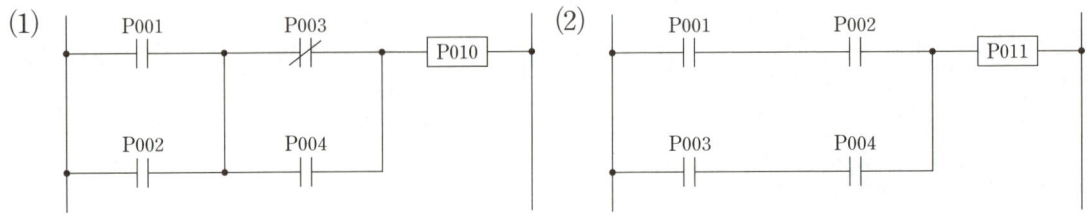

16 다음은 어느 계전기 회로의 논리식이다. 이 논리식을 이용하여 다음 각 물음에 답하시오. (단, 여기에서 A, B, C는 입력이고, X는 출력이다.)

[논리식]
$$X=(A+B)\cdot \overline{C}$$

(1) 이 논리식을 로직을 이용한 시퀀스도(논리회로)로 나타내시오.

(2) 물음 (1)에서 로직 시퀀스로도 표현된 것을 2입력 NOR gate만으로 등가 변환하시오.

정답

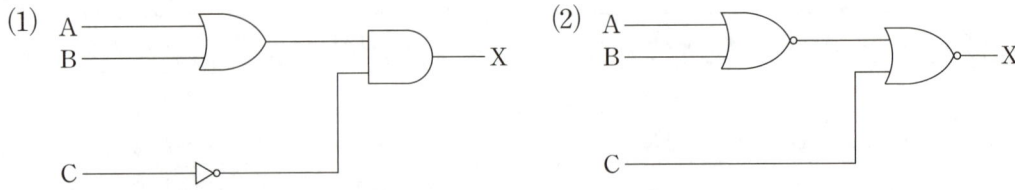

17 책임 설계감리원이 설계감리의 기성 및 준공을 처리할 때에 발주자에게 제출하는 준공서류 중 감리기록 서류 5가지를 쓰시오. (단, 설계감리업무 수행지침을 따른다.)

> **정답**

① 설계감리일지   ② 설계감리 지시부   ③ 설계감리 기록부
④ 설계감리 요청서 ⑤ 설계자와 협의사항 기록부

18 다음 약호의 명칭을 쓰시오.

(1) 450/750 HFIO

(2) 0.6/1[kV] PNCT

> **정답**

(1) 450/750[V] 저독성 난연 폴리올레핀 절연전선
(2) 0.6/1[kV] 고무절연 캡타이어 케이블

19 아래 표의 빈칸을 채우시오.

전선관공사	합성수지관공사, 금속관공사, 가요전선관공사
케이블트렁킹	(①), (②), 금속트렁킹공사
케이블덕트	플로어덕트공사, 셀룰러덕트공사, 금속덕트공사

> **정답**

① 합성수지몰드공사   ② 금속몰드공사

국가기술자격검정실기시험문제
전기산업기사실기 2022년 2회 기출문제

01 전동기를 제작하는 어떤 공장에 700[kVA]의 변압기가 설치되어 있다. 이 변압기에 역률 65[%]의 부하 700[kVA]가 접속되어 있다고 할 때, 이 부하와 병렬로 전력용 콘덴서를 접속하여 합성 역률을 90[%]로 유지하려고 한다. 다음 각 물음에 답하시오.

(1) 전력용 콘덴서의 용량은 몇 [kVA]가 필요한가?
- 계산 과정:
- 답:

(2) 이 변압기에 부하는 몇 [kW] 증가시켜 접속할 수 있는가?
- 계산 과정:
- 답:

정답

(1) $Q = P \times \left(\dfrac{\sqrt{1-\cos^2\theta_1}}{\cos\theta_1} - \dfrac{\sqrt{1-\cos^2\theta_2}}{\cos\theta_2} \right)$

$= 700 \times 0.65 \times \left(\dfrac{\sqrt{1-0.65^2}}{0.65} - \dfrac{\sqrt{1-0.9^2}}{0.9} \right) = 311.59 [\text{kVA}]$

답 311.59[kVA]

(2) $\triangle P = P_a \times (\cos\theta_2 - \cos\theta_1) = 700 \times (0.9 - 0.65) = 175 [\text{kW}]$

답 175[kW]

02 피뢰기의 구조에 따른 종류를 4가지 쓰시오.

정답

① 저항형 피뢰기   ② 밸브형 피뢰기   ③ 밸브 저항형 피뢰기
④ 갭리스 피뢰기   ⑤ 갭 타입 피뢰기   ⑥ 방출형 피뢰기

△-△ 결선으로 운전하던 중 한 상의 변압기에 고장이 생겨 이것을 분리하고 나머지 2대로 3상 전력을 공급하고자 한다. 다음 각 물음에 답하시오.

(1) 결선의 명칭을 쓰시오.
(2) 이용률은 몇 [%]인가?
  ◦ 계산 과정 :   ◦ 답 :
(3) 변압기 2대의 3상 출력은 △-△ 결선시의 변압기 3대의 출력과 비교할 때 몇 [%] 정도인가?
  ◦ 계산 과정 :   ◦ 답 :

정답

(1) V-V 결선

(2) 이용률 $U = \dfrac{V결선시\ 출력}{변압기2대의\ 출력} = \dfrac{\sqrt{3}\,P}{2P} = \dfrac{\sqrt{3}}{2} \fallingdotseq 0.866 = 86.6[\%]$ 답 86.6[%]

(3) 출력비 $= \dfrac{고장후의\ 출력}{고장전의\ 출력} = \dfrac{P_V}{P_\triangle} = \dfrac{\sqrt{3}\,P}{3P} = \dfrac{1}{\sqrt{3}} \fallingdotseq 0.5774 = 57.74[\%]$ 답 57.74[%]

 어느 건물의 부하는 하루에 240[kW]로 5시간, 100[kW]로 8시간, 75[kW]로 나머지 시간을 사용한다. 이에 따른 수전설비를 450[kVA]로 하였을 때 이 건물의 일부하율[%]을 구하시오.

정답

일 부하율 $= \dfrac{사용전력량[kW]/24[h]}{최대전력[kW]} \times 100$

$= \dfrac{(240 \times 5 + 100 \times 8 + 75 \times 11)/24}{240} \times 100 = 49.05[\%]$ 답 49.05[%]

05 송전 거리 40[km], 송전전력 10000[kW]일 때의 Still 식에 의한 송전전압은 [kV]인가?

정답

$$V_s = 5.5 \cdot \sqrt{0.6 \cdot l[\text{km}] + \frac{P[\text{kW}]}{100}} \ [\text{kV}]$$

$$= 5.5 \times \sqrt{0.6 \times 40 + \frac{10000}{100}} = 61.25[\text{kV}]$$

답 61.25[kV]

06 변압기에 30[kW], 역률 0.8인 전동기와 25[kW] 전열기가 연결되어 있다. 이 변압기 용량은 몇 [kVA] 인지 아래 표에서 선정하시오.

변압기 표준용량[kVA]								
5	10	15	20	40	50	75	100	150

정답

① 합성 유효전력 $P = P_1 + P_2 = 30 + 25 = 55[\text{kW}]$

② 합성 무효전력 $P_r = P_{r1} + P_{r2} = P_1 \tan\theta_1 + P_2 \tan\theta_2 = 30 \times \frac{0.6}{0.8} + 25 \times 0 = 22.5[\text{kVar}]$

③ 변압기 용량 $P_a = \sqrt{P^2 + P_r^2} = \sqrt{55^2 + 22.5^2} = 59.42[\text{kVA}]$

답 75[kVA] 선정

07 그림과 같이 50[kW], 40[kW] 부하 설비에 수용률을 각각 0.6, 0.7로 할 경우 변압기 용량은 몇 [kVA] 가 필요한지 선정하시오. 단, 부등률은 1.2이다.

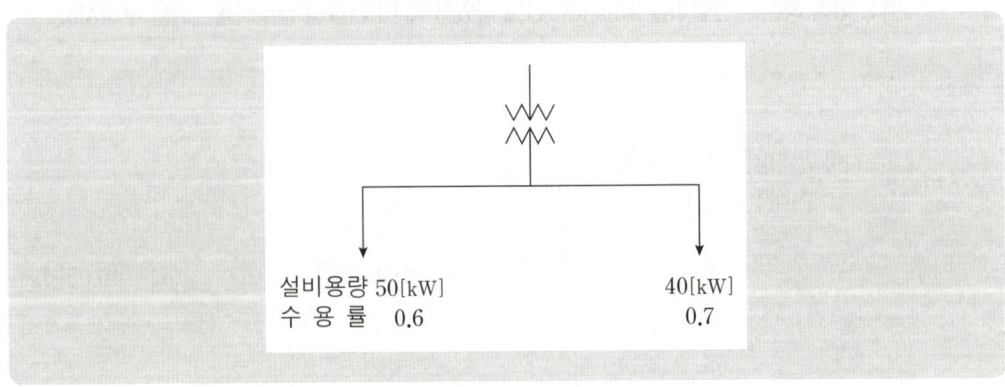

정답

$$변압기용량 \geq 합성최대전력 = \frac{설비용량 \times 수용률}{부등률}[kVA]$$

$$= \frac{50 \times 0.6 + 40 \times 0.7}{1.2} = 48.33[kVA]$$

답 50[kVA]

08 주어진 조건에 의하여 1년 이내 최대 전력 3000[kW], 월 기본요금 6490[원/kW], 월간 평균역률이 95[%]일 때 1개월의 기본요금을 구하시오. 또한, 1개월의 사용 전력량이 54만[kWh], 전력요금 89 [원/kWh]라 할 때 1개월의 총 전력요금은 얼마인지를 계산하시오.

[조건]

역률의 값에 따라 전력요금은 할인 또는 할증되며, 역률 90[%] 기준으로 하여 역률이 1[%] 늘 때마다 기본요금 또는 수요전력요금이 1[%]할인 되며, 1[%] 나빠질 때마다 1[%]의 할증요금을 지불해야 한다.

(1) 기본요금을 구하시오.
   ◦ 계산 과정 :   ◦ 답 :

(2) 1개월의 총 전력요금을 구하시오.
   ◦ 계산 과정 :   ◦ 답 :

정답

(1) $3000 \times 6490 \times (1-0.05) = 18496500$[원]   답 18496500[원]

(2) $18496500 + 540000 \times 89 = 66556500$[원]   답 66556500[원]

09 어떤 부하에 그림과 같이 접속된 전압계, 전류계 및 전력계의 지시가 각각 $V=200[\text{V}]$, $I=30[\text{A}]$, $W_1=5.96[\text{kW}]$, $W_2=2.36[\text{kW}]$이다. 이 부하에 대하여 다음 각 물음에 답하시오.

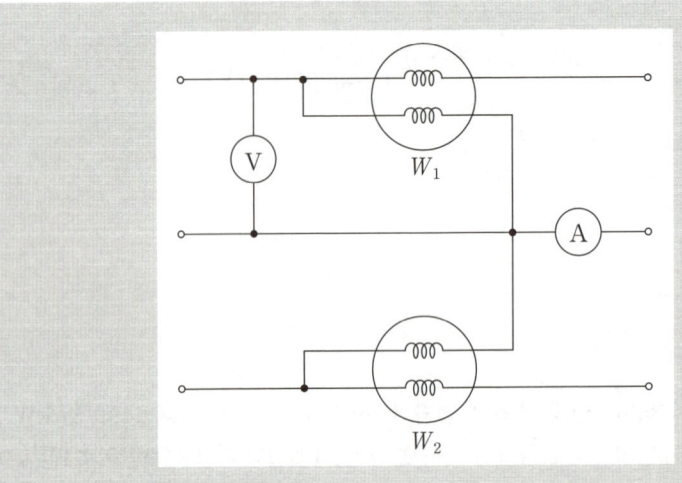

(1) 소비 전력은 몇 [kW]인가?
  ◦ 계산 과정 :   ◦ 답 :

(2) 피상 전력은 몇 [kVA]인가?
  ◦ 계산 과정 :   ◦ 답 :

(3) 부하 역률은 몇 [%]인가?
  ◦ 계산 과정 :   ◦ 답 :

정답

(1) $P=W_1+W_2=5.96+2.36=8.32[\text{kW}]$ 답 $8.32[\text{kW}]$

(2) $P_a=\sqrt{3}\,VI=\sqrt{3}\times200\times30\times10^{-3}=10.39[\text{kVA}]$ 답 $10.39[\text{kVA}]$

(3) $\cos\theta=\dfrac{P}{P_a}=\dfrac{8.32}{10.39}\times100=80.08[\%]$ 답 $80.08[\%]$

10 콜라우시브리지에 의해 접지저항을 측정한 경우 접지판 상호간의 저항이 그림과 같다면 G_3의 접지저항 값은 몇 [Ω]인지 계산하시오.

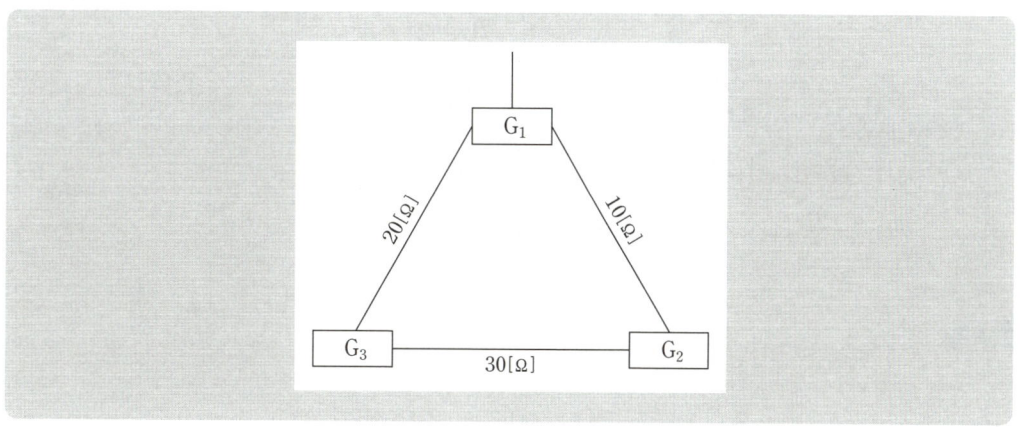

정답

G_3의 접지 저항값 $= \dfrac{1}{2} \times (20+30-10) = 20[\Omega]$

답 20[Ω]

11 다음 그림과 같은 단상 3선식 회로에서 중성선이 X점에서 단선되었다면 부하 A 및 B의 단자전압은 몇 [V]인가?

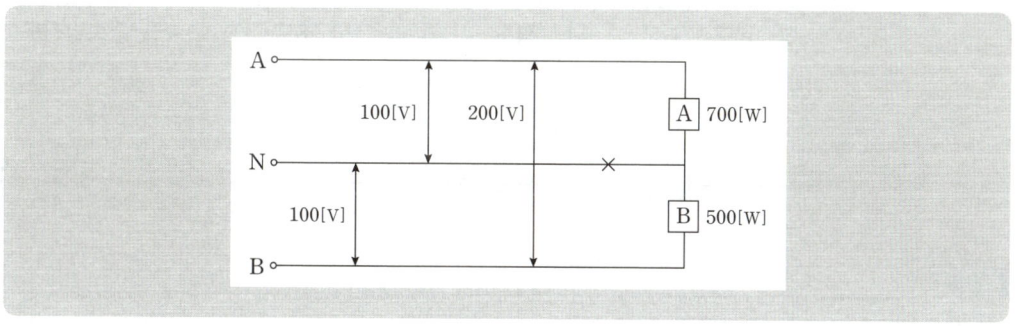

정답

$R_A = \dfrac{V^2}{P_A} = \dfrac{100^2}{700} = 14.29[\Omega]$, $R_B = \dfrac{V}{P_B} = \dfrac{100^2}{500} = 20[\Omega]$

① $V_A = \dfrac{14.29}{14.29+20} \times 200 = 83.35[V]$

② $V_B = 200 - 83.35 = 116.65[V]$

답 83.35[V]

답 116.65[V]

12 다음은 표에 주어진 전동기 기동방식을 이용하여 물음에 답하시오.

기동방식 종류			
직입기동	Y-△ 기동	리액터 기동	콘돌퍼기동

(1) 기동전류가 가장 큰 기동법을 고르시오.
(2) 기동토크가 가장 큰 기동법을 고르시오.

정답

(1) 직입기동
(2) 직입기동

13 조명설비에 관한 용어이다. 아래의 아래 빈칸을 채우시오.

가. 휘도		나. 광도		다. 조도		라. 광속발산도	
기호	단위	기호	단위	기호	단위	기호	단위

정답

가. 휘도		나. 광도		다. 조도		라. 광속발산도	
기호	단위	기호	단위	기호	단위	기호	단위
B	[nt] [sb]	I	[cd]	E	[lx]	R	[rlx]

14 폭 5[m], 길이 7.5[m]의 방에 형광등 40[W] 4등을 설치하니 평균조도가 100[lx]가 되었다. 40[W] 형광등 1등의 광속이 3000[lm], 조명률이 0.5일 때 감광보상률을 구하시오.

정답

$$D = \frac{FUN}{ES} = \frac{3000 \times 0.5 \times 4}{100 \times 5 \times 7.5} = 1.6$$

답 1.6

15 전기사업자는 그가 공급하는 전기의 품질(표준전압, 표준주파수)을 허용오차 범위 안에서 유지하도록 전기사업법에 규정되어 있다. 다음 표의 괄호 안에 표준전압 또는 표준주파수에 대한 허용오차를 정확하게 쓰시오.

표준전압 또는 표준주파수	허용 오차
110볼트	110볼트의 상하로 (①)볼트 이내
220볼트	220볼트의 상하로 (②)볼트 이내
380볼트	380볼트의 상하로 (③)볼트 이내
60헤르츠	60헤르츠 상하로 (④)헤르츠 이내

정답

① 6   ② 13   ③ 38   ④ 0.2

16 그림과 같은 시퀀스 회로에서 접점 "A"가 닫혀서 폐회로가 될 때 표시등 PL의 동작사항을 설명하시오. (단, X는 보조릴레이, T_1-T_2는 타이머(On delay)이며 설정시간은 1초이다.)

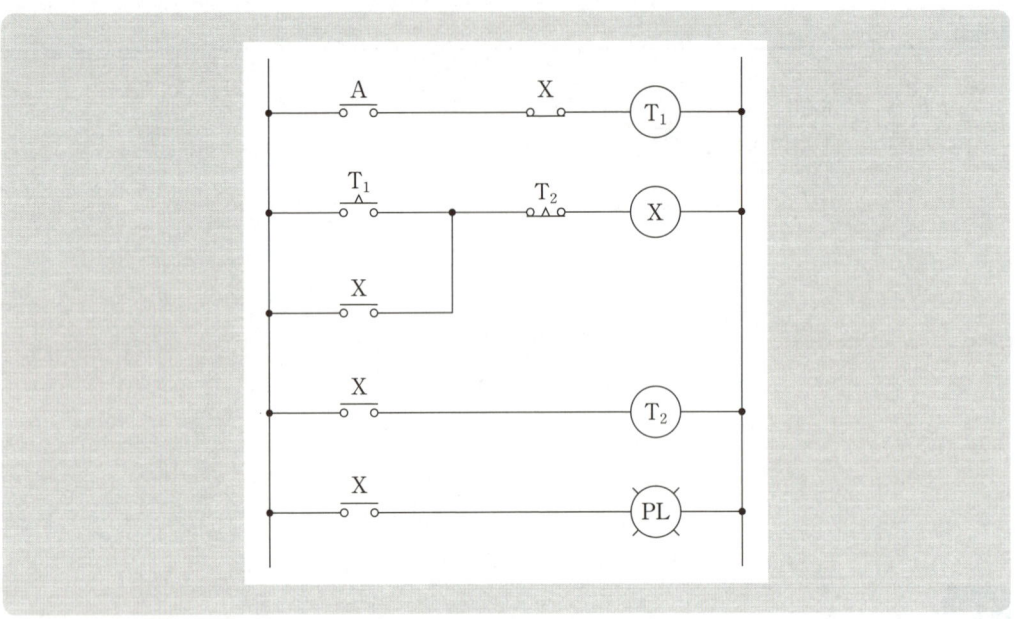

정답

A가 닫히면 T_1이 여자되고 1초 후 한시동작순시복귀 T_{1-a} 접점에 의해 X가 여자된다. 이때 X_a접점에 의해 T_2가 여자되고 PL이 점등되며, X_b 접점에 의해 T_1은 소자된다. 1초 후 한시동작 순시복귀 T_{2-b} 접점에 의해 X가 소자되어 X_b 접점에 의해 T_1이 동작되고 위의 동작을 반복하여 PL은 1초 간격으로 점등 소등이 반복된다.

17 다음 조건에 맞는 콘센트의 그림 기호를 그리시오.

벽붙이용	천장에 부착하는 경우	바닥에 부착하는 경우
방수형	2구형	

정답

벽붙이용	천장에 부착하는 경우	바닥에 부착하는 경우
⌬	⊙	⏣
방수형	2구형	
⌬ WP	⌬ 2	

18 아래의 그림과 같이 클램프메터로 전류를 측정하려고 한다. 주어진 조건을 참고하여 다음 각 물음에 답하시오.

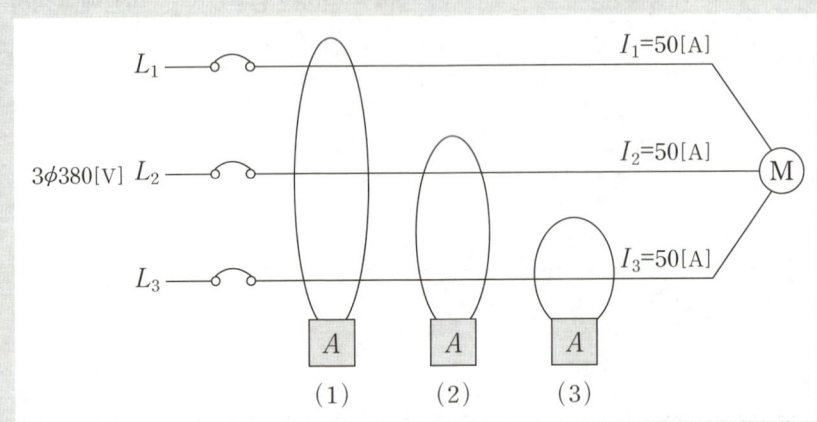

[조건]
- 3상, 정격전류 50A, 공사방법 B2, XLPE 절연전선, 허용전압강하 2%
- 주위온도 40도, 분전반으로부터 전동기까지의 거리 70m

[표1]
기중케이블의 허용전류에 적용되는 기중주위온도가 30℃ 이외인 경우의 보정계수

주위온도[℃]	절연체	
	PVS	XLPE 또는 EPR
10	1.22	1.15
15	1.17	1.12
20	1.12	1.08
25	1.06	1.04
30	1.00	1.00
35	0.94	0.96
40	0.87	0.91
45	0.79	0.87
50	0.71	0.82
55	0.61	0.76
60	0.50	0.71

[표 2] 공사방법의 허용전류[A]

XLPE 또는 EPR 절연, 3개부하도체, 동 또는 알루미늄 전선온도 : 70[°C],
주위온도 : 기중 30[°C], 지중 20[°C]

전선의 공칭단면적 [mm²]	표A. 52-1의 공사방법									
	A1		A2		B1		B2		C	
	2		3		4		5		6	
1	단상	3상	단상	3상	단상	3상	단상	3상	단상	3상
동										
1.5	19	17	18.5	16.5	23	20	22	19.5	24	22
2.5	26	23	25	22	31	28	30	26	33	30
4	35	31	33	30	42	37	40	35	45	40
6	45	40	42	38	54	48	51	44	58	52
10	61	54	57	51	75	66	49	60	80	71
16	81	73	76	68	100	88	91	80	107	96
25	106	95	99	89	133	117	119	105	138	119
35	131	117	121	109	164	144	146	128	171	147

(1) 공사방법과 주위 온도를 고려하여 도체의 굵기를 산정하시오. 단, 허용전압강하는 무시한다.

(2) 허용전압하를 고려한 도체의 굵기를 계산하고, 상기 조건을 만족하는 규격 굵기를 산정하시오.

(3) 3상 평형이고 전동기가 정상운전할 때 ①,②,③ 클램프미터에 표시되는 값을 다음 표에 적으시오.

정답

(1) 부하전류 $I = $ 설계전류$(I_B) \times$ 보정계수(표1)

설계전류$(I_B) = \dfrac{\text{부하전류}}{\text{보정계수}} = \dfrac{50}{0.91} = 54.95[A]$

표2에서 공사방법 B2 3상 60란의 공칭단면적 10[mm²]선정   답 10[mm²]

(2) 단면적 $A = \dfrac{KIL}{1000 \times e} = \dfrac{30.8 \times 70 \times 50}{1000 \times 380 \times 0.02} = 14.18$ 따라서 16[mm²]선정   답 16[mm²]

(3) ① : $I_1+I_2+I_3$ ② : I_1+I_2 ③ : I_3
($I_1 = 50\angle 0°$, $I_2 = 50\angle -120°$, $I_3 = 50\angle 120°$)   답 ① 0[A] ② 50[A] ③ 50[A]

19 다음은 한국전기설비규정에서 명시하는 사항이다. 빈칸에 알맞은 수치를 넣으시오.

> 옥내에 시설하는 전동기(정격 출력이 0.2[kW] 이하인 것을 제외한다. 이하 여기에서 같다)에는 전동기가 손상될 우려가 있는 과전류가 생겼을 때에 자동적으로 이를 저지하거나 이를 경보하는 장치를 하여야 한다. 다만, 다음의 어느 하나에 해당하는 경우에는 그러하지 아니하다.
> 가. 전동기를 운전 중 상시 취급자가 감시할 수 있는 위치에 시설하는 경우
> 나. 전동기의 구조나 부하의 성질로 보아 전동기가 손상될 수 있는 과전류가 생길 우려가 없는 경우
> 다. 단상전동기[KS C 4204(2013)의 표준정격의 것을 말한다]로써 그 전원측 전로에 시설하는 과전류 차단기의 정격전류가 (①)[A](배선차단기는 (②)[A]) 이하인 경우

정답

① 16   ② 20

국가기술자격검정실기시험문제
전기산업기사실기 2022년 3회 기출문제

01 어느 회사에서 한 부지에 A, B, C의 세 공장을 세워 3대의 급수 펌프 P_1(소형), P_2(중형), P_3(대형)으로 다음 계획에 따라 급수 계획을 세웠다. 이 계획을 잘 보고 다음 물음에 답하시오.

[조건]

① 모든 공장 A, B, C가 휴무일 때 또는 그 중 한 공장만 가동할 때에는 펌프 P_1만 가동시킨다.

② 모든 공장 A, B, C중 어느 것이나 두 개의 공장만 가동할 때에는 P_2만 가동시킨다.

③ 모든 공장 A, B, C가 모두 가동할 때에는 P_3만 가동시킨다.

(1) 조건과 같은 진리표를 작성하시오.

A	B	C	P_1	P_2	P_3
0	0	0	1	0	0
1	0	0	1	0	0
0	1	0	1	0	0
0	0	1	1	0	0
1	1	0	0	1	0
1	0	1	0	1	0
0	1	1	0	1	0
1	1	1	0	0	1

(2) $P_1 \sim P_3$의 출력식을 각각 쓰시오. (간소화된 논리식)

(3) (2)의 출력식을 이용하여 미완성 무접점 회로도를 완성하시오.

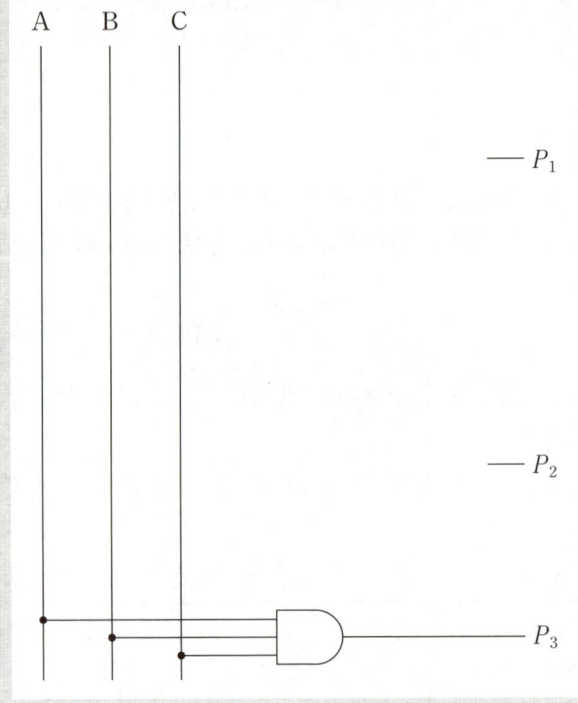

정답

(1)

A	B	C	P_1	P_2	P_3
0	0	0	1	0	0
1	0	0	1	0	0
0	1	0	1	0	0
0	0	1	1	0	0
1	1	0	0	1	0
1	0	1	0	1	0
0	1	1	0	1	0
1	1	1	0	0	1

(2) $P_1 = \overline{A}\overline{B} + (\overline{A}+\overline{B})\overline{C}$, $P_2 = \overline{A}BC + A(\overline{B}C + B\overline{C})$, $P_3 = ABC$
부울대수 이용
$P_1 = \overline{A}\overline{B}\overline{C} + \overline{A}\overline{B}C + \overline{A}B\overline{C} + A\overline{B}\overline{C}$
$\quad = \overline{A}\overline{B}\overline{C} + \overline{A}\overline{B}C + \overline{A}B\overline{C} + \overline{A}\overline{B}\overline{C} + \overline{A}B\overline{C} + A\overline{B}\overline{C}$
$\quad = \overline{A}\overline{B}(\overline{C}+C) + \overline{A}\overline{C}(\overline{B}+B) + \overline{B}\overline{C}(\overline{A}+A)$ (단, $\overline{C}+C=1$, $\overline{B}+B=1$, $\overline{A}+A=1$)
$\quad = \overline{A}\overline{B} + \overline{A}\overline{C} + \overline{B}\overline{C} = \overline{A}\overline{B} + (\overline{A}+\overline{B})\overline{C}$
　　($\overline{A}\overline{B}\overline{C}$를 병렬로 추가하여도 회로의 기능은 변함없다.)
$P_2 = \overline{A}BC + A\overline{B}C + AB\overline{C} = \overline{A}BC + A(\overline{B}C + B\overline{C})$

(3)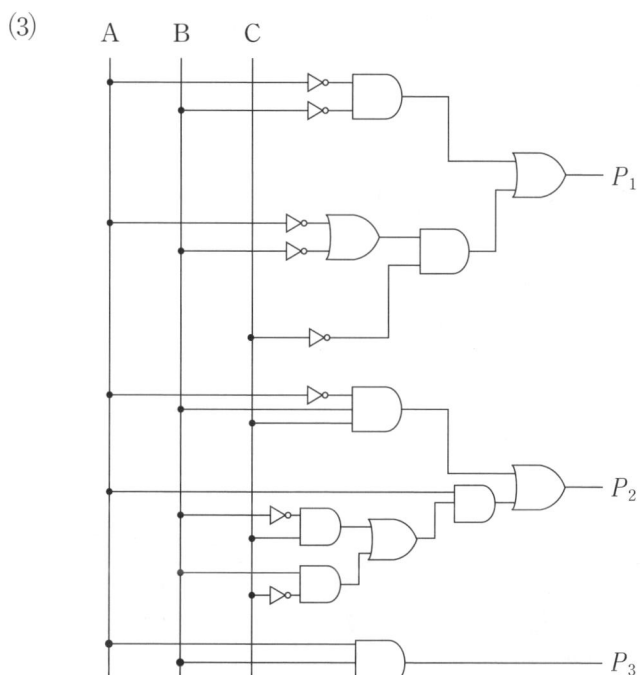

02 주어진 무접점회로의 출력식을 쓰시오.(간략화된 논리식으로 작성한다.)

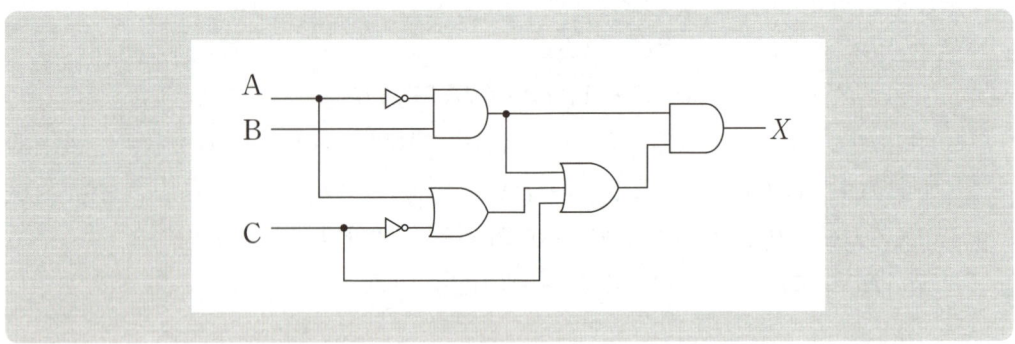

정답

$$(\overline{A}B)(\overline{A}B+A+\overline{C}+C)=\overline{A}B\overline{A}B+\overline{A}BA+\overline{A}B\overline{C}+\overline{A}BC$$
$$=\overline{A}B+0+\overline{A}B(\overline{C}+C)=\overline{A}B+\overline{A}B$$
$$=\overline{A}B$$

03 다음 콘센트 그림 기호의 명칭을 작성하시오.

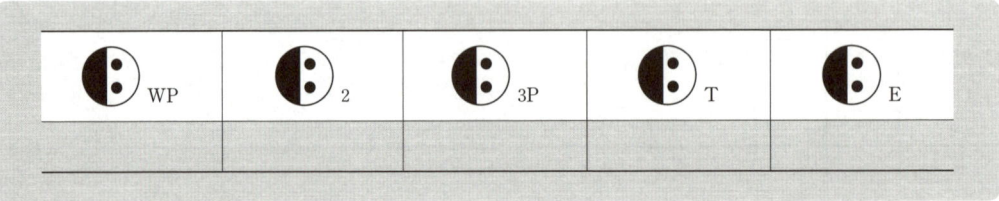

정답

WP	2	3P	T	E
방수형	2구	3극	걸림형	접지

평면도와 같은 건물에 대한 전기배선을 설계하기 위하여, 전등 및 소형 전기기계기구의 부하용량을 상정하여 분기회로수를 결정하고자 한다. 주어진 평면도와 표준부하를 이용하여 최대부하용량을 상정하고 최소분기 회로수를 결정하시오. (단, 분기회로는 15[A] 분기회로이며 배전전압은 220[V]를 기준하고, 적용 가능한 부하는 최대값으로 상정할 것)

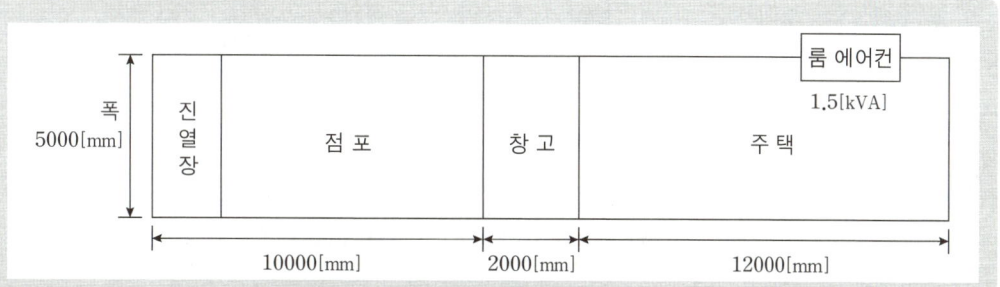

- 설비 부하 용량은 "①" 및 "②"에 표시하는 건물의 종류 및 그 부분에 해당하는 표준 부하에 바닥면적을 곱한 값과 "③"에 표시하는 건물 등에 대응하는 표준 부하[VA]를 합한 값으로 할 것

① 건축물의 종류에 대응한 표준부하

건축물의 종류	표준부하[VA/m²]
공장, 공회당, 사원, 교회, 극장, 영화관, 연회장 등	10
기숙사, 여관, 호텔, 병원, 음식점, 다방, 대중 목욕탕, 학교	20
주택, 아파트, 사무실, 은행, 상점, 이발소, 미용실	30

② 건물(주택, 아파트를 제외) 중 별도 계산할 부분의 부분적인 표준부하

건물의 부분	표준부하[VA/m²]
복도, 계단, 세면장, 창고, 다락	5
강당, 관람석	10

③ 표준 부하에 따라 산출한 수치에 가산해야할 [VA]수
- 주택, 아파트(1세대마다)에 대하여는 500~1000[VA]
- 상점의 진열장에 대하여는 진열장 폭 1[m]에 대하여 300[VA]
- 옥외의 광고 등, 전광사인, 네온사인 등의 [VA]수
- 극장, 댄스홀 등의 무대 조명, 영화관 등의 특수 전등부하의 [VA]수

④ 예상이 곤란한 콘센트, 틀어 끼우는 접속기, 소켓 등이 있을 경우에라도 이를 상정하지 않는다.

정답

설비부하용량 = 바닥면적 × 표준부하 + 가산부하 + RC
= 12×5×30 + 10×5×30 + 2×5×5 + 5×300 + 1000 + 1500 = 7350[VA]

주택부분 / 점포 / 창고 / 진열장 가산부하 / 진열장 가산부하 최대 / RC

$\therefore$ 분기회로수 = $\dfrac{\text{설비부하용량[VA]}}{\text{사용전압[V]} \times 15[\text{A}]}$ = $\dfrac{7350}{220 \times 15}$ = 2.227

답 최대부하용량 : 7350[VA], 분기회로 수 : 15[A] 분기 3회로

05 그림과 같은 교류 3상 3선식 전로에 연결된 3상 평형부하가 있다. 이 때 c상의 P점이 단선된 경우, 이 부하의 소비전력은 단선 전 소비전력에 비하여 어떻게 되는지 관계식을 이용하여 설명하시오. (단, 선간 전압은 E[V]이며, 부하의 저항은 R[Ω]이다.)

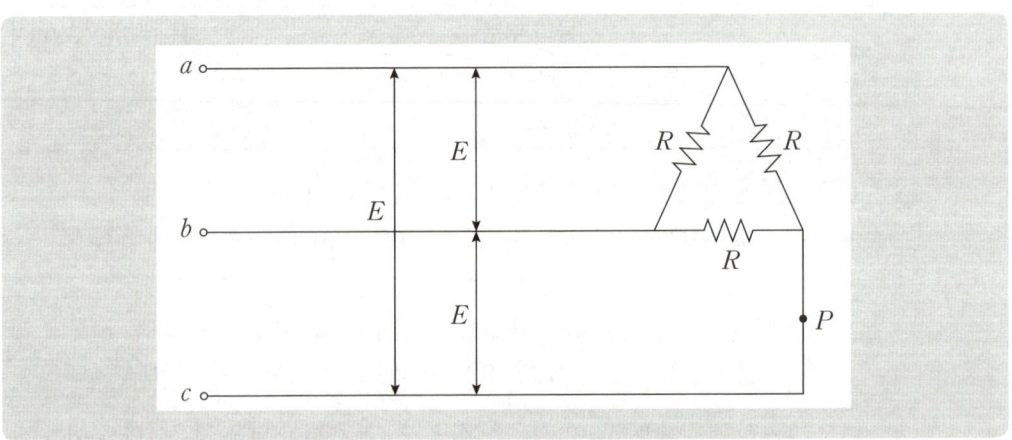

> **정답**

① P점 단선시 합성저항은 $R_0 = \dfrac{2R \times R}{2R + R} = \dfrac{2}{3} \times R$

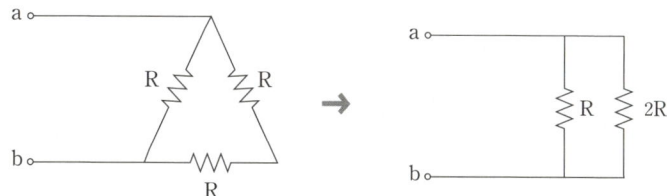

② P점 단선시 부하의 소비전력 $P' = \dfrac{E^2}{R_0} = \dfrac{E^2}{\dfrac{2}{3} \times R} = 1.5 \times \dfrac{E^2}{R}$

그러므로, 단선 후 부하의 소비전력은 단선전의 $\dfrac{1}{2}$배이다.

(단선전 부하의 소비전력 $P = 3 \times \dfrac{E^2}{R}$)

06 그림과 같은 3상 배전선에서 변전소(A점)의 전압은 3300[V], 중간(B점) 지점의 부하는 50[A], 역률 0.8(지상), 말단(C점)의 부하는 50[A], 역률 0.8이고, A와 B사이의 길이는 2[km], B와 C사이의 길이는 4[km] 이며, 선로의 [km]당 임피던스는 저항 0.9[Ω], 리액턴스 0.4[Ω]이라고 할 때 다음 물음에 답하시오.

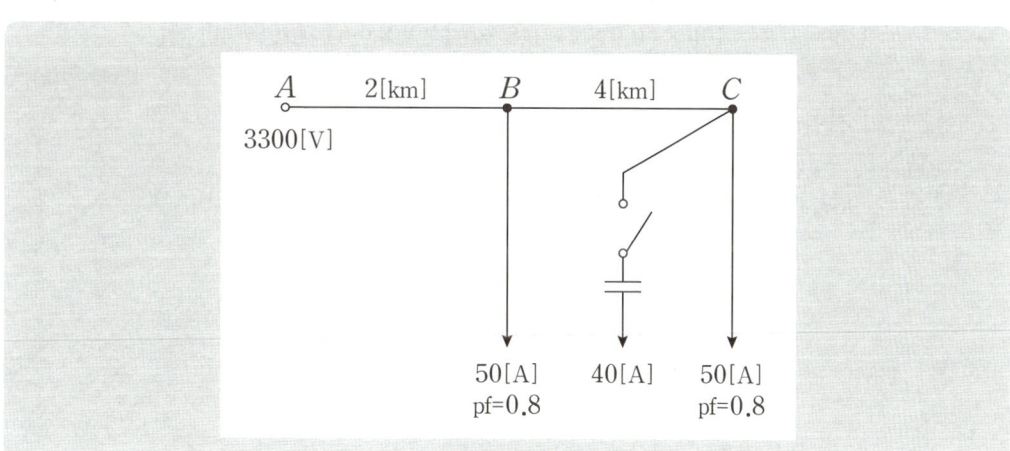

(1) 이 경우의 B점과 C점의 전압은 몇 [V]인가?
　　① B점의 전압
　　　◦ 계산 과정 :　　　　　　　　　　　　　　　　　　　◦ 답 :

　　② C점의 전압
　　　◦ 계산 과정 :　　　　　　　　　　　　　　　　　　　◦ 답 :

(2) C점에 전력용 콘덴서를 설치하여 진상 전류 40[A]를 흘릴 때 B점의 전압과 C점의 전압은 각각 몇 [V]인가?
　　① B점의 전압
　　　◦ 계산 과정 :　　　　　　　　　　　　　　　　　　　◦ 답 :

　　② C점의 전압
　　　◦ 계산 과정 :　　　　　　　　　　　　　　　　　　　◦ 답 :

(3) 전력용 콘덴서를 설치하기 전과 후의 선로의 전력 손실을 구하시오.
　　① 전력용 콘덴서 설치 전
　　　◦ 계산 과정 :　　　　　　　　　　　　　　　　　　　◦ 답 :

　　② 전력용 콘덴서 설치 후
　　　◦ 계산 과정 :　　　　　　　　　　　　　　　　　　　◦ 답 :

> **정답**

(1) ① B점의 전압

$R_1 = 0.9 \times 2 = 1.8[\Omega]$, $X_1 = 0.4 \times 2 = 0.8[\Omega]$

$V_B = V_A - \sqrt{3}\, I_1 (R_1 \cos\theta + X_1 \sin\theta)$
$\quad = 3300 - \sqrt{3} \times 100 \times (0.9 \times 2 \times 0.8 + 0.4 \times 2 \times 0.6) = 2967.45[V]$

답 2967.45[V]

② C점의 전압

$V_C = V_B - \sqrt{3}\, I_2 (R_2 \cos\theta + X_2 \sin\theta)$
$\quad = 2967.45 - \sqrt{3} \times 50 \times (0.9 \times 4 \times 0.8 + 0.4 \times 4 \times 0.6) = 2634.9[V]$

답 2634.9[V]

(2) ▶참고 전력용 콘덴서를 설치하여 진상 전류(I_C)를 흘려주면 무효 전류가 감소한다.

① B점의 전압
$V_B = V_A - \sqrt{3} \times [I_1\cos\theta \cdot R_1 + (I_1\sin\theta - I_c) \cdot X_1]$
$= 3300 - \sqrt{3} \times [100 \times 0.8 \times 1.8 + (100 \times 0.6 - 40) \times 0.8] = 3022.87[V]$

답 3022.87[V]

② C점의 전압
$V_C = V_B - \sqrt{3} \times [I_2\cos\theta \cdot R_2 + (I_2\sin\theta - I_c) \cdot X_2]$
$= 3022.87 - \sqrt{3} \times [50 \times 0.8 \times 3.6 + (50 \times 0.6 - 40) \times 1.6] = 2801.17[V]$

답 2801.17[V]

(3) ▶참고 3상 3선식 선로의 전력손실 $P_l = 3I^2R \times 10^{-3}[kW]$

① 콘덴서 설치 전의 전력손실(P_{l1})
$P_{l1} = 3I_1^2R_1 + 3I_2^2R_2$
$P_{l1} = (3 \times 100^2 \times 1.8 + 3 \times 50^2 \times 3.6) \times 10^{-3} = 81[kW]$

답 81[kW]

② 콘덴서 설치 후의 전류(I_1', I_2') 및 전력손실(P_{l2})
$I_1' = 100 \times (0.8 - j0.6) + j40 = 80 - j20 = 82.46[A]$
$I_2' = 50 \times (0.8 - j0.6) + j40 = 40 + j10 = 41.23[A]$
$P_{l2} = 3I_1'^2R_1 + 3I_2'^2R_2$
$P_{l2} = (3 \times 82.46^2 \times 1.8 + 3 \times 41.23^2 \times 3.6) \times 10^{-3} = 55.08[kW]$

답 55.08[kW]

07 선로 전압을 110[V]에서 220[V]로 승압할 경우 선로에 나타나는 효과에 대해 다음 물음에 답하시오.

(1) 전력손실이 동일한 경우 공급능력의 증대는 몇 배인지 구하시오.
  ◦ 계산 과정 :   ◦ 답 :

(2) 전력손실의 감소는 몇 [%]인지 구하시오.
  ◦ 계산 과정 :   ◦ 답 :

(3) 전압강하율의 감소는 몇 [%]인지 구하시오.
  ◦ 계산 과정 :   ◦ 답 :

> 정답

(1) 전력손실이 동일한 경우 공급능력은 전압에 비례

$$\frac{P_2}{P_1}=\frac{V_2}{V_1}=\frac{220}{110}=2$$

답 2배

(2) 전력손실은 전압의 제곱에 반비례

$$\frac{P_{l2}}{P_{l1}}=\left(\frac{V_1}{V_2}\right)^2=\left(\frac{110}{220}\right)^2\times 100=25[\%] \rightarrow 100-25=75[\%]$$

답 75[%]

(3) 전압강하율은 전압의 제곱에 반비례

$$\frac{\delta_2}{\delta_1}=\left(\frac{V_1}{V_2}\right)^2=\left(\frac{110}{220}\right)^2\times 100=25[\%] \rightarrow 100-25=75[\%]$$

답 75[%]

08 그림은 최대 사용전압 6000[V] 변압기의 절연 내력을 시험하기 위한 회로도이다. 그림을 보고 다음 각 물음에 답하시오.

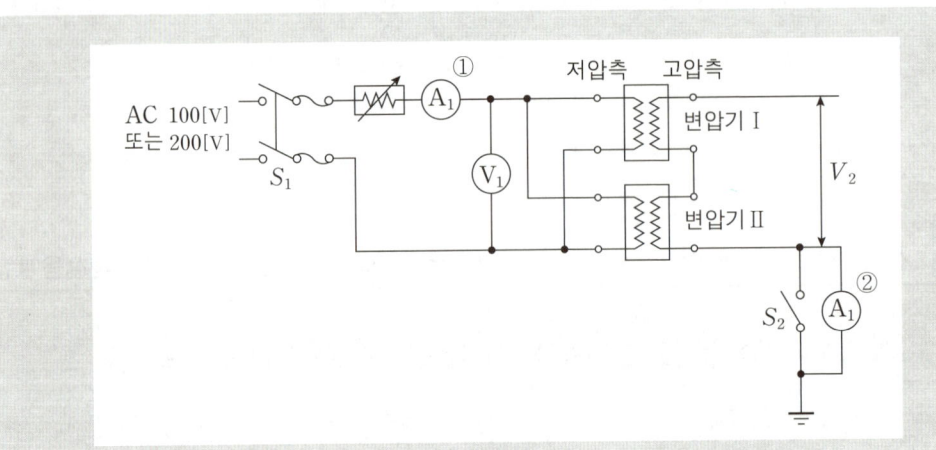

(1) 절연내력 시험시 시험전압은 몇 [V]인가?
(2) ①의 전류계는 어떤 전류를 측정하는가?
(3) ②의 전류계는 어떤 전류를 측정하는가?

정답

(1) $6000 \times 1.5 = 9000$ 답 $9000[\text{V}]$

(2) 절연내력 시험전류

(3) 누설전류

09 3상 154[kV] 시스템의 회로도와 조건을 이용하여 점 F에서 3상 단락고장이 발생하였을 때 단락전류 등을 154[kV], 100[MVA] 기준으로 계산하는 과정에 대한 다음 각 물음에 답하시오.

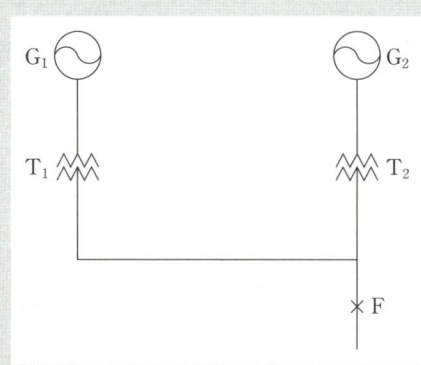

[조건]

① 발전기 G_1 : $S_{G1}=20[\text{MVA}]$, $\%Z_{G1}=30[\%]$

　　　　G_2 : $S_{G2}=5[\text{MVA}]$, $\%Z_{G2}=30[\%]$

② 변압기 T_1 : 전압 11/154[kV], 용량 : 20[MVA], $\%Z_{T1}=10[\%]$

　　　　T_2 : 전압 6.6/154[kV], 용량 : 5[MVA], $\%Z_{T2}=10[\%]$

③ 송전선로 : 전압 154[kV], 용량 : 20[MVA], $\%Z_{TL}=5[\%]$

(1) 정격전압과 정격용량을 각각 154[kV], 100[MVA]로 할 때 정격전류(I_n)를 구하시오.
   ◦ 계산 과정 :   ◦ 답 :

(2) 발전기(G_1, G_2), 변압기(T_1, T_2) 및 송전선로의 %임피던스 $\%Z_{G1}, \%Z_{G2}, \%Z_{T1}$, $\%Z_{T2}, \%Z_{TL}$을 각각 구하시오.
   ① $\%Z_{G1}$ ◦ 계산 과정 :   ◦ 답 :
   ② $\%Z_{G2}$ ◦ 계산 과정 :   ◦ 답 :
   ③ $\%Z_{T1}$ ◦ 계산 과정 :   ◦ 답 :
   ④ $\%Z_{T2}$ ◦ 계산 과정 :   ◦ 답 :
   ⑤ $\%Z_{TL}$ ◦ 계산 과정 :   ◦ 답 :

(3) 점 F에서의 합성 %임피던스를 구하시오.
   ◦ 계산 과정 :   ◦ 답 :

(4) 점 F에서의 3상 단락전류 I_s를 구하시오.
   ◦ 계산 과정 :   ◦ 답 :

(5) 점 F에 설치할 차단기의 용량을 구하시오.
   ◦ 계산 과정 :   ◦ 답 :

정답

(1) 정격전류 $I_n = \dfrac{P_n}{\sqrt{3}\,V} = \dfrac{100 \times 10^3}{\sqrt{3} \times 154} = 374.9[A]$ 답 374.9[A]

(2) $\%Z' = \dfrac{기준용량}{자기용량} \times 환산할\%Z$

   ① $\%Z_{G1} = \dfrac{100}{20} \times 30[\%] = 150[\%]$ 답 150[%]

   ② $\%Z_{G2} = \dfrac{100}{5} \times 30[\%] = 600[\%]$ 답 600[%]

   ③ $\%Z_{T1} = \dfrac{100}{20} \times 10[\%] = 50[\%]$ 답 50[%]

   ④ $\%Z_{T1} = \dfrac{100}{5} \times 10[\%] = 200[\%]$ 답 200[%]

   ⑤ $\%Z_{TL} = \dfrac{100}{20} \times 5[\%] = 25[\%]$ 답 25[%]

(3) 합성 $\%Z = \dfrac{200 \times 800}{200+800} + 25 = 185[\%]$ 답 185[%]

(4) $I_s = \dfrac{100}{\%Z} \times I_n = \dfrac{100}{\%Z} \times \dfrac{P_a}{\sqrt{3}\,V} = \dfrac{100}{185} \times \dfrac{100 \times 10^3}{\sqrt{3} \times 154} = 202.65[\text{A}]$ 답 202.65[A]

(5) $P_s = \sqrt{3}\,V_n I_s = \sqrt{3} \times 170 \times 202.65 \times 10^{-3} = 59.67[\text{MVA}]$ 답 59.67[MVA]

10 다음 주어진 그림의 조명 2개의 정중앙 A지점에서의 수평면 조도를 구하시오. (단, 각 조명의 광도는 1000[cd])

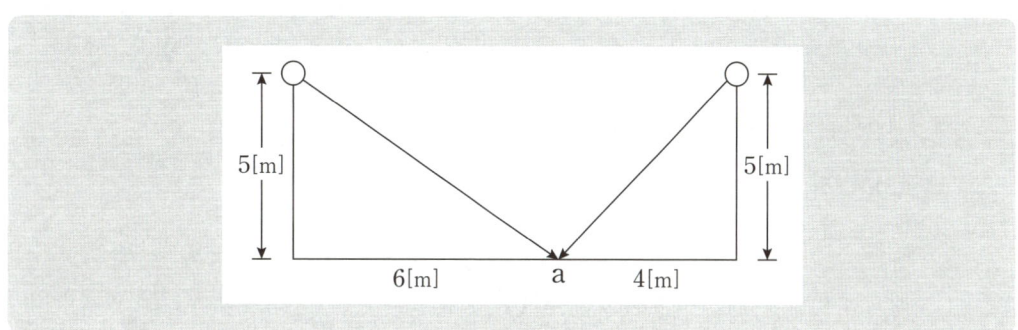

정답

① $E_{h1} = \dfrac{I}{l_1^2} \times \cos\theta_1 = \dfrac{1000}{5^2+6^2} \times \dfrac{5}{\sqrt{5^2+6^2}} = 10.49[\text{lx}]$

② $E_{h2} = \dfrac{I}{l_2^2} \times \cos\theta_2 = \dfrac{1000}{5^2+4^2} \times \dfrac{5}{\sqrt{5^2+4^2}} = 19.05[\text{lx}]$

③ $E_h = E_{h1} + E_{h2} = 29.54[\text{lx}]$ 답 29.54[lx]

참고

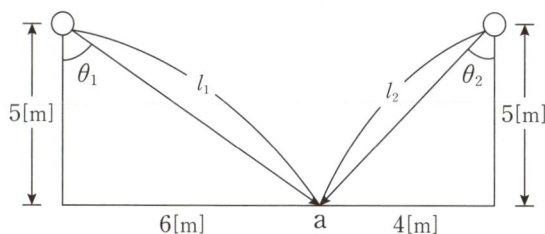

11 폭 12[m], 길이 18[m], 천장 높이 3.1[m], 작업면(책상위)높이 0.85[m]인 사무실이 있다. 이 사무실의 천장은 백색 텍스로 마감하였으며, 벽면은 옅은 크림색으로 마감하였고, 실내조도는 500[lx], 조명기구는 40W 2등용(H형)팬던트를 설치하고자 한다. 이때 다음 조건을 이용하여 각 물음의 설계를 하도록 하시오.

[조건]
- 천장의 반사율은 50[%], 벽의 반사율은 30[%]로서 H형 팬던트의 기구를 사용할 때 조명율은 0.61로 한다.
- H형 팬던트 기구의 보수율은 0.75로 하도록 한다.
- H형 팬던트의 길이는 0.5[m]이다.
- 램프의 광속은 40[W] 1등당 3300[lm]으로 한다.
- 조명기구의 배치는 5열로 배치하도록 하고, 1열 당 등수는 동일하게 한다.

(1) 광원의 높이는 몇 [m]인가?

(2) 이 사무실의 실지수는 얼마인가?
  ◦ 계산 과정 :　　　　　　　　　　　　　　　　　◦ 답 :

(3) 이 사무실에는 40[W] 2등용(H형) 팬던트의 조명기구를 몇 조 설치하여야 하는가?
  ◦ 계산 과정 :　　　　　　　　　　　　　　　　　◦ 답 :

정답

(1) $H = 3.1 - 0.85 - 0.5 = 1.75 [m]$　　　　　　　　　답　1.75[m]

(2) 실지수 $K = \dfrac{XY}{H(X+Y)} = \dfrac{12 \times 18}{1.75 \times (12+18)} = 4.11$　　　답　4.11

(3) ① $N = \dfrac{DES}{FU} = \dfrac{ES}{FUM} = \dfrac{500 \times (12 \times 18)}{3300 \times 0.61 \times 0.75} = 71.54[조]$　∴ 72[조]

② 2등용이므로 $\dfrac{72}{2} = 36[조]$이다.

③ 5열로 배치하기 위해서 5(열)×8(행)=40조가 적당하다.　　　답　40[조]

12

연축전지의 정격용량이 200[Ah]이고, 상시부하가 22[kW]이며, 표준전압이 220[V]인 부동충전방식 충전기의 2차 전류는 몇 [A]인지 구하시오. (단, 상시부하의 역률은 1로 간주한다.)

정답

충전기 2차전류 $I = \dfrac{축전지용량[Ah]}{정격방전률[h]} + \dfrac{상시부하용량[W]}{표준전압[V]}$

$= \dfrac{200}{10} + \dfrac{22000}{220} = 120[A]$ (연축전지의 정격 방전율 : 10[h])

답 120[A]

13

3상 부하 설비의 용량이 각각 30[kW], 25[kW], 20[kW]이고, 수용률은 각각 0.6, 0.65, 0.5라고 한다. 이때 부등률은 1.1이고 종합역률은 0.85이면 변압기 용량은 얼마인가?

3상 변압기 용량[kVA]				
20	30	50	75	100

정답

변압기 용량[kVA] $= \dfrac{\sum 설비용량[kW] \times 수용률}{부등률 \times 역률}$

$= \dfrac{30 \times 0.6 + 25 \times 0.65 + 20 \times 0.5}{1.1 \times 0.85} = 47.33[kVA]$

답 50[kVA]

14

다음 물음에 답하시오.

> (1) 부하율을 식으로 표현하시오.
> (2) '부하율이 크다'라는 것의 의미를 작성하시오.

정답

(1) 부하율 $= \dfrac{\text{평균수요전력}}{\text{최대수요전력}}$

(2) 전력사용의 변동이 작으며, 전력공급설비를 유용하게 사용하고 있다.

15

어느 공장에서 기중기의 권상하중 80[t], 12[m] 높이를 4분에 권상하려고 한다. 이것에 필요한 권상 전동기의 출력을 구하시오. (단, 권상기구의 효율은 70[%]이다.)

정답

권상기용 전동기 소요동력 $P = \dfrac{9.8Gv}{\eta} = \dfrac{GV}{6.12\eta}$ [kW]

v : 권상속도[m/s], V : 권상속도[m/min], G : 권상하중[ton], η : 효율

전동기의 출력 $P = \dfrac{G \times V}{6.12\eta} = \dfrac{80 \times 12/4}{6.12 \times 0.7} = 56.02$ [kW]   **답** 56.02[kW]

16

500[kVA], 배전용 변압기(22.9[kV], 380[V])의 $\%R = 1.05[\%]$, $\%X = 4.92$일 때, 변압기 2차측 최대 단락전류를 정격전류의 몇 배인가?

정답

퍼센트임피던스 $\%Z = \sqrt{\%R^2 + \%X^2} = \sqrt{1.05^2 + 4.92^2} = 5.03[\%]$

$I_s = \dfrac{100}{\%Z} \times I_n$ 에서, $I_s = \dfrac{100}{5.03} \times I_n = 19.88 I_n$ **답** 19.88[배]

17 다음 그림과 같이 단상 변압기 3대가 있다, △-Y 미완성 결선도를 완성하시오.

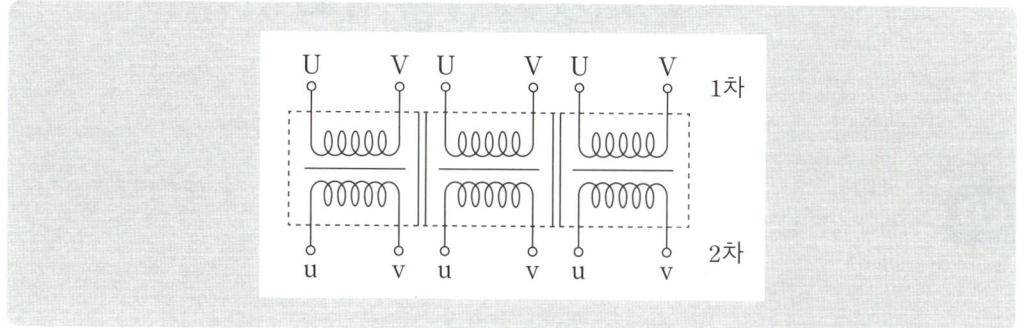

정답

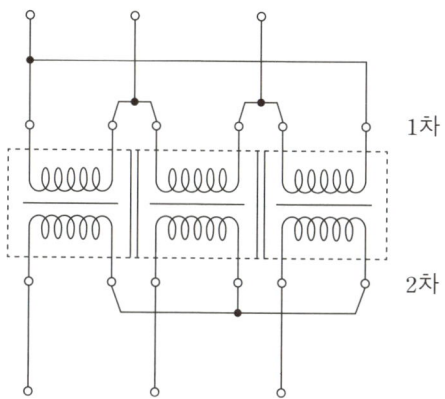

18 계기용 변류기(CT)의 목적과 정격부담에 대해 설명하시오.

(1) 목적 :

(2) 정격부담 :

정답

(1) 대전류를 소전류로 변성하여, 계전기에 공급한다.
(2) 변류기에 정격 2차 전류인가 시 부하 임피던스에서 소비되는 피상전력분을 말한다.

전기산업기사실기 2023년 1회 기출문제

01 그림과 같은 방전 특성을 갖는 부하에 대한 각 물음에 답하시오.

- 방전 전류[A]
  $I_1=500$, $I_2=300$, $I_3=80$, $I_4=180$
- 방전 시간[분]
  $T_1=120$, $T_2=119$, $T_3=50$, $T_4=1$
- 용량 환산시간
  $K_1=2.49$, $K_2=2.49$, $K_3=1.46$, $K_4=0.57$
- 보수율 0.8

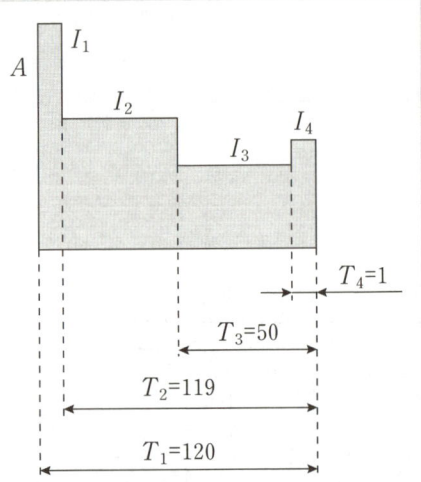

(1) 이와 같은 방전 특성을 갖는 축전지 용량은 몇 [Ah]인가?
   ◦ 계산 과정 :   ◦ 답 :
(2) 납 축전지의 정격방전율은 몇 시간으로 하는가?
(3) 축전지의 전압은 납 축전지에서는 1단위당 몇 [V]인가?
(4) 예비전원으로 시설되는 축전지로부터 부하에 이르는 전로에는 개폐기와 또 무엇을 설치하는가?

정답

(1) $C = \dfrac{1}{L}[K_1 I_1 + K_2(I_2 - I_1) + K_3(I_3 - I_2) + K_4(I_4 - I_3)]$

$= \dfrac{1}{0.8} \times [2.49 \times 500 + 2.49 \times (300-500) + 1.46 \times (80-300) + 0.57 \times (180-80)]$

$= 603.5[Ah]$ 답 603.5[Ah]

(2) 10시간

(3) 2

(4) 과전류 차단기

02 다음 그림과 같은 단상 3선식 회로에서 중성선이 X점에서 단선되었다면 부하 A 및 B의 단자전압은 몇 [V]인가?

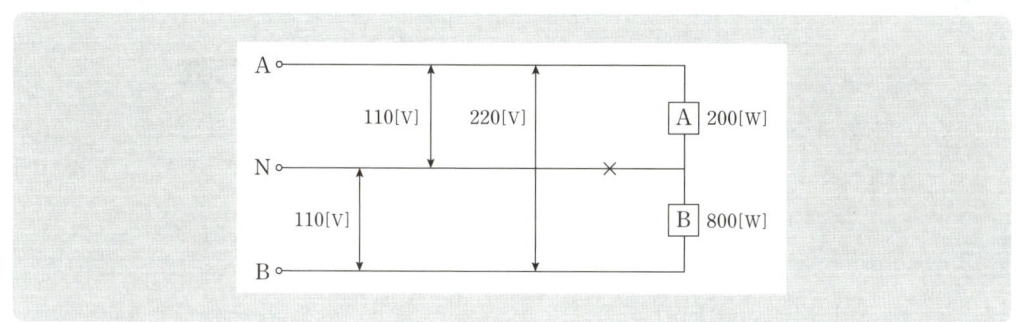

정답

- $R_A = \dfrac{V^2}{P_A} = \dfrac{110^2}{200} = 60.5[\Omega]$
- $R_B = \dfrac{V}{P_B} = \dfrac{110^2}{800} = 15.13[\Omega]$

① $V_A = \dfrac{60.5}{60.5 + 15.13} \times 220 = 175.99[V]$

② $V_B = 220 - 175.99 = 44.01[V]$

답 A 부하 175.99[V], B 부하 44.01[V]

03 조명에서 사용되는 용어 중 광속, 조도, 광도의 정의를 설명하시오.

정답

- 광속 : 방사속 중 눈으로 보아 느낄수 있는 빛의 양을 나타낸다.
- 조도 : 단위면적당 입사되는 광속으로 피조면의 밝기를 나타낸다.
- 광도 : 단위 입체각으로 발산되는 광속으로 빛의 세기를 나타낸다.

04 변압기 또는 선로의 사고에 의해서 뱅킹내의 건전한 변압기의 일부 또는 전부가 연쇄적으로 회로로부터 차단되는 현상을 무엇이라 하는지 그 용어를 쓰시오.

정답

캐스케이딩

05 수용률의 식과 수용률의 의미를 간단히 설명하시오.

(1) 식 :

(2) 의미 :

정답

(1) 수용률 = $\dfrac{\text{최대수요전력[kW]}}{\text{부하설비합계[kW]}} \times 100[\%]$

(2) 수용 설비가 동시에 사용되는 정도를 나타내며 주상변압기 등의 적정공급 설비용량을 파악하기 위하여 사용한다.

06 표와 같이 어느 수용가 A, B, C에 공급하는 배전선로의 합성최대전력은 9300[kW]이다. 이때 수용가의 부등률은 얼마인가?

수용가	설비용량[kW]	수용률[%]
A	4500	80
B	5000	60
C	7000	50

> 정답

$$부등률 = \frac{\sum 설비용량 \times 수용률}{합성최대전력}$$

$$부등률 = \frac{(4500 \times 0.8) + (5000 \times 0.6) + (7000 \times 0.5)}{9300} = 1.09$$

답 1.09

07 특고압용 변압기의 내부고장 검출방법에 대한 다음 질문에 답하시오.

(1) 전기적인 고장 검출장치 1가지
(2) 기계적인 고장 검출장치 2가지

> 정답

(1) 비율차동계전기
(2) 부흐홀츠 계전기, 충격압력 계전기

08 역률 개선에 대한 효과를 4가지 쓰시오.

> 정답

① 전압강하 감소
② 전력손실 감소
③ 전기요금 감소
④ 설비용량의 여유 증가

09

그림은 154[kV] 계통의 절연협조를 위한 각 기기의 절연강도에 대한 비교 그림이다. 변압기, 선로애자, 개폐기 지지애자, 피뢰기 제한전압이 속해있는 부분은 어느 곳인지 그림의 □ 안에 쓰시오.

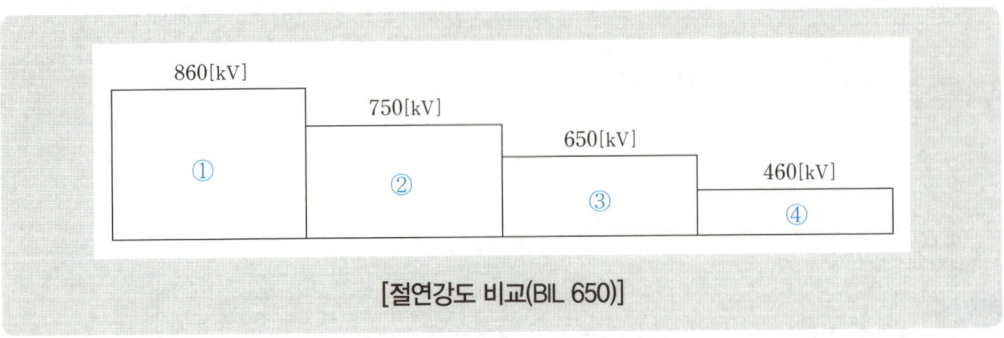

[절연강도 비교(BIL 650)]

정답

① 선로애자
② 개폐기 지지애자
③ 변압기
④ 피뢰기 제한전압

10

부하용량 400[kW], 무효 전력이 300[kVar]일 때 역률은 몇[%]인가?

정답

$$\cos\theta = \frac{P}{\sqrt{P^2 + P_r^2}} \times 100 = \frac{400}{\sqrt{400^2 + 300^2}} \times 100 = 80[\%]$$

답 80[%]

11

변류기(CT) 2대를 V결선하여 OCR 3대를 그림과 같이 연결하였다. 그림을 보고 다음 각 물음에 답하시오.

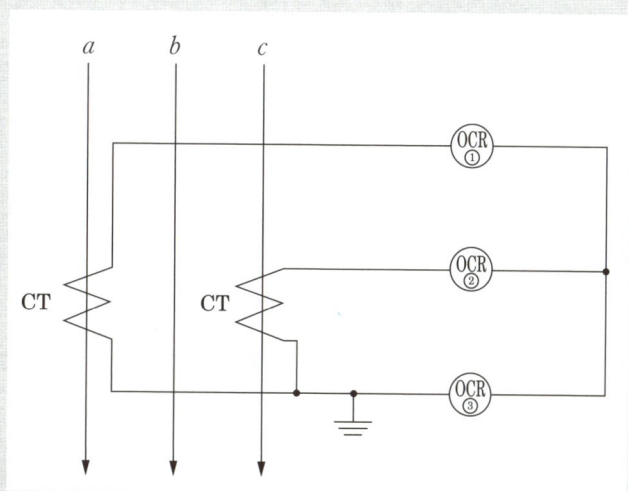

(1) 그림에서 CT의 변류비가 30/5이고, 변류기 2차측 전류를 측정하였더니 3[A]이었다면 수전전력은 약 몇 [kW]인지 계산하시오. (단, 수전전압은 22900[V]이고, 역률은 90[%]이다.)

 ㅇ계산 과정 :   ㅇ답 :

(2) OCR은 주로 어떤 사고가 발생하였을 때 작동하는지 쓰시오.

(3) 통전 중에 있는 변류기 2차측 기기를 교체하고자 할 때 가장 먼저 취하여야 할 조치는 무엇인지를 설명하시오.

정답

(1) $P = \sqrt{3} VI\cos\theta = \sqrt{3} \times 22900 \times \left(3 \times \dfrac{30}{5}\right) \times 0.9 \times 10^{-3} = 642.56 [kW]$ 답 642.56[kW]

(2) 단락사고

(3) 단락

12 서지 흡수기(Surge Absorber)의 기능 및 설치 위치에 대해 간단히 기술하시오.

- 기능
- 설치 위치

정답

- 기능 : 개폐서지 등의 이상전압으로부터 변압기 등 기기보호
- 설치 위치 : 개폐서지를 발생하는 차단기 후단과 보호 대상 기기 전단 사이에 설치

13 전동기를 제작하는 어떤 공장에 500[kVA]의 변압기가 설치되어 있다. 이 변압기에 역률 70[%]의 부하 500[kVA]가 접속되어 있다고 할 때, 이 부하와 병렬로 전력용 콘덴서를 접속하여 합성 역률을 85[%]로 유지하려고 한다. 이때 변압기에 부하를 몇 [kW] 증가시켜 접속할 수 있는가?

정답

$\triangle P = P_a \times (\cos\theta_2 - \cos\theta_1) = 500 \times (0.85 - 0.7) = 75[\text{kW}]$

답 75[kW]

14 부하 설비용량 1000[kW], 수용률 70[%], 부하 역률 85[%]인 수용가에 전력을 공급하기 위한 변압기 용량[kVA]을 계산하시오.

정답

$변압기용량 = \dfrac{설비용량 \times 수용률}{부등률 \times 역률} = \dfrac{1000 \times 0.7}{0.85} = 823.53[\text{kVA}]$

답 823.53[kVA]

15 그림은 중형 환기팬의 수동 운전 및 고장 표시 등 회로의 일부이다. 이 회로를 이용하여 다음 각 물음에 답하시오.

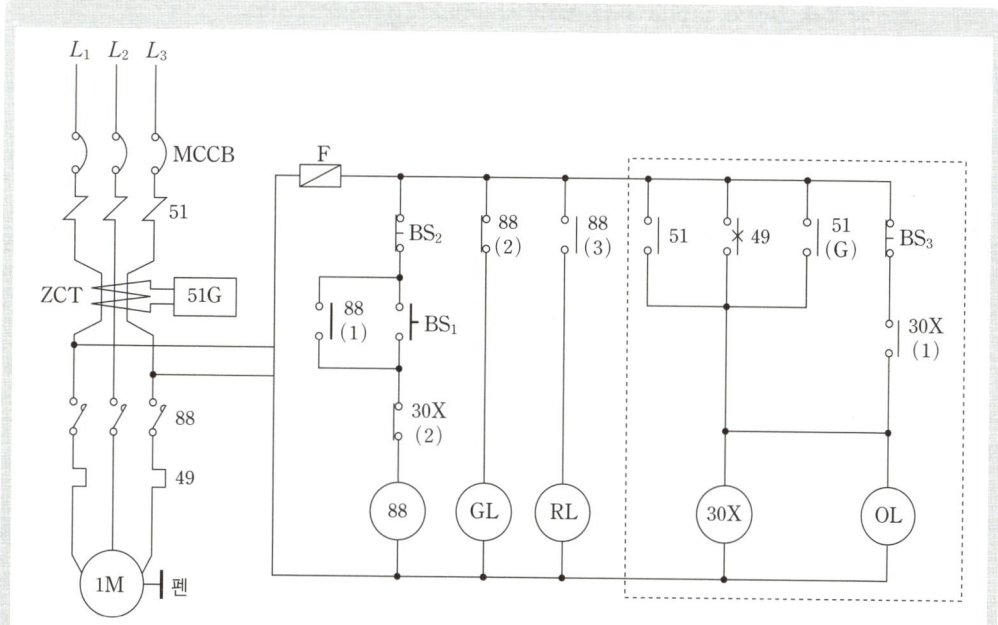

(1) 88은 MC로서 도면에서는 출력기구이다. 도면에 표시된 기구에 대하여 다음과 해당되는 명칭을 그 약호로 쓰시오. (단, 중복은 없고, NFB, ZCT, IM, 펜은 제외하며, 해당되는 기구가 여러 가지일 경우에는 모두 쓰도록 한다.)

① 고장표시기구 :   ② 고장회복 확인기구 :
③ 기동기구 :   ④ 정지기구 :
⑤ 운전표시램프 :   ⑥ 정지표시램프 :
⑦ 고장표시램프 :   ⑧ 고장검출기구 :

(2) 그림의 점선으로 표시된 회로를 AND, OR, NOT 회로를 사용하여 로직 회로를 그리시오. (단, 로직 소자는 3입력 이하로 한다.)

정답

(1) ① 30X   ② BS_3 ③ BS_1 ④ BS_2
    ⑤ RL   ⑥ GL   ⑦ OL   ⑧ 51, 51G, 49

(2)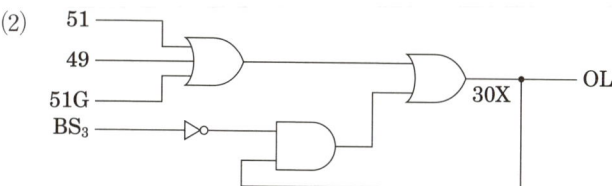

16 전기사업자가 전기를 공급하는 구간인 송전선로, 배전선로 등에서 유선 및 무선통신방식을 이용하여 통신할 수 있는 선로 및 전기설비의 설계, 시공, 감리 및 유지관리 등에 적용되는 전력보안통신설비의 시설 요구사항 중 발전소, 변전소 및 변환소의 시설 장소로 3가지를 쓰시오.

정답

- 원격감시제어가 되지 아니하는 발전소·원격 감시제어가 되지 아니하는 변전소, 개폐소, 전선로 및 이를 운용하는 급전소 및 급전분소 간
- 2개 이상의 급전소(분소) 상호 간과 이들을 통합 운용하는 급전소(분소) 간
- 수력설비 중 필요한 곳, 수력설비의 안전상 필요한 양수소 및 강수량 관측소와 수력발전소 간
- 동일 수계에 속하고 안전상 긴급 연락의 필요가 있는 수력발전소 상호 간
- 동일 전력계통에 속하고 또한 안전상 긴급연락의 필요가 있는 발전소·변전소 및 개폐소 상호 간
- 발전소·변전소 및 개폐소와 기술원 주재소 간
- 발전소·변전소·개폐소·급전소 및 기술원 주재소와 전기설비의 안전상 긴급 연락의 필요가 있는 기상대·측후소·소방서 및 방사선 감시계측 시설물 등의 사이

17 6극 50[Hz]의 전부하 회전수 950[rpm]의 3상 권선형 유도전동기의 1상의 저항이 r일 때, 상회전 방향을 반대로 바꿔 역전제동을 하는 경우 제동토크를 전부하토크와 같게 하기 위한 회전자 삽입 저항 R은 r의 몇 배인가?

정답

$$N_s = \frac{120f}{p} = \frac{120 \times 50}{6} = 1000[rpm], \quad s = \frac{N_s - N}{N_s} = \frac{1000 - 950}{1000} = 0.05$$

역전 제동시 s'

$$s' = \frac{N_s - (-N)}{N_2} = \frac{1000 - (-950)}{1000} = 1.95$$

$s' = 1.95$에서 전부하 토크를 발생시키는데 필요한 2차 삽입 저항 R은

$$\frac{r}{s} = \frac{r+R}{s'} \rightarrow \frac{r}{0.05} = \frac{r+R}{1.95}$$

$$R = \frac{r}{0.05} \times 1.95 - r = 38r$$

답 38배

18 다음 동작설명을 참고하여 미완성 시퀀스 회로를 완성하시오.

[동작설명]

- PB1을 누르면 MC가 여자되어 전동기가 운전하고, RL이 점등된다.
- PB2를 누르면 MC가 소자되어 전동기가 정지하고, GL이 소등된다.
- 전원 투입 시 확인을 위해 파일럿램프가 점등된다.

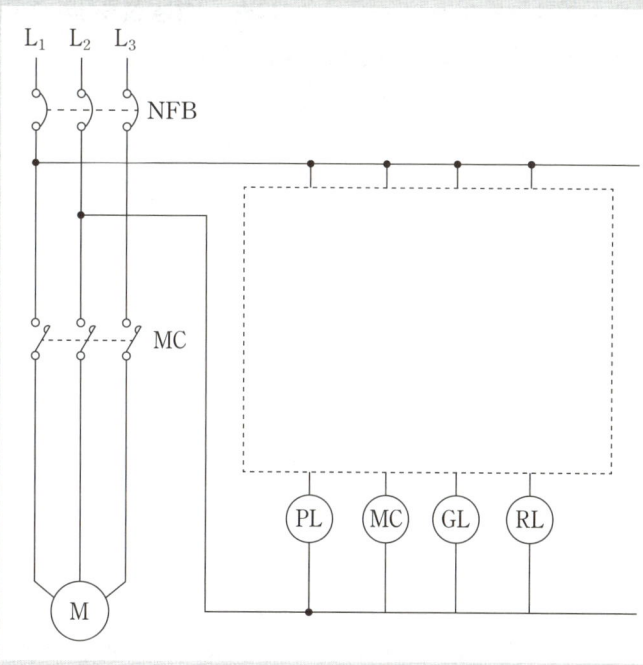

정답

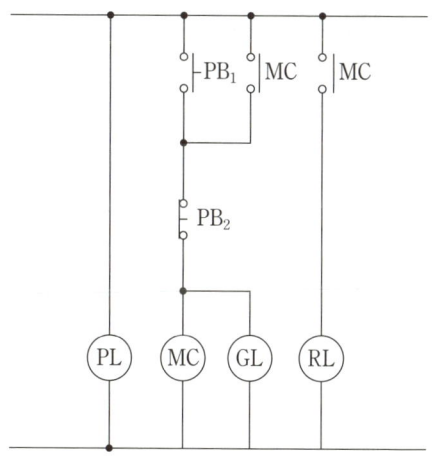

전기산업기사실기 2023년 2회 기출문제

01 무게 60[t]의 물체를 매분 3[m]의 속도로 권상하는 권상용 전동기의 출력은 몇 [kW]로 하면 되는지 계산하시오. (단, 권상기 효율은 80[%], 여유계수는 1.1)

정답

권상기용 소요동력 $P = \dfrac{GV}{6.12\eta}[\text{kW}]$

(단, G : 적재하중[ton], V : 속도 [m/min], η : 효율)

$P = \dfrac{60 \times 3 \times 1.1}{6.12 \times 0.8} = 40.44[\text{kW}]$

답 40.44[kW]

02 분전반에서 25[m]의 거리에 4[kW]의 교류 단상 200[V] 전열용 아웃트렛을 설치하여 전압강하를 1[%] 이내가 되도록 하고자 한다. 이곳의 배선 방법을 금속관공사로 한다고 할 때, 전선의 굵기[mm²]를 얼마로 선정하는 것이 적당한지 구하시오.

정답

$A = \dfrac{35.6LI}{1000 \times e}[\text{mm}^2]$

$A = \dfrac{35.6LI}{1000 \times e} = \dfrac{35.6 \times 25 \times \left(\dfrac{4000}{200}\right)}{1000 \times 200 \times 0.01} = 8.9[\text{mm}^2]$

답 10[mm²]

03 그림의 그래프 특성을 갖는 계전기의 명칭을 쓰시오.

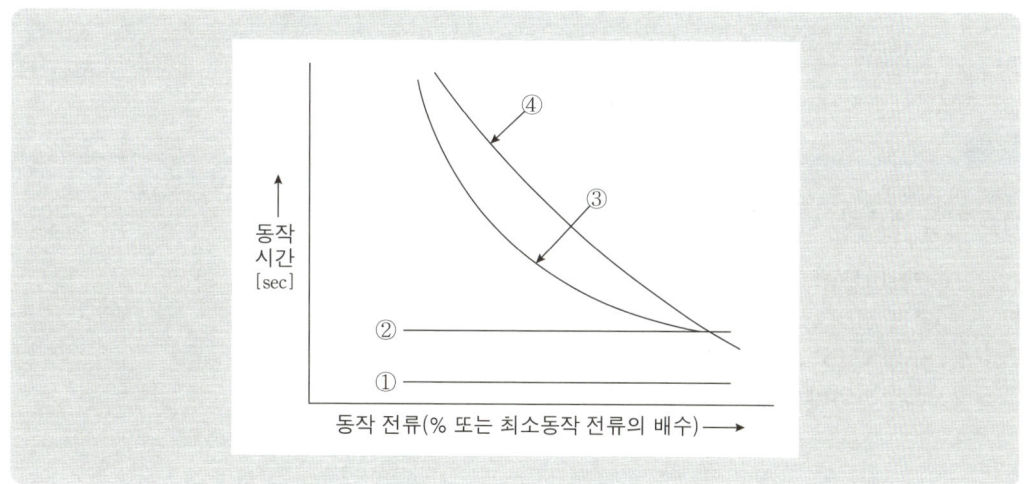

정답

① 순한시형 계전기
② 정한시형 계전기
③ 반한시성 정한시형 계전기
④ 반한시 계전기

04 그림과 같은 저압 배선방식의 명칭과 특징을 4가지만 쓰시오.

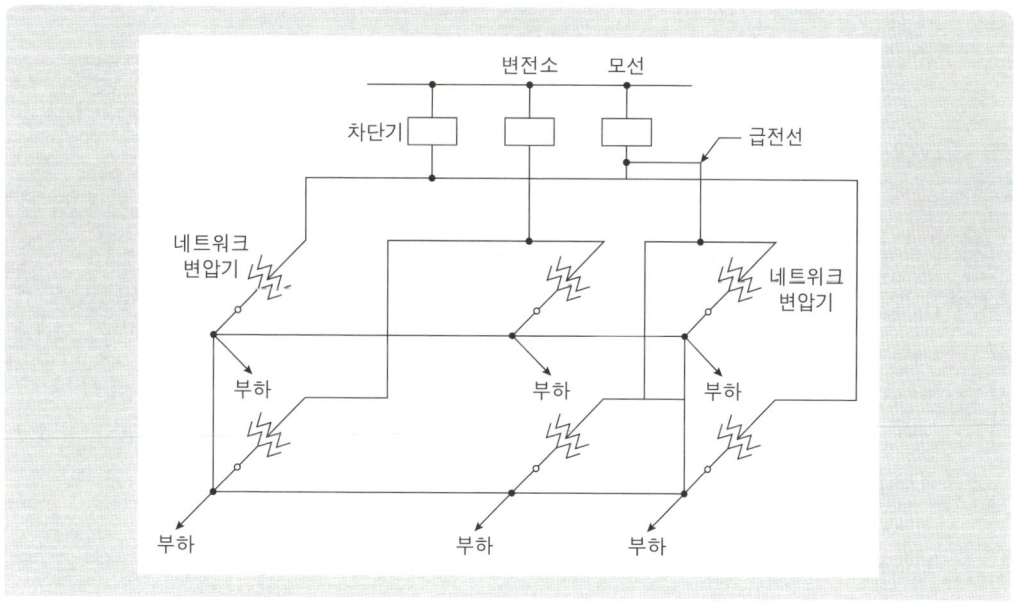

(1) 명칭 :
(2) 특징 :

정답

(1) 저압 네트워크방식

(2) ① 전압변동이 작다.
② 공급 신뢰도가 높다.
③ 전력손실이 감소된다.
④ 부하 증가에 대한 적응성이 좋다.

05 그림과 같이 지지점 A, B, C에는 고저차가 없으며, 경간 AB와 BC 사이에 전선이 가설되어 있다. 지금 경간 AC의 중점인 지지점 B에서 전선이 떨어졌다고 하면, 전선의 이도 D_2는 전선이 떨어지기 전 D_1의 몇 배가 되는지 구하시오.

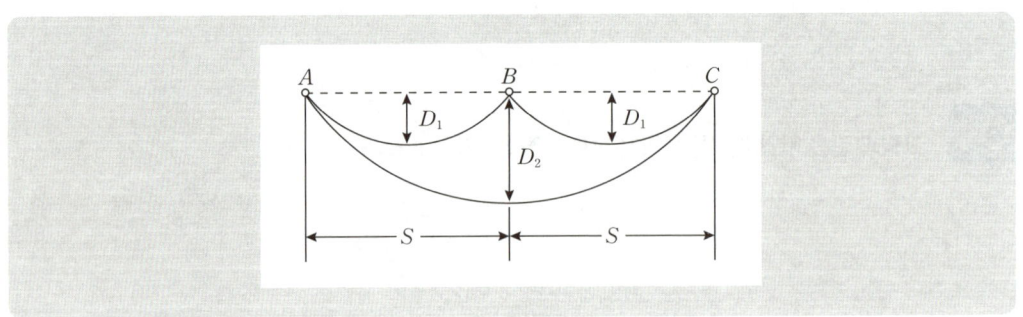

정답

전선의 길이는 변하지 않으므로
AB구간 및 BC구간 전선의 실제길이를 L_1, AC구간 전선의 실제길이를 L_2일 경우
$2L_1 = L_2$가 성립

$2\left(S + \dfrac{8D_1^2}{3S}\right) = 2S + \dfrac{8D_2^2}{3 \times 2S}$ → $2S + \dfrac{2 \times 8D_1^2}{3S} = 2S + \dfrac{8D_2^2}{3 \times 2S}$ → $\dfrac{8D_2^2}{3 \times 2S} = \dfrac{2 \times 8D_1^2}{3S}$

$D_2^2 = \dfrac{2 \times 8D_1^2}{3S} \times \dfrac{3 \times 2S}{8}$ → $D_2^2 = 4D_1^2$

∴ $D_2 = \sqrt{4D_1^2} = 2D_1$

답 2배

06

그림과 같이 V결선과 Y결선된 변압기 한 상의 중심 O에서 110[V]를 인출하여 사용하고자 한다.

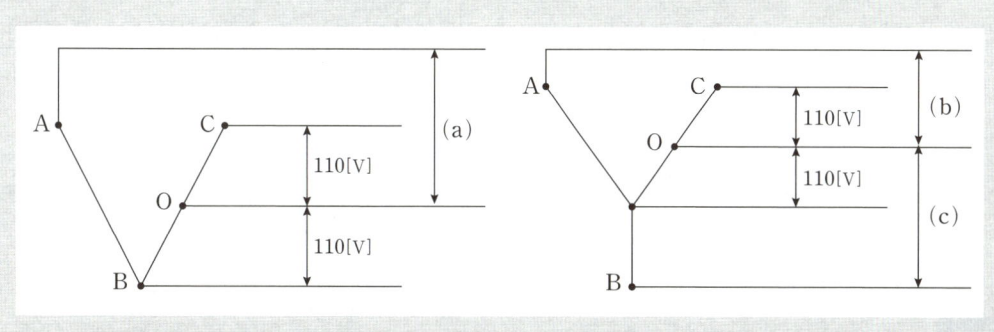

(1) 위 그림에서 (a)의 전압을 구하시오.
  ◦ 계산 과정 :   ◦ 답 :

(2) 위 그림에서 (b)의 전압을 구하시오.
  ◦ 계산 과정 :   ◦ 답 :

(3) 위 그림에서 (c)의 전압을 구하시오.
  ◦ 계산 과정 :   ◦ 답 :

정답

(1) $V_{AO} = 220\angle 0° + 110\angle -120°$
  $= 165 - j55\sqrt{3} = \sqrt{165^2 + (55\sqrt{3})^2} = 190.53[V]$ 답 190.53[V]

(2) $V_{AO} = 220\angle 0° - 110\angle 120° = 275 - j55\sqrt{3}$
  $= \sqrt{275^2 + (55\sqrt{3})^2} = 291.03[V]$ 답 291.03[V]

(3) $V_{BO} = 110\angle 120° - 220\angle -120° = 55 + j165\sqrt{3}$
  $= \sqrt{55^2 + (165\sqrt{3})^2} = 291.03[V]$ 답 291.03[V]

07

작업장의 크기가 20[m]×10[m]이다. 이 작업장의 평균조도를 250[lx] 이상으로 하고자 한다. 작업장에 시설하여야 할 최소 등기구는 몇 등인가?
(단, 형광등 40[W]의 전광속은 2400[lm], 기구의 조명률은 0.5, 감광보상률은 1.2로 한다.)

정답

$$N = \frac{DES}{FU} = \frac{1.2 \times 250 \times 20 \times 10}{2400 \times 0.5} = 50[등]$$

답 50[등]

08

비상용 조명 부하 110[V]용 100[W] 58등, 60[W] 50등이 있다. 방전시간 30분 축전지 HS형 54[cell], 허용최저전압 100[V], 최저 축전지 온도 5[°C]일 때 축전지 용량은 몇 [Ah]인가?
(단, 경년 용량 저하율 0.8, 용량 환산시간 $K=1.2$이다.)

정답

부하전류 $I = \dfrac{P}{V} = \dfrac{100 \times 58 + 60 \times 50}{110} = 80[A]$

축전지 용량 $C = \dfrac{1}{L}KI = \dfrac{1}{0.8} \times 1.2 \times 80 = 120[Ah]$

답 120[Ah]

09

3상 4선식 송전선에 1선의 저항이 10[Ω], 리액턴스가 20[Ω]이고, 송전단 전압이 6600[V], 수전단 전압이 6100[V]이었다. 수전단의 부하를 끊은 경우 수전단 전압이 6300[V], 부하 역률이 0.8일 때 다음 물음에 답하시오.

(1) 전압 변동률[%]을 구하시오.
  ◦ 계산 과정 :   ◦ 답 :
(2) 전압강하율[%]을 구하시오.
  ◦ 계산 과정 :   ◦ 답 :

정답

(1) 전압변동률 $\varepsilon = \dfrac{V_{ro} - V_r}{V_r} \times 100 = \dfrac{6300 - 6100}{6100} \times 100 = 3.28[\%]$ 답 3.28[%]

(2) 전압강하율 $\delta = \dfrac{6600 - 6100}{6100} \times 100 = 8.2[\%]$ 답 8.2[%]

3층 사무실용 건물에 3상 3선식의 6000[V]를 수전하고 200[V]로 체강하여 사용하는 수전설비를 시설하였다. 각종 부하설비가 표와 같을 때 주어진 조건을 이용하여 다음 각 물음에 답하시오.

[동력 부하 설비]

사용 목적	용량 [kW]	대수	상용 동력 [kW]	하계 동력 [kW]	동계 동력 [kW]
난방 관계					
• 보일러 펌프	6.7	1			6.7
• 오일 기어 펌프	0.4	1			0.4
• 온수 순환 펌프	3.7	1			3.7
공기 조화 관계					
• 1, 2, 3층 패키지 콤프레셔	7.5	6		45.0	
• 콤프레셔 팬	5.5	3	16.5		
• 냉각수 펌프	5.5	1		5.5	
• 쿨링 타워	1.5	1		1.5	
급수·배수 관계					
• 양수 펌프	3.7	1	3.7		
기타					
• 소화 펌프	5.5	1	5.5		
• 셔터	0.4	2	0.8		
합계			26.5	52.0	10.8

[조명 및 콘센트 부하 설비]

사용 목적	와트수 [W]	설치 수량	환산 용량 [VA]	총용량 [VA]	비고
전등관계					
• 수은등 A	200	2	260	520	200[V] 고역률
• 수은등 B	100	8	140	1120	100[V] 고역률
• 형광등	40	820	55	45100	200[V] 고역률
• 백열 전등	60	20	60	1200	
콘센트 관계					
• 일반 콘센트		70	150	10500	2P 15[A]
• 환기팬용 콘센트		8	55	440	
• 히터용 콘센트	1500	2		3000	
• 복사기용 콘센트		4		3600	
• 텔레타이프용 콘센트		2		2400	
• 룸 쿨러용 콘센트		6		7200	
기타					
• 전화 교환용 정류기		1		800	
계				75880	

[조건]

1. 동력부하의 역률은 모두 70[%]이며, 기타는 100[%]로 간주한다.
2. 조명 및 콘센트 부하설비의 수용률은 다음과 같다.
   - 전등설비 : 60 [%]
   - 콘센트설비 : 70[%]
   - 전화교환용 정류기 : 100[%]
3. 변압기 용량 산출시 예비율(여유율)은 고려하지 않으며 용량은 표준규격으로 답하도록 한다.
4. 변압기 용량 산정시 필요한 동력부하설비의 수용률은 전체 평균 65[%]로 한다.

(1) 동계 난방 때 온수 순환 펌프는 상시 운전하고, 보일러용과 오일 기어 펌프의 수용률이 55[%]일 때 난방 동력 수용 부하는 몇 [kW]인가?
   ◦ 계산 과정 :   ◦ 답 :

(2) 상용 동력, 하계 동력, 동계 동력에 대한 피상전력은 몇 [kVA]가 되겠는가?
   ① 상용 동력
      ◦ 계산 과정 :   ◦ 답 :
   ② 하계 동력
      ◦ 계산 과정 :   ◦ 답 :
   ③ 동계 동력
      ◦ 계산 과정 :   ◦ 답 :

(3) 이 건물의 총 전기설비 용량은 몇 [kVA]를 기준으로 하여야 하는가?
   ◦ 계산 과정 :   ◦ 답 :

(4) 조명 및 콘센트 부하설비에 대한 단상변압기의 용량은 최소 몇 [kVA]가 되어야 하는가?
   ◦ 계산 과정 :   ◦ 답 :

(5) 동력 부하용 3상 변압기의 용량은 몇 [kVA]가 되겠는가?
   ◦ 계산 과정 :   ◦ 답 :

(6) 단상과 3상 변압기의 전류계용으로 사용되는 변류기의 1차측 정격전류는 각각 몇 [A]인가?

CT 1차 정격[A]	5 · 10 · 15 · 20 · 30 · 40 · 50

① 단상
  ◦ 계산 과정 :   ◦ 답 :

② 3상
  ◦ 계산 과정 :   ◦ 답 :

(7) 역률개선을 위하여 각 부하마다 전력용 콘덴서를 설치하려고 할 때 보일러 펌프의 역률을 95[%]로 개선하려면 몇 [kVA]의 전력용 콘덴서가 필요한가?
  ◦ 계산 과정 :   ◦ 답 :

정답

(1) 수용부하＝부하용량×수용률

$$= 3.7 + (6.7 + 0.4) \times 0.55 (상시부하는 수용률이 100[\%]) = 7.61[kW]$$

답 7.61[kW]

(2) 피상전력＝$\dfrac{P[kW]}{\cos\theta}$[kVA]

① 상용동력의 피상전력＝$\dfrac{26.5}{0.7}$＝37.857[kVA]   답 37.86[kVA]

② 하계동력 피상전력＝$\dfrac{52.0}{0.7}$＝74.285[kVA]   답 74.29[kVA]

③ 동계동력 피상전력＝$\dfrac{10.8}{0.7}$＝15.428[kVA]   답 15.43[kVA]

(3) 총 전기 설비용량＝상용동력 부하용량＋하계동력 부하용량＋전등 및 콘센트 부하용량

$$= 37.86 + 74.29 + 75.88 = 188.03[kVA]$$ 답 188.03[kVA]

참고

총 전기설비용량 계산시 하계부하용량과 동계부하용량 중 큰 것을 적용하여 계산한다.
(하계 : 74.29[kVA], 동계 : 15.43[kVA])

(4) 변압기 용량$=\dfrac{\text{각 부하 최대 수용 전력의 합}}{\text{부등률} \times \text{역률}}=\dfrac{\text{설비용량} \times \text{수용률}}{\text{부등률} \times \text{역률}}$

- 전등 관계 : $(520+1120+45100+1200) \times 0.6 \times 10^{-3} = 28.76[kVA]$
- 콘센트 관계 : $(10500+440+3000+3600+2400+7200) \times 0.7 \times 10^{-3} = 19[kVA]$
- 기타 : $800 \times 1 \times 10^{-3} = 0.8[kVA]$

∴ 변압기 용량$=\dfrac{28.76+19+0.8}{1 \times 1}=48.56[kVA]$

※ 계산값 보다 큰 값을 변압기 용량으로 선정

답 50[kVA]

(5) ※ 동력부하용 3상 변압기용량 계산시 하계부하용량과 동계부하용량 중 큰 것을 적용
(하계 : 52[kW] > 동계 : 10.8[kW])

3상 변압기 용량$=\dfrac{\text{각 부하 최대 수용 전력의 합}}{\text{부등률} \times \text{역률}}=\dfrac{\text{설비용량} \times \text{수용률}}{\text{부등률} \times \text{역률}}$

$=\dfrac{(26.5+52.0)}{0.7} \times 0.65 = 72.89[kVA]$

답 75[kVA]

(6) 변류기 1차측 정격 전류(I_1)계산
$I_1 = $ 1차측 부하전류 × 여유배수(1.25~1.5)

① 단상 변압기 1차측 변류기의 정격 I_1

$I_1 = \dfrac{P_a}{V} \times (1.25 \sim 1.5) = \dfrac{50 \times 10^3}{6 \times 10^3} \times 1.25 = 10.42[A]$

CT 1차 정격은 근사치인 10[A]로 선정

답 10[A] 선정

② 3상 변압기 1차측 변류기의 정격 I_1

$I_1 = \dfrac{P_a}{\sqrt{3}\,V} \times (1.25 \sim 1.5) = \dfrac{75 \times 10^3}{\sqrt{3} \times 6 \times 10^3} \times 1.25 = 9.02[A]$

CT 1차 정격은 근사치인 10[A]로 선정

답 10[A] 선정

(7) 콘덴서 용량
$Q_c = P(\tan\theta_1 - \tan\theta_2)[kVA]$ (단, 보일러 펌프 용량 $P=6.7[kW]$)

$=6.7 \times \left(\dfrac{\sqrt{1-0.7^2}}{0.7} - \dfrac{\sqrt{1-0.95^2}}{0.95}\right) = 4.63[kVA]$

답 4.63[kVA]

11

변류비 60/5인 변류기 2대를 그림과 같이 접속하였을 때, 전류계에 3[A]의 전류가 흘렀다. 1차 전류를 구하시오.

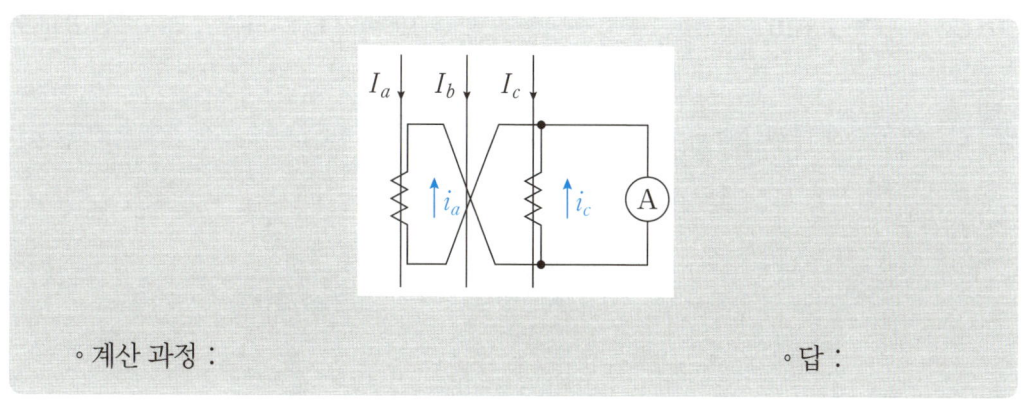

∘ 계산 과정 :   ∘ 답 :

정답

2차측에 흐르는 전류계 지시값 $= I_1 \times \dfrac{1}{CT비} \times \sqrt{3}$

1차측 흐르는 전류는 $I_1 = \dfrac{1}{\sqrt{3}} \times CT비 \times 전류계\ 지시값 = \dfrac{1}{\sqrt{3}} \times \dfrac{60}{5} \times 3 = 20.78[A]$

답 20.78[A]

12

40[kVA], 3상 380[V], 60[Hz]용 전력용 콘덴서의 결선방식에 따른 용량을 [μF]으로 구하시오.

(1) △결선인 경우 $C_1[\mu F]$
   ∘ 계산 과정 :   ∘ 답 :

(2) Y결선인 경우 $C_2[\mu F]$
   ∘ 계산 과정 :   ∘ 답 :

(3) 콘덴서는 어떤 결선으로 하는 것이 유리한지 쓰시오.

정답

(1) $C_1 = \dfrac{Q}{3 \times \omega V^2} \times 10^9 [\mu F] = \dfrac{40 \times 10^3}{3 \times 2 \times \pi \times 60 \times 380^2} \times 10^6 = 244.93 [\mu F]$ 　　답　$244.93 [\mu F]$

(2) $C_2 = \dfrac{Q}{\omega V^2} \times 10^9 [\mu F] = \dfrac{40 \times 10^3}{2 \times \pi \times 60 \times 380^2} \times 10^6 = 734.79 [\mu F]$ 　　답　$734.79 [\mu F]$

(3) △결선

13 무접점 제어회로의 출력 Z에 대한 논리식을 입력요소가 모두 나타나도록 전개하시오.
(단, A, B, C, D는 푸시버턴스위치 입력이다.)

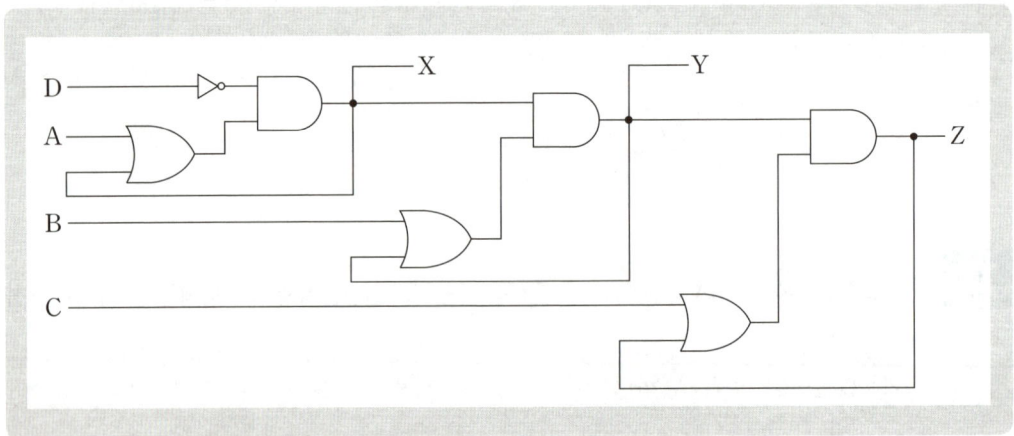

정답

논리식 : $Z = \overline{D} \cdot (A+X) \cdot (B+Y) \cdot (C+Z)$

14 다음 그림과 같은 전등 부하설비가 있을 때, 여기에 공급할 변압기 용량[kVA]을 구하시오.
(단, 수용간의 부등률은 1.3이다.)

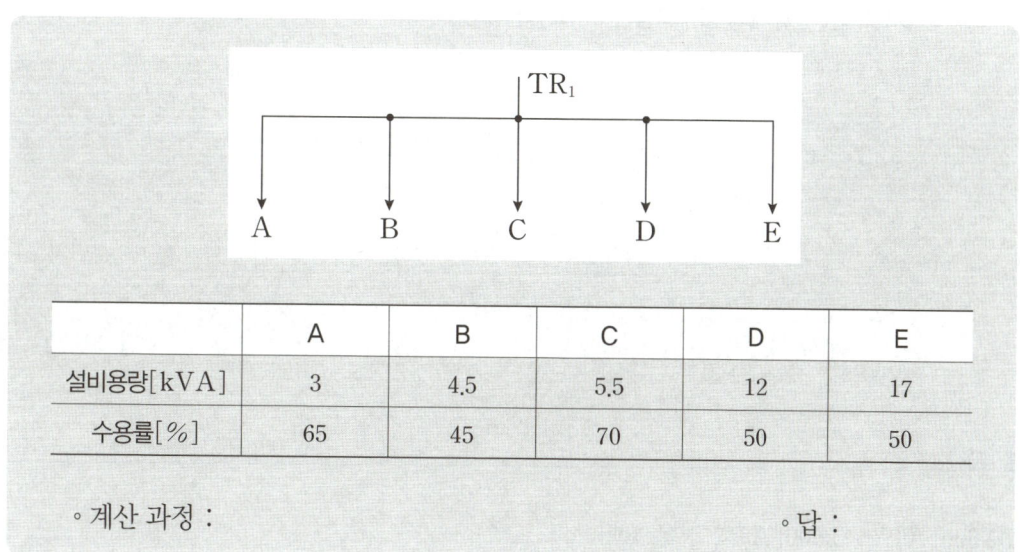

	A	B	C	D	E
설비용량[kVA]	3	4.5	5.5	12	17
수용률[%]	65	45	70	50	50

○계산 과정 :   ○답 :

정답

$$\text{변압기 용량} = \frac{\sum \text{설비용량} \times \text{수용률}}{\text{부등률}}$$

$$TR_1 = \frac{(3 \times 0.65) + (4.5 \times 0.45) + (5.5 \times 0.7) + (12 \times 0.5) + (17 \times 0.5)}{1.3} = 17.17 [\text{kVA}]$$

답 17.17[kVA]

15 다음 회로에서 전원 전압이 공급될 때, 전류계의 최대 측정 범위가 500[A]인 전류계로 전 전류값이 2000[A]인 전류를 측정하려고 한다. 전류계와 병렬로 몇 [Ω]의 저항을 연결하면 측정이 가능한지 계산하시오. 단, 전류계의 내부저항은 90[Ω]이다.

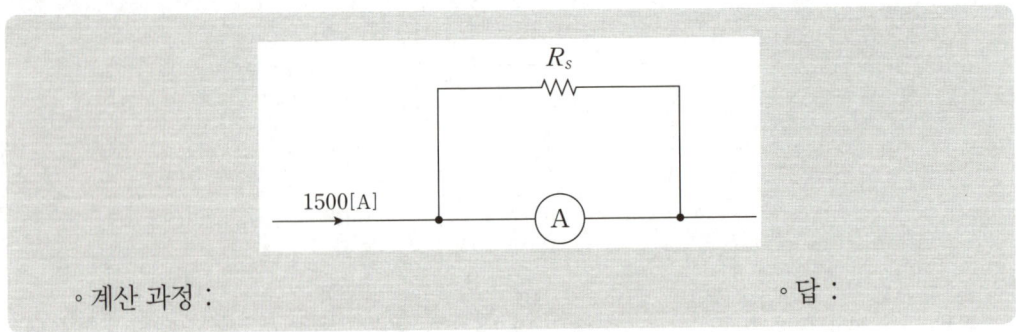

∘ 계산 과정 :   ∘ 답 :

정답

① 500[A] → 2000[A]의 경우 4배

분류기 $R_s = \dfrac{R_a}{m-1} = \dfrac{90}{4-1} = 30[\Omega]$

② 500[A] → 1500[A]의 경우 3배

분류기 $R_s = \dfrac{R_a}{m-1} = \dfrac{90}{3-1} = 45[\Omega]$

답 30[Ω] 또는 45[Ω]

16 다음 그림과 같은 부하분포의 배전선로에서 급전점 A의 전압이 105[V]일 때, B지점과 C, D지점의 전압을 각각 구하시오. 단, 전선의 굵기는 모두 동일하며, 1000[m]당 저항은 0.25[Ω]이다.

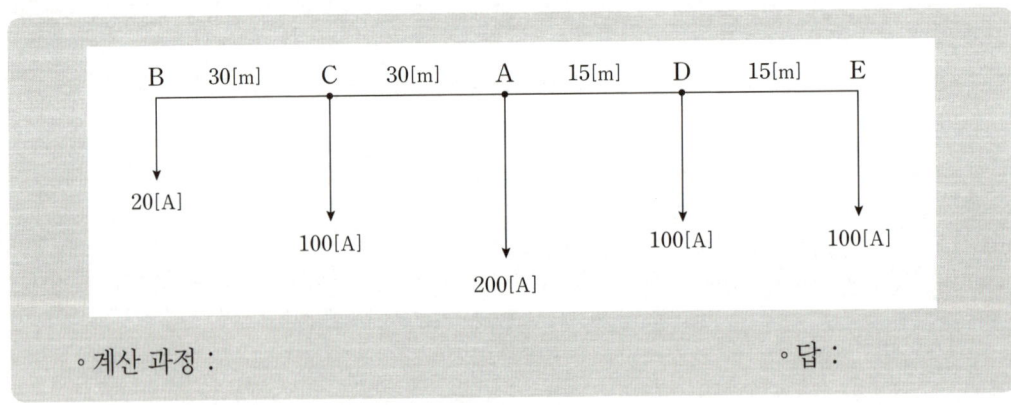

∘ 계산 과정 :   ∘ 답 :

정답

$V_B = V_A - e = 105 - \left(120 \times \dfrac{3}{400} + 20 \times \dfrac{3}{400}\right) = 103.95[\text{V}]$

$V_C = V_A - e' = 105 - 120 \times \dfrac{3}{400} = 104.1[\text{V}]$

$V_D = 105 - 200 \times \dfrac{3}{800} = 104.25[\text{V}]$

답 $V_B = 103.95[\text{V}]$, $V_C = 104.1[\text{V}]$, $V_D = 104.25[\text{V}]$

17 다음 래더다이어그램을 보고 물음에 답하시오.

① STR : 입력 A접점 (신호) ② STRN : 입력 B접접 (신호)
③ AND : AND A접점 ④ ANDN : AND B접점
⑤ OR : OR A접점 ⑥ ORN : OR B접점
⑦ OB : 병렬접속점 ⑧ OUT : 출력
⑨ END : 끝 ⑩ W : 각 번지 끝

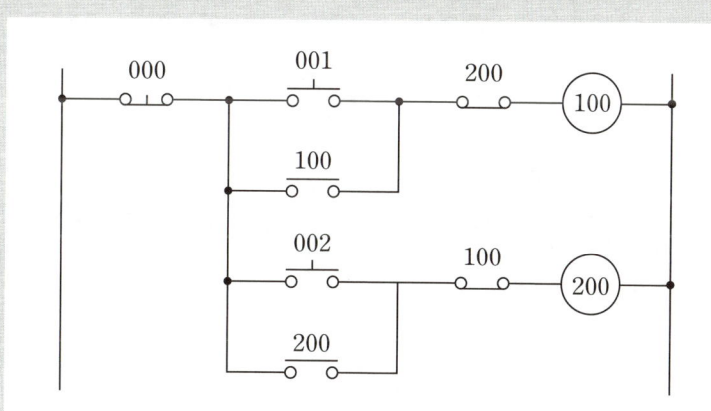

(1) 무접점 회로를 그리시오. (입력은 000, 001, 002이다.)
(2) PLC 프로그램표를 완성하시오.

스탭	명령어	데이터	비고
1	STRN	000	W
2	AND	001	W
3			W
4			W
5			W
6			W
7			W
8			W
9			W
10			W
11			W
12			W
13			W
14			W
15	OB	–	W
16	OUT	200	W
17	END	–	W

정답

(1)

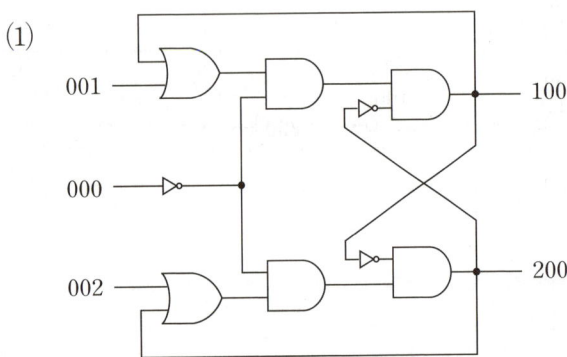

(2)

스탭	명령어	데이터	비고
1	STRN	000	W
2	AND	001	W
3	ANDN	200	W
4	STRN	000	W
5	AND	100	W
6	ANDN	200	W
7	OB	–	W
8	OUT	100	W
9	STRN	000	W
10	AND	002	W
11	ANDN	100	W
12	STRN	000	W
13	AND	200	W
14	ANDN	100	W
15	OB	–	W
16	OUT	200	W
17	END	–	W

18 100[kVA]의 변압기가 운전하고 있다. 하루 중 절반은 무부하로, 나머지의 절반은 50[%], 나머지 시간은 전부하로 운전 될 경우 전일효율은 몇 [%]인가? (단, 변압기의 철손 400[W], 동손 1300[W]이다.)

정답

전일효율 $\eta = \dfrac{출력}{출력+손실} \times 100$

출력 $= \dfrac{1}{2} \times 100 \times 6 + 100 \times 6 = 900[\text{kWh}]$

철손 $= 400 \times 24 \times 10^{-3} = 9.6[\text{kWh}]$

동손 $= \left(\left(\dfrac{1}{2}\right)^2 \times 1300 \times 6 + 1300 \times 6 \right) \times 10^{-3} = 9.75[\text{kWh}]$

$\therefore \eta = \dfrac{900}{900+9.6+9.75} \times 100 = 97.9[\%]$

답 97.9[%]

01 피뢰기의 구비조건을 3가지 쓰시오.

정답

- 제한전압이 낮을 것
- 속류 차단능력이 클 것
- 충격파 방전 개시 전압이 낮을 것

02 60[kW] 역률 0.8인 부하가 있다. 여기에 40[kW], 역률 0.6인 부하를 추가했을 때 합성 유효전력과 합성 무효전력을 구하시오.

정답

합성 유효전력 $P = 60 + 40 = 100[\text{kW}]$

합성 무효전력 $P_r = 60 \times \dfrac{\sqrt{1-0.8^2}}{0.8} + 40 \times \dfrac{\sqrt{1-0.6^2}}{0.6} = 98.33[\text{kVar}]$

답 합성유효전력 : 100[kW], 합성무효전력 : 98.33[kVar]

03

정격 출력 37[kW], 역률 0.8, 효율 0.82로 운전하는 3상 유도 전동기에 V결선의 변압기로 전원을 공급할 때 변압기 1대의 최소 용량[kVA]은?

변압기 정격용량[kVA]						
10	15	20	30	50	75	100

○ 계산 과정 :   ○ 답 :

정답

V결선의 변압기에 인가되는 부하용량 $P_a = \dfrac{37}{0.8 \times 0.82} = 5.64 [\text{kVA}]$

변압기 1대의 용량 $P_1 = \dfrac{P_a}{\sqrt{3}} = \dfrac{56.4}{\sqrt{3}} = 32.56 [\text{kVA}]$

답 50[kVA]

04

빈칸에 해당하는 전압의 종류를 쓰시오.

(①)	전선로를 대표하는 선간전압을 말하고 이 전압으로써 그 계통의 송전전압을 말한다.
(②)	전선로에 통상 발생하는 최고의 선간전압으로써 염해 대책, 1선지락고장 등 내부이상전압, 코로나현상, 전자유도전압의 표준이 되는 전압이다.

정답

① 공칭전압   ② 최고전압

05 아래 표는 유도 장해에 대한 설명이다. 빈 칸에 해당하는 유도 장해의 종류를 쓰시오.

( )	전력선과 통신선간의 상호 인덕턴스에 의해 발생한다.
( )	전력선과 통신선간의 정전용량에 의해 발생한다.
( )	양자의 영향에 의하지만 상용주파수보다 고조파의 유도에 의한 잡음 장해로 발생한다.

정답

(전자 유도 장해)	전력선과 통신선간의 상호 인덕턴스에 의해 발생한다.
(정전 유도 장해)	전력선과 통신선간의 정전용량에 의해 발생한다.
(고주파 유도 장해)	양자의 영향에 의하지만 상용주파수보다 고조파의 유도에 의한 잡음 장해로 발생한다.

06 그림과 같은 분기회로의 전선 굵기를 표준 공칭 단면적으로 산정하여 쓰시오. (단, 전압강하는 2[V] 이하이고, 배선 방식은 교류 220[V], 단상 2선식이며, 후강전선관 공사로 한다.)

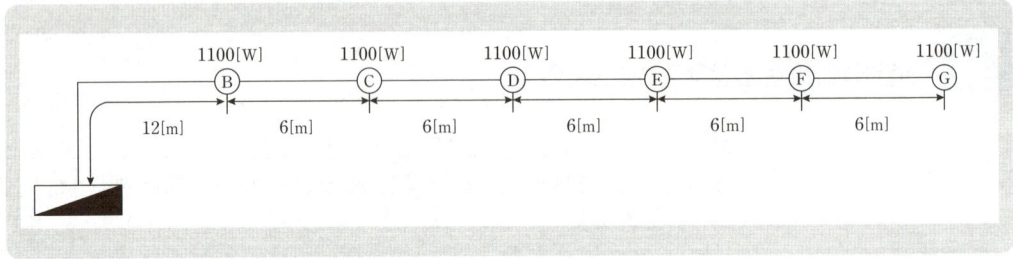

정답

부하중심까지의 거리

$$L = \frac{(1100 \times 12) + (1100 \times 18) + (1100 \times 24) + (1100 \times 30) + (1100 \times 36) + (1100 \times 42)}{1100 \times 6}$$

$$= \frac{13200 + 19800 + 26400 + 33000 + 39600 + 46200}{6600} = 27[\text{m}]$$

전부하전류 $I = \dfrac{1100 \times 6}{220} = 30[\text{A}]$, 전압강하 $e = 2[\text{V}]$

전선의 단면적 $= \dfrac{KLI}{1000e} = \dfrac{35.6 \times 27 \times 30}{1000 \times 2} ≒ 14.42[\text{mm}^2]$ 　　　답　$16[\text{mm}^2]$

07 그림과 같이 지선을 가설하여 전주에 가해진 수평 장력 880[kg]을 지지하고자 한다. 4.0[mm] 철선을 지선으로 사용한다면 몇 가닥으로 하면 되는가? (단, 4[mm] 철선 1가닥의 인장하중은 440[kg]으로 하고 안전율은 2.5로 한다.)

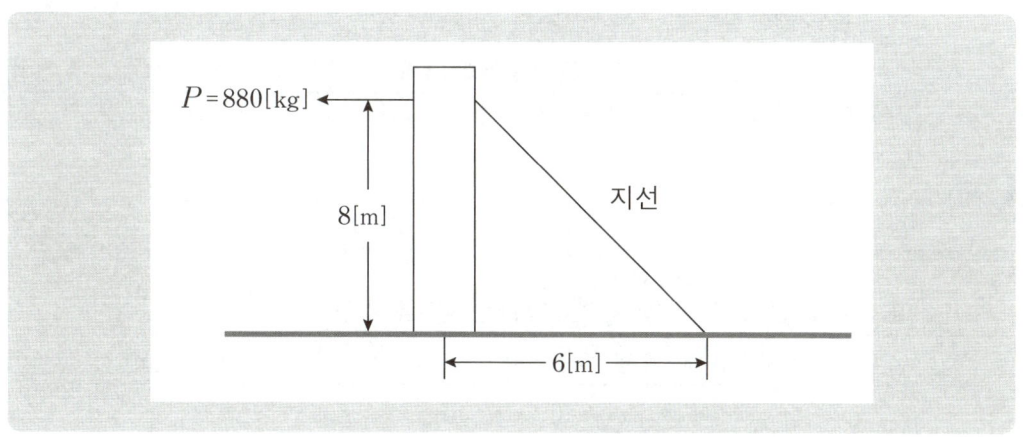

정답

$$\sin\theta = \frac{T}{T_0} = \frac{6}{\sqrt{8^2+6^2}} = \frac{6}{10}$$

$$T_0 = \frac{10}{6} \times 880 = 1466.67[\text{kg}] \quad \therefore \quad n = \frac{1466.67 \times 2.5}{440} = 8.33$$

답 9가닥

08 조명에서 사용되는 용어 중 광원에서 나오는 복사속을 눈으로 보아 빛으로 느껴지는 크기를 나타낸 것으로써, 빛의 양을 나타내는 용어와 단위를 쓰시오.

정답

- 용어 : 광속
- 단위 : [lm]

09

다음은 저압가공인입선의 높이에 관한 사항이다. (   )안의 빈칸을 작성하시오.

도로횡단 (단, 기술상 부득이한 경우에 교통에 지장을 주지 않는 경우를 제외)	( )[m]
철도 또는 궤도를 횡단하는 경우	( )[m]

정답

도로횡단 (단, 기술상 부득이한 경우에 교통에 지장을 주지 않는 경우를 제외)	(5)[m]
철도 또는 궤도를 횡단하는 경우	(6.5)[m]

10

100[kW] 설비용량 수용가의 부하율 60[%], 수용률 80[%]일 때, 1개월간 사용 전력량[kWh]을 구하시오. (단, 1개월은 30일이다.)

정답

$W = P \times t = 100 \times 0.6 \times 0.8 \times 30 \times 24 = 34560 [\text{kWh}]$

답 34560[kWh]

11 그림은 22.9[kV-Y] 1000[kVA] 이하에 적용 가능한 특고압 간이 수전설비 결선도이다. 각 물음에 답하시오.

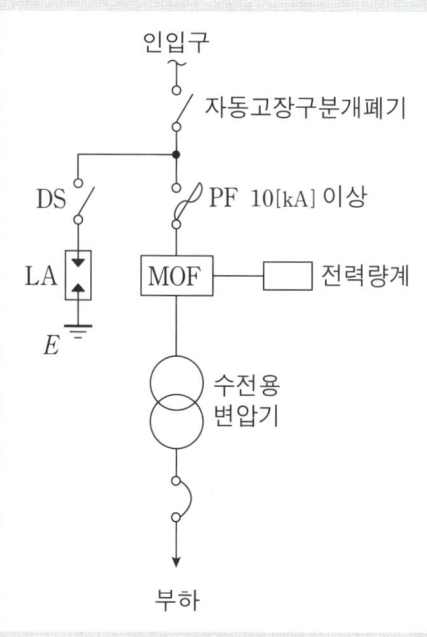

(1) 위 결선도에서 생략할 수 있는 것은?

(2) 22.9[kV]용의 LA는 어떤 것을 사용하여야 하는가?

(3) 인입선을 지중선으로 시설하는 경우로 공동주택 등 고장시 정전피해가 큰 경우에는 예비지중선을 포함하여 몇 회선으로 시설하는 것이 바람직한가?

(4) 지중인입선의 경우에 22.9[kV-Y]계통은 CNCV-W 케이블(수밀형) 또는 TR CNCV-W(트리억제형)을 사용하여야 한다. 다만, 전력구·공동구·덕트·건물구내 등 화재의 우려가 있는 장소에서는 어떤 케이블을 사용하는 것이 바람직한가?

(5) 300[kVA] 이하인 경우는 PF대신 COS을 사용시 비대칭 차단전류 몇 [kA] 이상의 것을 사용해야하는가?

정답

(1) LA용 DS

(2) Disconnector 또는 Isolator 붙임형

(3) 2회선

(4) FR CNCO-W(난연) 케이블

(5) 10[kA]

---

12 어떤 콘덴서 3개를 선간전압 3300[V] 주파수 60[Hz]의 선로에 델타로 접속하여 60[KVA]가 되도록 하려면 콘덴서 1개의 정전용량은 약 얼마인가?

정답

$$C = \frac{Q}{3\omega V^2} = \frac{60 \times 10^3}{3 \times 2\pi \times 60 \times 3300^2} \times 10^6 = 4.87[\mu F]$$

답 $4.87[\mu F]$

---

13 모든 방향으로 400[cd]의 광도를 갖는 전등을 직경 4[m]의 원형 탁자 중심에서 수직으로 2[m] 위에 점 등하였다. 이 원형 탁자의 평균 조도는 얼마인가?

정답

$$E = \frac{F}{S} = \frac{2\pi(1-\cos\theta)I}{\pi r^2} = \frac{2 \times \left(1 - \frac{2}{\sqrt{2^2+2^2}}\right) \times 400}{2^2} = 58.58[\text{lx}]$$

답 $58.58[\text{lx}]$

14. 다음 주어진 조건을 이용하여 유접점회로를 완성하시오.

- 전원 투입 시 GL램프가 점등된다.
- ON을 누르면 전동기가 동작하고 자기유지되며, RL램프가 점등되고 GL램프가 소등된다.
- THR이 동작하면 전동기가 정지하고 RL램프가 소등된다.
- OFF를 누르면 전동기가 정지하고 GL램프가 점등된다.

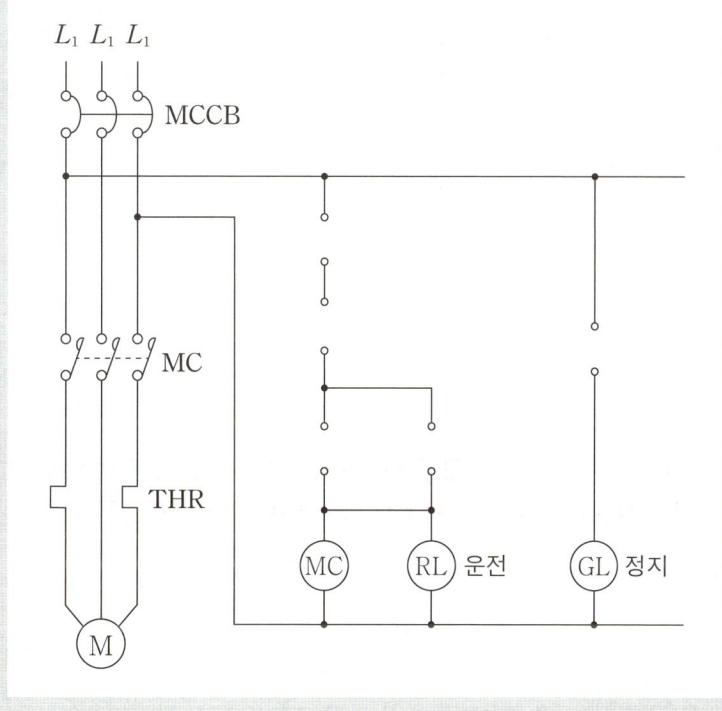

정답

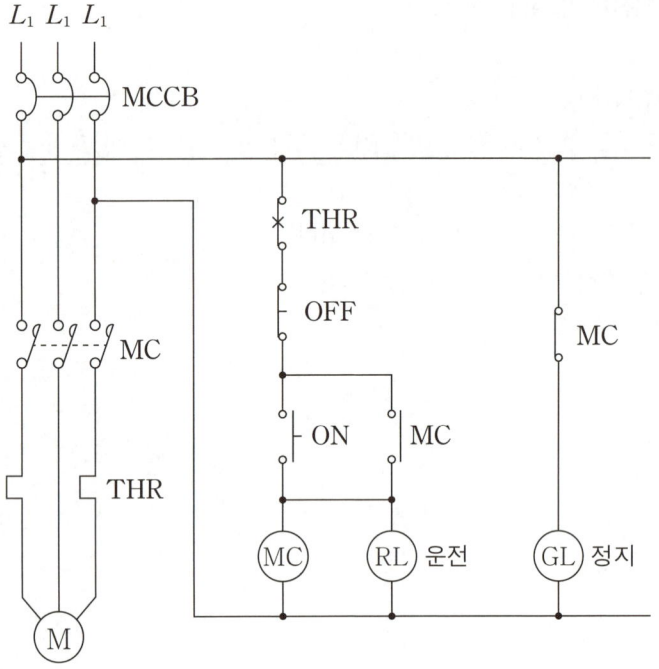

15 다음 단상회로에서 A, B, C, D 점 중에서 전원을 공급하려고 할 때, 전력손실이 최소가 되는 지점을 구하시오. (단, AB, BC, CD의 저항은 1[Ω]으로 하고 나머지 조건은 무시한다.)

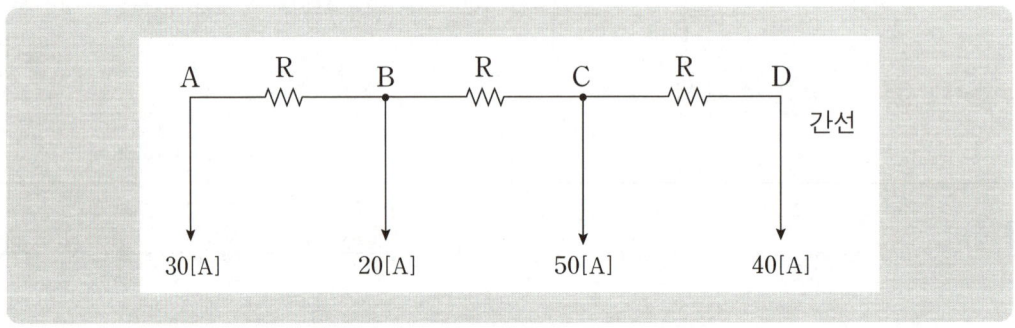

> 정답

$P_A = (20+50+40)^2 \times 1 + (50+40)^2 \times 1 + 40^2 \times 1 = 21800$

$P_B = 30^2 \times 1 + (50+40)^2 \times 1 + 40^2 \times 1 = 10600$

$P_C = 30^2 \times 1 + (30+20)^2 \times 1 + 40^2 \times 1 = 5000$

$P_D = 30^2 \times 1 + (30+20)^2 \times 1 + (30+20+50)^2 \times 1 = 13400$

답 C

16

100[MVA]를 기준으로 전원측 %임피던스가 25[%]일 때, 수전점 단락용량[MVA]을 구하시오.

정답

$$P_s = \frac{100}{\%Z} \times P_n = \frac{100}{25} \times 100 = 400[\text{MVA}]$$

답 400[MVA]

17

다음 그림과 같이 단상 3선식 110/220[V]수전의 경우 설비 불평형률은 몇 [%]인가?

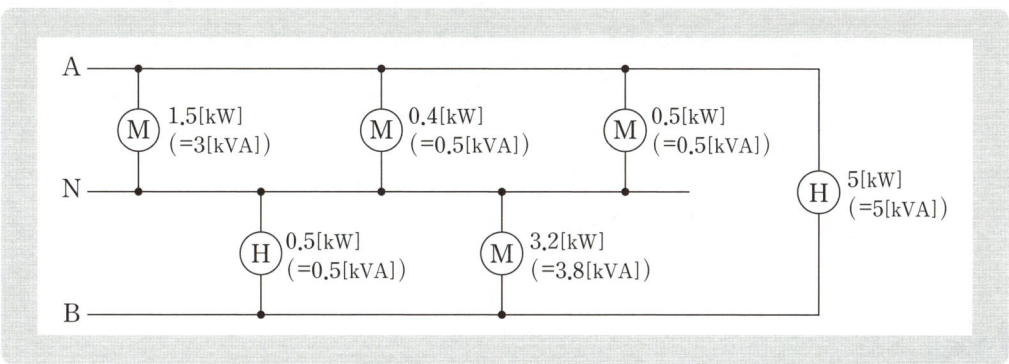

정답

- $P_{AN} = 3 + 0.5 + 0.5 = 4[\text{kVA}]$
- $P_{BN} = 0.5 + 3.8 = 4.3[\text{kVA}]$

$$\therefore 설비불평형률 = \frac{4.3 - 4}{(4.3 + 4 + 5) \times \frac{1}{2}} \times 100 = 4.51[\%]$$

답 4.51[%]

18

2000[lm]의 광속을 발산하는 전등 30개를 100[m²]의 방에 설치하였다. 전등의 조명율은 0.5, 감광보상율이 1.5(보수율 0.667)일 때 방의 평균조도[lx]를 구하시오.

정답

$$E = \frac{FUN}{DS} = \frac{2000 \times 0.5 \times 30}{1.5 \times 100} = 200[\text{lx}]$$

답 200[lx]

전기산업기사실기 2024년 1회 기출문제

국가기술자격검정실기시험문제

01 다음 한국전기설비규정(KEC)에 의한 전선의 색상표이다. 빈 칸을 채우시오.

상(문자)	색상
L1	①
L2	②
L3	③
N	④
보호도체	⑤

정답

① 갈색 ② 검은색 ③ 회색
④ 파란색 ⑤ 녹색-노란색

02 다음 조건을 만족하는 유접점 회로도를 완성하시오.

[조건]
- 전원 스위치 MCCB를 투입하면, GL이 점등된다.
- 푸시버튼 PB1을 누르면, MC가 여자되고, 자기유지되며 동시에 MC의 접점에 의해 GL이 소등되고 RL이 점등된다.
- 푸시버튼 PB2를 누르면, MC에 흐르는 전류가 끊겨 전동기가 정지하며 동시에 MC의 접점에 의해 GL이 점등되고 RL이 소등된다.
- 사고에 의해 과전류가 흐르면 THR이 동작하여 모든 회로가 정지된다.

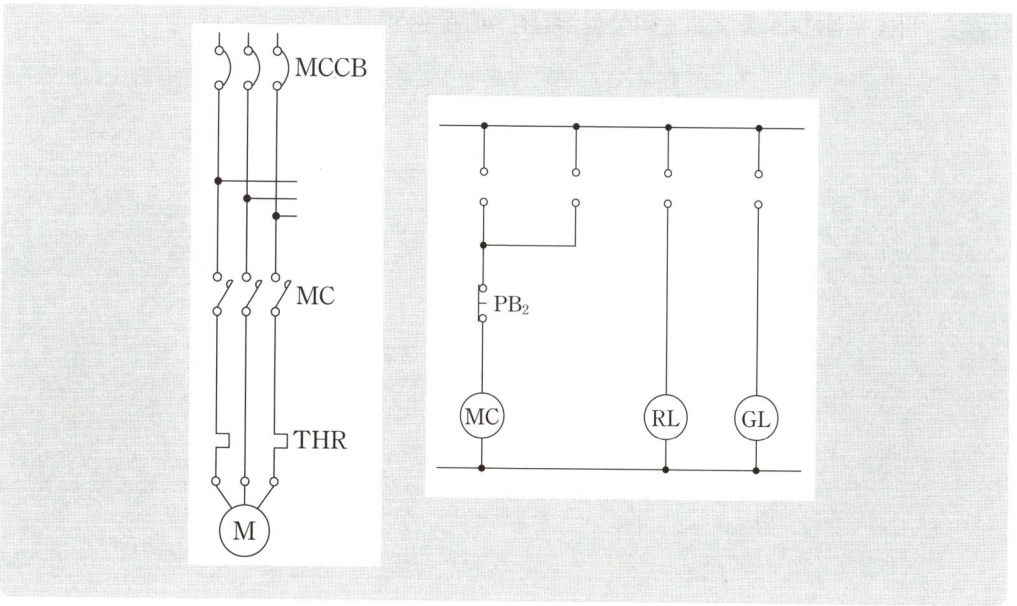

정답

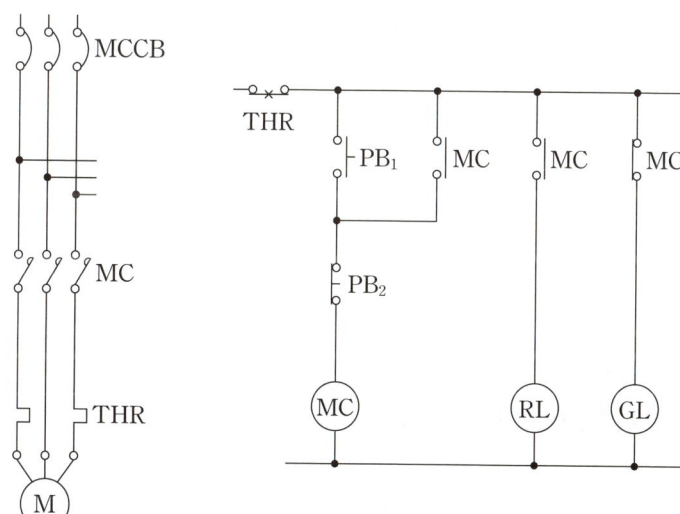

03 다음 무접점회로를 보고, 논리식 및 유접점 회로를 완성하시오. A

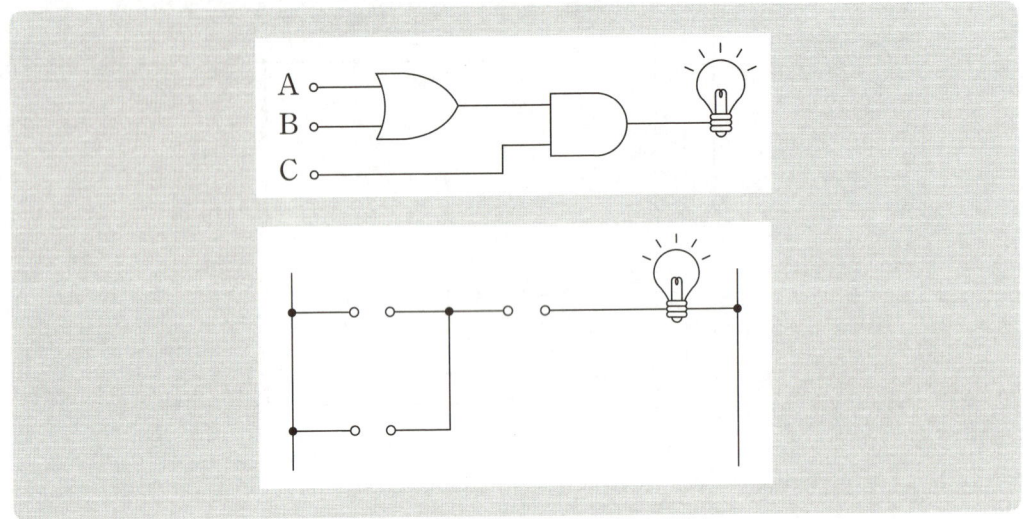

정답

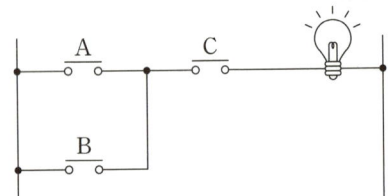

04 종합전기설계사업법에서 기술인력 등록요건 3가지를 쓰시오.

정답

- 설계사 2명
- 설계보조자 2명
- 전기분야 기술사 2명

다음 표를 보고 설명에 해당하는 전동기의 정격을 쓰시오.

전동기 정격	설명
①	냉상태에서 시작하여 지정된 조건에서 허용시간까지 운전되었을 때 규정된 온도상승, 기타의 제반조건을 초과하지 않는 정격
②	지정된 조건으로 연속 사용할 때 규정된 온도 상승, 기타의 제반조건을 초과하지 않는 정격
③	지정된 조건에서 일정한 부하로 운전·정지를 주기적으로 반복사용할 때 규정된 온도 상승, 기타의 제반조건을 초과하지 않는 정격

정답

① 단시간 정격
② 연속 정격
③ 반복 정격

 부하설비의 역률이 낮아질 경우 수용가가 볼 수 있는 손해를 4가지만 쓰시오.

정답

① 전력손실 증가
② 전압강하 증가
③ 전기요금 증가
④ 설비용량 여유 감소

07 한시 계전기의 특성을 설명하시오.

(1) 정한시
(2) 반한시
(3) 반한시성 정한시

정답

(1) 동작 전류 크기에 관계없이 정해진 일정 시간에 동작하는 특성
(2) 동작 전류가 커질수록 동작 시간이 짧게 되고 반대로 동작 전류가 작을수록 동작시간이 길어지는 특성
(3) 동작 전류가 작은 동안에는 반한시 특성을 갖고 일정 전류 이상이면 정한시 특성을 갖음

08 평탄지에서 전선의 지지점의 높이를 같도록 가선한 경간이 100[m]인 가공전선로가 있다. 사용전선으로 인장하중이 1480[kg], 중량 0.334[kg/m]인 경동선을 사용하고, 수평 풍압하중이 0.608[kg/m], 전선의 안전율이 2.2인 경우 이도를 구하시오.

정답

합성하중 $W = \sqrt{0.334^2 + 0.608^2} = 0.69[\text{kg/m}]$

따라서, 이도 $D = \dfrac{WS^2}{8T} = \dfrac{0.69 \times 100^2}{8 \times \dfrac{1480}{2.2}} = 1.28[\text{m}]$

답 1.28[m]

09

50[kVA]의 변압기가 그림과 같은 부하로 운전되고 있다. 오전에는 역률 80[%]로 오후에는 100[%]로 운전된다면 전일효율은 몇 [%]가 되겠는가? (단, 이 변압기의 철손은 0.6[kW]이고 전부하시 동손은 1[kW]이다.)

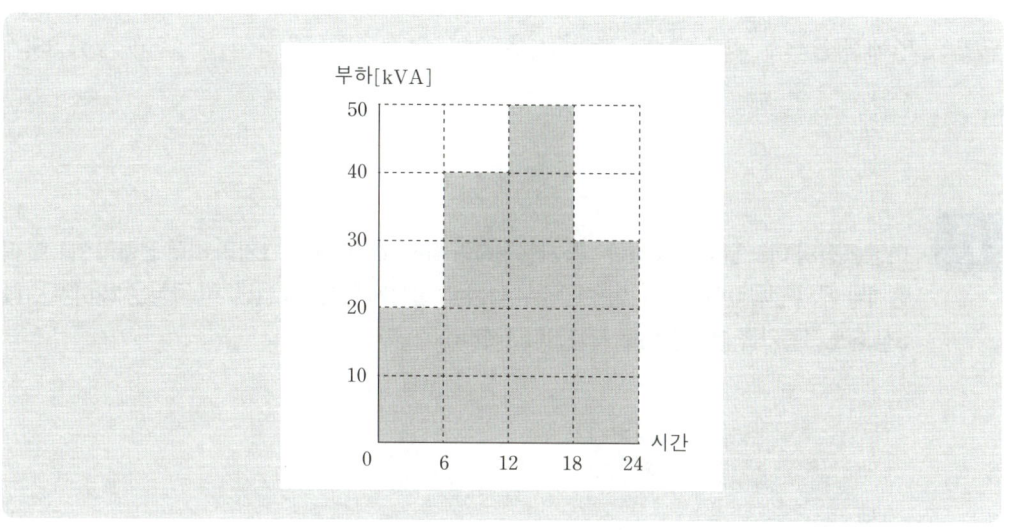

정답

전일효율 $\eta_a = \dfrac{\sum hmP_a\cos\theta}{\sum hmP_a\cos\theta + 24P_i + \sum hm^2P_c} \times 100[\%]$

부하의 소비 전력량 $\sum hmP_a\cos\theta = 6 \times (20 \times 0.8 + 40 \times 0.8 + 50 \times 1 + 30 \times 1) = 768[kWh]$

철손량 $24P_i = 24 \times 0.6 = 14.4[kWh]$

동손량 $\sum hm^2P_c = 6 \times \left\{ \left(\dfrac{20}{50}\right)^2 + \left(\dfrac{40}{50}\right)^2 + \left(\dfrac{50}{50}\right)^2 + \left(\dfrac{30}{50}\right)^2 \right\} \times 1 = 12.96[kWh]$

∴ 전일 효율 $\eta_a = \dfrac{768}{768 + 14.4 + 12.96} \times 100 = 96.56[\%]$

답 96.56[%]

10 반사율 65[%]의 완전확산성 종이를 200[lx]의 조도로 비추었을 때 종이의 휘도[cd/m²]는 약 얼마인가?

정답

$\pi B = \rho E$ 에서 $B = \dfrac{\rho E}{\pi} = \dfrac{0.65 \times 200}{\pi} = 41.38 [\text{cd/m}^2]$ 답 $41.38[\text{cd/m}^2]$

11 어떤 공장의 어느 날 부하실적이 1일 사용전력량 100[kWh]이며, 1일의 최대 전력이 7[kW]이고, 최대 전력일 때의 전류값이 20[A]이었을 경우 다음 각 물음에 답하시오. (단, 이 공장은 220[V], 11[kW]인 3상 유도전동기를 부하 설비로 사용한다고 한다.)

(1) 일 부하율은 몇 [%]인가?
 ◦ 계산 과정 :　　　　　　　　　　　　　　　　◦ 답 :

(2) 최대 공급 전력일 때의 역률은 몇 [%]인가?
 ◦ 계산 과정 :　　　　　　　　　　　　　　　　◦ 답 :

정답

(1) 일 부하율 $= \dfrac{\text{사용전력량}/24}{\text{최대전력}} = \dfrac{100/24}{7} \times 100 = 59.52[\%]$ 답 $59.52[\%]$

(2) 역률 $\cos\theta = \dfrac{\text{유효전력}}{\text{피상전력}} = \dfrac{P}{\sqrt{3}VI} = \dfrac{7 \times 10^3}{\sqrt{3} \times 220 \times 20} \times 100 = 91.85[\%]$ 답 $91.85[\%]$

12 3상 농형 유도전동기의 기동법 3가지를 쓰시오.

정답

① 직입 기동법　　② Y-△ 기동법
③ 기동 보상기법　④ 리액터 기동법

13 실내 바닥에서 3[m] 떨어진 곳에 300[cd]인 전등이 점등되어 있는데 이 전등 바로 아래에서 수평으로 4[m] 떨어진 곳의 수평면조도는 몇 [lx]인지 구하시오.

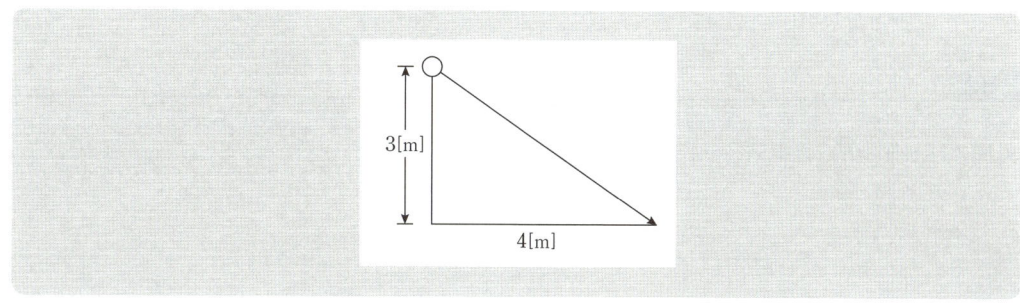

정답

수평면 $E_h = \dfrac{I}{\ell^2} \times \cos\theta = \dfrac{300}{(\sqrt{3^2+4^2})^2} \times \dfrac{3}{\sqrt{3^2+4^2}} = 7.2\,[\text{lx}]$

답 7.2[lx]

14 차단기의 약호에 따른 명칭을 쓰시오.

약 호	명 칭
ACB	
VCB	
OCB	

정답

약 호	명 칭
ACB	기중차단기
VCB	진공차단기
OCB	유입차단기

15 피뢰기는 이상전압이 기기에 침입했을 때 그 파고값을 저감시키기 위하여 뇌전류를 대지로 방전시켜 절연파괴를 방지하며, 방전에 의하여 생기는 속류를 차단하여 원래의 상태로 회복시키는 장치이다. 피뢰기의 제한전압이란?

정답

피뢰기 단자간에 남게 되는 충격전압

16 다음 그림은 배전반에서 계측을 하기 위한 계기용변성기이다. 아래 그림을 보고 명칭, 약호, 심벌, 역할에 알맞은 내용을 쓰시오.

구분		
약호		
심벌 (단선도로 그리시오)		
역할		

정답

구분		
약호	CT	PT
심벌	(기호)	(기호)
역할	대전류를 소전류로 변성하여 계기 및 계전기에 공급한다.	고전압을 저전압으로 변성하여 계기 및 계전기 등의 전원으로 사용한다.

17 가공선의 파동임피던스가 $400[\Omega]$, 케이블의 파동임피던스가 $50[\Omega]$인 선로의 접속점에 피뢰기를 설치하였다. 피뢰기 투과전압 $600[kV]$, 이상전류는 $1000[A]$일 때, 피뢰기의 제한전압$[kV]$을 구하시오.

정답

피뢰기 제한전압 $= \dfrac{2Z_2}{Z_1+Z_2} \cdot e_i - \dfrac{Z_1 \cdot Z_2}{Z_1+Z_2} \cdot i_a = 600 - \dfrac{400 \times 50}{400+50} \times 1 = 555.56[kV]$

답 $555.56[kV]$

18 계기 정수 $1000[Rev/kWh]$, 적산전력계의 원판이 40초에 5회전을 할 때, 부하평균전력은 몇 $[kW]$인지 계산하시오.

정답

초당 회전수 $n = \dfrac{P \times K}{3600}$ ∴ $P = \dfrac{n \times 3600}{K} = \dfrac{\frac{5}{40} \times 3600}{1000} = 0.45[kW]$

답 $0.45[kW]$

19

다음은 간이수변전설비의 단선도 일부이다. 각 물음에 답하시오.

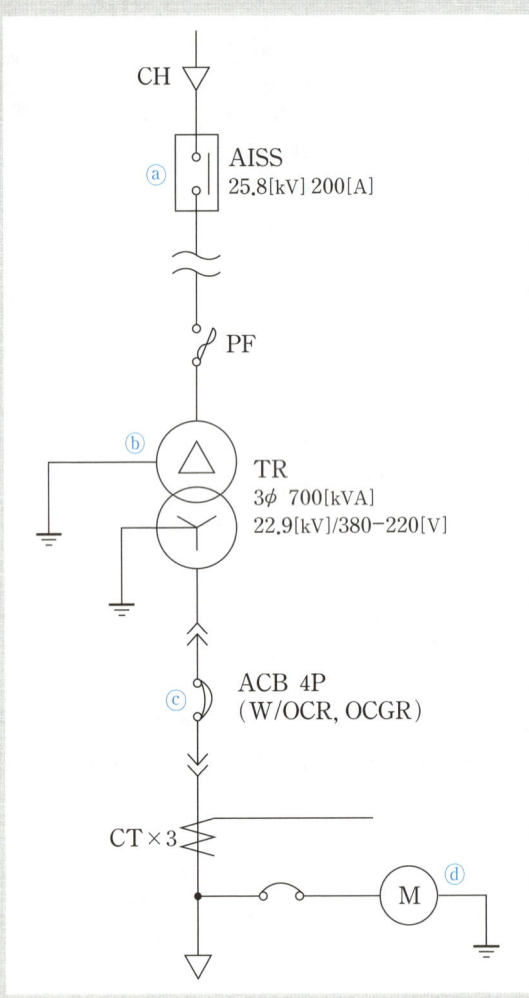

(1) 간이수변전설비의 단선도의 ⓐ는 인입구 개폐기인 자동고장구분개폐기이다.
다음 (   )에 들어갈 내용을 답란에 쓰시오.
"22.9[kV-Y] (①)[kVA] 이하에 적용이 가능하며, 300[kVA] 이하의 경우에는 자동고장구분개폐기 대신에 (②)를 사용할 수 있다."

(2) 간이수변전설비의 단선도 ⓑ에 설치된 변압기에 대하여 다음 (   )에 들어갈 내용을 답란에 쓰시오.
"과전류강도는 최대부하전류의 (①)배 전류를 (②)초 동안 흘릴 수 있어야 한다."

(3) 간이수변전설비의 단선도에서 ⓒ는 변압기 2차 개폐기 ACB이다. 보호요소 2가지를 쓰시오.

(4) 간이수변전설비의 단선도에서 설치된 전력퓨즈에 대하여 다음 ( )에 들어갈 내용을 답란에 쓰시오.

"일반적으로 전력퓨즈(Power Fuse)와 컷아웃스위치(COS)를 통칭하여 고압퓨즈라 한다. 간이수전설비에서 (①)[kVA] 이하인 경우 PF 대신 COS를 사용할 수 있다. 다만, 비대칭 차단전류 (②)[kA] 이상의 것을 사용해야 한다."

(5) 간이수변전설비의 간선도에서 변류기의 변류비를 선정하시오. (단, CT의 정격전류는 부하전류의 125[%]로 하며, 표준규격[A]은 1차 : 1000, 1200, 1500, 2000, 2차 : 5를 사용한다.)

  ∘계산 과정 :   ∘답 :

> **정답**

(1) ① 1000   ② 기중부하개폐기(인터럽터 스위치)

(2) ① 25   ② 2

(3) ① 과전류 ② 부족전압 ③ 결상

(4) ① 300   ② 10

(5) $I_{CT} = \dfrac{700 \times 10^3}{\sqrt{3} \times 380} \times 1.25 = 1329.42[A]$ 답 1500/5 선정

국가기술자격검정실기시험문제

전기산업기사실기 2024년 2회 기출문제

 어느 회사에서 한 부지에 A, B, C의 세 공장을 세워 3대의 급수 펌프 P_1(소형), P_2(중형), P_3(대형)으로 다음 계획에 따라 급수 계획을 세웠다. 이 계획을 잘 보고 다음 물음에 답하시오.

[계획]
① 모든 공장 A, B, C가 휴무일 때 또는 그 중 한 공장만 가동할 때에는 펌프 P_1만 가동시킨다.
② 모든 공장 A, B, C 중 어느 것이나 두 개의 공장만 가동할 때에는 P_2만 가동시킨다.
③ 모든 공장 A, B, C가 모두 가동할 때에는 P_3만 가동시킨다.

(1) 급수계획에 대한 진리표를 작성하시오.

A	B	C	P_1	P_2	P_3
0	0	0			
0	0	1			
0	1	0			
0	1	1			
1	0	0			
1	0	1			
1	1	0			
1	1	1			

(2) 급수 펌프 P_1, P_2에 대한 출력식을 쓰시오
 ○계산 과정 : ○답 :

(3) 급수 펌프 P_1, P_2에 대한 유접점 회로를 완성하시오.

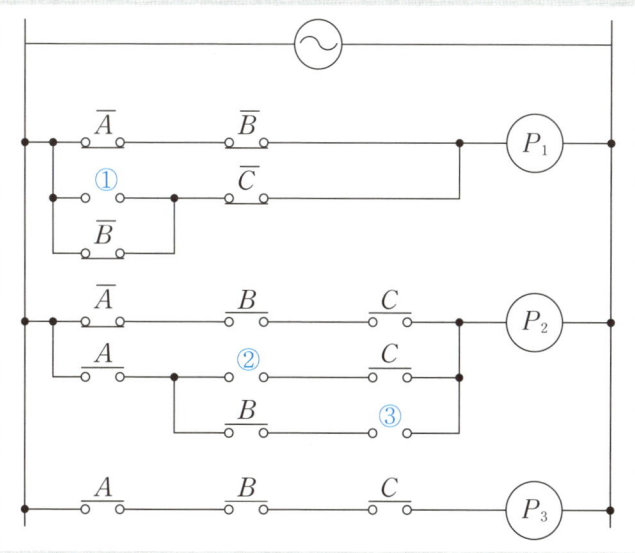

정답

(1)

A	B	C	P_1	P_2	P_3
0	0	0	1	0	0
1	0	0	1	0	0
0	1	0	1	0	0
0	0	1	0	1	0
1	1	0	1	0	0
1	0	1	0	1	0
0	1	1	0	1	0
1	1	1	0	0	1

(2) $P_1 = \overline{A}\,\overline{B}\,\overline{C} + A\overline{B}\,\overline{C} + \overline{A}B\overline{C} + \overline{A}\,\overline{B}C + A\overline{B}\,\overline{C} + A\overline{B}\,\overline{C}$
$= (\overline{A}+A)\overline{B}\,\overline{C} + (B+\overline{B})\overline{A}\,\overline{C} + (C+\overline{C})\overline{A}\,\overline{B}$
$= \overline{B}\,\overline{C} + \overline{A}\,\overline{C} + \overline{A}\,\overline{B} = \overline{C}(\overline{B}+\overline{A}) + \overline{A}\,\overline{B}$

$P_2 = AB\overline{C} + A\overline{B}C + \overline{A}BC = \overline{A}BC + A(B\overline{C} + \overline{B}C)$

답 $P_1 = \overline{C}(\overline{B}+\overline{A}) + \overline{A}\,\overline{B}$
$P_2 = \overline{A}BC + A(B\overline{C} + \overline{B}C)$

(3)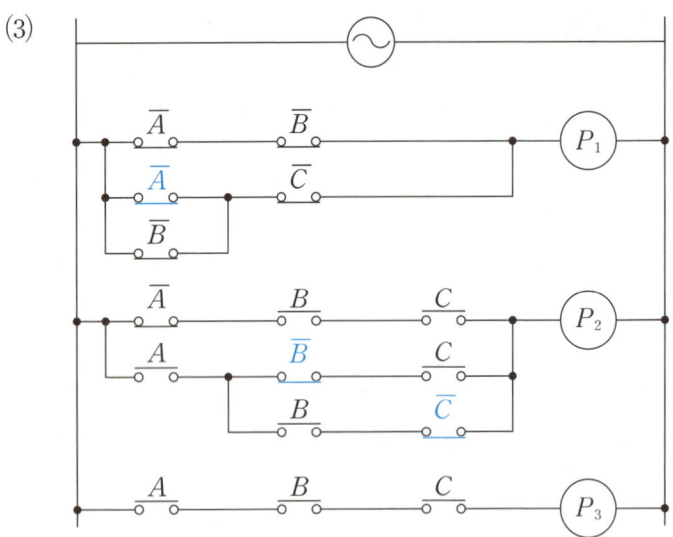

02 다음 빈 칸에 알맞은 숫자를 넣으시오.

욕조나 샤워시설이 있는 욕실 또는 화장실 등 인체가 물에 젖어있는 상태에서 전기를 사용하는 장소에 콘센트를 시설하는 경우에는 「전기용품 및 생활용품 안전관리법」의 적용을 받는 인체감전보호용 누전차단기(정격감도전류 (①)[mA] 이하, 동작시간 (②)초 이하의 전류동작형의 것에 한한다) 또는 절연변압기(정격용량 (③)[kVA] 이하인 것에 한한다)로 보호된 전로에 접속하거나, 인체감전보호용 누전차단기가 부착된 콘센트를 시설하여야 한다.

①	②	③
15	0.03	3

정답

①	②	③
15	0.03	3

03 빈칸에 알맞은 답을 채우시오.

> 개폐소, 변전소, 발전소, 급전소, 배선, 전선, 전로, 전선로

- (①) : 전력계통 운용에 관한 지시 또는 급전조작을 하는 곳
- (②) : 전기도체, 절연물로 피복한 전기도체 또는 절연물로 피복한 위를 보호피복으로 보호한 도체
- (③) : 통상의 사용상태에서 전기가 통하고 있는 곳
- (④) : 발전소, 변전소, 개폐소, 이에 준하는 곳 및 전기 사용 장소 상호간의 전선 또는 이를지지, 수용하는 시설물

①	②	③	④
급전소	전선	전로	전선로

정답

①	②	③	④
급전소	전선	전로	전선로

04 4점법으로 평균 조도를 구하시오.

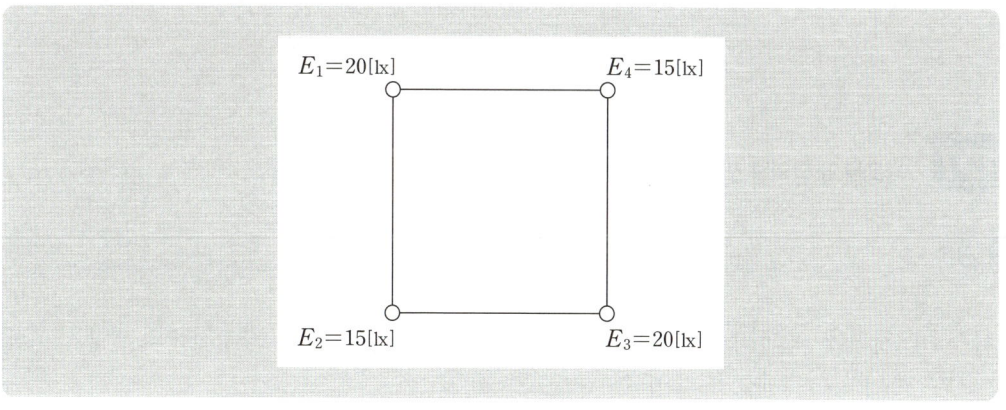

$E_1 = 20[\text{lx}]$, $E_4 = 15[\text{lx}]$, $E_2 = 15[\text{lx}]$, $E_3 = 20[\text{lx}]$

정답

$$E_{av} = \frac{20+15+15+20}{4} = 17.5[\text{lx}]$$

답 17.5[lx]

05
전기공사업자는 등록사항 중 "대통령령으로 정하는 중요 사항"이 변경된 경우 시, 도지사에게 그 사실을 신고하여야 한다. "대통령령으로 정하는 중요 사항" 2가지를 쓰시오.

정답

① 상호 또는 명칭 ② 영업소의 소재지
③ 대표자 ④ 자본금(공사업과 관련이 자본금의 변경은 제외한다)
⑤ 전기공사기술자

06
길이가 50[km]인 송전선로의 한 선의 애자련이 300연이고 1연의 누설저항이 10^3[MΩ]이다. 선로의 누설 컨덕턴스는 몇 [μ℧]인가? (주어진 조건만을 사용하시오.)

정답

애자련 300연이 병렬연결된 구조이므로 합성 누설저항 $R_0 = \dfrac{R}{n} = \dfrac{10^3 \times 10^6}{300}[\Omega]$

누설 컨덕턴스 $G_0 = \dfrac{1}{R_0} = \dfrac{300}{10^3 \times 10^6} \times 10^6 = 0.3[\mu\mho]$

답 0.3[μ℧]

07
부등률의 정의를 쓰시오.

정답

합성최대전력에 대한 각 부하설비 최대전력의 합의 비를 말하며, 최대전력의 발생시각 또는 발생시기의 분산을 나타내는 지표이다.

08 바닥면적 1200[m²]인 사무실의 조명설계를 하려고 한다. 실내 평균 조도는 300[lx]를 얻으려고 할 때 몇 개의 형광등이 필요한가? (단, 40[W] 형광등 한 개의 광속은 2500[lm], 조명률 0.7, 감광보상률 1.5)

정답

$$N = \frac{DES}{FU} = \frac{1.5 \times 300 \times 1200}{2500 \times 0.7} = 308.57$$

답 309개

09 그림과 같은 계통의 기기의 A점에서 완전 지락이 발생하였다. 이때 다음 각 물음에 답하시오.

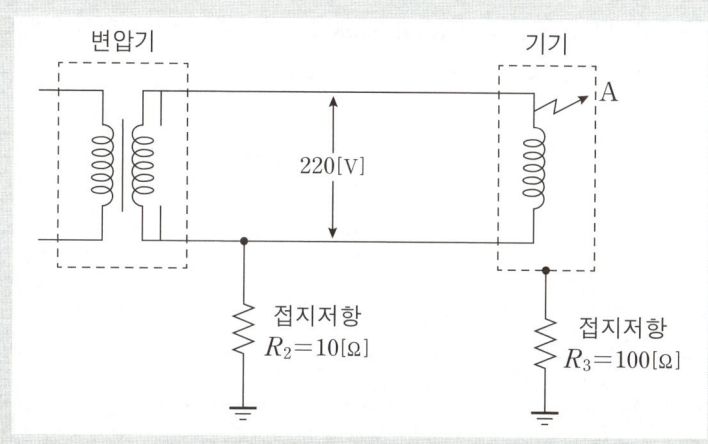

(1) 이 기기의 외함에 인체가 접촉하고 있지 않은 경우, 이 외함의 대지전압은 몇 [V]인가?
   ◦계산 과정 :   ◦답 :

(2) 이 기기의 외함에 인체가 접촉하였을 경우, 인체를 통하여 흐르는 전류는 몇 [mA]인가? (단, 인체의 저항은 3000[Ω]으로 한다.)
   ◦계산 과정 :   ◦답 :

정답

(1) 대지전압 $e = \frac{R_3}{R_2 + R_3} \times E = \frac{100}{10 + 100} \times 220 = 200[V]$ 답 200[V]

(2) 인체에 흐르는 전류

$$I_g = \frac{V}{R_2 + \frac{R_3 \times R}{R_3 + R}} \times \frac{R_3}{R_3 + R} = \frac{220}{10 + \frac{100 \times 3000}{100 + 3000}} \times \frac{100}{100 + 3000} \times 10^3 = 66.47[mA]$$

답 66.47[mA]

10 수전단 전압이 22900[V]일 때 변압기 2차 전압이 380/220[V]이라고 한다. 실제 측정된 변압기 2차측 전압이 370[V]일 때, 1차 탭전압을 22900[V]에서 21900[V]로 변경한다면 2차 전압 측정값은?

정답

$$\frac{V_{1t}'}{V_{1t}} = \frac{V_2}{V_2'} \rightarrow V_2' = V_2 \times \frac{V_{1t}'}{V_{1t}} = 370 \times \frac{22900}{21900} = 386.89[V]$$

답 386.89[V]

11 어떤 건물의 연면적이 420[m²]이다. 이 건물에 표준부하를 적용하여 전등, 일반 동력 및 냉방 동력 공급용 변압기 용량을 각각 다음 표를 이용하여 구하시오. (단, 전등은 단상 부하로부터 역률은 1이며, 일반 동력, 냉방 동력은 3상 부하로서 각 역률은 0.95, 0.9이다.)

[표준부하]

부하	표준부하[W/m²]	수용률[%]
전등	30	75
일반 동력	50	65
냉방 동력	35	70

[변압기 용량]

상별	용량[kVA]
단상	3, 5, 7.5, 10, 15, 30, 50
3상	3, 5, 7.5, 10, 15, 30, 50

(1) 전등용 변압기 용량
(2) 일반 동력 변압기 용량
(3) 냉방 동력 변압기 용량

정답

(1) $TR_{전등} = 30 \times 420 \times 0.75 \times 10^{-3} = 9.45[kVA]$ 답 10[kVA]

(2) $TR_{일반} = \dfrac{50 \times 420 \times 0.65 \times 10^{-3}}{0.95} = 14.37[\text{kVA}]$ 　　　　답　15[kVA]

(3) $TR_{냉방} = \dfrac{35 \times 420 \times 0.7 \times 10^{-3}}{0.9} = 11.43[\text{kVA}]$ 　　　　답　15[kVA]

12
화력발전소에서 1시간 운전시 중유 12[ton]을 사용했다면, 발전기의 효율은 얼마인가? (단, 발열량은 10000[kcal/kg], 발전기의 출력은 40000[kW]이다.)

정답

$\eta = \dfrac{860PT}{mH} \times 100 = \dfrac{860 \times 40000 \times 1}{12 \times 10^3 \times 10000} \times 100 = 28.67[\%]$ 　　　　답　28.67[%]

13
3상 154[kV] 시스템의 회로도와 조건을 이용하여 점 F에서 3상 단락고장이 발행하였을 때 단락전류 등을 154[kV], 100[MVA] 기준으로 계산하는 과정에 대한 다음 각 물음에 답하시오.

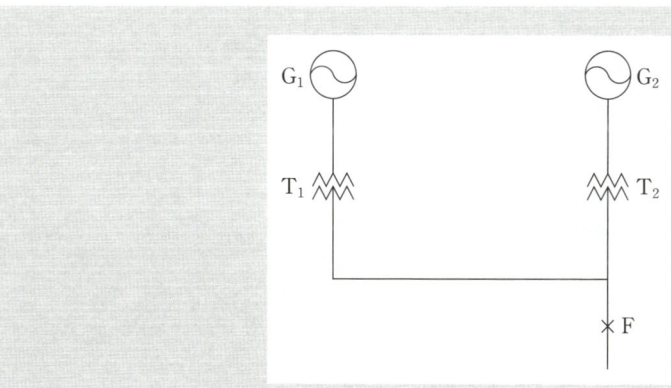

[조건]

① 발전기 G_1 : S_{G1}=20[MVA], %Z_{G1}=30[%]
　　　　G_2 : S_{G2}=5[MVA], %Z_{G2}=30[%]
② 변압기 T_1 : 전압 11/154[kV], 용량 : 20[MVA], %Z_{T1}=10[%]
　　　　T_2 : 전압 6.6/154[kV], 용량 : 5[MVA], %Z_{T2}=10[%]
③ 송전선로 : 전압 154[kV], 용량 : 20[MVA], %Z_{TL}=5[%]

(1) 정격전압과 정격용량을 각각 154[kV], 100[MVA]로 할 때 정격전류(I_n)를 구하시오.
  ◦ 계산 과정 :   ◦ 답 :

(2) 발전기(G_1, G_2), 변압기(T_1, T_2) 및 송전선로의 %임피던스 $\%Z_{G1}, \%Z_{G2}, \%Z_{T1}, \%Z_{T2}, \%Z_{TL}$을 각각 구하시오.
  ① $\%Z_{G1}$ ◦ 계산 과정 :   ◦ 답 :
  ② $\%Z_{G2}$ ◦ 계산 과정 :   ◦ 답 :
  ③ $\%Z_{T1}$ ◦ 계산 과정 :   ◦ 답 :
  ④ $\%Z_{T2}$ ◦ 계산 과정 :   ◦ 답 :
  ⑤ $\%Z_{TL}$ ◦ 계산 과정 :   ◦ 답 :

(3) 점 F에서의 합성 %임피던스를 구하시오.
  ◦ 계산 과정 :   ◦ 답 :

(4) 점 F에서의 3상 단락전류 I_s를 구하시오.
  ◦ 계산 과정 :   ◦ 답 :

정답

(1) 정격전류 $I_n = \dfrac{P_n}{\sqrt{3}\,V} = \dfrac{100 \times 10^3}{\sqrt{3} \times 154} = 374.9[A]$ 답 374.9[A]

(2) $\%Z' = \dfrac{기준용량}{자기용량} \times 환산할\%Z$

  ① $\%Z_{G1} = \dfrac{100}{20} \times 30[\%] = 150[\%]$ 답 150[%]

  ② $\%Z_{G2} = \dfrac{100}{5} \times 30[\%] = 600[\%]$ 답 600[%]

  ③ $\%Z_{T1} = \dfrac{100}{20} \times 10[\%] = 50[\%]$ 답 50[%]

  ④ $\%Z_{T1} = \dfrac{100}{5} \times 10[\%] = 200[\%]$ 답 200[%]

  ⑤ $\%Z_{TL} = \dfrac{100}{20} \times 5[\%] = 25[\%]$ 답 25[%]

(3) $\%Z_{total} = \dfrac{200 \times 800}{200 + 800} + 25 = 185[\%]$ 답 185[%]

(4) $I_s = \dfrac{100}{\%Z_{tatal}} \times \dfrac{P_a}{\sqrt{3}\,V} = \dfrac{100}{185} \times \dfrac{100 \times 10^3}{\sqrt{3} \times 154} = 202.65[A]$ 답 202.65[A]

14 3상 선로에서 비접지식 계통의 영상전압을 측정하는 기기는?

정답

접지형 계기용 변압기

15 그림과 같은 계통에서 측로 단로기 DS_3을 통하여 부하에 공급하고 차단기 CB를 점검하고자 할 때 차단기 점검을 하기 위한 조작 순서를 쓰시오. (단, 평상시에 DS_3는 열려 있는 상태임)

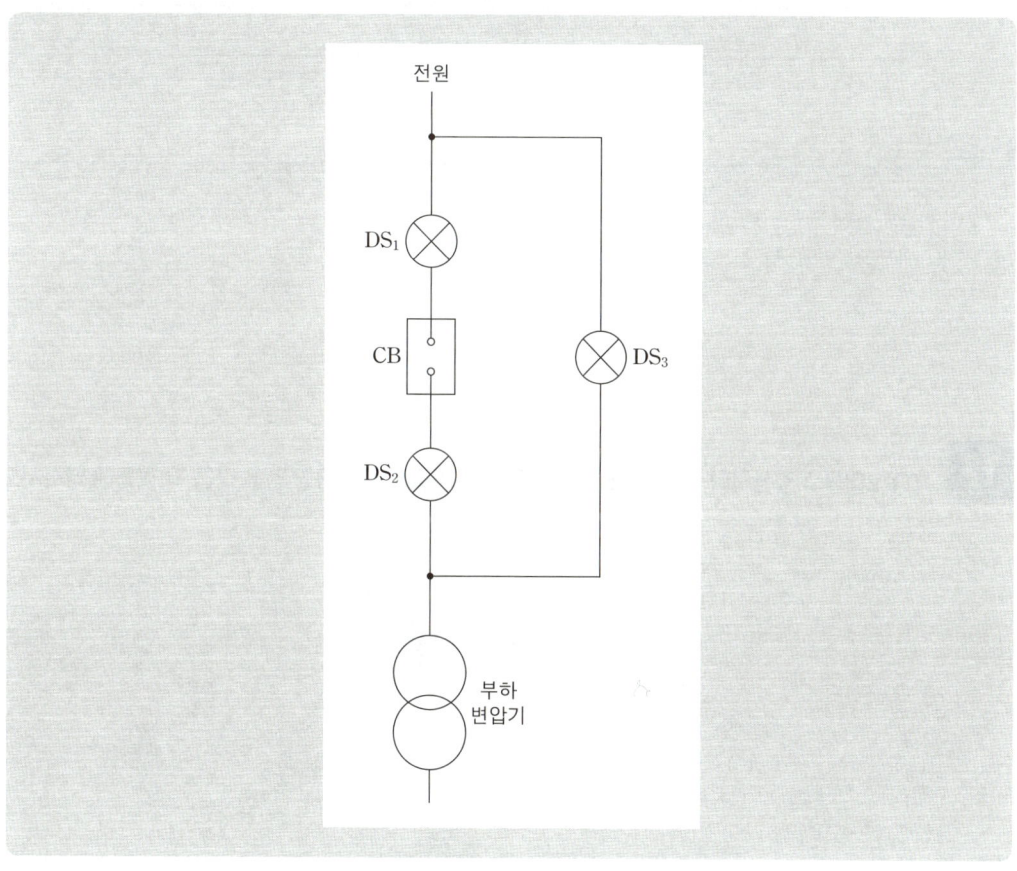

정답

DS_3(ON) → CB(OFF) → DS_2(OFF) → DS_1(OFF)

16 다음 그림에 해당하는 수전 방식 명칭을 쓰시오.

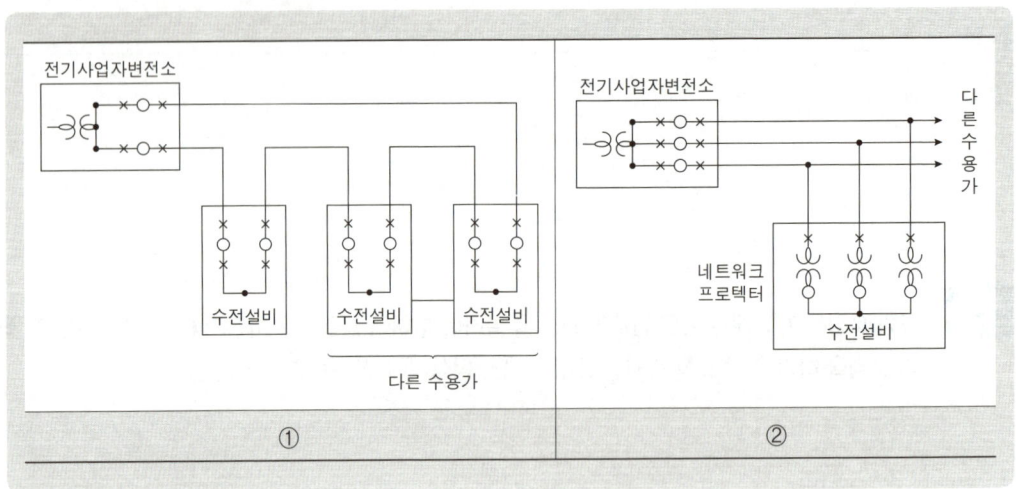

> 정답

① 2회선[루프식] 수전방식
② 스폿 네트워크 방식

17 CT 2대를 V결선하여 OCR 3대를 그림과 같이 연결하여 사용할 경우 다음 각 물음에 답하시오.

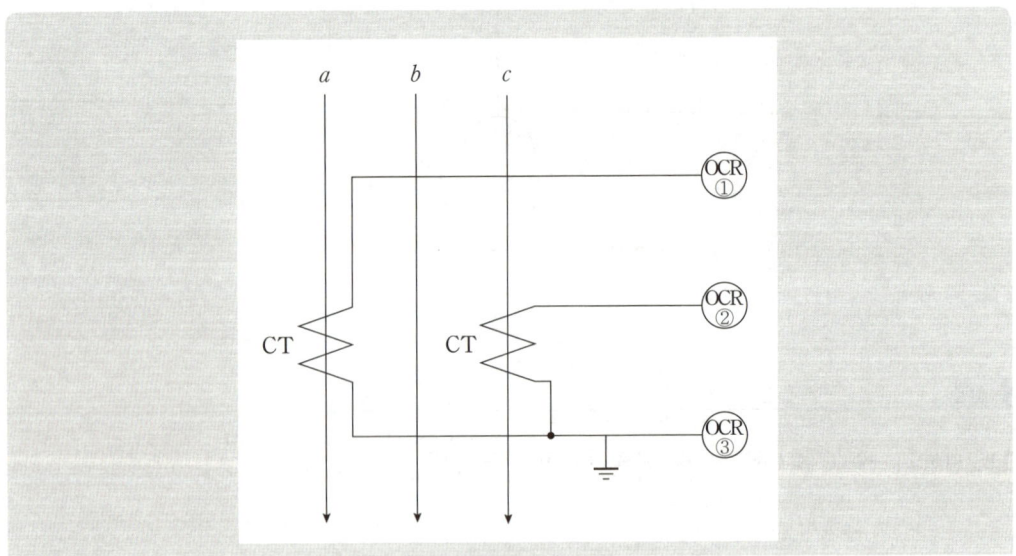

(1) ③번 OCR에 흐르는 전류는 어떤 상의 전류인지 쓰시오.

(2) OCR은 주로 어떤 원인으로 동작하는지 쓰시오.

(3) 통전 중에 있는 변류기 2차측 기기를 교체하고자 할 때 가장 먼저 취하여야 할 조치는 무엇인지를 설명하시오.

정답

(1) b상 전류
(2) 단락사고
(3) 변류기 2차측을 단락시킨다.

18

과도적인 과전압을 제한하고 서지(Surge)전류를 분류하는 목적으로 사용되는 서지보호장치(SPD : Surge Protective Device)에 대한 다음 물음에 답하시오.

(1) 기능에 따라 3가지로 분류하여 쓰시오.

(2) 구조에 따라 2가지로 분류하여 쓰시오.

정답

(1) ① 전압스위칭형 SPD
② 전압제한형 SPD
③ 복합형 SPD

(2) ① 1포트 SPD
① 2포트 SPD

19 다음 그림 기호의 정확한 명칭(구체적으로 기록)을 쓰시오.

CT	TS	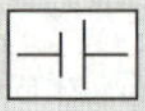 ⊣⊢	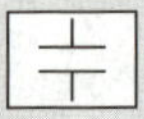 ⊤	Wh

정답

CT	TS	 ⊣⊢	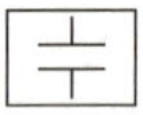 ⊤	Wh
변류기(상자)	타임스위치	축전지	전력용 콘덴서	전력량계 (상자들이 또는 후드붙이)

전기산업기사실기 2024년 3회 기출문제

01 다음은 한국전기설비규정의 접지시스템의 구분 및 종류에 대한 내용이다. 빈 칸을 채우시오.

(1) 접지시스템은 (①), (②), (③) 등으로 구분한다.
(2) 접지시스템의 시설 종류에는 (④), (⑤), (⑥)가 있다.

정답

① 계통접지
② 보호접지
③ 피뢰시스템 접지
④ 단독접지
⑤ 공통접지
⑥ 통합접지

02 주어진 조건을 이용하여 다음의 각 물음에 답하시오.

- 회로는 선입력 우선회로이며, 푸시버튼 스위치 4개 (PBS_1, PBS_2, PBS_3, PBS_4)와 접점(a접점 3개, b접점 6개)를 이용한다.
- PBS_1을 먼저 누르면 RL이 점등되고 X_1은 자기유지 되며, PBS_2나 PBS_3를 눌러도 동작하지 않는다.
- PBS_2을 먼저 누르면 GL이 점등되고 X_2은 자기유지 되며, PBS_1나 PBS_3를 눌러도 동작하지 않는다.
- PBS_3을 먼저 누르면 WL이 점등되고 X_3은 자기유지 되며, PBS_1나 PBS_2를 눌러도 동작하지 않는다.
- PBS_4을 누르면 처음 상태로 되돌아간다.

(1) 빈 칸의 회로를 완성하시오.

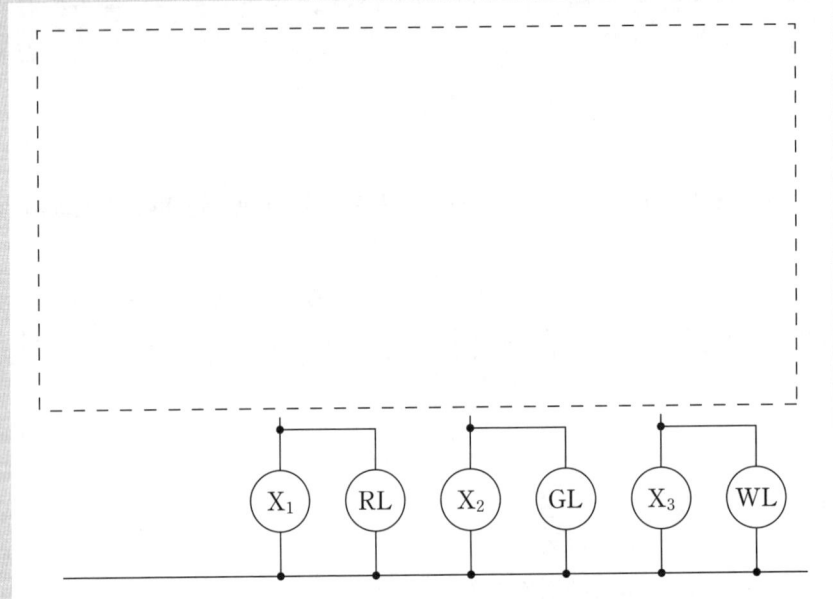

(2) 타임차트를 완성하시오.

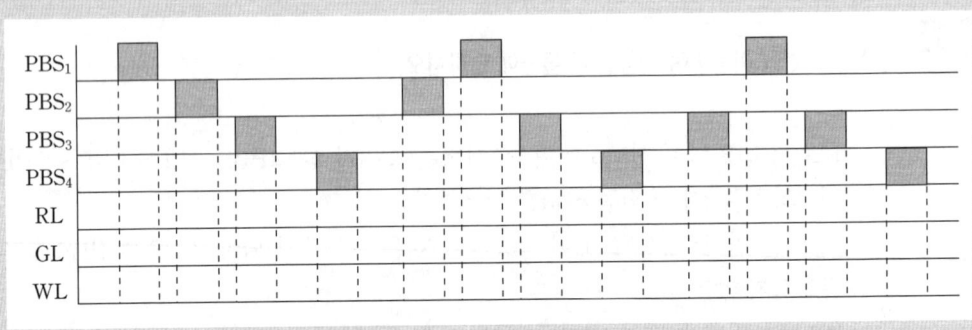

정답

(1)

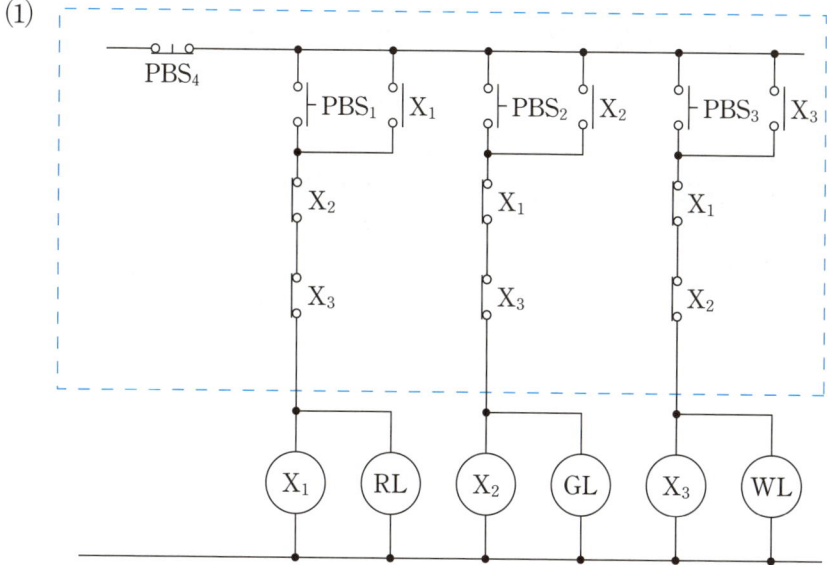

(2)

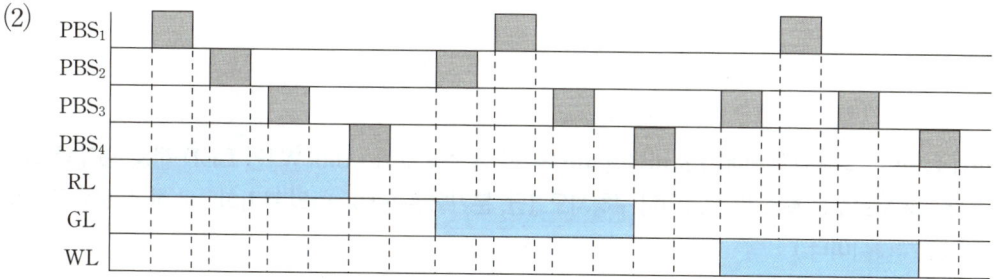

03 전력시설물 공사감리업무 수행지침에 의하여 해당 공사 완료 후 준공검사 전에 사전 시운전 등이 필요한 부분에 대하여는 공사업자에게 시운전을 위한 계획을 수립하여 시운전 30일 이내에 제출하도록 하여야 한다. 이때 시운전을 위한 계획서에 포함시켜야 하는 내용을 보기에서 모두 고르시오.

[보 기]
ㄱ. 시운전 일정   ㄴ. 시험장비 확보
ㄷ. 공사계약문서   ㄹ. 안전요원 선임계획
ㅁ. 기계·기구 사용계획   ㅂ. 지원업무 담당자 지정

정답

ㄱ, ㄴ, ㅁ

04 전압 220[V]의 옥내배선에서 소비전력 40[W]인 형광등 30개, 100[W]인 LED 전등 50개를 설치할 때 분기회로수는 최소 몇 회로인지 구하시오. (단, 분기회로는 16[A]의 분기회로로 하고, 모든 전등의 역률은 70[%]이다.)

정답

분기회로수 = $\dfrac{\text{부하용량}}{\text{전압} \times \text{분기회로전류} \times \text{역률}} = \dfrac{40 \times 30 + 100 \times 50}{220 \times 16 \times 0.7} = 2.52$ **답** 16A분기 3회로

05

다른 조건을 고려하지 않는다면 수용가 설비의 인입구로부터 기기까지의 전압강하는 다음 표와 같다. 표의 빈칸을 채우시오.

[수용가설비의 전압강하]

설비의 유형	조명[%]	기타[%]
A – 저압으로 수전하는 경우	(①)	(②)
B – 고압 이상으로 수전하는 경우 a	(③)	8

a 가능한 한 최종회로 내의 전압강하가 A 유형의 값을 넘지 않도록 하는 것이 바람직하다.
사용자의 배선설비가 100[m]를 넘는 부분의 전압강하는 미터 당 0.005[%] 증가할 수 있으나 이러한 증가분은 0.5[%]를 넘지 않아야 한다.

정답

① 3
② 5
③ 6

06

아래 그림과 같이 지름 12[m]의 구형 외구가 있다, 구형 외구의 중심에는 균등 점광원이 있다. 구형외구의 광속 발산도가 1000[rlx], 투과율 80[%]일 때 균등 점광원의 광도[cd]는? (단, 구형 외구는 완전확산형이고, 주어진 조건 외에는 사용하지 않는다.)

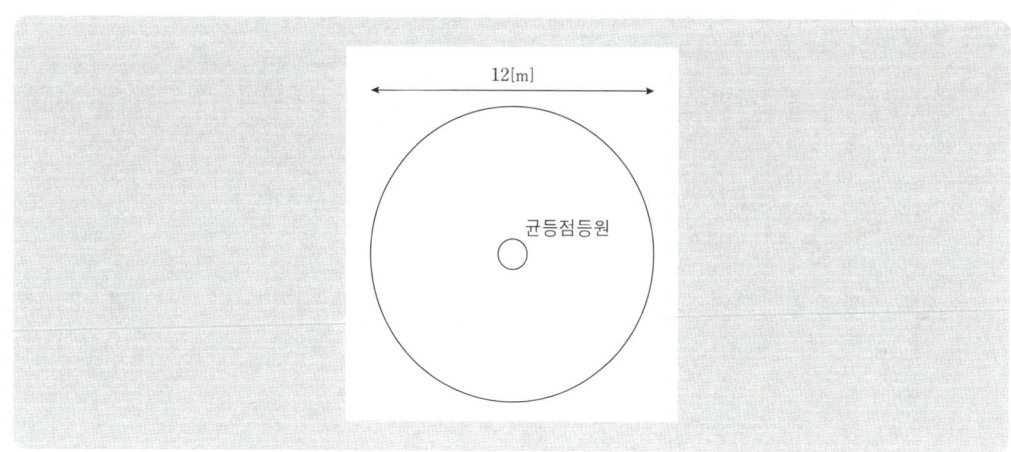

정답

반지름 $r = \dfrac{d}{2} = \dfrac{0.12}{2} = 0.06[\text{m}]$, 투과율 $\tau = 0.8$, 반사율 $\rho = 0$ 이며

광속발산도 $R = \eta E = \dfrac{\tau}{1-\rho} \times \dfrac{I}{r^2}$ 이므로

광도 $I = \dfrac{1-\rho}{\tau} \times R \times r^2 = \dfrac{1-0}{0.8} \times 1000 \times 0.06^2 = 4.5[\text{cd}]$ **답** 4.5[cd]

---

07 부하전력 및 역률을 일정하게 유지하고 전압을 2배로 승압하면 선로손실 및 선로손실률은 승압 전과 비교하여 각각 몇 [%]가 되는가? (단, 주어진 조건 외 다른 조건은 무시한다.)

(1) 선로손실
- 계산 과정 :
- 답 :

(2) 선로손실률
- 계산 과정 :
- 답 :

정답

(1) 선로손실 $P_\ell = \dfrac{P^2 R}{V^2 \cos^2\theta}$ → $P_\ell \propto \dfrac{1}{V^2}$ 이므로

전압을 2배로 승압하면 선로손실은 $\dfrac{1}{4} \times 100[\%] = 25[\%]$가 된다. **답** 25[%]

(2) 선로손실률 $K = \dfrac{PR}{V^2 \cos^2\theta}$ → $K \propto \dfrac{1}{V^2}$ 이므로

전압을 2배로 승압하면 선로손실률은 $\dfrac{1}{4} \times 100[\%] = 25[\%]$가 된다. **답** 25[%]

08 아래 조명 용어의 정의에 대해 쓰시오.

(1) 전등효율
(2) 광원의 연색성

정답

(1) 전등의 소비전력에 대한 발산 광속의 비율
(2) 분빛의 분광 특성이 색의 보임에 미치는 효과

09 유효 낙차 81[m], 출력 10000[kW], 특유속도 164[rpm]인 수차의 회전 속도는 몇 [rpm]인가?

정답

$$N_s = N \frac{P^{\frac{1}{2}}}{H^{\frac{5}{4}}} \rightarrow N = N_s \frac{H^{\frac{5}{4}}}{P^{\frac{1}{2}}} = \frac{164 \times 81^{\frac{5}{4}}}{10000^{\frac{1}{2}}} = 398.5[\text{rpm}]$$

10 3상 변압기의 병렬운전조건 2가지를 쓰시오.

정답

① 극성이 같을 것   ② 상회전이 같을 것
③ 각변위가 같을 것 ④ 정격전압과 권수비가 같을 것

11 단상 유도 전동기의 기동방식 4가지를 쓰시오.

정답

① 반발 기동형 ② 콘덴서 기동형
③ 분상 기동형 ④ 셰이딩 코일형

12 3상 평형회로에 전력계가 설치되어 있다. 이때 전력계의 지시값이 아래와 같을 때 다음 각 물음에 답하시오.

[전력계 지시값]

$W_1 = 2.2[\text{kW}]$ $W_2 = 5.8[\text{kW}]$

(1) 회로의 역률은 얼마인가?
  ◦ 계산 과정 :   ◦ 답 :
(2) 역률을 85[%]로 개선할 때 필요한 전력용 캐패시터의 용량[kVA]은?
  ◦ 계산 과정 :   ◦ 답 :

정답

(1) $\cos\theta = \dfrac{P}{P_a} = \dfrac{W_1 + W_2}{2\sqrt{W_1^2 + W_2^2 - W_1 W_2}} = \dfrac{2.2 + 5.8}{2\sqrt{2.2^2 + 5.8^2 - 2.2 \times 5.8}} \times 100 = 78.87[\%]$

답 78.87[%]

(2) $Q_c = P(\tan\theta_1 - \tan\theta_2) = (2.2 + 5.8) \times \left(\dfrac{\sqrt{1 - 0.79^2}}{0.79} - \dfrac{\sqrt{1 - 0.85^2}}{0.85}\right) = 1.25[\text{kVA}]$

답 1.25[kVA]

13 지표면상 16[m] 높이의 수조가 있다. 이 수조에 시간 당 4500[m³] 물을 양수하는데 필요한 펌프용 전동기의 소요 동력은 몇 [kW]인가? (단, 펌프의 효율은 60[%]로 하고, 여유계수는 1.2로 한다.)

정답

양수 펌프용 전동기 소요동력 $\dfrac{9.8QH}{\eta} \times K [\text{kW}]$

(단, H : 총양정[m], Q : 양수량[m³/s], K : 여유계수, η : 효율)

$P = \dfrac{9.8 \times \left(\dfrac{4500}{3600}\right) \times 16}{0.6} \times 1.2 = 392 [\text{kW}]$

답 392[kW]

14 3상 배전선로의 저항이 12[Ω], 리액턴스가 24[Ω]이고 전압강하율을 10[%]로 유지하기 위한 최대 부하 용량[kW]은? (단, 수전단의 선간전압은 6600[V], 부하역률은 0.8이다.)

정답

전압강하율 $\delta = \dfrac{P}{V^2}(R + X\tan\theta)$에서

$P = \dfrac{\delta V^2}{R + X\tan\theta} \times 10^{-3} = \dfrac{0.1 \times 6600^2}{12 + 24 \times \dfrac{0.6}{0.8}} \times 10^{-3} = 145.2 [\text{kW}]$

답 145.2[kW]

15 그림은 3상 3선식 적산전력계의 결선도(계기용변압기 및 변류기를 시설하는 경우)를 나타낸 것이다. 미완성 부분의 결선도를 완성하시오. (단, 접지가 필요한 곳에는 접지 표시를 하도록 한다.)

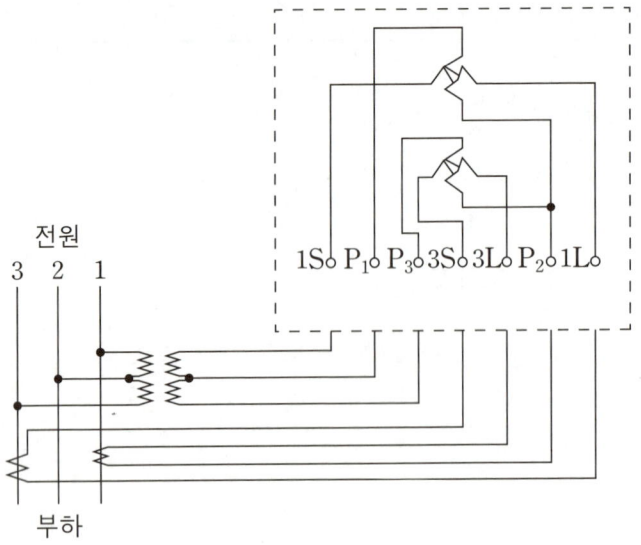

정답

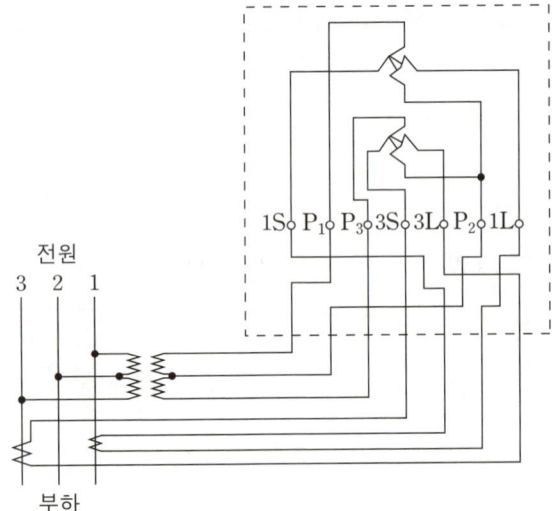

16 그림은 갭형 피뢰기와 갭래스형 피뢰기의 구조를 나타낸 것이다. 화살표로 표시된 "①"~"⑥"의 각 부분의 명칭을 답란에 쓰시오.

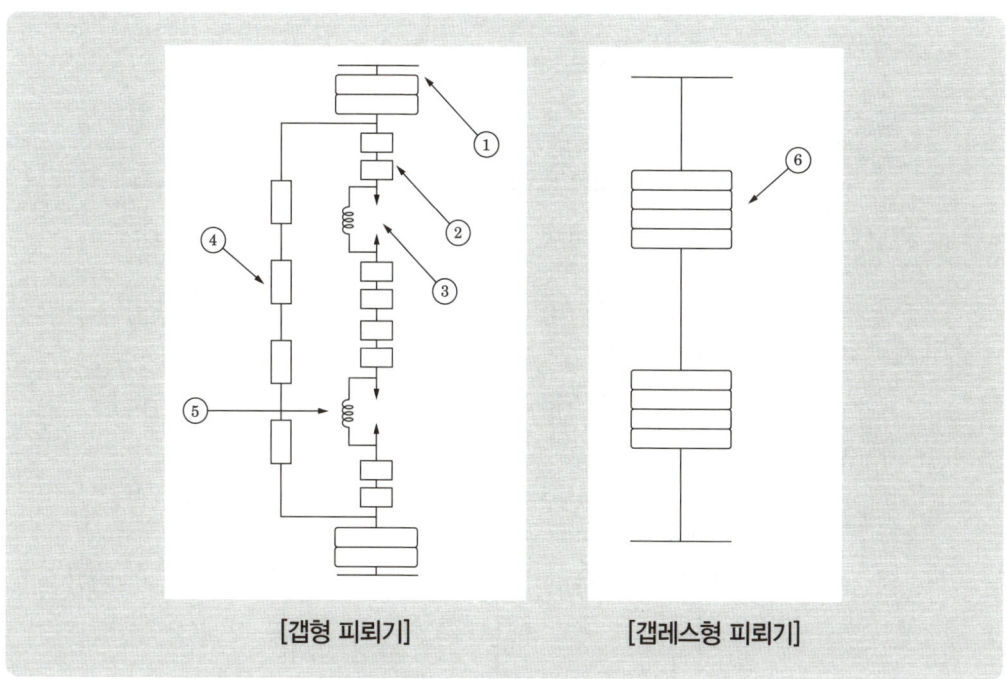

[갭형 피뢰기]　　　　[갭레스형 피뢰기]

정답

① 특성요소　② 주갭
③ 측로갭　④ 분로저항(병렬저항)
⑤ 소호코일　⑥ 특성요소

17 다음은 어느 생산 공장의 수전 설비이다. 계통도와 뱅크의 부하용량표를 이용하여 다음 각 물음에 답하시오.

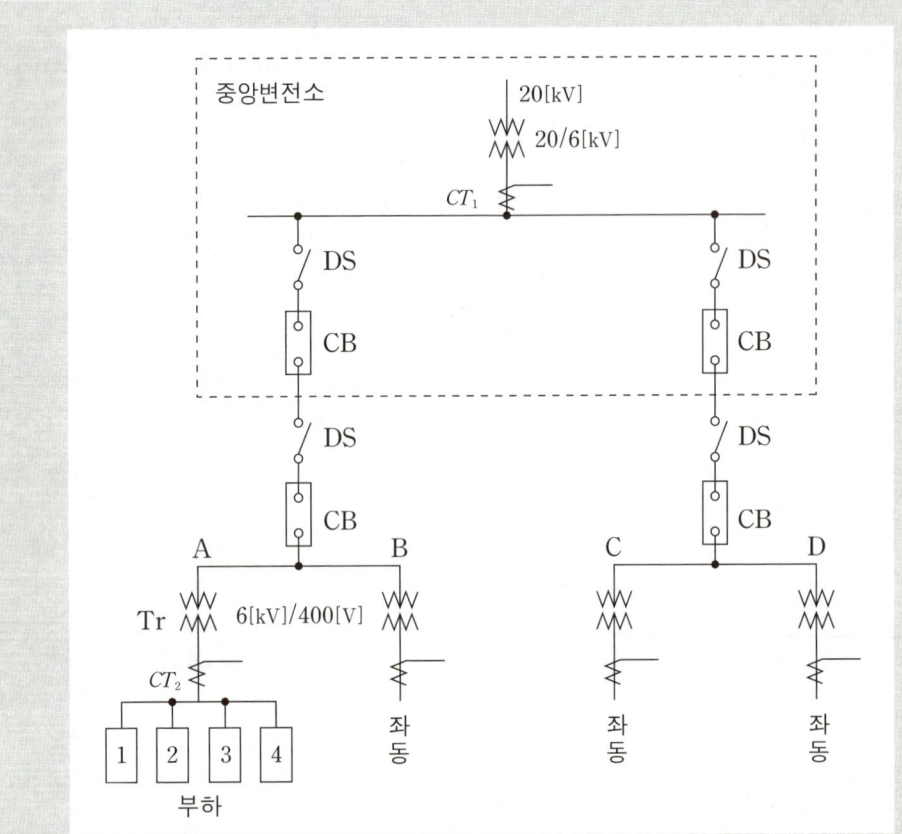

[표1. 뱅크의 부하 용량표]

피더	부하 설비 용량[kW]	수용률[%]
1	125	80
2	125	80
3	500	70
4	600	84

[표2. 변류기 규격표]

항목	변류기
정격 1차 전류[A]	5, 10, 15, 20, 30, 40, 50, 75, 100, 150, 200, 300, 400, 500, 600, 750, 1000, 1500, 2000, 2500
정격 2차 전류[A]	5

[표3. 변압기 표준용량[kVA]]

| 1000 | 1500 | 2000 | 3000 | 4000 | 5000 | 6000 | 7000 |

(1) A, B, C, D 뱅크에 같은 부하가 걸려 있으며, 각 뱅크의 부등률은 1.3이고, 전부하 합성역률은 0.8이다. 중앙 변전소 변압기 용량을 구하시오. (단, 변압기 용량은 표준규격으로 답하도록 한다.)

　∘ 계산과정 :　　　　　　　　　　　　　　　　　　　　　　　　∘ 답 :

(2) 변류기 CT_1의 변류비를 구하시오. (단, 변류비는 1.2배로 결정한다.)

　① 변류기 CT_1의 변류비를 구하시오.
　　∘ 계산과정 :　　　　　　　　　　　　　　　　　　　　　　　　∘ 답 :

　② 변류기 CT_2의 변류비를 구하시오.
　　∘ 계산과정 :　　　　　　　　　　　　　　　　　　　　　　　　∘ 답 :

정답

(1) $TR_A = \dfrac{125 \times 0.8 + 125 \times 0.8 + 500 \times 0.7 + 600 \times 0.85}{1.2 \times 0.9} = 981.48[\text{kVA}]$

$TR_{main} = TR_A \times \dfrac{4}{1} = 3925.94[\text{kVA}]$　　　　　답　4000[kVA]

(2) ① $I_{CT} = \dfrac{4000}{\sqrt{3} \times 6} \times 1.25 = 481.13[\text{A}]$　　　　　답　500/5

② $I_{CT} = \dfrac{981.48}{\sqrt{3} \times 0.4} \times 1.35 = 1912.47[\text{A}]$　　　　答　2000/5

18 주어진 도면을 보고 다음 각 물음에 답하시오.

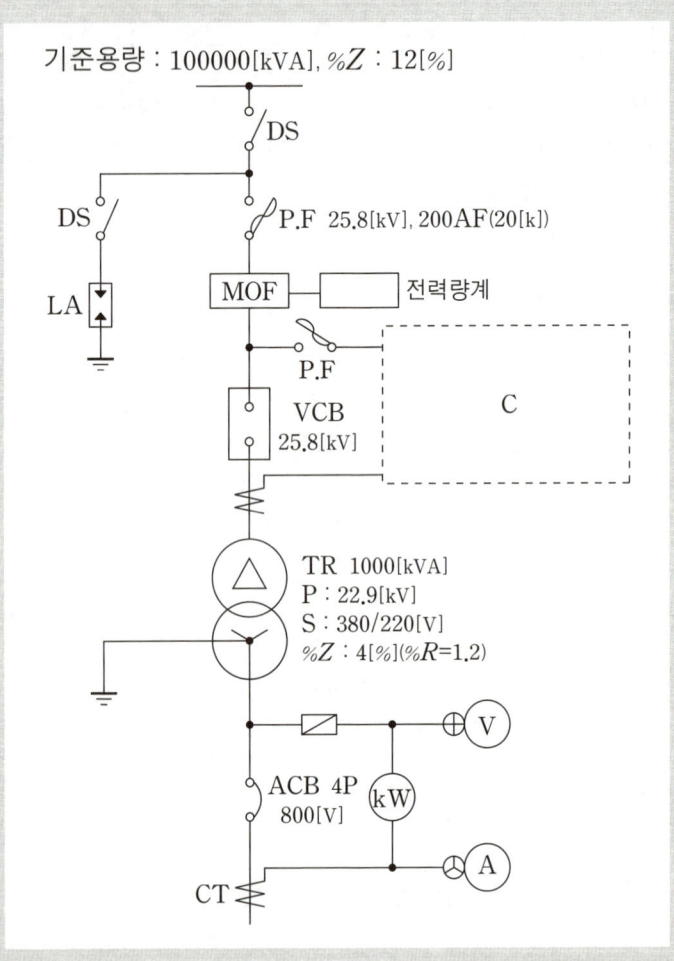

(1) LA의 명칭과 그 기능을 설명하시오.
   ◦ 명칭 :   ◦ 기능 :

(2) VCB의 필요한 최소 차단용량[MVA]을 구하시오.
   ◦ 계산과정 :   ◦ 답 :

(3) 도면 C 부분의 계통도에 그려져야 할 것들 중에서 종류를 3가지만 쓰시오.

(4) ACB의 최소 차단전류[kA]를 구하시오.
   ◦ 계산과정 :   ◦ 답 :

(5) 최대 부하 800[kVA], 역률 80[%]인 경우 변압기에 의한 전압변동률을 구하시오.
   ◦ 계산과정 :   ◦ 답 :

> 정답

(1) ◦ 명칭 : 피뢰기
   ◦ 기능 : 이상전압 내습시 뇌전류를 방전하고 속류를 차단

(2) $P_s = \dfrac{100}{\%Z} \times P_n = \dfrac{100}{12} \times 100 = 833.33 [\text{MVA}]$ 답 833.33[MVA]

(3) ① 전압계   ② 계기용 변압기   ③ 전류계
   ④ 과전류 계전기   ⑤ 전류계용 전환개폐기   ⑥ 전압계용 전환개폐기
   ⑦ 지락 과전류 계전기 ⑧ 역률계

(4) ① 변압기 $\%Z_{tr}$을 100[MVA]으로 환산하면 $\%Z_{tr} = 4 \times \dfrac{100}{1} = 400[\%]$

   ② $\%Z_{total} = 400 + 12 = 412[\%]$

   ③ 단락전류 $I_s = \dfrac{100}{\%Z_{total}} \times I_n = \dfrac{100}{412} \times \dfrac{100}{\sqrt{3} \times 0.38} = 36.88[\text{kA}]$ 답 36.88[kA]

(5) ① $p_1 = \dfrac{800}{1000} \times 1.2 = 0.96[\%]$ $q_1 = \dfrac{800}{1000} \times \sqrt{4^2 - 1.2^2} = 3.05[\%]$

   ② 전압변동률 $\varepsilon = p_1\cos\theta + q_1\sin\theta = 0.96 \times 0.8 + 3.05 \times 0.6 = 2.6[\%]$ 답 2.6[%]

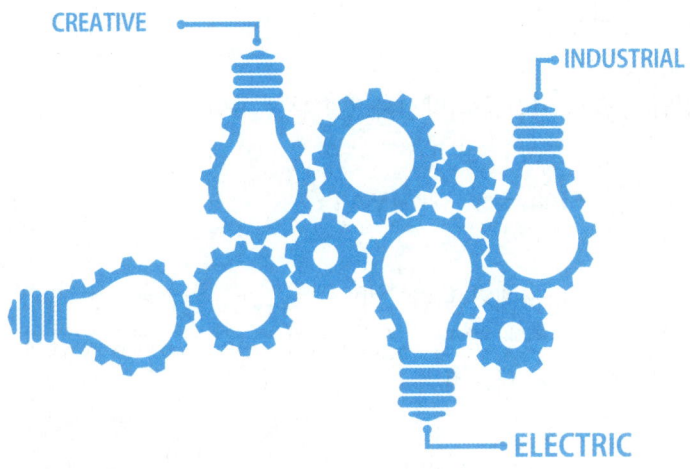

저자와
협의 후
인지생략

2025 30일 단기완성 전기기사·산업기사 실기

발행일 5판1쇄 발행 2024년 12월 1일
발행처 듀오북스
지은이 대산전기수험연구회
펴낸이 박승희

등록일자 2018년 10월 12일 제2021-20호
주소 서울시 중랑구 용마산로96길 82, 2층(면목동)
편집부 (070)7807_3690
팩스 (050)4277_8651
웹사이트 www.duobooks.co.kr

이 책에 실린 모든 글과 일러스트 및 편집 형태에 대한 저작권은 듀오북스에 있으므로 무단 복사, 복제는 법에 저촉 받습니다.
잘못 제작된 책은 교환해 드립니다.

정가 36,000원 **ISBN** 979-11-90349-79-6 13560